天然草原生产力
调控机制与途径研究

侯向阳　主编

科学出版社

北　京

内 容 简 介

本书是在国家 973 计划项目"天然草原生产力的调控机制与途径"研究团队五年攻关研究的基础上进行成果总结而编写完成的。全书共分为八章，第一章重点对世界和中国草原退化状况及草原退化研究进展进行综述，第二章概述草原生产力调控机制研究的意义、内容和主要创新进展，第三章至第六章分别介绍草原土壤、植物表型特征和群落生产力、生理生化及分子调控与表观遗传等方面对过度放牧的响应，第七章和第八章则从修复草原的角度介绍放牧优化、土壤保育和植物生长调节提高草原生产力的机理与技术。

本书基于长期-中期-短期结合的研究平台，研究领域宽，课题之间联系紧密，数据翔实、信息量大，对丰富和发展我国草原恢复生态学、草业科学研究及区域可持续发展实践具有重要指导意义。本书可供农业、草业、畜牧业、土壤、植物、气候和环境等领域的广大师生与科技人员参考使用。

图书在版编目（CIP）数据

天然草原生产力调控机制与途径研究/侯向阳主编. —北京: 科学出版社，2023.9

ISBN 978-7-03-075775-3

Ⅰ. ①天… Ⅱ. ①侯… Ⅲ. ①草原生产能力–研究–中国 Ⅳ. ①S812.8

中国国家版本馆 CIP 数据核字（2023）第 105390 号

责任编辑：罗 静 岳漫宇 尚 册 / 责任校对：郑金红
责任印制：肖 兴 / 封面设计：图阅盛世

科学出版社 出版

北京东黄城根北街 16 号
邮政编码：100717
http://www.sciencep.com

北京中科印刷有限公司 印刷
科学出版社发行 各地新华书店经销

*

2023 年 9 月第 一 版 开本：720×1000 1/16
2023 年 9 月第一次印刷 印张：36
字数：726 000

定价：398.00 元

（如有印装质量问题，我社负责调换）

《天然草原生产力调控机制与途径研究》
编委会

序　一

　　1997 年，根据一批资深科学家的建议，政府决定制定国家重点基础研究发展计划（973 计划），其宗旨是针对国家战略需求中的重大科学问题，以及对未来科技发展和人类认识世界将会起到重要作用的科学前沿问题开展基础研究。自 1998 年实施以来，973 计划先后在农业、能源、信息、资源环境、人口与健康、材料、综合交叉与重要科学前沿等领域进行了部署，提升了我国基础研究的自主创新能力，为国民经济和社会可持续发展提供了科学基础，也为我国未来高新技术的发展提供了源头创新。随着 2019 年最后一批 973 计划项目结题验收，973 计划已成为过去时。为了适应当前新技术革命和产业变革的新形势与新特征，"十三五"以来我国科技计划已由原来的 973 计划、863 计划、国家科技支撑计划、国际科技合作与交流专项、产业技术研究与开发资金和公益性行业科研专项等整合而成 "国家重点研发计划"。

　　经过近 20 年的厚积薄发、持续发展，我国基础科学研究在若干重要领域均取得了举世瞩目的成果，在农业领域尤其是植物研究领域也成绩斐然、贡献突出。我多年担任科学技术部（科技部）973 计划农业领域的专家顾问，见证了农业领域基础研究的发展和进步。从 1998 年开始，农业领域共支持了110 项 973 计划项目（含青年项目 2 项），截至 2015 年共投入经费 32.35 亿元。2016 年，我在《中国基础科学》组织编辑了一期植物科学专刊，请多位 973 计划项目的首席科学家分别从植物种子发育的分子机理、植物根系可塑性发育、作物养分高效吸收利用、植物免疫与作物抗病分子育种、植物非编码 RNA研究、植物雄性发育与减数分裂研究、林木良种培育的遗传基础、草原植物基础生物学研究进展等方面，总结了我国在相关的农业植物科学基础研究方面的主要进展，并展望了未来的发展前景。

　　我国是一个草原大国。根据 2021 年公布的第三次全国国土调查数据，我国现有草地约 40 亿亩(1 亩≈667m^2)，其中天然牧草地约 32 亿亩，约占 80.59%；人工草地 871 万亩，约占 0.22%；其他草地 7.62 亿亩，约占 19.19%（注：我国 20 世纪 80 年代公布、一直沿用的数据是我国拥有草原草地面积近 60 亿亩，两次数据的差别是由统计口径及归类的差异所致，如第三次调查中单列了湿地，原来列入草原草地的沼泽草地、沿海和内陆滩涂等均不再列入草地）。草原草地是重要的战略保障资源，既是构建国家生态安全屏障的重要组成，又是保障食物安全的重要资源。问题在于我国相当大部分天然草原，因处于不同程度的退化状态，草原植被矮疏、地表裸露、水分养分散失，生态功能和生产力严重破坏。草原退化的驱动因素复杂、影响范围大、生态和经济损失严重。同时，我国优质牧草选育长期不受重视，每年需要进口大量牧草饲料及优良牧草种子。因此，迫切需要针对草原草地开展系统的基础研究，攻克关键科学问题，探寻解决问题的出路和途径，推动制订科学合理、切实可行的保护和利用的政策及措施。

在这一背景下，在实施 973 计划期间，在草原草地生态和优质牧草遗传改良方面根据立项指南，先后从申报的项目申请中选出 5 项予以支持，它们分别是：2000 年"草地与农牧交错带生态系统重建机理及优化生态-生产范式"（首席科学家：北京师范大学/中国科学院植物研究所张新时）；2007 年"北方草地与农牧交错带生态系统维持和适应性管理的科学基础"（首席科学家：中国科学院植物研究所韩兴国）；2007 年"中国西部牧草、乡土草遗传及选育的基础研究"（首席科学家：兰州大学南志标）；2014 年"天然草原生产力的调控机制与途径研究"（首席科学家：中国农业科学院草原研究所侯向阳）；2014 年"重要牧草、乡土草抗逆优质高产的生物学基础"（首席科学家：兰州大学南志标）。

以中国农业科学院草原研究所侯向阳研究员为首席科学家的草原生产力项目团队经过多年的草原观测和研究发现，在长期过度放牧胁迫下，草原植物具有矮小化避牧机制，并有恢复缓慢的保守性，是草原生产力衰减且恢复缓慢的机理之一。以导致草原生产力衰减的过度放牧、土壤劣变、植物矮小化等关键环节为核心开展的基础研究，揭示草原生产力持续衰减机制，探明放牧优化、土壤保育和植物调节等的调控机理，形成提高草原生产力的调控技术途径，为草原保护和持续利用提供切实有效的理论指导与技术支撑，是我国农业科学领域亟待解决的重大科学问题之一。要破解这一命题，一要解答草原生产力为什么会持续下降，即深入探究草原生产力持续衰减的关键原因与机制；二要解决提高草原生产力的问题，即针对衰减的关键原因，揭示提高草原生产力的调控机理，寻找切实有效的调控技术途径。这是草原生产力提高的两个关键科学问题。围绕这两个关键科学问题，该项目开展了三方面的研究，即草原植物对长期过度放牧响应的关键生态学过程；长期过度放牧导致草原生产力衰减的土壤学和植物学关键机制；通过开展放牧利用影响草原生产力的研究，提出放牧优化和人工干预快速恢复退化草原生产力的原理与技术途径。

草原生产力项目团队整合了国内草原研究的优势力量，包括中国农业科学院草原研究所、中国科学院遗传与发育生物学研究所、中国科学院植物研究所、北京师范大学、中国农业大学、浙江大学、内蒙古大学、西南大学等科研教学单位的专家和团队，共同开展项目和课题的协作研究。围绕研究目标和内容，新建与整合构建了一系列野外和室内结合的研究实验平台，包括放牧强度（长期、中期、短期）野外平台、退化恢复野外平台、室内实验平台、辅助试验平台等，保障项目和课题的顺利开展与取得进展。项目团队成员凭着对草原科学虔诚的心与执着的热情，认真严谨，勇于创新，经过项目团队 5 年的精诚协作，项目和课题均圆满完成了预期目标，取得了显著的科学进展。该项目在 2018 年底顺利通过了结题验收。

尽管草原生产力项目团队经过努力取得了较显著的进展，但是面对草原退化和治理这样一个世界性的难题，期望通过几个项目和短短几年解决所有问题，事实上是不可能的。草原退化和治理是一个复杂的科学问题，涉及多学科、多系统、多尺度、多途径，唯有坚持不懈、持续发力，才能取得科学有效的成果。现在我国的草原保护修复工作正处在爬坡过坎、不进则退的关键阶段，草原科学研究和保护实践工作亟待进一步加强。建议科技部、林业和草原局及有关省份的科技管理部门切实加强对草原退化和治理问题的重视，适时立项，进一步开展草原退化和治理的研究与实践。

草原生产力项目团队首席科学家侯向阳研究员虽然因个人工作关系调到了山西农业大学草业学院，但是对草原退化机理和生产力提高的研究热情不减，联合各课题负责人，通过对国内外草地退化研究的调研分析，总结整理并撰写该项目进展报告，结集成书，以飨读者，本人诚表敬意。邀我作序，欣然应允，不当之处，请批评指正。

许智宏

中国科学院院士

北京大学生命科学学院/现代农学院教授

2022 年 3 月 10 日于北京

序　二

　　草业，或称草地农业，是一条伴随人类发展和成长的历史长链。肇始于"羲娲时期"（8000aB.P.～6000aB.P.）的原始草地畜牧业，直到现代仍然是草地农业的一个分支。这一古老的农业分支，在漫长的历史发展过程中，作为生态系统的一个组分，尽管中间问题较多，但一直曲曲折折地前行，直到今天，从未中断过。在国家高度重视生态文明建设、乡村振兴和山水林田湖草统筹治理的今天，草地农业发展的春天终于来了，我们既应为之欢欣鼓舞，也应加倍努力、砥砺前行。

　　我国是一个农耕文明长期占主导地位的农业文明国家。战国时，《商君书》明确提出"垦草"种粮为富国强兵的政策，将谷物生产作为农业的首要内容，该政策成为我国单一谷物生产的耕地农业的滥觞。《汉书·食货志》提出"辟土殖谷曰农"，认为开垦土地种植谷物就是农业。在历史上汉文化主导的地区，这一农业定义延续和施行了长达数千年，形成了世界罕见的超稳定农业系统。辟土多数时候就是垦草。在历史上开垦草原、拓展耕地的现象时有发生，使得农牧交错带的界限不断向北向西推移，尤其是近 100 年来向北向西推移了近百千米至数百千米。新中国成立以后，多数时期还是循沿这一农业传统。20 世纪 50 年代末提出了"以粮为纲"的政策，把单一谷物生产的农业系统确立为国策。20 世纪 50 年代提出向牧区要粮、向林区要粮、"牧民不吃亏心粮"的口号，导致新一轮的大面积草原被开垦种粮，国土资源遭受严重破坏，水土流失、风沙灾害等频繁发生。

　　我国是一个草原资源大国，现有草原面积占国土面积的 41.7%，草原是草地农业的重要基础资源和生态安全的重要屏障。但由于长期以来人们对草原的肤浅认识和保护管理薄弱，草原面临突出的威胁。除不断开垦破坏之外，过度放牧导致草原退化是草原面临的一个非常严峻的难题。当前我国 90% 的可利用天然草原存在不同程度的退化、沙化，并且每年还以 3000 万亩的速度增加，草原生态环境总体恶化的基本面没有根本转变。20 世纪 90 年代在我国西北地区频繁发生沙尘暴。这些沙尘暴向南到达我国长江三角洲，东行则覆盖韩国、日本，甚至跨过太平洋直达加拿大、美国，全世界为之震动。2021 年 3～4 月，我国北方及蒙古国南部多次发生大范围的沙尘暴，源起蒙古国南部，波及新疆南疆盆地西部、甘肃中西部、内蒙古及山西北部、河北北部、北京等地，是近 10 年我国遭遇强度最大的沙尘天气过程，也是近 10 年范围最广的沙尘暴过程。这与我国北方和蒙古国南部前期气温明显偏高，近期降水偏稀少，地表条件比较有利于沙尘天气发生有关。但其直观表现为草原植被盖度低，土壤日趋沙化。所以，草原生态保护研究和实践仍然任重道远，仍需攻坚克难。

维持和提高草原生产力是草地农业与草原生态保护的长久性重要命题。科技部 973 计划设立"天然草原生产力的调控机制与途径"项目，反映了对草原退化机理和修复途径问题的高度重视。中国农业科学院草原研究所侯向阳研究员及其团队承担该项目，透彻理解了选题的科学性和正确性。该项目瞄准草原退化的突出问题，开展以导致草原生产力衰减的过度放牧、土壤劣变、植被结构改变和植物矮小化等关键环节为核心的基础研究，揭示草原生产力持续衰减机制，探明放牧优化、土壤保育和植物调节等调控机理，形成草原生产力提高的调控技术途径，为草原保护和持续利用提供切实有效的理论指导与技术支撑，是既有理论价值又有实际指导意义的重要科学选题。

该项目的创新之处在于：一是，充分发挥了草业科学内含学科领域广阔的优势，采用多学科交叉的思路和方法，将农学、植物生长发育等领域的理念与现代技术引入草原生态和生产的研究，抓住草原生产力衰减的关键性机理环节，从生态学、胁迫生理、分子生物学等层次来深入、系统研究，研究成果将在系统深入揭示草原生产力衰减机制及探寻恢复提高的理论与方法、开拓创新放牧胁迫前沿研究领域、深化草原植物生理与分子生物学研究领域以及丰富和创新草原科学理论体系等方面具有重要的科学意义。二是，将草原土壤、植被、家畜作为完整的草原生态系统的关键组分进行整体研究，摒弃过去将家畜只作为不利生态因子进行草原生态系统研究的学术思想。通过定量分析适度放牧阈值，充分发挥家畜对草原生态系统的优化作用，结合草原保育措施快速稳定提高草原生产力，以缓解草畜矛盾，实现草原生态-生产协调，将形成系统新颖的学术研究成果，不仅具有较强的科学性，而且在现实实践中也具有较强的普适性。三是，项目既注重揭示草原生产力衰减和调控的机制，也重视提高草原生产力的方法与技术的研发，将理论与实践有机结合，以理论指导技术，以技术应用验证和完善理论，使成果更具完善性和实用性，真正为提高我国草原生产力、实现"增草保畜"奠定科学基础。

草原生产力项目团队从建议立项到项目实施，认真勤奋、科学严谨、团结协作、勇于创新，经过 5 年的艰苦努力，凝聚了团队和培养了人才，建立和整合了平台，取得了十分显著的成果，为今后的草原生态保护研究和实践奠定了基础。

据我了解，侯向阳教授现在离开中国农业科学院草原研究所进入山西农业大学工作，但他对这一研究项目的领导责任并未因工作调动而松懈。在现有繁忙工作的同时，他勉力对 973 计划项目的成果进行了系统总结，在总结中拓宽、加深了该项目的理论价值。这种精神是难能可贵的。相信该项目的圆满结题会对草原生态科学的发展大有裨益。我也真诚地希望侯向阳教授在新的岗位和平台上作出新的贡献。

任继周

中国工程院院士

兰州大学教授

2021 年 8 月 28 日于北京

前　　言

　　2013 年，我牵头申报并获批了国家 973 计划项目"天然草原生产力的调控机制与途径"（2014CB138800），这是一件可喜可贺的大事。它既是申报团队所有成员的集体荣耀，也是地处边疆作为牵头单位的中国农业科学院草原研究所的集体荣耀，更是边疆省份内蒙古自治区基础研究实力提升的体现，迄今这是内蒙古自治区所属和驻蒙科研教学单位唯一的一个 973 计划项目。

　　国家 973 计划项目是针对国家战略需求中的重大科学问题以及对未来科技发展和人类认识世界将会起到重要作用的科学前沿问题开展基础研究。能够参与乃至主持自己研究领域的 973 计划项目，是许多科研工作者梦寐以求的夙愿。我从在中国农业科学院科技管理局从事科研管理时就十分敬慕 973 计划项目以及担纲973 计划项目的科学家。我所了解的若干农业 973 计划项目都在不同领域的科学进步和发展中做出了令人瞩目的成绩。申报 973 计划项目的门槛很高，当时已有的草原 973 计划项目只有三个，为数极少，而且都是由国内知名的院士等大科学家担纲主持。所以我们动议和实施 973 计划项目申报是需要很大的勇气、精神与毅力的。在申报之前，我们申报核心组做了大量的前期工作，一是对自己的研究领域进行定位，基于国家和行业需求以及前期工作基础，我们专注于天然草原的修复改良，同时要与其他 973 计划项目团队的工作明显区别；二是坚持不懈地多次提出草原方面的 973 计划项目选题，争取科技部基础研究司将其列入指南；三是苦钻细研反复凝练科学问题，起草项目建议书；四是多方听取专家的批评和意见，博采众长，吸取精华，不断地提升对科学问题的理解和对研究内容及目标的把控。正是这些扎实的前期工作，使得我们能够在项目申报和答辩过程中取得良好的成绩。正所谓功夫不负有心人！

　　在前期工作中，我们得到了许多院士、顾问组和咨询组专家以及各级科研管理部门领导与专家的指导和帮助，至今仍历历在目、记忆犹新，在整个受指导的过程中获益匪浅、受益一生。从最开始不清楚如何凝练基础研究科学问题，到基本明确科学问题和研究目标，并提出相对完善的研究方案和申报书，院士、专家慧眼独具、高屋建瓴，从多方面、多角度给予了建设性指导。有的专家不厌其烦，多次跟踪指导，大到项目框架，小到申报书细节，都给予了悉心指导；有的专家观点明确、言辞犀利、一针见血，虽然在指导现场不免脸红出汗，但是会后反思专家的意见还是受益良多；有的专家还热心为项目申报介绍有竞争力的参与申报团队，使申报团队更具有前沿性和开放性。正是院士、专家的精心指导，才使得申报工作圆满成功，在此过程中，我们也深切地体会到，博采众长是创新思路和完善方案的最有效办法。在此，谨代表项目团队向给予过指导的院士、专家及领导致以最真诚的敬意和感谢！

973 计划项目申报过程既是一个磨炼过程，也是一个难得的团队成长过程。经历了长时间紧张有序的申报过程，我们锻炼了队伍，培养了新人，明确了方向，增强了信心，但同时也感到了巨大的压力，如何在项目实施中取得突破性进展是摆在我们面前的紧迫任务。根据研究目标和任务，设置了 6 个课题，分别由中国农业科学院草原研究所、浙江大学、内蒙古大学、北京师范大学、中国农业大学、中国科学院遗传与发育生物学研究所主持，另外中国科学院植物研究所、西南大学等单位的专家也参与了项目的研究工作，形成了一个很有优势和实力的科研团队。为确保项目和课题的研究工作顺利实施，依托项目主持单位并联合项目参加单位，通过整合和新建的方式，构建了一系列的实验平台，包括短期-中期-长期放牧强度野外平台、不同草原类型区的退化恢复野外平台、模拟放牧与逆境胁迫实验及羊草分子生物学材料培养室内实验平台，以及相关辅助试验平台，作为项目和课题开展研究工作共用共享的数据源平台，为项目和课题的顺利实施提供了坚实的平台保障。同时，逐级分解项目和课题任务，确保落实到课题组、落实到人，有序推进各项任务落实和进展。通过召开多种不同类型的交流会，加强项目和课题的交流，有效促进了项目和课题的学术交流以及创新水平的提升。感谢 973 计划项目团队成员的团结协作、辛勤努力和无私付出！

本项目重点面对草原生产力持续衰减，生态功能不断衰退，生态需求和生产需求远未协调解决的困境，开展放牧利用下草原生产力提高与生态功能提升的基础研究，对于实现"研究草原生产力的调控机制和途径，为草原保护与可持续利用提供理论基础和技术支撑"的目标具有重要的理论与实践意义。如何破解这一命题，一是要解答草原生产力为什么会持续下降的问题，即深入探究草原生产力持续衰减的关键原因与机制；二是要解决如何提高草原生产力的问题，即针对衰减的关键原因，揭示提高草原生产力的调控机理，寻找切实有效的调控技术途径。

在对已有研究的总结与凝练的基础上，结合项目组开展的系列前期研究，结果表明，在长期过度放牧利用下，草原生产力持续衰减主要是土-草-畜系统组分及其互作关系失衡引起的，因此须从土-草-畜系统的三个组分入手进行系统研究：在家畜方面，过度放牧是导致系统组分失衡的主要动因，但适度放牧又是草原功能维持的重要平衡动力，需要遵循放牧优化理论，探明对草原生产力有利的适度放牧机制；在植物方面，草原植物表现出明显的矮小化，这种现象既表现了植物对逆境胁迫的生理响应，也表现了基于表观遗传的保守性，这是草原生产力衰减和恢复缓慢的重要原因，也是探索恢复与提高草原生产力的机理和途径的关键；在土壤方面，占退化草原 50% 以上的中度退化草原，土壤出现了裸露板结、养分丧失等结构与生产功能退化现象，也是导致生态功能恶化、生产力衰减的重要因素及恢复提高草原生产力的关键。因此，本项目拟解决的关键科学问题主要有两个：一是，过度放牧下草原生产力衰减的关键机制；二是，草原生产力提高的调控机制与途径。回答这两个问题，对于放牧这个既古老又新颖的科学和生产问题将是较大的创新与突破。

在项目申请及实施过程中，有些专家对于团队开展的草原植物矮小化研究及其意义有争议和疑问。我们的研究工作对此给予了很好的回答。长期以来，草原植物相关研究一方面集中在生态层面，主要关注个体、种群、群落对环境胁迫的动态响应，如物种多样性、生产力动态、种群格局和分布、群落演替与草原退化等；另一方面集中在遗传层面，主要关注重要物种对胁迫条件的抗性和遗传适应性，如抗旱、耐寒、耐盐碱、抗病虫植物资源的评价筛选和育种利用等。第一层面重点揭示环境胁迫下物种此消彼长的动态关系，第二层面主要探索物种的抗逆遗传变异，都取得了丰硕的研究成果。那么在长期的逆境胁迫（包括干旱、盐碱、过度放牧等）下，草原植物有没有介于上述两个层面之间的变化？这种变化对草原的动态演变和退化治理究竟有没有意义？这是本 973 计划项目的关键科学问题之一，也是一些学者的主要关注点和争议点。这个中间层面问题正是当前新兴的表观遗传学问题。表观遗传是指在 DNA 序列不变的情况下生物表型、生理及基因表达发生可遗传变化的现象，其与外界环境条件的变化紧密相关，参与植物和动物的生长发育、胁迫响应、衰老死亡等重要生命过程，并在其中起关键作用。表观遗传学已成为当前动植物和医学领域的研究热点，学者在 DNA 甲基化、组蛋白修饰、RNA 甲基化、染色质重塑和非编码 RNA 修饰等机制探索方面开展了大量研究工作，并取得了许多重要成果。在牧草方面，表观遗传学研究仅处于起步阶段，在天然草原植物方面几乎是空白。本项目在团队专家前期研究的基础上，瞄准长期过度放牧下草原植物矮小化的问题，系统开展草原植物矮小化及其表观遗传机制研究，揭示了长期过度放牧下不同草原类型不同植物功能性状呈现趋同现象，表现为具有放牧胁迫记忆的矮小化特征，并发现关键基因甲基化水平上调（如 ILL2 启动子区域甲基化水平增加 56%）是调控草原植物矮小化形成和维持的主要表观遗传机制。这是经过研究团队多年的持续努力取得的填补空白的研究进展。这些研究进展回答了部分专家的争议问题，即长期过度放牧下草原退化究竟是种群和群落变化还是表观遗传变化？答案是草原退化既有种群和群落的变化，也有表观遗传的变化，我们关注表观遗传的变化并不否定种群和群落的变化。但是研究揭示的表观遗传的变化使草原退化研究更精准，使草原退化治理更精准化、更靶标化。

经过 5 年的项目实施，在各承担单位科技人员的共同努力下，顺利完成了项目和课题的各项计划任务，基本解答了项目计划解决的两个重大科学问题，即：

①过度放牧下草原生产力衰减的关键机制；②草原生产力提高的调控机制与途径。在解答过度放牧下草原生产力衰减的关键机制方面，阐明了草原植物表型可塑性变化对长期过度放牧响应的生态学过程及草原生产力形成与维持的机制，研究证实过度放牧利用下草原植物矮小化的现象普遍存在，且植物矮小化型变具有"记忆"特征，并证明矮小化与植物个体生物量减少及草原第一性生产力（初级生产力）衰减有着十分密切的关联；从微环境土壤、植物生理和分子等维度系统解答了长期过度放牧导致草原第一性生产力衰减的机制。研究证明，过度放牧下土壤理化性状和微生物系统劣化制约营养要素供给功能，阻碍了草原植物正常生长，是草原生产力衰减的关键机制之一——植物生长受阻；同时，还证实草原植物通过生理生化响应构建了增强耐牧性、减弱生产能力的生长-防御权衡策略，并在分子水平通过调控三大关键代谢途径——光合作用、氮磷代谢和激素合成等，形成以植物自身调节为主导的植物矮小化与生产力衰减的避牧适应机制。在解答草原生产力提高的调控机制与途径方面，立足植物调节、微环境土壤保育及放牧优化调控等重要手段，重点突破了退化草原修复过程中的基础原理和技术难题。围绕植物调节快速恢复草原植被方面，以提高草原建群植物羊草和针茅种子发芽率及增强羊草在退化环境的抗性（抗旱性）为靶标，探明了抑制剂和种皮限制是影响种子发芽的关键障碍，并研发了外源物调节技术，突破了长期以来天然草原羊草发芽率低的技术难题，同时揭示了外源 α-亚麻酸（ALA）调控增强羊草抗旱性的分子机制，推进了外源施加 ALA 解除植物矮小化、快速提高草原生产力技术的创制与应用；围绕土壤保育技术方面，项目研究探明浅耕翻和深耕翻较自然恢复更有效，但应及时辅以增肥措施，同时指出基于草原特殊的土壤性状，磷素易被吸附而失效，提高磷素有效性将是提高草原肥力的关键，也是下一步值得重点研究和攻克的技术难题；围绕放牧优化方面，项目在优化放牧提高草原生态-生产功能方面的理论和技术取得新突破，以放牧强度调节为主、辅以时间优化研究探明了适度放牧调控植物群落结构、提高生物多样性和时间稳定性，促进系统碳蓄积并增强土壤肥力，提高草畜转化效率和生产力并减少温室气体排放等重要生态过程，指导建立了内蒙古典型草原适度放牧标识、阈值和均衡调控技术方案。

通过 5 年攻关研究，项目研发了一系列退化草原快速恢复的技术，如攻克了羊草、针茅等草原建群植物种子发芽率低的难题，发现了羊草植物外源激素 ALA 调节的原理与技术，探明了退化草原土壤及微生物的劣变情况，以及通过施肥等措施保育土壤、提高土壤养分供给的技术，阐明了优化放牧维持和提高草原生态生产功能的理论，并提出了一系列的优化放牧技术方法，对退化草原快速修复具有重要支撑作用。基于项目研究，提出了基于标识判断的弹性精准草畜平衡管理新理念、新方法。从土壤和植物两方面，以及从植物形态、生理生化、分子多水平，比较系统地揭示了过度放牧诱导草原退化的机制，初步确定了草原退化的标识性指标及阈值。研究为精准判定草原退化状态、科学评价草原健康（退化）状况，提供了新思路和方法，为使草原退化修复从"暗箱"修复管理转向"明箱或半明箱"精准修复管理奠定了基础，同时探索了草原退化精准修复的示范样板。草畜弹性精准管理实际上是对放牧草原生态系统时间与空间异质性的一种综合的应对策略。放牧草原生态系统兼具"平衡"和"非平衡"特征，采用任何一种理论来指导草原草畜平衡管理都显得不合时宜。应根据"人-草-畜"关系特征，根据不同降水模式下草原植被特征，分析适度载畜强度下草原群落、种群、个体及土壤变化规律，形成不同降水情境下的适度放牧的标识区间，放牧率根据降水与草原生产力状况做出适应性调整，单一的草地阈值并不等于弹性管理，而是考虑了时空异质性和生态系统多平衡态的基础上的阈值管理。

通过 5 年的研究，虽然揭示了草原退化和修复的一些机制与技术问题，但是在研究中越来越多地发现，草原退化是一个很复杂的科学问题，远不是一个项目就能完全搞清和解决的，需要长期不懈的系统深入研究才能达成目的。所以，草原退化和治理研究任重而道远。

最后，特别感谢为本书作序的德高望重的许智宏院士和任继周院士，他们亲笔作序，对草原生产力研究给予了高度的重视，对团队的工作给予了充分的肯定，使我们更加坚定了信心，今后将一如既往地投身草原保护的科学研究事业中。

项目首席科学家　侯向阳
2022 年 4 月 2 日于山西太谷

目　　录

第一章 世界和中国草原退化研究概述[*]

第一节 世界草原退化研究

一、世界草原退化概况

（一）世界土地荒漠化

"荒漠化"是指土壤盐渍化后形成的生产力下降或者丧失的情况，起初是在20世纪六七十年代期间，撒哈拉沙漠地区连年干旱，致使土壤因缺少水分龟裂，丧失了生产能力，土壤沙质化，人们遭受了空前灾难，荒漠化一词开始流传开来。荒漠化是目前世界范围内最严峻的生态环境问题之一，荒漠化会导致土地退化、生物群落退化、气候干暖化、水文状况恶化、环境污染以及毁坏生活设施和建设工程等种种危害。全球陆地面积中干旱土地面积约占41%，包括世界农业用地的45%（Burrell et al.，2020），承载着全球38%的人口。当前10%～20%的旱区土地已经发生退化，面积达$6 \times 10^6 km^2$至$1.2 \times 10^7 km^2$，直接影响和制约超过2.5亿发展中国家人口的生产与生活（张永民和赵士洞，2008；MEA，2005）。

1. 荒漠化的形成原因

荒漠化的最终结果就是沙漠化，大多数荒漠化的土地最终都会变成沙漠，一望无际的沙海庄严而又可怕，一点一点地蚕食着我们赖以生存的家园。荒漠化的形成原因大致可以总结为以下几点。一是，自然条件恶劣，水资源不合理利用导致荒漠化。大陆性气候和草原气候都属于降雨量较少且集中的气候类型，其本身自然条件就比较恶劣，并且由于植被遭人为破坏后覆盖率大大下降，过于集中的降雨量将导致大量的水土流失，土壤养分被雨水冲刷，土壤的生产能力下降，地表逐渐裸露，最终导致荒漠化。二是，土地利用不合理，导致土地荒漠化。目前，许多地区对土地的利用都是不合理的。随着人口数量的不断增多，对粮食的需求量也逐渐增大，许多发展中国家垦荒种地，将原有的森林和草地开垦成为耕地，打破了原有的生态平衡，忽略了土地的承受能力，导致了水土流失严重、盐渍化加剧，最终导致荒漠化。三是，草场经营管理不恰当，过度放牧。南北回归线至南北纬66.5°之间分布着较多的草场，大陆性气候造成该范围内的地区难以形成大

---

*本章作者：侯向阳、董海宾、高丽、李西良、吴新宏、丁勇、任卫波、秦艳、侯煜庐

森林，多数为低矮的植被。许多牧民以畜牧业为生，为了能获取更多的利益，草场管理者开始增加牲畜的饲养量，忽视了草场的承载能力，过度放牧导致草场的自我修复能力遭到破坏，最终导致土地荒漠化。四是，土地保护意识薄弱，盗砍乱伐现象严重，植被遭到人为破坏。发展中国家的环保意识较为薄弱，许多环保宣传做得不到位，很多牧民和其他群众的环境保护意识较弱，没有意识到自身的行为将会给自然环境造成可能不利的影响，盗砍树木、毁坏森林的现象严重，草场被开垦成建设用地，水土流失严重，最终导致土地荒漠化。

2. 荒漠化土地面积的分布

土地荒漠化是全球性的环境灾害，在世界各大洲 100 多个国家和地区均有分布，随着世界一体化的不断加深，荒漠化的防治成为全人类共同的环境治理目标。世界上的荒漠化土地主要分布在陆地面积较为广阔的亚洲和非洲，以南北回归线至南北纬 66.5°之间的内陆地区为主，较为著名的荒漠化地区有非洲的撒哈拉沙漠和亚洲的中东地区。非洲的荒漠化面积占据了非洲面积的 1/3，且分布的地区较为特殊，撒哈拉沙漠位于赤道地区，赤道横穿撒哈拉沙漠，是较为特殊的热带沙漠地带。亚洲由于面积广阔，位于内陆的中亚和西亚地区均为大陆性气候，荒漠化面积广阔。大洋洲的中西部地区也有荒漠化地质分布，南北美洲沿安第斯山脉走向的地区也有些许狭长型的荒漠化地质。土地沙质化是常见的荒漠化类型，大多数沙漠地区分布在人口较多的发展中国家，荒漠化严重影响和危害该类国家人民的生存与发展（刘超和刘凤伶，2015）。

我国荒漠化土地分布为东经 74°～119°、北纬 19°～49°，经度横跨 45°，纬度纵跨 30°，几乎从海平面到高寒荒漠地带，垂直跨越数千米，地域辽阔，气候类型及地貌类型多样，塑造了形成荒漠化的主导因素的丰富多样。水蚀、风蚀、冻融侵蚀、土壤盐渍化无处不在，从而造就了中国荒漠化类型的多种多样。其中，我国新疆、内蒙古、河北、山西、陕西等省份的荒漠化土地面积占全国荒漠化土地总面积的 98.45%。2004～2014 年的监测结果显示，我国荒漠化土地主要出现在京津冀以及山西、内蒙古等地，这种状态持续了 10 年之久（胡静霞和杨新兵，2017）。

3. 荒漠化土地的变化趋势

目前的荒漠化防治工作已经取得了一定的进展，荒漠化的蔓延趋势也逐渐减缓，主要的成就有沙漠地区种植植被绿化沙漠，沙漠的蔓延速度逐渐下降，更令人欣慰的是乱砍滥伐的现象得到了治理。并且，经过大力的环保教育宣传后，基层群众的环保意识逐渐觉醒，加上政府对干旱地区群众的救济，过度开垦的现象得到了缓解，通过有效的管理，土地得到了较为科学合理的利用。无论如何，全球气候变暖这一大趋势是不可否认的，随着气温的不断升高，荒漠化的防治工作将会变得更加艰巨。有专家学者指出，到 2030 年时，人类生产活动所产生的 CO_2 将会是现在的 1.5 倍，全球气温将会升高 1.5～4.5℃，这也意味着干旱地区的土壤沙化问题将会更加严重。因此，为了防止土地荒漠化，达到可持续发展的目的，应该加强荒漠化防治，努力进行荒漠化治理，尽可能地控制土地荒漠化，防止荒漠化进一步扩张，慢慢地缩小荒漠化面积，将黄沙变绿洲，走可持续发展的道路。

我国是世界上荒漠化面积最大、受影响人口最多、风沙危害最重的国家之一。全国荒漠化土地总面积 261.16 万 km^2，占国土面积的 27.2%，养活着大概 5.8 亿人（Li et al.，2021）。"十三五"期间，我国累计完成防沙治沙任务 1097.8 万 hm^2，完成石漠化治理面积 160 万 hm^2，建成了沙化土地封禁保护区 46 个，新增封禁面积 50 万 hm^2，国家沙漠（石漠）公园 50 个，落实禁牧和草畜平衡面积分别达 0.8 亿 hm^2、1.73 亿 hm^2，荒漠生态系统保护成效显著。目前，我国已成功遏制荒漠化扩展态势，荒漠化、沙化、石漠化土地面积以年均 $2424km^2$、$1980km^2$、$3860km^2$ 的速度持续缩减，实现了从"沙进人退"到"绿进沙退"的历史性转变（中国环境监测，2021）。

（二）世界草原分布和退化状况

草原占全球陆地表面积的 40%，约占全球农业土地面积的 69%（Wilsey，2018；O'Mara，2012；Suttie et al.，2005）。根据联合国粮食及农业组织（FAO）的定义，世界草原由永久性草地、疏林地、荒漠、冻原和灌丛地组成。草原生物种类丰富，是全球重要的生物多样性富集中心之一，为人类的生存、文明发展和良好生活提供了重要的资源（Gibbs and Salmon，2015；White et al.，2000）。

世界草原分布区的气候和地形条件差异较大，从温带到热带，从降雨不足 250mm/a 的干草原到降雨超过 1000mm/a 的湿润草地，年均气温从 0℃左右到超过 25℃，均有不同类型的草原分布。非洲撒哈拉以南地区主要分布稀树草原，亚洲主要为无林草原和灌丛草地，北美洲为普列里高草草原，南美洲主要分布有潘帕斯草原。稀树草原、灌丛草地和无林草原占全球草原资源的 80%。撒哈拉以南非洲草原和亚洲草原面积较大，分别是 $1.45×10^7km^2$ 和 $8.9×10^6km^2$（图 1-1）。中国、澳大利亚、俄罗斯、美国、加拿大等五国草原面积均超过 300 万 km^2（White et al.，2000）。

尽管草原对人类如此重要，但是当前世界草原普遍退化以及退化不断加速的趋势给人类带来了威胁和挑战（Gibbs and Salmon，2015；White et al.，2000）。据估计，全球约 49%的草原发生了不同程度的退化（Gibbs and Salmon，2015；Gang et al.，2014；Abberton et al.，2010）。草原的退化制约了草原对全球数亿以上人口的食物、能源、医药以及环境支撑的服务供给（O'Mara，2012）。

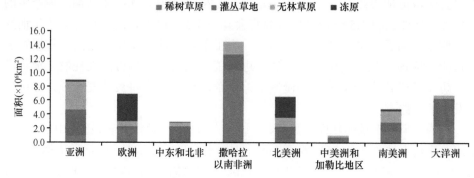

图 1-1 世界各地区草原面积及类型分布（引自 White et al.，2000）

（彩图请扫封底二维码，全书同）

Abberton（2010）估计全球大约 20% 的草原资源发生退化。"全球土壤退化评价"（Global Land Assessment of Degradation，GLASOD）表明，发展中国家的草原退化更为严峻，非洲严重退化草原面积达 $2.43×10^8hm^2$，亚洲达 $1.97×10^8hm^2$，拉丁美洲达 $0.78×10^8hm^2$。Scherr 和 Yadav（1996）预测，由于超载过牧、过度樵采利用等原因，在南北非洲、跨喜马拉雅地区、东南亚洲等地的草地将进一步加速退化，这种预测因过度放牧成为更重要的退化因素而在各种类型草原中变为现实。

（三）世界草原退化的驱动因素

造成草原退化的原因是复杂多样的，且各因素之间是相互交织、相互影响的。主要的驱动因素包括过度放牧、转变草地用途、外来物种入侵、草原野火等直接因素，以及与此相关的人口增长、草地使用权转变、草地使用权管理缺失等间接的社会经济因素。气候变化，特别是越来越频繁和严重的干旱与高温等极端气候，对草原退化起到加剧的作用（IPCC，2018）。

开垦草原，将草原转变为农田或其他农业生态系统，是造成全球草原面积减少的主要原因。在世界上的许多地区，草原土壤养分水平和生产力较高，而且多数平坦开阔，易于开垦。在 20 世纪 50 年代之前，温带大部分土壤较肥沃、降雨相对较丰沛的草原被开垦为农田（MEA，2005），未被开垦而保留下的条件较差的干旱草原用于放牧（Suttie et al.，2005），但随着免耕技术的发展和耐旱作物品种的培育，在干旱草原土壤耕种作物的潜力有所提升（Clay et al.，2014）。据 FAO 统计，1850 年世界草原面积是 63.5 亿 hm^2，在此后的 90 年中，由于种植业的发展，土地不断被开垦，世界草原面积不断下降，到 1940 年为 62.66 亿 hm^2，到 1955 年达到谷底，为 59.22 亿 hm^2，此后，世界草原面积开始回升，到 1989 年为 68.12

亿 hm^2。在世界范围内草原面积的增加，主要是以减少森林面积为代价而取得的（卢欣石，2019）。在过去的 150 年中，温带天然草原被开垦而转变为农田和其他农业用途的面积是最大的（MEA，2005）。

草原是世界各地区千百万个家庭型小牧场的主要放牧资源。超载过牧是草原退化的最主要因素。Hilker 等（2014）应用中分辨率成像光谱仪（MODIS）遥感方法测定蒙古高原草原生物量降低 80% 是由牲畜数量增加造成的。Gang 等（2014）测定在南半球的澳大利亚草原退化的 46% 由气候变化决定，过度放牧对草原的影响仍起很重要的作用。尽管超载过牧对草原的破坏作用不断扩展，但是随着人口的增加和对肉类需求的持续增加，世界家畜数量仍不断增长，导致草原持续退化。世界人口从 1950 年的 25 亿发展到 70 亿~80 亿，牛羊数量呈指数增长。由于超载过牧，在非洲、中东、中亚、印度次大陆的北部、蒙古国、中国北方等地区的大多数草原发生退化（Blair et al.，2014）。由此，草原退化成为一个世界性的问题。

外来的非乡土草种的入侵对草原也产生了重要影响。在美国加利福尼亚州，有 700 万 hm^2 的原生草地被来自地中海的一年生草侵入，其成为当地占优势的植被群落，并改变了当地草地群落的生物习性和自然干扰节律。在美国东南部的莫哈韦和索诺拉沙漠，由于植物组成的转变，现在火灾发生的频率远高于以往历史时期。这种一年生草和火灾发生的综合现象在澳大利亚草原也存在（Blair et al.，2014）。

二、世界草原退化和恢复研究概述

由于草原对全世界人类的生存和发展非常重要，针对当前草原面临的严峻退化威胁和挑战，在全球范围内加强草原恢复和保护显得日趋重要。世界各地区在退化草原恢复方面已经做了不少探索研究和实践，但是迄今为止，在有效恢复退化草原的途径方面取得的进展仍比较有限，制约了世界各地区的可持续发展。因此，退化草原恢复仍然任重道远。

（一）国际退化草原恢复研究和实践进展

过去几十年，世界各地的政府机构、高等院校、科研院所、企业、社会组织、土地所有者等利益相关者开展了大量有关退化草地恢复的研究和实践工作，草地恢复科学和实践取得了较大的进步，但恢复工作普遍未能将草原的生物多样性以及其他生态系统属性恢复到原来的状态（Péter et al.，2021；Jones et al.，2018）。此外，大气 CO_2 浓度增加、气温升高、降水格局改变等气候变化因素威胁草原生态系统的生物多样性和稳定性（Hampe and Petit，2005；Thomas et al.，2004），从而增加了退化草原恢复过程中的不确定性（Wilsey，2020）。

　　欧亚大陆草原是世界上最大的草原（steppe）地带（Hurka et al.，2019）。对欧亚大陆草原的主要破坏性威胁是将草原转化为耕地、过度放牧、采矿、石油和天然气开发、城市侵占与植树造林等。例如，在俄罗斯最严重的威胁是将草地转化为农业用地，但在蒙古国是过度放牧、采矿和油田开采（Hurka et al.，2019），在中国，由于长期过度放牧和草地开垦为农田，大约90%的草地都有不同程度的退化，其中严重退化草地占60%以上（白永飞等，2020）。自20世纪80年代中国草原大面积退化以来，草原工作者开展了大量的天然草地恢复治理工作（潘庆民等，2018）。通过实施退牧还草、退耕还草、草原生态保护和修复等工程，以及草原生态保护补助奖励等政策，草原生态系统质量有所改善，草原生态功能逐步恢复。在俄罗斯，自20世纪90年代以来，农业用地的弃耕被看作是一种积极的土地转型，潜在地促进了退化草原的恢复，改善了土壤质量及碳封存，增加了生物多样性（Pazur et al.，2021；Baumann et al.，2020；Kurganova et al.，2015；Kamp et al.，2011）。有关哈萨克斯坦、蒙古国退化草原恢复的研究和实践的报道相对较少，至今还没有任何经验，或者只是在这个方向上进行了初步尝试（Squires et al.，2018）。

　　北美大陆草原原生草地大面积减少。在加拿大，大约70%的原生草原已经消失，主要是由于农业发展和石油及天然气开发（Parks Canada Agency，2018）。自20世纪40年代末以来，美国永久草地面积一直在下降。1948~2002年，由于城市和郊区的发展、农业用地与木本植被的侵占，美国草地面积占土地面积的百分比从60%下降到了44%（Wedin et al.，2009）。在加拿大，政府机构、野生动物管理人员、土地所有者、土著居民以及其他利益相关者做了大量的草原恢复工作。例如，为了保护混合草原（mixed-grass prairie），建立了草原国家公园，在公园内，重新引进平原野牛群（plains bison）并使其保持在一个可持续的水平，种植银色鼠尾草、割草或放牧、重新种植本地物种以及实施计划火烧等措施，不仅使得草原得以恢复，而且提升了野生动物栖息地的质量（Parks Canada Agency，2018）。在美国，随着草原和相关动植物栖息地的消失，联邦政府在过去的25~30年里一直在推动建立原生草原，并分担成本，以重新获得与原生草原相关的许多生态服务。1985年通过的《农业法案》（Farm Bill）授权建立了"保护区项目"（Conservation Reserve Program，CRP），加快了美国草地的恢复。25年来，CRP项目的实施，使得超过3200万英亩（1acre=0.404 856hm²）的土地得到恢复。通过连续的《农业法案》授权，美国农业部的其他项目也得到了批准，如野生动植物栖息地奖励项目（Wildlife Habitat Incentives Program，WHIP）、湿地保护项目（Wetlands Reserve Program，WRP）、环境质量奖励项目（Environmental Quality Incentives Program，EQIP）和保护安全项目（Conservation Security Program，CSP）。这些项目鼓励土地所有者种植本地草种，并为其提供成本分担援助。

稀树草原覆盖了非洲和澳大利亚一半以上的面积，南美洲 45%的面积，印度和东南亚 10%的面积（Werner，1991）。由于受密集和长期的农业与商业活动的影响，分布于非洲南部（O'Connor，2015；Van Oudtshoorn，2015）、澳大利亚北部（Chen et al.，2003；Williams et al.，1997）、巴西中部（Tibcherani et al.，2020；Ratter et al.，1997）的大面积稀树草原已经退化（Cardoso da Silva and Bates，2002；McCulloch et al.，2003），造成许多对生态和社会经济的威胁（Reynolds et al.，2020）。在非洲南部，在低度到中度放牧的稀树草原和牧场上，同时采用清除银胶菊（*Parthenium hysterophorus*）和播种本地多年生草种措施，可能有助于抑制银胶菊，从而恢复非洲南部和其他国家有类似入侵植物的草原（Cowie et al.，2020）。在澳大利亚北部，利用现代技术重新引入传统火灾管理，具体方法是增加早期旱季火灾的发生率，以减少旱季后期大型高强度火灾的范围（Russell-Smith et al.，2013）。在高度干扰的稀树草原生态系统中去除牛群，以减少适口性较差的物种，增加适口性较好的物种（Kemp and Kutt，2020）。有研究使用击倒、除草剂（草甘膦）、焚烧和砍伐来控制成熟入侵种甘巴草（*Andropogon gayanus*）（NT Weed Management Branch，2018）。

（二）国际退化草原恢复和实践的困境与挑战

一是，社会公众对草原的认知以及国家和国际组织在制定草原政策方面的重视度还有待提高。草原在国家和国际政策中受重视程度不够，常常是造成草原管理不善和草原退化的一个重要因素。在世界气候变化减缓、食物安全保障、生物多样性保护、减少贫困等政策制定中对草原作用的重视不够。比如，国际上从《联合国气候变化框架公约》（UNFCCC）、《生物多样性公约》（CBD）到可持续发展目标（SDG），都把遏制和恢复退化生态系统作为核心目标之一，但均没有明确提到草原。总部设在美国的大自然保护协会（TNC）是全球最大的从事生态环境保护的国际民间组织，其中一个目标就是致力于南美等地区的森林面积总体不发生变化，即实现"零毁林"的目标，但至今还没有类似"零毁草原"的尝试。

二是，对草原退化引起的社会经济及环境后果重视不够。事实上，草原退化可产生巨大的社会-经济后果，是发展中国家贫困产生的重要驱动因子。草原退化可以引发局地、区域及全球尺度的生态环境问题，包括减少土壤碳储量、降低水质、减少生物多样性、加剧水土流失等。特别严重的是，在科学家、草原利用者、资源管理者、政策制定者之间，对什么是草原退化，在不同地区哪些因素会引发和加剧草原退化，仍然缺少共识性的理解（Wang et al.，2015）。

三是，草原退化的评价方法和标准尚不统一。国际上对草原退化的严重程度、草原退化对生态系统服务的影响、退化草原的恢复路径和程序等缺乏统一的评价方法与标准。不同地区不同组织和单位在草原恢复的研究与实践方面缺少交流及沟通，数据的兼容性差，恢复方法的交流性和可借鉴性差（IPBES，2018）。世界各地草原类型的多样性和草原退化驱动因素的多样性，使得不可能用一套完全统一的指导方案进行退化草原治理指导。在退化评价和恢复过程中，对不同利益相关者的需求、恢复标准还没有一致的标准和方法。在退化草原的标准化精准修复治理方面还几乎是空白。

第二节　中国草原退化研究

一、中国草原类型和分布概况

纵观世界草原，虽然从温带到热带均有分布，但它们都占据着固定的生态位置，即处于湿润的森林区与干旱的荒漠区之间。我国草原处于北温带，为欧亚大陆草原的重要组成部分。它南北跨越纬度 17°（北纬 35°～52°），东西跨越经度 44°（东经 83°～127°）。草原分布范围广阔，生态条件是多种多样的，加之海拔的巨大差异（从 100m 到 5000m 以上），使草原的环境比较复杂（李博等，1995）。

除荒漠区的山地草原外，我国草原的主体分布于几大高原，包括内蒙古高原、黄土高原与青藏高原，仅其北端伸延到东北松辽平原。从总体来看，我国草原呈连续的带状从东北往西南延伸，并呈阶梯状从东北往西南抬升（李博等，1995）。

我国草原区处于北半球中纬内陆，主要为温带半干旱气候，部分地区属半湿润气候或干旱气候，具明显的大陆性气候特点。温带草原为我国北方牧区的主体。冬季寒冷少雪，夏季高温降雨较多、水热同期，植物生长呈单峰形。从东往西，降雨量逐渐降低而热量渐趋增加，导致有效水分越来越少，土壤淋溶程度逐渐减弱，钙积层渐趋于地表，植被高度、盖度和种的丰富度渐趋降低，出现草甸草原、典型草原与荒漠草原三个地带。青藏高原高寒草原日照充足、太阳辐射强烈、气温终年较低、植被低矮，常在草丛中出现垫状植物，但牧草的营养价值较高。新疆的山地和山麓地区为荒漠气候，草原气候为山地垂直带的产物。在其山麓及平原地区，主要发育以灌木、半灌木为主的荒漠植被，基带往上具温带半干旱气候特点，分布山地草原（李博等，1995）。

中国的草原分类体系和分类结果是基于 1979 年开始的全国统一草地资源调查，经多次专家讨论和修订，并于 1988 年公布《中国草地类型的划分标准和中国草地类型分类系统》而确定的。全国采用类、组、型三级分类系统。中国草原共分为 18 个类，包括：①温性草甸草原类；②温性草原类；③温性荒漠草原类；④高寒草甸草原类；⑤高寒草原类；⑥高寒荒漠草原类；⑦高寒荒漠类；⑧温性草原化荒漠类；⑨温性荒漠；⑩暖性草丛类；⑪暖性灌草丛类；⑫热性草丛类；⑬热性灌草丛类；⑭干热稀树灌草丛类；⑮低地草甸类；⑯山地草甸类；⑰高寒草甸类；⑱沼泽类。其中，温性草原类草地广泛分布于内蒙古、新疆、甘肃、青海、西藏、陕西、宁夏、山西、河北等省份，面积 4109 万 hm²，占全国草地面积的 10.46%，可利用面积 3636 万 hm²；温性荒漠类草地集中分布于我国西北部干旱地区，总面积 4506 万 hm²，占全国草地面积的 11.47%，可利用面积 3060 万 hm²；温性荒漠草原类草地分布于温性典型草原带往西的狭长区域内，总面积 1892 万 hm²，可利用面积 1705 万 hm²；高寒草甸类草地集中分布于我国青藏高原的东部和帕米尔高原，以及天山、阿尔泰山、祁连山等高大山地的高山带，总面积 6372 万 hm²，可利用面积 5883 万 hm²；高寒草原类集中分布于青藏高原的中西部，总面积 4162 万 hm²，可利用面积 3543 万 hm²（卢欣石，2019）。

中国草原分布区气候和地形差异较大，草原类型丰富多样，但其分布水平地带性和垂直地带性比较明显。受热量梯度影响，中国草原东部地区从南到北依次为热带草丛、暖性草丛、温性草原等分布。受水分制约影响，中国草原分布自东南向西北呈现草甸—草甸草原—典型草原—荒漠草原—草原化荒漠—荒漠逐渐更替的地带性分布规律。

二、中国草原退化的概念和原因

我国大面积、明显的草原退化现象出现于近几十年。不同学者从不同角度对草原退化做出了不同的定义，主要有草地经营学、生态学两种视角。经营学视角的研究认为，草原退化是草原在生物、土壤和社会等多种因素的影响下发生了不利于生产的变化（章祖同，1986），致使载畜能力、畜产品生产力下降（黄文秀，1990）。而基于生态学视角的观点认为，草原退化是在放牧、开垦等人为活动影响下草地生态系统远离顶级的状态（李博，1990）。但草原退化与草原群落逆行演替并不等同，顶级状态未必利用价值最高，适当利用虽然发生逆行演替，但是利用价值提高，并不称之为退化（李博，1997）。随着研究的深入，人们认识到土壤退化与草原退化关系十分密切（李绍良等，2002），并逐渐将土壤因素纳入草原退化的概念中，从关注地上植被到对地上、地下整个系统的关注，体现了对草原退化认识的深入。基于对草业的系统学考察，任继周（2004）认为系统相悖是草原退化的根本原因，植被与土壤两个子系统的耦合关系丧失，使得系统结构改变、功能退化。总结几十年的研究历程，我国学者对草原退化概念的认识日趋深入，从对地上植物群落逆行演替、植被生产力下降的关注，逐渐过渡到对"地境-草丛-家畜"整个系统的考察，对剖析草原退化原因、揭示退化机理具有重要的意义。

关于草原退化的原因，目前被广泛接受的论断是：草原退化是人类活动与气候变化共同作用的结果。但其主要驱动机制仍存在争议，基本观点有气候主导说、人类干扰说、二元论、综合论几种（樊江文等，2007）。研究发现，不同地区草原退化的主要因素不尽相同，如青藏高原以过度放牧和植食性小哺乳动物种群暴发为主因（崔庆虎等，2007）；而王云霞（2010）通过计量经济模型量化了气候与人类活动对草地退化的影响，认为 1980～2000 年内蒙古牧区和半农半牧区 54 个旗县草地退化的主要因素为人为因素（占 52%）；郝璐等（2006）运用多因素灰色关联度分析的方法研究了内蒙古典型草原、草甸草原、农牧交错带草地退化的成因，认为草原退化是人类活动与气候变化共同胁迫所致，人类的草地管理方式对草地生态系统具有较大的影响；基于对水平衡考察的研究认为，天然草原超载过牧、人工品种选择失当均可造成土壤水分失衡，并通过对草地群落结构、牧草生长、草地生产力等的影响造成草原退化（魏永胜等，2004）；边多等（2008）对藏西北草地退化状况与机理的研究认为，过度放牧引起的草地退化越来越严重，是局部草地退化的根本原因。虽然不同地区导致草原退化的具体因素不尽相同，但是都把过度放牧列为最主要的原因，认为过度放牧伴生高强度的植被采食、土壤践踏，改变植被群落状况、土壤结构，使得地境-草丛-家畜原有的协调、耦合关系丧失，最终体现为草地系统的退化。

三、中国草原退化的状况

草原退化既是全球性的生态环境问题之一，也是我国草原面临的突出问题。自 20 世纪后半世纪以来，由于我国人口的不断增长和市场需求的不断发展，草原由自我封闭、自我维持、自我调节、低效粗放的游牧经济系统，转变为开放的生态经济系统。随着家畜数量的大量增长（如锡林郭勒草原的家畜由 50 年代初的 110 万头只增长到 2000 年的 1600 万头只），农区人口的不断迁入，使较大范围的草原被开垦以致撂荒，天然草原可放牧面积不断受到挤压，草原退化问题日益严峻。

新中国成立以来，我国草原畜牧业从游牧方式经定居游牧发展到定居划区轮牧方式。20 世纪 60～70 年代推行"以粮为纲"政策，大面积垦草种粮，造成大面积草原风蚀沙化。80 年代推行牲畜承包责任制，90 年代实行草畜双承包责任制，固化了草原分户管理的经营方式。社会的发展、人口压力的不断加强、畜牧业养殖数量的发展以及不合理的活动，如过度放牧、滥垦、乱采滥挖等，使得草原退化问题十分严重，草原区生态环境急剧恶化，草原生态系统服务功能下降，抵御各种自然灾害的能力减弱，草原正以历史上最脆弱、最严峻的生态环境，供养着历史上最大规模的人口，负担着历史上最大规模的人类活动，成为我国 21 世纪最突出的问题之一。草原退化加剧草原环境的不可持续性、生态系统的不可持续性、草原社会经济系统的不可持续性（张新时，2005）。

由于长期的开垦和超载过牧，草原生态环境持续恶化。21 世纪初，全国 90%的可利用天然草原不同程度退化，其中覆盖度明显降低，沙化、盐渍化达到中度以上的退化草原面积已占半数。据统计，内蒙古草原年均退化 1.67 万 km^2，生态系统服务功能价值损失 32 亿元。若按 30 年计，内蒙古生态系统服务功能价值损失是内蒙古草原畜牧业 50 年总产值的 1.42 倍（张新时，2005）。青海省 70% 的草原不同程度退化，并呈整体退化趋势，其中中度以上退化草场面积占总草场面积的 21%，生态资产损失量达 $4.382×10^8$ 美元，占全国总价值损失量的 13.16%。西藏草原总面积为 0.81 亿 hm^2，可利用草原面积 0.66 亿 hm^2，目前草原退化面积已经达到 0.43 亿 hm^2，超过草原总面积的 50%，其中，重度退化草原占总草原面积的 23.1%，中度退化占 32.3%，轻度退化占 44.6%。西藏草原生态资产损失量达 $3.403×10^8$ 美元，占全国总价值损失量的 10.22%。新疆目前 85% 的天然草地处于退化之中，其中严重退化面积已占到 30% 以上，草地生态日益恶化。新疆草原生态资产损失量达 $3.362×10^8$ 美元，占全国总价值损失量的 10.10%（王瑞杰和覃志豪，2007）。

四、中国退化草原修复治理的工程和政策实践

为遏制天然草原快速退化的趋势，促进草原生态修复，21 世纪初以来我国主要实施了退牧还草工程和草原生态保护补助奖励政策。从 2003 年开始，国家在内蒙古、新疆、青海、甘肃、四川、西藏、宁夏、云南 8 个省区和新疆生产建设兵团启动了退牧还草工程，旨在通过草地围栏建设、补播改良、禁牧、休牧、划区轮牧等多种措施来恢复草原植被，提高草地生产力，最终改善草原生态，促进生态环境和草原畜牧业持续、健康与协调发展。从 2011 年开始，国家在内蒙古、新疆、西藏、青海、四川、甘肃、宁夏和云南等 8 个主要省区及新疆生产建设兵团，实施草原生态保护补助奖励政策，后扩展到 13 个省份的 662 个县（市、区、旗、团场）。草原补奖政策自实施以来，中央财政资金累计投入 1514.1 亿元，受益牧民达 1200 多万户，是我国实施范围最广、投资规模最大、覆盖面积最广、农牧民受益最多的一项草原生态保护政策。现对退牧还草工程和草原生态保护补助奖励政策的实施简述如下。

（一）退牧还草工程

针对退牧还草工程实施中存在的问题，专家学者从草地退化原因、草畜平衡技术、围栏与禁牧封育、划区轮牧、工程效益评价、工程政策等方面进行了研究和论述。

1. 超载过牧对草地退化的作用机理

对草地退化机理的揭示是解决草地退化问题的前提，也是国家退牧还草工程

政策实施的理论基础。超载过牧究竟如何造成草地退化，使得系统耦合关系丧失，学者从地境、草丛、家畜等方面予以了阐释。李绍良等（1997）研究认为，植被退化是草原土壤退化的直接原因，土壤退化必然引起植被退化，二者互为因果；超载过牧时，牲畜过度啃食和践踏，使草本植物正常生长受到抑制，稳定的物质平衡被打破，土壤退化，植被逆向演替。张蕴薇等（2002）研究认为，随放牧强度增加，土壤水分渗透率下降，重牧破坏了土壤结构，增加了土壤紧实度，不利于牧草的生长；尚占环等（2009）认为，过度放牧导致某些种群土壤种子库降低甚至消失。从地上植被被过度啃食、高强度践踏，反馈到地下种子库、植被根系、营养元素、有机质以及土壤结构改变，再反馈至地上植被生长不良，是一个循环反馈的过程，体现了草地退化的机理。

简而言之，过度放牧引起草丛-地境系统结构改变，通过草丛子系统受到干扰，即地上植被被采食，牲畜践踏草地，营养元素循环的原有状态被打破，地境子系统受到影响，土壤结构、理化性质、地下种子库等产生变化，引发整个草丛-地境系统结构改变、功能丧失。

2. 草畜平衡研究

超载过牧是导致草原退化的主要因素，而退牧还草工程的本意是缓解草原过牧问题，使草原生态系统得到修复，达到草畜系统的平衡，实现草地生态健康和草地畜牧业可持续发展。在工程实施过程中，草畜平衡既是工程的目标，也是工程实施的理念、依据、标准和制度保障。退牧还草工程中的草畜平衡管理，是指为保持草原生态系统良性循环，在一定时间内，通过家畜管理和饲料管理，使通过草原和其他途径获取的可利用饲草料总量与饲养的牲畜所需的饲草料量保持动态平衡。草畜平衡与草原保护、禁牧休牧和划区轮牧并称草原"三项基本制度"。草畜平衡制度的实施，使整个草地畜牧业生态系统步入了良性的发展状态。

实现草畜平衡管理的前提是草原监测。在草畜平衡决策中，首先要了解研究区的草地生产力状况和草畜平衡现状。调查草地生产力和载畜量的主要方式包括草地野外调查、卫星遥感监测、航空遥感等。草地实测调查数据精度和可信度较高，但因草场随时间的变化而出现各种误差。目前大范围的草地生物量动态监测往往依靠卫星遥感技术提供大空间尺度下的信息，基于这些信息进行模型模拟或反演计算草原地上生物量和载畜量。例如，利用 MODIS 相关产品、美国国家海洋和大气管理局（NOAA）气象卫星数据等，对不同类型草地不同季节下的草地生产力动态进行监测，并建立相应的估算模型等。这些估算模型的建立与使用对准确监测草地净初级生产力（NPP）及草地生态系统碳循环的研究具有重要意义，为草畜平衡政策的制定和实施提供了依据。

实现草畜平衡的关键是管理。通过管理将草原畜牧业生态系统的各个环节有机、有效地联系起来。大量草畜平衡管理系统的研究显示，草畜平衡的最优结果或者目的是经济效益和生态效益的双赢，而实现这一双赢，要从"供给"和"需求"两个角度研究。增加草原饲草料供给能力的途径，一方面是通过天然草地恢复和利用技术，保护天然草地生态系统，提高天然草地生产力。利用禁牧、休牧及轮牧等措施，使草原生态系统得到有效恢复，同时使其第一性生产力、利用率得到提高。另一方面是通过人工草地建设，在有条件的地区如农牧交错带地区开展农牧互补，开发农业副产品补饲牲畜，增加草原地区的载畜能力。在家畜需求方面，通过改良家畜品种、优化畜群结构，提高牧草利用率和消化率；通过对家畜管理，提高家畜生产的经济效率，减轻对草原的践踏等。通过对草畜平衡中草和畜两个方面信息的充分掌握与分析，制定合理的载畜量及草畜平衡措施。梁天刚等（2011）、王莺等（2010）进行了甘南地区草畜平衡决策研究，研究以 MODIS卫星遥感资料为基础，估算草地产草量和天然草地载畜力；以牧区补饲调查资料为基础，估算研究区补饲饲料载畜力；以统计年鉴资料为基础，评估当地草地畜牧业经营现状；通过资料的汇总与分析，利用多目标规划（MOP）的方法制定草畜平衡优化方案，并利用网络地理信息系统（WebGIS）等技术，设计开发了"甘南牧区草畜数字化管理系统"。研究结果表明，甘南牧区天然草地超载较为严重，必需建设人工草地、减少畜群数量、调整畜群结构、加快牲畜周转以改善这一状况；发展农业补充畜牧业，增加补饲饲料利用率，可以有效缓解超载过牧现象。在以上研究结果的基础上制定了三个草畜平衡方案，通过对三个方案的比较，研究认为解决草畜平衡的问题，要从草、畜、人三个方面着手，一是，利用发展人工草地、天然草地补播、农牧互补政策、草原休牧养护等措施，提高草原生产力；二是，通过引入高产良种家畜，提高牲畜生产效率，加快畜群循环；三是，利用发展旅游业、畜产品加工业等方法增加牧民收入来源，减轻草场承担的压力。

然而，整体的供求平衡只能从战略意义上改变草畜供求关系，无法具体指导草畜平衡政策的实施。由于草原生产力及牲畜生产存在很大的季节波动性，因此必须针对不同草地类型、不同时期、不同畜种等制定不同的草畜动态平衡策略，即草畜平衡优化模式。文乐元（2001）在云贵高原人工草地进行了绵羊放牧系统草畜动态平衡优化模式研究，通过对气象资料、土壤肥力、草地生长速率、草地现存量、家畜体重、家畜采食量、家畜繁殖率、畜群周转、家畜疫病及其防治等相关指标的监测及分析，进行草畜动态平衡的总体优化和过程优化调控。总体优化以年为时间单元，基于草畜供求的平均量和近似模式，以此确定基础载畜量和产羔时间等；过程优化以月或季节为时间单元，根据饲料供求曲线，以此确定补饲、储草或短期育肥等具体调控技术，并预先处理可能出现的饲草过剩或短缺问题，使草畜供求关系趋于平衡。过程优化阶段实行划区轮牧，为维持绵羊饲草摄入量预期表现接近最大值，在夏季进行刈割储草，用于冬季补饲；同时留取部分小区作为冬季放牧地，控制草地现存量。根据草地生长速率，实行夏季快速轮牧（10～15d）、冬季长周期轮牧（20d 左右）。在过程优化阶段，在夏季购买肉牛、短期育肥，提高夏秋季节载畜量。马志愤（2008）利用文献、试验测定和典型农户调查等数据，根据家畜的数量、性别、年龄以及不同生理阶段的能量需要，建立家畜能量需求子模型，根据当地草地供应和补饲供应建立能力供应子模型，对这两个子模型进行耦合，分析不同月份家畜能量代谢需求的盈亏，从而分析当地草畜平衡状况。模型分析结果表明，甘肃高山细毛羊在全年放牧的情况下，能量摄入季节性不均，导致"夏肥、秋壮、冬瘦、春死"的恶性循环局面；冬春季节仅补饲少量干草不能满足羊的能量需求，尤其是在妊娠后期和泌乳期；产羔时间对甘肃高山细毛羊能量供需平衡影响显著，最佳产羔时间为 6 月，冬季不适宜产羔。实验还发现，在冷季进行暖棚舍饲可以降低能量需求，降低放牧率，减少饲料成本，提高家畜生产效率。

草畜平衡政策的实施对草原生态系统的修复起到了积极的作用，但在执行中也存在一些问题，具体表现为草畜平衡政策执行困难，草畜不平衡问题未能得到有效解决。造成这些问题的原因有很多，杨理和侯向阳（2005）通过对草畜平衡政策实施过程中存在的经济、社会问题的总结分析，认为北方草原空间异质性突出，目前的草畜平衡管理方式只能在一个区域内采取大致同样的指导指标，与每个牧户的实情存在较大误差，很难针对每个牧户制定准确的、科学的载畜量标准；政府以行政命令的方式强行参与牲畜数量的控制不是有效的管理模式；目前的草畜平衡管理模式难以解决草原超载过牧的问题。

针对草畜平衡政策实施过程中出现的问题，应该建立以草原生态系统为基础的新的草畜平衡模式，改变目前以草畜平衡为基础的命令控制型草畜平衡管理模式，建立放牧权制度和放牧权监督机制及草原生态补偿长效机制，走草原生态畜牧业的可持续发展道路。

3. 围栏和禁牧封育生态研究

退牧还草是一项内容复杂、技术和政策性强、涉及面广的重大生态工程。目前，各方虽然对退牧还草的内涵仍然存在一定的争议，但是在将禁牧、休牧和划区轮牧作为其核心内容上取得了共识。上述工作都是在围栏建设的基础上开展的，所以围栏建设在退牧还草工程中起着十分重要的基础作用。网围栏主要用于牧区草原建设、围建草原和实行定点放牧、分栏放牧，便于草场资源有计划地使用，有效提高草原利用率和放牧率，防止草场退化，保护自然环境，是实行草原科学管理必备的基础设施。

研究表明，造成草原植被发生退化演变的主要原因不是区域内的土地利用方式，而是土地利用强度（特别是放牧强度）。单稳态模式认为，封育禁牧可以使退化草原群落得到恢复，甚至演替到顶级状态，围栏禁牧是实现退化草原植被向顶级状态恢复演替的有效措施。不同放牧制度对植物种群地上生物量影响的比较研究结果表明，禁牧能够提高种群的地上生物量，与自由放牧相比，轮牧有利于种群地上生物量的恢复与提高，也有利于群落主要植物种群的实生苗的存活和成丛，但不及禁牧效果好。对大面积的天然草地，在尚无力或不可能大范围采取如补播、施肥、灌溉等农业改良措施的情况下，采用保护性的禁牧封育措施，是一种简便、投资少、见效快、可大面积使用的草地改良措施。

4. 围栏禁牧对退化草原的作用

（1）对地上部分的影响

围栏禁牧对退化草原地上部分的影响包括生物多样性、草地生物量、植被盖度、优良牧草比例及抑制杂草等方面。张东杰（2006）研究发现禁牧封育的高寒沼泽化草甸草地牧草产量与原来相比增加明显。刘德梅等（2008）研究表明禁牧封育可提高退化草地物种多样性指数、丰富度和均匀度，而且在一定程度上也可起到恢复土壤的作用。孙涛等（2007）对山地灌丛草地植物多样性与植物数量的研究得出，围栏封育后退化草地的植被盖度明显变化，盖度的总体变化趋势为：轻度退化围栏封育区>轻度退化放牧利用区>重度退化围栏封育区>重度退化放牧利用区。周国英等（2007）对青海湖地区芨芨草草原的研究指出，围栏封育后群落地上生物量发生变化，地上总生物量和禾草类生物量均为围栏内>围栏外，而杂类草和豆类毒杂草则是围栏内<围栏外。桑永燕等（2006）通过三年的禁牧封育试验，发现退化草地生物量、植被盖度、优良牧草比例均较禁牧前增加，草地植物群落不断改善，草地生态处于自然恢复和进展演替中，禁牧封育对改善高寒草地生态环境起到了重要的作用。金健敏（2008）经过几年的试验研究发现，禁牧封育促进了天然灌草的生长，促进了自然植被的恢复，提高了人工和飞播林草的成活率与保存率，有效地遏制了生态环境的恶化，促进了畜群畜种的调整，提高了群众的养畜积极性。康博文等（2006）比较研究发现，禁牧比自由放牧能减轻家畜对植株的采食而增加叶面积，提高光合生产力；韩建国和李枫（1995）的研究表明，围封休闲提高了草地牧草的营养物质含量及产量，围封第二年，头年围封草地牧草粗蛋白的产量比当年围封草地高得多。与当年围封草地相比，头年围封草地各种营养物质含量都有明显的增加。孙宗玖等（2008）测定了多年封育地伊犁绢蒿根中可溶性碳水化合物、淀粉含量，结果发现禁牧后显著高于放牧地和连续放牧地，说明封育促进伊犁绢蒿贮藏营养物质的积累，促进其个体的生长发育潜能，分析原因认为围栏封育后提高了荒漠区土壤全氮、全磷、全钾含量，有助于保持土壤肥力，从而引起荒漠草地植被盖度、高度和产量出现大幅度的提高。王岩春（2007）的试验研究表明，通过围栏禁牧和休牧，草地得以休养生息，开

始改善和恢复，物种多样性提高，地上现存量增加，草群高度和植被覆盖度也均有一定程度提高，同时，草地的质量也明显改善，优质牧草开始增多，而毒杂草不断减少，草地的牧用价值提高。孙小平和杨伟（2005）的研究发现，禁牧封育后群落结构发生了变化，封育后的群落环境从透光、干燥变得荫蔽、湿润，而不利于喜光的有毒有害植物和杂草的生长发育，直接影响了毒害植物和杂草的生长，促进了优良牧草的不断繁殖更新。

（2）对地下部分的影响

草与土是两个相互联系的系统，草地植被的变化会导致其着生土壤的理化性质发生改变，而改变的土壤又会反过来影响草地植被组成、结构及数量特征（盖度、密度、频度、高度和生物量）的变化。围栏封育降低了牲畜对土壤的践踏破坏程度，改良了土壤结构、水分状况和提高了水分利用率，从而提高了地上生物量，促进退化草原正向演替发展。伴随着围栏内草地植被的明显恢复，表层土壤养分状况也得到一定程度的改善，土壤肥力提高，土壤有机质明显增加，土壤的全量养分、速效养分含量也均有不同程度的增加。

孙宗玖（2009）认为围封多年的草地土壤容重降低，土壤结构改善，土壤养分含量明显增加，酶活性也显著增强。此外，他还研究了封育对地下生物量的影响，从地下总生物量看，封育可以促进地下生物量的增加，且主要集中在0～10cm土层。桑永燕等（2006）的研究表明，封育3年后，蒿类荒漠草地土壤有机质、全磷及速效磷、全钾及速效钾、全氮及速效氮含量呈现增加趋势，且在0～10cm土层差异显著（$P<0.01$）。苏永中等（2002）的研究结果也表明，对沙质退化草地采取围封措施后，植被得以恢复，其覆盖作用使土壤免遭风蚀；伴随着大量枯落物的归还以及植被对风蚀细粒物质和降尘的截获效应，围封后表层土壤细粒和有机质增加，与枯落物结合会形成稳定的结皮层，抗风蚀能力增强。

周尧治等（2006）研究了呼伦贝尔典型草原区自由放牧和围栏禁牧对0～110cm土壤水分的影响情况，结果表明围栏禁牧对草原土壤水分的影响表现为提高20～70cm土层的水分含量，而放牧提高了0～10cm表土的水分含量，主要是放牧践踏草地，使草原土壤紧实，通气透水性变差，降水多集中在土壤表层而不能够向下渗透，土壤水分向下运动量小。从总体上看，围栏禁牧改善了土壤的水分状况，为植被的恢复提供了基础。

赵凌平（2008）在对黄土高原草地的研究中发现，在封育条件下土壤种子库中物种数量高于放牧条件下，对退化草地实施封育措施后，植被明显比放牧地的植被具有更大的密度和高度，能够积聚更多的包含种子的枯枝落叶层，明显提高了土壤种子库的密度，特别是显著增加了地上与土壤种子库群落中优良牧草的种数和密度，使草地质量得到改善。

多个研究表明，围栏禁牧封育不仅对退化草地植被起到恢复作用，也对土壤质量的改善有一定的影响,科学合理地应用围栏禁牧是使中、轻度退化草地得以休养生息的重要手段,也是退牧还草工程实施的一个重要环节。

（3）围栏禁牧对草原的负面影响

封育后由于残留枯草、凋落物的量增大,抑制了群落生物生产潜力的发挥,对草地的生物多样性和群落稳定性造成影响,因此,研究者认为完全禁牧封育是不可取的,适度放牧有利于提高草原生产力。从禁牧封育措施的短期效果来看,人工草地群落稳定性降低,草地生产力下降。封禁26年草地的种子库均匀性指数低于放牧地,这一结果与对放牧条件下冷蒿草原土壤种子库特征研究报道中随着放牧压力的增加,土壤种子库组成种类减少,其群落种子库分布的均匀度增加相近。在草地生态系统中,动物不仅是牧草的捕食者,同时也是传播种子的重要媒介,充当着传播牧草种子的重要角色,使得放牧地的物种均匀性高于封育地（苏德毕力格等,2000）。

5. 划区轮牧

划区轮牧是退牧还草工程中禁牧、休牧之外的另一项重要举措。所谓划区轮牧,就是按照一定的放牧计划,将草地划分为若干轮牧小区,按照一定次序逐区采食、轮回利用的一种放牧利用方式。作为退牧还草工程的主要措施之一,草原划区轮牧的目的是减轻天然草地的放牧压力,增强其自我更新、自我修复的能力,保护和改善草原生态环境,同时通过合理配置、高效利用资源,发展牧区经济,稳定增加牧民收入。2005年,农业部《关于进一步加强退牧还草工程实施管理的意见》中明确提出,退牧还草工程应坚持统筹规划、分类指导。在植被较好的草原实施划区轮牧,依靠科技进步提高禁牧休牧、划区轮牧、舍饲圈养的科技含量,加强草畜平衡和划区轮牧的技术指导与管理,帮助牧民提高草原利用水平。

（1）划区轮牧的理论基础

对草地适当放牧利用,可以消减草地群落的冗余程度,使草地植物补偿或超补偿生长,从而提高草地的初级生产力;同时,在草地生态系统中,家畜采食使一些优势种的生物量或盖度下降,而使其他物种有了生存的空间,从而提高了草原生态系统的生物多样性。卫智军等（2004,2011）在内蒙古典型草原、草甸草原、荒漠草原等不同类型草原进行天然草原合理利用方式的研究,以家庭牧场为单位,对划区轮牧、连续放牧不同利用方式对草原生态系统的影响进行分析。结果表明,划区轮牧有利于主要植物种群实生苗的存活,提高群落种群的地上生物量,提高建群种、优势种及优良牧草的密度、高度、盖度、重要值,增加群落种群多样性,有利于退化植被的恢复,提高草地生产力。不同放牧制度实施7年后,对荒漠草原生态系统土壤养分含量的影响显著,放牧导致土壤碳氮比降低,禁牧和划区轮牧较自由放牧可以提高荒漠草原土壤养分的含量,有利于遏制土壤的退化。与连续放牧相比，划区轮牧区域草地基况明显好转。陈卫民等（2007）在宁夏长芒草型干草原研究了暖季轮牧、围栏封育、连续放牧三种方式对草原生态恢复的影响，轮牧周期设为 36d，轮牧与连续放牧载畜量均为 1.07 个绵羊单位/hm^2。采用实地测量方法测定了利用前后草原植被的群落特征及草原生产力。结果表明，轮牧区与连续放牧区之间植被总盖度、建群种高度、牧草现存量差异不显著，但轮牧区植被盖度和高度有略高于连续放牧区的趋势，连续放牧区牧草现存量反而略高于轮牧区；植被种饱和度、多度在 3 个试验区之间差异不显著，但表现出轮牧区最高、连续放牧区最低的趋势；轮牧区禾本科牧草的质量分数极显著高于围栏封育区和连续放牧区（$P<0.01$），围栏封育区显著高于连续放牧区（$P<0.05$），菊科牧草的质量分数正好相反。轮牧区牧草生产力高于围栏封育区，说明合理放牧能刺激牧草再生，提高草地生产力。

（2）划区轮牧技术

通过大量的试验与理论的结合，大家普遍认为合理的划区轮牧可以提高家畜生产、有效防止草地退化、改善草地状况，兼顾经济发展与生态环境保护，是草原持续利用的有效方式。与自由放牧相比，划区轮牧优势明显，但好的制度关键在于实施。目前，大部分天然草场已经承包到户，草地经营机制已经从集体经营转轨于个体经营，实施以家庭牧场为经营单元的划区轮牧制度是一条切实可行的经营之路。划区轮牧是对草地的集约化利用方式，它需要严格的设计与管理。首先必须在详细调查牧户草地类型、面积、土地利用情况、饲料生产水平、家畜结构及经营情况等的基础上，确定合理的载畜率、放牧季节、小区数目和面积及放牧周期等。划区轮牧中放牧强度和频度、放牧时期对草原生态系统及放牧系统影响显著。内蒙古草原勘察设计院与内蒙古农业大学长期的放牧理论和实践研究表明，内蒙古草原一般放牧时间为 150～160d，开始轮牧的时间要根据牧草生长情况和当地休牧时间综合确定，通常在牧草生长量达到产草量的 15%～20%时开始轮牧。小区放牧天数可以通过当时实际测产确定，也可根据以往不同类型草地牧草月产量动态系数确定。草甸草原小区一般放牧天数为 5～7d，典型草原为 5～8d，荒漠草原为 6～10d，但一般开始放牧的前 3 个小区，由于牧草刚刚返青，放牧天数要少一些。不同草地类型可以通过适当缩放放牧周期、增减放牧频率和调整小区放牧天数等措施来调整小区数目，一般 6～9 个小区可以满足划区轮牧的要求，也与牧民财力基本适应。不同草地类型放牧频率的设计参数为草甸草原 4 次、典型草原 3 次、荒漠草原 2～3 次。轮牧周期指依次轮流放牧完全部小区的放牧天数之和，不同草地类型的轮牧周期一般为草甸草原 40d、典型草原 50d、荒漠草原 50～75d（邢旗等，2003）。

（二）草原生态保护补助奖励机制的问题和建议

草原生态保护补助奖励政策自实施以来，取得了良好成效，草原退化的趋势在一定程度上得到遏制，牧民收入水平得到明显提升，生计得到改善，牧民在草地流转、购买和储备饲草料、补饲、接羔、出售牲畜等放牧饲养行为方面有了较大转变，草地畜牧业结构和功能持续向好转变。

基于过去 10 年对草原牧区牧户的系统调研，综合国内各主要研究团队的研究成果，归纳政策实施仍然存在的主要问题，包括：补偿标准单一、标准偏低，不能反映禁牧或减牧后牧民收入减少的问题；草原生态补奖主要按面积或人头发放，奖惩补助的激励作用体现不够，尤其是激励减畜作用不足，补偿实施后许多地区草原载畜率不降反升，超载过牧仍是普遍现象；牧民非牧就业渠道窄，转产或兼业就业难，社会保障制度仍不健全，牧民仍然面临着很大的生产和生计风险；牧民基于自然和市场等风险，形成了以超载为主要应对行为的自我保险策略，因此，推动和激励牧民自主性减畜是草原生态补奖政策实施取得实效的关键。

因此，提出政策调整建议如下。

1. 建立草原生态保护补助奖励长效机制

草原生态保护和恢复是一个长期性的艰巨任务，试图通过短期的补偿性项目全面实现预想的减畜目标和草原保护恢复目标是不现实的，必须长期坚持、持续发力，才能取得成效并不断扩大和巩固成果。草原牧区的经济欠发达性和生态保护效益的外部性决定了由国家与相关省区政府进行生态补偿是一项长期的工作，因此要进一步明确草原生态补奖政策的长期延续性，根据实际需求科学核算和合理增加草原生态补奖经费，建议在现有补助标准的基础上提高至少 1 倍，建立和完善直接通畅的补偿资金转移支付体系，确保草原生态保护补偿资金按时足额补偿到位。

2. 积极开展重点草原地区草原国家公园试点工作

在青海三江源地区、内蒙古典型草原和草甸草原区，选择典型和代表区域开展草原国家公园体制试点工作。坚持生态保护优先、自然修复为主，突出保护修复生态。严格生态保护红线规划，实行最严格的保护。创新生态保护管理体制机制，建立资金保障长效机制。实现草原地区重要自然资源国家所有、全民共享、世代传承，促进自然资源的持久保育和永续利用，筑牢国家生态安全屏障。

3. 建立以有效激励牧民保护草原积极性为中心的草原生态补奖机制

牧民是草原生态保护和利用的直接相关人。牧民的参与、感知、态度和行为是决定草原生态补奖政策实施取得效果的关键。因此，要在深入开展牧民应对风险下放牧和生计行为研究、鼓励牧民积极参与的基础上，制定和实施可以有效调动牧民参与保护的积极性的生态补偿机制，坚持因地制宜，不搞"一刀切"，不"撒胡椒面"，该补就补，应补才补，变普惠式补贴为激励性补助。利用 3S、互联网、大数据等高新技术提高草原监测监管能力，将严格监管和牧民主动积极保护协调统一。发挥村级和乡级组织的基层组织作用，发挥乡规民约等的作用，变个体生态保护为社区或群体生态保护。

4. 探索"以保代补"的政策转变，推动实施草原畜牧业干旱指数保险

2019 年，国家发布了《关于加快农业保险高质量发展的指导意见》，推动我国农业保险覆盖领域、市场规模和保障作用进一步扩大，2019 年农业保险保费收入达 680 亿元，"以保代补"成为政策转变的一种趋势。草原畜牧业保险尤其是干旱指数在国际上已有较多应用，在应对世界各国农牧民面临的气象灾害风险和减少贫困中发挥了重要作用，但是我国的草原畜牧业保险却发展缓慢，保险产品、规模、参保牧户数均非常有限，发展的空间巨大，任重道远。当前迫切需要加强草原畜牧业指数保险基础数据库建设，加强不同草原区的适用保险产品设计和推广，加强牧民保险知识培训和购买意愿引导。建议将 20% 的草原生态补奖资金转为草原畜牧业指数保险资金，建立市场化的草原生态保险制度。

5. 发展新型草原生态畜牧业经营模式

建立冬春季饲草料存储和保障体系，科学应用补饲技术，有效减缓气候风险对牧户生产经营的波动影响，提高牧户饲养水平和效率。发展天然草原节水灌溉和优质人工草地建植技术，提高饲草料生产能力；建立区域、县域和牧户多层级、"饲草+互联网+供应链金融+连锁"的饲草料储存和运销服务体系，提高保障能力；建立草原旱灾和雪灾等灾害预警体系，提高灾害和饲草料短缺预警能力。

建立合理有序的草地流转市场和制度，逐步走向规模化现代经营。研究表明，牧户系统的载畜率与草地面积（承包草地+流转草地）成反比关系，规模化不仅在经济上而且在生态上都有正效应。但承包草地的短周期问题、草地流转合同短期化问题、流转市场信息不明、规范性差等问题，严重制约草地经营管理的规模化。迫切需要建立系统的合理有序的草地流转市场和制度。

拓宽牧民生计渠道，提高牧民非牧就业能力，在不降低牧民生活水平的前提下，帮助牧民转变生产方式，鼓励和支持多元化生产经营。研究表明，在当前背景下，放牧是牧户主要倾向选择的生计方式，非牧和兼牧占比很少，这是与生态畜牧业发展模式相悖的。建议多措并举，培训提高牧民非牧和兼牧生计能力，加强牧民非牧经营基础设施平台建设，引导和帮助牧民进行多元化生计选择，实现牧区良性循环发展，推动牧区经济高质量发展。

6. 建立通畅的草原保护利益相关者信息反馈协调机制

建议重视和构建由研究人员、决策者、牧民等利益相关者组成的生态-经济-社会-政治反馈环的信息反馈机制，促进不同利益相关者在草原生态保护上的目标明确、信息通畅、决策准确、行动一致，以信息促保护。加强放牧生态等相关科研创新成果和知识的推广与培训，不断提高牧民对可持续放牧的生态效益和经济效益的感知与认识。加强草原气候风险和生态状况等的监测技术与系统的网络化建设，提升及时、实时反馈支持决策部门和服务农牧民的能力。加强对下一代牧民的科学放牧意愿、知识和技术的培养，解决未来谁放牧的问题。

第三节　放牧利用影响草原生产力的研究综述

我国 90%以上的天然草原出现了不同程度的退化，生产力持续衰减，主要原因是过度放牧，且草原植物矮小化是过度放牧导致生产力衰减的关键环节，这一发现为深刻揭示草原生产力的衰减与提高机制提供了重要的科学路径。在相关领域，围绕草原生态-生产功能对人类活动与气候变化的响应过程，草地农业系统土-草-畜界面碳（C）、氮（N）、磷（P）、水等生源要素的耦合机理，天然草原生产力形成、维持及其调控机制等方面，国内外科学家开展了一些研究。然而，中国天然草原类型多样，生产力持续衰减、生态系统功能降低问题的成因复杂，这些问题的科学机理仍未被清晰揭示。归结起来，已有的研究主要集中于草原生态系统-群落-种群及其与环境干扰的关系方面，侧重于以生态学的视角去认识，较少将草食家畜作为草原生态系统的关键组分，系统地研究土-草-畜的互作关系和影响机制，缺乏从遗传、蛋白质、激素、性状、个体等视角解析过度放牧导致草原生产力衰减及植物矮小化的形成机制。因此，以放牧影响和响应为主线，从生态、生理、分子遗传机制等层面深刻阐释天然草原生产力的衰减机制，探究生产力提高与调控的机理和途径，是一项亟待解决的重大科学命题。

一、天然草原生产力衰减与放牧利用关系的研究

草原生产力的形成是在一定的光照、热量、水分、营养元素、土壤环境等条件下，植物通过光合作用固定 CO_2 而形成有机物的过程（李博和孙鸿良，1983）。其生态学含义是指绿色植物在单位时间内单位面积上生产的有机物质，考虑植物本身的呼吸消耗，有总初级生产力（gross primary productivity，GPP）和净初级生产力（net primary productivity，NPP）之分，但在草地农业生产中，其农学含义常指一定时间内单位面积草地提供的可供家畜采食的牧草产量（韩建国，2007）。草原生产力的形成建立在土-草-畜界面耦合关系的基础上，通过草地农业系统的

结构优化，使得系统功能特别是草原生产力维持在较高的能级态（任继周，2004）。

长期以来，草原整体退化、生产力持续衰减已成我国草原的常态（Zuo et al.，2009），与 20 世纪 80 年代相比，21 世纪初严重地区草原生产力下降 60%～80%（韩建国，2007），这给牧区乃至全国畜牧业生产、生态保育和资源可持续利用带来了巨大挑战（张新时和唐海萍，2008；Liu et al.，2008），威胁国家食物安全（张佳宝等，2011）。近年来，草原生产力持续衰减问题一直是草业科学领域的一个核心问题，关于其形成原因的研究逐渐增多（Schönbach et al.，2011；侯向阳等，2011；Liu et al.，2008；任继周，2004；李博，1997），研究已证实，我国草原生产力衰减为过度放牧与气候变化共同所致，但过度放牧是主要动因（Ma et al.，2010；Zuo et al.，2009）。

过度放牧如何影响草原生产力，研究发现主要在于两方面，其一，过度放牧影响土壤微环境，通过践踏、粪尿、养分输出等使得土壤结构变化、营养元素减少、种子库劣变等（Klimkowska et al.，2010），在一定牧压范围内增加蝗虫种群数量（康乐，1995），进一步影响植物生长发育和草原生产力（Akiyama and Kawamura，2007）；其二，植物对过度放牧的适应性变化，产生了避牧机制，其中个体矮小化（plant dwarf）现象为避牧的主要策略（Suzuki and Suzuki，2011；Eriksen and Kelly，2007；Gallacher and Hill，2006；王炜等，2000a，2000b），草原植物的叶片、无性系、群落等均发生形态可塑性的变化，个体变小，单株生物量显著降低，从而直接导致草原生产力的严重衰减。

估算气候变化与过度放牧驱动草地退化的贡献率目前主要有 6 种方法，一是 IMPACT 及 STIRPAT 模型评估方法，二是因子分析方法，三是多元回归方法，四是灰色关联度方法，五是 PP 回归方法，六是 NDVI 统计模型方法。这些方法在不同时空尺度上刻画了放牧与气候因子对草地退化的影响程度，已有研究表明，气候因子的作用程度较为微弱（Fang et al.，2001），人类放牧干扰是主要的推动因素。例如，对我国北方草原 1970～1999 年 30 年来生产力变化的研究发现，水热因子不足以有效解释草原生态系统的劣变（李青丰等，2002），甚至在以暖湿化为特征的天山北坡地区，近 50 年来尽管气候暖湿趋势有利于生产力的提高，但日益增强的放牧活动仍导致草甸草原和高寒草甸草原植被 NPP 分别减少 30.0%和 33.2%（周德成等，2012）。

然而，基于宏观尺度的放牧利用与草原生产力关系的研究，特别是在定量化表达方面尚存在一些不足，该领域有待进一步研究的内容主要包括：①草原生产力衰减与放牧利用历史、方式和强度等的定量关系与模型构建；②基于不同草原利用与保护模式的草原生产力未来变化趋势情景预测。

二、放牧利用对草原土壤和植物的影响研究

土壤微环境是草原植物生长、生产力形成的重要影响因子（Benner and Vitousek，2007；Ordoñez et al.，2009），影响土壤状况是过度放牧导致生产力衰减的一个关键作用途径。学术界已有很多对放牧下草原土壤物理结构（容重、渗透能力等）、土壤理化性质（有机质含量、营养元素含量、含水量等）及土壤微生物（数量、种类、酶活性）的变化的报道（侯向阳和徐海红，2011），但尚无简单和一致的结论（Venterink and Güsewell，2010）。很多研究发现，过度放牧利用使系统输出物质显著增加，导致草原植物养分亏缺。也有研究认为，随牧压增大，土壤 N、P 等矿质养分含量未明显减少，退化草原土壤存在 N 冗余，这是其在自然状态撤掉牧压后能尽快恢复的动力之一（王炜等，2000b）。

整体而言，关于放牧对草原土壤影响的研究存在争论，甚至有些研究存在认识的偏差，原因主要为：①已报道的放牧试验的研究区域不同，缺乏不同空间尺度下的整合分析；②不同研究往往具有不同的放牧史及放牧方式，已有研究未充分将这些因素纳入到分析模型之中进行综合研究；③已有研究仅着眼于放牧处理下土壤性质变化的现象，而未从根际生态系统过程、元素吸收转化利用等方面探寻土壤性质变化的原因与过程。该领域需要进一步深入研究的问题主要包括：①家畜放牧系统土-草-畜界面土壤持水能力、水分运移与利用效率等水分过程研究；②土-草-畜界面磷素与氮素及根际分泌物活化、转化运移过程的规律和机理。

草原植物对过度放牧的响应集中于光合生理过程、种群繁殖特性、生殖分配对策、植物养分分配等，国内外科学家在这方面已开展了大量的研究，而在长期过度放牧下，草原植物性状整体表现为矮小化现象，这是草原植物响应过度放牧的综合表征（王炜等，2000a，2000b）。研究发现，矮小化植株高度、个体生物量较未退化样地正常植株下降 30%～80%，随着放牧胁迫增强，植物首先采取高度和生物量降低的适应策略（汪诗平等，2003），家畜喜食牧草生态位收缩，杂毒草生态位趁机扩张，使优良牧草分布范围缩减。可见，过度放牧下植物矮小化现象一方面导致了植物个体趋于变小，生物量降低，另一方面导致优良牧草减少。

本研究组对草原植物矮小化的研究较早，研究总结认为，草原植物矮小化是长期过度放牧下植株变矮、叶片变短变窄、节间缩短、枝叶硬挺、植丛缩小、根系分布浅层化等性状的集合（王炜等，2000a，2000b），这一现象进一步导致群落生物量降低（Wesuls et al.，2013，2011）。矮化是自然界植物适应逆境胁迫的一种普遍现象，在作物生产中常被筛选用于抗倒伏、籽实高产的品种培育，如水稻、小麦、玉米、棉花、苹果等，矮化株型是其良种选育的目标之一（Leeds et al.，2012；Gell et al.，2011；Peng et al.，2011；Yang et al.，2011；Saito et al.，2010），然而，以收获植物营养体为目标的草原生产，植物矮小化则是生产力降低的关键过程。

因此，系统研究草原植物矮小化的形成、维持与解除机理，是深刻认识草原生产力衰减与提高机制的重要科学路径。迄今为止，关于草原植物矮小化过程中个体主要性状的可塑性变化特征，矮小化与草原生产力之间的定量关系及模型构建等研究，均尚未充分开展，这是本项目深刻解析草原生产力衰减与提高机制的一个重要突破口。

三、植物对放牧的生理响应及植物矮小化的研究

植物矮化株型中，内源激素往往参与了其调节过程，学者对小麦、水稻、玉米、苹果、竹子等植物矮化的生理学机制研究较多，对赤霉素（GA）、油菜素内酯甾醇（BR）、生长素（IAA）等激素与植物矮化突变之间的作用机理有很清晰的揭示，发现 GA 通过降低 IAA 氧化酶和 IAA 合成前体色氨酸（Trp）的活性可诱导植物矮化（Ye et al.，2013；Guillermo et al.，2011）。相对而言，国内外科学家对草原植物矮小化生理过程的报道较少。草原植物的普遍矮小化由过度放牧引起，其形成过程与作物的矮化突变株型可能不同，因此，在草原放牧系统中对植物矮小化的生理机制进行研究，有助于厘清家畜、土壤环境、植物生理生态之间的响应关系。

本研究组成员在实施国家自然科学基金重点项目"内蒙古典型草原受损生态系统恢复演替机理研究"（30330120）期间，对矮小化植株的激素变化特征开展了一些探索研究。研究发现，在草原植物矮小化过程中，叶肉细胞变小，且细胞分裂素（CK）、脱落酸（ABA）、生长素（IAA）等内源激素发生了相应的变化，初步判断认为，这些激素可能是诱导草原植物矮化的调控因子。深入的激素水平的生理机制研究工作尚未系统开展（Diaz et al.，2007；Fahnestock and Detling，2000），激素调节过程与机理尚不清晰，成为限制深刻认识草原植物矮小化形成机理的重要瓶颈。

营养生理亦可能参与了草原植物矮小化的形成。对中国草原植物生态化学计量特征的研究发现，草原植物叶片 N：P 为 16.8～18.5（Li et al.，2011），在已有研究发现的临界值为 16 以上，表明草地主要处在 P 限制状态，且退化草地在恢复过程中受 P 限制尤甚（Drenovsky and Richards，2004；Koerselman and Meuleman，1996），同时，在过度放牧下植物 N 含量也明显降低（Cease et al.，2012）。本研究组基于国内外研究文献和历史数据，系统对比分析了草原植物营养元素的时空差异，横向比较发现，我国北方草原植物 P 含量明显偏低，仅为美国的 72.43%，纵向比较发现，该地区近 50 年来草原植物 P 含量显著降低约 50%。此外，本项目主持单位在从中国长城到俄罗斯贝加尔湖地区跨越中-蒙-俄三国 1400 km×200 km 的欧亚温带草原东缘生态样带的研究结果也表明，随着纬度增加，土壤 N

含量降低，土壤有效 P 含量显著增加，中国草地处于 P 限制状态，并驱动植物中 P 含量明显偏低，其成为限制植物个体性状的重要驱动因子，而植物 N 含量却与纬度呈显著负相关关系，这些研究结果初步探究了生态化学计量特征对草原生产力的作用机理。我们初步分析认为，P 素的环境供给与植物自身响应可能共同参与了植物矮小化的形成过程，过度放牧下草原植物 P 含量降低可能是响应放牧的一种策略，因植物在生长发育过程中缺 P 会影响细胞生长和分裂，使分蘖、分枝减少，幼芽、幼叶生长停滞，茎、根纤细，植株矮小（武维华，2003），草原植物内部自我调控形成的低 P 代谢可有效导致植物株型的矮小化（Smith and Forrest，1978）。我们的这些发现为进一步深刻揭示草原植物的矮小化机理提供了重要线索。

总之，草原植物矮小化的形成与维持在植物生理方面具有复杂的过程，我们的前期工作为进一步开展草原植物矮小化的生理机制研究提供了扎实的基础，在生态计量学、内源激素等方面，继续深化对植物响应放牧胁迫、营养限制等环境因子的生理机制的研究，将会向更深入地认识草原植物矮小化、生产力衰减的机理迈出重要的一步。

四、植物矮化的表观遗传与分子机制研究

植物株高发育过程及其分子调控机制一直是当前国际分子生物学的研究热点。以拟南芥、水稻等模式植物为材料，通过数量性状基因座（QTL）定位、图位克隆等方法，*sd1*、*rht*、*BRI1* 等重要基因先后被克隆出来，经过相应基因功能分析，证明赤霉素（GA）和油菜素内酯（BR）在植物株高发育过程中具有重要作用（陈晓亚和薛红卫，2012）。赤霉素作为双萜类的植物激素，其生物功能之一就是参与茎伸长。大量研究表明，赤霉素的合成、代谢与信号途径的缺陷均可导致植物矮化发生（Zhu et al.，2006；Ueguchi-Tanaka et al.，2005）。在赤霉素信号途径中，DELLA 蛋白作为负调控因子，抑制赤霉素下游诱导基因表达（Achard and Genschik，2009）。油菜素内酯（BR）是甾醇类激素，其生物学功能是促进细胞伸长。通过对拟南芥、水稻等模式作物研究，参与 BR 合成途径与信号传导（信号转导）的关键基因 *DET2*、*DWF4*、*CPD*、*DX*、*BRI1*、*BIN2*、*BAK1* 等先后被克隆出来，这些基因突变均可导致植株矮化（Kim and Wang，2010；Nakamura et al.，2006）。

近些年来，表观遗传学的发展为揭示植物矮化分子调控机制提供了新的方法和思路。通过对水稻矮化突变体 *Epi-d1* 进行研究，结果发现启动子区域的 DNA 甲基化引起的 *DWARF1*（*D1*）基因沉默，可导致水稻植株出现可遗传的矮化突变（Miura et al.，2009）。这表明，基于 DNA 甲基化、组蛋白修饰的表观遗传机制也是植物株高发育调控的重要分子调控机制。尽管植物矮化形成的分子调控机制已

初步构建，但是多数研究只是集中在拟南芥、水稻等少数模式植物上，有关草原植物矮化形成的分子调控机制的研究少见报道。

本项目主持单位前期研究发现：①与正常植株相比，大针茅矮小化植株中编码油菜素内酯（BR）合成的关键酶基因 *DET2* 与 BR 受体激酶基因 *BRI1* 表达下调。这些基因表达下降，可能会导致细胞变小、植物矮小化。已有的研究证实了这一推测。矮小化植株表现出细胞伸长受阻、细胞变小。因此，油菜素内酯（BR）合成、代谢与信号调控途径可能是草原植物矮化形成的分子调控途径之一。②草原植物的矮小化可能与赤霉素（GA）信号转导途径缺陷有关。研究发现，矮小化大针茅植株中赤霉素 GA 信号调控途径负调控因子 DELLA 蛋白基因表达上调。该基因过量表达，可能会导致 DELLA 蛋白过量累积，抑制或关闭 GA 信号转导，导致严重的植株矮小化，这一推论有待进一步基因表达和蛋白质方面的证据支持。与此同时，草原植物的矮小化也可能与植物营养供给有关，矮小化植物中磷含量显著降低，而磷素供应不足会降低 GA 的活性，从而导致 DELLA 蛋白的累积。

总之，上述研究为揭示草原植物矮小化形成的分子调控机制提供了基础，但草原植物表观遗传与分子机制的研究尚显粗浅、零散，尤其是在草原植物矮小化形成与维持的表观遗传基础、信号调控途径等方面尚不清晰，有待进一步深入系统地开展全面探索与研究。

五、草原生产力提高的调控研究

长期以来，在我国草原管理与生产实践中，针对天然草原生产力衰减与生态功能降低的问题，主要的调控措施是草畜平衡、轮牧、休牧等减畜策略与禁牧手段，这些措施虽然在管理上易于操作，但是在科学及实践中却饱受诟病。大量研究表明，它们未免失之于被动及简单化，仅仅把牲畜当作对草地农业系统的有害因子，忽视了适度放牧下草畜间的互惠效应（López et al.，2011），造成生产力（尤其是第二性生产即畜产品产出）的潜在损失，且在实践中成效缓慢。过去对草原生产力调控难以实现的原因主要是，第一，对草原生产力衰减与提高机理的认识不足，缺乏有效的调控途径及实现方法的科学基础，特别是对结合放牧优化调控与人工修复调控两种方式的均衡调控机制缺乏认知；第二，过去财力水平有限，对草原的投入十分欠缺，不具备全面落实人工修复措施的实力与现实条件，只能采取禁牧、休牧等为主的被动调控措施。因此，改变传统的单一调控（以草定畜）为复合调控（草畜均衡），是一个极具挑战性的生产与科学命题。

放牧优化调控中目前的主要理论进展有：①放牧优化理论（Patton et al.，2009；Hayashi et al.，2007），早在 1960 年 Ellison 就提出了动物采食有益草地的观点，1981 年 Hilbert 等通过理论和室内外试验验证了放牧优化思想，目前不断有新证据支持该理论（Ryrie and Prentice，2011；Patton et al.，2009）；②补偿性生长假说，大量研究表明，适度放牧可刺激植物生长，具有超补偿性特征（Patton et al.，2009；Bai et al.，2004；Roxburgh et al.，2004），适度利用比不放牧利用更有利于种子库补充及维持生物多样性和补偿效应的发挥（Sasaki et al.，2009）；③草地农业系统理论（任继周，2004a），在生产层理论的基础上，任继周院士于 2000 年全面阐释了草业系统的界面理论，包含"草丛-地境""草地-动物"和"草畜-经营"3 个界面（任继周等，2000），认为通过合理放牧利用，发挥草畜界面的耦合效应，是草地农业生产的去向。本研究组曾系统开展了不同放牧强度对草原生态系统碳储量的影响，发现长期围封会引发碳流失，碳汇功能降低，而适度放牧有效提高草原生态系统的碳固持能力，这为放牧优化调控提供了强有力的佐证。

在修复调控方面，大概经历了两个阶段。第一阶段在 20 世纪 60～90 年代，主要集中于松土、补播、施肥等措施对天然草原的改良效果研究（Roberts et al.，1989），构建了草地培育学框架，主要研究改良措施对草原生产力的效果（赵新全等，2000），其研究指标相对单一，科学方法亦不复杂，未涉及机理性研究。由于天然草原面积广大，国家投入的财力有限，这些培育措施应用较少，相关研究曾逐渐冷却。近年来，随着科学研究手段和方法的不断提升，修复调控措施已具备了应用的财力与基础设施等条件，开启了第二阶段的研究，随即开展了 N、P、水分添加对草原生态系统功能维持、生态化学计量特征、植物功能性状、繁殖物候等诸多方面的影响与响应机理的研究工作（Delaney et al.，2011；Sinkhorn et al.，2007）。国内外研究报道显著趋增，研究发现修复调控措施通过改善土壤营养、物理环境等进而影响草原生产力，中间具有复杂的作用过程。整体来看，第二阶段的科学研究手段逐渐强化，研究指标更加丰富，并注重人工修复措施对草原生产力影响过程的机理性研究。

草原生产力调控方面的研究仍存在许多不足，主要表现在如下方面：①适度放牧对植物生长的影响及对解除矮小化的作用机制不甚清晰；②土-草-畜界面优化放牧阈值的界定及关键标识尚不明确；③对元素添加、土壤改良等修复措施对提高草原生产力的互作机制仍然缺乏系统认识；④针对适度放牧与人工修复对提高草原生产力的调控机制及其耦合机理尚未开展研究。本项目针对这些方向，将为推动草原生产力调控理论与技术带来新突破，为提高退化草原生产力与生态系统功能带来新的希望。

第二章 天然草原生产力调控机制研究进展[*]

第一节 天然草原生产力调控机制研究的重要性和意义

一、草原生产力调控机制研究是科学修复和保护利用草原的前提基础

我国草原面积近 4 亿 hm^2，占国土面积的 41.7%。自 20 世纪 80 年代以来，由于长期过度放牧利用，全国 90%以上的草原发生不同程度的退化，主要表现为植物矮小化（高度降低 50%～60%），并引发生产力大幅降低（显著降低 40%～75%）和草原生态系统功能发生劣变。草原生产力衰减，每年造成直接牧草损失达 2157.5 亿元，间接生态价值损失达 6130.7 亿元（尹剑慧和卢欣石，2009a）。草原生态恶化引发沙尘暴、水土流失等生态环境灾害频发，对我国北方人民生活健康以及工农业生产均造成了巨大损害。所以，亟须尽快开展提高草原生产力的基础研究，破解草原生产力持续衰减的机制，探索提高草原生产力的理论与技术途径，这是我国经济、社会和国家安全的重大需求。

我国天然草原生产力持续衰减、生态功能下降已经成为常态，已是事关草原畜牧业可持续发展和国家生态安全的不可回避的、亟待解决的现实难题，然而，目前相关的基础理论研究和应用研究均十分薄弱，缺乏对草原放牧利用和合理保护的深层次系统性研究，至今仍未形成科学适用的理论方法和行之有效的技术途径，难以有效指导草原保护、恢复和利用。在现有的理论和实践中，或移民禁牧、放弃草原畜牧业生产，造成天然草原资源的严重浪费，甚至影响边疆安全；或以人工草地替代天然草原，不仅在水资源缺乏的草原上难以实现，而且即使开垦宝贵的草甸或湿地也具有加速草原荒漠化的风险。因此，加强对天然草原合理放牧利用和高效保育的基础研究，快速提高草原生产力和提升草原生态系统功能，是破解草原保护与恢复利用难题的重点所在。

综合前期研究和草原保护实践证明，合理放牧具有加速生态系统物质循环和促进植物超补偿生长的优化作用，有益于草原生态系统功能的维持。忽视草食家畜的优化作用，只把放牧当作有害因子，是造成当前草原生态和生产需求矛盾不能协调解决的重要原因。因此必须将家畜纳入整个草原生态系统中，揭示其优化作用机制，探索放牧优化草原生产力的调控理论与技术，这是提升草原生态-生产

---

* 本章作者：侯向阳、丁勇、吴新宏、任卫波、李西良、纪磊、萨茹拉、李元恒

功能的关键。本项目组经过多年连续的草原观测研究发现，在长期过度放牧胁迫下，草原植物具有矮小化避牧机制，并有恢复缓慢的保守性，是草原生产力衰减且恢复缓慢的机理之一。中度以上退化草原土壤呈现裸露板结、表土风蚀、肥力下降等理化性状劣变的现象，须进行土壤保育才能加速恢复进程。国家十几年来实施以禁牧为主的草原保护工程和措施，未能有效恢复草原生产力。这些都证明必须在放牧调控的基础上进行草原高效保育，才能有效提高草原生产力。

因此，开展以导致草原生产力衰减的过度放牧、土壤劣变、植物矮小化等关键环节为核心的基础研究，揭示草原生产力持续衰减机制，探明放牧优化、土壤保育和植物调节等调控机理，形成草原生产力提高的调控技术途径，为草原保护和持续利用提供切实有效的理论指导与技术支撑，是我国农业科学领域亟待解决的重大科学命题之一。

天然草原生产力是指单位面积草原上可供家畜采食的牧草产量，是草原畜牧业生产功能的重要指标，也是草原生态功能发挥的基础。面对目前草原生产力持续衰减、生态功能不断衰退，生态需求和生产需求远未协调解决的困境，放牧利用下草原生产力的提高与生态功能的提升是亟待解决的重大基础性科学命题。

如何破解这一命题，一要解答草原生产力为什么会持续下降的问题，即深入探究草原生产力持续衰减的关键原因与机制；二要解决如何提高草原生产力的问题，即针对衰减的关键原因，揭示提高草原生产力的调控机理，寻找切实有效的调控技术途径。

在对已有研究的总结与凝练的基础上，结合项目组开展的系列前期研究表明，在长期过度放牧利用下，草原生产力持续衰减主要是土-草-畜系统组分及其互作关系失衡引起的，因此须从土-草-畜系统的三个组分入手进行系统研究：在家畜方面，过度放牧是导致系统组分失衡的主要动因，但适度放牧是草原功能维持的重要平衡动力，需要遵循放牧优化理论，探明对草原生产力有利的适度放牧机制；在植物方面，草原植物表现出明显的矮小化，这种现象既表现了植物对逆境胁迫的生理响应，也表现了基于表观遗传的保守性，这是草原生产力衰减和恢复缓慢的重要原因，也是探索恢复与提高草原生产力的机理和途径的关键；在土壤方面，占退化草原 50%以上的中度退化草原，其土壤出现了裸露板结、养分丧失等结构与生产功能退化现象，也是导致生态功能恶化、生产力衰减的重要因素及恢复提高草原生产力的关键。

因此，拟解决的关键科学问题主要有以下两个。

1. 过度放牧下草原生产力衰减的关键机制

土壤水分、养分等生长条件和植物自身生长特性是决定草原生产力的关键要素。研究过度放牧如何通过家畜啃食、践踏等途径直接影响植物生长发育，如何通过改变土壤水分、养分等植物生长环境要素间接影响植物生长发育的过程和机制，以及植物在表型变化、生理响应、基因修饰及表达调控等方面的变化，形成以植物矮小化为主的适应过程和机制，是破解过度放牧下草原生产力衰减机制的关键，也是找到调控途径并提高草原生产力的关键。

2. 草原生产力提高的调控机制与途径

针对过度放牧利用导致草原生产力持续衰减，且禁牧后生产力恢复缓慢的问题，揭示草原生产力提高的主要调控机理与途径，是快速提高草原生产力的关键。研究放牧优化机制，发挥适度放牧对植物超补偿生长及维持草原生态系统功能高效的作用；研究土壤养分和水分等要素的耦合效应，发挥松土、施肥等土壤保育措施促进植物生长的作用；研究植物生长调节剂促进植物生长和补播快速恢复植被的机制，发挥植物调节措施提高草原生产力的作用，这些是破解草原生产力调控机理、构建生产力综合调控途径的关键。

二、草原生产力调控机制研究的社会经济及科学意义

针对过度放牧导致的草原生产力持续衰减问题，开展系统的草原生产力调控提升研究，对于加强维护我国生态安全、食物安全，促进牧区又好又快发展具有重要的科学和实践意义。

1. 提高草原生产力是维护国家生态安全的重大需求

草原主要分布在降雨量不足 400mm 的干旱半干旱地区，这些地区是森林和农田等生态系统难以存在的，只有草原能够坚守并持续发挥着巨大的生态保护功能，维护着国家的生态安全。这些生态功能的充分发挥，须依赖良好的草原植被生长——高效草原生产力。但是，由于长期过度放牧利用，目前草原生产力处于持续衰减的常态，草原植被矮疏，牧草产量大幅下降，地表裸露，水分、养分散失，生态功能显著下降，陷入了"生态恶化—环境破坏—生态进一步恶化"的恶性循环，沙尘暴等灾害频发，对中国乃至东亚，尤其是京津等中国北方地区的生态环境造成了巨大影响和危害。2013 年 2 月 27～28 日，年内第一次沙尘暴就席卷了新疆、甘肃、内蒙古、宁夏、陕西、山西、河北、北京等省（区、市）126 个县（市、区），受较大影响的土地面积达 52 万 km^2，人口约 2600 万，耕地面积约 423 万 hm^2，经济林地面积约 24 万 hm^2，草地面积约 4100 万 hm^2（中国气象网，2013）。如果草原生产力衰减的趋势不能得到有效遏制，我国的生态安全将受到更为严重的威胁。

2. 提高草原生产力是保障国家食物安全的重大需求

草原是有机安全畜产品的重要生产基地。我国 42.61% 的羊肉、19.01% 的牛肉、29.56% 的牛奶、48% 的绒毛均产自草原。随着现代人民生活水平的不断提高,草原牧区绿色的、高蛋白的肉奶食品,愈来愈受到重视和欢迎,在膳食结构比例中不断攀升,因此,草原畜牧业生产成为我国食物安全战略的重要组成部分。目前,由于草原生产力持续衰减,每年有大量牧草损失,草原超载程度居高不下,据农业农村部草原监测报道,目前我国牧区草原平均超载 36.1%,草原畜牧业生产进入"超载—生产力衰减—加剧超载"的恶性循环当中,草原畜牧业进入了可持续发展的瓶颈期。为了恢复退化草原,在实践中试图大范围采取围封禁牧的办法,但恢复慢、时效低、科学性不足,而且以牺牲产业发展、区域经济发展为代价。面对如此困境,提高草原生产力,通过"增草保畜"来弥补 30%~40% 的牧草缺口,将有望基本上解决"草畜平衡"问题,在维持和不断提高草原生态功能的同时,持续提供优质畜产品,保障牧区和城市居民优质安全高蛋白食品供应。因此,提高草原生产力是维护国家食物安全的重大需求。

3. 提高草原生产力是实现牧区又好又快发展的重大战略需求

提高草原生产力是增加牧民收入的重要手段。牧民纯收入的 75% 以上来源于畜牧业生产,而且其是牧民长期稳定的经济收入来源和生活保障。所以,提高草原生产力、发展草原畜牧业是保障牧民收入持续增长的基础。草原畜牧业是牧区的基础产业,提高草原生产力是草原畜牧业的基础保障。天然牧草是草原畜牧业的基本生产资料,是最经济稳定、占家畜日粮 80% 以上的饲草来源,而且成本低、质量好。所以,草原生产力的高低是草原畜牧业可持续发展的决定性因素。提高草原生产力是牧区可持续发展的根本保障。草原资源是牧区主要的可再生资源,所以要想实现草原牧区人口、社会、经济、资源的协调可持续发展,首先需解决提高草原资源的承载能力,也就是要尽快破解草原生产力持续衰减、生态不断恶化的难题。此外,草原牧区是我国少数民族传统的聚居地,全国 8000 多万少数民族生活在草原上,有长达 1.2 万 km 的边境线在北部边疆草原牧区。所以,提高草原生产力是事关"三牧"、维护民族团结、社会和谐稳定等牧区又好又快发展与边疆安全重大战略需求的重大科学命题。

4. 草原生产力调控机制与途径研究的科学意义

1) 采用多学科交叉,将农学、植物生长发育等领域的理念与现代技术引入草原生态和生产的研究,抓住草原生产力衰减的关键性机理环节,从生态学、胁迫生理、分子生物学等层次来深入、系统研究,研究成果将在系统深入揭示草原生产力衰减机制及探寻恢复提高的理论与方法、开拓创新放牧胁迫前沿研究领域、深化草原植物生理与分子生物学研究领域，以及丰富和创新草原科学理论体系等方面具有重要的科学意义。

2) 将草原土壤、植被、家畜作为完整的草原生态系统的关键组分进行整体研究，摒弃过去将家畜只作为不利生态因子进行草原生态系统研究的学术思想。通过定量揭示适度放牧阈值，充分发挥家畜对草原生态系统的优化作用，结合草原保育措施快速稳定提高草原生产力，以促进草畜矛盾的缓解，实现草原生态-生产协调，将形成系统新颖的学术研究成果，不仅具有较强的科学性，而且在现实实践中也具有较强的普适性。

3) 既注重揭示草原生产力衰减和调控的机制，又重视提高草原生产力的方法与技术的研制，将理论与实践有机结合，以理论指导技术，以技术应用验证和完善理论，使成果更具完善性和实用性，真正为提高我国草原生产力、实现"增草保畜"提供科学基础。

三、草原生产力调控机制的研究重点

以提高北方天然草原生产力为主要目标，针对两个关键科学问题，开展三个方面的研究。

针对第一个拟解决的关键科学问题："过度放牧下草原生产力衰减的关键机制"，开展两个方面的研究，包括放牧对草原土壤植被影响的研究，草原植物对放牧响应的研究。交叉应用生态学、生理学与分子生物学等研究方法与手段，系统揭示过度放牧利用下，土壤关键要素与功能劣变过程和机制，草原植物生长受阻和矮小化形成机制，解答第一个关键科学问题，并为第二个关键科学问题奠定理论基础和提供优化调控的节点以及物质基础。

针对第二个拟解决的关键科学问题："草原生产力提高的调控机制与途径"，开展放牧优化、土壤保育与植物调节提高草原生产力的机理和综合调控研究，揭示其调控机理，形成高效实用的调控技术体系，解答第二个关键科学问题，验证完善第一个关键科学问题，为草原保护与可持续利用提供理论与技术支撑（图 2-1）。

主要研究任务包括以下几个方面。

1. 放牧对草原土壤植被影响的研究

研究不同放牧梯度下草原土壤水分、养分及菌根菌等关键要素的变化规律及其对植物生长的影响机制；不同放牧梯度下草原植物表型特征与茎叶等关键器官的变化过程，个体生物量及草原群落生产力的变化；揭示土-草-畜三个组分的定性定量生态学关系，探明过度放牧、土壤劣变对草原生产力衰减的作用机理与效应。

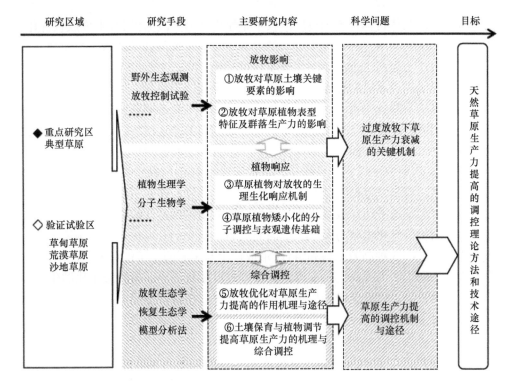

图 2-1　项目的主要研究内容与方法

2. 草原植物对放牧响应的研究

研究不同放牧梯度下与生长密切相关的植物生理生化响应，探明放牧对草原植物生长的生理作用机制和关键调控物质；研究过度放牧下草原植物矮小化的信号转导与分子调控途径，植物矮小化形成的表观遗传基础。揭示植物矮小化的生理与分子生物学机制，进一步诠释过度放牧、土壤劣变、植物矮小化影响草原生产力的机制。

3. 提高草原生产力的方法与途径研究

研究放牧优化对土壤、植物生长的作用，确立适度放牧阈值与标识，揭示放牧优化调控提高草原生产力的原理和方法，建立基于放牧强度、方式与时间的综合调控技术体系。研究土壤保育和植物调节对草原生产力提高的作用，揭示快速恢复提高草原生产力的调控机理，建立调控技术体系。开展放牧优化、土壤保育和植物调节的复合调控试验研究，依据组学效应和关键标识，优化建立综合调控技术体系，形成提高草原生产力的科学理论方法、支撑技术和政策建议。

本研究的总体目标是揭示过度放牧下草原生产力衰减的机制，形成放牧优化、土壤保育和植物调节提高草原生产力的综合调控的理论与技术体系，为实现北方天然草原生产力提高 30%～40%，恢复速度加快 30%～50% 的草原保护与可持续利用目标提供理论基础和技术支撑；进一步提升我国草原科学的自主创新能力，增强国际影响力和竞争力，培养和造就一支在国际上有重要影响的草原利用与管理的创新团队；建设一个草原生态保护与持续利用的基地网络；取得一批有价值的突破性创新成果；为国家草原保护建设和畜牧业发展提供重大决策建议。

通过 5 年研究要达到的目标是：①探明放牧利用-植物生长-草原生产力变化的定量关系，揭示草原植物矮小化形成的生态学机制，建立适度放牧阈值判别标识与模型，为草畜平衡、放牧优化与草原合理利用提供科学依据。②揭示草原土壤肥力和结构等理化性状与草原生产力的关系，建立一套退化草原土壤诊断标识与方法，优选 3～5 种高效肥料和组合，形成松土与施肥的土壤保育调控技术体系，为草原建设和生产力提高提供支撑。③揭示过度放牧下草原植物矮小化的生理和分子生物学机制，探明关键调控物质与途径，建立植物矮小化鉴别标识，并优选 2～3 种高效解除植物矮小化、促进植物生长的植物生长调节剂，为草原生产力提高的调控提供理论依据和物质基础。④优化集成一套放牧优化、土壤保育和植物调节提高草原生产力的综合调控理论方法与技术途径，试验区草原生产力提高 30%～40%，恢复速度加快 30%～50%。⑤提出草原科学保护与持续利用的重大决策咨询建议 1～2 份。

四、主要研究平台概况

为了保障研究工作的顺利开展，项目组通过新建和整合的方式，构建了一系列研究试验平台（表 2-1），作为项目开展主要工作共用共享的数据源。

代表性试验平台基本状况如下。

1. 锡林浩特放牧试验平台

锡林郭勒典型草原试验示范基地始建于 2013 年，基地面积 2520 亩（1 亩 ≈667m²），租赁使用期限 2013 年 8 月至 2026 年 8 月。基地主要试验平台布局如图 2-2 所示。

放牧强度试验设在锡林郭勒盟锡林浩特市朝克乌拉苏木，海拔 1111～1121m。地区气候为典型大陆性季风气候，区域年均降雨量 250～350mm，年平均温度 –0.1℃，1 月最冷（平均温度–22.0℃，极端最低温度–41.1℃），7 月温度最高（平均温度 18.3℃，极端最高温度 38.5℃），≥5℃的积温为 2100～2400℃。土壤为栗钙土，植被为典型草原（typical steppe）类型，羊草（*Leymus chinensis*）、克氏针茅（*Stipa krylovii*）和大针茅（*Stipa grandis*）在群落中占优势地位，糙隐子草（*Cleistogenes squarrosa*）、冷蒿（*Artemisia frigida*）等多年生植物为常见物种，一、二年生植物主要有灰绿藜（*Chenopodium glaucum*）、猪毛菜（*Salsola collina*）等。

表 2-1　新建和整合试验平台

平台类型	平台定位	依托单位
放牧强度野外平台	1. 2014 年建 5 梯度 3 重复平台（短期）	中国农业科学院草原研究所
	2. 2005 年建 7 梯度 3 重复平台（中期）	中国农业科学院植物保护研究所
	3. 1983 年自由放牧和多年围封对照样地（长期）	中国农业科学院植物保护研究所和草原研究所
	4. 2011 年放牧时间优化试验平台	内蒙古大学
退化恢复野外平台	5. 2014 年土壤保育与植物调节试验平台	中国农业科学院草原研究所
	6. 2016 年典型草原、草甸草原、荒漠草原恢复验证试验平台	
室内实验平台	7. 羊草种子萌发实验研究平台	西南大学和中国农业科学院植物保护研究所
	8. 模拟放牧与逆境胁迫实验平台	中国农业科学院植物保护研究所和北京师范大学
	9. 羊草分子生物学材料培养平台	中国科学院遗传与发育生物学研究所和中国农业科学院草原研究所
辅助试验平台	10. 覆盖中蒙主要地区的羊草资源圃	中国农业科学院草原研究所
	11. 草地生态学控制试验平台	
	12. 锡林郭勒盟代表草地类型样条	
	13. 中蒙俄生态样带	
重点实验室	14. 农业农村部草地生态与修复治理重点实验室	中国农业科学院草原研究所
	15. 农业农村部草地管理与合理利用重点实验室	中国农业大学

实验样地在 2007～2014 年禁牧，以割草利用为主，植被长势良好，本实验于 2014 年开始布置，实验设计 5 个放牧压梯度、3 个空间重复，每个放牧小区面积 1.33hm²（东西长 125m，南北长 110m，两边夹角 78°）。2014 年 6 月 10 日开始放牧，放牧持续 90d（期间家畜一直在放牧区内），实验动物均为乌珠穆沁 2 龄羯羊，放牧压分别为 CK（0），GI170[放养 4 只家畜，放牧压为 170SSU·d/(hm²·a)]（SSU 代表标准羊单位），GI340[放养 8 只家畜，放牧压为 340SSU·d/(hm²·a)]，GI510[放养 12 只家畜，放牧压为 510SSU·d/(hm²·a)]以及 GI680[放养 16 只家畜，放牧压为 680SSU·d/(hm²·a)]（放牧 3 年休一年）。

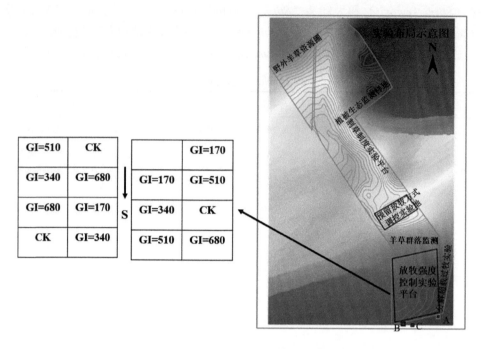

图 2-2　锡林浩特放牧实验平台示意图

2. 锡林郭勒多类型草原禁牧-重牧配对实验样地

样地选在锡林郭勒盟，在不同的草地类型选择 22 户牧户草场，已经建成样地 22 个。所选草地类型包括草甸草原（6 户）、典型草原（11 户）和荒漠草原（5 户）。所选的 22 户试验样点，每户分别设定草场 20 亩，其中各牧户选取典型放牧区，划分重度放牧区（7.5 亩）、轻度放牧区（7.5 亩）和自由放牧区（5 亩）进行围封监测。

该平台选择蒙古高原为研究对象，2015 年在不同草地类型区设置轻-重度配对放牧处理 22 对，初始构思为南北以温度波动和东西以降水波动为主的两条配对样线，研究轻-重度配对放牧草地生态系统植物个体功能性状、地上-地下生产力、生物多样性、养分库分配与化学计量学等沿环境要素梯度的变化规律和作用机制及环境要素与放牧利用间的权衡贡献。未来在阐明上述生态学过程和关键问题的基础上，考虑国内以前的样带研究，都是沿东西或南北随机取样，受当地人类活动强度的影响严重，解决生态学问题受限，而该平台所选牧点全部去除放牧干扰后进行围封，对关键科学问题的揭示更富科学性，是研究草地生态系统结构和功能的理想平台，未来想建设成一个长期的研究平台，同时 2018 年完成所有平台增设气候变化多因子设计，在每个样点上设置极端干旱、氮素添加、磷素添加、凋落物移除和添加等环境要素变化处理与草地利用方式（割草和自由放牧）试验处理，形成沿环境要素梯度气候因子和草地利用方式协同变化后，研究草地生态系统结构组成和功能的理想平台。同时该平台的延续和维持，将为沙尔沁人工控制生态学试验平台提供植物资源，如不同环境要素梯度上关键物种（针茅、冷蒿、羊草等）的同质化移栽，为植物个体的适应与进化、谱系地理关系提供实验材料，形成从野外到室内的完整研究平台。

3. 退化草地恢复试验平台

试验概况：示范验证试验于 2016 年开始实施，分别在典型草原（Ⅰ）、草甸草原（Ⅱ）、荒漠草原（Ⅲ）和高寒草甸（Ⅳ）开展施肥、植物调节、放牧优化等的集成示范试验研究工作（表 2-2 和图 2-3）。

表 2-2　示范试验样地情况

草原类型	地理位置	面积
Ⅰ. 典型草原	锡林浩特市阿日嘎郎图南坡，锡林河水库东岸	200 亩
Ⅱ. 荒漠草原	苏尼特右旗赛汉塔拉镇东南 8km 处	1000 亩
Ⅲ. 草甸草原	呼伦贝尔市谢尔塔拉镇第六生产队队部西南 1km	330 亩
Ⅳ. 高寒草甸	玉树州称多县东北 10km 处	200 亩

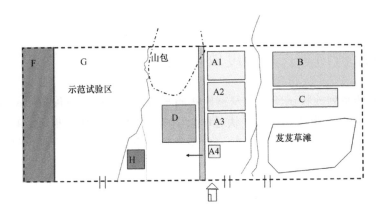

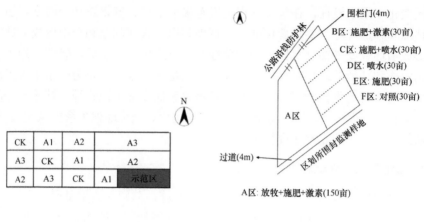

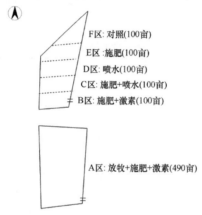

图 2-3 不同草原类型区示范验证试验

第二节 草原植物对长期过度放牧响应的关键生态学过程

依托长-中-短期系列放牧试验平台及室内实验平台，系统研究过度放牧对草原植物的生态学影响，阐明植物功能性状对草原生产力维持的作用，揭示放牧对草原植物种群格局的影响规律，揭示放牧影响下植物矮小化的普遍性、记忆性及对生产力的影响。

一、区域草原生产力变化过程及主要驱动因素

1. 1981～2011 年草原生产力发生了显著的时空变化

（1）典型区域分析揭示北方草原群落生产力呈下降趋势

以我国内蒙古自治区阿巴嘎旗、锡林浩特市和西乌珠穆沁旗为例，1981～2011

年草原群落净初级生产力（net primary productivity，NPP）、总初级生产力（gross primary productivity，GPP）均呈波动下降趋势（图 2-4 和图 2-5）。研究发现，草原生产力的变化主要由过度放牧引起，同时，气候变化也起到了一定的作用，分析表明，1981～2011 年内蒙古典型草原区域发生了以暖干化为主的气候变化，以阿巴嘎旗、锡林浩特市、西乌珠穆沁旗三个县域尺度为例，1981～2011 年气温、干燥度随着年际的变化波动显著升高，而有效降水量在阿巴嘎旗、锡林浩特市变化不明显，西乌珠穆沁旗呈波动下降趋势。

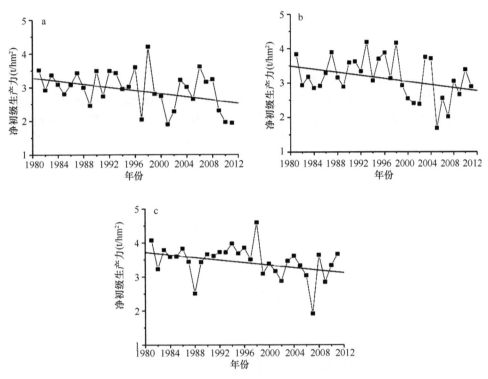

图 2-4　1981～2011 年草原群落净初级生产力（NPP）的年际变化（Wu et al.，2014）
a. 阿巴嘎旗；b. 锡林浩特市；c. 西乌珠穆沁旗

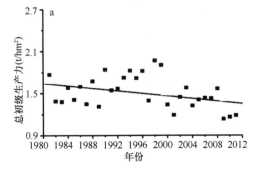

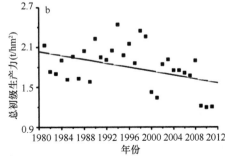

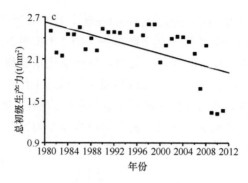

图 2-5　1981～2011 年草原群落总初级生产力（GPP）的年际变化（Wu et al.，2014）

a. 阿巴嘎旗；b. 锡林浩特市；c. 西乌珠穆沁旗

（2）大尺度分析揭示内蒙古草原植被活动呈减弱趋势

研究使用中分辨率成像光谱仪（moderate resolution imaging spectroradiometer，MODIS）传感器观测并使用植被冠层辐射传输模型定量计算获得的叶面积指数（leaf area index，LAI），作为分析内蒙古草地时空分布特征的遥感数据源。通过提取 MCD15A2H 数据的 Lai_500m 叶面积指数及匹配的 FparLai_QC 质量控制数据层，经研究区分幅影像镶嵌处理、行政区划范围裁剪，使用 FparLai_QC<128 对 Lai_500m 进行数据质量控制筛选，获得内蒙古草地植被时序、空间分布的叶面积指数，并基于最大值合成法（maximum value composite，MVC），以设定的自然月为时间步长，对时空数据进行最大值合成处理，获得研究区空间像元数据完整、时间序列数值稳定的草地植被叶面积指数再分析数据集。研究发现，研究区植被叶面积指数时序过程有减小特征，空间分布的过渡、异质性特征与草地放牧作用相关。

2. 功能特征主导了温性草原生产力

研究发现，环境因子、物种多样性、植物群落功能特征的变化均是草原群落生产力降低的原因，但功能特征主导了群落生产力的形成；不同功能特征对群落生产力的贡献不同，群落高度贡献了内蒙古草原生产力 57.1%的变异，同时，在极为干旱的小针茅沙漠草原，生产力主要受叶面积和比叶面积的影响。

（1）功能特征对草原生产力的贡献高于物种多样性

通过对内蒙古不同降水量下的 5 种不同草原类型、194 个样地生产力、2 种物种多样性指标（物种丰富度 S、香农-维纳多样性指数 H'）、4 种植物性状（植株高度 H、叶面积 LA、叶干重 LDW、比叶面积 SLA）和功能多样性指标（Rao 二次熵）的巢式多元回归分析发现，无论是针对整个内蒙古草原还是单一草原类型，功能特征对生产力的贡献均高于物种多样性（表 2-3）；同时，还发现环境对生产力的贡献随着降水量的增加在逐渐降低，降水主要通过改变群落的功能特征影响群落生产力（图 2-6）。

表 2-3　环境、物种多样性、功能特征在生产力维持中的贡献率

预测变量	小针茅沙漠草原	短花针茅沙漠草原	克氏针茅典型草原	大针茅典型草原	贝加尔针茅草甸草原	内蒙古草原
环境因素	0.626	0.538	0.479	0.169	0.144	0.570
物种多样性	0.029	0.224	0.031	0.013	0.109	0.198
功能特征	0.527	0.674	0.503	0.437	0.407	0.679
最终模型	0.700	0.822	0.738	0.477	0.507	0.754

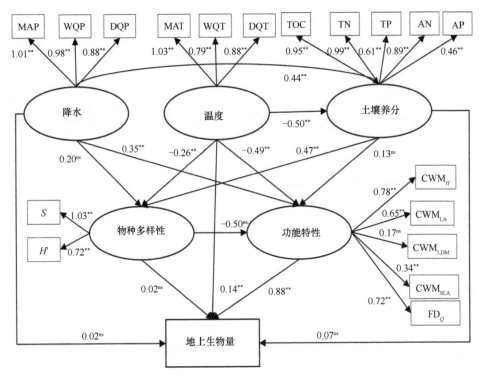

图 2-6　环境、物种多样性、功能特征与生产力的结构关系（Zhang et al., 2017）

MAP，年平均降水量；WQP，湿润季平均降水量；DQP，干旱季平均降水量；MAT，年平均气温；WQT，湿润季平均气温；DQT，干旱季平均气温；TOC，总有机碳；TN，全氮；TP，全磷；AN，有效氮；AP，速效磷；S，物种丰富度；H'，香农-维纳多样性指数；CWM_H，高度的加权平均值；CWM_{LA}，叶面积的群落加权平均值；CWM_{LDM}，叶干重的群落加权平均值；CWM_{SLA}，比叶面积的群落加权平均值；FD_Q，Rao 二次熵。*，$P<0.05$；**，$P<0.01$；***，$P<0.001$；ns，不显著。下同

（2）高度是内蒙古草原生产力的主导功能性状

通过多元逐步回归分析确定了内蒙古草原生产力的主导功能性状是高度，其揭示了生产力 57.1%的变异；在极为干旱的小针茅沙漠草原，生产力主要受叶面积和比叶面积的影响（表 2-4）；同时，在小针茅沙漠草原回归分析中引入了 FD_Q

系数，说明了选择效应和互补效应功能决定物种多样性与生产力关系，在内蒙古草原选择效应起主导作用。

表 2-4 功能特征与生产力的多元逐步回归分析结果

	预测变量	校正决定系数	显著性
小针茅沙漠草原	CWM_{LA}	0.176	0.004
	CWM_{SLA}	0.320	0.000
	FD_Q	0.390	0.000
	$AGB=99.455+26.078CWM_{LA}-0.883CWM_{SLA}+79.701FD_Q$		
短花针茅沙漠草原	CWM_H	0.687	0.000
	$AGB=26.257+3.385CWM_H$		
克氏针茅典型草原	CWM_H	0.406	0.000
	CWM_{LA}	0.507	0.000
	$AGB=87.587+1.487CWM_H+23.466CWM_{LA}-3036.735CWM_{SLA}$		
大针茅典型草原	CWM_H	0.225	0.001
	CWM_{SLA}	0.326	0.000
	CWM_{LA}	0.406	0.000
	$AGB=32.046+1.695CWM_H+0.515CWM_{SLA}+10.683CWM_{LA}$		
贝加尔针茅草甸草原	CWM_H	0.277	0.001
	$AGB=76.404+2.949CWM_H$		
内蒙古草原	CWM_H	0.571	0.000
	CWM_{LA}	0.689	0.000
	$AGB=36.589+2.338CWM_H+1.2614CWM_{LA}$		

注：AGB，地上生物量；CWM_{LA}，叶面积的群落加权平均值；CWM_{SLA}，比叶面积的群落加权平均值；FD_Q，Rao 二次熵；CWM_H，高度的加权平均值

二、过度放牧改变典型草原植物种群的空间分布格局

研究表明，植物在长期重度放牧干扰下减弱了个体间竞争，增大了以母株为中心的小尺度种群密度，种群由泊松聚块分布格局转变为嵌套双聚块分布格局，进而增强了植物种群的耐牧能力；而短期极重度放牧（3 年）并没有改变羊草、大针茅的种群空间分布格局，说明放牧胁迫对植物群落中各种群分布格局的影响具有明显的时间效应。

1. 长期过度放牧显著改变植物种群空间分布格局

对典型草原严重退化群落与 8 年恢复群落羊草、大针茅、糙隐子草 3 种植物种群分布格局的研究表明（图 2-7～图 2-12），在退化群落中，上述 3 种植物种群均呈嵌套双聚块分布格局，表现为在种群大聚块内部存在高密度的小聚块（图 2-7，

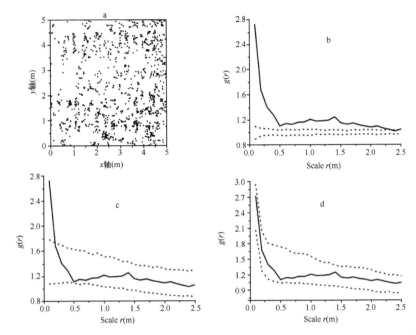

图 2-7　典型草原羊草+大针茅群落严重退化变体冷蒿群落中羊草种群点格局分析
（Wang et al.，2014）

a. 羊草种群个体的位点；b. 基于完全空间随机模型；c. 基于泊松聚块模型；d. 基于嵌套双聚块模型。置信区间
通过 999 次重复和使用最高值与最低值获得；实测数据（——）；置信区间（⋯）。

$g(r)$, $g(r)$函数；Scale，尺度。下同

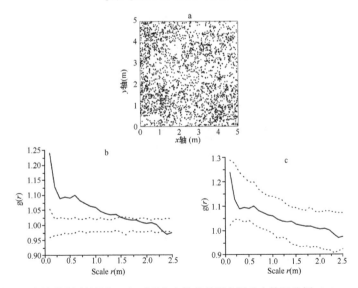

图 2-8　重度退化冷蒿群落围封恢复 8 年后群落中羊草种群空间分布格局分析（Wang et al.，2014）

a. 羊草种群个体的位点；b. 基于完全空间随机模型；c. 基于泊松聚块模型。置信区间通过 999 次重复和使用最
高值与最低值获得；实测数据（——）；置信区间（⋯）

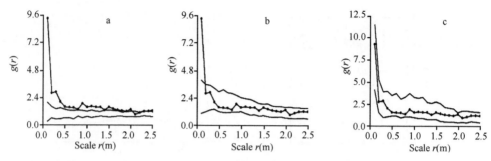

图 2-9　典型草原羊草+大针茅群落严重退化变体冷蒿群落中大针茅种群点格局分析（王鑫厅和姜超，2018）

a. 基于完全空间随机模型；b. 基于泊松聚块模型；c. 基于嵌套双聚块模型；置信区间通过 999 次重复和使用最高值与最低值获得；实测数据（┅┅）；置信区间（——）

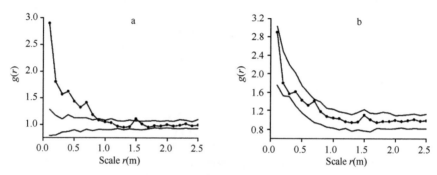

图 2-10　重度退化冷蒿群落围封恢复 8 年后群落中大针茅种群空间分布格局分析（王鑫厅和姜超，2018）

a. 基于完全空间随机模型；b. 基于泊松聚块模型；置信区间通过 999 次重复和使用最高值与最低值获得；实测数据（┅┅）；置信区间（——）

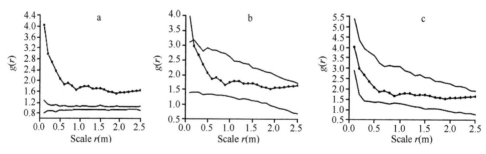

图 2-11　典型草原羊草+大针茅群落严重退化变体冷蒿群落中糙隐子草种群点格局分析（王鑫厅和姜超，2018）

a. 基于完全空间随机模型；b. 基于泊松聚块模型；c. 基于嵌套双聚块模型；置信区间通过 999 次重复和使用最高值与最低值获得；实测数据（┅┅）；置信区间（——）

图 2-9，图 2-11）；而经过 8 年恢复，该 3 种植物种群大聚块内高密度小聚块消失，转变为泊松聚块分布格局（图 2-8，图 2-10，图 2-12）。

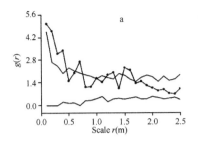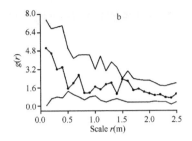

图 2-12　重度退化冷蒿群落围封恢复 8 年后群落中糙隐子草种群空间分布格局分析（王鑫厅和姜超，2018）

a. 基于完全空间随机模型；b. 基于泊松聚块模型；置信区间通过 999 次重复和使用最高值与最低值获得；实测数据（▬▬）；置信区间（▬▬）

2. 短期极重度放牧没有改变植物种群空间分布格局

与长期过度放牧的结果不一致的是，在 3 年极重度放牧干扰与对照的对比研究中，发现大针茅（图 2-13）、羊草（图 2-14）种群空间分布格局并没有发生变化，均呈泊松分布格局，可见，放牧对草原群落种群格局的影响具有时间依赖性。

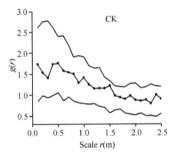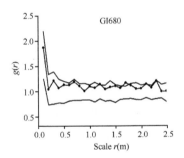

图 2-13　基于泊松聚块模型对短期极重牧（GI680）和对照（CK）群落中大针茅种群点格局的分析（李源等，2021）

实测数据（▬▬）；置信区间（▬▬）

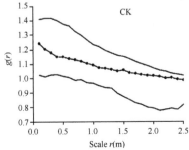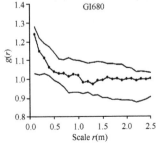

图 2-14　基于泊松聚块模型对短期极重牧（GI680）和对照（CK）群落中羊草种群点格局的分析（李源等，2021）

实测数据（▬▬）；置信区间（▬▬）

三、草原植物对长期过度放牧的表型可塑性响应

研究发现，放牧干扰下植物个体性状发生变化，表现为株高降低、茎节缩短、节间数减少、叶片变短变窄、个体生物量减小的矮小化现象；但是植物不同性状指标对放牧干扰的响应不同，性状可分为敏感性状与惰性性状，各性状间异速生长模式在放牧干扰下发生显著改变；土壤环境的劣变、植物矮小化的跨世代传递（trans-generational transmission）共同导致了原位条件下植物的矮化现象；植物矮小化的跨世代传递是植物在放牧干扰下主动的避牧适应过程。

1. 过度放牧干扰下草原植物个体的矮化型变

典型草原、草甸草原、高寒草甸 3 种草原类型、4 个不同年限的放牧平台的研究结果表明，放牧干扰下羊草、冰草、早熟禾等植物个体，与围封相比均呈现矮化现象，表现为株高降低、茎节缩短、叶片变短变窄、个体生物量减小等。

（1）典型草原

2017 年中旬，在项目实验平台设计的 5 个梯度上，选取群落中的优势物种羊草测量其各项性状指标。结果表明，随着放牧强度的增加，羊草叶长、总叶面积、茎节数、茎长、茎粗、茎长/茎粗显著变小；但叶面积在重度放牧和极重度放牧处理下差异不显著，说明放牧强度达到一定程度后，叶面积变化不明显；叶宽在对照、轻度放牧和中度放牧区差异显著，在放牧强度大于中度放牧后，差异不显著；茎粗与茎节数仅在对照区与放牧区差异显著，对放牧强度不敏感，在放牧区之间差异不显著。因此，羊草在短期放牧干扰下呈现矮小化现象，但不同的指标对放牧干扰的响应不同（图 2-15）。

（2）草甸草原

在草甸草原选取自由放牧草地，以牧户定居点为起点，向外辐射状而形成放牧由重到轻的草原退化梯度，根据植被情况确定中度放牧样地（MG）和重度放牧样地（HG），并在 MG 样地附近选取 1996 年围封样地（LE）和 2011 年围封样地（SE），在 4 个样地开展羊草表型测定。结果表明，叶长、叶宽、叶长/叶宽、总叶面积、单叶面积、总叶重、单叶重、比叶重均为 LE > SE > MG > HG；但叶片数表现为 MG 较两种围封样地增多，HG 下叶片数又显著减少。茎性状、全株性状和叶性状的响应规律相似，与 LE 相比，MG、HG 下羊草茎性状的茎长、茎粗、茎长/茎粗、茎重，以及全株功能性状的株高、总重、茎重/叶重等均显著变小，茎秆相对短粗化；光合产物的分配存在权衡关系，随牧压增大，地上茎叶总物质朝着向叶片分配增加的方向发展（图 2-16～图 2-18）。

（3）高寒草甸

2013 年、2014 年、2015 年 8 月初在 YG（全年放牧）、SG（夏季放牧）、WG

（冬季放牧）、UG3（围封 3 年）、UG5（围封 5 年）、UG12（围封 12 年）等 6 个样地内进行取样和数据测定。同典型草原、草甸草原规律一致，在长期放牧干扰下，除叶片数外，高原早熟禾的株高、分枝数、叶长、叶宽、叶面积、茎粗、

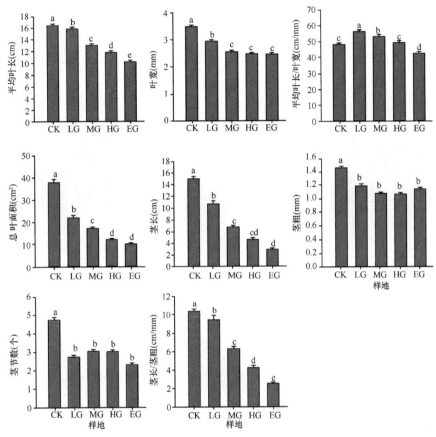

图 2-15　典型草原羊草茎叶性状对短期放牧干扰的响应

CK，围封，不放牧；LG，轻度放牧；MG，中度放牧；HG，重度放牧；EG，极重度放牧。不同小写字母表示差异显著（*P*<0.05）。下同

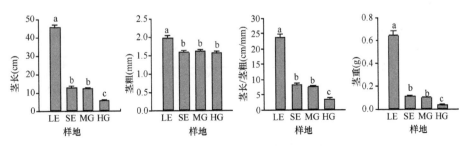

图 2-16　草甸草原围封与放牧对羊草茎性状的影响（李西良，2016）

LE，1996 年围封；SE，2011 年围封；MG，中度放牧；HG，重度放牧。下同

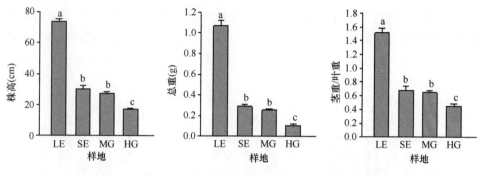

图 2-17　草甸草原围封与放牧对羊草全株功能性状的影响

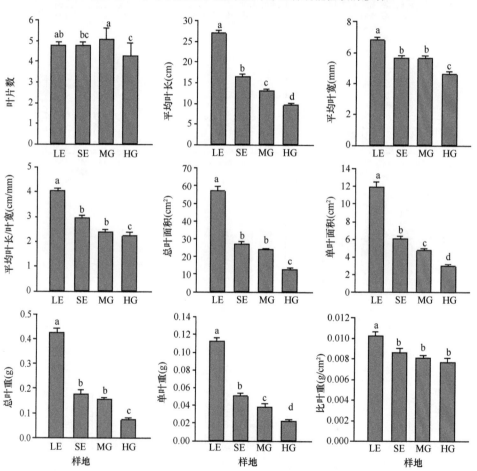

图 2-18　草甸草原围封与放牧对羊草叶片性状的影响（李西良，2016）

茎长、根长、根粗、穗长、总叶重、单叶重、茎重、穗重、根重、全株重等性状均出现显著变小的特征；但叶片数表现为随着放牧强度的增大而增多，在全年放牧时达到峰值；围栏禁牧下，叶长在围封 3 年和 5 年时出现峰值，叶宽、叶面积、单叶重、总叶重、茎粗、茎重、穗重、分枝数、全株重在围封 5 年时达到峰值；穗长、根长、株高在围封 3 年时达到峰值；根重则在围封 12 年时最大（图 2-19～图 2-21）。

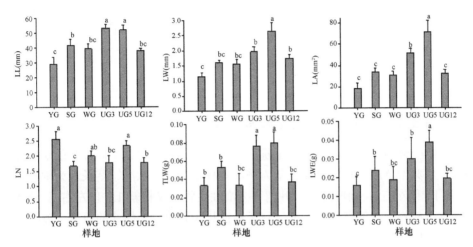

图 2-19 高寒草甸放牧与围封对高原早熟禾叶性状的影响（石红霄，2016）

LL，叶长；LW，叶宽；LA，叶面积；LN，叶片数；TLW，总叶重；LWE，单叶重。YG，全年放牧；SG，夏季放牧；WG，冬季放牧；UG3，围封 3 年；UG5，围封 5 年；UG12，围封 12 年。下同

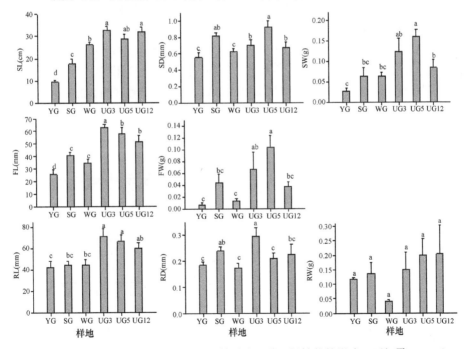

图 2-20 高寒草甸放牧与围封对高原早熟禾茎、穗、根性状的影响（石红霄，2016）

SL，茎长；SD，茎粗；SW，茎重；FL，穗长；FW，穗重；RL，根长；RD，根粗；RW，根重

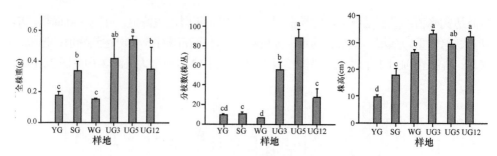

图 2-21　高寒草甸放牧与围封对高原早熟禾全株性状的影响

2. 羊草不同性状对放牧干扰的差异性响应

植物个体多个性状均对放牧干扰产生矮小化响应，但是不同性状的响应存在差异。以典型草原、草甸草原羊草为例，茎秆生物量、株高、茎长等为敏感性状（相差 10 倍左右），而叶片数、叶宽等为惰性性状（仅相差 1.5 倍左右）。植物个体性状对放牧干扰的差异性响应导致了各性状间异速生长模式的改变，放牧与围封两种生境下羊草各性状之间无共同斜率存在。

（1）羊草各性状对放牧干扰的差异性响应

不同植株性状对放牧干扰存在差异性响应，对草甸草原、典型草原羊草各性状的可塑性指数（PI）排序发现，羊草茎、叶不同的表型性状可塑性指数存在极大差异，从最低到最高相差 8 倍之多；进一步对所有性状进行归类发现，茎生物量、株高、茎长等为敏感性状（相差 10 倍），叶片数、叶宽等为惰性性状（相差 1.5 倍左右）。总的来讲，在连续过度放牧干扰下，羊草叶性状相对较为稳定，而茎性状具有更强的可塑性变化，这一规律在典型草原和草甸草原中表现一致（图 2-22）。

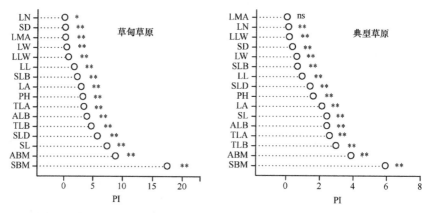

图 2-22　草甸草原和典型草原羊草对放牧的表型可塑性（李西良，2016）

LN，叶片数；SD，茎粗；LMA，比叶重；LW，平均叶宽；LLW，平均叶长/叶宽；LL，平均叶长；SLB，茎重/叶重；LA，单叶面积；PH，株高；TLA，总叶面积；ALB，叶重；TLB，总叶重；SLD，茎长/茎粗；SL，茎长；ABM，总生物量；SBM，茎生物量

（2）羊草各性状间的异速生长关系

采用标准主轴分析法，对长期过度放牧下羊草植株的叶片与茎秆表型性状之间的异速生长模式进行了研究。研究发现，叶片表型性状与茎秆表型性状之间呈现显著的非线性变化关系，随着茎秆性状的增加，叶性状相应地表现出增加的态势，但达到一定数值后趋于饱和状态（图 2-23）。进一步通过 Log 转换，研究了放牧下羊草矮化对茎叶性状异速生长模式的影响，由表 2-5 可见，针对单一处理而言，放牧与围封处理下茎叶之间均在一定程度上符合异速生长特征；放牧显著地改变了叶片、茎秆之间的异速生长模式，放牧与围封两种生境下无共同斜率，主要包括茎粗与叶长、叶宽、叶面积之间，茎长与叶长、叶宽、叶面积之间，而在叶片数与茎长、茎粗之间，有共同斜率的存在，通过进一步的检验，尽管无共同斜率的存在，但沿着共同斜率存在显著的偏移，因此，长期过度放牧对羊草植株叶片和茎秆之间的异速生长关系有着显著的影响。

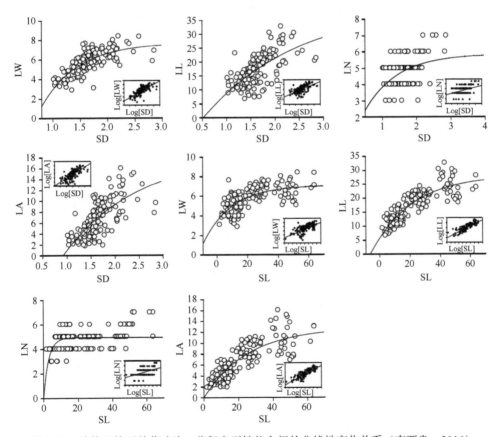

图 2-23　放牧干扰下羊草叶片、茎秆表型性状之间的非线性变化关系（李西良，2016）

LW，叶宽；LL，叶长；LN，叶片数；LA，叶面积；SD，茎粗；SL，茎长

表 2-5 基于标准主轴法分析的在长期过度放牧与围封生境下羊草叶片、茎秆表型性状的异速生长斜率、截距的变化特征（李西良，2016）

Y轴指标	X轴指标	组别	R^2	异速方程斜率			异速方程截距		
				Value	LowCI	UppCI	Value	LowCI	UppCI
叶宽	茎粗	围封	0.45^{**}	0.74^{*}	0.59	0.93	0.59^{**}	0.54	0.64
		放牧	0.56^{**}	1.50^{**}	1.31	1.70	0.46^{**}	0.42	0.49
叶长	茎粗	围封	0.27^{**}	1.18^{ns}	0.90	1.53	1.00^{**}	0.91	1.10
		放牧	0.23^{**}	2.01^{**}	1.70	2.38	0.80^{**}	0.73	0.87
叶片数	茎粗	围封	0.30^{**}	0.92^{ns}	0.71	1.19	0.45^{**}	0.38	0.52
		放牧	0.02^{ns}	1.00^{ns}	0.83	1.21	0.48^{**}	0.44	0.52
叶面积	茎粗	围封	0.42^{**}	1.71^{**}	1.35	2.16	0.47^{**}	0.35	0.59
		放牧	0.40^{**}	3.26^{**}	2.81	3.79	0.11^{*}	0.02	0.21
叶宽	茎长	围封	0.24^{**}	0.23^{**}	0.17	0.29	0.46^{**}	0.37	0.55
		放牧	0.43^{**}	0.38^{**}	0.33	0.44	0.29^{**}	0.22	0.35
叶长	茎长	围封	0.60^{**}	0.36^{**}	0.29	0.44	0.80^{**}	0.69	0.91
		放牧	0.68^{**}	0.51^{**}	0.45	0.57	0.57^{**}	0.50	0.64
叶片数	茎长	围封	0.35^{**}	0.28^{**}	0.22	0.36	0.29^{**}	0.18	0.39
		放牧	0.11^{**}	0.25^{**}	0.21	0.30	0.37^{**}	0.31	0.42
叶面积	茎长	围封	0.55^{**}	0.52^{**}	0.42	0.64	0.17^{*}	0.00	0.33
		放牧	0.66^{**}	0.82^{**}	0.73	0.92	-0.25^{**}	-0.37	-0.14

注：Value，均值；LowCI，最小值；UppCI，最大值；*，$P<0.05$；**，$P<0.01$；ns，差异不显著。下同

3. 放牧下生长受阻与避牧适应共同诱导了植物矮化现象

以羊草为对象，通过室内外试验相结合研究发现，长期过度放牧下草原植物矮小化的成因主要包括两方面，一方面为放牧改变了植物赖以生长的土壤微环境等，并且破坏了植物组织，使得土壤中 N、P 和水等资源的可利用性以及植物对资源的利用能力降低，从而阻碍了植物的生长，即"生长受阻"；另一方面为植物自身的避牧适应，表现为植物通过自身的表观修饰将光合产物分配给更多的子株个体及近地表面的组织以避免家畜的采食，即"避牧适应"。

（1）放牧干扰下羊草矮小化现象可以跨世代传递

室内芽培试验结果显示，源于过度放牧样地的芽培羊草相对于源于围封样地的芽培羊草，仍呈现出株高变矮、节间缩短、叶片变短变窄、个体生物量降低等矮小化特征，表现为"矮化记忆"（表 2-6），即羊草在经受放牧干扰后，其表现出的矮小化现象可以跨世代传递；但通过原位与室内芽培羊草的对比研究发现，尽管芽培羊草植株继续存在矮小化特征，但主要性状的可塑性显著降低，说明跨世代传递可塑性仅能部分地解释原位条件下的羊草矮小化特征（图 2-24）。

表 2-6　室内水培条件下长期过度放牧对羊草植株表型性状的影响（李西良，2016）

植物性状	放牧处理（室内芽培）		
	F	影响	P
叶片数	8.59	(−)	0.01
平均叶长	10.01	(−)	<0.01
平均叶宽	80.45	(−)	<0.01
平均叶长/叶宽	36.25	(+)	<0.01
总叶面积	46.85	(−)	<0.01
单叶面积	43.11	(−)	<0.01
茎长	50.05	(−)	<0.01
茎粗	58.56	(−)	<0.01
茎长/茎粗	2.56	(0)	0.12
株高	58.62	(−)	<0.01

注：(−)，负效应；(+)，正效应；(0)，无影响

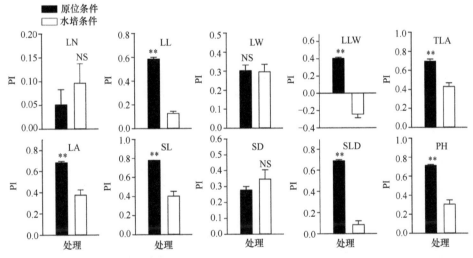

图 2-24　原位与水培条件下羊草性状对长期过度放牧的可塑性响应差异分析（李西良，2016）
LN，叶片数；LL，叶长；LW，叶宽；LLW，平均叶长/叶宽；TLA，总叶面积；LA，叶面积；SL，茎长；SD，茎粗；SLD，茎长/茎粗；PH，株高

（2）放牧干扰下土壤劣变是羊草矮小化的成因之一

进一步通过开展来源于长期放牧地和围封地的根茎芽、土壤的双因素实验发现，源于放牧地的土壤明显阻碍了羊草的生长，而来源于围封地的芽培羊草对土壤的敏感性更强，"矮化记忆"现象于围封地土壤中更容易呈现（图 2-25）。

（3）"矮化记忆"是羊草在放牧干扰下主动的避牧适应

对比相同培养条件下围封地与放牧地芽培羊草的个体性状和群体性状，发现放牧地芽培羊草个体将更多的光合产物分配到"近地表面"（图 2-26），同时在群

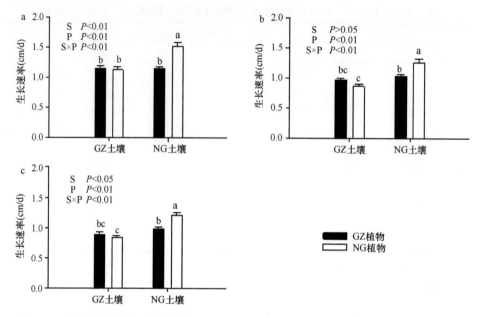

图 2-25　长期过度放牧引发的植物胁迫记忆、土壤特性改变对羊草植株矮化的交互作用
（李西良，2016）

a、b、c 分别为生长 30d、45d、60d 时的观测值。图中 S 表示土壤效应，P 表示植物效应，S×P 表示植物和土壤的
交互效应。NG，围封；GZ，放牧。下同

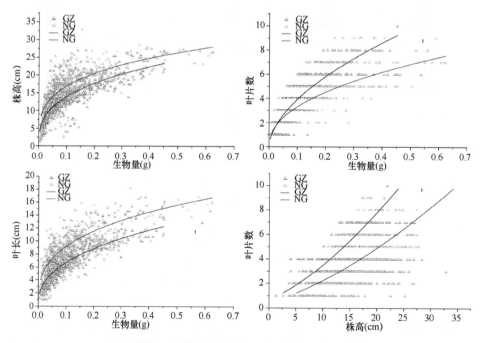

图 2-26　羊草个体性状间的曲线关系拟合

体地上光合产物不变的情况下，将光合产物分配给更多子株个体，降低了个体高度与生物量（图 2-27），进而增强了其避牧能力。以上研究结果表明，原位条件下过度放牧诱发的植物矮化现象受土壤微环境、羊草"矮化记忆"的共同影响，过度放牧干扰下的"矮化记忆"现象是羊草主动的避牧适应过程。

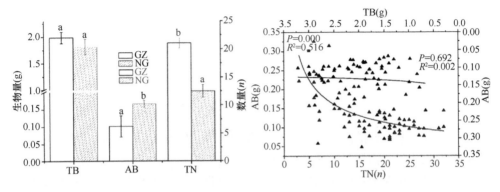

图 2-27　羊草"群体性状"对"矮化记忆"的响应
a. 羊草群体性状间的曲线关系拟合；b. TB，总生物量；AB，个体平均生物量；TN，子株数量

4. 形态特征调控放牧干扰下羊草单株生物量的降低

通过对结构方程模型的分析发现，不同表型性状在驱动羊草个体生物量的变化中起到的作用显著不同，叶长和茎长分别是驱动叶生物量、茎生物量变化的最主要的因子，茎性状是引发放牧与围封条件下光合产物茎叶分配比例发生变化的主要贡献因子；采用逐步多元回归方程方法建立的羊草单株重模型[单株重（g）=0.001×株高（mm）+0.336×茎粗（mm）−0.389（R^2=0.85，F=69.81，P<0.001）]模拟效果良好、精度较高。

（1）羊草单株重模型的建立

从东部的吉林省松原市长岭县向西直到内蒙古自治区乌兰察布市集宁区二广公路旁，选择 25 个羊草采集样地，采用逐步多元回归方程方法建立羊草单株重模型：单株重（g）=0.001×株高（mm）+0.336×茎粗（mm）−0.389（R^2=0.85，F=69.81，P<0.001）；利用 2015～2017 年大针茅群落、克氏针茅群落和羊草群落中的 180 株羊草的茎叶形态数据对上述模型进行验证，发现该模型具有较高的精度，普遍适用于各种利用方式下的羊草（图 2-28a）；但由于长期围封后羊草的形态指标发生了一定的变化，影响单株重的因素可能并不只是株高和茎粗两个指标，因此不太适合该模型（图 2-28b）。

（2）羊草生物量及其分配的结构方程模型分析

利用典型草原不同放牧去除年限（9 年、15 年、35 年、自由放牧）对羊草个体性状进行结构方程模型分析，结果表明：叶长和茎长分别是驱动叶生物量、茎

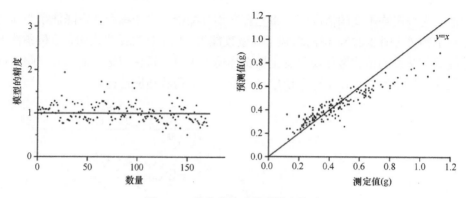

图 2-28   羊草单株重模型精度检验

生物量变化的最主要的因子，路径系数分别为 0.57、0.71。而在放牧去除年限导致单株羊草叶茎生物量分配比例（LSM）变化的因素中，茎性状是引发分配比例变化的主要贡献因子，路径系数为–0.67，而叶性状的贡献相对较小，路径系数为–0.12（图 2-29）。

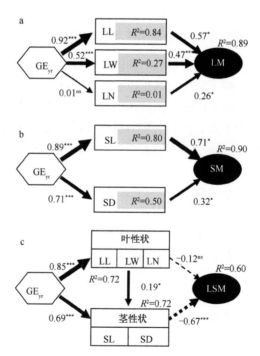

图 2-29   通过结构方程模型模拟对放牧去除年限导致的羊草植株生物量累积（a、b）与分配（c）的最终结果（李西良，2016）

箭头上的数字表示标准化路径系数，实线和虚线分别表示相关因子对生物量累积及分配影响的正效应与负效应，R^2 表示解释率。***，$P<0.001$；**，$P<0.01$；ns，$P>0.05$，下同。GE_{yr}，放牧去除年限；LM，叶生物量累积；SM，茎生物量累积；LSM，叶茎生物量分配比例

（3）过度放牧下草原植物个体大小与种群密度的补偿关系

进一步研究发现，家畜喜食物种（羊草）与非喜食物种（黄囊苔草）的被采食比例差别很大，前者显著高于后者，导致随着放牧强度的增加羊草密度显著下降，黄囊苔草（苔草）却表现出增高趋势，羊草和苔草在密度上表现出显著的负相关（图 2-30），证明两者为此消彼长的关系，具有种间补偿性。尽管二者的被采食比例差别很大，但其对放牧的可塑性指数差别很小，均随着放牧强度的增加表现出明显的矮小化特征，说明被采食并不是矮小化的唯一原因，放牧通过对土壤微环境等的改变也显著地影响了植物的表型可塑性。总的来看，对于盖度-密度关系而言，随着株高增加，羊草密度很快趋于饱和，而苔草则斜率很大，具有更强的扩张性，苔草表现出密度-大小的权衡，通过矮小化占领生态位。

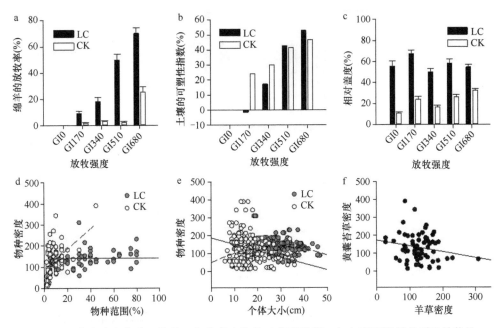

图 2-30 家畜喜食物种（羊草）与非喜食物种（黄囊苔草）大小/密度补偿关系对放牧的差异化响应

LC，羊草；CK，黄囊苔草

5. 基于功能性状的放牧标识与阈值

过度放牧下，草原植物矮小化是一种普遍现象。在长期过度放牧的退化草原群落中，植物个体表现出植株变矮、节间缩短、叶片变小变窄、植丛缩小、枝叶硬挺、根系分布浅层化等性状。伴随着植物矮小化，种群空间分布发生变化，群落生产力明显下降，直至群落建群种和优势种发生更替。故植物矮小化标识和标准的确立应从 3 个方面考虑，即个体、种群、群落角度。

（1）植物个体功能性状变化对放牧干扰的指示作用

在中温型典型草原和草甸草原群落中，选择分布广泛且具有地下根茎、植株单一、茎秆发育、叶片相对宽大而整齐的羊草的性状指标变化作为甄别群落中植物矮小化的标准。这里我们利用叶长/叶宽（LLD）值的变化来表示植物矮小化。选取这个指标主要是考虑到茎、叶的变化是影响植株高度和单株生物量的直接因子，且叶长是对牧压敏感的指标，而叶宽对牧压反应不太敏感。在羊草群落（LC）、大针茅群落（SG）、克氏针茅群落（SK）中，模拟啃食处理均使羊草叶片的叶长/叶宽有显著的降低。对照处理羊草叶片的叶长/叶宽（LL/LW）值在 32～37 波动，而模拟啃食后羊草叶片的叶长/叶宽（LL/LW）值在 22～28 波动。在放牧干扰大的羊草群落中，叶长/叶宽值均小于 30（图 2-31）。

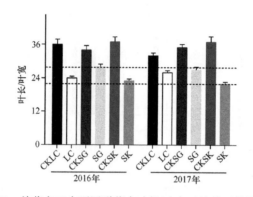

图 2-31　羊草在三个不同群落中叶长/叶宽对放牧干扰的响应

CKLC，对照羊草群落；LC，放牧羊草群落；CKSG，对照大针茅群落；SG，放牧大针茅群落；CKSK，对照克氏针茅群落；SK，放牧克氏针茅群落

在中温型典型草原和草甸草原，羊草叶长/叶宽值的变化随牧压的持续而不断地变小，在没有达到矮小化的阈值时，随着牧压的消失，比值会马上变大，极重牧（EG=GI640）干扰下，停止干扰后在当年生长季旺期叶长/叶宽值大于仍有牧压干扰的中牧和重牧的比值，而接近轻牧的比值。所以，综合大量野外试验可得出，羊草叶长/叶宽小于 28 时，群落中物种才能称为个体矮小化（图 2-32）。

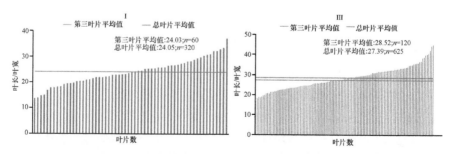

图 2-32　放牧地（Ⅰ）和割草场（Ⅲ）羊草叶长/叶宽对不同牧压干扰的指示

（2）种群格局变化对群落物种矮小化的指示

研究表明，种群格局的变化是植物对长期重牧干扰的响应，减除或形成某一格局均需要一定的时间，结合群落优势种的变化将种群格局形成双聚块格局的时间作为群落中物种矮小化的时间。反之，种群格局由双嵌套格局转变为泊松聚块格局的时间作为矮小化个体转变为正常个体的时间。故将种群格局由泊松聚块格局转变为双嵌套格局的时间作为群落中个体矮小化的开始。

（3）群落演替对物种矮小化的指示

过度干扰下，群落平均高度、生物量等因子均发生了显著变化，但这些变化受环境的影响也较大，且变化是渐变的，所以很难用某一指标的量来区分。但是群落在持续过牧下，群落的建群种和优势种会发生明显的更替，且这一更替现象在干扰不变的情况下会保持稳定不变，即使干扰去除后，需要经过一段时间才能恢复到退化前的水平。因此，可用群落建群种的更替时间来判断群落水平上植物的矮小化。根据已有研究，中温型典型草原持续重牧干扰下，群落建群种变为冷蒿或糙隐子草或二者为共建种的时间应为群落中物种成为矮小化个体的开始。从已有的研究可以看出，从物种的个体水平、种群水平或群落水平判别群落植物个体是否成为矮小化个体，它们之间是有联系的，如从冷蒿、糙隐子草退化群落生物量水平恢复到正常群落生物量水平需要7~8年，这个时间节点也正是羊草、大针茅在群落中成为建群种和优势种所需要恢复的时间，还是群落中主要植物种群格局由双嵌套格局转变为泊松聚块格局的时间；在羊草叶长/叶宽值变化中，短期3年的干扰没有达到这一阈值，所以在减除牧压后这一值当年就可以接近轻度牧压下的值，但在长期重度放牧样地中这一阈值在去除牧压后仍会保持一段时间。

第三节　长期过度放牧导致草原生产力衰减的土壤学和植物学机制

在长期过度放牧对草原植物生态影响研究的基础上，依托放牧平台和室内实验平台，研究揭示土壤理化性状劣化导致营养要素供给功能受限的机制，揭示放牧下植物生长-防御权衡关系及其对生产力的影响，揭示长期过度放牧下草原植物矮小化胁迫记忆的分子机制，从而系统揭示长期过度放牧导致草原生产力衰减的土壤学和植物学机制。

一、土壤理化性状与微生物特性劣化对营养要素供给功能的制约机制

1. 放牧利用显著影响了草原土壤理化性状

研究发现，自由放牧和割草处理相比于围封与非割草处理均降低了土壤中细

粉土和黏粒的含量。通过研究不同放牧-围封年限土壤理化性状的变化发现，放牧导致土壤容重大幅度增加，表层土壤容重增加比率高于下层土壤，pH 亦有增加趋势，放牧对土壤容重和 pH 的影响具有时间累积效应；放牧处理降低了土壤分形维数，研究其相关性发现，不同围封年限与土壤分形维数显著相关，而与自由放牧分形维数不相关。土壤质地组成和结构的变化说明长期放牧导致土壤劣质化，不利于土壤水分和养分的保持，影响植物的生长。

（1）放牧利用改变土壤粒径组成

自由放牧处理下土壤颗粒以沙土含量最高，粗砂（粒径范围 0.5～1mm）含量达 41.77%～43.36%，细砂（粒径范围 0.063～0.15mm）含量达 38.33%～43.36%。深层土壤粉土、黏粒含量低于浅层土壤（图 2-33）。围封与自由放牧相比，土壤中细粉土（粒径范围 0.0063～0.002mm）、黏粒（粒径范围 0.063～0.15mm）含量较高，有助于蓄水保肥。非割草处理细粉土、黏粒含量高于割草处理，这可能是由于非割草处理牧草覆盖度大，落叶与有机质含量丰富，腐殖化作用明显，提高了细粉土、黏粒含量，有助于保持水土和改良土壤结构。

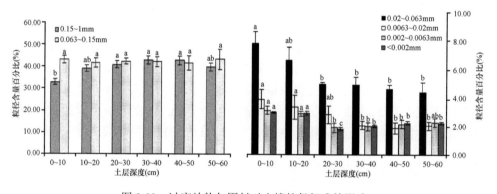

图 2-33 过度放牧与围封对土壤粒径组成的影响

（2）过度放牧增加土壤容重，降低土壤含水量

研究不同放牧-封育时期土壤含水量，发现在 0～10cm 和 10～20cm 土层中围封样地土壤含水量显著高于放牧样地，而在 20～30cm 土层中两样地土壤含水量无显著差异。放牧样地各土层的土壤容重均显著高于围封样地，表层土壤容重增加比率高于下层土壤。过度放牧导致土壤容重增加，土壤含水量降低，不利于土壤保持水分（图 2-34）。

（3）放牧降低土壤分形维数

不同围封年限处理下土壤分形维数高于过度放牧处理（图 2-35），运用 GGE-Biplot 软件对不同处理的土壤分形维数之间的相关性分析发现，不同围封年限土壤分形维数显著相关（$P<0.05$），与自由放牧土壤分形维数不相关（$P>0.05$），进一步说明长期放牧会显著影响土壤的质地、结构。

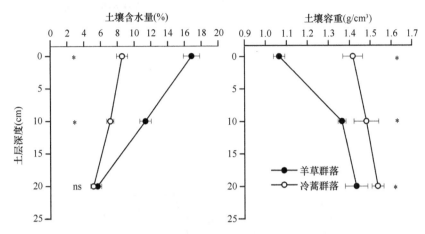

图 2-34　过度放牧与围封对土壤容重和含水量的影响

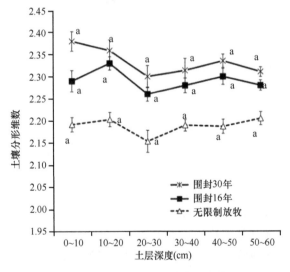

图 2-35　放牧对土壤分形维数的影响

（4）放牧降低土壤养分含量，且该效应具有时间尺度依赖性

许多研究开展了放牧对土壤养分影响的工作，整合分析（meta-analysis）发现，放牧降低了土壤养分含量，提高了 pH，且这一过程具有时间尺度依赖性（图 2-36）。不同放牧强度和放牧年限影响草原土壤化学性状的整合分析结果表明，放牧降低了土壤有机碳（SOC）、全氮（TN）、全磷（TP）、速效 N、速效 P 浓度及 C∶N 和 N∶P。放牧对土壤全 N、速效 N、速效 P 和 N∶P 的降低作用主要受放牧强度、放牧年限及其交互效应的影响。轻度放牧显著提高土壤全 N 浓度，5 年以上的中度和

重度放牧显著降低土壤全 N 浓度。中短期放牧对土壤全 P、速效 N 和速效 P 的影响取决于放牧强度，但长期放牧降低土壤全 P、速效 N 和速效 P 浓度，造成土壤养分缺乏。放牧 5 年以上，会导致土壤 N∶P 的降低，尤其在长期过度放牧时降低幅度最大。

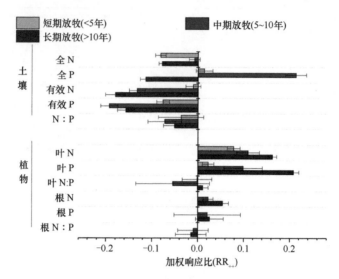

图 2-36　放牧年限对土壤和植物氮磷养分浓度及 N∶P 的影响

2. 过度放牧下土壤养分特性改变影响植物生长

野外试验结果发现，不同植物功能群的分布与土壤含水量、有效磷（Olsen P）及土壤 pH 之间具有相关关系。多年生根茎禾草、多年生丛生禾草及灌木和半灌木的功能群与土壤含水量、Olsen P 含量和植物养分呈显著正相关。而寸草苔和一二年生植物在放牧群落中优势度增加，与指示围封群落的环境因子呈负相关。进一步对植物分布研究发现，植物分布同样受土壤养分的影响，主要与其获取土壤养分的能力有关，尤其是放牧导致土壤养分含量降低，放牧下的优势植物通过增强养分获取能力适应放牧干扰。由 P 对植物种间关系的影响研究得出，高 P 时，羊草比冷蒿更能有效获取并同化资源，竞争能力相对较强；低 P 时，冷蒿较强的养分利用效率具有更好的适应性。

（1）放牧条件下土壤磷生态过程影响植物功能群分布

相关分析的结果表明，5 月禾草、半灌木多分布在围封群落，与土壤含水量、酸性磷酸酶活性、Olsen P 含量和植物养分呈显著正相关。寸草苔多分布在放牧群落中，和指示围封群落的环境因子呈负相关，和 pH 呈显著正相关，表明 5 月寸草苔为放牧群落的指示种，且更适应缺磷的环境。8 月禾草、半灌木和一些杂类草多分布在围封群落，与土壤含水量、酸性磷酸酶活性和 Olsen P 含量呈显著正相关。一二年生植物和寸草苔多分布在放牧群落中，和更高的土壤 pH、群落养分和 N∶P 呈显著正相关，和指示围封群落的环境因子呈负相关，表明 8 月一年生植物多为放牧群落的指示种，且与更强的养分获取能力呈正相关。5 月和 8 月放牧对物种分布的影响与功能群优势度的变化相吻合，表明生长季初期和旺盛期植物-土壤养分的变化能够在一定程度上预测放牧后物种组成的改变。

（2）放牧条件下土壤磷生态过程影响主要植物分布

放牧降低根际酸性磷酸酶活性（$P<0.001$），提高叶片[Mn]（$P<0.001$），不影响根际 pH。羊草和寸草苔的比根长在放牧处理下显著降低，而大针茅和冷蒿的比根长显著增加（$P<0.05$）。聚类分析表明，寸草苔为磷获取能力强的物种，其根际酸性磷酸酶活性和比根长显著高于其他物种，大针茅、羊草、冰草和糙隐子草的磷获取能力较弱。磷获取能力强的植物寸草苔通过更强的根际磷活化能力和更细的根系在群落中占优势，而磷获取能力弱的植物根际磷活化能力较弱，表明各物种磷获取能力的差异与其对放牧干扰和低磷土壤的适应性存在不同的响应规律（图 2-37 和表 2-7）。

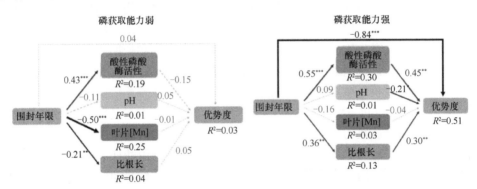

图 2-37　不同围封年限下磷获取能力指标与物种优势度的结构方程模型

表 2-7　不同磷水平、混种对羊草、冷蒿生物量和氮磷吸收利用的影响（F 值）

物种	处理	叶生物量（g）	茎生物量（g）	根生物量（g）	总生物量（g）	磷吸收效率（%）	磷利用效率（%）	氮吸收效率（%）	氮利用效率（%）
羊草	磷处理	1457.13**	949.11**	2683.04**	2610.74**	2226.69**	10.46*	1.66	430.94**
	混种	65.65**	3.50	224.66**	130.00**	76.49**	9.18*	4.51	97.19**
	磷处理×混种	27.35**	0.00	99.12**	50.68**	34.26**	1.45	0.28	14.75**
冷蒿	磷处理	3063.24**	673.04**	745.99**	2165.07**	3175.26**	9.56*	159.72**	486.93**
	混种	52.69**	11.78**	47.64**	56.60**	91.71**	5.96*	4.12	80.43**
	磷处理×混种	89.15**	16.04**	73.45**	89.46**	127.43**	4.81	23.67**	3.48

（3）养分与竞争影响羊草和冷蒿分布

低磷环境下，混种处理中羊草的生物量增加了 61.23%，其氮、磷吸收效率分别提高了 46.00% 和 24.29%；冷蒿的生物量增加了 95.77%，其氮、磷吸收效率分别提高了 71.00% 和 115.87%。两植物的相互关系表现为羊草和冷蒿混种后出现正相互作用，且对冷蒿的正向影响更大。低磷环境下，冷蒿可能有较强的生存能力，通过调整策略积极地适应胁迫环境，最终成为草地退化群落中的优势物种。高磷环境下，混种处理中羊草的生物量提高了 46.59%，其氮、磷吸收效率分别提高了 30.71% 和 12.53%；冷蒿的生物量下降了 29.27%，其氮、磷吸收效率分别下降了 29.80% 和 12.09%。两植物的相互关系表现为竞争，羊草较冷蒿能更有效地获取并同化资源，竞争能力相对较强，可能是其成为典型草原优势物种的原因之一。

3. 放牧改变微生物组成和结构

研究发现，微生物的种类、数量以及生态功能受放牧强度和放牧时间的影响。放牧对微生物的影响受放牧时间的影响，长期放牧对微生物的影响更大。放牧强度对各微生物数量、比例变化有显著影响。不同时限放牧下土壤微生物功能影响氮、磷循环，从微生物多样性分析，与短期相比，中期和长期放牧和围封主要体现出氮代谢差异；长期放牧与围封体现出磷代谢差异。

（1）过度放牧对微生物组成的影响具有时间依赖性

主坐标分析（PCoA）的研究结果表明，过度放牧与围封之间微生物组成存在差异。短期过度放牧与围封之间的差异较小，解释率相对低；中期和长期过度放牧与围封之间差异大，解释率相对较高。过度放牧处理中酸杆菌门、变形菌门、放线菌门、疣微菌门 4 个门的丰度高，是土壤样本中的优势菌门；其中，与围封相比，放牧处理微生物丰度具有以下特点。

1）短期放牧降低酸杆菌门（Acidobacteria）的丰度，而中期放牧增加了酸杆菌门的丰度。

2）短期过度放牧显著增加了变形菌门（Proteobacteria）的丰度，而中期和长期过度放牧显著降低了变形菌门的丰度。

3）短期和长期过度放牧均增加了放线菌门（Actinobacteria）的丰度。

4）短期过度放牧增加了古菌门（Crenarchaeota）的丰度。

5）长期过度放牧降低了绿弯菌门（Chloroflexi）和硝化螺旋菌门（Nitrospirae）的丰度（图 2-38）。

（2）放牧强度差异化影响土壤微生物

对于土壤总细菌群落，放线菌门、变形菌门、厚壁菌门、芽单胞菌门和拟杆菌门等 5 个菌门受到 10 年梯度放牧的显著影响（图 2-39）。轻度放牧（G1）处理下，放线菌门的比例显著降低，而变形菌门的比例明显增加。这和 G1 土壤中有

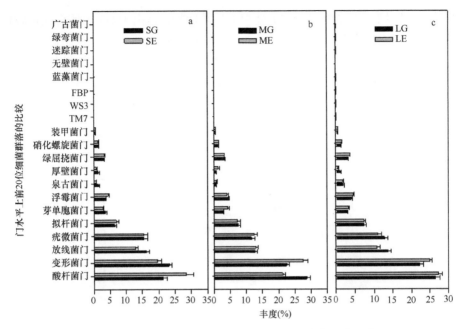

图 2-38　短期、中期和长期放牧对土壤微生物门的影响

SG，短期放牧；SE，短期围封；MG，中期放牧；ME，中期围封；LG，长期放牧；LE，长期围封

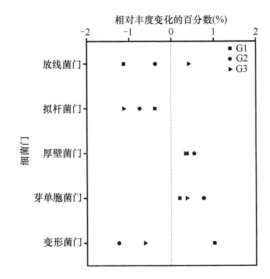

图 2-39　门水平上的细菌群落变化（Pan et al.，2018a）

G0，不放牧；G1，轻度放牧；G2 中度放牧；G3，重度放牧。下同。图中纵轴为和 G0 处理相比，受长期梯度放牧显著影响的 5 个门（$P<0.05$）

机质含量显著高于不放牧（G0）土壤的结果一致。因为放线菌门参与有机质分解，而变形菌门喜好营养丰富的环境，在高的土壤有机碳环境下比例增加。此外，芽

单胞菌门的比例在中度放牧（G2）处理下显著增加，是由于 G2 土壤含水量较低，而芽单胞菌门在低含水量的环境中长势较好。LEfSe 分析发现，从硝化螺旋菌门到硝化螺旋菌纲在 G2 处理的样品中都显著富集。硝化螺旋菌是好氧且进行化能无机营养的细菌，可以将亚硝酸盐氧化成硝酸盐。LEfSe 分析表明，从着色菌目到亚硝化球菌属在重度放牧（G3）草地土壤中显著富集（图 2-40）。

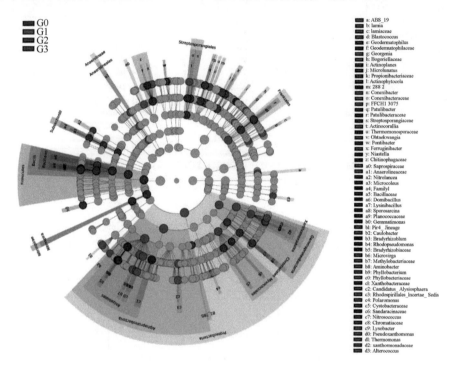

图 2-40　4 种放牧梯度处理下微生物的 LEfSe 分析（Pan et al.，2018a）

（3）不同时限放牧下土壤微生物功能影响氮、磷循环

研究不同时限放牧对氮循环功能基因的影响，研究结果显示：①短期放牧显著增强了硝化基因 *Hao* 及反硝化基因 *narG* 和 *nirK*，可能导致氮循环过程无显著改变。②中期放牧显著降低了硝化基因 *amoA* 和 *Hao*；对于反硝化基因，放牧增强了 *narG* 和 *norB*，而显著降低了 *nosZ* 和 *nirK*。反硝化基因的不同改变，可能导致反硝化作用方面无明显变化。总体上，放牧导致了硝化作用下降。③长期放牧下，硝化基因和反硝化基因均呈现出明显的降低。总体上，放牧体现为 N 循环作用下降（图 2-41）。短期、中期和长期放牧对磷循环基因的影响，相关的 3 个功能基因的研究结果显示：长期放牧下，放牧通过改变 *phytase* 基因改变了磷循环（图 2-42）。

（4）土壤理化性质与细菌群落多样性的因果关系

由结构方程模型揭示了放牧强度通过改变土壤物理性质影响微生物群落，进

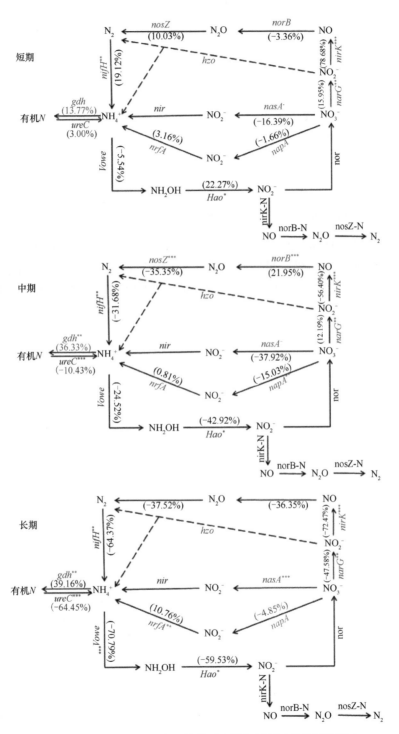

图 2-41 短期、中期和长期下放牧对土壤氮循环功能基因的影响

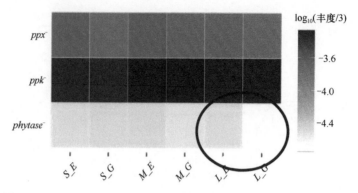

图 2-42　短期、中期和长期下放牧对土壤磷循环功能基因影响的热图

而影响土壤化学性质。由图 2-43 可以看到，放牧首先影响了土壤含水量，其次含水量影响了微生物特性，最后放牧减少了土壤含水量，进而改变土壤细菌香农-维纳多样性指数（BSW）和物种数（BOTU），而细菌群落多样性是影响土壤有效磷和速效氮含量变化的直接因素。

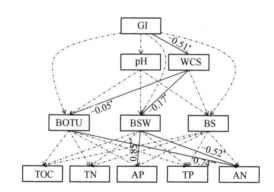

图 2-43　土壤细菌群落多样性与土壤理化性质的关系

GI，放牧；pH，土壤 pH；WCS，土壤含水量；BS，细菌数量；TOC，总有机碳；TN，全氮；
AP，有效磷；TP，全磷；AN，速效氮。下同

（5）土壤理化性质与真菌群落多样性的因果关系

由结构方程模型可知，放牧通过某种方式降低了土壤真菌香农-维纳多样性指数（FSW），而真菌香农-维纳多样性指数、物种数（FOTU）和真菌数量（FS）这些指标是影响土壤有效磷含量变化的直接因素，真菌数量和香农-维纳多样性指数亦是影响土壤全氮含量的直接因素（图 2-44）。

4. 放牧通过微生物影响了草原土壤氮循环

微生物通过类型和丰度的变化影响土壤的氮循环过程。在长期刈割条件下，两年割一次（M1/2）和一年割一次（M1）促进了土壤有机质的累积，且对真菌

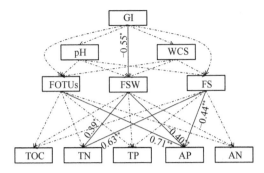

图 2-44　土壤真菌群落多样性与土壤理化性质的关系

18S rRNA 基因丰度及其多样性都有促进作用，而一年割两次（M2）则相反。不同频率刈割对土壤有机氮矿化的影响可能主要是通过改变土壤真菌群落来实现的。进一步通过稳定性同位素核酸探针技术（DNA-SIP）和 16S rRNA 高通量测序技术，研究不同放牧梯度下的微生物硝化活性及 AOA、AOB 和 NOB 群落分布变化情况发现，在轻度放牧土壤中 AOA 主导硝化作用，而在重度放牧的土壤中，AOB 是主要的硝化作用执行者，而且重度放牧极显著地降低硝化作用。在草原放牧时，牲畜同化的 N 的 70%～90%会以排泄物的形式返还到土壤中，尤其是以尿液形式，通过尿液添加试验发现，低尿液量处理的土壤中自养硝化主导 N_2O 释放，高尿液量处理的土壤中异养反硝化和硝化细菌反硝化主导 N_2O 产生。在粪便处理土壤中，N_2O 释放的主要生物途径是硝化细菌的反硝化。

（1）刈割有利于增加真菌数量

图 2-45 表明不同频率刈割对细菌群落多样性没有影响，但是在不同频率刈割下，真菌 18S rRNA 基因变性梯度凝胶电泳（DGGE）图谱条带有明显的差异。对细菌和真菌 DGGE 图谱进行定量分析，定量结果表明刈割对细菌微生物群落多样性没有影响，但是在 M1/2 和 M1 两个处理下，真菌 18S rRNA 基因多样性指数——香农-维纳多样性指数显著地高于 CK 和 M2。采用 DGGE 来监测

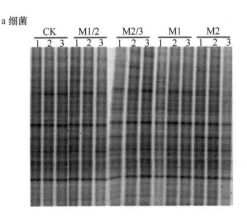

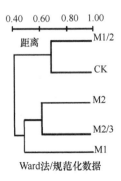

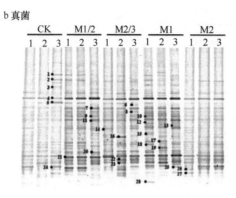
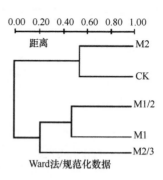

图 2-45 不同频率刈割下土壤细菌（a）和真菌（b）DGGE 图谱以及条带的聚类分析

（Li et al.，2017）

CK，对照；M1/2，两年割一次；M2/3，三年割两次；M1，一年割一次；M2，一年割两次。下同

微生物多样性时，M2 与 CK 处理之间的真菌基因多样性指标也没有显著差异，这可能与 DGGE 这种手段的检测限度相关。为了进一步更精确地研究刈割对细菌和真菌群落多样性的影响，高通量测序可能是必需的。对真菌 DGGE 图谱有差异的条带进行切胶，对其中的 DNA 进行 PCR 扩增后再进行克隆测序，与 NCBI 数据库比对以明确这些特异条带所代表的种属，结果发现在 M1/2、M2/3（三年割两次）和 M1 处理中颜色变深的条带 4 和 21 分别属于 *Mortierella* sp. 和 *Acremonium* sp.，同时在这三个处理中特有的条带 7、8、9、11 和 14 属于菌根真菌，对环境具有较强的适应能力。在这三个处理中出现的条带 10、15 和 17 代表 *Rhizophlyctis rosea* 和 *Catenomyces* sp.，其是具有分解纤维素功能的真菌，条带 25 代表 *Humicola* sp.，其是具有降解木质素功能的真菌。因此，适度刈割有利于增加土壤中具有降解难降解有机质功能的真菌的数量和种类，从而促进有机氮矿化。

（2）真菌较细菌对有机氮矿化有更大的贡献

图 2-46 显示了不同频率刈割对细菌 16S rRNA 基因丰度没有显著影响，并且

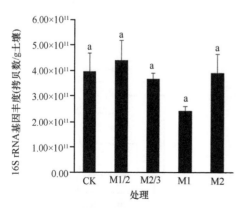
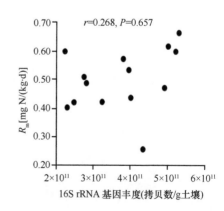

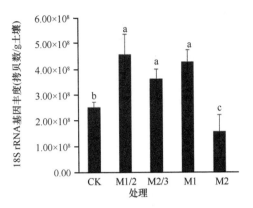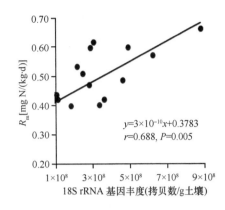

图 2-46　不同刈割频率下细菌 16S rRNA 基因和真菌 18S rRNA 基因丰度及其与土壤净矿化速率的关系（Li et al.，2017）

细菌 16S rRNA 基因丰度与 R_m 之间没有线性相关性（$r=0.268$，$P=0.657$）。然而不同频率刈割对真菌 18S rRNA 基因丰度有明显的影响（图 2-46）。适度割草（M1/2、M2/3 和 M1）显著地增加了土壤真菌 18S rRNA 基因丰度，而 M2 显著地降低了土壤真菌 18S rRNA 基因丰度。除此之外，土壤真菌 18S rRNA 基因丰度与 R_m 之间呈显著正线性相关性（$r=0.688$，$P=0.005$）。在微生物量中，真菌由于个体较大，与微生物量碳有显著的正线性相关性。因此，在内蒙古这种半干旱以及速效氮磷含量很低但是有机质含量不低的土壤中，真菌可能对有机氮矿化有更大的贡献。很多研究也表明，与细菌相比，真菌能够更好地适应贫瘠的土壤条件。同时，真菌可以分泌降解土壤中高聚物（木质素、纤维素）的胞外酶以降解土壤中难降解的有机质，从而为植物提供有效养分。

（3）放牧影响土壤硝化作用微生物

在长期自由放牧（LG、HG）、禁牧和啃食不同利用方式下，土壤 AOA *amoA* 基因丰度显著高于 AOB，AOA/AOB 为 13.1～24.3，AOA *amoA* 基因丰度与处理显著相关，而 AOB 的基因丰度和多样性都比较稳定，不同草原利用方式显著影响了 AOA 的基因丰度和群落多样性，AOA 是典型草原中硝化作用的主要参与者（图 2-47）。

对于反硝化微生物而言，禁牧处理下，*nirS* 和 *nosZ* 的丰度高，DGGE 条带明显亮，而该处理下对应土壤的硝态氮含量低，说明禁牧促进草原土壤的反硝化作用；啃食处理下，*nosZ*/(*nirS*+*nirK*) 显著高于其他几个处理，说明啃食处理可能有利于降低草原土壤 N_2O 的排放（图 2-48）。

（4）家畜排泄物对 N_2O 排放贡献的微生物途径

草原放牧时牲畜同化的 N 中 70%～90% 会以排泄物的形式返还到土壤中，尤

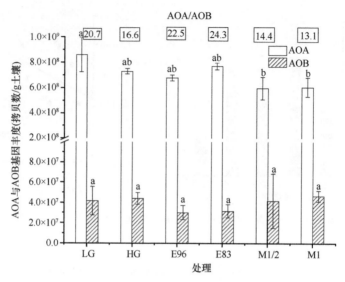

图 2-47   不同利用方式下土壤氨氧化微生物的基因丰度（Pan et al.，2016）

LG 代表轻度放牧；HG 代表重度放牧；E96 代表 1996 年开始围封；E83 代表 1983 年开始围封；
M1/2 代表割一年休一年；M1 代表一年割一次。下同

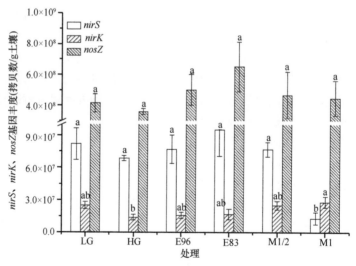

图 2-48   不同利用方式下土壤反硝化功能基因 *nirS*、*nirK* 和 *nosZ* 的丰度（Pan et al.，2016）

其是在尿液中以尿素的形式，这些 N 素直接参与土壤 N 循环。进一步研究排泄物如何影响氮循环。通过野外大田原位实验，结合分子生物学技术和数学模型，设置不同水平的尿液和粪便斑块处理，同时设置不同相对含量的水分处理，以不添加为空白对照，研究三种不同 N_2O 生物产生途径（自养硝化作用、硝化细菌的反硝化作用和异养反硝化作用）对 N_2O 排放的贡献，揭示了羊排泄物对 N_2O 排放的

贡献的微生物途径（图2-49）。

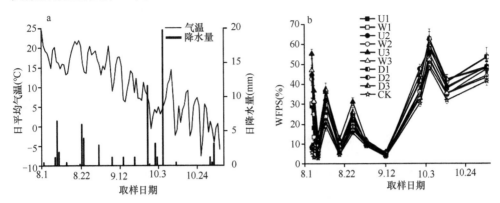

图2-49 实验过程中每日平均气温、降水情况（a）与土壤孔隙含水量（WFPS）随培养时间及处理的变化情况（b）

CK，对照组，不施任何药物；U1，0.4375L 合成羊尿；U2，0.875L 合成羊尿；U3，1.3125L 合成羊尿；W1，0.4375L 水；W2，0.875L 水；W3，1.3125L 水；D1，新鲜牛粪300g；D2，新鲜牛粪600g；D3，新鲜牛粪900g；粪尿施用量分别对应于218kg N/hm²、436kg N/hm²、654kg N/hm²、233kg N/hm²、465kg N/hm² 和 698kg N/hm²

5. 放牧利用对土壤磷素转化的影响规律

（1）丛枝菌根（AM）真菌数量与植物生长及吸磷量具有显著正相关关系

与自由放牧相比，围封显著提高了 AM 真菌的菌根侵染率、孢子密度和菌丝长度（图 2-50），同时提高了土壤碱性磷酸酶活性，且 AM 真菌各指标和酶活性受季节影响显著，围封降低了其季节波动性。围封显著提高了典型草原地上部活体生物量，且地上部活体生物量与 AM 真菌孢子密度、菌丝长度呈极显著的正相关关系；牧草地上部吸磷量与 AM 真菌菌根侵染率、孢子密度呈正相关。研究结果表明，围封可促进 AM 真菌的生长，提高牧草地上部生物量和吸磷量，孢子密度对围封的响应比较敏感（图 2-51）。

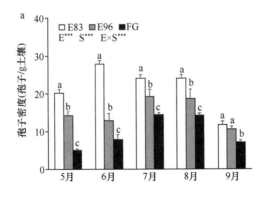

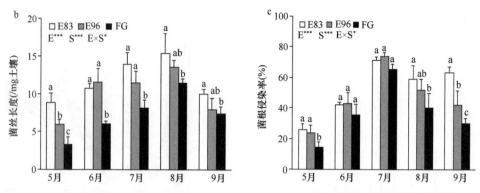

图 2-50　不同围封处理下 AM 真菌孢子密度（a）、菌丝长度（b）和菌根侵染率（c）的季节变化（Chen et al.，2018a）

E83、E96、FG 分别代表 1983 年围封、1996 年围封、自由放牧样地；E、S、E×S 分别代表围封、季节及围封和季节交互作用对 AM 真菌各指标的影响。下同

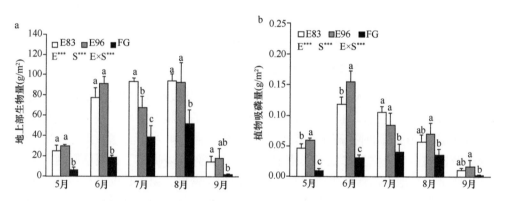

图 2-51　不同围封对地上部生物量（a）和植物吸磷量（b）的影响（Chen et al.，2018a）

（2）阐明了不同围封年限下土壤微生物量碳氮磷的季节性变化与周转特征及其对植物吸收养分的贡献

以野外调查和室内定量分析相结合，分析不同退化程度典型草原土壤微生物量碳氮磷的年际周转特征及差异，结合牧草的生物量、养分含量及土壤养分的动态变化，确定了影响土壤微生物量周转的主要因素及不同管理模式对草原生产力的影响。结果证明长期围封显著增加土壤肥力，但不随围封年限继续增加。土壤微生物对调控 N、P 循环起着重要的作用。围封提高土壤微生物量碳（MBC）、微生物量氮（MBN）的含量，相比 MBC 和 MBN，微生物量磷（MBP）的季节波动要更为明显，长期围封减小了土壤微生物的季节波动（图 2-52）。

研究发现，MBC 和 MBN 的周转率约为 1.5a^{-1}，MBP 的周转率约为 3a^{-1}，长期围封并不改变土壤微生物量碳氮磷的周转率（表 2-8）。植物总吸 N 量高于土壤有效 N 储量，但与 MBN 储量相似，暗示 N 素缺乏且微生物量周转在土壤 N 素供应方面起着重要作用。相比之下，土壤有效 P 和 MBP 储量均远高于植物总吸 P 量，暗示在当前 N 水平下没有缺 P 的风险。因此从土壤养分供应与植物需求来看，氮素是主要限制因子，长期围封有助于改善 N 缺乏的状况，但围封过久不利于草原生产力的恢复。对于 FG，尽管土壤不缺磷，但是土壤 N 的缺乏及物理性质的恶化限制了植物根系的生长和对 P 的吸收。

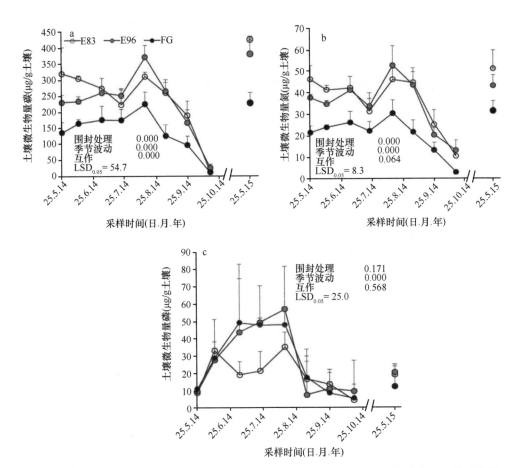

图 2-52　不同围封处理下土壤微生物量碳（a）、微生物量氮（b）、微生物量磷（c）的季节波动（Chen et al.，2018b）

LSD 的差异代表围封处理和季节波动之间的相互作用

表 2-8 围封对土壤微生物量碳氮磷的周转参数及有效态碳氮磷储量的影响

（Chen et al.，2018b）

		E83	E96	FG	LSD$_{0.05}$
损失总和（mg/kg）	MBC	422±41	380±45	253±7	70
	MBN	54.9±6.9	52.1±9.0	33.3±8.7	16.5
	MBP	56.6±12.1	93.5±17.7	81.1±30.9	43.4
周转率（a^{-1}）	MBC	1.6±0.2	1.6±0.2	1.7±0.2	0.3
	MBN	1.5±0.2	1.5±0.2	1.5±0.3	0.5
	MBP	3.0±0.7	3.6±0.6	3.1±0.4	1.2
周转时间（d）	MBC	224±23	235±28	214±19	47
	MBN	253±32	254±36	244±47	78
	MBP	127±35	105±21	118±13	49
周转通量[kg/(hm^2·a)]	MBC	1011±98	1031±121	762±21	181
	MBN	132±17	141±24	101±26	46
	MBP	136±29	253±48	245±93	126
平均储量（kg/hm^2）	MBC	617±39	659±8	447±33	60
	MBN	90.3±5.4	96.6±2.0	65.0±5.5	9.2
	MBP	45.6±1.9	71.2±2.9	76.8±20.4	23.8
	Ext-C	90.1±4.7	90.2±8.3	95.5±9.6	15.6
	Ext-N	19.9±0.9	21.4±2.9	20.0±1.4	3.8
	Ext-P	19.2±3.6	27.3±3.5	28.9±1.8	5.9

注：Ext-C，K$_2$SO$_4$ 可萃取的 C；Ext-N，K$_2$SO$_4$ 可萃取的 N；Ext-P，NaHCO$_3$-可萃取的 P

（3）采用 ^{33}P 同位素稀释技术定量证实了微生物量磷的快速周转对控制磷素有效性的重要性

与恒湿处理相比，干湿交替有降低土壤 P 素物理化学过程转化的趋势，但是在 30d 培养周期内未见显著性差异。MBP 的释放导致土壤溶液中的 P 含量增加，但微生物仅对干湿交替过程的第一个循环响应敏感（图 2-53）。

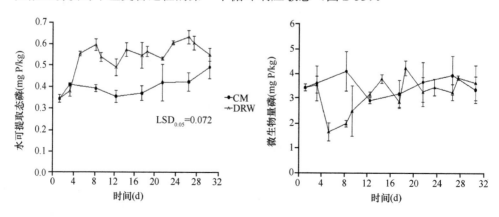

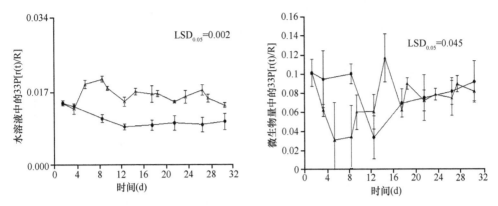

图 2-53 不同处理下水溶液与微生物量中的 ^{31}P 浓度和 ^{33}P 相对放射强度的动态变化
（Chen et al.，2021）

CM 和 DRW 分别代表恒湿和干湿交替处理；LSD 的差异代表处理和时间共同作用；下同

培养周期内，土壤有机 P 总矿化占 P 素总转化量的 44%，证明了微生物过程对草原土壤 P 素转化的重要性。与恒湿条件相比，干湿交替条件显著降低土壤有机 P 矿化。在土壤干燥条件下，矿化过程几乎停止，而在湿润后其矿化速率与恒湿处理相似[0.3～2.4 mg/(kg·d)]。干湿交替处理中有机 P 矿化的降低可能与真菌群落的相对减少有关。土壤干湿交替强烈影响微生物量 P 的周转，但这种影响随着干湿交替次数的增加而减小（图 2-54 和图 2-55）。

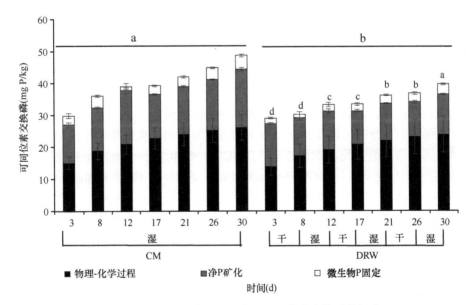

图 2-54 两个处理中各时间点总可同位素交换磷的组成

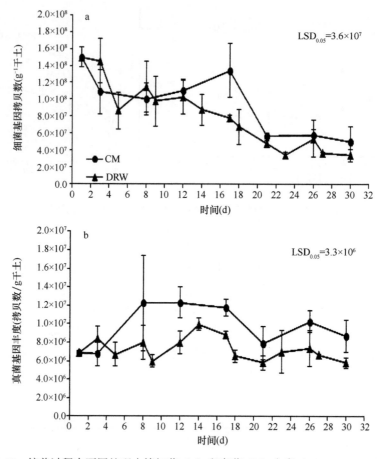

图 2-55　培养过程中不同处理土壤细菌（a）和真菌（b）丰度（Chen et al.，2021）

（4）围栏显著影响土壤水稳性团聚体中活性磷组分

团聚体中养分的周转在养分供应中起着重要作用，典型草原不同级别的水稳性团聚体中磷素组分均以中稳性磷（D.HCl-Pi+C.HCl-Pi+C.HCl-Po）含量最高，其次为中活性磷（NaOH-Pi+NaOH-Po）和活性磷（Resin-Pi+NaHCO$_3$-Pi+NaHCO$_3$-Po）。中活性磷和中稳性磷含量受围栏年限的影响较小，而活性磷含量受围栏年限的影响较大。围栏使直径<0.053mm 水稳性团聚体中活性磷含量显著提高，且围栏越久，含量越高（表 2-9）。

在直径>0.053mm 和<0.053mm 的团聚体轻组组分中，磷素含量依次为中活性磷>中稳性磷>活性磷，围栏对磷组分没有显著影响。而在重组组分中磷素含量依次为中稳性磷>中活性磷>活性磷；除 Resin-Pi 或 C.HCl-Pi 外，其余各形态磷在不同围栏年限间没有显著性差异（表 2-10）。

表 2-9　不同围栏年限典型草原土壤水稳性团聚体中磷素组分特征（mg/kg）

团聚体粒级	处理	Resin-Pi	NaHCO₃-Pi	NaHCO₃-Po	NaOH-Pi	NaOH-Po	D.HCl-Pi	C.HCl-Pi	C.HCl-Po	Residual-Pt
	FG	8.14a	9.81a	15.12a	11.08a	80.12a	68.77a	42.70a	35.96a	35.92a
<0.053mm	E96	9.20a	9.05a	14.88a	10.75a	79.50a	72.90a	42.09a	36.57a	36.34a
	E83	9.48a	11.57a	15.88a	12.86a	82.47a	80.92a	40.31a	39.45a	39.00a
	FG	27.34b	37.94b	75.04a	44.08a	280.97a	193.96a	143.80a	108.46a	119.56a
0.25～0.053mm	E96	41.39a	46.86a	72.28a	45.10a	260.24a	209.32a	151.28a	101.44a	115.00a
	E83	52.09a	42.27ab	72.50a	47.57a	260.02a	207.80a	140.81a	96.79a	103.84b
	FG	53.74a	61.30a	152.91a	39.02a	271.51a	198.60a	139.26a	51.95b	85.05a
>0.25mm	E96	59.36a	68.88a	96.94b	42.56a	219.44a	190.76a	132.27a	69.74ab	87.49a
	E83	47.89a	56.72a	95.52b	40.46a	243.00a	198.92a	136.90a	74.61a	84.85a

注，Resin-Pi，树脂交换态磷；NaHCO₃-Pi，NaHCO₃ 提取态无机磷；NaHCO₃-Po，NaHCO₃ 提取态有机磷；NaOH-Pi，NaOH 提取态无机磷；NaOH-Po，NaOH 提取态有机磷；D.HCl-Pi，稀盐酸提取态无机磷；C.HCl-Pi，浓盐酸提取态无机磷；C.HCl-Po，浓盐酸提取态有机磷；Residual-Pt，残留态磷。同一列不同小写字母表示差异显著（$P<0.05$）。下同

表 2-10　水稳性团聚体轻组（LF）和重组（HF）组分中磷素组分特征（mg/kg）

团聚体粒级	有机质组分	处理	Resin-Pi	NaHCO3-Pi	NaHCO3-Po	NaOH-Pi	NaOH-Po	D.HCl-Pi	C.HCl-Pi	C.HCl-Po	Residual-Pt
>0.053mm	LF	FG	80.25a	30.27a	15.04a	73.12a	202.98a	94.42a	86.62a	101.45a	78.76a
		E96	92.06a	81.34a	51.33a	110.02a	254.55a	88.50a	79.88a	77.49a	72.27a
		E83	74.71a	100.72a	88.28a	99.20a	250.27a	93.79a	82.90a	78.00a	86.94a
	HF	FG	25.18a	0.59a	2.42a	5.95a	60.71a	45.52a	15.33a	9.02a	17.78a
		E96	18.08ab	0.08a	9.90a	5.20a	56.02a	47.21a	18.58ab	8.59a	19.20a
		E83	11.31b	0.00a	1.90a	5.11a	56.73a	47.21a	21.60a	8.40a	18.35a
<0.053mm	LF	FG	74.81a	7.88a	60.27a	38.74a	287.46a	66.69a	87.55a	66.65a	84.12a
		E96	104.47a	19.46a	43.84a	63.98a	265.37a	80.45a	87.08a	74.47a	83.27a
		E83	90.47a	28.60a	35.33a	70.36a	278.70a	96.33a	88.24a	78.30a	82.99a
	HF	FG	17.54a	0.00a	2.79a	5.28a	51.53a	48.48a	18.58a	6.12a	18.07a
		E96	15.70a	0.34a	0.98a	4.95a	43.90a	54.41a	16.72a	6.57a	14.68a
		E83	11.85b	0.17a	0.30a	5.12a	46.67a	48.91a	17.65a	6.35a	14.11a

二、放牧导致草原生产力下降的植物学机制

1. 放牧对植物生长-防御权衡关系的影响

（1）不同放牧强度下羊草的光合特性

放牧明显地影响了羊草和大针茅的净光合速率（Pn）（图 2-56）。大针茅在生长季不同月份均出现光合"午休"现象，而羊草较大针茅对强光的适应性更强。

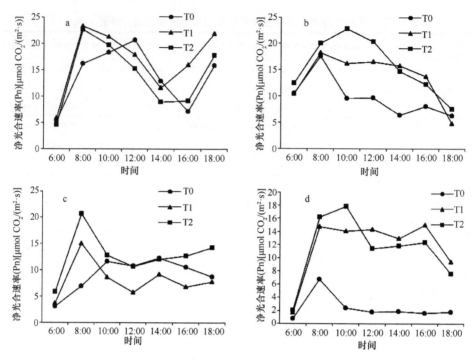

图 2-56　不同放牧处理下羊草净光合速率的月动态变化

a. 5 月；b. 6 月；c. 7 月；d. 8 月。T0，围封（对照），T1，5~9 月放牧；T2，5 月、7 月放牧。下同

不同放牧处理明显影响了羊草和大针茅的叶绿素荧光参数（图 2-57）。生长季初期和末期的 5 月、8 月，不同处理下羊草和大针茅叶绿素荧光参数均为差异不显著，说明该时期植物主要受气候因素限制而使得放牧处理对 PSII 最大量子产量（Fv/Fm）值的影响效果不明显。6 月 T2 处理下羊草 F_v/F_m 值小于 T0 和 T1。7 月放牧后的羊草 T1 处理下的 Fv/Fm 值出现显著降低，同净光合速率值的变化相同。6 月、7 月大针茅 Fv/Fm 值为 T0 显著大于 T1，而 T2 处理大针茅的 Fv/Fm 值同 T0 差异不显著。

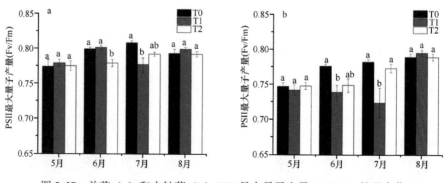

图 2-57　羊草（a）和大针茅（b）PSII 最大量子产量（F_v/F_m）的月变化

光化学猝灭系数（qP）是指由光化学过程引起的荧光产额的下降，为分析光系统内部能量转换效率提供信息，反映光系统开放的比例。7 月 T1 处理羊草在放牧后 qP 值较其他处理明显下降，并出现极小值，也为生长季内最小值（图 2-58）。表明 T1 样地放牧后羊草叶片光系统 II 开放比例降低，光能转化为化学能的效率降低，更多的光能以其他形式耗散掉，是对放牧的一种负反馈机制。8 月 T1 处理的 qP 值回升幅度最大，并为 8 月最大值，表明不放牧后 T1 处理羊草叶片电子传递活性迅速回升，T1 处理的短期放牧对羊草是一种可恢复损伤。大针茅 8 月 qP 值为 T1 > T2 > T0，其值较 7 月显著上升，代表叶片电子传递活性随季节变化逐渐变高，叶片吸收的光能分配给电子传递的比例变大。

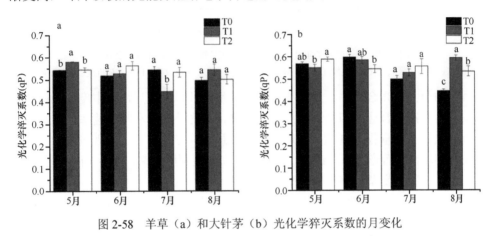

图 2-58　羊草（a）和大针茅（b）光化学猝灭系数的月变化

不同放牧强度下羊草的光合特性有显著的差异（表 2-11 和图 2-59）。在对照（CK）和轻度放牧（轻牧，LG）样地，羊草具有较高的净光合速率和水分利用效率，主要是由于光补偿点增高，叶面积指数增大，有利于捕获更多的光能。在中度放牧（中牧，MG）样地，羊草具有较低的蒸腾速率，而其他样地之间没有显著的差异。与瞬时气体交换变化情况一致，在对照样地和轻度放牧样地，羊草具

表 2-11　不同放牧样地羊草的气体交换参数（Liu et al.，2019）

	对照（CK）	轻牧（LG）	中牧（MG）	重牧（HG）	极重牧（EHG）
净光合速率（Pn）[μmol/(m²·s)]	10.8±1.3a	10.6±2.1a	4.01±0.7c	6.97±1.4bc	6.81±0.5bc
蒸腾速率（E）[μmol/(m²·s)]	3.1±0.63ab	3.4±0.69ab	2.4±0.05b	4.6±0.66a	3.2±0.03ab
水分利用效率（WUE）（μmol/mmol）	3.6±0.29a	3.3±0.45a	1.7±0.27b	1.5±0.12b	2.0±0.07b
最大净光合速率（A_{max}）[μmol/(m²·s)]	17.68±0.5b	20.37±0.8a	12.32±1.0c	16.5±0.34b	21.63±0.5a
光补偿点（LSP）[μmol/(m²·s)]	1052±0.7b	1248±1.2a	592±2.1d	956±1.7c	1024±1.5bc
光饱和点（LCP）[μmol/(m²·s)]	80±1.2b	88±2.3b	36±0.2c	100±0.4a	16±0.5d
呼吸速率（Rd）[μmol/(m²·s)]	4.08±0.42b	4.25±0.78b	1.94±0.04c	5.18±1.36a	1.1±0.47c
表观量子效率（AQE）（μmol CO₂/mol）	0.051±0.01bc	0.049±0.01c	0.053±0.02b	0.053±0.02b	0.071±0.01a

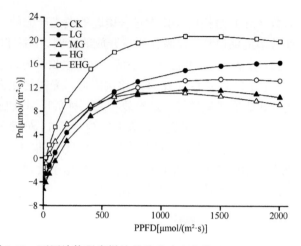

图 2-59 不同放牧强度样地羊草光响应曲线（Liu et al.，2019）

CK，对照（野生型）；LG，轻度放牧；MG，中度放牧；HG，重度放牧；EHG，极重度放牧。下同

有较高的最大净光合速率、光饱和点和表观量子效率。相反，在中度放牧样地，羊草的最大净光合速率和光饱和点显著下降，而光补偿点和呼吸速率比较高。在极重度放牧（极重牧，EHG）样地，羊草的最大净光合速率、表观量子效率和光补偿点都较高，而光饱和点最低，有利于提高光能利用效率，改善光能利用能力。

（2）放牧改变草原植物碳分配和氮含量

放牧方式改变了温性典型草原生态系统地上和地下碳库储量。植物地上碳库储量：围封（0.52Mg C/hm²）>中度放牧（0.36Mg C/hm²）>重度放牧（0.25Mg C/hm²）；根系碳库储量（0～15cm）：中度放牧（2.77Mg C/hm²）>重度放牧（2.63Mg C/hm²）>围封（2.45Mg C/hm²），且表层（0～5 cm）根系碳库储量大于底层（5～15 cm）（表2-12）。

表 2-12 不同放牧压力下地上和地下碳库储量

土壤碳库			土壤深度（cm）	围封（Mg C/hm²）	中度放牧（Mg C/hm²）	重度放牧（Mg C/hm²）	P
地上				0.52±0.06	0.36±0.05	0.25±0.04	<0.05
地下	根		0～5	1.83±0.07	1.94±0.00	1.85±0.01	>0.05
			5～15	0.62±0.04	0.83±0.03	0.78±0.05	>0.05
	土壤有机质	微生物量碳	0～5	0.10±0.01	0.08±0.01	0.11±0.01	>0.05
			5～15	0.24±0.04	0.27±0.08	0.21±0.03	>0.05
		土壤溶解性有机碳	0～5	0.07±0.00	0.08±0.00	0.06±0.00	<0.05
			5～15	0.14±0.01	0.17±0.01	0.15±0.01	<0.05
		其他碳	0～5	9.39±0.64	9.59±0.50	7.97±0.40	<0.05
			5～15	18.57±0.84	17.32±1.14	17.28±1.02	>0.05
土壤有机质(微生物量碳+土壤溶解性有机碳+其他碳)			0～15	28.87±1.29	27.51±1.33	25.78±1.24	>0.05
地下（根+土壤有机质）			0～15	30.96±1.31	30.28±1.27	28.41±1.23	>0.05

随采样时间延长（在 ^{13}C 标记后的 81d 内），光合碳在植物地上部分中的分配比例逐渐减少，植物地上部分呼吸消耗的光合碳逐渐增加，地下部分碳库中的分配比例逐渐增加。这表明大部分的光合碳由地上输送到地下，且大部分光合碳用于维持植物自身生长。围封草地光合碳往地下输送最多，而放牧草地植物地上部分呼吸消耗光合碳较多。

羊草叶片碳含量在不同放牧梯度之间没有显著的变化，而根系中的碳含量在对照样地较低，开始放牧后根系中碳含量明显升高（图 2-60）。根系中氮含量的变化趋势与之类似，都是在放牧后有所升高。与其他放牧样地相比，在中度放牧样地叶片中氮含量显著降低（图 2-61）。放牧使得碳从叶部转移到茎部和根部，增加根系生长。因此放牧改变了碳氮平衡机制，影响了初生代谢产物和次生代谢产物的平衡。

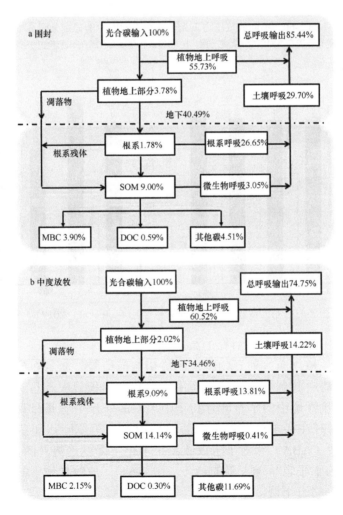

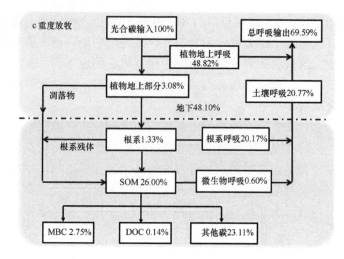

图 2-60　不同放牧压力下光合碳在不同库中的稳定分配

a. 围封草地光合碳在不同库中的稳定分配；b. 中度放牧草地光合碳在不同库中的稳定分配；
c. 重度放牧草地光合碳在不同库中的稳定分配

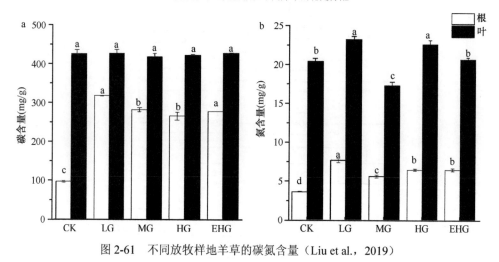

图 2-61　不同放牧样地羊草的碳氮含量（Liu et al.，2019）

（3）放牧影响了羊草和大针茅的激素响应

植物激素是植物应答外界物胁迫的最初响应信号。激素在放牧导致羊草呈矮小化的趋势中起到一定的调控作用，并具有累积效应。与对照组相比，极重度间歇放牧样地中的羊草叶片和茎中茉莉酸（JA）含量呈现上升的趋势（图 2-62）。同时在极重度间歇放牧胁迫作用下，羊草叶片和茎中的生长素（IAA）/脱落酸（ABA）相对于未放牧组呈现出下降的趋势（图 2-63），而赤霉素（GA_3）的水平也呈现下降的趋势（图 2-64）。放牧样地中羊草叶片和茎中的 ZT 含量也略有下降。

总体而言，研究基本明确了茉莉酸（JA）、脱落酸（ABA）、生长素（IAA）、赤霉素（GA）、玉米素（ZT）是响应放牧胁迫的差异激素。这种差异在茎和叶中均存在，通常在生长季的早期和中期对放牧胁迫的应答中尤为显著。这种响应变化可以在放牧后的短时间内发生，并具有累积的效应。在次年放牧前这种影响依然存在。这可能是造成放牧胁迫引起植株矮小化的激素应答机制。

进一步对不同放牧强度样地羊草叶和根系中的激素含量进行检测（图 2-65），结果表明从对照到重度放牧，羊草叶片中的脱落酸含量呈现较为明显的升高趋势。但是在极重度放牧样地，羊草叶片中的脱落酸含量开始降低。叶片中的脱落酸含量比根系中的含量明显要高。水杨酸与脱落酸的变化趋势类似，但其最高值出现在中度放牧样地。而茉莉酸和生长素在根系与叶片中的差异性不明显。在轻度和极重度放牧样地叶片中茉莉酸的含量较高，而轻度放牧样地根系中的茉莉酸含量最低。叶片生长素含量随着放牧强度的增加呈现缓慢下降趋势，但是根系中生长素含量在重度放牧样地最高。因此植物的激素调节部位主要在叶部。同时 IAA 增加调节了植物的矮小化。

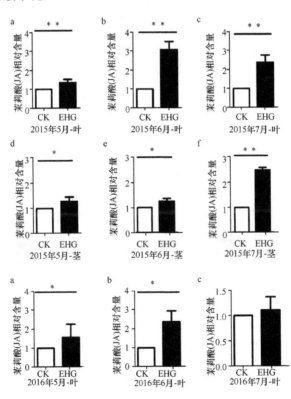

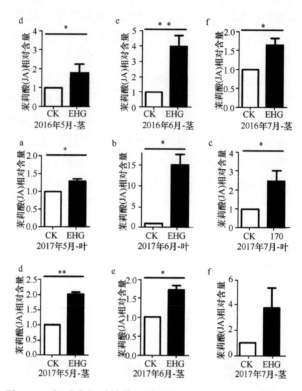

图 2-62　极重度间歇放牧对羊草叶片、茎中 JA 含量的影响

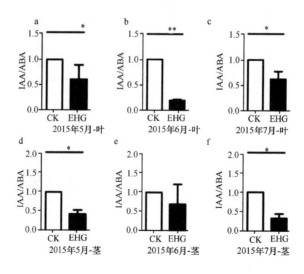

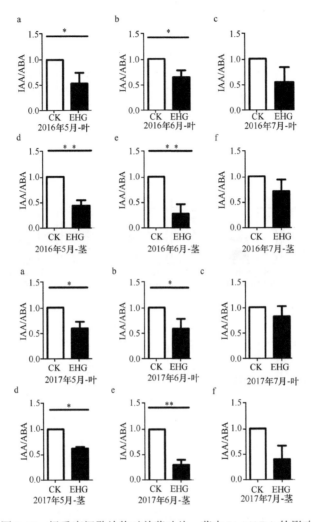

图 2-63 极重度间歇放牧对羊草叶片、茎中 IAA/ABA 的影响

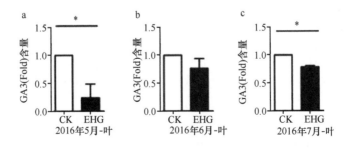

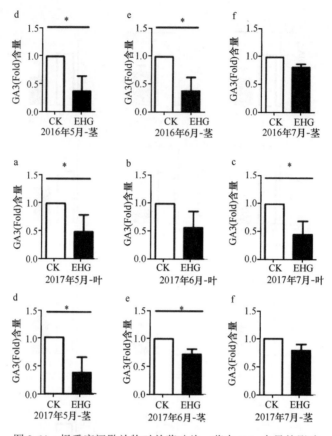

图 2-64　极重度间歇放牧对羊草叶片、茎中 GA_3 含量的影响

（4）不同放牧利用影响了植物的渗透调节和抗氧化酶调节

不同放牧强度显著影响了优势种植物的脯氨酸在根茎叶不同部位的渗透累积（图 2-66）。脯氨酸作为重要的渗透调节物质，大量累积于植物的茎部，而根部和叶部脯氨酸含量较低。6 月生长初期，在轻度放牧胁迫下，大针茅积累大量脯氨酸在茎部。随着放牧强度的进一步增加，茎部累积的脯氨酸有显著下降的趋势。8 月生长中期，大针茅茎部依然累积大量的脯氨酸。放牧干扰下脯氨酸累积量均高于对照样地。这表明脯氨酸对放牧的响应较为敏感，且在放牧初期含量提高有助于植物抵抗放牧和干旱的胁迫，而随放牧时间延长，脯氨酸含量呈现显著的下降趋势，调节功能减弱。羊草整体变化情况与大针茅类似。

羊草可溶性糖含量在轻度放牧样地有轻微的下降。随着放牧强度的增加，可溶性糖含量有显著的增高趋势，尤其是在重度和极重度样地升高更为明显（图 2-67）。

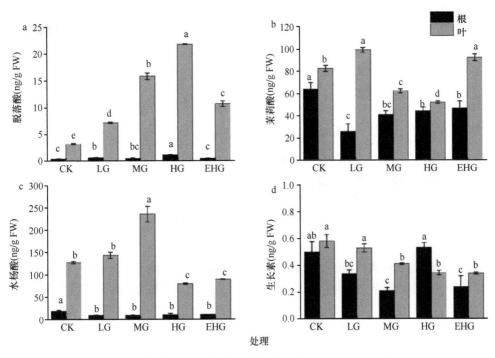

图 2-65 不同放牧强度样地羊草激素含量（Liu et al.，2019）

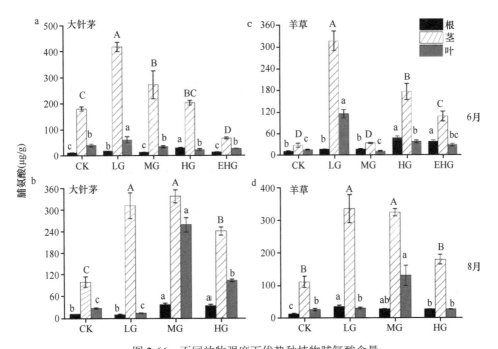

图 2-66 不同放牧强度下优势种植物脯氨酸含量

不同小写字母表示差异显著（*P*<0.05）；不同大写字母表示差异极显著（*P*<0.01）。下同

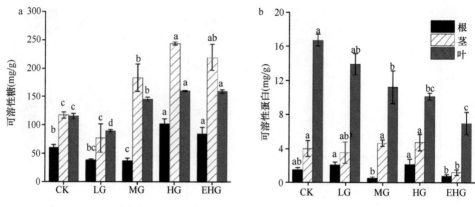

图 2-67　不同放牧样地羊草的可溶性蛋白和可溶性糖含量（Liu et al.，2019）

羊草叶片和茎部可溶性糖的含量高于根部。随着放牧压力的进一步加强，可溶性糖含量开始从叶片往茎部和根部转移，这一现象在中度、重度和极重度样地尤为明显。植物把能量主要储存在根部，当放牧减轻的时候有利于保护植物再生。与可溶性糖的变化情况不同，叶片中可溶性蛋白的含量呈现显著下降的趋势。在轻度样地，茎部和根部的可溶性蛋白含量有轻微的上升趋势，但是在极重度样地又显著下降。

　　总体来看，随着放牧强度的增加，牲畜踩踏加重，土壤孔隙度变小，因此土壤含水量降低。植物体内渗透调节物质也随之发生变化。同时植物不同器官的渗透调节物质的累积程度也不相同。可溶性糖累积在茎部，一方面是渗透调节作用，另一方面可作为能量支撑牧后的再生长。羊草的可溶性糖和脯氨酸也大量累积在茎部。尤其是在生长初期随着放牧胁迫的增加，叶片内的可溶性糖逐渐转移到受啃食影响小的茎部，有助于牧草的牧后再生。根系中的渗透调节物质在放牧强度增加时整体有升高趋势，此时植物面临的啃食和干旱双重胁迫较为严重，有限的资源分配到更安全的根系中保证植物的吸水能力，以维持植物的生存。

　　丙二醛是表征植物细胞膜膜脂过氧化的指标，即植物受氧化胁迫的程度。在植物不同器官、生长季不同时期均有所差异（图 2-68）。两种优势种的丙二醛含量均表现为叶片较高，表明植物叶片受到的啃食胁迫最为严重，并随放牧时间延长而加深。茎部和根部丙二醛含量较低，尤其是根系受到的啃食胁迫最小，因此受损伤程度也最低。在 6 月放牧初期，在极重度样地，针茅的根、茎、叶丙二醛含量较其他样地较高，牲畜的啃食和践踏导致了植物的受损。而到 8 月放牧中期，中度放牧样地针茅丙二醛含量最高，受氧化胁迫危害最大。放牧样地羊草叶片内丙二醛含量高于对照样地，而轻度放牧样地细胞膜受伤害程度始终最大。

　　羊草和针茅的抗氧化酶调节系统受放牧强度的影响较为明显（图2-69～图2-71）。叶片受啃食程度最大，因此叶片的膜脂过氧化程度也最高，自由基代

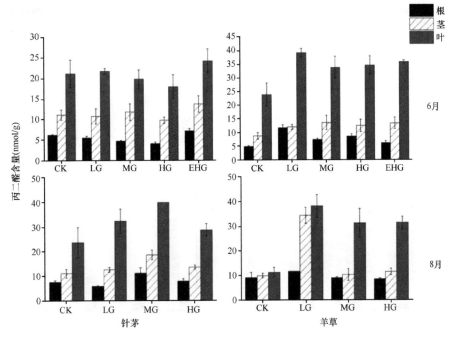

图 2-68　不同放牧强度下优势种植物的丙二醛含量

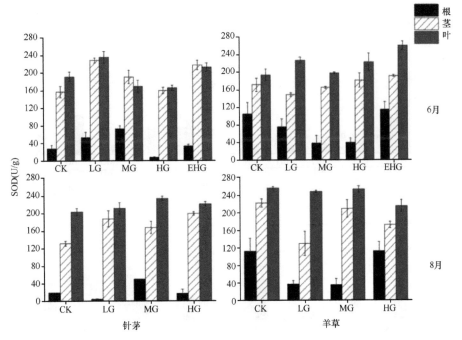

图 2-69　不同放牧强度下优势种植物 SOD 酶活性

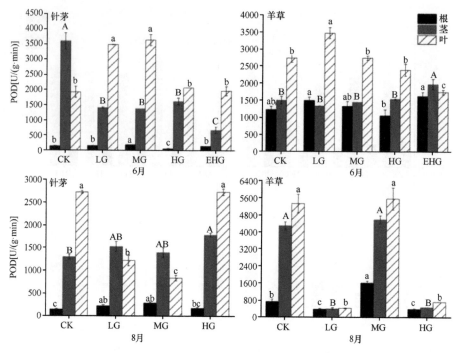

图 2-70 不同放牧强度下优势种植物 POD 酶活性

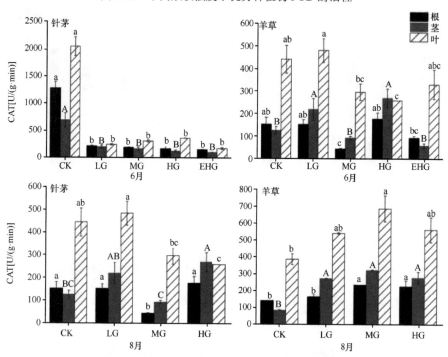

图 2-71 不同放牧强度下优势种植物 CAT 酶活性

谢平衡被打破，受损程度最高。同时膜脂过氧化程度的增加激活了叶片中的抗氧化酶活性，叶片中超氧化物歧化酶（SOD）、过氧化物酶（POD）、过氧化氢酶（CAT）等抗氧化酶的活性要高于植物茎部和根部。因此植物的抗氧化酶调节主要发生在叶片中。SOD 在生长初期和末期都具有较高的活性，并且不同放牧强度之间差异不显著，这表明 SOD 受放牧强度的影响较小，尤其是放牧强度加重时可依赖 SOD 进行自由基清除。POD 与 CAT 都为清除 H_2O_2 的酶，在生长季的不同时期，其活性有所差异，受放牧的影响较为敏感，尤其是在放牧强度增加时酶活性有下降趋势，表明其清除自由基的能力较弱，导致膜脂过氧化严重，光合器官受损。通过对不同放牧强度下植物渗透调节和抗氧化酶调节的研究发现，植物在放牧胁迫较轻时具有很好的调节机制，随着放牧胁迫的加剧，尤其是在极重度放牧样地，其渗透调节和抗氧化酶调节能力整体呈现下降趋势。

（5）放牧对羊草次生代谢产物的影响

羊草次生代谢产物包括单宁、总类黄酮和总酚，在叶片中的含量显著高于其在根茎中的含量（图 2-72）。三种次生代谢产物在不同放牧强度下的变化趋势基本一致，随着放牧强度的增加，呈现出一种先上升后下降的趋势。尤其是在中度放牧样地，叶片和茎部中的单宁、总类黄酮及总酚的含量最高。在重度放牧，羊草具有较低的光合能力，次生代谢产物含量高，同时具有高碳和低氮，根据营养平衡假说，植物投资更多以碳为基础的次生代谢产物，可增加对放牧的抗性。

（6）放牧胁迫下植物在生长和防御中的权衡机制

在不同放牧梯度中，叶片可溶性糖含量和茉莉酸含量之间关系变化不明（图 2-73，$r^2=0.32$）。但除极重度放牧样地的羊草之外，从对照处理到重度样地，二者之间的相关性比较明显，茉莉酸含量对叶片糖含量有显著的负相关作用（图 2-73，$r^2=0.96$）。

对各指标之间的相关性进行研究，可以看出脱落酸对个体高度、生物量、净光合速率和可溶性蛋白有负相关作用，对可溶性糖有积极的调控作用（表 2-13）。生长素的调控作用与脱落酸刚好相反。茉莉酸对可溶性糖有负反馈调节，而促进了净光合速率和水分利用效率的增强。次生代谢物和激素之间的关系并不明显。茉莉酸与单宁之间有负相关关系，而水杨酸对总类黄酮有正反馈调节机制。

通过对各指标进行主成分分析发现，第一主成分与水分利用效率、茉莉酸、生长素、可溶性蛋白和净光合速率呈正相关，而脱落酸和可溶性糖与其呈现负相关关系（图 2-74）。第二主成分与水杨酸、总类黄酮、总酚、单宁正相关，而与氮含量、蒸腾负相关。第一主成分解释了 58% 的变化率，而第二主成分解释了 21% 的变化率。第一主成分表明对照和轻度放牧样地羊草具有较高的可溶性蛋白、

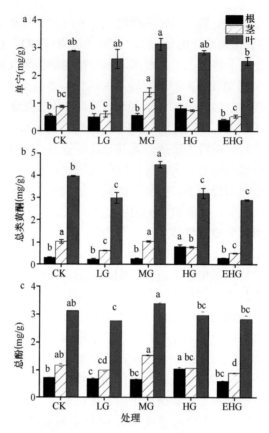

图 2-72　不同放牧强度样地羊草的单宁、总类黄酮和总酚含量（Liu et al.，2019）

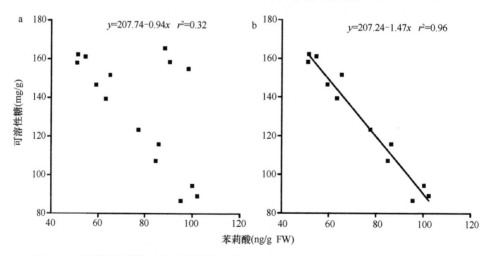

图 2-73　不同放牧样地叶片可溶性糖与茉莉酸含量之间的相关性（Liu et al.，2019）

表 2-13　植物激素对初生代谢产物和次生代谢产物的调控关系

	脱落酸（ABA）	茉莉酸（JA）	生长素（IAA）	水杨酸（SA）
植物高度	−0.652**	0.287	0.887**	0.476
生物量	−0.583*	0.301	0.702**	0.181
净光合速率	−0.672**	0.533*	0.546*	−0.311
水分利用效率	−0.819**	0.694**	0.881**	−0.035
可溶性糖	0.718**	−0.613*	−0.823**	−0.199
可溶性蛋白	−0.530*	0.191	0.752**	0.228
单宁	0.300	−0.530*	−0.06	0.447
总类黄酮	0.005	−0.416	0.219	0.749**
总酚	0.069	−0.406	0.023	0.471
脱落酸（ABA）	1.000	−0.806**	−0.756**	−0.028
茉莉酸（JA）	−0.806**	1.000	0.455	−0.124
生长素（IAA）	−0.756**	0.455	1.000	0.211
水杨酸（SA）	−0.028	−0.124	0.211	1.000

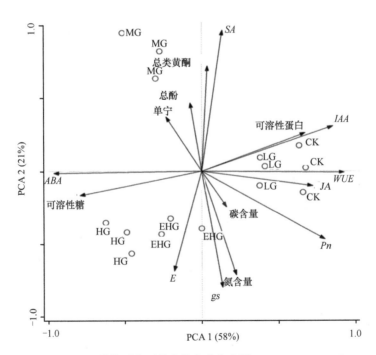

图 2-74　不同放牧强度下羊草的主成分分析（Liu et al., 2019）

茉莉酸、生长素含量和光合能力，第二主成分表明中度放牧条件下羊草具有更多的次生代谢产物。而在重度和极重度样地，羊草具有更高的蒸腾速率。

当遇到啃食攻击的时候，植物会采取多种策略来进行防御。然而，抵御特性通常代价高昂并且限制植物生长。在本研究中，随着放牧强度的增加，资源会变得越来越有限，并且生存压力也会更重。因此，植物需要在生长和防御之间进行权衡，以保证植物能在有限的资源的情况下进行存活和再生长。植物激素是调控植物生长和防御的关键因子。在本研究中，轻度放牧条件下，叶片中含量较高的生长素和茉莉酸促使植物将更多资源用于生长，因此其具有较高的光合能力、水分利用效率和可溶性蛋白含量。这表明羊草采取高生长速率的策略来弥补放牧干扰引起的生物量损失。而在中度放牧条件下，羊草生长速率降低，更多资源用于防御以保证植物的存活。放牧引发的水杨酸促进更多次生代谢物质的产生以便于防御。随着放牧强度的进一步增加，羊草存储更多能量于根系中以便于存活。总之，放牧啃食限制了植物的再生长，引发了植物的防御措施。植物激素在生长和防御之间的权衡中起到了调控作用，为植物在不利的环境中提供了不同的策略以便于存活（图 2-75）。

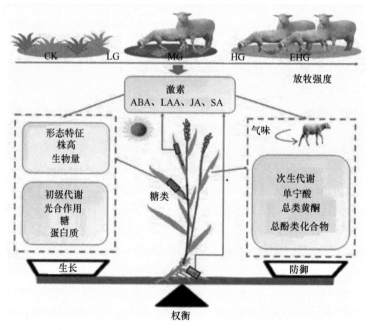

图 2-75　不同放牧强度下羊草生长-防御权衡机制

2. 放牧导致草原矮小化胁迫记忆的分子机制

（1）野外放牧与围封羊草的转录组分析

以围封自然恢复和过度放牧原生境生长条件下的羊草样品为材料进行转录组分析，通过 Illumina Hiseq 2000 平台测序，总计产出 16.8GB 数据。通过组装共获

得到了 129 087 个基因。利用 NR、NT、Swiss-Prot 和 GO 等数据库对基因进行功能注释，共有 89 260 个基因得到注释。对差异表达基因分析发现，共有 49 495 个基因表达差异显著（FDR≤0.001，|$\log_2$Ratio|≥1），其中 22 953 个基因表达下调，26 542 个基因表达上调（图 2-76）。

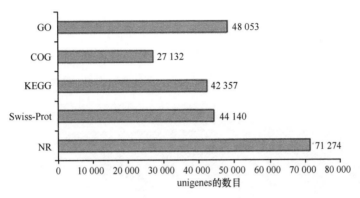

图 2-76　不同数据库间羊草注释功能基因个数（Ren et al.，2018a）

对差异表达基因进行 GO 功能集分析显示，共有 69 个 GO 显著性富集（P≤0.05），其中细胞组分、分子功能和生物学进程中分别有 32 个、16 个和 21 个 GO。生物学进程中包括"RNA 甲基化"（GO：0001510）、"翻译"（GO：0006412）、"代谢进程"（GO：0008152）、"DNA 复制"（GO：0006260）、"苯丙烷生物合成进程"（GO：0009699）、"防御响应"（GO：0006952）、"苯丙烷代谢进程"（GO：0009698）、"细胞壁修饰"（GO：0042545）、"黄酮合成进程"（GO：0009813）、"核苷磷酸生物合成过程"（GO：1901293）等。表明差异表达基因富集的 GO 功能集，尤其是显著性富集的 GO 相关的生物学进程，参与羊草对长期过度放牧的响应，并且可能与羊草的矮小化有关。

通过 KEGG_pathway 显著性富集分析发现（Q 值≤0.05），羊草的差异表达基因参与 16 个最主要的代谢和信号途径，如代谢途径（metabolic pathways）、次级代谢产物合成（biosynthesis of secondary metabolites）、植物和病原菌互作途径（plant-pathogen interaction pathway）、二萜类生物合成（diterpenoid biosynthesis）、类单萜生物合成（monoterpenoid biosynthesis）、类黄酮生物合成（flavonoid biosynthesis）、苯丙氨酸代谢（phenylalanine metabolism）、苯丙烷生物合成（phenylpropanoid biosynthesis）、光合作用-天线蛋白（photosynthesis-antenna proteins）及角质、蜡质生物合成（cutin, suberine and wax biosynthesis）（图 2-77）。

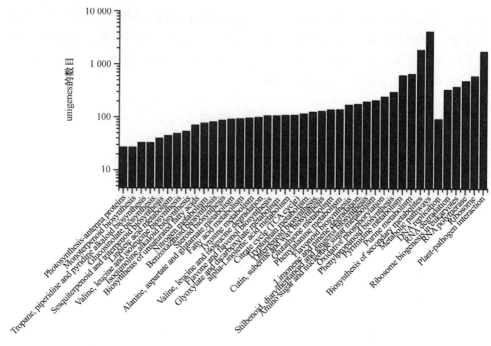

图 2-77　差异表达基因 KEGG 富集分析图（Ren et al.，2018a）

　　进一步对苯丙烷生物合成、类黄酮生物合成、苯并噁嗪类生物合成、二萜类生物合成等 KEGG 代谢途径中的差异表达基因进行了比较分析，其中苯丙烷生物合成途径中相关基因 *PAL* 和 *PTAL* 在过度放牧样地的羊草中上调表达。苯丙烷类化合物是植物对生物和非生物刺激反应的指示剂与介质，**PAL** 是其生物合成途径中的关键酶，在受到环境刺激时 PAL 酶活性增强，*PAL* 基因的表达上调，同时对环境刺激的抗性增强。过度放牧后大多数的 *PAL* 基因的表达在羊草中上调，表明过度放牧触发了羊草的逆境胁迫响应信号途径，并且 *PAL* 参与了这一响应调控进程，并推测过度放牧后羊草增强了对环境胁迫的抗性。长期过度放牧可对草原植物产生持续的胁迫效应，并激活草原植物对逆境胁迫响应的代谢途径，并可能增强草原植物对逆境胁迫的抵抗能力。草原植物对过度放牧导致的逆境胁迫的分子响应可能是矮小化形成与维持的重要分子调控机制之一。

　　（2）室内培养矮小化羊草和野生型羊草的转录组分析

　　以室内培养的羊草材料为基础，通过将新生的无性繁殖苗单独移栽培养，获得了在同一培养条件下的矮小化和野生型羊草。将矮小化和野生型羊草分为两组，每组包括 3 个植株，作为生物学重复，进行转录组分析。结果表明，测试的 6 个样品共产生 59.97Gb 的干净数据（clean data），Q30 碱基百分比在 88.38%以上。*De nove* 组装后共获得 116 356 条 Unigene，其中长度在 1kb 以上的 Unigene 有 21

305 条。经过功能注释，共获得 55 541 条注释结果。将对照组（T1、T2、T3）和矮小化组（T4、T5、T6）进行对比分析，共获得差异表达基因 3341 条，其中上调基因 2024 条，下调基因 1317 条。其中得到功能注释的基因 2399 个（图 2-78）。

而差异表达基因的功能主要涉及防御、免疫应答、疾病拮抗和细胞发育，这表明以上过度放牧导致的草原植物矮小化可能是以上原因引起的（图 2-79～图 2-81）。

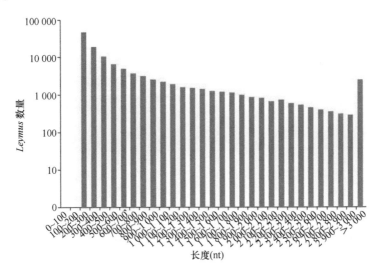

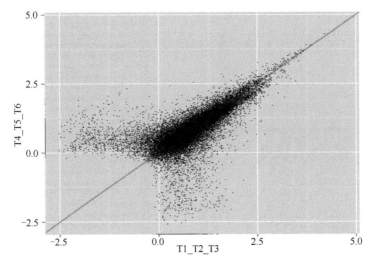

图 2-78　Unigene 长度分布图与基因表达量散点图（Ren et al.，2018a）

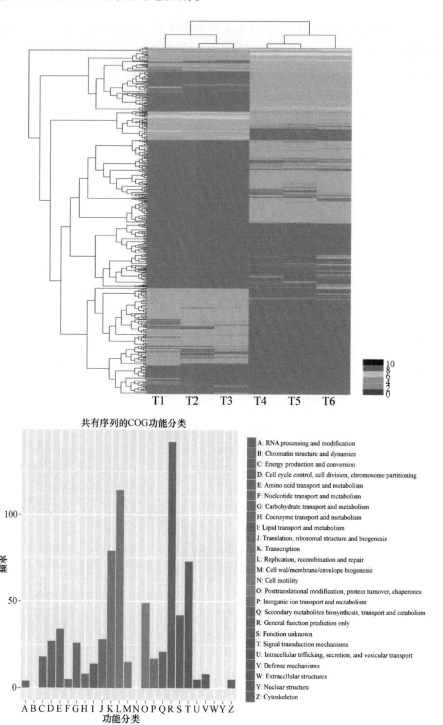

图 2-79　差异表达基因表达模式聚类图与 COG 注释分类统计图（Ren et al.，2018a）

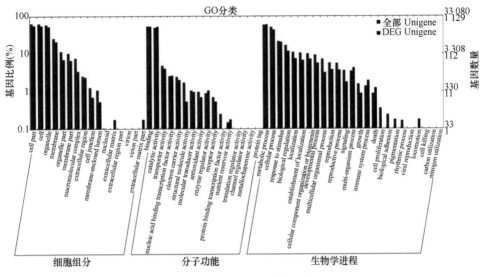

图 2-80　差异表达基因 GO 二级节点注释统计图（Ren et al.，2018a）

（3）羊草转录组（RNA-seq）关联分析

试验前期，我们开展了 4 组羊草 RNA-seq 分析，分别是长期放牧-长期围封（HG-E83）、长期刈割-长期未割（YG-WG）、模拟/短期刈割-对照（C-CK）、模拟/短期放牧-对照（SC-CK）。为探讨长期过度放牧与短期放牧对羊草的影响以及羊

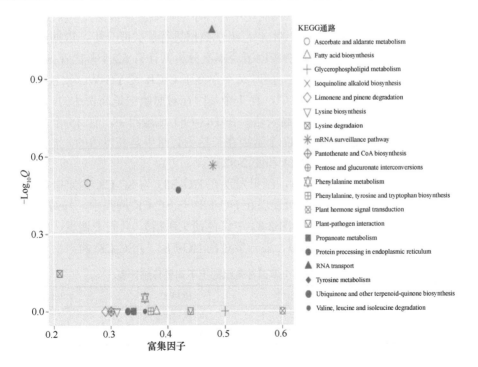

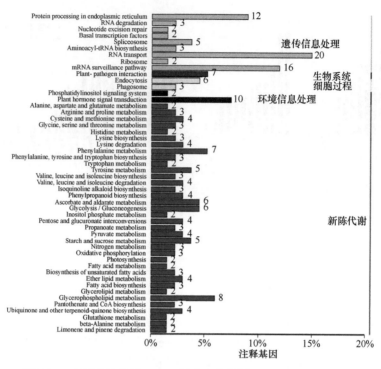

图 2-81　差异表达基因 KEGG 通路富集分析（Ren et al.，2018a）

唾液在长期放牧过程中的作用，我们利用各样本的原始测序数据，重新统一组装，得到所有样本共同的 Unigene，对 4 组组学数据进行了关联分析，以期能够获得羊草在长期放牧过程中的特有响应因子。本次分析共计有 62 个基因在 SC-CK 及 HG-E83 比较组中显著差异表达，同时又不存在于 C-CK 及 YG-WG 比较组中。该富集分析发现在 SC-CK 比较组中，有 7 个基因在对照组中是高表达的，有 55 个基因在模拟/短期放牧处理组中高表达。在 HG-E83 比较组中，有 15 个基因在长期放牧组中是高表达基因，有 47 个基因在长期围封组中是高表达的。集合即为最后的目标差异基因集合（表 2-14 和图 2-82）。

对 62 个目标基因进行分析，结果发现在 HG-E83 与 SC-CK 两组中，差异基因表达调控不一致，进一步分析发现在 HG-E83 与 SC-CK 两组中，与对照相比，共同上调表达的基因有 10 个（图 2-83 中红色箭头所指），共同下调表达的基因有 4 个（图 2-84 中蓝色箭头所指）。进一步对在 HG-E83 与 SC-CK 两组中表达调控

表 2-14　62 个基因在各组的上下调差异统计表

SC-CK	基因数目	HG-E83	基因数目
SC 组上调基因	55	HG 组上调基因	15
CK 组上调基因	7	E83 组上调基因	47

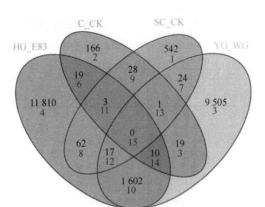

图 2-82　4 组转录组差异基因的维恩比较图

图中黑色数字表示该区域的差异基因数目；黑色数字下面的红橙色数字表示该区域的编号，每个编号对应一个文件，其中第 8 号区域共有 62 个差异基因，为本次分析的目标基因数据

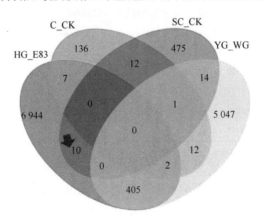

图 2-83　共同上调表达基因分布

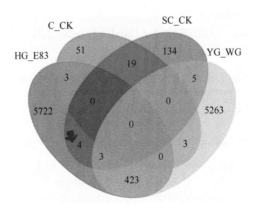

图 2-84　共同下调表达基因分布

方向一致的 14 个基因进行分析，结果发现有注释结果的基因共 6 个，其中 2 个基因可参与植物防御反应（病程相关蛋白 1 和热激转录因子 A-2c）。此外，通过序列比对分析发现，有 5 个基因是小麦族特有的，但功能并不明确（表 2-15）。

表 2-15 目标差异基因功能注释

序号	Re	Gene_id	UniPort	基因	蛋白质英文名称
1	up	TRINITY_DN217259_c1_g1	PR1_ASPOF	*PR1*	pathogenesis-related protein 1
2	up	TRINITY_DN227233_c0_g4	IDHP_MEDSA	*IDH*	isocitrate dehydrogenase [NADP]
3	up	TRINITY_DN228796_c1_g2	PCKA1_UROPA	*PEPCK*	phosphoenolpyruvate carboxykinase（ATP）1
4	up	TRINITY_DN233328_c4_g1	Y103_SYNY3	*sll0103*	uncharacterized protein sll0103
5	up	TRINITY_DN237024_c1_g1	小麦族特有		uncharacterized LOC109786581
6	up	TRINITY_DN235324_c1_g1	—	*CP018158*	
7	up	TRINITY_DN169329_c2_g4	—		
8	up	TRINITY_DN188997_c0_g1	小麦族特有	*AK332399*	—
9	up	TRINITY_DN168021_c1_g2	小麦族特有		uncharacterized LOC109776753
10	up	TRINITY_DN207585_c2_g7	小麦族特有		uncharacterized LOC109759124
11	down	TRINITY_DN228549_c1_g4	HFA2C_ORYSJ	*Hsfs*	heat stress transcription factor A-2c
12	down	TRINITY_DN214141_c4_g1	H4_PYRSA	*N/A*	histone H4
13	down	TRINITY_DN158519_c0_g3	小麦族特有	*xylulose kinase*	—
14	down	TRINITY_DN222957_c3_g3			

注：Gene_id，基因 ID；UniPort，蛋白质数据库；up 表示上调；down 表示下调。下同

进一步对有功能注释结果的 6 个基因进行了 qRT-PCR 验证，只有 1 个基因表达与转录组的测序结果不一致（表 2-16），可能原因是定量样品与测序样品不是同一批材料。此外，我们对 62 个目标基因进行全部功能注释分析，结果发现了 13 个可直接或间接参与植物生物/非生物胁迫防御的基因。其中两个（病程相关蛋白 1 和热激转录因子 A-2c）在两组处理（HG-E83 与 SC-CK）中表达调控方向一致，其他的均相反（表 2-17）。

表 2-16 目标差异基因 qRT-PCR 验证结果

编号	RNA-seq	qRT-PCR	英文名称	中文名称
T1	up	up	pathogenesis-related protein 1	病程相关蛋白 1
T2	up	up	isocitrate dehydrogenase	异柠檬酸脱氢酶
T3	up	up	phosphoenolpyruvate carboxykinase	磷酸烯醇丙酮酸羧化激酶
T4	up	up	uncharacterized protein sll0103	未表征的蛋白 sll0103
T5	down	up	heat stress transcription factor A-2c	热激转录因子 A-2c
T6	down	down	histone H4	组蛋白 H4

（4）过度放牧导致的矮小化羊草激素信号及营养代谢途径分析

在组学研究的基础上，对比矮小化与正常植株在激素[如赤霉素（GA）、油菜素内酯（BR）等]和营养代谢（氮、磷等）调控途径过程中相关基因的表达变化，鉴别导致植株矮小化的关键调控节点和标志，解析羊草矮小化形成、维持的信号和营养代谢分子调控机制。

（5）与赤霉素和油菜素内酯相关的基因表达分析

在对转录组数据进行 KEGG 代谢途径分析的基础上，选择激素信号转导、氨基酸降解及糖蛋白代谢等途径上的相关基因，利用 qRT-PCR 进行了基因表达差异验证。结果表明大部分被检测基因的表达趋势与转录组数据相符合，初步表明转录组数据是有效的，也证明羊草矮小化与这些途径的基因表达差异密切相关（图 2-85）。

表 2-17　参与植物生物/非生物胁迫防御的基因

编号	Gene_id	UniPort	基因	蛋白质英文名称	蛋白质中文名称
1	TRINITY_DN189581_c0_g1	SOC1_ARATH	*SOC1*	MADS-box protein SOC1	MADS 盒蛋白 SOC1
2	TRINITY_DN187724_c1_g3	CYT8_ORYSJ	*Os03g0429000*	cysteine proteinase inhibitor 8	半胱氨酸蛋白酶抑制剂 8
3	TRINITY_DN161316_c2_g1	E13C_HORVU	*N/A*	glucan endo-1,3-beta-glucosidase GIII	葡聚糖内切-1,3-β-葡糖苷酶 GIII
4	TRINITY_DN174645_c4_g1	HSP7C_PETHY	*HSP70*	heat shock cognate 70kDa protein	热休克同源 70kDa 蛋白质
5	TRINITY_DN174645_c4_g1	MD37D_ARATH	*MED37D*	probable mediator of RNA polymerase II transcription subunit 37c	RNA 聚合酶 II 转录亚基 37c 的可能介体
6	TRINITY_DN214953_c0_g1	RGA2_SOLBU	*RGA2*	disease resistance protein RGA2	抗病蛋白 RGA2
7	TRINITY_DN214953_c0_g1	RGA1_SOLBU	*RGA1*	putative disease resistance protein RGA1	抗病蛋白 RGA1
8	TRINITY_DN214953_c0_g1	RGA3_SOLBU	*RGA3*	putative disease resistance protein RGA3	抗病蛋白 RGA3
9	TRINITY_DN228549_c1_g4	HFA2C_ORYSJ	*HSFA2C*	heat stress transcription factor A-2c	热激转录因子 A-2c
10	TRINITY_DN205647_c1_g4	HGL1D_WHEAT	*GLU1D*	—	—
11	TRINITY_DN225217_c1_g3	WRK46_HORVU	*WRKY46*	WRKY transcription factor SUSIBA2	WRKY 转录因子 SUSIBA2
12	TRINITY_DN229078_c3_g1	HS16A_WHEAT	*hsp16.9A*	16.9kDa class I heat shock protein 1	16.9kDa I 类热休克蛋白 1
13	TRINITY_DN217259_c1_g1	PR1_ASPOF	*PR1*	pathogenesis-related protein 1	病程相关蛋白 1

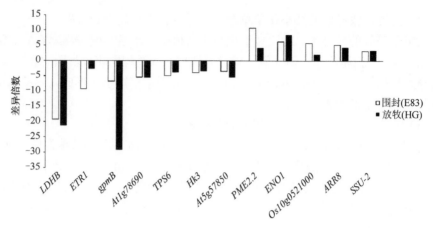

图 2-85　围封（E83）和放牧（HG）羊草样品中基因的表达差异（Ren et al.，2018a）

由于植物矮小化与激素油菜素内酯密切相关，因此以矮小化和野生型植株为材料，对羊草 *GID*、*rht-D1b*、*G20-Oxidase*、*det* 和 *bri1* 等 5 个基因进行了基因差异表达分析。其中 *GID* 是赤霉素受体合成的关键基因，*rht-D1b*、*G20-Oxidase* 是参与赤霉素合成的关键基因；*det* 是参与油菜素内酯合成的关键基因，*bri1* 是油菜素内酯受体合成的关键基因。结果表明，在 5 个被检测的差异表达基因中，*GID*、*G20-Oxidase* 等 2 个基因出现了差异表达，其中 *GID* 基因在矮小化植株中的表达量仅为野生型植株的 1.7%，*G20-Oxidase* 基因在矮小化植株的表达量也仅为 50%。这表明赤霉素合成量的降低及受体的缺乏导致的赤霉素调控效率降低，可能是过度放牧导致的羊草矮小化形成的分子调控途径之一（图 2-86）。

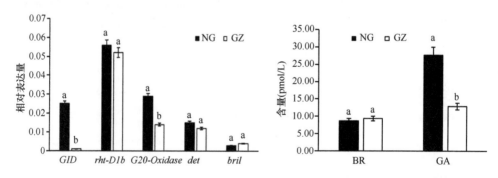

图 2-86　与激素相关的基因差异表达与激素水平差异分析

以矮小化和野生型植株为供试材料，采用酶联免疫吸附试验（ELISA）方法对其赤霉素和油菜素内酯水平进行了分析，结果表明，与野生型对照相比，矮小化植株中赤霉素含量降低 40%，差异极显著，而两者间油菜素内酯水平无显著差异。

（6）过度放牧导致的矮小化羊草氮代谢相关基因分析

以长期过度放牧样地和长期围封样地来源的羊草为研究材料，通过 Holland's 营养液培养，比较矮小化（HG）与正常（E83）羊草在氮素生理代谢方面的差异，以解析长期过度放牧对羊草植株氮素吸收和利用及氮素吸收同化过程中关键限速酶的影响，结果发现长期过度放牧影响羊草氮素营养特性和氮素同化过程。对羊草氮素营养和生理生化特性的研究，得出以下结论：①长期过度放牧可降低羊草的氮素累积量、氮素吸收效率、氮素利用效率等氮素营养特性。虽然氮素吸收降低，但矮小化羊草可能通过氮素再分配利用来补偿其氮素的缺乏。②长期过度放牧降低羊草氮素吸收的主要途径可能是通过降低羊草氮素同化吸收关键酶的活性来实现的，即矮小化羊草根系中的 NR 活性显著降低可致其硝酸盐（NO_3^-）还原能力的降低；而 GS 和 GOGAT 活性的显著升高可增强根系铵态氮（NH_4^+）的同化能力。然而，矮小化羊草叶片中 GDH 和 AS 活性的降低是矮小化羊草叶片氮同化能力和氮贮存物水平降低的重要因素（表 2-18）。

表 2-18　矮小化和正常羊草在水培条件下氮素吸收与利用的差异（胡宁宁，2017）

参数		干物重 （g/株）	N 素累积量 （mg）	N 素吸收效率 （%）	N 素利用效率 （g/g）	N 素利用指数 （g^2/g）
范围	HG	0.75～0.96	24.14～35.74	1.91～2.83	26.30～32.69	19.69～28.92
	E83	0.88～1.35	26.07～44.99	2.07～3.57	27.20～36.55	17.54～48.20
平均数	HG	0.83	28.40	2.25	29.64	24.70
	E83	1.01	34.76	2.76	32.45	32.81
均方		**	*	*		*

注：HG，矮小化；E83，正常

基于课题组前期的研究结果，通过矮小化和正常植株的转录组测序分析，发现大量氮代谢相关基因出现了差异表达。在此基础上，结合氮素生理生化的研究结果，筛选出 6 个与氮吸收、转运和同化密切相关的基因，采用实时荧光定量 PCR 技术，对其进行了分析，以解析羊草对长期过度放牧胁迫的氮代谢关键响应基因差异表达的调控机制。由表 2-19 可知，长期过度放牧胁迫对羊草氮代谢关键基因有显著影响，主要体现在：矮小化羊草参与根系氮素吸收的 NO_3^- 转运载体基因 *NRT1.1* 和 *NRT1.2* 下调表达，是导致其氮素吸收能力下降的重要因素；而参与叶片氮素再分配的 NO_3^- 转运载体基因 *NRT1.7* 上调表达，可激活羊草叶片氮素再分配利用途径。故 NO_3^- 转运载体基因是矮小化羊草调控氮代谢的关键节点，氮素转运能力的下降和体内氮素再分配利用途径的激活可能是矮小化羊草调控氮代谢的关键途径。

表 2-19　羊草 N 代谢相关基因的功能注释（胡宁宁，2017）

基因编号	英文名称	中文名称	基因表达	功能
N1	NR	硝酸还原酶	na	催化硝酸盐还原为亚硝酸盐
N2	NiR	亚硝酸盐还原酶	up	催化亚硝酸盐还原为铵
N3	ASNS	天冬酰胺合成酶	up	参与植物氮同化
N4	NRT1.2	硝酸盐转运蛋白 1.2	down	负责氮素的吸收
N5	NRT1.1	硝酸盐转运蛋白 1.1	down	负责氮素的吸收
N6	NRT1.7	硝酸盐转运蛋白 1.7	up	负责氮素从老叶向新叶运输

注：up，上调表达；down，下调表达；na，基因表达无差异

对放牧矮小化羊草的氮代谢调控机制进行了归纳总结，得出以下主要调控网络：即长期过度放牧可以导致羊草植株出现矮小化胁迫记忆，而矮小化羊草的氮素吸收能力降低，主要体现在对硝态氮（$NO_3^- $-N）吸收的降低和对铵态氮（$NH_4^+$-N）吸收的增强。矮小化羊草植株氮素吸收能力降低，导致根系向地上供给的氮不足，为维持其正常生长，植株自身开启了两条关键调控途径：①由 NR 和 GS/GOGAT 调控的氮素同化利用途径，矮小化羊草的氮素同化途径发生了改变，由硝态氮途径转变为铵态氮途径；②由 *NRT1.7* 调节的氮素再分配利用途径，矮小化羊草的氮素再分配利用途径被激活，即将老叶中的氮素向新叶中转运（图 2-87）。

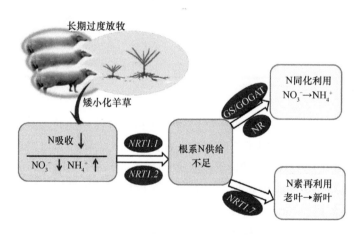

图 2-87　长期过度放牧矮小化羊草氮代谢调控途径（胡宁宁，2017）

（7）不同利用方式下羊草磷转运相关基因的差异表达分析

磷素是植物所必需的大量无机营养元素，是植物生长发育的主要限制因素之一。磷素在植物体内的吸收和转运利用都需要磷酸盐转运蛋白介导。在羊草过度放牧后的转录组学研究的基础上，筛选获得了 6 条磷转运有关的基因序列。依托锡林郭勒典型草原过度放牧样地和围封恢复样地、多年连续割草样地和无

割草样地等研究平台，对不同利用条件下羊草中磷转运基因的表达水平进行分析检测（图 2-88）。

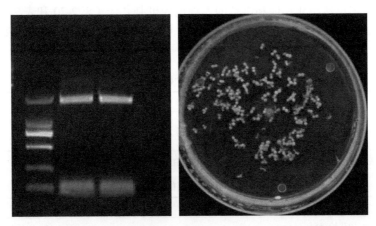

图 2-88　磷转运基因克隆电泳图与转基因植物筛选结果

结果表明，在不同的条件下，磷转运基因都有不同程度的响应。对羊草的 6 个磷转运基因序列在不同的放牧利用条件下的表达检测发现，3 个基因 PHT43、PT4 和 PT6 的表达受不同放牧利用条件的影响，其中 PHT43 基因无论是在野外放牧胁迫下还是室内解除放牧胁迫后，其表达均表现出下调的趋势，表明磷转运基因参与了羊草对过度放牧的响应。但是过度放牧是通过何种调控方式影响磷转运基因表达进而影响磷代谢进程，最终参与植物矮小化的调控过程，需要更多的实验数据支持。将筛选获得的羊草 PHT43 基因用于进一步的功能研究。通过构建重组表达载体和植物遗传转化，将磷转运基因在拟南芥中进行表达。利用转基因植物筛选，获得了拟南芥转基因纯合体植物。以转基因植物为材料对磷转运基因的功能进行检测分析。

（8）矮小化植物表观遗传调控机制分析

在组学研究的基础上，结合表观遗传分析手段，研究关键基因 DNA 甲基化对基因表达的影响，鉴别关键调控节点和标识，揭示草原植物矮小化形成的表观遗传基础。开展矮小化羊草全基因组甲基化测序（WGBS），测序完成后，对数据进行去除接头序列和低质量过滤，随后将过滤后的数据与参考基因组比对，获得了全基因组平均甲基化水平图谱的总体特征。并对差异甲基化区域（DMR）进行检测，通过多重检验校正，进而得到差异甲基化区域。最终在启动子区和基因体（gene body）区注释得到的相关基因有 13 个，对这 13 个基因进行进一步分析，发现部分基因参与植物逆境胁迫响应。其中 ILL2 基因编码生长素（IAA）酰胺水解酶，该酶能使生长素结合态氨基酸释放出游离态氨基酸，是植物体内生长素从储存态向活化态转换的关键基因。结果发现，与围封正常羊草相比，过度放牧矮小化羊草中该基因的启动子区域甲基化水平增加了 56% 以上。启动子区域甲基化水平上调会导致该基因表达量降低，从而导致矮小化羊草体内活化态生长素含量降低，可能是羊草矮小化形成和维持的表观调控机制之一（表 2-20 和表 2-21）。这一发现得到第 3 课题生理研究发现过度放牧羊草叶片中 IAA 与 ABA 相对含量比值显著降低的结果支持。

表 2-20 C、CG、CHG 和 CHH 平均甲基化水平

样本	C	CG	CHG	CHH
E6	30.05%	64.03%	54.38%	15.81%
G5	29.82%	63.63%	53.20%	15.85%

注：E6 表示围封羊草，G5 表示放牧羊草；C、CG、CHH、CHH 表示不同的 C 碱基类型

表 2-21 DMR 注释到的 13 个基因信息

编号	基因名称	生物学过程	UniProt ID
1	LOC107829755	—	A0A1S4DH66_TOBAC
2	RPP13L4	防御反应；对革兰氏阴性菌的防御反应；信号转导	R13L4_ARATH
3	HSP70	应激反应	H6UG34_WHEAT
4	At2g46850	细胞表面受体信号通路	Y2685_ARATH
5	—	DNA 整合	Q9C5V1_ARATH
6	ILL2	生长素代谢过程	ILL2_ARATH
7	EBM	碳水化合物代谢过程	EBM_ARATH
8	LOC107923916	—	A0A1U8L4N9_GOSHI
9	LOC100834467	—	I1IYR8_BRADI
10	VRN-A1	转录，转录调控	A0A088PYB1_TRIDC
11	EXLA1	细胞壁生物发生/降解	EXPA1_ORYSJ
12	Pm3	—	Q15J16_WHEAT
13	YDR444W	脂质降解，脂质代谢	YD444_YEAST

第四节　放牧优化和人工干预快速恢复草原生产力的原理与技术途径

在针对放牧影响草原生态系统的基础研究的基础上，系统研究放牧优化和人工干预快速恢复草原生产力的原理与技术途径，包括揭示放牧优化对草原生产力维持的调控过程与机制，揭示植物调节对退化草原生产力快速提升的作用原理，揭示土壤保育对退化草原生产力快速提升的调控途径，为长期过度放牧导致的退化草原的快速恢复提供依据和支撑。

一、放牧优化对维持与提高草原生产力的作用机制

1. 适度放牧有利于提高草原生产力和草畜投入产出效益

研究选择中国农业科学院草原研究所锡林郭勒典型草原试验示范基地，利用放牧强度试验平台设计 5 个放牧强度、3 个空间重复，放牧时间为每年的 6 月 15 日至 9 月 15 日，放牧强度等级设 CK、轻度、中度、重度和极重度，牧压分别为 0、170、340、510、680[单位为：标准羊单位·d/(hm²·a)]。研究区 1967～2016 年平均降水量为 281mm，其中 2014 年～2016 年年降水量分别为 256mm、413mm 和 309mm。研究表明：①适度放牧通过等补偿或者超补偿生长，有利于植物群落地上净生产力的维持与提高；②适度放牧利用有利于群落生物多样性的维持；③适度放牧有利于提高草畜投入产出效益。

（1）适度放牧有利于群落净生产力的维持与提高

轻度放牧利用促进草原植物群落地上净生产力的提高，在轻度放牧强度下，2014 年较 CK 增加 143.85kg/hm²，2015 年增加 591.74kg/hm²，2016 年增加 288.31kg/hm²。降水量增加可维持与提高重度和极重度植物群落地上净生产力，随放牧年限的延长而逐渐减少，2014 年重度和极重度放牧植物群落地上净生产力分别为 1148.99kg/hm² 和 1255.16kg/hm²，2015 年重度和极重度放牧分别为 1534.64kg/hm² 和 1487.21kg/hm²，2016 年重度和极重度放牧分别为 1042.96kg/hm² 和 1102.37kg/hm²。放牧利用的第三年，在轻度、中度放牧利用下植物群落地上净生产力的均值分别比 CK 高出 22.33%和 11.17%（图 2-89）。由此可见：①轻度和中度放牧利用有利于草原植物群落地上净生产力的维持和提高；②降水增加对植物群落地上净生产力的维持有积极作用；③重度和极重度放牧下，随着放牧年限的延长会导致植物群落地上净生产力的持续衰减。

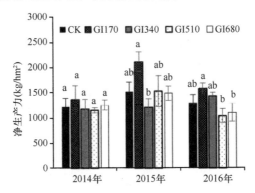

图 2-89　2014～2016 年植物地上净生产力对不同放牧强度的响应

CK，对照；GI（放牧压力）

170、340、510、680 [单位为：标准羊单位·d/（hm²·a）]。下同

图 2-90 分析了 2015 年和 2016 年不同放牧强度草地的地下根现存量与净生产力。结果表明，2016 年降雨较 2015 年偏少，不同放牧强度草地地下净生产力却大幅高于 2015 年，而且相比 2015 年，2016 年轻度、中度、重度和极重度梯度下地下净生产力相对 CK 都大幅增加，轻度、中度的地下净生产力较 CK 明显增多。从根现存量数据来看，放牧利用能够增加根生物量的积累，轻度放牧利用下草地根生物量的积累仍较 CK 和中度、重度放牧利用高。

由图 2-91 可知，随着放牧强度的增加，植物群落超补偿性生长量逐渐减少，但由于极重度放牧下家畜粪尿输入，短期内使生态系统出现了超补偿性生长，2014 年轻度、中度、重度、极重度放牧利用下净生产力较 CK 分别增加了 339.50kg/hm²、162.51kg/hm²、312.36kg/hm²、214.92kg/hm²，2015 年分别增加了 74.96kg/hm²、208.30kg/hm²、−42.04kg/hm²、94.59kg/hm²，2016 年分别增加了 351.03kg/hm²、328.84kg/hm²、−190.87kg/hm²、110.92kg/hm²。轻度放牧利用能够维持较高的超补偿水平，且降水量的增加有助于轻度和中度放牧利用下草地超补偿生长特性的表现。随着年限的延长，重度放牧除第一年外，后两年均表现为欠补偿性生长。由此可见，轻度和中度放牧可以提高草地的生产力水平。

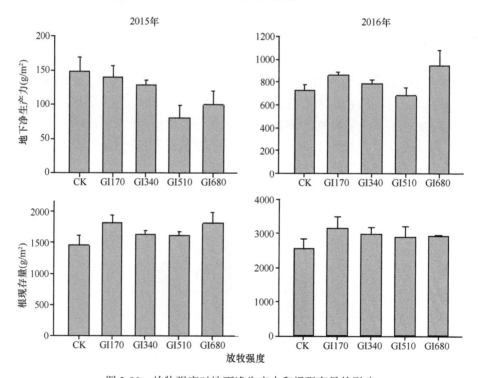

图 2-90 放牧强度对地下净生产力和根现存量的影响

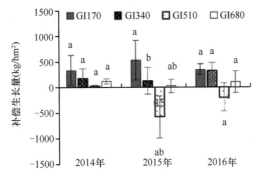

图 2-91 2014～2016 年植物群落补偿生长量对不同放牧强度的响应

（2）适度放牧利用有利于群落生物多样性的维持

放牧利用会引起草原生态系统的退化演替，即物种的消长，同时会引起群落生物多样性的变化。本研究结果显示，放牧生态系统的植物群落生物多样性指数（香农-维纳多样性指数和辛普森指数）随放牧强度的增加呈现单峰曲线变化，在中度放牧强度下不同年份均达到最大值，且年降水量的增加有利于植物群落多样性的提高（图 2-92）。由此可见：①中度放牧群落生物多样性最大，降水量的增加可提高不同放牧强度下的群落生物多样性；②放牧年限的延长并没有使中度放牧下群落生物多样性最高的格局发生偏离。

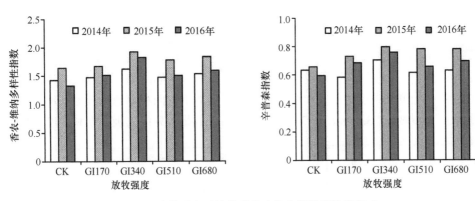

图 2-92 放牧强度对植物群落生物多样性指数的影响

（3）适度放牧有利于提高草畜投入产出效益

家畜生产或第二性生产是草地农业或草原畜牧业生产过程中的一个重要环节，它往往与牧草供给量和家畜利用草地的方式及效率密切相关。

1）单位家畜增重。单位家畜增重随放牧强度的增加呈现下降趋势（图 2-93）。除轻度放牧外，单位家畜增重均值呈现 2015 年>2014 年>2016 年。2014 年单位家畜增重，与轻度相比，中度、重度和极重度下分别下降 11.26%、29.49%、47.17%，但因 2015 年降水量充沛，不同放牧梯度下草地第一性生产力较 2014 年普遍增加了 27.61%～125.77%，导致第二性生产力有不同程度的提高，重度和极重度放牧下单位家畜增重较 2014 年相同放牧强度分别增加 31.80% 和 52.84%。2016 年单位家畜增重，与 2014 年相比，轻度、中度、重度和极重度下分别下降 28.99%、23.05%、18.24%、12.58%。由此可见：①轻度放牧能够维持较高的单位家畜生产性能；②放牧年限的延长会造成第二性生产力不同程度的降低；③降水量大幅增加通过草畜

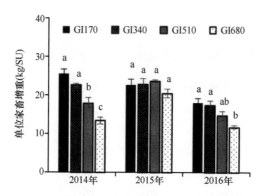

图 2-93　2014～2016 年单位家畜增重对不同放牧强度的响应

互作可以大幅提高单位家畜生产效率，且放牧强度越大增幅越大。

2）单位面积草地承载家畜增重。单位面积草地承载家畜增重随放牧强度的增加总体呈现增加趋势（图 2-94）。降水量增加有效提高重度和极重度下单位面积草地承载家畜增重，且极重度放牧下的家畜增重显著高于重度及其他放牧强度，而在降水量一般年份，重度和极重度无显著差异（$P>0.05$）。随着放牧年限的延长，各个梯度上单位面积草地承载家畜增重均有不同程度的减少。与 2014 年相比，2016 年在轻度、中度、重度和极重度放牧强度下单位面积草地承载家畜增重分别减少了 28.99%、23.05%、18.24% 和 12.58%。由此可见：①极重度和重度相比并

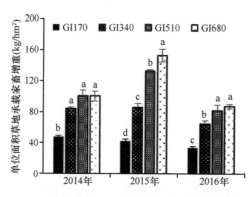

图 2-94　2014～2016 年单位面积草地承载家畜增重对不同放牧强度的响应

不会获得显著更多的单位面积草地承载家畜增重；②中度放牧既可以获得较高的单位家畜增重水平（2014 年中度与极重度相比单位家畜增重水平为 1.68 倍，2016 年为 1.48 倍），同时也可以获得较为理想的单位面积草地承载家畜增重（2014 年中度与极重度相比单位面积草地承载家畜增重可达到 83.99%，2016 年为 73.93%）。

3）草畜投入产出效益。草畜转化效率是草畜互作过程中生态系统物质、能量等转化有效性的综合表征，可反映牧草与家畜的投入产出比。牧草和家畜的属性以及放牧利用的方式与强度都有可能影响到草地第一性生产向第二性生产转化的有效性，这个指标对研判草地适度合理利用具有重要意义。

4）家畜采食量。采食量分为单位面积牧草被采食量和单位家畜牧草采食量。在不同降水年份，放牧草地在不同放牧强度下的采食量见图 2-95 和图 2-96。单位面积牧草被采食量随放牧强度的增加总体呈现增加趋势，除中度放牧外，2014 年中度、重度和极重度放牧较轻度放牧分别增加 47.75%、81.19% 和 127.98%，随着放牧年限的延长和降水量的波动，2015 年重度和极重度放牧下单位面积牧草被采食量或单位家畜牧草采食量与 2014 年相比分别增加 20.57% 和 8.47%，2016 年与 2014 年相比分别下降 8.60% 和 14.10%。由此可见：①随着放牧强度的增加，单位面积牧草被采食量不断增加，单位家畜牧草采食量不断减少；②随放牧年限延长，

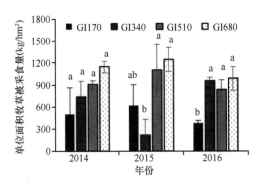

图 2-95　2014～2016 年单位面积牧草被采食量对不同放牧强度的响应

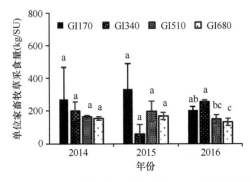

图 2-96　2014～2016 年单位家畜牧草采食量对不同放牧强度的响应

植被净生产力降低，重度和极重度放牧下家畜采食量下降；③降水量大幅增多，植被净生产力提高，家畜可采食量增多。

5）牧草被采食率。由表 2-22 可知，牧草被采食率随放牧强度的增加大都呈现增加趋势。通过三年的放牧试验总体分析牧草被采食率，轻度放牧下为 20%～40%，中度放牧下为 60%～70%，重度放牧下为 70%～80%，极重度放牧为 80%以上，甚至牧草被采食后剩余量不足净生产力的 9%。降水量大幅增加会在某种程度上减少草地植被被采食率。由此可见：①放牧强度增加使牧草被采食率增加且呈现出对数函数变化；②2015 年降水量较地区年均值增加 46.98%，牧草被采食率在不同放牧强度下大都有所减少。

表 2-22　2014～2016 年牧草被采食率对放牧强度的响应　　　　　（%）

放牧强度	2014 年（年降水量 256mm）	2015 年（年降水量 413mm）	2016 年（年降水量 309mm）
GI170	36.96±29.53	29.56±19.25	24.23±7.29
GI340	62.99±15.41	18.05±28.8	66.60±6.66
GI510	79.39±6.32	71.66±16.18	79.94±7.17
GI680	91.44±3.03	83.70±6.65	89.43±1.00

6）草畜转化率。由表 2-23 可知，中度和重度放牧下可获得较大的草畜转化率，降水量大幅增加有助于提高重度和极重度放牧下的草畜转化率，放牧年限的延长会降低草畜转化率，由此可见：①随着放牧强度的增加，牧草被采食率在60%～80%时可获得较高的草畜转化率；②随着放牧年限的延长，植被净生产力降低，重度和极重度放牧下草畜转化率下降；③降水量大幅增加，植被净生产力提高，家畜可采食量增加。

表 2-23　2014～2016 年草畜转化率对放牧强度的响应　　　　　（%）

放牧强度	2014 年	2015 年	2016 年
GI170	9.42±17.54	6.74±7.78	8.80±2.15
GI340	11.32±5.04	39.21±52.67	6.78±0.85
GI510	11.00±2.34	12.02±6.85	9.84±4.87
GI680	8.73±1.14	12.28±4.36	8.89±3.02

2. 适度放牧优化提高草原生态系统碳蓄积能力和土壤肥力

（1）适度放牧有利于草原生态系统植物-土壤的碳蓄积

研究利用试验位于内蒙古锡林郭勒盟白音锡勒牧场的放牧强度试验平台，比较不同放牧强度[GI170、GI255、GI340、GI425，单位为 SSU·d/(hm²·a)]、退化草原不同围封年限（围封 32 年、15 年和 6 年，分别记作 FA32、FA15 和 FA6）与长期刈割草原（MT）生态系统植被-土壤的碳蓄积能力。结果表明：适度放牧利用（GI170 和 GI255）、适度刈割利用以及退化草原适度时间的围封修复相较过度放牧和长期围封，生态系统植物-土壤碳蓄积能力有明显提高。

1）植物碳含量。草原地上主要植物和地下群落根系的碳含量的分析结果（表 2-24）显示：①地上主要植物物种和枯落物的碳含量比较，GI170 和 FA6 处理显著大于刈割、其他放牧强度与长期围封草原相同植物种和枯落物的碳含量；②地下植物群落根系的碳含量比较，GI255、MT 和 GI170 分别在 0～10cm、10～20cm 和 20～30cm 深度呈现出较其他处理显著偏高的碳含量。

2）土壤碳密度。不同放牧强度和利用方式下草地土壤碳密度的结果（表 2-25）表明：①0～30cm 土壤有机碳密度在 MT 和 FA6 处理下较高，GI170 和 GI255 显著高于 GI340 和 GI425、FA32 和 FA15；②0～100cm 土壤总碳密度大小排序为 FA6>MT>GI255> GI170>FA32>GI340>FA15>GI425。

表 2-24 不同放牧利用方式和强度下的地上、地下植物碳含量

	碳含量（%）							
	FA32	FA15	FA6	MT	GI170	GI255	GI340	GI425
大针茅	43.307ab	43.743ab	44.037a	43.266ab	44.377a	43.706ab	43.086b	41.021c
羊草	43.680b	43.600b	44.149a	43.316c	43.082c	42.819d	43.351bc	43.217c
杂类草	43.120a	43.223a	43.484a	43.301a	42.783a	42.791a	39.458b	40.294b
枯落物	38.257a	38.667a	39.570a	38.281a	39.669a	31.941b	31.418b	30.917b
根系（0～10 cm）	41.390b	40.462c	40.107d	43.147a	41.411b	43.670a	40.582c	40.644c
根系（10～20 cm）	40.036d	39.491d	39.206d	42.866a	42.136b	42.658b	35.273e	42.212c
根系（20～30 cm）	39.514e	38.667e	39.206e	40.574c	44.206a	42.168b	35.013f	41.965b

注：不同字母表示植物碳含量在不同放牧利用方式和强度之间差异显著（$P<0.05$）

表 2-25 土壤碳密度垂直分布特征

土层深度（cm）	土壤有机碳密度（kg/m²）							
	FA32	FA15	FA6	MT	GI170	GI255	GI340	GI425
0～10	2.029f	2.217e	2.764b	3.558a	2.465cd	2.267e	2.318de	2.605c
10～20	1.909cd	1.767de	2.297a	2.375a	2.109b	2.067bc	2.035bc	1.668e
20～30	1.681c	1.174d	1.801b	2.070a	1.682bc	1.995a	1.542c	1.261d
0～30	5.619e	5.158f	6.861b	8.004a	6.255c	6.328c	5.895d	5.534e
30～40	1.312d	1.245d	1.751b	1.727b	1.524c	2.041a	1.491c	0.940e
40～60（均值）	1.153d	0.809e	1.494a	1.539a	1.235c	1.344b	1.213cd	0.572f
60～100（均值）	1.161b	0.424e	1.532a	1.004c	0.987cd	1.121b	0.931d	0.289f
30～100	8.262c	4.560e	10.868a	8.821b	7.942cd	9.212b	7.641d	3.238f
总碳密度	13.880de	9.718f	17.729a	16.824b	14.197d	15.540c	13.536e	8.772g

注：不同字母表示土壤碳密度在不同放牧利用方式和强度之间差异显著（$P<0.05$）

3) 植被-土壤系统碳密度。不同放牧强度和利用方式下草原生态系统植被-土壤碳密度的综合分析结果（图 2-97）表明：①植被-土壤系统碳储量的大部分储存在土壤里，占到 93.11%～96.98%，而植物碳大都储存在根系当中，占到总植物碳的 75.40%～93.00%；②适度放牧利用下[GI255（16.02kg/m²）和 GI170（14.78kg/m²）]土壤-植物系统的碳储量较过度放牧利用[GI340（14.02kg/m²）和 GI425（9.29kg/m²）]以及长时间围封[FA32（14.49kg/m²）和 FA15（10.44kg/m²）]都有不同程度的提高。

（2）优化放牧强度×时间可维持和提高生产力与土壤肥力

研究选取河北沽源草地生态系统国家野外科学观测研究站，比较了放牧强度（重度放牧 H、中度放牧 M、休牧 R）与不同季节（春季、夏季、秋季）（表 2-26）的优化组合对土壤肥力即碳固持能力与土壤氮库的影响。结果表明：①试验区连续中度放牧（MMM）下土壤碳蓄积量最高，同时能够维持最高的土壤净矿化速率，从而使得土壤无机氮含量维持在较高水平，以保障较好的土壤肥力；②草地利用率在 30%～40% 时，生态系统可维持较好的生态和生产功能。

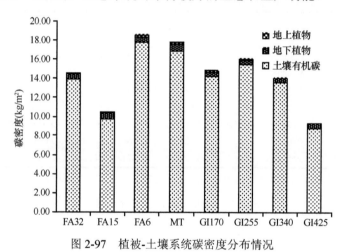

图 2-97 植被-土壤系统碳密度分布情况

表 2-26 不同放牧强度×时间调控试验的放牧率对照表

放牧制度	实验设计放牧强度	单位换算
HHH	7.52 羊单位/hm²	510 羊单位·d/(hm²·a)
HHM	6.51 羊单位/hm²	425 羊单位·d/(hm²·a)
MMM	5.59 羊单位/hm²	340 羊单位·d/(hm²·a)
RMH	3.45 羊单位/hm²	255 羊单位·d/(hm²·a)
RHM	3.41 羊单位/hm²	255 羊单位·d/(hm²·a)

适度放牧利用优化植被结构并提高草原生产力。两个休牧处理（RHM 与 RMH）的植物地上部分产量与持续适牧（MMM）无显著差异，但显著高于持续

重牧（HHH）及秋季适牧处理（HHM）。放牧导致植被多样性及植被组分的改变。休牧处理 C₃ 禾草占到 78%～81%，而 MMM 处理仅占 58%。HHH 及 HHM 中 C₃ 禾草所占比例在 38%～42%（图 2-98）。

适度放牧有利于维持和提高土壤肥力。放牧处理对 0～10cm 土壤碳产生显著影响。不同放牧强度和放牧时间下有机碳积累的排序为 MMM ＞ RHM ＞ RMH ＞ HHM ＞ HHH。土壤全氮含量的变化也主要体现在 0～10cm 土壤层。两个休牧处理的土壤氮含量有明显的提高，然而，HHH、HHM 与 MMM 均出现氮的损失。放牧对土壤无机氮含量及无机氮的矿化产生显著影响。HHH、HHM 与 MMM 在无机氮含量方面无显著差异，但显著高于 RHM 和 RMH。土壤氮的矿化在休牧处理中比较低，甚至出现固持，而在 HHH、HHM 与 MMM 中明显增强（图 2-99 和图 2-100）。土壤氮随放牧率的变化与土壤碳的变化存在非一致性，当放牧率为 4 羊单位/hm² [300 羊单位·d/(hm²·a)]，植被利用率为 30% 达到最大。

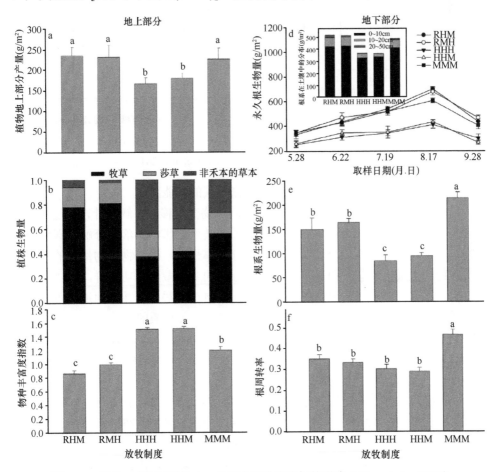

图 2-98 放牧对草原植被地上、地下主要生态指标的影响（Chen et al.，2015）

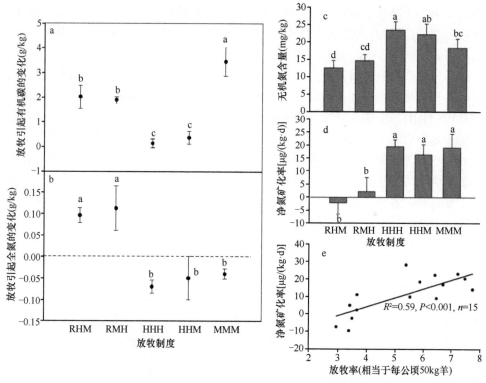

图 2-99 放牧对土壤有机碳（a）、全氮（b）、无机氮含量（c）和净氮矿化率（d），以及放牧
率与净氮矿化率（e）的影响（Chen et al.，2015）

（3）过度放牧退化草地凋落物向土壤输入碳的功能降低

利用 C 同位素探针技术结合草原植物凋落物交互移置分解设计，通过研究精准确定了凋落物分解的过程。结果发现：①植被变化影响凋落物分解及碳输入，植物凋落物在草地原生境分解时，纤维素分解率最高，微生物生物量中的碳来源于凋落物的量最大；②真菌是草原凋落物分解的主要微生物功能群，在"主场效应"的草原原生境中真菌生物量中整合的凋落物 C 量最大；③草地退化带来的群落多样性的降低不利于群落内凋落物的分解以及相关物质的周转。

纤维素和木质素分解具有明显的主场效应。纤维素的分解速率较慢，最终分解率均在 50% 以下。此外，凋落物类型影响纤维素的分解率（图 2-101a；$F_{2,44}=94.33$，$P<0.05$），但是群落间没有显著差异。

分解群落与凋落物类型有显著的交互作用（$F_{4,44}=14.25$，$P<0.001$）。纤维素的分解率变化范围在 12.78%（针茅）到 46.8%（冷蒿）之间。整体而言，针茅的分解率要低于冷蒿和羊草。对于三种分解群落，冷蒿凋落物在冷蒿群落中纤维素分解最多，而针茅在冷蒿群落表现出最低的纤维素分解率。比较而言，针茅和冷蒿

两种植物的凋落物在其原始产生群落（"本地"）纤维素分解最多，且纤维素的损失率与总质量损失显著相关（$R^2=0.7538$，$P<0.01$）。同理，木质素的分解率与纤维素具有相似的规律，即主场效应明显（图 2-101b）。

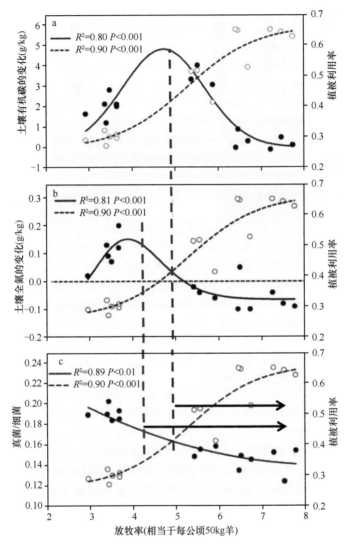

图 2-100　放牧率与土壤有机碳（a，实体符号）、全氮变化（b，实体符号）及真菌/细菌（c，实体符号）和植被利用率（a～c，开放符号）之间的关系（Chen et al.，2015）

非线性关系：碳随放牧率变化，实线 $y=4.8\times e^{(-0.50\times((x-4.71)/0.95)^2)}$；氮随放牧率变化，实线 $y=-0.06+0.22\times e^{(-0.5\times(\ln(x/3.92)/0.19)^2)}$；真菌/细菌与放牧率的比值，实线 $y=0.27-0.03x+0.002x^2$

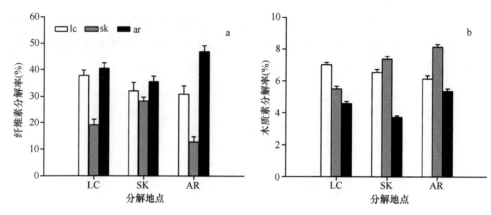

图 2-101 纤维素与木质素的分解率（Lu et al.，2017）
LC 表示羊草草地，lc 代表羊草凋落物；SK 表示针茅草地，sk 代表针茅凋落物；
AR 表示冷蒿草地，ar 代表冷蒿凋落物。下同

真菌在调控凋落物分解中具有十分重要的作用。利用同位素示踪方法，研究真菌在枯落物分解中的作用，结果显示，真菌整合了相对较多的 ^{13}C，从 1.57ng PLFA/g 土壤到 4.74ng PLFA/g 土壤。图 2-102a 显示了凋落物的类型与分解群落对真菌 ^{13}C 变化的显著影响（$P<0.01$）：在羊草群落添加标记后的羊草凋落物之后，即"本地分解"，真菌 PLFA-^{13}C 变化达 4.28ng/g 土壤。当凋落物在"异地分解"时，PLFA-^{13}C 的变化幅度降低，从 3.58ng/g 土壤到 3.70ng/g 土壤。同样地，当针茅和羊草在"本地分解"时，真菌 ^{13}C 的整合变化要高于"异地"13.5%～110.3%。

（4）草地生态系统 AMF 抑制措施能够提高 P 素利用效率

基于放牧或不干扰草地生态系统的实验证实，施加苯菌灵抑制丛枝菌根真菌（AMF），促进 P 素对群落生产力的提高作用，且在植物物种、功能群和群落三个层次水平上都得到了验证。但是过度放牧下抑制 AMF 对提高群落生产力的作用不明显。

AMF 调控提高草地生产力和群落生产力的时间稳定性。未施用苯菌灵时，磷肥添加对群落的地上生物量没有显著影响；在无磷肥添加时，施用苯菌灵对群落的地上生物量无显著影响；施用苯菌灵后，磷肥添加显著增加了群落的地上生物量。苯菌灵处理的群落地上生物量在 2.36g P$_2$O$_5$/(m^2·a)添加水平下达到最大值。因此，AMF 对群落地上生物量的影响取决于土壤磷水平。施用苯菌灵及其与磷肥的交互作用显著影响了群落生产力的时间稳定性（图 2-103）。在 0g P$_2$O$_5$/(m^2·a)添加水平下，施用苯菌灵对时间稳定性无显著影响；在较低磷肥添加水平下，未施用苯菌灵处理对时间稳定性的促进作用较小，在高磷肥添加水平下，未施用苯菌灵处理极大地增加了时间稳定性，37.82g P$_2$O$_5$/(m^2·a)添加水平下，未施用苯菌灵处理比施用苯菌灵处理的时间稳定性增加了 70%。

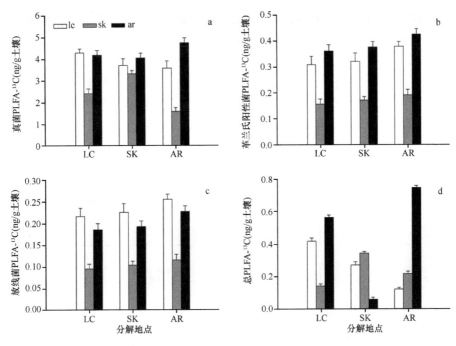

图 2-102 ¹³C 在各功能群微生物中的整合（Lu et al.，2017）

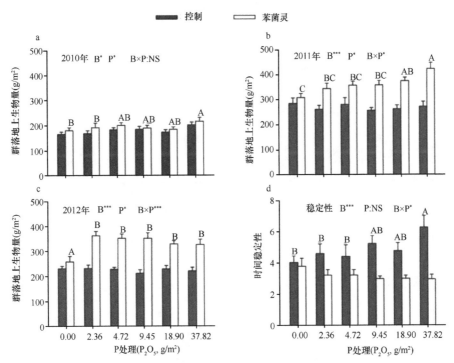

图 2-103 施用苯菌灵及其与磷肥的交互作用显著影响了群落生产力的时间稳定性

AMF 调控群落生产力的时间稳定性机理。研究表明，大于 $2.36g$ $P_2O_5/(m^2 \cdot a)$ 添加水平下，施用苯菌灵后 C_3 禾草和非固氮的杂类草均具有更高的生产力。植物种类（或功能群）间存在的显著负相关说明补偿效应的存在（图 2-104 和图 2-105）。另外，与 AMF 抑制处理相比，AMF 未受抑制的处理中植物种类（或功能群）间存在更多的显著负相关，AMF 有助于植物种类（或功能群）间形成补偿效应。特别是群落中优势种冷蒿和次优势种克氏针茅间、C_3 禾草和杂类草间存在补偿效应。

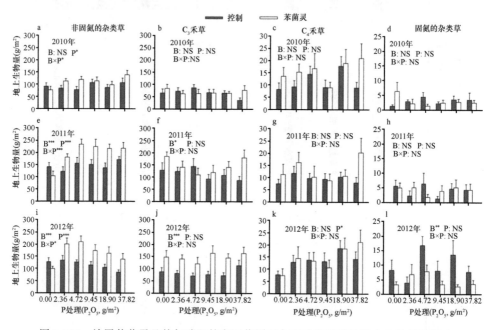

图 2-104　施用苯菌灵及其与磷肥的交互作用对主要功能群植物地上生物量的影响

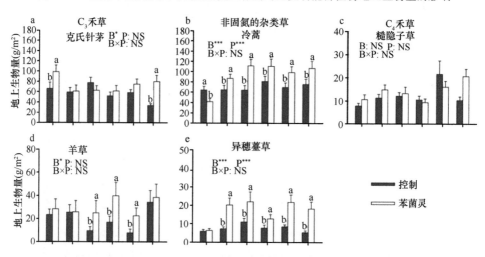

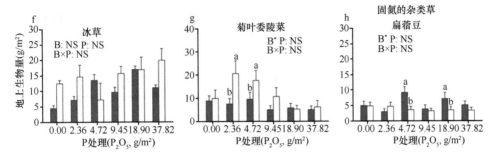

图 2-105　施用苯菌灵及其与磷肥的交互作用对主要植物地上生物量的影响

AMF 被抑制后，在较高的磷添加水平下，群落中丰度较大的物种间和功能群间缺乏补偿效应。因此，在较高的磷添加水平下，AMF 增加了系统稳定性。

（5）过度放牧减弱 AMF 对植被地上生物量的调控

AMF 抑制对植被地上生物量的影响因采食和践踏而发生明显变化。无放牧情况下，AMF 抑制可明显改变植被地上生物量，而过度放牧（采食、践踏、采食+践踏），AMF 抑制对植物群落地上生物量无明显影响（图 2-106）。

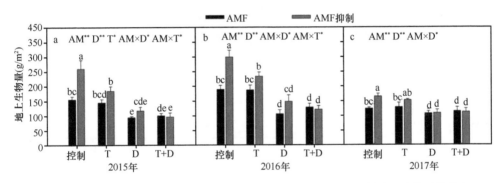

图 2-106　采食、践踏及其复合作用下 AMF 施加与抑制对草原植被地上生物量的效应

T 表示践踏，D 表示采食

3. 优化放牧可减少温室气体排放以提高草地生态生产功能

（1）优化放牧能够获得最高的经济/环境效益

放牧草地生态系统是大气中 CH_4 的来源，其强度受放牧强度的调节。在轻度放牧（DG）、中度放牧（MG）和重度放（HG）中，1g 的绵羊 CH_4 排放量分别为 0.21g C、0.32g C 和 0.37g C。DG 是推荐的放牧管理方式，可以同时实现牧草量更大、绵羊性能更高、CH_4 排放量更低。同时，与不放牧相比，适度放牧利用的草地甲烷吸收量较大。

适度放牧可优化土壤表层温度、水分进而促进 CH_4 的吸收。不同放牧梯度土壤年累积 CH_4 吸收通量差异显著，顺序为：MG > DG > HG > UG。年累积 CH_4

吸收通量变化范围是 $0.8 \sim 2.6$kg C/hm^2，中度放牧促进了土壤对 CH$_4$ 的吸收（表 2-27）。表层（$0 \sim 6$cm）土壤温度和水分与土壤 CH$_4$ 均存在极显著的抛物线关系（$P<0.01$，图 2-107），$10 \sim 15$℃是 CH$_4$ 吸收的最佳土壤温度。

表 2-27　全年、放牧季与非放牧季不同牧压下土壤吸收 CH$_4$ 量估算

时间	放牧管理	累积 CH$_4$ 量（kg C/hm^2）			非放牧季贡献率（%）
		全年	放牧季	非放牧季	
2012 年 10 月～ 2013 年 9 月	UG	-1.0 ± 0.1b	-1.0 ± 0.1b	-1.0 ± 0.1b	60 ± 7
	DG	NM	NM	NM	NM
	MG	-1.8 ± 0.2a	-1.1 ± 0.1a	-0.8 ± 0.1a	40 ± 9
	HG	-0.8 ± 0.0b	-0.4 ± 0.0b	-0.4 ± 0.0b	50 ± 6
2013 年 10 月～ 2014 年 9 月	UG	-1.2 ± 0.1c	-0.7 ± 0.1c	-0.5 ± 0.0b	42 ± 4
	DG	-2.4 ± 0.2	-1.4 ± 0.2a	-1.0 ± 0.0	42 ± 3
	MG	-2.6 ± 0.1a	-1.6 ± 0.1a	-1.0 ± 0.0a	38 ± 2
	HG	-1.5 ± 0.0b	-1.0 ± 0.0b	-0.5 ± 0.0b	33 ± 2

注：NM 表示没有数据

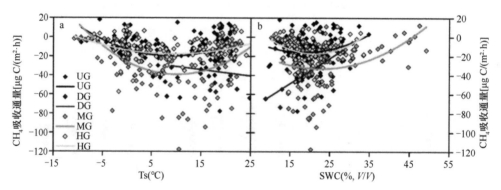

图 2-107　土壤吸收 CH$_4$ 量与土壤表层温度（Ts）及土壤含水量（SWC）的关系

放牧草地生态系统土壤-家畜年 CH$_4$ 通量平衡估算中轻度放牧最低。2012～2013 年 MG 和 HG 全年 CH$_4$ 通量平衡估算结果分别是（10.9 ± 2.0）kg C/(hm^2·a)、（14.6 ± 1.7）kg C/(hm^2·a)，2013～2014 年 DG、MG 和 HG 分别为（5.7 ± 0.6）kg C/(hm^2·a)、（12.2 ± 2.3）kg C/(hm^2·a)、（16.5 ± 2.0）kg C/(hm^2·a)。轻度放牧单位家畜增重下的系统 CH$_4$ 净排放量为 0.21kg C/(hm^2·a)，排放率最低（图 2-108 和图 2-109）。

（2）优化放牧增强净生态系统碳交换量（NEE）

研究区位于河北沽源草地生态系统国家野外科学观测研究站，对比分析不同放牧强度（重度放牧 HG、中度放牧 MG、未放牧 UG）下生长季碳通量的变化。结果表明：整个生长季草地 NEE 的大小顺序为中度放牧地>未放牧地>重度放牧地，差异显著（$P<0.05$）。NEE 最高值出现在中度放牧地 7 月与 8 月中上旬期间，

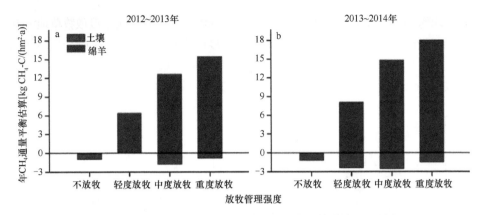

图 2-108　不同放牧强度下土壤吸收与家畜排放的 CH_4 量

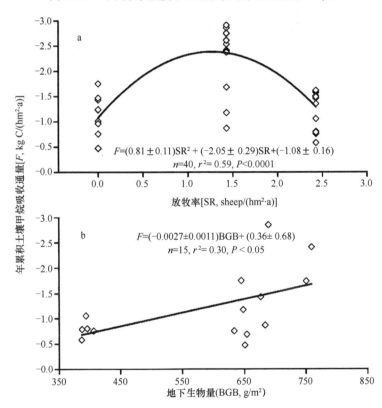

图 2-109　放牧率、地上生物量与全年土壤 CH_4 吸收通量

CO_2 瞬时交换量可达到 $9 \sim 10\mu mol$ $CO_2/(m^2 \cdot s)$。未放牧地生态系统呼吸（Re）最高，其次是中度放牧地，重度放牧地 Re 最低，并且达到了显著水平（$P<0.05$），未放牧地与中度放牧地 Re 在 7 月与 8 月都处于较高的水平，在 $5 \sim 6$ μmol $CO_2/(m^2 \cdot s)$，总体上看，围栏地生态系统呼吸略高于中度放牧地，显著高于重度放牧地。整个生长季

样地平均的 CO_2 总固定量（GCA）差异显著（$P<0.05$），其顺序为中度放牧草地>未放牧草地>重度放牧草地。总体上看，围栏地与中度放牧地土壤呼吸（Rs）略高于重度放牧地。从整个生长季看，未放牧地植被冠层呼吸（Rc）最高，其次是中度放牧地，重度放牧地 Rc 最低，并且达到了显著水平（$P<0.05$）（图 2-110）。

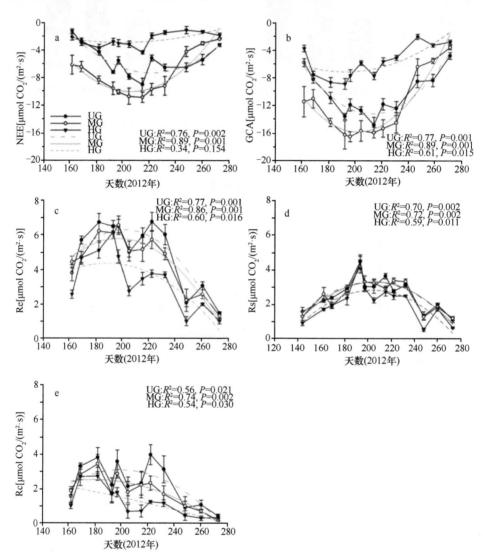

图 2-110 生长季内不放牧、中度放牧和重度放牧下 CO_2 通量的变化

（3）适度放牧利用的草地生态系统具有较低的土壤 CO_2 释放

在生长季，对比不放牧草地（UG）、中度放牧草地（MG）、刈割草地（PP）和农田用地（CL）的土壤 CO_2 排放量，不放牧和中度放牧草地较农田用地低，中

度放牧草地较不放牧和刈割草地低，在上述 4 个生态系统中，生长季土壤 CO_2 排放量对全年的贡献高达 94%～95%。并且研究发现土壤 CO_2 释放与土壤表层（0～6cm）温度和湿度呈非线性相关，中度放牧利用草地土壤 CO_2 排放量最低，与其对土壤相关性状的影响有一定关联（表 2-28 和图 2-111）。

表 2-28　不同土地利用方式下全年和时间阶段土壤呼吸量及其对生长季节的贡献率

土地使用类型 [a]	累积 Rs（kg C/m²）					生长季节贡献率（%）
	年度 [b]	I	II	III	IV	
UG	1.67（±0.22）	0.05	0.01	0.03	1.58（±0.054）	95
MG	1.57（±0.084）	0.04	0.007	0.03	1.49（±0.037）	95
PP	2.48（±0.058）	0.09	0.003	0.06	2.33（±0.036）	94
CL	1.87（±0.098）	0.06	0.004	0.05	1.76（±0.041）	94

a. UG：不放牧草地，MG：中度放牧草地，PP：刈割草地，CL：农田用地

b. 年度：2012.9.30 至 2013.9.29，Ⅰ：冬季冻融期（2012.9.30 至 2012.11.30），Ⅱ：冬季永久冻融期（2012.12.1 至 2013.2.28），Ⅲ：春季冻融期（2013.3.1 至 4.30），Ⅳ：生长期（2013.5.1 至 9.29）

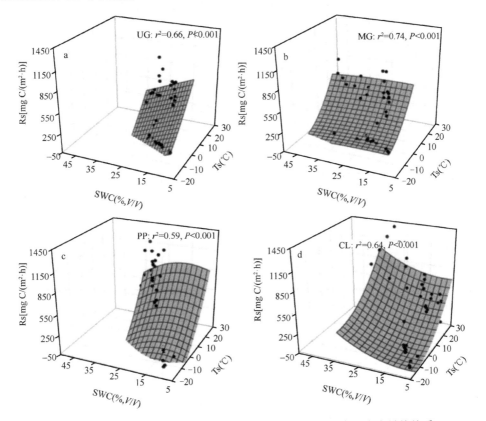

图 2-111　不同土地利用方式下土壤日均呼吸量与土壤温度和含水量的关系

UG，不放牧草地；MG，中度放牧草地；PP，刈割草地；CL，农田用地；Rs，土壤呼吸量；SWC，土壤含水量；Ts，土壤温度。下同

非生长季放牧因改变土壤呼吸速率的温度敏感性而形成随放牧强度增加而减小的规律。非生长季CO_2累积排放量随载畜率的增加而显著减小（$P<0.05$），UG、MG、HG处理土壤的CO_2累积排放量分别为（0.51±0.03）kg C/m^2、（0.38±0.03）kg C/m^2、（0.33±0.02）kg C/m^2。土壤温度是影响草地生态系统非生长季土壤呼吸的重要因子。与不放牧处理相比，过度放牧减弱了土壤呼吸速率的温度敏感性，而适度放牧却增强了土壤呼吸速率的温度敏感性（表2-29和图2-112）。

表2-29　不同放牧强度草地和不同利用方式土地非生长季土壤呼吸

时间 [a]	2012～2013年					2013～2014年				
	UG	MG	HG	PP	CL	UG	MG	HG	PP	CL
I	48±2	46±2	51±1	86±3	64±1	243±7	211±6	205±6	256±6	220±10
II	11±1	7±1	2±1	4±0	4±1	16±1	15±1	12±1	21±0	15±2
III	31±1	35±2	24±3	46±1	47±2	265±8	169±7	126±7	336±9	264±15
合计 [b]	90±4c	89±3c	77±4c	136±3a	116±4b	524±14b	394±12c	343±10d	612±14a	499±25b

a. I：秋季冻融期（9.30至11.30），II：冬季永久冻结期（12.1至2.28），III：春季冻融期（3.1至4.30），合计：I+II+III（非生长期）

b. 数据后面的不同字母分别表示2012～2013年和2013～2014年期间差异显著（$P<0.05$）

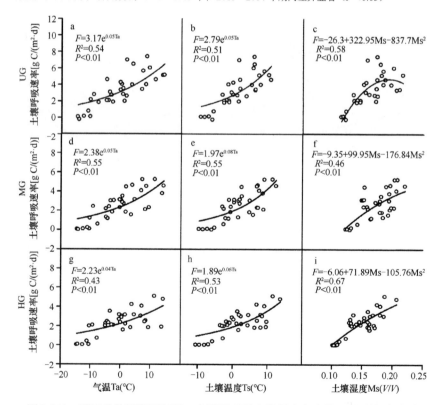

图2-112　不同放牧强度下气温、土壤温度及土壤湿度与土壤呼吸速率的关系

4. 放牧优化草地生态系统机理

利用分解放牧控制实验，解析放牧过程中啃食（M）、粪尿归还（DU）和践踏（T）的单因素及复合因素对放牧生态系统关键生态生产性能指标影响的过程与机理。研究主要结论为：①放牧啃食会直接影响植被，进而间接影响土壤 C 循环过程的相关参数；②粪尿归还和啃食复合作用对草地生态系统影响的程度最大；③适度践踏有利于增强放牧生态系统的稳定性。

放牧行为对生态系统的影响是单因子和复合因子共同作用的结果。放牧作用于草地的三种方式：啃食、粪尿归还和践踏，三者对草地土壤固 C 生物过程的各个环节的影响具体表现如下（表 2-30～表 2-32）。啃食作用：①降低地上植被、地下根系及凋落物的生物量，减少 C 向土壤的输送；②增加了根和凋落物的 N 含量，降低 C/N，促进其分解释放，但同时又降低了土壤呼吸，降低了 C 周转速率；③改变植物群落结构，增加植物多样性，潜在影响土壤 C 固持。粪尿归还：①提高地上植被、地下根系及凋落物生物量，增加 C 向土壤的潜在输送量；②提高土壤可利用 N 的同时，也提高了根和凋落物的含 N 量，降低了 C/N，促进其分解；

表 2-30　啃食、粪尿归还和践踏单因素及复合因素对植被影响的方差分析

影响	茎		根生物量	凋落物生物量	根			凋落物		
	生产力	生物量			C	N	C/N	C	N	C/N
受试者间										
DU	10.20**	11.71**	4.38*	0.99	0.65	0.76	2.03	0.01	11.34**	0.65
M	94.52***	665.07***	6.26*	62.85***	0.15	6.08*	4.00	0.07	9.44**	0.15
T	83.27***	86.03***	1.38	7.47*	0.12	1.39	0.35	0.02	0.06	0.12
DU×M	14.63**	17.72***	2.38	0.31	4.30*	3.55	11.02**	1.62	0.04	4.30*
DU×T	0.002	0.86	0.45	4.83*	2.56	2.82	0.00	0.00	0.18	2.56
M×T	14.27**	22.61***	0.54	3.29	2.08	0.62	3.87	0.52	0.87	2.08
DU×M×T	4.07	1.72	0.05	1.39	0.02	0.04	0.07	0.02	0.13	0.02
受试者内										
年（Y）	1.18	49.64***	1.95	10.21***						
Y×DU	5.77**	5.41**	2.61	0.46						
Y×M	47.79***	30.56***	1.61	15.05***						
Y×T	1.88	2.60	0.19	5.77**						
Y×DU×M	4.96*	6.54**	1.35	0.86						
Y×DU×T	5.51**	5.57**	0.66	2.46						
Y×M×T	1.99	2.19	0.15	11.49***						
Y×DU×M×T	3.08	4.76*	1.61	0.08						

注：处理方法为刈割（M）、添加粪尿（DU）和践踏（T）。受试者间效应 df=1,32，受试者内效应 df=2,64。*，$P<0.05$；**，$P<0.01$；***，$P<0.001$。下同

表 2-31　啃食、粪尿归还和践踏单因素及复合因素对土壤理化性质影响的方差分析

影响	NO₃⁻-N	NH₄⁺-N	MBC	MBN	土壤密度	土壤呼吸
受试者间						
DU	122.53***	1.62	5.18*	0.46	0.17	0.02
M	25.83***	0.02	2.07	0.44	0.32	10.43**
T	1.15	0.06	21.07***	14.16**	11.24**	3.43
DU×M	20.15***	0.01	0.72	2.40	2.30	0.62
DU×T	1.64	0.53	0.55	0.10	0.07	0.06
M×T	1.18	0.74	0.53	1.01	0.04	2.31
DU×M×T	0.60	1.03	0.03	0.32	3.10	0.00
受试者内						
年（Y）	36.53***	122.98***	244.38***	190.24***	6.71**	40.33***
Y×DU	27.62***	3.33*	0.29	1.00	4.07*	2.06
Y×M	9.59***	0.28	3.62	1.08	0.47	1.06
Y×T	0.63	0.23	30.05***	6.45**	3.53*	1.29
Y×DU×M	6.51**	0.40	0.78	1.26	0.71	0.30
Y×DU×T	0.95	0.49	0.47	0.06	0.85	0.85
Y×M×T	0.59	0.38	7.18**	3.47*	1.08	3.56*
Y×DU×M×T	0.51	0.16	0.08	0.98	0.91	0.68

表 2-32　啃食、粪尿归还和践踏单因素及复合因素对土壤微生物影响的方差分析

影响	细菌	革兰氏阳性菌	革兰氏阴性菌	真菌	丛枝菌根真菌	细菌/真菌
受试者间						
DU	2.62	0.70	11.59**	3.16	16.84***	28.65***
M	4.05	3.12	6.07*	11.39**	7.02*	11.37**
T	1.65	1.35	2.25	0.00	0.59	1.55
DU×M	0.00	0.01	0.07	0.12	0.21	2.43
DU×T	0.16	0.17	0.10	1.35	0.10	2.22
M×T	2.86	1.47	7.40*	4.71*	3.68	1.29
DU×M×T	0.02	0.04	0.00	0.35	1.27	0.89
受试者内						
年（Y）	12.01***	12.53***	11.00***	26.82***	10.57***	15.84***
Y×DU	0.46	0.47	1.13	1.34	3.07*	0.14
Y×M	4.96*	4.77*	4.62*	3.59*	5.62**	2.55
Y×T	0.68	0.77	0.45	0.24	0.96	0.10
Y×DU×M	0.67	0.70	0.62	0.71	0.34	0.03
Y×DU×T	0.11	0.08	0.46	1.16	0.68	1.23
Y×M×T	3.66*	2.90	4.94*	6.13**	4.53*	0.91
Y×DU×M×T	0.14	0.14	0.13	0.34	0.96	0.04

③地上植被的快速生长竞争了更多的养分，而降低了真菌和 AMF 的数量，同时养分添加又增加了土壤中细菌的数量，不利于土壤 C 固持。践踏作用：抑制地上植被生长的同时促进了地下根系的生长，使得更多的 C 和生物量分配到地下，促进凋落物进入土壤，潜在地增加了土壤 C 固持。三种作用机制单独作用与组合的效应也是不同的。家畜的采食与践踏的组合效应表现为：单独的践踏能够增加地表凋落物量和微生物量，而被采食之后的草地因地表覆盖的减少，反而导致凋落物量及微生物量比单独刈割的草地还低。家畜的采食与粪尿归还的组合效应表现为：显著降低土壤中真菌和 AMF 的数量，而增加细菌的数量，与单独作用的结果不同。

5. 适度放牧的标识、阈值界定及优化放牧调控技术

（1）适度放牧的标识和阈值

项目研究过程中，基于不同试验区和实验目标，关于适度放牧强度的分析结果基本一致。为此，以内蒙古锡林郭勒盟锡林浩特市朝克乌拉苏木试验区放牧生态系统草畜等指标的观测为基础，经筛选确定了适度放牧标识与阈值（表 2-33）。

表 2-33 典型草原适度放牧率

编号	结果出处	研究区域	适牧标识	指标阈值
1	*Eurasian Soil Science*《草地学报》	白音锡勒牧场约 150g/m²	放牧率	约 170SSU·d/(hm²·a)至约 255SSU·d/(hm²·a)
2	*Scientific Reports*	河北沽源约 250g/m²	放牧率利用率	约 340SSU·d/(hm²·a)约 30%
3	*Atmospheric Environment*	河北沽源约 25g/m²	放牧率	约 520SSU·d/(hm²·a)
4	《中国草地学报》	朝克乌拉苏木试验站约 120g/m²	放牧率	约 340SSU·d/(hm²·a)
5	锡林浩特市生态补奖政策草畜平衡标准	锡林浩特市地区	放牧率	约 200SSU·d/(hm²·a)

对植物和种群生物量、群落地上与地下生产力、家畜和草畜互作等相关指标进行综合分析（表 2-34），确立研究区草原适度放牧阈值为 170～340SSU·d/(hm²·a)。在上述适度放牧率范围内，生态系统主要指标的阈值分析见表 2-35。

表 2-34 放牧强度与草-畜生产性能指标最优值

指标	GI170	GI340	GI510	GI680
羊草高度	√	×	×	×
针茅高度	√	×	×	×
糙隐子草高度	√	×	×	×
黄囊苔草高度	√	×	×	×
羊草密度	√	×	×	×
糙隐子草密度	√	√	×	×

续表

指标	GI170	GI340	GI510	GI680
羊草生物量	√	×	×	×
针茅生物量	√	√	×	×
糙隐子草生物量	√	√	×	×
黄囊苔草生物量	√	√	√	×
群落生物量	√	×	×	×
牧草再生量	√	√	√	√
地上净生产力	√	√	×	×
补偿生长量	×	√	×	×
群落多样性	×	√	×	×
群落根现存量	√	√	×	×
群落根净生产力	√	×	×	√
单位家畜增重	√	×	×	×
单位面积草地承载家畜增重	×	√	×	×
草畜转化效率	×	√	√	×

注：√代表在此放牧强度下此指标达到最优/次优，×代表在此放牧强度下此指标未达到最优

表 2-35　适度放牧利用下生态系统主要指标阈值

指标	GI170 阈值	GI340 阈值
羊草高度	相对高度≥0.9	相对高度≥0.5
针茅高度	相对高度≥1.0	相对高度≥0.6
糙隐子草高度	相对高度≥0.7	相对高度≥0.5
黄囊苔草高度	相对高度≥0.7	相对高度≥0.6
羊草密度	相对密度≥1.0	相对密度≥0.5
糙隐子草密度	相对密度≥0.6	相对密度≥1.0
羊草生物量	相对生物量≥0.8	相对生物量≥0.4
针茅生物量	相对生物量≥0.6	相对生物量≥0.7
糙隐子草生物量	相对生物量≥0.5	相对生物量≥0.4
黄囊苔草生物量	相对生物量≥0.6	相对生物量≥0.6
群落生物量	相对生物量≥0.7	相对生物量≥0.5
牧草再生量	相对再生量≥1.0	相对再生量≥1.0
地上净生产力	相对净生产力≥1.0	相对净生产力≥0.8
补偿生长量	≥0	≥0
群落多样性	较 CK 提高	较 CK 提高
群落根现存量	相对现存量≥1.0	相对现存量≥1.0
群落根净生产力	相对净生产力≥1.0	相对净生产力≥0.9
单位家畜增重	≥18kg/SU	≥17kg/SU
单位面积草地承载家畜增重	30～65kg/hm^2	30～65kg/hm^2
草畜转化效率	≥10.0%	≥10.0%

（2）适度放牧调控技术方案

适度放牧调控技术方案如下。①适度放牧强度调控技术：依据研究结果，认

为在内蒙古典型草原区，优化调控草地放牧压全年应控制在 170～340SSU·d/(hm²·a)，在牧草生长旺盛季节 6～9 月，可以适度增加放牧压，冬季减少放牧压，春季返青时期休牧。②放牧时间调控技术：依据研究结果，6～10 月，连续中度放牧能够实现较好的生态生产效益。③轮牧调控技术：在有条件的地区，放牧压接近 340SSU·d/(hm²·a)时，可以采取 2～3 个区域轮牧管理方式，该方式可以从空间上充分利用牧草资源，同时，防止局部地区因过度采食造成退化。④草地利用率控制放牧调控技术：在牧草生长早期，控制放牧草地啃食留茬高度应在 6cm 以上，生长旺季控制牧草被采食率在 30%～60%。

二、人工干预快速提高草原生产力的技术途径

1. 植物调节剂可显著提高羊草种子萌发率与活力

（1）羊草种子萌发和活力

自然状况下羊草、针茅种子萌发率低，提高羊草、针茅种子萌发率与活力是为植物调节剂筛选提供试验材料的重要前提，同时可为野外规模化处理提供重要参考。

课题组在室内实验室分别开展了赤霉素处理和化学试剂处理提高羊草种子萌发率的研究工作。通过对比种子逐日萌发数和累积萌发率，赤霉素的最佳处理为 300mg/L 赤霉素浸种 24h（图 2-113a），化学试剂的最佳处理为 2% KNO₃ 浸种 48h（图 2-113b）。

对羊草种子萌发与活力数据进行对比分析（表 2-36），在化学试剂处理中，2% KNO₃ 浸泡处理 48h，羊草种子的发芽率为 54.43%，并且该处理发芽指数、发芽势、活力指数，比对照分别增加 80%、93% 和 104%。在化学试剂处理中，以 300mg/L

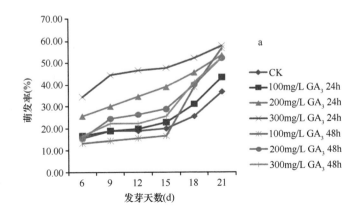

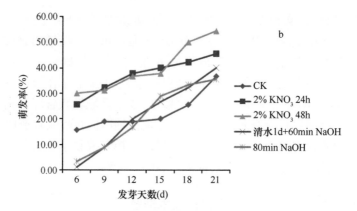

图 2-113 不同处理方式对羊草种子累积萌发率的影响

表 2-36 不同处理方式对羊草种子萌发与活力的影响

处理	发芽率（%）	发芽指数	发芽势（%）	活力指数
CK	36.67±0.01bcd	3.229±0.025bc	15.53±0.01bc	20.823±0.019bcd
2% KNO₃ 24h	45.57±0.02abcd	5.451±0.034abc	25.57±0.02ab	36.163±0.027abcd
2% KNO₃ 48h	54.43±0.03abc	5.820±0.034ab	30.00±0.02ab	42.402±0.029ab
100mg/L GA₃ 24h	43.37±0.01abcd	3.451±0.011bc	16.67±0.06bc	23.279±0.042bcd
200mg/L GA₃ 24h	53.33±0.01abc	5.438±0.026abc	25.57±0.02ab	41.307±0.034abc
300mg/L GA₃ 24h	57.80±0.02a	7.022±0.040a	34.43±0.02a	48.660±0.036a
100mg/L GA₃ 48h	56.67±0.03ab	3.328±0.022bc	13.3±0.01bc	17.633±0.097cd
200mg/L GA₃ 48h	52.20±0.02abc	4.166±0.032abc	15.57±0.02bc	23.727±0.022bcd
300mg/L GA₃ 48h	52.23±0.01abc	4.072±0.030bc	16.70±0.02bc	27.977±0.028abcd
清水 1d+60min NaOH	40.00±0.07abcd	2.494±0.011c	1.10±0.03c	21.948±0.099bcd
清水 1d	27.77±0.03d	3.258±0.030bc	16.67±0.01bc	18.798±0.012bcd
80min NaOH	35.57±0.07cd	2.521±0.059c	3.30±0.01c	13.797±0.037d
清水 2d	60.00±0.03a	5.642±0.048ab	21.13±0.02ab	40.849±0.040abc

GA₃ 处理 24h 的发芽率、发芽指数、发芽势、活力指数均达到最大值，与对照相比分别提高 58%、117%、122%、134%。羊草种子发芽率低可能是抑制剂与种皮限制双重作用的结果。

（2）针茅种子萌发与活力

各浓度赤霉素均可提高种子的发芽率（表 2-37）。对比数据分析，最优处理组为 300mg/L GA₃ 浸种 48h，发芽率达 45.70%，发芽势为 28.33%，发芽指数与 CK 相比差异显著（$P<0.05$），活力指数达 6.30，而其他浓度赤霉素处理组活力指数均在 2.0 左右。

表 2-37　赤霉素对克氏针茅种子萌发与活力的影响

处理	发芽率（%）	发芽势（%）	发芽指数	活力指数
CK	5.00±5.00d	0.00±0.00c	0.06±0.05e	0.28±0.07b
100mg/L GA$_3$ 处理 24h	10.00±5.00d	5.00±5.00bc	0.19±0.07de	1.13±0.17b
100mg/L GA$_3$ 处理 48h	15.00±2.88cd	11.67±7.63b	0.21±0.06de	1.41±0.08b
200mg/L GA$_3$ 处理 24h	21.67±2.88bc	13.33±2.88b	0.45±0.05bc	2.02±0.16b
200mg/L GA$_3$ 处理 48h	25.70±3.53a	10.00±5.00bc	0.51±0.12b	1.03±0.23b
300mg/L GA$_3$ 处理 24h	15.00±2.88cd	11.67±2.88b	0.32±0.09cd	2.39±0.13b
300mg/L GA$_3$ 处理 48h	45.70±3.53a	28.33±7.63a	0.94±0.03a	6.30±0.11a

对比不同处理下针茅种子萌发率（表 2-38），30% H_2O_2 浸种可显著提高种子的发芽率和发芽势（$P<0.05$），发芽率达 50.00%，发芽势达 25.00%，活力指数为 7.38，较赤霉素处理效果更好。其发芽指数（0.83）为同期试验组中最大，但与 300mg/L GA$_3$ 处理 48h 组相比，减少了 13.3%。综合上述，无机化合物处理克氏针茅种子的最佳方法为：30%过氧化氢浸种 20min。

表 2-38　化学无机物对克氏针茅种子萌发与活力的影响

处理	发芽率（%）	发芽势（%）	发芽指数	活力指数
CK	5.00±5.00b	0.00±0.00c	0.06±0.05c	0.28±0.07c
30% H_2O_2	50.00±5.74a	25.00±0.00a	0.83±0.12a	7.38±0.28a
2% KNO$_3$ 处理 24h	10.00±5.00b	3.33±2.88bc	0.21±0.09c	0.98±0.15bc
2% KNO$_3$ 处理 48h	5.00±4.66b	1.67±2.88bc	0.07±0.05c	0.24±0.14c
5g/L NaOH	11.67±3.53b	10.00±3.53bc	0.11±0.04c	0.64±0.04bc
10g/L NaOH	10.00±5.00b	5.00±5.00bc	0.20±0.03c	1.22±0.09bc
20g/L NaOH	8.33±5.74b	8.33±5.74bc	0.18±0.07c	1.03±0.08bc
10g/L CaCl$_2$	13.33±7.68b	11.67±5.74b	0.47±0.05b	1.62±0.08b
20g/L CaCl$_2$	1.67±2.87b	0.00±0.00c	0.02±0.04c	0.11±0.19c

本研究结果表明，克氏针茅种子发芽率低的原因很大程度是种皮的限制，但针茅种子为细长型，剥除种皮耗时费力，所以最佳处理方法为用 30%过氧化氢（H_2O_2）浸种 20min，10% NaClO 消毒 20min，蒸馏水洗 3～4 遍，洗去残留的 NaClO，然后将种子放入铺有 3 层滤纸且用蒸馏水浸湿的发芽床中进行萌发。发芽率可达 50.00%，发芽势可达 25.00%，而发芽指数可达 0.83，活力指数可达 7.38。

2. ALA 外源调控增强草原植物抗旱性并提高生产力

利用室内盆栽试验筛选适宜浓度的植物生长调节剂及处理方式，基于室内试验结果，在退化草原喷施优选植物调节剂，测量相关指标，研究外源生长调节剂对草原生产力的影响，提出通过植物调控提高草原生产力的主要技术方案。

（1）ALA 调节羊草植物抗旱性的机理

目前，关于羊草抗性的研究主要集中在生理生化方面，在转录组学方面的研究很少。团队在干旱胁迫及植物生长调节剂对羊草形态和生理影响的研究基础上，利用转录组测序技术分别比较分析羊草在干旱胁迫与对照之间及在氨基乙酰丙酸（5-aminolevulinic acid，ALA）处理后转录组水平的变化，试图解析羊草应答干旱胁迫以及 ALA 提高羊草抗旱性的分子调控机理。

为了解羊草对干旱胁迫响应的分子机制，研究比较分析了正常（C1）与干旱胁迫（G1）之间的差异表达基因[$Q<0.005$，|log$_2$（差异倍数）|>1]。结果以正常样品为对照，在干旱胁迫下共检测到 1373 个基因发生了显著差异表达，其中 733 个基因为显著下调表达，640 个基因为上调表达（图 2-114）。

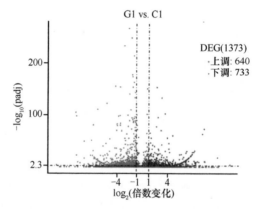

图 2-114　对照（C1）与干旱胁迫（G1）之间的差异表达基因火山图

横坐标. 基因在不同样本中表达倍数的变化；纵坐标. 基因表达量变化差异的统计学显著性；红点. 显著差异表达的上调基因；绿点. 显著差异表达的下调基因；蓝点. 无显著差异表达基因；DEG，差异表达基因。下同

为了解 ALA 提高羊草抗旱性的分子机制，本研究分析了干旱胁迫（G1）和干旱胁迫+ALA（50.0mg/L）之间的差异表达基因[$Q<0.005$，log2（差异倍数）|>1]。以干旱胁迫为对照，干旱胁迫+ALA（50.0mg/L）的样品中共检测到 1315 个基因发生了显著差异表达，其中 639 个基因表达下调，676 个基因表达上调（图 2-115）。

对干旱胁迫下 ALA 处理材料（G2）中表达上调的差异基因进行 GO 功能分析（以干旱胁迫 G1 为对照），以相关 P 值<0.05 为阈值进行显著性分析，发现有 18 条 GO 条目被显著富集（图 2-116 和表 2-39），其中 4 条被注释到生物学进程中，13 条被注释到分子功能中，1 条被注释到细胞组分中。对在干旱胁迫下与 ALA 处理密切相关的注释进行分析，其中注释在分子功能方面：75 个基因参与了氧化还原酶活性；9 个基因参与了单加氧氧化还原酶活性；13 个基因参与了抗

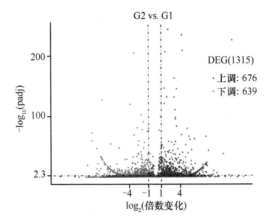

图 2-115　干旱胁迫（G1）与干旱胁迫+ALA（G2）之间的差异表达基因火山图

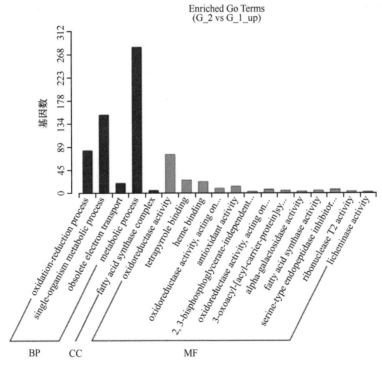

图 2-116　干旱胁迫+ALA（G2）上调差异基因 GO 富集图
BP、CC、MF 分别表示生物过程、细胞组分、分子功能

氧化剂活性；3 个基因参与了 2,3-二磷酸甘油酸变位酶活性；7 个基因参与了双加
氧氧化还原酶活性；25 个基因参与了四吡咯结合；5 个基因参与了脂肪酸合成酶

活性；22 个基因参与了血红素结合；7 个基因参与了丝氨酸型肽链内切酶抑制剂活性。注释在生物学进程方面：82 个基因参与了氧化还原过程；151 个基因参与了单生物体代谢过程；19 个基因参与了电子传递；286 个基因参与了代谢过程。注释在细胞组分方面：5 个基因参与了脂肪酸合成复合体。综合以上结果可以发现，干旱胁迫下 ALA 处理后与这些上调基因显著相关的 GO 富集条目可以大致分为几个方面。在干旱胁迫下显著下降的氧化还原活性、代谢过程等 GO 条目，在喷施 ALA 后也显著上调。糖酵解中重要的 2,3-二磷酸变位酶也由于喷施了 ALA 而表达显著上调，与细胞中各种膜成分密切相关的脂肪酸合成途径基因也显著上调了，电子传递 GO 条目显著上调。抗氧化活性方面：抗氧化活性的 GO 条目，参与的 13 个基因包括谷胱甘肽过氧化物酶（GSH-Px）、CAT、抗坏血酸过氧化物酶（APX）、POD 和 SOD 的基因。

表 2-39　干旱胁迫+ALA（G2）表达上调的差异基因的 GO 注释结果

GO_accession	Description	Term_type	Corrected_p Value
GO：0055114	氧化还原过程	BP	2.37E−07
GO：0044710	单生物代谢过程	BP	0.000 318 98
GO：0006118	过时的电子传递	BP	0.030 287
GO：0008152	代谢过程	BP	0.049 756
GO：0005835	脂肪酸合成酶复合物	CC	0.014 182
GO：0016491	氧化还原酶活性	MF	2.71E−05
GO：0046906	四吡咯结合	MF	0.000 255 62
GO：0020037	血红素结合	MF	0.001 275 4
GO：0016701	氧化还原酶活性，作用于单一供体与分子氧掺入	MF	0.007 533
GO：0016209	抗氧化活性	MF	0.008 696 4
GO：0046537	2,3-二磷酸甘油酸变位酶活性	MF	0.011 357
GO：0016702	氧化还原酶活性，作用于单个供体与分子氧合并，合并两个氧原子	MF	0.013 145
GO：0004315	3-氧酰基-[酰基-载体-蛋白]合酶活性	MF	0.013 145
GO：0004557	α-半乳糖苷酶活性	MF	0.013 145
GO：0004312	脂肪酸合成酶活性	MF	0.014 182
GO：0004867	丝氨酸型肽链内切酶抑制剂活性	MF	0.015 854
GO：0033897	核糖核酸酶 T2 活性	MF	0.018 625
GO：0042972	地衣酶活性	MF	0.019 296

注：GO_accession，GO 登记号；Description，描述；Term_type，条目类型；Corrected_p Value，相关 P 值

干旱胁迫下对 ALA 处理（G2）材料中上调表达的差异基因进行 KEGG 富集分析（以干旱胁迫 G1 为对照）。对干旱胁迫（G2）材料中上调表达的差异基因，以相关 P 值 <0.05 为阈值进行 KEGG 富集分析，得到了这些基因的代谢通路显著

富集结果（表 2-40 和图 2-117）。结果显示注释得到的代谢通路：光合作用
（photosynthesis）被显著富集，有 12 个差异表达基因发生显著富集；α-亚麻酸代
谢（α-linoleic acid metabolism）被显著富集，有 12 个差异表达基因发生显著富集；

表 2-40　干旱胁迫+ALA（G2）上调差异基因的 KEGG 富集结果

条目	ID	输入数	相关 P 值
光合作用	ko00195	12	4.45×10^{-8}
半乳糖代谢	ko00052	17	4.45×10^{-8}
α-亚麻酸代谢	ko00592	12	1.23×10^{-5}
亚麻酸代谢	ko00591	8	3.68×10^{-5}
光合天线蛋白	ko00196	6	0.000 221 007
油菜素内酯合成	ko00905	4	0.005 811 741
鞘糖脂生物合成	ko00603	3	0.005 847 281
维生素 B6 代谢	ko00750	3	0.021 969 521

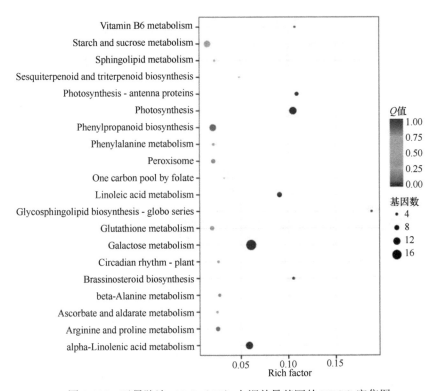

图 2-117　干旱胁迫+ALA（G2）上调差异基因的 KEGG 富集图

亚麻酸代谢（linoleic acid metabolism）被显著富集，有 8 个差异表达基因发生显著富集；光合天线蛋白（photosynthesis-antenna proteins）这条路径被显著富集，有 6 个差异表达基因发生显著富集；油菜素内酯合成（brassinosteroid biosynthesis），有 4 个差异表达基因发生显著富集；鞘糖脂生物合成（glycosphingolipid biosynthesis），有 3 个差异表达基因发生富集。

ALA 提高羊草抗旱性的分子机理。外源 ALA 因可以缓解多种非生物胁迫对植物产生的不利作用，已经在较多植物中应用。但在各种逆境胁迫下，ALA 对植物的调控分子机理还没有研究清楚。从总体上看，羊草在干旱条件下的代谢过程、氧化还原酶反映在干旱胁迫下表达显著下调的代谢途径中（图 2-118），在使用 ALA 处理以后较多基因表达显著上调，表明干旱胁迫影响这些基因的正常表达，进而引起生理和生长的受损，而外源 ALA 的处理可以大大缓解干旱胁迫对这些生理过程的伤害。

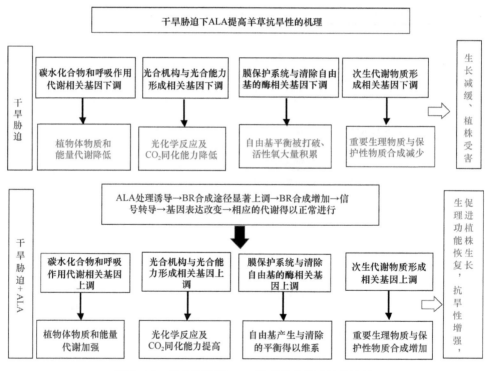

图 2-118　干旱胁迫下 ALA 提高羊草抗旱性的途径

与干旱胁迫下的对照样品相比，ALA 处理的样品中有氧呼吸代谢途径中的 2,3-二磷酸变位酶活性显著上调，同时电子传递链 GO 注释条目与氧化磷酸化中的重要成分 NADH-辅酶 Q 氧化还原酶（复合体 I）、F_0F_1 型 ATP 合酶（复合体 V）、辅酶 Q-细胞色素 C 氧化还原酶（复合体III）的表达也显著上调。这些基因表达的显著上调保证了羊草植株产生 ATP 和还原力，维持相对正常的呼吸作用，满足植物体内各个生理过程对能量的需求。

在干旱胁迫下，亚麻酸代谢基因的表达显著下调，而施用了 ALA 的样品亚麻酸代谢基因表达显著上调，此外脂肪酸合成及鞘糖脂生物合成的基因表达也显著上调。这些基因表达的显著上调可以减少干旱对膜结构的伤害，从而提高羊草抗旱性。

在干旱胁迫下，羊草中与光合相关的基因表达发生了显著下调，而同时喷施 ALA 的样品中 KEGG 代谢途径中光合作用以及光合天线蛋白代谢的基因表达显著上调，维持了干旱逆境条件下光合的正常进行。其中 PSII 是各种逆境伤害的关键部位，PSII 在光合作用过程中是非常重要的。PSII 的反应中心蛋白 D1 和 D2 分别是由 psbA 和 psbD 编码的。尤其是由 psbA 基因编码的 D1 蛋白，更是胁迫作用的靶位点。在逆境胁迫下 D1 蛋白的周转过程中，psbA 基因的表达具有决定性的作用。干旱胁迫下喷施 ALA 提高了羊草叶绿体 psbA 基因的表达，可以加速 D1 蛋白的合成，这在羊草的干旱耐受性上可能起着重要作用，使得受损的 D1 蛋白能够及时被新合成的 D1 蛋白取代，而且有助于 PSII 功能的修复。

比较 G1 与 G2 处理，在干旱胁迫下羊草的抗氧化酶 POD、APX 的表达显著下调，因而破坏了植物体内活性氧产生与清除的平衡，使超氧阴离子自由基、过氧化氢、羟自由基等活性氧（ROS）积累。而喷施 ALA 的样品在干旱条件下 GO 功能注释代谢通路中的抗氧化剂活性的表达显著上升，其中 GSH-Px、CAT、APX、POD 和 SOD 等重要的抗氧化酶的表达显著上调，这样使植物体干旱胁迫过程中过量产生的 ROS 得以清除，保护生物膜的完整性和稳定性，降低了细胞膜透性，增强了植株的抗旱能力。在生理研究中经过不同浓度的 ALA 处理后，POD、SOD、CAT、GR 和 APX 活性相对于干旱胁迫下都增加，丙二醛含量和叶片电导率下降，这与转录组测序中 ALA 显著提高抗氧化酶基因的表达的结果是相符合的。

转录组分析显示，羊草在干旱胁迫下所发生的众多生理指标的变化以及植物生长调节剂 ALA 提高羊草抗旱性的效应，与其转录组水平的基因表达改变有极大的关联。尤其值得注意的是，在本研究中 ALA 处理的上调基因的 KEGG 显著富集途径中包括了六大激素之一的油菜素内酯合成（brassinosteroid biosynthesis）途径。从这一结果推断 ALA 可能通过提高油菜素内酯（BR）合成途径的基因表达，增加羊草植株内的油菜素内酯含量，进而提高干旱胁迫下羊草的抗旱性。因为油菜素内酯作为植物重要的激素，可以增加植物对干旱等逆境的抵抗力，有人将其称为"逆境缓和激素"。在前述生理研究中，ALA 处理提高羊草抗旱性的作用与 BR 的效应非常相似，而 BR 在植物信号转导中起着重要作用，ALA 提高羊草抗旱性的效应是否可能通过对内源 BR 的作用而实现，值得深入研究。

（2）植物生长调节剂措施可有效解除植物矮小化并提高草原生产力

基于室内试验筛选植物生长调节剂适宜浓度及处理方式，在退化恢复样地开展野外控制试验，研究外源生长调节剂对草原生产力的影响。2016～2017 年连续两年用植物生长调节剂结合叶面营养（NPK）处理，在锡林浩特退化恢复试验平台进行调控植物生长试验。采用 6 因素 4 水平正交试验设计（表 2-41），25 个（处理）小区×3 重复=75 个小区，每小区面积 20m×20m=400m^2，保护行（隔离带）3m。试验从 6 月下旬开始，对自然条件下生长的样地进行不同种类和浓度的叶面营养及植物生长调节剂处理。一共处理 3 次，每次喷施后 7～10d 取样，然后进行下一次处理。同时采集样品，测定系列相关指标。

表 2-41　植物生长调节剂结合叶面营养处理表

编号	尿素（%）	磷酸二氢钾（%）	BR（mg/L）	6-BA（mg/L）	ALA（mg/L）	复硝酚钠（mg/L）+氯吡脲（mg/L）
1	1	0.5	0.02	5	10	10+0.5
2	2	1	0.2	25	50	50+2.5
3	3	2	2	50	100	100+5
4	0	0	0	0	0	0

研究结果表明，叶面营养和植物生长调节剂配合处理，极大地促进了植株的生长，株高和生物量均显著增加，多项生理指标也得到改善。各农艺和生理指标呈类似趋势。

从表 2-42 中可以看出，对羊草混合喷施 3%尿素、1% KH$_2$PO$_4$、0.2mg/L BR、5mg/L 6-BA、50mg/L ALA 及 10mg/L 复硝酚钠+0.5mg/L 氯吡脲（处理 15）促进生长效果最佳，其株高排第二，干鲜重均达到最大值；而对羊草混合喷施 2%尿素、2% KH$_2$PO$_4$、0.02mg/L BR、25mg/L 6-BA 及 50mg/L ALA（处理 8）也有很好的效果，其株高排第一，干鲜重仅次于处理 15。

表 2-42　各处理羊草农艺性状

处理	株高（cm）	鲜重（g/株）	干重（g/株）
1	42.56ab	3.124bcdef	1.868cdef
2	32.30c	1.629ijk	1.057gh
3	41.96ab	3.683ab	2.731abc
4	32.10c	1.500jk	1.035gh
5	41.53ab	1.848ghijk	1.220fgh
6	43.13ab	3.583abc	2.373abc
7	35.76bc	3.446abcd	2.371abc
8	45.16a	3.728ab	2.815ab
9	35.40bc	3.308bcde	2.363abc

续表

处理	株高（cm）	鲜重（g/株）	干重（g/株）
10	39.80abc	3.175bcdef	2.176bcd
11	39.03abc	2.941bcdef	2.129bcde
12	38.33abc	2.370efghij	1.631cdefgh
13	37.70abc	2.343efghij	1.548defgh
14	37.67abc	2.264fghijk	1.488defgh
15	44.96a	4.348a	3.098a
16	40.00abc	2.224fghijk	1.386efgh
17	31.97c	1.353k	1.002h
18	39.90abc	1.745ghijk	1.182fgh
19	37.50abc	1.693hijk	1.068gh
20	35.53bc	2.484defghi	1.923cdef
21	37.47abc	2.435efghij	1.909cdef
22	36.13bc	2.710cdefg	1.809cdefg
23	41.47ab	2.643cdefgh	1.799cdefg
24	41.47ab	2.619cdefgh	1.78cdefg
25	40.30abc	2.572defghi	1.733cdefgh

从表 2-43 中可以看出，对针茅混合喷施 2%尿素、2% KH_2PO_4、0.02mg/L BR、25mg/L 6-BA 及 50mg/L ALA（处理 8），促进生长效果最佳，其干鲜重均达到最大值，株高排名第二；而对针茅混合喷施 3%尿素、1% KH_2PO_4、0.2mg/L BR、5mg/L 6-BA、50mg/L ALA 及 10mg/L 复硝酚钠+0.5mg/L 氯吡脲（处理 15），也有很好的效果，其株高排第一，干鲜重仅次于处理 8。

退化恢复样地连续两年的试验表明，适当浓度的叶面营养和植物生长调节剂配合处理，可显著促进植株的生长，株高和生物量均显著增加，多项生理指标也得到改善。综合分析提出如下配方可供进一步试验及综合试验参考：3%尿素、1% KH_2PO_4、0.2mg/L BR、5mg/L 6-BA、50mg/L ALA 及 10mg/L 复硝酚钠+0.5 mg/L 氯吡脲（处理 15）；2%尿素、2% KH_2PO_4、0.02mg/L BR、25mg/L 6-BA 及 50mg/L ALA（处理 8）。

表 2-43　各处理针茅农艺性状

处理	株高（cm）	鲜重（g/株）	干重（g/株）
1	34.00ghi	1.423bc	1.128bc
2	33.83ghi	1.376bcd	0.984bcd
3	33.66ghi	1.369bcd	0.859cde
4	32.20hi	0.331g	0.236g

续表

处理	株高（cm）	鲜重（g/株）	干重（g/株）
5	50.83bc	0.588fg	0.588defg
6	50.13bcd	0.587fg	0.587defg
7	48.73bcde	1.317bcde	0.782cdef
8	54.93ab	2.555a	1.972a
9	48.00bcdef	1.065cdef	0.612defg
10	44.40bcdefg	0.959cdefg	0.61defg
11	42.77cdefgh	0.959cdefg	0.597defg
12	41.87cdefgh	0.909cdefg	0.557defg
13	41.63cdefgh	0.878cdefg	0.556defg
14	38.77defghi	0.799cdefg	0.553defg
15	64.06a	1.828b	1.329b
16	36.87fghi	0.501fg	0.313fg
17	29.47i	0.453fg	0.311fg
18	34.93ghi	0.653fg	0.482efg
19	34.90ghi	0.599fg	0.397efg
20	34.27ghi	0.596fg	0.382efg
21	36.27ghi	0.783cdefg	0.528defg
22	35.63ghi	0.773defg	0.516defg
23	34.93ghi	0.535fg	0.336fg
24	38.03efghi	0.721efg	0.507defg
25	37.57efghi	0.684efg	0.485efg

3. 土壤保育提高草原生产力的调控机理

（1）退化草地浅耕翻和深耕翻较自然恢复更有效

研究利用位于内蒙古锡林郭勒盟白音锡勒牧场，比较退化草地浅耕翻（SP）、深耕翻（HA）和自然恢复（NR）三种恢复措施下土壤 N、P 和 N/P 化学计量的变化。结果表明：①与放牧（GR）样地相比，不同恢复措施均增加了土壤的 N 含量、P 含量和 N/P 值，且三种措施 N/P 值基本没有变化；②内蒙古典型草原土壤 N 限制远高于 P 限制；③退化草地深耕翻和浅耕翻土壤 N 的限制明显高于自然恢复与放牧地（图 2-119，图 2-120）。

（2）添加无机肥可显著增加表层土壤养分

通过对试验区退化典型草原土壤理化性质及植被种群调查，研究显示样地土壤养分供应不平衡，特别是有效磷含量偏低，平均值低于 4mg/kg，而碱解氮及速效钾含量达到较高水平。草原植物以克氏针茅为主，约占 70%以上，羊草比例较低，不足 1%，且分布不均。

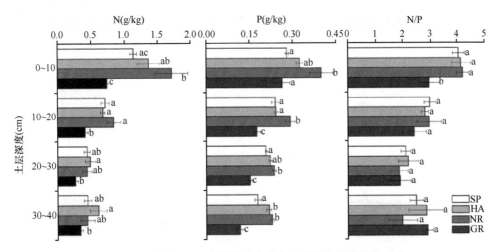

图 2-119　土壤 N、P 含量的垂直分布对不同恢复措施的响应

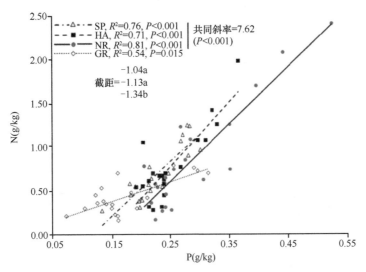

图 2-120　不同恢复措施下土壤 N、P 含量的关系

SP，浅耕翻；HA，深耕翻；NR，自然恢复；GR，放牧

　　课题组通过人工施肥，研究了施肥后土壤理化指标、植物产量及养分含量的变化规律，分析探讨了是否可以通过施肥快速提高草原生产力。3 年的施肥试验结果表明，施用无机磷肥可提高土壤有效磷含量，施用氮肥可提高土壤碱解氮含量，特别是表层 0～10cm 变化比 10～20cm 变化较为显著。而有机肥在提高土壤速效养分方面无显著效果。短期内，施肥无法提高土壤有机质含量及全氮、全磷含量。通过对土壤磷素组分分析发现（图 2-121），施肥后无机磷组分中有效性较高的 Ca_2-P、Ca_8-P、Al-P 和 Fe-P 含量迅速增加，之后下降，到第二年施肥时，基本降低至施肥前水平，而 Ca_{10}-P 和 O-P 含量持续增加，呈累

积现象。有机磷组分中活性有机磷变化剧烈，而高稳性有机磷呈缓慢增加趋势。

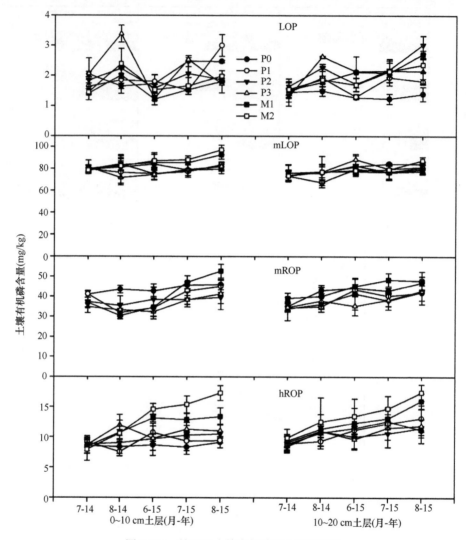

图 2-121　施肥后土壤有机磷组分变化趋势

LOP: 活性有机磷；mLOP: 中等活性有机磷；mROP: 中稳性有机磷；hROP: 高稳性有机磷；P0: 未施肥；
P1: 30kg P_2O_5/hm^2；P2: 60kg P_2O_5/hm^2；P3: 90kg P_2O_5/hm^2；M1: 8000kg/hm^2 羊粪；M2: 4000kg/hm^2 羊粪

对土壤磷素吸附与解析能力的分析发现，试验区土壤磷素吸附能力极显著高于解析能力，也间接解释了该土壤类型有效磷含量低的原因。此外，对土壤脲酶、酸性磷酸酶、中性磷酸酶及碱性磷酸酶活性的测定发现，施肥影响脲酶活性，特别是施入磷肥后脲酶活性整体下降，而酸性磷酸酶、中性磷酸酶和碱性磷酸酶活性无规律性变化。

（3）施肥改变土壤微生物的多样性

采用宏基因组测序法对部分施肥小区的土壤进行了微生物多样性分析。施肥在门分类学水平上产生显著差异的微生物物种有 14 个（图 2-122 和图 2-123）。其中，含量在 1% 以上的细菌的变化趋势为：施用磷肥后放线菌门（Actinobacteria）含量降低，施用氮肥后放线菌门含量增加；施用磷肥后酸杆菌门（Acidobacteria）含量增加，施用氮肥后酸杆菌门含量降低；施磷肥后变形菌门（Proteobacteria）细菌含量下降，施氮肥后变形菌门细菌含量增加；施用氮肥和磷肥后，厚壁菌门（Firmicutes）含量增加；施用磷肥后硝化螺旋菌门（Nitrospirae）含量下降，施用氮肥后硝化螺旋菌门含量增加。

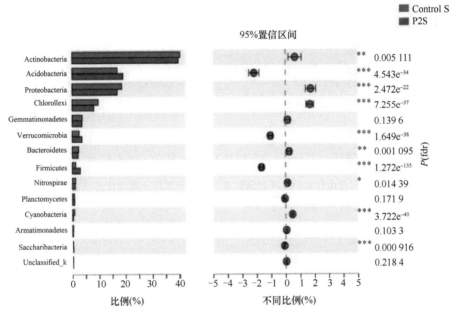

图 2-122　施用磷肥后微生物门水平变化

Control S，对照；P2S，施用磷肥。下同

综合分析认为，施肥后土壤质量得到一定程度改善，但考虑到磷素固定迅速，不建议一次性施入过多，在条件允许时，可分次施入。

（4）围栏封育显著增加土壤有机质和 N 素水平，对 P 素无作用

针对退化草原土壤磷素水平低的问题，课题组尝试验证是否可以通过围栏封育提高土壤磷素水平。相关试验设置在锡林浩特典型草原和草甸草原，分析围栏封育和自由放牧样地 3 种植物根际土壤磷素形态及丛枝菌根真菌的多样性。

与自由放牧（CG）样地比较，围栏封育（围封，UG）样地土壤有机碳、全氮、碱解氮含量整体得到提高，速效钾含量下降，有效磷、全钾和 pH 水平无显

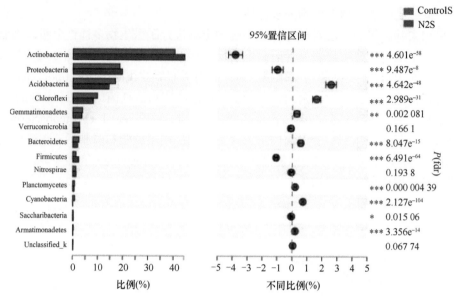

图 2-123　施用氮肥后微生物门水平变化

著变化（表 2-44）。草甸草原土壤养分含量整体高于典型草原。由此说明围栏封育对土壤恢复有显著效果，特别是对有机质和氮素水平，而对磷素无大的作用。

表 2-44　围封（UG）与自由放牧（CG）对草甸草原和典型草原土壤理化性状的影响（0～20cm）

草原类型		TOC (g/kg)	TN (g/kg)	TP (g/kg)	TK (g/kg)	AP (mg/kg)	AK (mg/kg)	AN (mg/kg)	pH
草甸草原	UG	34.50a	1.78a	0.32ab	17.11a	6.60a	197.21b	109.05a	8.47a
	CG	30.76b	1.44b	0.40a	16.90a	6.85a	229.76a	96.80b	8.30a
典型草原	UG	27.04c	1.44b	0.29b	17.90a	3.45b	93.50c	73.97c	8.33a
	CG	21.34d	1.00c	0.12c	18.59a	4.14b	114.34c	56.45d	7.93a
方差分析									
草原类型（T）		152.78^{***}	46.05^{***}	22.18^{**}	2.77^{ns}	15.72^{**}	264.61^{***}	411.54^{***}	2.09^{ns}
放牧管理（M）		47.69^{***}	46.05^{***}	1.36^{ns}	0.10^{ns}	0.39^{ns}	15.71^{**}	64.13^{***}	1.63^{ns}
T×M		2.05^{ns}	0.76^{ns}	15.20^{**}	0.37^{ns}	0.09^{ns}	0.76^{ns}	2.01^{ns}	0.36^{ns}

注：TOC，总有机碳；TN，全氮；TP，全磷；TK，全钾；AP，有效磷；AK，速效钾；AN，碱解氮。

因有效磷含量偏低，进一步对其进行了无机磷及有机磷组分分析（图 2-124）。结果发现，羊草、克氏针茅、糙隐子草根际土壤水溶性磷含量（WS-P）和 Al-P 含量，自由放牧地高于围栏封育地；Ca_2-P 和 Ca_8-P 含量，围栏封育后有部分下降或部分不变化；而其余组分整体无显著变化。围栏封育地较低的磷素水平，说明其较高的植物产量带走了更多的有效磷素。

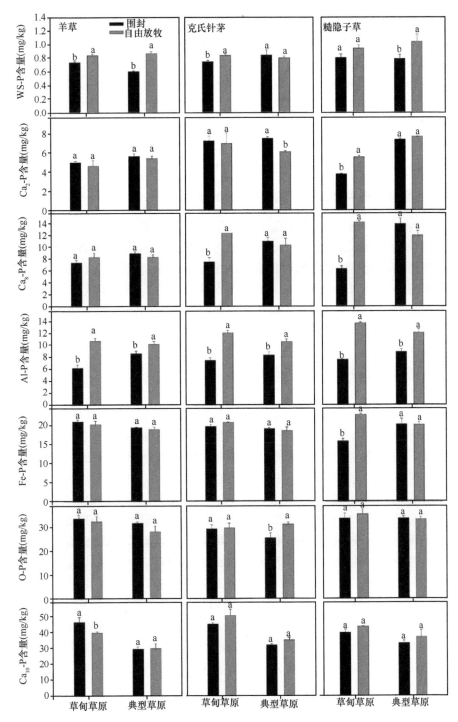

图 2-124 围栏封育对草甸草原和典型草原几种植物根际土壤无机磷组分的影响

（5）围栏封育提高了植物丛枝菌根真菌的根系侵染率

图 2-125 列出了样地所克隆出的丛枝菌根真菌种类及其与已知菌根真菌的关系。主要丛枝菌根真菌包括 *Glomus* sp.、*Glomus intraradices*、*Paraglomus occultum* 和 *Septoglomus viscosum*，但以 *Glomus* 属丛枝菌根真菌为主要种。围栏封育样地与自由放牧样地的丛枝菌根真菌种类不同，可能与样地土壤理化性质不同有关，相关分析表明，丛枝菌根真菌的多样性与土壤 pH、全氮、有机碳、全磷、Ca_{10}-P 及碱性磷酸酶活性呈正相关关系，说明草原土壤质量的改善将提高丛枝菌根真菌的多样性，有利于提高草原生态系统的生产力。

4. 综合调控技术提高退化草原生产力的技术验证

以干旱、半干旱区不同类型退化草原为研究对象，将传统意义上的放牧优化、土壤保育和植物调节 3 个单因素调控措施进行优化组合，充分发挥家畜对草原生态系统的维持功能，结合草原保育措施快速稳定提高草原生产力，以期实现退化草原的快速恢复和可持续利用。围绕课题任务书内容，项目团队于 2015～2017 年在锡林浩特典型草原开展了放牧优化、土壤保育和植物调节等调控技术优化组合的综合调控试验研究，优选出试验区有效的综合调控措施，形成退化草原快速恢复技术方案。

（1）综合调控措施对植被群落的影响

2015 年，水热条件较好，各项综合调控措施发挥的作用显著，与对照相比较，各项调控措施平均提高植被群落盖度 14%、密度 10% 及总地上现存量 160%。此外，调控措施平均增加物种数 20%。结果表明，综合调控措施不仅可提高草原植被生产力，而且还可提高退化草原物种多样性，达到了预期的目的。在 2016 年，气候相对干旱，与对照相比，调控措施下的植被群落的盖度略有增加，密度下降 10%，总地上现存量增加 9%，即使在相对干旱的条件下，综合调控措施也能增加植物生物量的积累。2017 年，气候非常干旱，与对照相比仅有个别处理组合能在盖度和密度方面有改善，产生积极效果，其他处理及指标均未达到有效效果。在综合调控措施中，植物调节剂促进了植株的生长，株高和生物量均显著增加，多项生理指标也得到了改善。植物调节剂的调控效应与其减少膜脂过氧化产物丙二醛含量，增加脯氨酸、可溶性蛋白、可溶性糖等渗透调节物质含量，提高光合效率，调节叶绿素荧光参数，促进抗氧化酶活性密切相关，因而有效地促进了植物生长，提高了生物产量。土壤养分添加后，土壤速效养分如碱解氮和有效磷等含量有增加趋势，土壤微生物种群发生改变，改善土壤养分供应能力，为植被生产力的提高奠定重要基础。

（2）综合调控对草原优势种、建群种的影响

对群落优势植物羊草和克氏针茅的分析表明（表 2-45 和表 2-46），各处理之

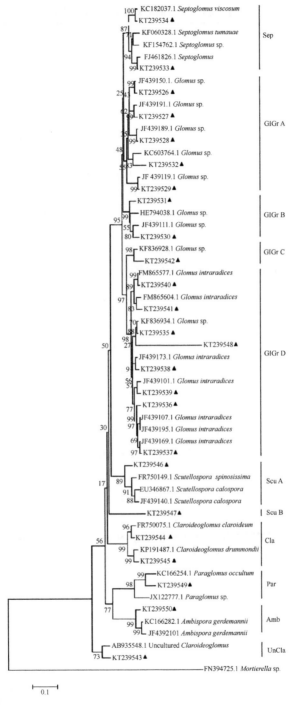

图 2-125 草甸草原和典型草原克隆鉴定的丛枝菌根真菌种类（▲）及其与已知菌种的亲缘
关系分析

表 2-45　综合调控对羊草种群的影响

处理	高度（cm）	株丛数（个/m²）	鲜重（g/m²）	干重（g/m²）
CK	29.04	27.13	22.74	14.65
1	22.56	21.07	8.36	5.16
2	19.34	9.53	8.24	4.42
3	23.90	34.53	18.21	10.52
4	22.82	22.87	12.43	6.74

表 2-46　综合调控对克氏针茅种群的影响

处理	高度（cm）	株丛数（个/m²）	鲜重（g/m²）	干重（g/m²）
CK	42.91	16.13	128.81	86.82
1	24.09	18.87	65.24	43.37
2	27.60	14.93	60.67	40.24
3	30.44	20.33	69.91	47.46
4	28.87	21.47	87.55	57.77

间差异不显著。从综合调控对羊草的作用效果来看，处理 3 对其高度、株丛数及地上现存量的作用效果最佳；对于克氏针茅而言，处理 3 对其高度的恢复效果最好，而处理 4 对克氏针茅的株丛数及地上现存量有促进效果。

在对羊草及克氏针茅的正交试验分析中发现，植物调节的作用效果最明显，排序为第一，而土壤保育与放牧优化措施对克氏针茅和羊草的影响作用不尽相同，土壤保育对羊草各项指标的作用效果大于放牧优化，而放牧优化在对克氏针茅的影响方面优于土壤保育。综合比较起来，N_3P_3+0.2mg/L BR+次优放牧的综合调控组合对羊草的作用效果最优；N_2P_2+50mg/L 复硝酚钠+2.5mg/L 氯吡脲+次优放牧的综合调控组合对克氏针茅的作用效果最优。

（3）调控措施优选

通过对试验调查数据的正交试验结果分析，根据各因素各水平所对应指标结果的平均值（k）的大小，可以确定各因素的最佳配比。植被调查指标包含群落盖度、物种组成、物种高度、物种密度、物种生物量、生产力及枯落物等系列指标。分析结果如下（表 2-47）。

通过对数据的极差分析，结果显示（表 2-47）群落盖度和高度受植物调节的影响明显，同时两者分别受植物最优和次优调控方案的影响，放牧优化是影响群落密度、鲜重、生物量的主要因素，土壤保育对枯落物的影响效果最显著。

考虑到割草模拟放牧转移了部分群落生物量，因此将转移走的鲜重与干重加入到调查数据中构成总鲜重和总干重。由表 2-48 可以看出，割草模拟放牧对总干重和总鲜重的影响最为明显，次要影响因子依次为植物调节和土壤保育。

表 2-47　试验结果极差分析表

试验号		试验因素			盖度	高度	密度	鲜重	枯落物	生物量
		植物调节	土壤保育	放牧优化						
1		1	1	1	32.20	9.45	10.22	111.65	9.83	61.62
2		1	2	2	34.13	9.63	19.01	131.13	15.02	79.59
3		2	1	2	32.80	9.98	14.71	134.34	12.78	81.80
4		2	2	1	30.07	10.10	14.63	116.06	14.64	76.46
盖度	k1	33.17	32.5	31.14						
	k2	31.44	32.1	33.47						
	R	1.73	0.40	2.33						
高度	k1	9.54	9.72	9.78						
	k2	10.04	9.87	9.81						
	R	0.50	0.15	0.03						
密度	k1	70.61	71.71	69.04						
	k2	79.13	78.03	80.70						
	R	8.53	6.32	11.66						
鲜重	k1	121.39	123.00	113.86						
	k2	125.20	123.60	132.75						
	R	3.81	0.60	18.89						
枯落物	k1	12.43	11.31	12.24						
	k2	13.71	14.83	13.90						
	R	1.26	3.53	1.67						
生物量	k1	70.61	71.71	69.04						
	k2	79.13	78.03	80.70						
	R	8.53	6.32	11.66						

注：试验因素中，1. 最优水平；2. 次优水平；k1. 最优水平的平均值；k2. 次优水平的平均值；R. ｜k1–k2｜。下同

表 2-48　试验结果极差分析表

试验号		试验因素			总鲜重	总干重
		植物调节	土壤保育	放牧优化		
1		1	1	1	128.99	76.31
2		1	2	2	147.98	145.38
3		2	1	2	151.13	149.28
4		2	2	1	138.25	133.17
总鲜重	k1	138.49	140.06	133.62		
	k2	144.69	143.16	149.56		
	R	6.21	3.06	15.94		
总干重	k1	110.85	112.80	104.74		
	k2	141.23	139.28	147.33		
	R	30.38	26.48	42.59		

综合以上各调查要素的极差分析结果，汇总分析发现（表 2-49），割草模拟放牧是影响调查数据的第一因素，其中 k2 水平为最优，其次是植物调节作用的效果明显，其中 k2 水平最明显，土壤保育对调查数据的影响作用位于第三位，相对有效的调控措施是 k2 水平。综合调控各项措施对植被群落调查的结果显示，群落盖度和高度受植物调节的影响明显，同时两者分别受植物最优和次优调控方案的影响，放牧优化是影响群落密度、鲜重、生物量的主要因素，土壤保育对枯落物的影响效果最显著。综上所述，目前数据分析显示，综合调控的最佳调控措施为（N_3P_3）150kg N/hm^2+90kg P_2O_5/hm^2+0.2mg/L BR+1 羊单位/2.5 亩。

表 2-49　影响因素排序情况

因素	盖度	高度	密度	鲜重	枯落物	生物量	总鲜重	总干重
植物调节	2-$k1$	1-$k2$	2-$k2$	2-$k2$	3-$k2$	2-$k2$	2-$k2$	2-$k2$
土壤保育	3-$k1$	2-$k2$	3-$k2$	3-$k2$	1-$k2$	3-$k2$	3-$k2$	3-$k2$
放牧优化	1-$k2$	3-$k2$	1-$k2$	1-$k2$	2-$k2$	1-$k2$	1-$k2$	1-$k2$

注：1、2、3 是根据三种因素的 R 值从大到小排序的结果，比较在同种因素下每种指标 $k1$ 与 $k2$ 的大小，即后边的 $k1$ 与 $k2$ 显示的是其中比较大的那个值

在锡林浩特典型草原开展的综合调控研究表明，草原恢复受到多方面因素的影响，不仅包括人工调控措施的影响，更受到自然环境因子的影响，其中水分因子是起到关键性作用的。在正常年份，综合调控措施可实现有效恢复草原的目的，综合调控各项措施与围封相比平均可以提高生产力 160%，植物群落盖度、密度方面均能有效改善。但在干旱年份，综合调控措施受水分的限制而效果不明显。

5. 提高草原生产力的均衡调控技术验证

在荒漠草原（苏尼特右旗）、典型草原（锡林浩特）、草甸草原（海拉尔）的代表性草原类型区域，开展了提高退化草原生产力的综合调控应用试验，重点在中度退化草原实施了放牧优化+植物调节+土壤保育的均衡调控技术的集成示范试验研究工作，对项目研究的草原恢复理论与综合调控技术进行验证和完善。

（1）荒漠草原

示范试验调查结果表明（表 2-50），在示范区由于牲畜持续采食（放牧时间 5～10 月），植被群落盖度、高度、密度、地上生物量都呈现减少趋势，特别是后三项呈显著性减少；在围封对照区，植被群落盖度、高度、地上生物量在 9 月最大，10 月最小。同期比较，在 7 月时，示范区与围封区在群落盖度、高度、密度及地上生物量等指标上相差不多，但是在进入到 9 月后，示范区植被群落的各项指标开始逐渐小于围封对照区，到 10 月时，两个试验区指标的差值达到最大，示范区植被群落盖度、高度、密度、地上生物量与其 7 月的调查数据相比分别减少了

49.65%、67.69%、69.85%、89.37%。10 月示范区在群落高度及盖度上显著小于围封对照区，数据表明虽然采取了恢复措施，但是放牧区还是无法达到围封恢复区的效果，因此，如果要兼顾放牧经济效益与草场生态效益，在进入 10 月时就应该尽早地将牲畜从草场移出。实施综合调控措施所产生的效果与围封对照区相比并没有显现出来，主要是因为放牧作用掩盖了调控的作用。

表 2-50　荒漠草原 2017 年示范试验植被调查

指标	示范区			围封对照区		
	7 月	9 月	10 月	7 月	9 月	10 月
群落盖度（%）	4.25±0.16b	2.63±0.25c	2.14±0.71c	4.13±0.13b	4.38±0.26a	2.57±0.17c
群落高度（cm）	4.58±0.28b	3.29±0.26c	1.48±0.15d	5.56±0.24a	6.03±0.49a	3.54±0.37b
群落密度（株/m²）	61.36±4.44a	40.63±4.77b	18.50±2.34c	49.88±5.92a	32.38±2.46b	29.36±5.11b
地上生物量（g/m²）	24.83±3.06a	21.36±3.78b	2.64±0.23d	24.41±2.60a	29.13±2.50a	20.5±1.52c

示范区采用的优化放牧梯度为 30 亩草场放 1 只标准羊，示范区面积为 480 亩，可放 16 只标准羊。如图 2-126 所示，自 5 月放牧开始至 10 月结束，平均每只羊增重 7.24kg，增重 17%，日增重 40.22g/只，增重最大值是在 9 月，增重 7.68kg/只，此时适宜牲畜出栏，因为进入到 10 月时，牲畜体重开始下降（图 2-126）。

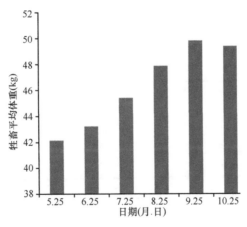

图 2-126　荒漠草原示范试验牲畜（羊）体重

在荒漠草原区不仅开展了示范区和围封对照区研究工作，同时还进行了施肥+激素、施肥+喷水、喷水、施肥等调控试验研究。如图 2-127 所示，群落盖度在 8 月及 9 月出现分异，施肥+喷水及喷水处理下植被盖度明显大于对照，施肥和喷水效果明显，表明水分添加可以增加植被群落盖度。在群落高度方面，施肥具有长期效应，在上一年处理后，第二年群落高度一直高于其他处理及对照；放牧+施肥

+激素处理中，群落高度明显低于其他处理及对照，说明放牧采食作的用效果要大于施肥+激素处理的调节效果；各项处理实施后短期效应明显，均可提高群落的高度。在株丛数方面，综合措施特别是放牧作用使得群落株丛数下降明显；施肥+激素处理株丛数在 8 月达到最大，之后减少明显；9 月时，各处理均高于对照。在地上生物量方面，生长季初期对照均高于其他处理，从 7 月开始，大部分处理逐渐高于对照；在实施恢复措施后的 8 月，综合调控处理的地上生物量出现最大值，到了 9 月，综合调控数值剧减，原因可能是干旱导致处理措施没有持续发挥效果，再叠加上放牧采食行为，导致生物量下降。8 月亦是多项处理效果的拐点，处理间的效果出现分化，除施肥+激素处理的地上生物量略低于对照，其余处理均高于对照。通过对以上数据的初步分析可以发现，恢复措施短期效应明显，其长期效应的发挥与否取决于当年的降水盈亏情况。接下来课题组将深入探讨退化草原不同调控措施发挥效果所占比重及其恢复机制。此外，实施调控措施后，草场恢复程度、放牧产生的经济效益以及调控措施的投入产出比究竟如何，还有待接下来结合放牧平台试验数据进一步深入研究。

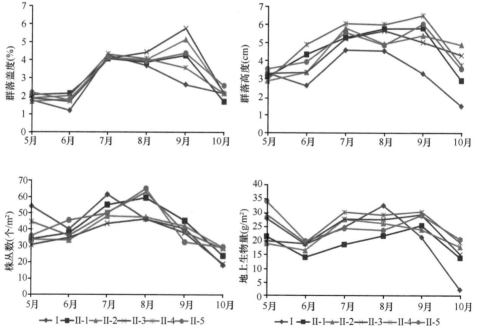

图 2-127　荒漠草原示范区及其他调控试验区植被调查动态

I 为放牧+施肥+激素，II-1 为施肥+激素，II-2 为施肥+喷水，II-3 为喷水，II-4 为施肥，II-5 为对照

将荒漠草原示范区与围栏外放牧区的调查结果进行比较，可以反映可采食草量增加情况，即增加效益，以放牧小区中度放牧植被数据为对照，分析羊增

重及可采食量的互作变化情况,以及示范区的草+畜经济效益大于重度放牧区草+畜经济效益。

(2)典型草原

示范试验植被调查结果显示,示范区与围封对照区差异不明显。植被调查数据显示,在实施处理前(7月)示范区的群落盖度、密度略高于围封对照区,但是群落高度及地上生物量显著低于围封对照区。在实施综合调控处理后的8月,示范区植被群落的各项指标均低于围封对照区,但是差异不显著。在围封对照区,8月植被调查的多项数据反而低于7月,特别是在群落盖度、高度及地上生物量方面,分别减少了2%、31%和55%,说明2017年异常干旱不仅对示范区植被产生了负面影响,同时对围封对照区植被群落也产生了消极作用(表2-51)。

表 2-51　典型草原示范试验植被调查

指标	示范区		围封对照区	
	7月	8月	7月	8月
群落盖度(%)	16.72±2.35a	11.5±0.95b	15.13±1.22ab	14.75±1.13ab
群落高度(cm)	10.97±1.09b	9.93±1.05b	15.48±1.01a	10.76±1.00b
群落密度(株/m²)	83.24±9.16a	61.86±5.15a	72.87±5.87a	75.36±8.02a
地上生物量(g/m²)	86.77±9.31b	51.43±14.36c	127.13±9.88a	56.88±4.92c

(3)草甸草原

示范试验植被调查结果显示(表2-52),示范区从6月到9月期间,植被群落高度呈现增加趋势,而枯落物逐渐减少,地上生物量只有在7月时有所下降,9月与6月相差不多,而在围封对照区,群落高度、密度、枯落物以及地上生物量从6月开始到9月结束,基本呈现增加的趋势,反映出当年围封效果比较明显。

表 2-52　草甸草原示范试验植被调查

	示范区			围封对照区		
	6月	7月	9月	6月	7月	9月
群落高度(cm)	7.34±0.50d	12.81±1.62c	15.53±0.81b	7.70±0.55d	19.07±1.44a	19.36±1.04a
群落密度(株/m²)	636.26±97.24b	1717.00±937.86a	773.11±21.28b	458.13±35.95b	976.8±191.15b	725.00±37.09b
枯落物(g/m²)	69.41±11.88a	21.05±8.24c	20.27±2.64c	21.08±1.97c	43.73±15.11b	24.05±6.54bc
地上生物量(g/m²)	246.25±47.64a	134.9±14.56b	226.37±8.61a	144.32±9.05b	200.67±20.48ab	248.15±15.61a

示范区采用的优化放牧梯度为150亩草场放8头育成牛。如图2-128所示,自6月放牧开始至9月底结束,平均每只牛增重189.13kg,增重了63%,日增重1.58kg/头。实施调控措施后,与围封对照区相比,退化草场得到一定恢复,牲畜(牛)增重明显,接下来将围绕调控措施的投入/产出情况进一步开展分析研究。

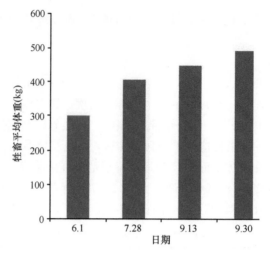

图 2-128　草甸草原示范试验牲畜（牛）体重

在荒漠草原区，由于本身气候比较干旱，在平水年调控措施可以发挥提高草原生产力的积极效果，可以达到兼顾放牧的经济效益和草场的生态效益的效果，但是前提条件是放牧时间不宜过长，在 10 月初或之前就应将牲畜从草场移出。而在典型草原，降水减少直接影响调控措施的恢复效果的发挥程度。在草甸草原区，土壤保育+植物调节+放牧优化组合的调控措施在保证牲畜体重有效增长的基础上，退化草原植被也得到相应的恢复。

第五节　总结和展望

草原是我国重要的陆地生态系统，占国土面积的 41.7%。由于长期过度放牧利用，90%以上的草原发生不同程度的退化，草原植物矮小化，生物多样性降低，生产力衰减，每年造成巨额的直接牧草损失和间接生态价值损失。所以，开展提高草原生产力的基础研究，破解草原生产力持续衰减的机制，探索提高草原生产力的理论与技术途径，是关系我国经济、社会和国家安全的重大科学命题。

本项目瞄准两个关键科学问题开展研究。一是，过度放牧下草原生产力衰减的关键机制。重点研究过度放牧如何通过家畜啃食、践踏等途径直接影响植物生长发育，通过改变土壤水分、养分等植物生长环境要素间接影响植物生长发育的过程和机制，以及植物在表型变化、生理响应、基因修饰及表达调控等方面的变化，形成植物以矮小化为主的适应过程和机制。二是，草原生产力提高的调控机制与途径。重点研究放牧优化机制，发挥适度放牧对植物超补偿生长及维持草原生态系统功能高效的作用；研究土壤养分和水分等要素的耦合效应，发挥松土、施肥等土壤保育措施促进植物生长的作用；研究植物生长调节剂促进植物生长和补播快速恢复植被的机制，发挥植物调节措施提高草原生产力的作用。

通过 5 年联合攻关研究，取得了三方面的主要创新进展。

一、揭示了草原植物对长期过度放牧响应的关键生态学过程

过去 30 年，北方草原群落生产力和草地植被叶面积指数呈下降趋势，其空间分布的过渡、异质性特征与草地放牧作用相关。草原植物的功能性状（重点是株高）主导草原生产力的变化。长期过度放牧改变典型草原植物种群的空间分布格局，羊草、大针茅、糙隐子草由泊松聚块分布格局转变为嵌套双聚块分布格局，分布格局的变化有助于增强植物种群的耐牧能力；短期重度放牧没有显著改变植物种群的空间分布格局，说明放牧对草原群落种群格局的影响具有时间依赖性。在长期过度放牧条件下，典型草原、草甸草原、高寒草甸等草原类型的植物均呈现矮小化现象。且不同植株性状对放牧干扰存在差异性响应，茎秆生物量、株高、茎长等为敏感性状，叶片数、叶宽等为惰性性状，茎秆性状具有更强的可塑性变化。放牧下植物生长受阻与避牧适应共同诱导了植物的矮小化现象。在温性典型草原和草甸草原群落中，利用叶长/叶宽（LLD）值的变化来标识植物矮小化，在干扰大的羊草群落中，叶长/叶宽值均小于 30。

二、揭示了长期过度放牧导致草原生产力衰减的土壤学和植物学机制

研究表明，长期过度放牧显著影响草原土壤理化性状，降低土壤中细粉土和黏粒含量，增加土壤容重和 pH，导致土壤劣质化，不利于土壤水分和养分的保持，影响植物的生长。放牧降低根际磷酸酶活性，磷获取能力强的物种有寸草苔，大针茅、羊草、冰草和糙隐子草的磷获取能力较弱，各物种磷获取策略的差异在一定程度上说明了过度放牧下草原植物演替的趋势性。放牧影响土壤硝化作用微生物，不同草原利用方式显著影响了 AOA 的丰度和群落多样性，AOA 是典型草原中硝化作用的主要参与者。

研究表明，草原植物通过生理生化响应构建了增强耐牧性、减弱生产能力的生长-防御权衡策略，并在分子水平通过调控三大关键代谢途径——光合作用、氮磷代谢和激素合成等，形成以植物自身调节为主导的植物矮小化与生产力衰减的避牧适应机制。

三、系统研究了放牧优化和人工干预快速恢复草原生产力的原理与技术途径

研究证实了适度放牧有利于提高草原生产力和草畜投入产出效益，与草地未利用方式相比，适度放牧有利于维持与提高生物多样性、群落稳定性和草畜转化

效率。研究揭示了适度放牧有利于提高草原碳蓄积能力和土壤肥力，可以提高植物-土壤碳储量和土壤有效 N 含量，凋落物分解具有明显的"主场效应"特征，而退化草地群落多样性的降低不利于群落内凋落物的分解；草原土壤 AMF 抑制能够提高 P 素利用效率，过度放牧则会减弱 AMF 对群落生物量的调控。优化放牧可减少温室气体排放，以获得最高的经济/环境效益。放牧影响草地生态系统生产和生态功能发挥的关键途径，放牧啃食直接影响植被，进而间接影响土壤 C 循环过程的相关参数；粪尿归还和啃食的复合作用对草地影响的程度最大；适度践踏有利于增强放牧系统的稳定性。研究提出了典型草原适度放牧的关键指示指标，并确定了其调控阈值。

研究系统阐明了退化草原土壤保育及植物调节等人工辅助措施恢复草原土壤和植被的过程与机理，研发了一系列草原生产力快速恢复和提高的技术，集成基于放牧优化、土壤保育和植物调节的综合调控模式与方法，验证了技术效果，形成了草原生产力调控的理论与技术体系，并为国家草原保护建设和畜牧业可持续发展提供了重大政策建议。

本项目紧扣国家和行业重大需求，围绕草原退化的机理、草原生产力的恢复和提升，研发了一系列重要的理论和技术方案，攻克了羊草、针茅等草原建群植物种子发芽率低的难题，发现了羊草植物外源激素 ALA 调节的原理与技术，探明了退化草原土壤和微生物的劣变情况以及通过施肥等措施保育土壤、提高土壤养分供给的技术，阐明了优化放牧维持和提高草原生态生产功能的理论，提出了天然草原适度放牧利用的标识和阈值，提出了一系列优化放牧技术、方法。这些研究成果可为当前我国草原保护、利用和监管提供有力支撑。在项目实施中，在草甸草原、典型草原和荒漠草原典型区开展退化草地修复技术模式的示范验证工作，取得了显著的生态和经济效益。

该项目研究为下一步继续深入开展我国北方草原生态保护与修复的理论和技术研究指明了重点领域及方向。未来草原基础研究应重点加强草原重要植物基础生物学、草原植物特有耐逆基因的挖掘与利用、放牧利用和气候变化背景下草原植物适应与微进化机制、草原植物-微生物-家畜跨营养级互作机制等方面的研究，这将对进一步推动我国草原恢复生态学、保护生物学等相关学科的发展，保障国家生态安全、食物安全起到越来越重要的科技支撑作用。由于北方草原面积大、类型复杂、自然条件恶劣、易退化难修复，因此，应加大力度实施退化草原治理，适度通过组合式的人为干预，达到加快退化草原修复进程的效果。基于对草原退化状态的精准标识判定，提出弹性精准草畜平衡管理的新理念和新方向。

第三章　放牧对草原土壤关键要素的影响[*]

第一节　概　　述

一、放牧对草原土壤影响的已有研究概况

土壤微环境是草原植物生长、生产力形成的重要影响因子（Benner and Vitousek，2007；Ordoñez et al.，2009），影响土壤状况是过度放牧导致生产力衰减的一个关键作用途径。学术界已有很多对放牧下草原土壤物理结构（容重、渗透能力等）、土壤理化性质（有机质、营养元素、含水量等）及土壤微生物（数量、种类、酶活性）的变化的报道（侯向阳和徐海红，2011），但尚无简单和一致的结论（Venterink and Güsewell，2010）。很多研究发现，过度放牧利用使系统输出物质显著增加，导致草原植物养分亏缺。也有研究认为，随牧压增大，土壤 N、P 等矿质养分含量未明显减少，退化草原土壤存在 N 冗余，这是其在自然状态撤掉牧压后能尽快恢复的动力之一（王炜等，2000a、b）。

整体而言，关于放牧对草原土壤影响的研究存在争论，甚至有些研究存在认识的偏差，原因主要为：①已报道的放牧试验的研究区域不同，缺乏不同空间尺度下的整合分析；②不同研究往往具有不同的放牧史及放牧方式，已有研究未充分将这些因素纳入到分析模型之中进行综合研究；③已有研究仅着眼于放牧处理下土壤性质变化的现象，而未从根际生态系统过程、元素吸收转化利用等方面探寻土壤性质变化的原因与过程。该领域需要进一步深入研究的问题主要包括：①家畜放牧系统土-草-畜界面土壤持水能力、水分运移与利用效率等水分过程研究；②土-草-畜界面磷素与氮素根际分泌物的活化、转化运移过程的规律与机理。因而，阐明放牧对草原土壤关键要素的影响过程，明确过度放牧下土壤关键要素劣变程度、互作效应及其对草原生产力的影响，建立退化草原土壤诊断标识与方法，为揭示过度放牧下草原生产力衰减机制，形成适度放牧、土壤保育和植物调节提高草原生产力的综合调控的理论与技术体系显得尤为迫切，为实现天然草原生产力提高，恢复、加快草原保护与可持续利用的目标提供理论基础。

二、放牧对草原土壤影响的研究重点

在土壤理化性状、水分方面，研究放牧对典型草原土壤粒径结构、土壤含水

＊ 本章作者：李勇、李隆、赵小蓉、纪磊、秦艳、于瑞鹏、潘红、李江叶、陈昊、陈雪娇、邸洪杰

量、土壤酸碱度、土壤碳氮磷等养分的影响及其变化规律。

解析不同草原利用方式下土壤有机质组分和化学结构的变异规律，探讨割草对土壤有机质矿化的影响。比较不同草原利用方式对土壤硝化、反硝化微生物的影响，阐明不同放牧强度对土壤硝化活性的影响及其微生物机理。从土壤有机质组分和化学结构、土壤硝化活性、微生物多样性及氮循环微生物功能角度，研究放牧强度对土壤养分循环与净初级生产力的影响机理。

研究放牧对土壤磷影响的程度及机理，明确水-磷互作对草原生产力的影响及其作用机制。采用 ^{33}P 同位素稀释技术研究有机磷矿化及微生物量磷周转，研究放牧强度、春季补水、围封适当年限等对微生物量磷、土壤微生物群落组成和活性的影响，阐明磷素在放牧导致牧草矮小化过程中的关键作用。

在植物生长与磷生态过程方面，量化不同放牧措施与环境因子对植物和土壤N/P 的影响，解析放牧后群落演替与物种根系磷获取能力及土壤磷素变化间的关系。应用整合分析的方法量化放牧对植物生长限制性养分及土壤养分释放的影响。同时，比较放牧条件下典型草原优势物种根系磷获取能力的差异，阐明低磷土壤环境下放牧造成群落演替的地下部机制。为揭示过度放牧下草原生产力的衰减机制，形成适度放牧、土壤保育和植物调节提高草原生产力的综合调控的理论和技术体系，提供技术和理论支撑。

第二节　放牧利用对草原土壤理化性状、水分的影响

一、放牧利用下草原土壤养分变化

以内蒙古锡林郭勒盟典型草原（中国农业科学院草原研究所锡林郭勒典型草原试验示范基地放牧强度试验平台、中国科学院白音锡勒牧场放牧试验平台以及1983 年、1996 年围封和自由放牧、割草实验平台）为研究对象，探究放牧对草原土壤关键要素的影响。

研究不同放牧-封育时期土壤理化性状的累积效应（表 3-1、表 3-2 和表 2-35），发现放牧导致土壤容重大幅度增加，pH 也有增加趋势；短期（2 年）放牧降低了土壤有机碳、pH 和地上生物量；中期（>10 年）放牧降低了土壤有机碳（OC）、

表 3-1　不同围封年限及自由放牧样地土壤基本理化性状

处理	容重 （g/cm³）	pH	有机质 （g/kg）	全氮 （g/kg）	速效磷 （g/kg）	速效钾 （g/kg）
E83	1.20c	7.19a	30.16a	1.57a	2.93a	214.71a
E96	1.36b	7.28a	29.23a	1.61a	2.83a	220.07a
FG	1.51a	7.29a	22.46b	1.16b	2.49a	254.05a

注：同列不同字母表示不同处理间差异显著（$P<0.05$），下同

表 3-2　不同放牧梯度下土壤元素含量（mg/kg）

元素	CK	GI170	GI340	GI510	GI680
K	2396.35	2200.43	2310.54	2246.54	2334.01
Na	789.44	729.73	724.44	707.95	573.99
Ca	379.23	367.33	237.52	292.83	225.06
Fe	165.34	153.75	152.79	141.33	139.43
Mn	2.79	2.83	2.44	2.30	2.85
Cu	1.32	1.30	1.31	1.30	1.31
Mg	50.06	44.90	41.17	40.32	34.02
Zn	1.16	1.68	0.65	0.86	2.97
Mo	0.00	0.00	0.00	0.00	0.00
Ni	0.32	0.24	0.31	0.29	0.24
Co	0.07	0.08	0.12	0.11	0.08
Sr	1.88	1.78	1.42	1.57	1.37
As	0.49	0.50	0.48	0.25	0.78
Hg	0.01	0.01	0.01	0.02	0.03
Pb	0.06	0.04	0.12	0.14	0.14
Cr	0.39	0.34	0.35	0.36	0.19
Cd	1.28	1.26	1.30	1.30	1.18
Al	1452.79	1357.51	1403.42	1346.69	1033.67

总氮（TN）、NO_3^-、植物物种多样性（SR）、地上生物量（BM）；放牧降低了速效磷（AP）和 pH；而长期放牧下（>30 年），除了 NH_4^+-N，放牧对植物群落组成和土壤理化因子均有负面影响。

　　研究过度放牧和围封条件下草原土壤中全氮、全磷、速效氮和速效磷的含量的变化（图 3-1）。由图 3-1a 可以得知，过度放牧条件下土壤全氮的含量为 0.86g/kg，显著低于围封条件下的 1.67g/kg。图 3-1b 表明，围封和过度放牧条件下土壤全磷的含量分别为 0.14g/kg 和 0.10g/kg，过度放牧条件下土壤全磷的含量显著低于围封条件下的。图 3-1c 显示过度放牧条件下土壤速效氮的含量显著低于围封条件下的，其含量分别为 35.18mg/kg 和 53.20mg/kg。通过图 3-1d 可以得知，过度放牧条件下土壤速效磷的含量为 3.35mg/kg，围封条件下土壤速效磷的含量为 1.56mg/kg，过度放牧条件下土壤速效磷的含量显著高于围封条件下的。

　　过度放牧降低了土壤全氮、全磷和速效氮的含量，并导致土壤速效磷的含量增加。过度放牧造成土壤中氮、磷元素大量流失，使得土壤对植物可利用氮素的供应降低，而可利用磷的供应增加。

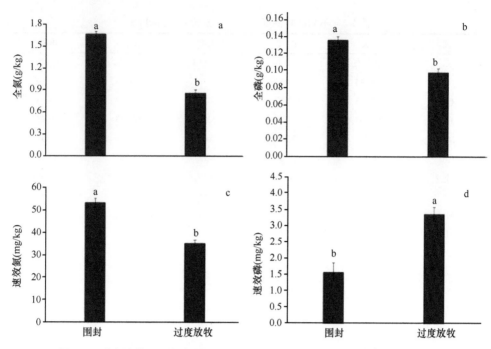

图 3-1　过度放牧和围封条件下土壤全氮、全磷、速效氮、速效磷含量变化

不同字母表示处理间差异显著（$P<0.05$），下同

二、放牧利用下草原土壤物理性状、水分变化

1. 放牧利用对草原土壤物理性状的影响

退化恢复条件下土壤粒径的分布特征见图 2-33 和图 3-2。在退化恢复试验研究区，1983 年、1997 年围封区土壤粒径分布在<0.002mm、0.002～0.0063mm、0.0063～0.02mm、0.02～0.063mm、0.063～1mm 等区间，其中<0.002mm 的黏粒含量最低，变幅小，而粒径为 0.063～1mm 的沙土含量高，变幅大。

自由放牧处理下土壤颗粒同样以沙土含量最高，粗砂（0.15～1mm）含量达41.77%～43.36%，细砂（0.063～0.15mm）含量达 38.33%～43.36%。深层土壤粉土、黏粒含量低于浅层土壤。自由放牧处理下中粉土（0.0063～0.02mm）、细粉土（0.002～0.0063mm）、黏粒（<0.002mm）的含量分别为 2.10%～3.54%、1.24%～1.75%、1.03%～1.54%，而 1983 年围封区土壤粒径中粉土、细粉土、黏粒的含量分别为 2.24%～4.40%、1.90%～2.99%、1.72%～2.85%，1996 年围封区土壤粒径中粉土、细粉土、黏粒的含量分别为 2.12%～4.10%、1.93%～3.12%、1.82%～2.96%，因此与自由放牧相比，围封区土壤中细粉土、黏粒含量较高，有助于蓄水保肥（图 3-3）。

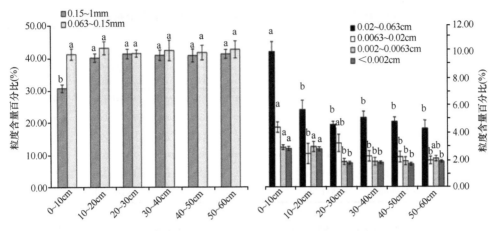

图 3-2　禁牧围封 16 年土壤 0～60cm 粒径分布百分比

同一粒径下不同字母表示处理间差异显著（P<0.05），下同

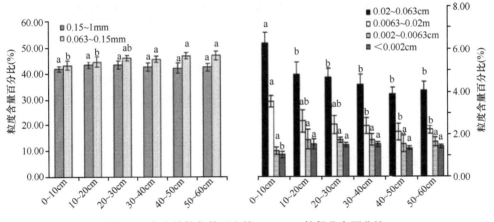

图 3-3　自由放牧条件下土壤 0～60cm 粒径分布百分比

2. 割草处理下土壤粒径的分布特征

由表 3-3 所示，在割草两年休一年（三年割两次）处理下，土壤各土层以细砂含量最高，达 49.70%～58.25%，其次为粗粉土，其含量达 25.46%～31.25%，黏粒含量最低，为 1.38%～1.66%。随着土层深度的增加，砂粒含量呈升高趋势，粉土含量呈降低趋势。土层 30～40cm、40～50cm、50～60cm 细粉土含量显著低于土层 0～10cm（P<0.05）。

对割草一年休一年（两年割一次）处理下的土壤粒径进行描述性统计，研究区域内表层及较深层土壤均以砂粒为主，其中粗砂占 23.50%～30.17%，细砂占 49.50%～56.64%，黏粒含量最低，仅为 1.33%～1.93%。深土层粗砂、细砂含量高于浅土层含量，如土层 50～60cm 细砂含量较浅土层 0～10cm 升高 10.32%。随着

表 3-3 割草（三年割两次）条件下土壤 0～60cm 粒径分布百分比

土壤深度（cm）	粒径含量百分比（%）					
	粗砂（0.15～1mm）	细砂（0.063～0.15mm）	粗粉土（0.02～0.063mm）	中粉土（0.0063～0.02mm）	细粉土（0.002～0.0063mm）	黏粒（<0.002mm）
0～10	25.46±1.45b	49.70±1.18b	7.73±1.68a	3.80±0.57a	1.93±0.12a	1.43±0.06a
10～20	25.50±1.12ab	54.00±2.34ab	6.13±0.44a	3.38±0.26ab	2.13±0.06a	1.66±0.02ab
20～30	28.50±1.32a	54.50±1.56ab	5.25±0.27ab	2.85±0.27b	1.98±0.14ab	1.38±0.09c
30～40	28.25±1.86a	57.00±1.04a	4.28±0.38b	2.53±0.28b	1.80±0.03b	1.50±0.04b
40～50	31.25±2.50a	57.00±1.05a	5.08±0.13ab	2.68±0.86b	1.88±0.33b	1.55±0.02b
50～60	25.50±1.40b	58.25±1.14a	4.50±0.98b	2.43±0.49b	1.83±0.25 b	1.58±0.01b

土层深度的增加，粉土呈降低趋势，如深土层 50～60cm 的粗粉土、中粉土、细粉土含量较浅土层 0～10cm 分别降低 38.67%、49.53%、33.47%。（表 3-4）。

表 3-4 割草（两年割一次）条件下土壤 0～60cm 粒径分布百分比

土壤深度（cm）	粒径含量百分比（%）					
	粗砂（0.15～1mm）	细砂（0.063～0.15mm）	粗粉土（0.02～0.063mm）	中粉土（0.0063～0.02mm）	细粉土（0.002～0.0063mm）	黏粒（<0.002mm）
0～10	23.50±1.32b	49.50±2.12b	7.50±1.14a	4.28±0.39a	2.45±0.14a	1.93±0.08a
10～20	27.10±1.75b	51.30±1.58b	6.86±0.58a	4.15±0.86a	1.84±0.08a	1.44±0.11a
20～30	29.75±1.37ab	54.71±1.18a	5.30±0.83ab	2.56±0.57ab	1.62±0.02ab	1.33±0.13a
30～40	28.43±2.78ab	54.61±1.08a	4.70±1.16b	3.48±0.27ab	1.68±0.03ab	1.38±0.15a
40～50	29.33±2.68ab	56.64±2.09a	4.74±0.58b	2.19±0.68b	1.61±0.11ab	1.35±0.08a
50～60	30.17±1.68a	54.83±1.18a	4.60±0.26b	2.16±0.11b	1.63±0.10ab	1.41±0.08a

由表 3-5 可知，在非割草处理下（对照试验），0～60cm 土壤颗粒以沙土为主，粗砂含量占 21.77%～27.81%，细砂含量占 53.59%～60.08%。随着土层深度的增加，粉土、黏粒含量呈降低趋势。与割草两年休一年、割草一年休一年处理相比，对照细粉土、黏粒的含量高于 2 种割草处理，表现为在割草两年休一年处理下细粉土、黏粒的含量分别为 1.80%～2.13%、1.38%～1.66%，割草一年休一年处理下分别为 1.61%～2.45%、1.33%～1.93%，非割草处理下（对照）分别为 1.99%～2.65%、1.43%～2.18%。

非割草处理细粉土、黏粒含量高于割草处理，这可能是由于非割草处理牧草覆盖度大，落叶与有机质含量丰富，腐殖化作用明显，提高细粉土、黏粒含量，有助于保持水土和改良土壤结构。

表 3-5 非割草条件下土壤 0~60cm 粒径分布百分比

土壤深度 （cm）	粒径含量百分比（%）					
	粗砂 （0.15~1mm）	细砂 （0.063~ 0.15mm）	粗粉土 （0.02~ 0.063mm）	中粉土 （0.0063~ 0.02mm）	细粉土 （0.002~ 0.0063mm）	黏粒 （<0.002mm）
0~10	21.77±1.36b	53.59±2.16c	9.13±1.46a	4.18±1.29a	2.65±0.26a	2.18±0.19a
10~20	25.75±1.15a	54.07±1.58c	7.26±0.59b	3.26±0.69ab	2.31±0.12a	1.69±0.05bc
20~30	27.81±1.89a	56.16±1.27b	5.27±0.68c	2.79±0.38ab	1.99±0.31b	1.43±0.05c
30~40	25.57±2.18a	59.93±1.68a	4.72±1.02c	2.29±0.59b	2.01±0.27ab	1.63±0.01bc
40~50	26.75±1.68a	59.05±1.04a	4.63±0.89c	2.32±0.48b	2.16±0.27ab	1.75±0.06b
50~60	25.33±1.68a	60.08±2.56a	4.56±1.10c	2.12±0.36b	2.34±0.23a	1.73±0.02b

3. 割草、退化恢复试验土壤粒径显著性分析

由表 3-6、表 3-7 所示，由割草处理下土壤粒径与对照间的显著性分析以及围封处理与自由放牧土壤粒径间的显著性分析可知，割草两年休一年显著（$P<0.05$）改变了细粉土、黏粒的组成情况，割草一年休一年极显著（$P<0.001$）影响了土层细粉土、黏粒的组成情况。1983 年围封处理和 1997 年围封处理均极显著（$P<0.001$）影响了土层细沙土、细粉土、黏粒的组成情况。

表 3-6 围封禁牧区土壤粒径分布的显著性分析

	粗砂 （0.15~ 1mm）	细砂 （0.063~ 0.15mm）	粗粉土 （0.02~ 0.063mm）	中粉土 （0.0063~ 0.02mm）	细粉土 （0.002~ 0.0063mm）	黏粒 （<0.002mm）
1983 年围封处理	*	**	ns	ns	**	**
1997 年围封处理	*	**	ns	ns	**	**

注：*表示差异显著（$P<0.05$），***表示差异极显著（$P<0.001$），ns 表示差异不显著，下同

表 3-7 割草处理下土壤粒径分布的显著性分析

	粗砂 （0.15~ 1mm）	细砂 （0.063~ 0.15mm）	粗粉土 （0.02~ 0.063mm）	中粉土 （0.0063~ 0.02mm）	细粉土 （0.002~ 0.0063mm）	黏粒 （<0.002mm）
割草两年休一年	ns	ns	ns	ns	*	*
割草一年休一年	NS	*	ns	ns	**	**

4. 割草、围封试验对土壤分形维数的影响

如图 3-4 所示，割草两年休一年、割草一年休一年处理下，随着土层深度的增加，分形维数无显著变化。在浅土层（0~10cm），未割草处理（对照）的土壤分形维数较割草两年休一年、割草一年休一年的分形维数分别升高了

6.8%、6.3%，说明未割草处理可以增加牧草覆盖度，落叶与有机质含量丰富，优化浅层土壤质地。

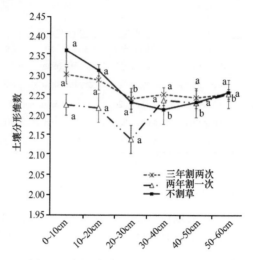

图 3-4　割草条件下土壤分形维数比较

　　1983 年围封处理及 1997 年围封处理下土壤分形维数高于自由放牧（图 3-5），土壤分形维数作为描述土壤颗粒几何形体的参数，其实质是颗粒对土壤空间填充能力的反映，即土壤颗粒物质含量越高，颗粒直径越小，其空间填充能力越强，土壤分形维数越大。土壤分形维数越高，表明土壤质地相对较好；分形维数越低，土壤结构越松散，保水保肥能力越差。围封处理较自由放牧具有较高的分形维数，说明自由放牧会影响土壤结构，降低土壤保水保肥能力，降低放牧强度有助于优化土壤质地。

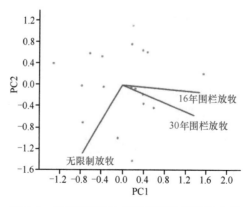

图 3-5　围封禁牧下土壤分形维数相关性分析

　　如图 2-35 和图 3-6 所示，运用 GGE-Biplot 软件对割草、围封处理下土壤分形维数进行相关性分析得出，割草两年休一年、割草一年休一年及未割草（对照）处理下土壤分形维数向量间夹角为锐角，说明对照、割草两年休一年、割草一年休一年处理下分形维数呈显著相关（$P<0.05$）。1983 年围封、1997 年围封向量夹角为锐角，与自由放牧向量夹角呈钝角，说明 1983 年围封、1997 年围封土壤分形维数显著相关（$P<0.05$），与自由放牧分形维数不相关（$P>0.05$），说明长期围封会显著影响土壤的质地、结构。

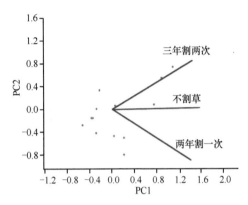

图 3-6 割草条件下土壤分形维数相关性分析

5. 放牧对草原土壤水分变化的研究

羊草群落和冷蒿群落 0～10cm、10～20cm 及 20～30cm 的土壤含水量与土壤容重如图 2-34 所示。从图 2-34 可以看出，羊草群落土壤 0～10cm、10～20cm 和 20～30cm 的含水量分别为 16.84%、11.33%和 5.62%，冷蒿群落土壤 0～10cm、10～20cm 和 20～30cm 的含水量分别为 8.57%、7.14%和 5.11%，各土层含水量分别降低了 49.1%、36.9%和 9.0%。在 0～10cm 和 10～20cm 土层中羊草群落的土壤含水量显著高于冷蒿群落，而在 20～30cm 的土层中两者的土壤含水量无显著差异。羊草群落土壤 0～10cm、10～20cm 和 20～30cm 的容重分别为 1.06g/cm³、1.36g/cm³ 和 1.43g/cm³，冷蒿群落土壤 0～10cm、10～20cm 和 20～30cm 的容重分为 1.42g/cm³、1.48g/cm³ 和 1.54g/cm³。通过方差分析可以得出，冷蒿群落各土层的土壤容重均显著高于羊草群落，各土层容重分别升高了 34.0%、8.6%和 7.2%。表层土壤容重增加的比率高于下层土壤。过度放牧导致土壤容重增加，土壤含水量降低，不利于土壤保持水分。

放牧季初期和放牧季末期不同放牧梯度间土壤含水量差异不显著（图 3-7），但在放牧季初期土壤含水量随着放牧压力增强呈现递增趋势，而在放牧季末期则反之，放牧季初期极重度放牧下土壤含水量较对照、轻度、中度放牧高。

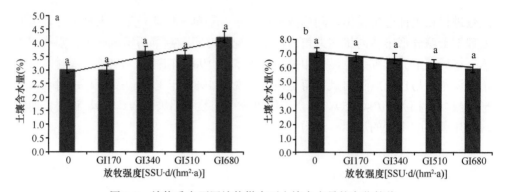

图 3-7　放牧季内不同放牧梯度下土壤含水量的变化趋势

a. 放牧季初期；b. 放牧季末期。不同小写字母表示不同放牧梯度间土壤含水量差异显著（$P<0.05$）

第三节　放牧利用对草原土壤微生物的影响

一、不同放牧年限对土壤微生物群落结构及功能的影响

1. 微生物的群落组成

主坐标分析（principal coordinates analysis，PCoA）的研究结果表明，短期放牧与围封、中期放牧与围封、长期放牧与围封、放牧与围封间微生物组成存在差异。短期下，放牧与围封之间的差异较小，解释率相对低；中期和长期下，放牧与围封之间的差异大，解释率相对较高。

SP 为 5 月，SU 为 8 月，AU 为 10 月。SP1、SU1 和 AU1 为中期围封；SP2、SU2 和 AU2 为中期放牧；SP3、SU3 和 AU3 为长期围封；SP4、SU4 和 AU4 为长期放牧；SP5、SU5 和 AU5 为短期围封；SP6、SU6 和 AU6 为短期放牧。

在所有样本中，酸杆菌门、变形菌门、放线菌门、疣微菌门 4 个门的丰度高，是土壤样本中的优势菌门。与围封相比，①短期下，放牧降低了酸杆菌门（Acidobacteria）的丰度，而中期下放牧增加了酸杆菌门（Acidobacteria）的丰度；②短期下，放牧显著增加了变形菌门（Proteobacteria）的丰度，而中期放牧和长期放牧显著降低了变形菌门（Proteobacteria）的丰度；③短期和长期下，放牧均增加了放线菌门（Actinobacteria）的丰度；④短期放牧增加了泉古菌门（Crenarchaeota）的丰度；⑤长期放牧降低了绿弯菌门（Chloroflexi）和硝化螺旋菌门（Nitrospirae）的丰度。

2. 植物群落组成和土壤理化因子对微生物群落组成的影响

运用结构方程模型（SEM）研究植物群落组成和土壤理化因子对微生物群落组成的影响，结果表明（图 3-8）：①短期下，放牧通过调节 pH、BM 来影响 MC，在这两项中，pH 最为关键；②中期下，放牧通过调节 OC、AP、NO_3^-、BM 来影响 MC，其中 NO_3^- 的影响最大；③长期下，放牧通过调节 OC、TN、TP、NO_3^-、BM 来影响 MC，其中 NO_3^- 的影响也是最大。

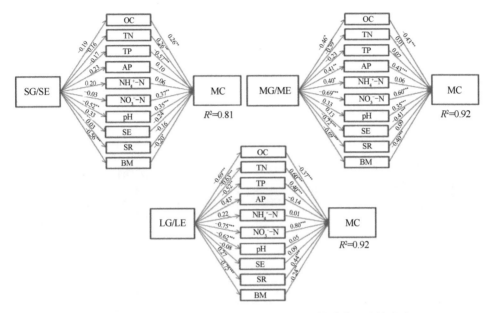

图 3-8　植物群落组成和土壤理化因子对微生物群落组成的影响

SG，短期放牧；SE，短期围封；MG，中期放牧；ME，中期围封；LG，长期放牧；LE，长期围封。MC，微生物的群落组成 PCoA。OC，总碳；TN，总氮；TP，总磷；NH_4^+-N，铵态氮；NO_3^--N，硝态氮；SE，电导率；SR，物种多样性；BM，生物量；*表示 $P<0.05$；**表示 $P<0.01$；***表示 $P<0.001$。下同

3. 不同时限放牧下土壤微生物功能变化对氮、磷循环的影响

通过研究不同时限放牧对氮循环功能基因的影响，结果表明（图 2-41）：①短期下，放牧显著增强了硝化基因 *hao*，以及反硝化基因 *narG* 和 *nirK*，可能导致氮循环过程无显著改变。②中期下，放牧显著降低了硝化基因 *amoA*、*hao*；对于反硝化基因，放牧增强了 *narG* 和 *norB*，而显著降低了 *nosZ* 和 *nirK*。反硝化基因的不同改变，可能导致反硝化方面无明显变化。总体上，放牧导致了硝化作用下降。③长期放牧下，硝化基因和反硝化基因均呈现出明显的降低。总体上，放牧导致N 循环作用下降。

对于短期、中期和长期放牧对磷循环基因的影响，相关的 3 个功能基因的研究结果显示（图 2-42）：长期放牧下，放牧通过改变 *phytase* 基因改变磷的循环。

N、P 循环之间存在很强的互作效应，N∶P 值的变化见图 3-9。中期放牧下，植物 N∶P 值小于 14，长期放牧下，植物 N∶P 值大于 16。N 与 P 之间强的互作效应导致了长期和中期下磷循环发生改变。

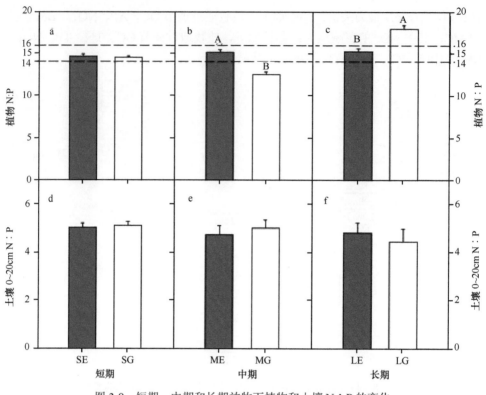

图 3-9　短期、中期和长期放牧下植物和土壤 N∶P 的变化

4. 不同恢复年限下植物群落结构和土壤理化因子与微生物群落结构之间的关系

运用多元回归树，对不同恢复年限下植物群落结构和土壤理化因子与微生物之间的关系进行研究（图 3-10），对不同围封年限（2 年、>10 年、>30 年）进行比较发现：①一级分类为 NO_3^-，NO_3^- 是不同恢复年限下主要影响微生物群落结构的主要因子；②二级分类为全氮；③三级分类为全磷。结果表明 N 元素在草原退化群落恢复过程中起着主要的作用。

二、不同放牧强度下土壤微生物群落多样性与土壤理化性质的互作机制

1. 不同放牧强度下土壤微生物群落多样性与土壤理化性质的关系

如表 3-8 所示，细菌数量与放牧强度存在显著正相关关系（$P<0.05$）；真菌物种数与全磷呈现极显著正相关关系（$P<0.01$）；真菌香农-维纳多样性指数与放牧强度存在显著负相关关系（$P<0.05$），与土壤全磷呈现出显著正相关关系（$P<0.05$）；真菌数量与土壤全氮存在极显著正相关关系（$P<0.01$），与土壤全磷和 pH 表现出

显著正相关关系（$P<0.05$）；真菌群落系统发育多样性（Faith's PD）指数与土壤全氮和全磷呈现出极显著正相关关系（$P<0.01$）；而细菌群落系统发育多样性（Faith's PD）指数与土壤理化性质并没有明显的相关性。

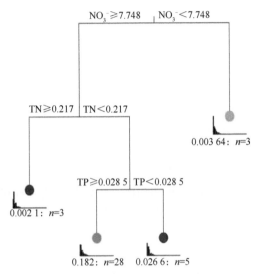

图 3-10　门水平微生物与植物群落组成和土壤理化因子的关联分析

表 3-8　土壤微生物群落多样性与土壤理化性质的相关性分析

微生物群落多样性	放牧强度 [SSU·d/(hm²·a)]	总有机碳（TOC）（g/kg）	全氮（TN）（g/kg）	全磷（TP）（g/kg）	pH	含水量（WCS）（%）
细菌 OTU	−0.478	−0.033	0.091	0.339	−0.464	0.046
细菌香农-维纳多样性指数	−0.232	0.114	0.106	0.426	−0.191	−0.173
细菌数量	0.534*	−0.420	−0.241	−0.317	0.060	−0.218
细菌 Faith's PD	0.251	0.329	0.180	0.163	0.261	0.066
真菌 OTU	−0.180	0.213	0.491	0.668**	0.344	−0.114
真菌香农-维纳多样性指数	−0.549*	0.310	0.465	0.572*	0.101	0.321
真菌数量	0.016	0.261	0.665**	0.514*	0.599*	−0.198
真菌 Faith's PD	−0.278	0.426	0.676**	0.856**	0.460	−0.173

2. 基于 SEM 分析土壤理化性质与细菌群落多样性的因果关系

由图 2-43 结构方程模型揭示了放牧强度通过改变土壤物理性状来影响微生物群落，进而作用于土壤化学性状。放牧减少了土壤含水量，进而改变土壤中细菌香农-维纳多样性指数（BSW）和物种数（BOTU），而细菌群落多样性是影响土壤速效磷和速效氮含量变化的直接因素。

3. 基于 SEM 分析土壤理化性质与真菌群落多样性的因果关系

由图 2-44 结构方程模型可知，放牧通过某种方式降低了土壤真菌香农-维纳多样性指数（FSW），真菌香农-维纳多样性指数、物种数（FOTU）和数量（FS）是影响土壤速效磷含量变化的直接因素，真菌数量和香农-维纳多样性指数亦是影响土壤全氮含量的直接因素。

放牧通过影响某些未知因素，对真菌的群落结构和数量产生干扰，进而改变了土壤全氮和速效磷的含量。

短期、中期和长期围封与放牧影响草原生物量、生物多样性、土壤理化性质；短期放牧和围封下土壤主要理化指标差异较小，中期与长期放牧和围封指标差异较大；从微生物多样性分析，与短期相比，中期与长期放牧和围封主要体现氮代谢差异；中期和长期放牧与围封体现出磷代谢差异；不同放牧和围封年限下，放牧对外部环境产生影响，进而影响到微生物的种类、数量以及生态功能；放牧改变了土壤微生物群落结构和功能，土壤 NO_3^- 在退化草原的恢复过程中起着关键作用。放牧显著降低了土壤含水量，从而导致细菌群落结构和物种多样性发生改变，进而影响到土壤速效氮和速效磷的含量。

第四节　放牧利用对土壤氮素转化的影响

一、不同草原利用方式对土壤有机氮库及其矿化的影响

本研究首先基于长期刈割试验，不同频率的刈割用于模拟不同放牧强度下牧草被啃食的情况。前人对于割草的研究多集中于生态学领域，研究结果表明长期适度割草有利于增加或者维持土壤氮库，同时草原被认为是一个有机氮净矿化速率相对较高的生态系统。在有机氮矿化过程中，微生物起着重要的作用。细菌和真菌是土壤微生物的两大降解者。然而，放牧对土壤有机氮和微生物群落的影响及在放牧条件下微生物对有机氮矿化的响应依然不清楚。因此，本研究以探究不同频率的刈割对土壤有机氮矿化的影响及其相关微生物机理为目的而展开。

本研究其次基于不同围封年限的定位试验，探索不同围封时间下土壤有机氮库恢复的情况。前人的研究主要集中在表层土壤，对土壤剖面氮库的研究较少，而有机氮库的组成及不同形态有机氮的含量均与土壤有机氮的矿化密切相关。

研究采用经典的方法测定了长期刈割条件下 0～20cm 土壤有机氮的净矿化速率（R_m）、微生物量及土壤剖面不同深度土层中不同形态有机氮的含量，采用现

代分子生物学技术（荧光实时定量扩增技术、变性凝胶电泳技术和克隆测序），利用通用引物测定细菌 V3 区 16S rRNA 基因和真菌 18S rRNA 基因的丰度及其多样性，并且分析了不同刈割频率下真菌的系统发育情况。

1. 长期不同频率刈割下土壤有机氮净矿化速率的变化及其与微生物量之间的关系

由图 3-11 可知，不同刈割条件下土壤 R_m 的变化范围是 0.38～0.64mg/(kg·d)。对照（CK）与两年割一次（M1/2）和一年割一次（M1）之间的土壤净矿化速率（R_m）没有显著差异。M1/2 的 R_m 最高，且显著高于三年割两次（M2/3）和一年割两次（M2），M2 的 R_m 最低（$P < 0.05$）。土壤净矿化速率与微生物量碳、微生物量氮的线性拟合结果显示，微生物量碳（MBC）与 R_m 有着显著的线性相关性（图 3-11b，$r = 0.600$，$P = 0.018$），而微生物量氮（MBN）与 R_m 之间没有线性相关性（图 3-11c，$r = 0.184$，$P = 0.511$）。

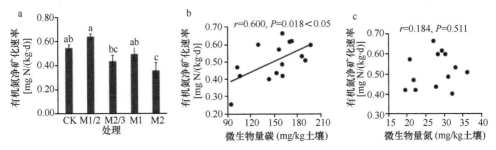

图 3-11　长期刈割下土壤有机氮净矿化速率的变化及其与微生物量之间的关系（Li et al.，2017）
CK，对照；M1/2，两年割一次；M2/3，三年割两次；M1，一年割一次；M2，一年割两次。下同

2. 长期不同频率刈割下细菌和真菌基因丰度与土壤净矿化速率之间的关系

图 2-46 显示了不同频率刈割对细菌 16S rRNA 基因丰度没有显著影响（图 2-47a），并且细菌 16S rRNA 基因丰度与 R_m 之间不存在线性相关性（图 2-46b，$r = 0.2683$，$P = 0.657$）。然而不同频率刈割对真菌 18S rRNA 基因丰度有明显的影响（图 2-46c）。适度刈草（M1/2、M2/3 和 M1）显著地增加了土壤真菌 18S rRNA 基因丰度，而 M2 显著地降低了土壤真菌 18S rRNA 基因丰度。除此之外，土壤真菌 18S rRNA 基因丰度与 R_m 之间呈现显著的正线性相关性（图 3-11d，$r = 0.688$，$P = 0.005$）。在微生物量中，真菌由于个体很大，与微生物量碳有显著的正线性相关性。因此，在内蒙古这种半干旱以及速效氮磷含量很低但是有机质含量不低的土壤中，真菌可能对有机氮矿化有更大的贡献。很多研究也表明与细菌相比，真菌能够更好地适应贫瘠的土壤条件。同时，真菌可以分泌降解土壤中高聚物（木质素、纤维素）的胞外酶以降解土壤中难降解的有机质从而为植物提供有效养分。

3. 不同频率刈割下土壤微生物群落多样性变化

研究表明不同频率刈割对细菌群落多样性没有影响（图 2-46a），但是在不同频率刈割下，真菌 18S rRNA 基因变性凝胶电泳（DGGE）图谱条带有明显的差异（图 2-46b）。对细菌和真菌 DGGE 图谱进行定量分析，结果如表 3-9 所示。定量结果表明刈割对细菌微生物群落多样性没有影响，但是在 M1/2 和 M1 两个处理下，真菌 18S rRNA 基因多样性指数——香农-维纳多样性指数显著地高于 CK 和 M2。与其他指标不同的是，采用 DGGE 来监测微生物多样性时，M2 与 CK 之间的真菌基因多样性指标也没有显著差异，这可能与 DGGE 这种手段的检测限度相关，为了进一步更精确地研究刈割对细菌和真菌群落多样性的影响，我们进一步对真菌群落进行了高通量测序。高通量测序结果的主坐标分析（PCoA）亦显示，不同频率刈割对真菌群落组成的影响很大，尤其是一年割一次（M1）、一年割两次（M2）处理与低于一年割一次（M0、M1/2、M2/3）之间真菌群落组成的差异明显（图 3-12）。对真菌 DGGE 图谱有差异的条带进行切胶，对其中的 DNA 进行 PCR 扩增后再进行克隆测序，与 NCBI 数据库比对后明确这些特异条带所代表的种属，结果发现在 M1/2、M2/3 和 M1 处理中颜色变深的条带 4 和 21 分别属于 *Mortierella* sp. 和 *Acremonium* sp.，同时在这三个处理中特有的条带 7、8、9、11 和 14 分别属于菌根真菌，对环境具有较强的适应能力。在这三个处理中出现的条带 10、15 和 17 代表 *Rhizophlyctis rosea* 和 *Catenomyces* sp.，其是具有分解纤维素功能的真菌，条带 25 代表 *Humicola* sp.，其是具有降解木质素功能的一类真菌。因此，适度刈割有利于增加土壤中具有降解难降解有机质功能的真菌的数量和种类，从而促进了有机氮矿化。利用软件 FUNGuide 对真菌群落进行的高通量测序结果进行了不同刈割频率处理下土壤真菌群落生态功能的预测（30d），结果表明

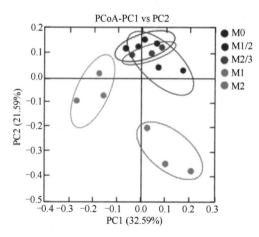

图 3-12　真菌群落组成变化的主坐标分析（Li et al.，2017）

低频率割草（低于一年割一次）提高了粪便腐生菌（dung saprotroph）、外生菌根真菌（ectomycorrhizal fungi）、抗逆性强的杜鹃花状菌根真菌（ericoid mycorrhizal fungi）和凋落物（litter）分解菌的相对丰度，降低了丛枝菌根真菌（arbuscular mycorrhizal fungi）和植物病原菌（plant pathogen saprotroph）的丰度，其中M1变化最为明显。而一年割两次（M2）则基本表现出相反的情况。

表3-9　基于DGGE图谱的不同频率刈割下细菌16S rRNA和真菌18S rRNA基因多样性指数

处理	条带总数		香农-维纳多样性指数		均一度指数	
	细菌	真菌	细菌	真菌	细菌	真菌
CK	64±2a	19±1b	2.89±0.01a	2.58±0.07b	0.70±0.01a	0.85±0.03b
M1/2	68±6a	25±1a	2.88±0.04a	2.80±0.07a	0.66±0.01a	0.93±0.01a
M2/3	63±2a	24±1a	2.86±0.03a	2.71±0.07ab	0.68±0.02a	0.87±0.03ab
M1	64±3a	26±1a	2.89±0.04a	2.80±0.05a	0.70±0.02a	0.88±0.01ab
M2	61±4a	15±1b	2.74±0.06a	2.59±0.06b	0.70±0.01a	0.87±0.02ab

在长期刈割条件下，两年割一次（M1/2）和一年割一次（M1）促进了土壤有机质的累积，且对于真菌18S rRNA基因丰度及其多样性都有促进作用。而一年割两次（M2）则相反。不同刈割条件对土壤有机氮矿化的影响可能主要是通过改变土壤真菌群落来实现的。从草原可持续发展来看，一年割一次是推荐的长期的刈割制度。

4. 不同围封年限下土壤剖面不同形态有机氮含量变化

土壤有机氮是土壤有效氮的主要来源。因此，土壤有机氮的含量及其生物稳定性决定了土壤氮素供应能力。图3-13表明在不同深度土层中土壤不同形态的有机氮含量都呈现出以下顺序：氨基酸氮>酸不溶氮>氨基氮>酸可溶未知氮>氨基糖氮，占总氮的百分比分别为31.8%～39.4%、23.1%～35.6%、12.8%～25.0%、5.6%～15.1%和3.7%～5.7%。在0～20cm和40～60cm土壤中，不同围封年限下土壤氨基糖氮在总氮中的百分比没有差异，在40～60cm中百分比有所降低。酸不溶氮、氨基氮和酸可溶未知氮占总氮的百分比随着深度的增加而降低。在0～20cm土层中，氨基氮占总氮的百分比为35.4%～39.4%，不同围封年限的百分比顺序为E83>E97>FG，氨基酸氮与之相似。酸可溶未知氮占总氮的百分比为5.6%～10.8%，不同处理的顺序为E83<E97<FG。酸不溶氮占总氮的百分比在不同处理之间的顺序为E83≈E97<FG。与1983年围封（E83）的土壤相比，自由放牧（FG）显著地改变了各种有机氮占总氮的百分比。

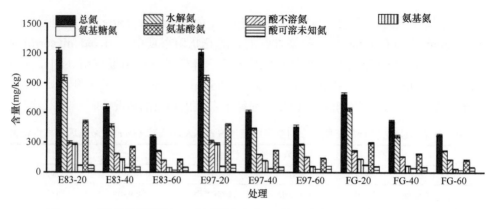

图 3-13　不同围封年限处理下土壤剖面不同深度土壤中不同形态有机氮的含量
（Wang et al.，2019）

E83、E97 和 FG 分别指的是 1983 年围封、1997 年围封和不围封自由放牧。-20、-40 和-60 分别指的是
0～20cm、20～40cm 和 40～60cm 土壤深度

表 3-10　不同围封年限下剖面土壤的氮素供应能力（Wang et al.，2019）

处理	总氮 （g/kg）	可矿化氮 （mg/kg）	氮素供应能力 （mg/kg）
0～20cm			
E83	0.23±0.03a	23.13±0.68b	35.85 ± 0.69b
E97	1.21±0.03a	16.91±0.84a	39.63±0.56a
FG	0.79±0.02b	23.7±1.05b	36.63±0.49a
20～40cm			
E83	0.66±0.02a	13.98±0.58a	20.73±0.42b
E97	0.61±0.02b	16.35±0.47a	21.84±0.85b
FG	0.52±0.01c	18.00±0.95b	23.70±0.56a
40～60cm			
E83	0.36±0.01a	9.69±0.32a	14.43±0.37a
E97	0.46±0.01b	12.18±0.47b	16.65±0.46b
FG	0.38±0.01a	14.49±0.95c	19.17±0.36c

注：表中数据为平均值±误差限，$n = 3$

　　基于不同形态有机氮的生物有效性计算土壤氮素的供应能力（表 3-10）。综合来看，在表层土壤（0～20cm），1997 年围封（E97）土壤的氮素供应能力显著高于 E83 和 FG，FG 是最低的，可见从氮素供应能力来看，在围封一段时间草原生产力得到恢复后建议适度放牧促进生态功能平衡。

5. 不同围封年限下土壤剖面细菌群落变化及其与土壤有机氮形态之间的关系

　　16S rRNA V3 区域基因高通量测序结果显示，不同围封年限下土壤剖面的细菌群落组成有明显的差异（图 3-14a）。除了自由放牧处理，在所有土壤样品占主导地位的细菌群落均为泉古菌门（Crenarchaeota）、放线菌门（Actinobacteria）、变形菌门（Proteobacteria）、拟杆菌门（Bacteroidetes）、酸杆菌门（Acidobacteria）和厚壁菌门（Firmicutes）。Crenarchaeota 属于古菌，相对丰度最高为 31%~35%，但是在 FG-20 这个处理下缺失。Actinobacteria 是本研究中细菌群落中丰度最高的门类，其相对丰度随着土壤深度增加呈现一定的增加趋势，然而该门类在 FG-20 这个处理中仅仅占到 0.78%，显著低于围封处理（E83-20 和 E97-20）。除 FG-20 外，不同处理之间包括不同深度土壤中 Actinobacteria 的相对丰度差异不明显。Bacteroidetes 和 Firmicutes 的相对丰度明显地展示了剖面分布差异，0~20cm 土壤中显著高于 20cm 以下的土壤，并且随着深度增加有所减少。在自由放牧处理（FG）的 40~60cm 土壤中 Bacteroidetes 和 Firmicutes 的相对丰度还不到 20~40cm 的一半。

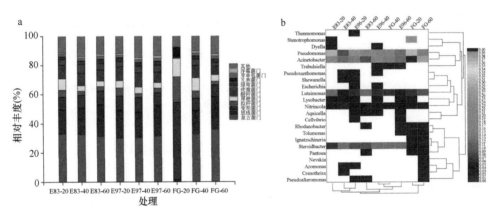

图 3-14　不同围封年限处理下土壤剖面不同深度土壤细菌群落的组成（a）和 γ-变形菌门热图分析（b）（Wang et al.，2019）

E83、E97 和 FG 分别指的是 1983 年围封、1997 年围封和不围封自由放牧。–20、–40 和–60 分别指的是 0~20cm、20~40cm 和 40~60cm 土壤深度

有趣的是，FG-20 处理中细菌群落组成明显有别于其他处理。鉴于该处理中 Proteobacteria 是最主要的菌群，占 50%以上，本研究聚焦 γ-Proteobacteria，对所有处理的 γ-Proteobacteria 进一步在属水平进行了热图聚类分析（图 3-14b）。在 FG-20 中假单胞菌属（*Pseudomonas*）丰度占 γ-Proteobacteria 的 77%，不动杆菌属（*Acinetobacter*）占 40%，可见这两个属是所有处理 γ-Proteobacteria 中主要的属。就处理而言，F-20 和 F-60 的 γ-Proteobacteria 组成与其他处理差异明显。

通过功能冗余分析和蒙特尔检验（图 3-15），结果表明有机氮的形态和含量对不同围封年限下土壤剖面的细菌群落组成有显著的影响。具体表现为 Firmicutes 和 Bacteroidetes 的相对丰度与氨基糖氮密切相关，而 Acidobacteria、Crenarchaeota

和 Actinobacteria 的相对丰度主要受其他形态有机氮的影响。通过蒙特尔检验，结果发现氨基糖氮对细菌种属组成的影响是显著的（R^2=0.6824，P<0.05）。

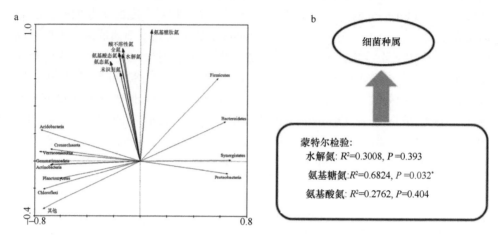

图 3-15 不同围封年限处理下土壤剖面不同深度土壤细菌群落组成的功能冗余分析（a）及其蒙特尔检验（b）（Wang et al., 2019）

E83、E97 和 FG 分别指的是 1983 年围封、1997 年围封和不围封自由放牧。–20、–40 和–60 分别指的是 0～20cm、20～40cm 和 40～60cm 土壤深度

二、不同草原利用方式对土壤有机质组分和化学结构的影响

我们选取了最佳割草方式处理（一年割一次，M）、围封后草地养分恢复最好且各项指标最稳定的处理（83 年围封，E）和地理位置最接近的自由放牧处理（G），来研究内蒙古草原不同利用方式对土壤有机氮矿化中土壤有机官能团与微生物群落的影响。

结果发现最佳割草方式处理（M）的土壤有机氮净矿化速率（R_m）最高，达到 0.56mg/(kg·d)，约是自由放牧处理（G）的 2 倍，且显著高于 E 和 G（图 3-16，P < 0.05）。围封（E）土壤 R_m 居中，但依然显著高于 G（P < 0.05）。从土壤有机官能团的组成来看（表 3-11），G 的烷基碳（Alkyl C）含量显著低于 E 和 M，而与之相反的是，G 的烷氧基碳（O-alkyl C）含量显著高于其他两个处理（P < 0.05）。G 的含氮烷基碳/甲氧基碳（N-alkyl/methoxyl C）的含量也显著低于 E 和 M，而它的芳氧基碳（O-aryl C）含量显著高于 M，其羧基碳（Carbonyl C）含量显著高于 E 和 M（P < 0.05）。M 的烷基碳含量显著高于 E，但是它的芳氧基碳含量显著低于 E（P < 0.05）。M 的 A/OA 值显著高于 E 和 G（P < 0.05）。

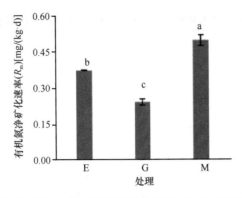

图 3-16 不同利用方式对草原土壤有机氮净矿化速率（R_m）的影响（李江叶，2017）

E，围封；G，自由放牧处理；M，最佳割草方式处理。下同

表 3-11 不同利用方式下草原土壤有机质定量交叉极化魔角 ¹³C 核磁共振谱中各化学位移对应的有机官能团在总碳中所占的百分比（%）（李江叶，2017）

处理	烷基碳	可替代烷基碳			芳香碳		羧基碳	A/OA
	45～0ppm	60～45ppm	90～60ppm	110～90ppm	140～110ppm	165～140ppm	210～165ppm	
	烷基	含氮烷基/甲氧基	烷氧基碳	二氧烷基	芳基	芳氧基	羧基和羰基	
E	27.3 b	13.7 a	23.2 b	8.5 a	13.8 a	6.9 a	6.6 c	0.86 b
G	23.1 c	12.2 b	25.3 a	7.6 a	13.2 a	6.7 a	11.9 a	0.82 b
M	28.9 a	13.4 a	22.3 b	8.1 a	13.5 a	5.5 b	9.3 b	0.95 a

注：每类官能团对应的化学位移单位是 ppm。表中数据为平均值，$n=3$

高通量测序结果表明，E、G 和 M 三种草原管理方式下土壤细菌 16S rRNA 基因 OTU 数目与香农-维纳多样性指数没有显著的差异（表 3-12，$P > 0.05$）。基于 OTU 丰度的 PCA 分析也显示，不同管理措施下土壤细菌群落物种组成差异不明显（图 3-17a），同时细菌的不同门类的相对丰度在不同处理间差异亦不显著（图 3-18a）。而土壤真菌 OTU 数目和香农-维纳多样性指数在不同处理下差异显著，均表现为 M > E > G，且 M 的 OTU 数目和香农-维纳多样性指数值显著高于 G，E 的香农-维纳多样性指数值也显著高于 G（$P < 0.05$）。与此同时，真菌基于 OTU 的 PCA 分析显示，不同处理下真菌群落之间差异明显（图 3-17b）。进一步对其门水平下物种的相对丰度进行分析，结果表明不同处理下真菌不同门类的相对丰度差异明显（图 3-18b）。具体表现为 M 的子囊菌门（Ascomycota）相对丰度为 55%，显著高于 E 和 G（$P < 0.05$），而其担子菌门（Basidiomycota）和接合菌门（Zygomycota）这两个门类的相对丰度分别为 9% 和 21%，显著低于 E（20% 和 32%）与 G（14% 和 32%），同时 E 的担子菌门（Basidiomycota）相对丰度显著地高于 G（$P < 0.05$）。

表 3-12　不同利用方式草原真菌和细菌群落操作分类单元的多样性估算

处理	细菌		真菌	
	OTU 数	香农-维纳多样性指数	OTU 数	香农-维纳多样性指数
E	21331±670a	5.86±0.03a	407±8a	3.28±0.12b
G	20315±644a	5.78±0.03a	328±2c	2.15±0.36c
M	22442±689a	5.84±0.02a	425±1a	4.32±0.02a

注：表中数据为平均值±标准误，$n=3$

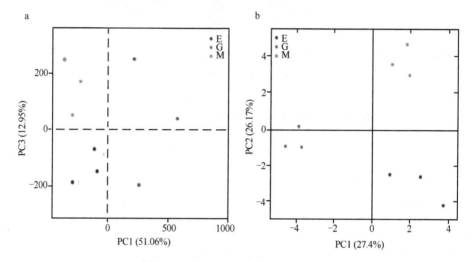

图 3-17　基于 OTU 丰度的 PCA 分析

按照描述分组：a，细菌；b，真菌

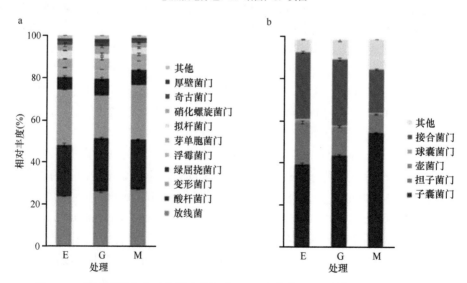

图 3-18　不同利用方式对草原土壤细菌（a）和真菌（b）群落相对丰度的影响

由多元回归分析（MRT）可知，微生物群落组成是根据芳基碳（Aryl C）含量将其分为两大类，M 和 E 处理下的土壤芳基碳含量相对较高（图 3-19a）。芳基碳含量可以解释不同处理之间微生物群落组成差异的 51.1%。芳氧基碳（O-Aryl C）和羰基碳（Carbonyl C）含量进一步将 G 与 M 和 E 的微生物群落分开。多元回归分析结果显示，不同利用方式下草原土壤子囊菌门（Ascomycota）由芳基碳、羰基碳和芳氧基碳解释的比例最大，可见该门类在土壤中与这几种官能团关系密切。芳氧基碳和羰基碳这两种官能团碳的含量可以解释不同处理之间微生物群落差异的 40.3%，且最终 M 和 E 的微生物群落组成也是被羰基碳区分开来（图 3-19b）。

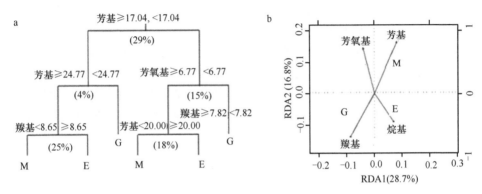

图 3-19　土壤微生物群落与土壤有机质结构关系的多元回归树（a）和冗余分析（b）

本实验通过对不同处理的有机官能团和细菌、真菌群落组成的分析测定得知，适度割草土壤中的 Ascomycota 含量相对较高，有利于牧草凋落物的降解，并且有机官能团的结构分析也表明 M 处理土壤有机质的降解程度最高。最终利用多元回归分析土壤有机官能团与微生物群落之间的关系，发现本研究中细菌受有机官能团组成的影响很小，侧面表明在秋冬季节草原土壤有机质周转的过程中细菌所起的作用可能并不是很大，芳基碳和羰基碳是解释不同处理之间微生物群落差异，尤其是真菌群落组成差异的两种重要官能团。

三、长期放牧草原土壤中硝化活性及其微生物机制的研究

1. 不同草原利用方式对硝化和反硝化微生物的影响

本实验目的是研究放牧、围封和刈割三种不同草原管理方式对低温半干旱内蒙古草原生态系统中硝化微生物和反硝化微生物的丰度与群落结构的影响。

长期自由放牧（轻度放牧和重度放牧）、禁牧（自 1996 年围封和自 1983 年围封）及刈割（割一年休一年和一年割一次）利用方式下，土壤 AOA amoA 基因丰度在 5.99×10^8 拷贝数/g 干土至 8.60×10^8 拷贝数/g 干土之间，而 AOB amoA 基因

丰度在 3.02×10^7 拷贝数/g 干土至 4.61×10^7 拷贝数/g 干土之间，AOA *amoA* 基因丰度比 AOB *amoA* 基因丰度高一个数量级（图 2-39）。轻度放牧的土壤 AOA *amoA* 基因丰度显著高于两个频率的割草处理，而 AOB *amoA* 的基因丰度和基于变性梯度凝胶电泳（DGGE）分析的群落多样性对不同草原管理模式的响应不显著。据此，我们推测 AOA，而不是 AOB，可能是该草原土壤中的主导氨氧化微生物。

基于反硝化功能微生物的基因丰度和群落多样性分析结果发现（图 3-20），*nirS* 型反硝化细菌的基因丰度和群落多样性都显著高于 *nirK* 型反硝化细菌，表明该生态系统中 *nirS* 型反硝化细菌在反硝化过程中可能扮演着重要角色。*nosZ* 基因丰度在 3.60×10^8 拷贝数/g 干土至 6.51×10^8 拷贝数/g 干土之间，显著高于 *nirS* 和 *nirK* 基因丰度，尽管如此，*nosZ* 基因丰度对不同管理方式的响应并不敏感，说明 *nosZ* 基因在不同管理方式处理的土壤中相对稳定。相比放牧和割草处理，在围封处理中 *nirS* 和 *nosZ* 基因丰度和群落多样性均较高，表明围封土壤中反硝化作用较强。割草处理土壤中 *nosZ*/(*nirS*+*nirK*) 显著高于放牧和围封土壤，表明割草处理的土壤中反硝化作用更加完全，该处理有可能会减少温室气体 N_2O 的释放。

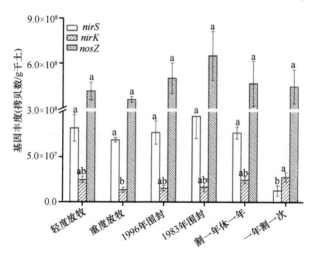

图 3-20 不同利用方式下土壤反硝化功能基因 *nirS*、*nirK* 和 *nosZ* 的丰度（Pan et al.，2016）

进一步耦合环境因子进行非度量多维标度（NMDS）分析（图 3-21），结果发现土壤含水量和无机氮含量是影响硝化与反硝化微生物群落的主要土壤环境因子。

该田间实验表明半干旱的内蒙古草原生态系统中草原管理方式对硝化功能微生物和反硝化功能微生物的丰度与群落结构均产生显著影响。不同的管理方式对 AOA 丰度和群落结构影响显著，但是对 AOB 没有显著影响。AOA 是该生态系统的主要硝化微生物。对于反硝化功能微生物，*nirS* 无论丰度还是多样性均高

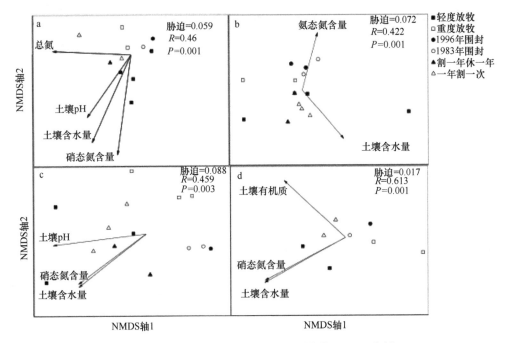

图 3-21 AOA（a）、*nirK*（b）、*nirS*（c）和 *nosZ*（d）群落的 NMDS 分析（Pan et al.，2016）

于 *nirK*，说明该生态系统中亚硝酸盐还原酶基因以 *nirS* 为主。围封处理中，*nirS* 和 *nosZ* 基因不论丰度还是 DGGE 条带亮度均高于其他处理，说明围封处理有利于反硝化过程的发生。*nosZ*/(*nirS*+*nirK*)这一比例在割草处理中显著高于其他处理，说明割草有利于反硝化作用的完全发生，有可能减少 N_2O 的排放。土壤湿度和无机氮含量是影响硝化与反硝化功能微生物群落分布的两大主要土壤环境因子。

2. 长期梯度放牧对土壤细菌的影响

为了满足持续增长的食物需要，草原载畜率不断增加，进而导致草原生态系统的退化。当前，我国有将近 90%的草原面临不同程度的退化。本研究采集 10 年长期梯度放牧样地的土壤样品，包括不放牧（G0）、轻度放牧（G1，3 只羊/hm²）、中度放牧（G2，6 只羊/hm²）和重度放牧（G3，9 只羊/hm²）4 种放牧梯度，结合定量 PCR 和 Miseq 高通量测序技术，研究 10 年梯度放牧对土壤细菌群落的影响，探讨不同放牧梯度下草原土壤细菌群落的分布规律。

结果表明，10 年长期梯度放牧显著影响土壤细菌群落分布。以相对丰度前 10 的土壤细菌门为例，结果发现，梯度放牧显著改变放线菌门、变形菌门、厚壁菌门、芽单胞菌门和拟杆菌门的相对丰度（图 2-39）。与不放牧相比，轻度放牧（G1，3 只羊/hm²）显著降低放线菌门的相对丰度，而明显增加变形菌门的相对丰度；

中度放牧（G2，6 只羊/hm²）显著增加芽单胞菌门的比例。

线性判别分析（LEfSe）进一步发现，从硝化螺旋菌门到硝化螺菌纲在 G2 样品中显著富集（图 2-40）。

进一步通过结构方程模型（SEM）分析发现，放牧梯度通过影响土壤容重和pH 影响细菌群落分布，通过影响土壤容重和氨态氮含量进而影响土壤硝化微生物群落（图 3-22）。

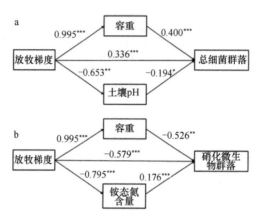

图 3-22　放牧梯度对土壤总细菌（a）和硝化微生物（b）群落影响的结构方程模型
（Pan et al.，2018a）

本实验结果表明，微生物群落结构的变化主要（68%～81%）是由容重、土壤 pH 和铵态氮含量等非生物因子主导的。LEfSe 分析发现，G1 处理明显富集了变形菌门，而硝化螺旋菌门和厚壁菌门只在 G2 样品中明显增加。亚硝基球菌属（*Nitrosococcus*）的 AOB 远多于普遍认为的无处不在的、种类繁多的 β-变形菌门中其他属[如亚硝化螺菌属（*Nitrosospira*）和亚硝化单胞菌属（*Nitrosomonas*）]的AOB。此外，根据实验结果，AOA/AOB 值随放牧梯度增加而显著增加，而NO₃⁻-N 浓度则在重度放牧土壤中显著降低，因此，本实验推测 AOA 主导低放牧梯度土壤中的硝化作用，而 AOB 主导高梯度放牧土壤中的硝化作用。

3. 长期梯度放牧土壤中硝化活性和活性硝化微生物的确定

通过微宇宙培养实验研究梯度放牧对硝化活性和活性硝化微生物的影响，结合稳定性同位素核酸探针技术（DNA-SIP）、16S rRNA 高通量测序技术和克隆测序技术，以确定土壤硝化活性及主导活性硝化微生物。

我们选取从 2005 年开始进行梯度放牧的样地，采集载畜率（SR）分别是 0只羊/hm²、3 只羊/hm²、6 只羊/hm²、9 只羊/hm² 的土壤样品进行试验。4 种土壤的硝化活性分析如图 3-23 所示，轻度放牧显著增加土壤硝化活性，而重度放牧显著降低土壤硝化活性。

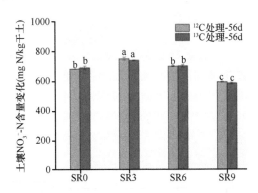

图 3-23　长期梯度放牧土壤中的硝化活性（Pan et al.，2018b）

　　超高速等浮力密度梯度离心分层后进行定量 PCR 分析发现，AOB 在 4 个放牧梯度处理的土壤中都被标记，而 AOA 只在 SR3 土壤中被标记（图 3-24）。重层 16S rRNA 测序结果表明，在 SR0、SR3、SR6 和 SR9 四种土壤中，AOA 分别占全部微生物总量的 50.5%、25.9%、27.1% 和 37.1%。这说明 AOA 在 4 个放牧梯度的土壤中均进行了自养生长。与分层定量结果出现分歧的原因来源于一个属于 fosmid 29i4 种的 OTU。可能的原因是传统 AOA 引物存在的偏差导致这一支的 AOA 没有被定量出来。本实验中 AOA 和 AOB 均被标记，表明二者均在该放牧土壤的硝化作用过程中起作用。同时，被标记的 AOA 和 AOB 的细胞数之比同样也可以用来作为一个表征 AOA 与 AOB 在活性硝化作用中的相对作用的指标。在本实验中，被标记的 AOA 和 AOB 的细胞数之比在 4 种土壤中分别是 0.12、1.15、0.21 和 0.24。以上结果表明 AOA 在轻度放牧土壤的硝化作用过程中起重要作用，而 AOB 主导重度放牧土壤中的硝化作用。

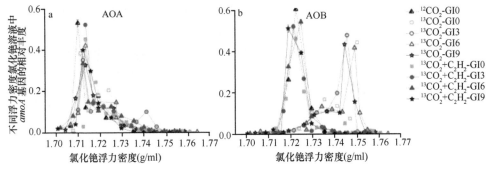

图 3-24　AOA（a）和 AOB（b）amoA 基因在全部浮力密度梯度范围内的定量分布
（Pan et al.，2018b）

本实验结果表明放牧梯度显著改变了活性 AOA、AOB 和亚硝酸盐氧化菌（NOB）的群落分布。冗余分析（RDA）结果发现，土壤有机质、容重、pH、NH_4^+-N 含量和 NO_3^--N 含量是改变活性硝化微生物群落分布的主要土壤环境因子（图 3-25）。因此，不同载畜率可能是通过影响土壤有机质、容重、pH、NH_4^+-N 含量和 NO_3^--N 含量来影响活性硝化微生物的群落分布。需要强调的是，56d 的培养时间对于探讨年变化可能偏短，因此，为了深入研究 N 循环、控制草原土壤中的硝化作用，之后需要进行一个相对更长时间的实验来进一步验证该结果。此外，作为附随放牧而来的一大外源因素——压实会导致土壤板结，降低通气性，从而影响硝化活性。因此，之后的研究也要把这个因素考虑在内。

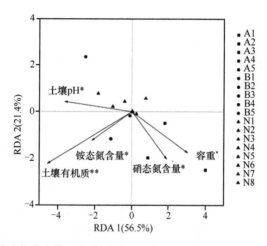

图 3-25　基于活性硝化微生物和土壤环境因子的冗余分析（RDA）（Pan et al.，2018b）

本实验表明载畜率通过改变土壤有机质、容重、pH、NH_4^+-N 含量和 NO_3^--N 含量，从而显著改变草原生态系统中活性硝化微生物群落分布。轻度放牧土壤中主导氨氧化的活性微生物是 *N. viennensis* 种的 AOA，而重度放牧土壤中主导氨氧化的活性微生物是 *Nitrosospira* cluster 3 的 AOB。放牧梯度显著影响土壤硝化活性，SR3 显著富集了 *N. viennensis* 种的 AOA 和 *Nitrosomonas* 属的 AOB，从而增加了硝化活性。SR9 显著降低了 AOB 丰度，从而减弱了硝化活性。*Nitrospira defluvii* 种的 NOB 是该草原生态系统中最主要的活性亚硝酸盐氧化细菌，放牧增加了活性 NOB 中 *N. marina* 的比例。

四、牲畜排泄物对氧化亚氮生物释放路径的影响研究

土壤中 N_2O 的产生是微生物主导的过程，主要包括自养硝化和异养反硝化两个路径。N_2O 是自养硝化的副产物，是异养反硝化的中间产物。近年来，研究发

现旱地土壤中硝化细菌的反硝化过程也是 N_2O 释放的重要生物路径之一。众多研究集中于放牧或者羊排泄物对 N_2O 释放及硝化细菌、反硝化细菌的影响，但对于牲畜尿液及粪便斑块对 N_2O 的生物释放途径的影响还不得而知。本研究基于内蒙古草原进行的原位田间试验，通过分子生物学技术和模型分析，探究羊排泄物斑块对 N_2O 生物产生途径（自养硝化作用、硝化细菌的反硝化作用和异养反硝化作用）的影响。

结果发现，单纯水分添加或者粪便处理下，N_2O 释放量非常低，为 0.005～0.02μg/(m²·h)，并且不同粪便梯度或者不同水梯度处理对 N_2O 释放没有显著影响（图 3-26）。尿液处理中的总 N_2O 释放量显著高于水处理或者粪便处理，为 0.12～0.78μg/(m²·h)，而且随尿液添加量的增加而增加。

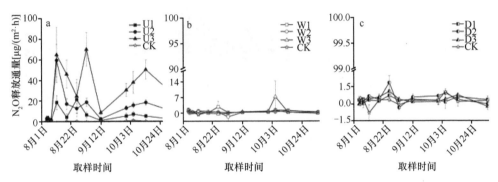

图 3-26　尿液斑块（a）、粪便斑块（b）和水添加（c）处理的土壤 N_2O 释放通量
（Pan et al., 2018c）

CK, 对照组；U1, 0.4375L 合成羊尿；U2, 0.875L 合成羊尿；U3, 1.3125L 合成羊尿；W1, 0.4375L 水；W2, 0.875L 水；W3, 1.3125L 水；D1, 300g 新鲜牛粪；D2, 600g 新鲜牛粪；D3, 900g 新鲜牛粪

基于物理化学过程的模型分析表明，不同生物反应过程对 N_2O 释放的贡献在不同处理不同时间段内差异显著（图 3-27）。在 U1 和 U2 处理的前期，自养硝化是 N_2O 释放的主要生物途径。与 U1、U2 处理不同的是，在 U3 处理的前期，异养反硝化是 N_2O 释放的主导者。尽管在 W3 和 CK 处理中硝化细菌的反硝化过程可以忽略，但是在尿液和粪便处理的样品中，硝化细菌的反硝化过程逐步增强，尤其是在 U3 和 D3 处理中占据主导地位，该过程在 U1 和 U2 处理的后期也占很大比重。这些结果表明不同类型的羊排泄物中 N_2O 的生物释放途径不同。低尿液量添加的土壤中自养硝化主导 N_2O 释放，高尿液量处理的土壤中异养反硝化和硝化细菌的反硝化主导 N_2O 产生，在粪便处理的土壤中，N_2O 释放的主要生物途径是硝化细菌的反硝化。

本实验表明，羊尿液斑块中 N_2O 释放量远高于粪便斑块。N_2O 释放量和 AOB *amoA* 基因丰度（$r=0.373$，$P<0.001$）和 *nirK* 基因丰度（$r=0.614$，$P<0.001$）均具

有显著相关性。在低浓度尿液斑块中自养硝化主导 N_2O 的产生,在高尿液浓度斑块中,反硝化作用(包括硝化细菌的反硝化和异养反硝化)主导 N_2O 的释放。而在粪便斑块中,N_2O 的生物产生途径以硝化细菌的反硝化为主。

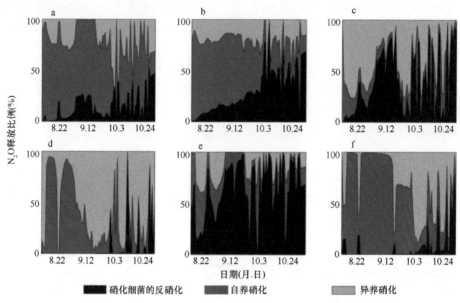

图 3-27　羊排泄物斑块处理的土壤中 N_2O 生物产生途径对 N_2O 释放的贡献分析
(Pan et al.,2018c)

a. 0.4375L 合成羊尿;b. 0.875L 合成羊尿;c. 1.3125L 合成羊尿;d. 1.3125L 水;e. 900g 新鲜牛粪;f. 不施任何药物

五、放牧草原土壤硝化微生物和甲烷氧化微生物互作对温室气体排放的影响

甲烷氧化菌(MOB)利用 CH_4 作为其唯一碳源和能源来源,在调节大气甲烷中发挥着重要作用。甲烷氧化菌的甲烷单加氧酶(pMMO)和氨氧化细菌(AOB)的氨单加氧酶(AMO)同源,因此被归入含铜膜结合单加氧酶(CuMMO)家族。MOB 和 AOB 之间的进化联系,以及它们的底物(分别为 NH_3 和 CH_4)的相似分子结构,导致其功能相似,使它们能够氧化 NH_3 和 CH_4。为维持生长活性,甲烷氧化菌和氨氧化细菌会竞争利用氮,甲烷氧化菌对氮水平的反应和活性存在争议,而氮水平在控制生态位及 AOA 和 AOB 的进化方面尤为重要。

草地被认为是 CH_4 的重要生物汇和 N_2O 的来源,草地土壤通过其强大的生产、储存及循环 C 和 N 底物的能力,通常被视为影响全球环境变化的重要生态系统。草原的管理可以改变大气和土壤及地上与地下生物量之间的碳和氮交换。放牧被证明是调节温室气体排放和吸收的重要因素,适度放牧的草地具有高 CH_4 吸收,而重度放牧抑制土壤 CH_4 吸收并刺激 N_2O 排放。对此类生态系统中活性甲烷氧化菌的分析表明，放牧降低了草原土壤中活性甲烷氧化菌的丰度和多样性。放牧也会显著降低硝化活性，不同的放牧强度导致不同的活跃群落，AOA 和 AOB 分别在轻度与重度放牧土壤中主导硝化作用，然而对其在草地生态系统中的关系以及功能微生物群落知之甚少。

氮素水平对土壤甲烷氧化和硝化微生物相互作用的影响如下。

草原土壤既是 CH_4 的汇，又是 N_2O 的源，因此，有关草原生态系统中土壤的碳氮循环一直是研究的热点问题。目前关于草原土壤中不同氮水平下甲烷氧化活性和相关活性微生物，以及甲烷氧化和硝化之间复杂的相互作用关系的机制的研究较少。因此，本研究选取内蒙古锡林郭勒盟草原土壤为研究对象，结合稳定性同位素核酸探针技术（DNA-SIP）、实时荧光定量 PCR 和 Miseq 测序等分子生物学技术，分析 20μg N/g 干土（U20）和 100μg N/g 干土（U100）两个氮素水平下，甲烷氧化和硝化微生物的相互关系，阐明草原生态系统 CH_4 氧化和硝化的交互作用机制，以期为深入了解草原土壤碳氮循环、提高草原氮肥利用率、增强草原生产力、实现温室气体减排提供科学依据。

甲烷氧化活性分析结果表明（图 3-28a），U20 显著刺激甲烷氧化，而 U100 显著抑制甲烷氧化。草原土壤中甲烷氧化能力对氮素的响应体现出"低促高抑"的趋势。对 0d 和 21d 总 DNA 的 *pmoA* 定量分析结果（图 3-28b）发现，和甲烷氧

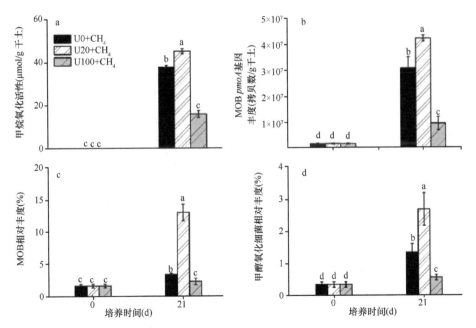

图 3-28　甲烷氧化活性（a）、甲烷氧化菌 *pmoA* 基因丰度（b）和甲基营养微生物相对丰度（c～d）分析（潘红等，2022）

U0，不施氮；U20，20μg N/g 干土；U100，100μg N/g 干土。下同

化活性一致，低氮处理的土壤 *pmoA* 丰度显著高于不施氮（U0）处理，而高氮处理的 *pmoA* 丰度显著低于不施氮处理。这个结果进一步说明了甲烷氧化活性对氮素的"低促高抑"响应。甲烷氧化菌和甲醇氧化细菌的相对丰度变化也符合该趋势（图 3-28c、d）。SIP 分析结果同样发现 MOB 在不施氮处理中被明显标记，在低氮处理中标记程度显著增加，而在高氮处理中仅轻微标记（图 3-29a）。不同浮力密度上的 MOB 相对丰度分布也符合以上特点（图 3-29b）。这可能是因为该围封草原土壤 N 素的主要来源是氮沉降和氮固定，整体 N 素水平较低，加入 $20\mu g/g$ 干土的尿素刺激土壤甲烷氧化菌，导致其大量繁殖，活性增加，从而提高了甲烷的氧化能力。$100\mu g/g$ 干土的尿素态 N 显著刺激了硝化微生物的繁殖，抑制了甲烷氧化菌的繁殖和功能发挥，同时，氨氧化产生的中间产物羟胺（NH_2OH）和亚硝酸盐（NO_2^-），以及硝化终产物硝酸盐（NO_3^-），均会对甲烷氧化菌产生毒害作用，进而抑制甲烷氧化活性。

类似于对 MOB 的分析，本实验对氨氧化功能微生物在 0d 和 21d 的总 DNA 分别进行定量分析。结果显示（图 3-30b），低浓度和高浓度氮添加均会刺激 AOB 丰度的增加，而抑制 AOA 的繁殖，说明 AOB 在硝化作用过程中具有重要作用。DNA-SIP 结果发现 AOB 在各处理中被 ^{13}C 标记，而 AOA 在各种处理中均未表现出明显的被标记迹象（图 3-30a），说明 AOB 同化了来自 CO_2 的 ^{13}C，进一步证明了 AOB 是驱动该草原土壤硝化作用的活性硝化微生物。

群落组成分析发现，活性 MOB 群落结构比较单一，以 Ia 型的甲基杆菌属（*Methylobacter*）为主，占 90%以上，还有一些 Ib 型的甲基暖菌属（*Methylocaldum*）和极少比例的 II 型的 *Methylocystis*。此外，在本试验中，尿素施入并没有改变草原土壤中活性甲烷氧化微生物的群落组成，说明草原土和水稻土中氮有效性不是决定甲烷氧化微生物组成的关键因子。本试验发现活性硝化微生物以 *Nitrosospira* AOB 和 *Nitrospira* NOB 为主。尿素对甲烷氧化菌群落的低促高抑主要反映在 *Methylobacter* MOB，*Methylobacter* 菌株的生长需要氮源，但其不具备固氮能力，因此，氮施入可促进 *Methylobacter* 菌株的生长繁殖。但随着施氮量增加，硝化活性增强，硝化作用产生的 NH_2OH 和 NO_2^- 以及硝化产物 NO_3^- 对 MOB 均存在毒害作用；活性 *Nitrosospira* AOB 和 *Nitrospira* NOB 比例随施氮量增加而增加，导致 MOB 与 AOB/NOB 在同一生境中竞争 O_2、NH_4^+-N 和生存空间。网络分析结果也发现 *Methylobacter* 与活性硝化微生物（*Nitrosospira* AOB 和 *Nitrospira* NOB）存在显著负相关关系。结合低氮条件下，甲烷氧化增强而硝化被抑制；高氮水平下，硝化增强而甲烷氧化被抑制，说明草原土壤中甲烷氧化和硝化之间存在氮引发的 *Methylobacter* MOB 与 *Nitrosospira* AOB/*Nitrospira* NOB 之间的竞争性相互作用关系。

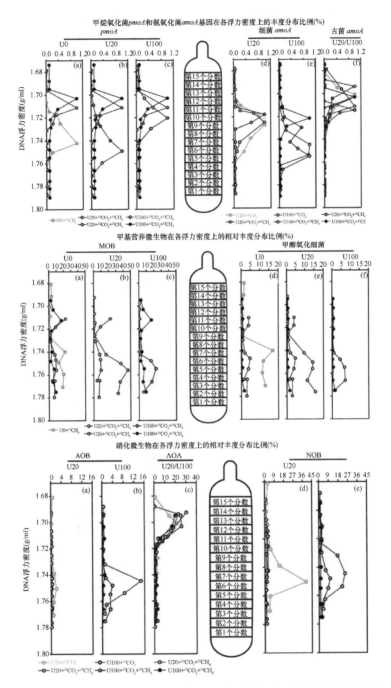

图 3-29　甲基营养微生物和硝化微生物丰度及相对丰度在不同浮力密度上的分布

（潘红等，2022）

U20、U20+CH4、U100 和 U100+CH4 的净硝化速率分别为 51.57μg/g 干土、34.60μg/g 干土、163.50μg/g 干土和
165.02μg/g 干土

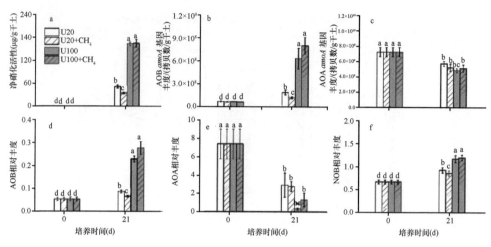

图 3-30　净硝化活性（a）和氨氧化微生物 *amoA* 基因丰度（b～c）及硝化微生物相对丰度
（d～f）分析（潘红等，2022）

通过为期 14 个月的室外气体采集分析，结果发现，放牧显著增加草原土壤 N_2O 释放总量，显著降低 CH_4 释放总量（图 3-31）。

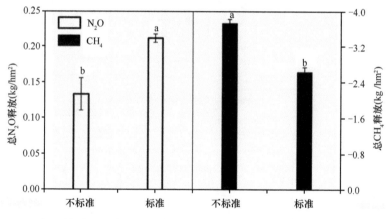

图 3-31　2014 年 8 月至 2015 年 10 月草原土壤 N_2O 和 CH_4 释放总量（Pan et al.，2021）

利用 [13]C-稳定性同位素核酸探针技术（13C-DNA SIP）进一步研究放牧管理下草原土壤甲烷氧化与氨氧化微生物的交互作用对 CH_4 和 N_2O 排放的影响机制。结果发现，甲烷氧化菌（MOB）在高浓度尿素处理的土壤中被轻微标记，而在低浓度和无尿素处理的土壤中被显著标记（图 3-32）。这说明，甲烷氧化菌在高氮水平表现出轻微的活性，而在低浓度和无氮素添加下表现出高度活性，证明了高浓度尿素态氮对甲烷氧化菌活性的抑制效应。氨氧化细菌（AOB）在高浓度尿素处理中被显著标记，在低浓度尿素土壤中被轻微标记；AOA 在各种处理中均未表现出明显的被标记迹象。这说明在本实验中，AOB 是主要的硝化微生物。

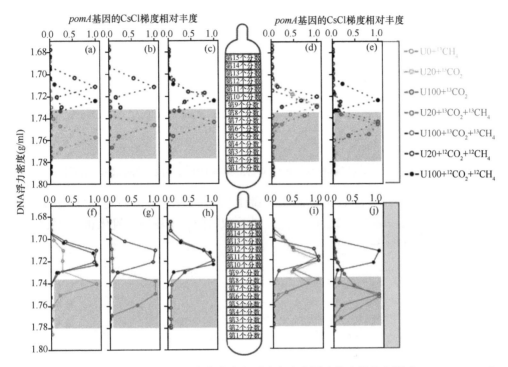

图 3-32　活性甲烷氧化和氨氧化微生物在全部浮力密度范围内的定量分布图（Pan et al.，2021）

　　结合定量结果和 SIP 分析后的系统发育分析，我们计算了 MOB 和 AOB 主要活性属的绝对丰度，结果发现（图 3-33），放牧草原土壤的活性甲烷氧化微生物是隶属于 *Methylobacter* 的 MOB，而围封土壤的活性甲烷氧化微生物是隶属于 *Methylobacter*、*Methylocaldum* 和山地土壤丛阿尔法（USCα）的 MOB。放牧土壤中的活性 AOB 主要隶属于 *Nitrosospira*，而围封土壤的活性 AOB 主要隶属于 *Nitrosospira*、*Nitrosomonas* 和 *Nitrosococcus* 三个属。

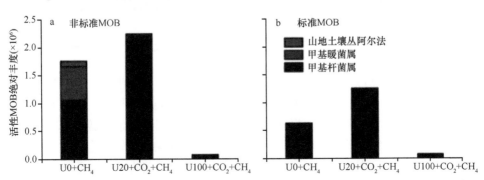

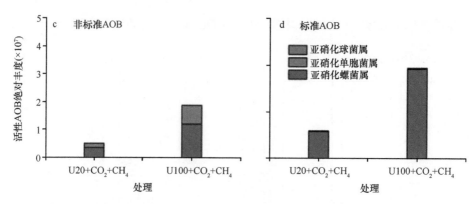

图 3-33　活性甲烷氧化菌和氨氧化微生物主要属的绝对丰度（Pan et al.，2021）

草原土壤活性甲烷氧化和氨氧化微生物之间的竞争主要是 *Methylobacter* MOB 与 *Nitrosospira* AOB 之间的竞争，草原放牧削弱土壤甲烷氧化和氨氧化的竞争性交互作用（图 3-34）。

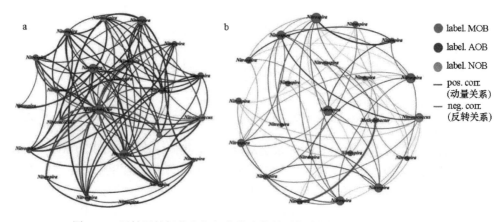

图 3-34　活性甲烷氧化和氨氧化微生物的网络分析（Pan et al.，2021）

第五节　放牧利用对土壤磷素转化的影响

一、不同围栏年限下丛枝菌根真菌数量与植物生长及吸磷量的关系

丛枝菌根（AM）真菌能与绝大多数的草原植物形成共生体，是草原生态系统重要的组成部分，对改善植物磷（P）营养具有重要意义。围栏封育是目前应用最为广泛的一种恢复重建退化草原的方法，合理的围封措施能够改善草原土壤理化性质，恢复植物群落生物量和多样性水平，并使其保持在较稳定的水平。本研究利用野外长期围封试验平台，揭示不同围封年限下内蒙古典型草原 AM 真菌侵

染率、孢子密度和菌丝长度的季节变化规律，并将其与牧草地上部生物量及吸磷量的变化相联系，以期探明 AM 真菌与牧草生长和养分吸收的关系，从土壤微生物的角度探讨围栏对典型草原生产力的影响，为退化草原的合理利用及修复提供一定的理论依据。试验样地包括三个处理：1983 年围封样地（E83）、1996 年围封样地（E96）和围栏外自由放牧样地（FG，作为对照）。截至 2014 年，E83 和 E96 分别围封了 31 年和 18 年。

与自由放牧相比，围栏显著提高了 AM 真菌的侵染率、孢子密度和菌丝长度（图 3-35），分别提高了 27%~41%、36%~300% 和 34%~168%。但是，AM 真菌各指标受季节影响显著，AM 真菌的侵染率在 5 月最低，7 月达到最高，围栏在春秋两季的侵染率比自由放牧提高 1.4~2.1 倍，孢子密度和菌丝长度分别在 7 月和 8 月达到峰值。围栏降低了 AM 真菌各指标的季节波动性，通常随围栏年限的延长，各指标值越高。

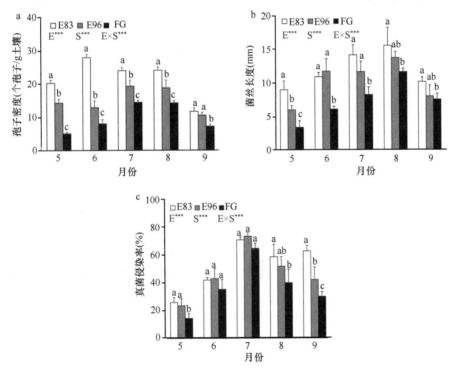

图 3-35　不同围封处理下 AM 真菌孢子密度（a）、菌丝长度（b）和侵染率（c）的季节变化（Chen et al.，2018a）

E83、E96、FG 分别代表 1983 年围封、1996 年围封、自由放牧样地；图中数值为平均值±标准误；E、S、E×S 分别代表围封、季节及围封和季节的交互作用。下同

围栏显著提高了土壤碱性磷酸酶活性，与自由放牧相比，其活性提高了

19.6%~101.8%，但围栏年限对其没有显著影响。不同季节土壤碱性磷酸酶活性差异较大，6 月活性最高，9 月活性最低，但 9 月围栏与自由放牧之间的差异最大，其活性在围栏中分别是自由放牧的 1.7 和 2.0 倍（表 3-13）。

表 3-13　不同围封处理下土壤碱性磷酸酶活性的季节变化（Chen et al.，2018a）

处理	碱性磷酸酶活性[μg/(h·g 土壤)]				
	5 月	6 月	7 月	8 月	9 月
E83	453.72±53.98a	675.06±60.44a	421.91±27.93a	504.19±61.27a	323.72±28.92a
E96	422.64±43.00a	624.30±41.03a	353.06±49.19a	490.41±25.02a	269.43±49.99a
FG	295.45±13.85b	479.24±0.91b	247.76±6.99b	400.92±34.88b	160.45±26.18b

注：表中数据为平均值±标准误

围栏显著提高了典型草原地上部生物量和吸磷量（图 3-36），且地上部活体生物量与 AM 真菌孢子密度（$r = 0.741$，$P<0.01$）、菌丝长度（$r = 0.727$，$P<0.01$）呈极显著的正相关关系；牧草地上部吸磷量与 AM 真菌孢子密度（$r = 0.609$，$P<0.01$）和菌丝长度（$r = 0.485$，$P<0.01$）也呈极显著的正相关关系，但这种相关性在自由放牧时更为明显，围封削弱了它们之间的这一相关性。研究结果表明围栏可促进 AM 真菌的生长，提高牧草地上部生物量和吸磷量，孢子密度对围栏的响应比较敏感。

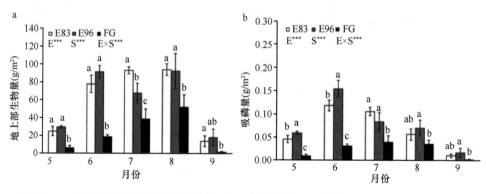

图 3-36　不同围封处理对地上部生物量（a）和吸磷量（b）的影响（Chen et al.，2018a）

二、不同围栏年限下土壤微生物量碳氮磷的季节性变化及其对植物养分吸收的影响

土壤微生物在有机质的生物地球化学转化及土壤肥力方面扮演极其重要的角色。在矿化过程中，微生物会吸收固定一部分被分解的碳（C）、氮（N）和磷（P）作为细胞的部分成分（微生物量，MB），当微生物死亡时，这部分固定在 MB 中

的养分会随之释放并较易被植物及其他微生物利用。因此，MB 及其自身的周转对于土壤活性养分是重要的"源"和"库"。利用野外长期定位围封试验平台，分析不同退化程度典型草原土壤微生物量碳（MBC）、微生物量氮（MBN）、微生物量磷（MBP）的年际周转特征及差异，结合牧草生物量和养分含量以及土壤养分的动态变化，确定了影响土壤微生物量周转的主要因素及不同管理模式对草原生产力的影响。结果证明长期围封可显著增加土壤肥力，但并不随围封年限而继续增加（表 3-14）。土壤微生物对调控 N、P 循环起着重要的作用。围封提高土壤 MBC 和 MBN 的含量，全年 MBC、MBN 和 MBP 的平均值分别为 216μg/g、32μg/g 和 24μg/g，分别占相应土壤总有机碳、总氮和总磷的 1.4%、2.2% 和 7.4%。相比 MBC 和 MBN，MBP 的季节波动要更为明显，长期围封减小了土壤微生物的季节波动（图 2-52）。

表 3-14 长期围封对土壤理化性质的影响（Chen et al.，2018b）

处理	堆积密度 (g/cm³)	pH	有机质 (g/kg)	总氮 (g/kg)	总磷 (g/kg)	有机磷 (g/kg)	含水量 (g/g)	颗粒分布（%）		
								沙土	粉粒	黏粒
E83	1.20± 0.06c	7.19± 0.05b	30.16± 1.51a	1.57± 0.11a	0.33± 0.01a	0.15± 0.00a	0.51± 0.01a	80.0± 1.8	11.9± 1.0	8.2± 1.0
E96	1.36± 0.14b	7.28± 0.07ab	29.23± 1.63a	1.61± 0.13a	0.32± 0.02a	0.14± 0.01ab	0.47± 0.01b	80.0± 4.8	11.9± 3.8	8.2± 1.0
FG	1.51± 0.09a	7.29± 0.06a	22.46± 0.69b	1.16± 0.06b	0.30± 0.00b	0.13± 0.01b	0.41± 0.02c	84.8± 2.3	10.0± 0.9	5.2± 2.1

MBC、MBN 和 MBP 的周转时间分别为 214～235d、244～254d 和 105～127d。MBP 的周转时间仅为 MBC 的 45%～59% 和 MBN 的 41%～52%。MBC 和 MBN 的周转率均约为 1.5/a，MBP 的周转率约为 3/a，长期围封并不改变土壤微生物周转率和周转时间。植物总吸 N 量高于土壤有效 N 储量，但与 MBN 储量相似，暗示 N 素缺乏且微生物量周转在土壤 N 素供应方面起着重要作用。相比之下，土壤有效 P 和 MBP 储量均远高于植物总吸 P 量，暗示在当前 N 水平下没有缺 P 的风险（表 2-8，表 3-15）。因此从土壤养分供应与植物需求来看，氮素而非磷素是限制因子，长期围封有助于改善 N 缺乏的状况，但围封过久不利于草原生产力的恢复。对于 FG，尽管土壤不缺磷，但是土壤 N 的缺乏及物理性质的恶化限制了植物根系的生长和对 P 的吸收。

本研究首次在半干旱草原区调查了 MBC、MBN、MBP 的季节波动并定量化了周转率和通量，提供了关于 MBC、MBN 和 MBP 季节动力学过程的丰富信息，其结果可加深我们对气候条件变化背景下微生物对土壤养分有效供应的机理的理解，为该生态系统科学制定管理措施提供理论依据。

表 3-15   不同围封处理对植物氮磷吸收量的影响（Chen et al.，2018b）

	处理	吸 N 量[kg/(hm²·a)]	吸 P 量[kg/(hm²·a)]
地上部	E83	19.6±5.6a	1.2±0.1b
	E96	17.9±1.9a	1.5±0.1a
	FG	10.2±0.3b	0.4±0.0c
地下部	E83	43.8±1.4b	2.2±0.1b
	E96	56.6±1.7a	3.0±0.2a
	FG	45.9±2.7b	2.3±0.2b
总吸收	E83	63.4±7.0b	3.4±0.2b
	E96	74.5±3.7a	4.5±0.3a
	FG	56.1±3.0b	2.7±0.2c

注：表中数据为均值±标准差

三、干湿交替过程中土壤微生物量磷周转与磷素有效性

干湿交替是土壤在自然条件下最为常见的非生物扰动，对土壤磷素（P）动力学过程具有重要影响，并可同时影响土壤 P 素循环的物理化学过程和生物学过程。利用磷放射性同位素（^{33}P）对干湿交替过程中土壤 P 素的转化特征进行了研究。试验设置恒湿（CM）和干湿交替（DWR）两个处理。

与恒湿处理相比，干湿交替有降低土壤 P 素物理化学过程转化的趋势，但是在 30d 培养周期内未见显著性差异。经过干湿交替后，土壤水可提取态磷含量持续增加，但微生物仅对干湿交替过程的第一个循环响应最为敏感。我们结合 ^{33}P 同位素在不同 P 库中的通量变化，提出 MBP 影响土壤溶液中的 P 含量的两个机制：①经过干湿交替后，土壤微生物死亡，其释放的 P 可直接进入到土壤溶液中，使水可提取态 P 含量增加；②土壤微生物释放的 P 占据了土壤表面对 P 吸收的位点，从而导致土壤对 P 的吸附能力下降，从而使土壤 MBP 可间接对土壤溶液 P 带来非生物因素的影响（图 2-53）。

培养周期内，土壤有机 P 总矿化占 P 素总转化量的 44%，证明了微生物过程对草原土壤 P 素转化的重要性。与恒湿处理相比，干湿交替处理显著降低土壤有机 P 矿化。在土壤干燥条件下，矿化过程几乎停止，而在湿润后其矿化速率与恒湿处理相似[0.3～2.4mg/(kg·d)]（图 2-54）。干湿交替处理中有机 P 矿化的降低可能与真菌群落的相对减少有关（图 2-55）。土壤干湿交替强烈影响 MBP 的周转，但这种影响随着干湿交替次数的增加而减小。

本研究首次应用同位素稀释法在非稳定环境下研究土壤 P 素的转化特征。结果表明，干湿交替可以减少土壤对 P 的吸附，从而增加 P 的可提取性。干湿交替

有降低土壤物理化学过程对 P 转化的影响的趋势，但是在 30d 培养周期内未见显著性差异。土壤 MBP 的释放导致土壤溶液中的 P 含量增加，但微生物仅对干湿交替过程的第一个循环响应敏感。培养周期内，土壤有机磷矿化占磷素总转化量的 44%，证明了微生物过程对草原土壤磷素动力学转化的重要性。与恒湿条件相比，本研究的干湿交替条件显著降低土壤有机磷矿化，这主要是由于在土壤干燥条件下，矿化过程几乎停止，而在湿润后其矿化过程虽有恢复，但与恒湿条件下的矿化率相似。实时定量 PCR 分析证明，有机磷矿化的降低可能与真菌群落的相对减少有关。

四、围栏对土壤水稳性团聚体中活性磷组分的影响

团聚体中养分的周转在养分供应中起着重要作用，典型草原不同级别的水稳性团聚体中磷素组分均以中稳性磷（D.HCl-Pi+C.HCl-Pi+C.HCl-Po）含量最高，其次为中活性磷（NaOH-Pi+NaOH-Po）和活性磷（Resin-Pi+NaHCO₃-Pi+NaHCO₃-Po）。中活性磷和中稳性磷受围栏年限的影响较小，而活性磷受围栏年限的影响较大。围栏使直径<0.053mm 水稳性团聚体中活性磷含量显著提高，且围栏越久，含量越高（表 2-9）。

在直径>0.053mm 和<0.053mm 团聚体轻组组分中，磷素含量依次为中活性磷>中稳性磷>活性磷，围栏对磷组分没有显著影响。而在重组组分中磷素含量依次为中稳性磷>中活性磷>活性磷；除 Resin-Pi 或 C.HCl-Pi 外，其余各形态磷在不同围栏年限间没有显著性差异（表 2-10）。

五、草原返青期人工模拟降雨对土壤微生物量及牧草生物量的影响

在干旱和半干旱草原生态系统，降雨是地上净初级生产力（ANPP）的主要限制因子。在全球气候变化背景下，极端降雨和干旱事件频发造成土壤水分在时间与空间尺度上分布不均，将对植物生长和元素地球化学循环产生极大影响。因此，研究 ANPP 如何响应季节性降雨十分必要。通过野外模拟降水试验，研究典型草原春季降水对地上部植物生长、土壤微生物量及土壤微生物群落结构的影响及其季节变化。试验设置三个处理：不加水处理（W0）、增加一次降水处理（W1）和增加两次降水处理（W2），每次增加的降水量为 20mm。

春季增加降水可以显著改善草原地上部 ANPP，与 W0 处理相比，地上部植物生物量与 N、P 吸收量在 W1 和 W2 中更高（表 3-16）。春季增加降水还可以使植物物候期提前，在 W1 中，植物生物量在 7 月 30 日达到最大，这一时间要早于 W0 处理（9 月 2 日）。相似地，W1 和 W2 中植物 N、P 吸收量在 7 月 30 日达到

最大，而 W0 中则是在 9 月 2 日。春季增加降水同时也增加了土壤微生物量碳（MBC），且 ANPP 和 MBC 之间具有显著的正相关关系，暗示 MBC 可作为环境变化下土壤肥力的指示因子（图 3-37，图 3-38）。整个植物生长季，土壤水分和 N 的有效性是土壤微生物动力学过程的主要控制因子。此外，MBC：MBP 在生长后期植物需 P 量下降时升高，暗示植物和微生物之间存在对 P 素养分的竞争。

表 3-16　春季增加降水不同处理中植物生物量和 N、P 吸收量的季节变化

处理		采样日期（日/月/年）				
		30/5/2015	1/7/2015	30/7/2015	2/9/2015	30/9/2015
生物量（t/hm²）	W0	0.22±0.03Dc	0.67±0.09Cb	1.12±0.09Bb	1.42±0.27Ab	0.67±0.10Cb
	W1	0.29±0.02Cb	0.95±0.03Bb	1.60±0.14Aa	1.53±0.12Ab	0.90±0.13Ba
	W2	0.38±0.04Ca	1.06±0.16Ba	1.68±0.29Aa	1.85±0.32Aa	1.05±0.18Ba
N 吸收量（kg/hm²）	W0	7.3±0.7Cc	15.5±1.8Bb	19.5±3.5Ab	19.8±2.6Ab	7.2±1.7Cb
	W1	9.5±0.5Cb	22.3±3.5Ba	30.5±2.9Aa	20.9±2.3Bb	9.0±1.3Ca
	W2	11.5±0.7Da	19.9±1.5Ca	30.2±4.4Aa	24.5±2.9Ba	10.3±1.0Da
P 吸收量（kg/hm²）	W0	0.44±0.02Cc	1.12±0.13Bb	1.57±0.08Ab	1.65±0.25Ab	0.52±0.06Cb
	W1	0.61±0.03Eb	1.58±0.10Ca	2.50±0.17Aa	1.83±0.09Bab	0.79±0.15Da
	W2	0.73±0.05Da	1.71±0.13Ca	2.63±0.31Aa	1.96±0.15Ba	0.77±0.14Da

注：图中数据为均值±标准差；同一采样日期中不同小写字母表示处理间差异达到显著水平；同一处理中不同大写字母表示采样日期间差异达到显著水平（$P < 0.05$）。W0、W1 和 W2 分别代表不加水、增加一次降水和增加两次降水

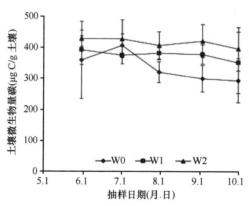

图 3-37　春季降雨对土壤微生物量碳的影响（Chen et al.，2020）
W0、W1 和 W2 分别代表不加水、增加一次降水和增加两次降水

　　磷脂脂肪酸（PLFA）分析结果显示，对春季增加降水响应敏感的微生物类群主要为革兰氏阴性（G−）细菌和真菌，真菌和 G−细菌对于浇水具有正反馈，而对干旱环境则表现为负反馈（图 3-39）。通过 DNA 高通量测序分析进一步发现，G−细菌中主要为变形菌门（Proteobacteria）和拟杆菌门（Bacteroidetes），而真菌中主要为子囊菌门（Ascomycota）（图 3-40）。

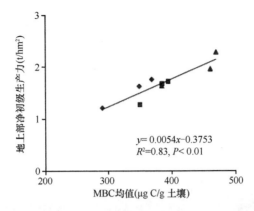

图 3-38　ANPP 与土壤微生物量碳的关系（Chen et al.，2020）

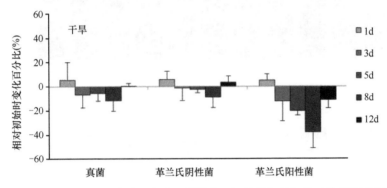

图 3-39　不同处理土壤真菌及革兰氏阴性菌、阳性菌相对初始时的变化百分比

RDA 分析旨在更好地理解土壤微生物群落组成与环境因子的相互关系。基于 PLFA 的 RDA 分析发现（图 3-41a），18:2ω6c（真菌生物标志物）在浇水 1d 后丰度更高，环状烷烃脂肪酸（cy17:0ω7c 和 cy19:0ω7,9c）与单链不饱和脂肪酸（16:1ω7,9c 和 18:1ω7c）及其他脂肪酸在第一主坐标轴上明显分开。土壤含水量、土壤温度和土壤有效 P（AP）含量是影响 PLFA 组成的主要因素。而返青期土壤水分的变化对土壤微生物的影响主要是通过土壤养分的变化来实现的，尤其是土壤 AP 的含量对细菌和真菌中的几种特定微生物具有显著正相关性，同时温度与绝大多数细菌类群呈现负相关性，这可能是由温度增加，植物开始返青，与土壤微生物形成了养分竞争造成的；与之不同的是真菌与土壤温度之间没有显著的相关性。

对细菌（图 3-41b）和真菌（图 3-41c）进行 RDA 分析，前两个主坐标轴分别可以解释土壤细菌 19.6% 和真菌 19.3% 的组成变化。浇水明显改变了土壤细菌类群，浇水后 1d 土壤 Bacteroidetes 丰度明显增加，而 Actinobacteria 丰度明显减少。浇水后随着土壤含水量的恢复，土壤细菌群落有恢复的趋势，但是在第 5 天

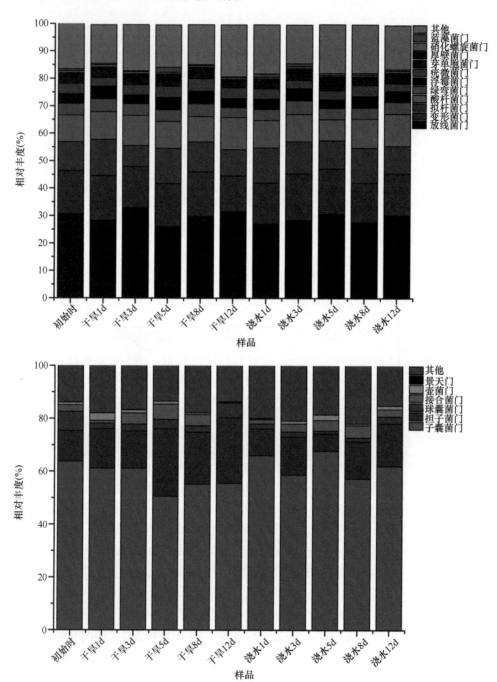

图 3-40　不同处理中主要细菌（a）和真菌（b）类群的相对丰度变化

图中数据为平均值±标准差；变化值分别在浇水后第 1、3、5、8、12 天测定

时（此时土壤温度达到最高值），土壤 Firmicutes 丰度明显增加。皮尔逊相关分析显示，土壤 Firmicutes 丰度与土壤温度之间呈显著的正相关关系。土壤 Acidobacteria 和 Gemmatimonadetes 与溶解性有机碳（DOC）含量呈显著正相关，而 Actinobacteria 与 DOC 含量之间呈显著负相关。与土壤细菌相比，土壤真菌群落组成的变化更为显著（图 3-40）。与其他采样时间点相比，土壤 Glomeromycota 在试验初始时的丰度最高，而 Zygomycota 在此时相对丰度最低。在浇水 1d 后，群落结构发生了明显的变化，土壤 Ascomycota 相对丰度明显增加，而 Basidiomycota 相对丰度明显降低。在浇水和不浇水处理中，土壤真菌群落随着土壤含水量的降低有着共同的变化趋势，即 Ascomycota 丰度降低，而 Basidiomycota 丰度增加。皮尔逊相关分析显示，土壤含水量和土壤温度是影响土壤真菌群落结构变化的主要因素。此外，尽管皮尔逊相关分析显示真菌各类群与土壤 AP 之间无显著性关系，通过 RDA 分析可以发现在试验初始时土壤真菌群落与其他时间点明显不同，而 AP 是主要的驱动因素。

主成分分析发现春季增加降水对土壤微生物群落功能的影响可持续较长时间（图 3-42），这主要是因为降水不仅改变了土壤含水量，还通过影响植物生长而改变了土壤养分状况，从多方面影响土壤微生物的生存环境。此外，春季增加降水对土壤微生物的主要代谢功能具有负效应（图 3-43），暗示该生态系统春季水分充足时，土壤存在养分供应不足的风险。

研究结果清晰地显示了春季增加降水可以在全年时间尺度下提高半干旱草原植物生产力及土壤 MBC。该发现为研究气候变化背景下土壤微生物介导的碳循环

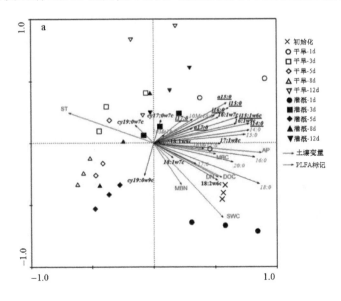

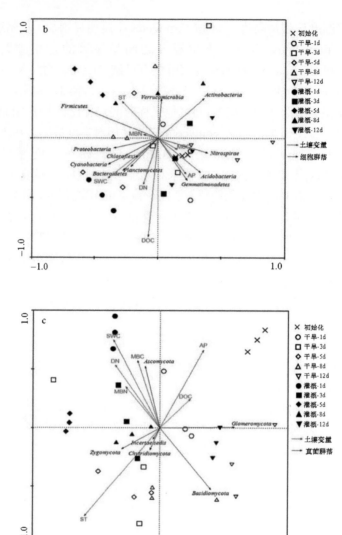

图 3-41　基于 PLFA（a）、细菌 16S rRNA 基因丰度（b）和真菌 ITS 基因丰度（c）的微生物群
落结构组成的冗余分析（Chen et al.，2019）

SWC，土壤含水量；MBC，土壤微生物量碳；MBN，土壤微生物量氮；MBC/ MBN，土壤微生物量碳氮比；
DOC，溶解性有机碳；DN，溶解性氮；AP，速效磷。Drought 代表不浇水；Watering 代表浇水 1 次

提供理论参考。土壤 MBC 可以作为指示土壤肥力的良好指标，因为其对环境变
化敏感且与草原净初级生产力之间具有显著的正相关性。此外，本研究还发现在
半干旱草原生态系统中，土壤水分和 N 素的有效性是决定土壤微生物动力学特征
的主要影响因子。同时，植物与微生物对 P 素竞争关系的存在也应引起足够的重

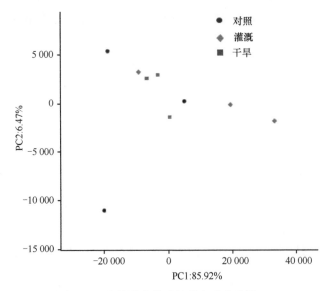

图 3-42　土壤微生物功能的主成分分析

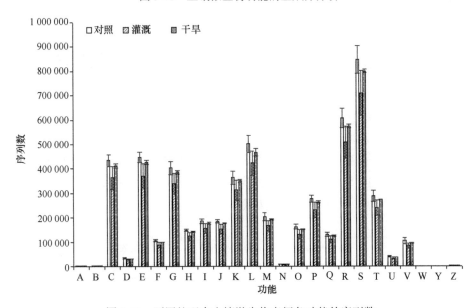

图 3-43　不同处理中土壤微生物表征各功能的序列数

A，RNA 加工和修改；B，染色质结构和动力学；C，能量生产和转换；D，细胞周期控制、细胞分裂、染色体划分；E，氨基酸运输和代谢；F，核苷酸运输和代谢；G，碳水化合物运输和代谢；H，辅酶运输和代谢；I，脂质运输和代谢；J，翻译、核糖体结构和生物起源；K，转录；L，复制、重组和修复；M，细胞壁/膜生物起源；N，细胞运动性；O，转录后修饰、蛋白质代谢；P，无机离子运输和代谢；Q，次生代谢物合成、运输和分解代谢；R，非特异性功能预测；S，未知功能；T，信号转导机制；U，细胞内交换、分泌和泡状运输；V，防御机制；W，细胞外结构；Y，核结构；Z，细胞骨架

视。春季降水可以提高土壤 C、N 有效性与 MBC 以及土壤总 PLFA 含量。在浇水过后，土壤微生物 PLFA 组成立即发生改变，对水分响应敏感的微生物类群主要为革兰氏阴性菌和真菌。在试验期间（生长季初期），植物对 P 素营养具有很大的需求，导致了土壤 AP 的显著降低，而 AP 可能是除土壤含水量及其相关的因子（如 DOC、DN、MBC、MBN）外，造成土壤微生物群落结构改变的重要影响因素。春季降水影响土壤微生物群落结构，这一影响在野外条件下可以持续较长时间，其不仅可以通过调节土壤水分有效性直接作用，而且可以通过影响地上部植物生长间接改变土壤微生物生长的养分条件。与此同时，该区域春季水对土壤微生物的主要生理功能具有负效应，这可能是由于春季降水放大了植物和土壤微生物之间的养分竞争。在内蒙古半干旱草原生态系统，除水分的限制外，土壤氮磷等养分元素同样限制植物和土壤微生物的生存生长。因此，为了草原的可持续化管理，应全面考虑植物和微生物对土壤水分与养分状况的响应情况。

第六节　放牧条件下土壤磷生态过程与植物生长及演替的关系

一、不同生长时期和放牧利用下草原群落物种组成与环境因子的关系

研究发现，不同生长时期和围封年限对地上部生物量、总盖度、物种丰富度及群落加权叶片 N 浓度（[N]）、P 浓度（[P]）和 N∶P 均存在显著交互效应。生长季初期群落加权的叶片[N]、[P]较高，且叶片[N]、[P]随生长季的进行而显著降低。长期过度放牧提高 8 月和 10 月群落水平的叶片[N]、[P]以及 5 月与 8 月的叶片 N∶P（图 3-44），5 月和 8 月放牧处理中的叶片 N∶P 分别为 16.7 和 14.2。放牧降低生长季初期叶片[P]和 10 月叶片 N∶P。

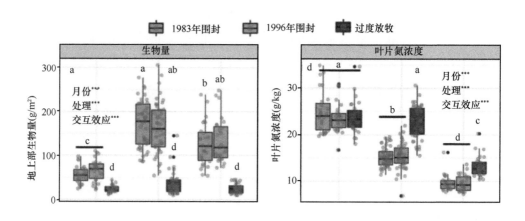

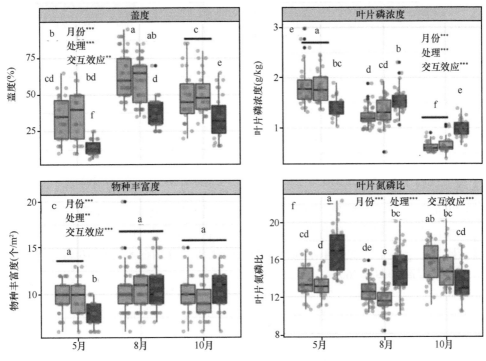

图 3-44　不同生长时期和围封年限对群落指标的影响（于瑞鹏，2020）

土壤含水量、酸性磷酸酶活性和 pH 在生物量最大时期较高，Olsen P 浓度在生长季初期较高。放牧在不同生长时期均显著降低土壤含水量、酸性磷酸酶活性和 Olsen P 浓度，显著提高土壤 pH（图 3-45）。

本研究选取了样方内 5 个功能群（多年生丛生禾草、多年生根茎禾草、多年生杂类草、灌木和半灌木、一年生及两年生植物）中优势度较高且在各处理中均出现的 10 个代表性物种进行研究，结果显示苔草和冰草的优势度在生长季初期最高，大针茅、糙隐子草和狗尾草的优势度在生物量最大时期最高。不同生长

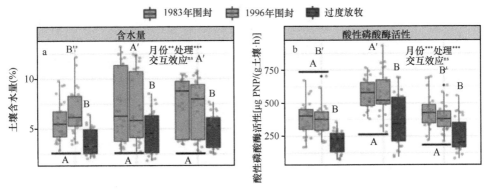

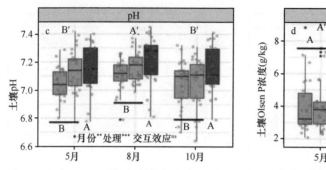
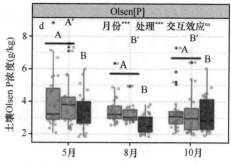

图 3-45　不同生长时期和围封年限对土壤指标的影响（于瑞鹏，2020）

时期下放牧均会提高糙隐子草、苔草和星毛委陵菜的优势度，而降低木地肤的优势度。大针茅和冷蒿的优势度在放牧初期不受放牧影响，但随生长季的进行显著降低。一年生植物狗尾草和止血马唐的优势度分别在 8 月和 10 月的放牧小区中显著提高（图 3-46）。

通过 CCA 分析，研究发现苔草和糙隐子草在不同生长时期均多分布在含水量与 Olsen P 更低的放牧处理中，表明二者可能更适应放牧造成的低磷环境。8 月和

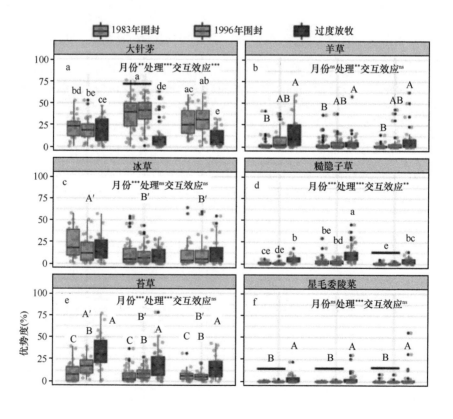

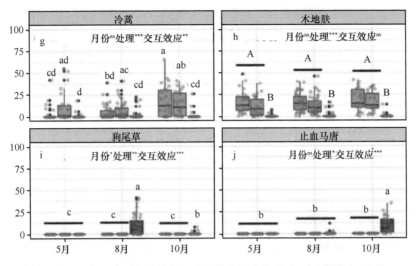

图 3-46　不同生长时期和围封年限对物种优势度的影响（于瑞鹏，2020）

10 月放牧处理中一年生植物（8 月为灰绿藜与画眉草，10 月为画眉草和止血马唐）分布更广泛，可能与其较强的养分吸收能力有关。大针茅、木地肤和冷蒿在不同生长时期下多分布在围封处理中，其优势度的增加与土壤含水量及土壤中磷的有效性呈正相关（图 3-47）。

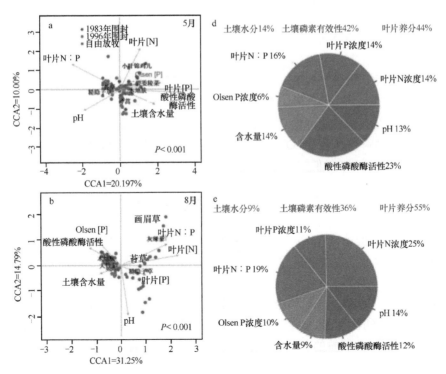

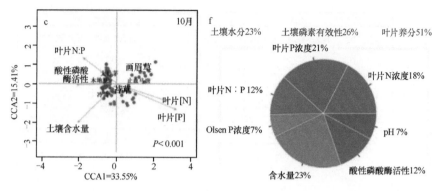

图 3-47　不同生长时期物种分布和环境因子的典范对应分析及各环境因子的相对贡献
（于瑞鹏，2020）

通过变差分解发现，不同生长时期群落水平的叶片[N]、[P]和 N∶P 对物种分布的解释度最高，为 44%～55%。生长季初期与土壤磷素有效性相关的指标包括 Olsen P 浓度、酸性磷酸酶活性和 pH，对放牧前后物种组成影响的解释度更高，生长季末期土壤含水量的解释度更高（图 3-47）。

总的来说，放牧显著降低各月植物地上部生物量和土壤 Olsen P 含量，且提高了生长季初期和生物量最大时期的叶片 N∶P，表明放牧条件下植物生长可能更缺磷。此外，土壤磷素有效性对生产力和物种组成的影响在生长季初期与旺盛期更大，以往土壤磷素有效性在放牧群落物种组成改变中的作用可能被低估。苔草和糙隐子草在放牧处理中更占优势，且生长季初期苔草和糙隐子草的出现能够指示群落的退化，这不仅与其生长策略有关，还可能与其更强的磷获取能力有关。在 8 月和 10 月，一年生植物在放牧条件下更占优势，并可以指示草原退化，这可能与其较高的养分吸收能力有关。生物量最大时期和生长季末期占优势的一年生植物不同，说明物种生态位的分离有利于降低竞争，维持物种共存。大针茅、木地肤和冷蒿主要分布在水分与土壤磷有效性（如 Olsen P 含量和酸性磷酸酶活性）较高的群落中，这可能与其不适应放牧处理中较低的土壤含水量和土壤磷有效性有关（于瑞鹏，2020）。

二、长期过度放牧导致草原物种优势度差异的地下部机制

通过三年的野外试验，研究发现大针茅是围封处理中的优势物种，但过度放牧降低了其优势度，降幅达到 52%。糙隐子草和苔草优势度在过度放牧处理中显著提高，增幅分别为 220%和 152%。苔草对放牧的适应性更强，并在放牧条件下成为优势物种。羊草、冰草和冷蒿的优势度不受围封年限的影响（图 3-48）。

放牧显著降低了根际酸性磷酸酶活性，提高了叶片[Mn]（反映根系有机酸分泌），但对根际 pH 影响的主效应不显著，且围封年限和物种存在显著交互效应。

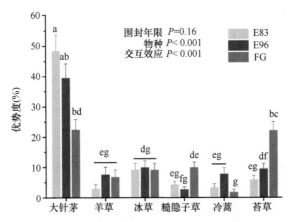

图 3-48　不同围封年限对 6 个物种优势度的影响（Yu et al.，2020b）

物种间根际酸性磷酸酶活性和叶片[Mn]存在显著差异，但根际 pH 在不同物种间的差异不大。例如，苔草的根际酸性磷酸酶活性与冷蒿的叶片[Mn]在围封和放牧处理中均显著高于其他物种。相比于围封，放牧处理显著降低比根长、平均根直径和细根比例，且物种间根系形态和性状存在显著差异。苔草的比根长和细根比例在各处理中显著高于其他物种，平均根直径显著低于其他物种，大针茅和冷蒿则有更小的比根长、细根比例和更大的平均根直径。放牧对根系形态和性状的影响依赖于物种特性，如放牧提高了大针茅和冷蒿的比根长，但降低了苔草、冰草和糙隐子草的比根长（图 3-49）。

放牧提高大针茅的相对比根长（即放牧处理中，大针茅的比根长在 6 个物种间的相对大小比其在围封处理中提高），但提高的相对比根长降低了大针茅的优势度，比根长和根际酸性磷酸酶活性的变化解释了 48%的优势度变异。尽管放牧没有影响羊草和冷蒿的优势度，但其中相对比根长和细根比例在两个物种间起了相

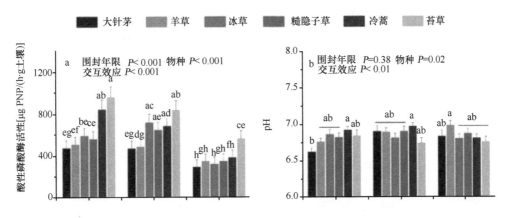

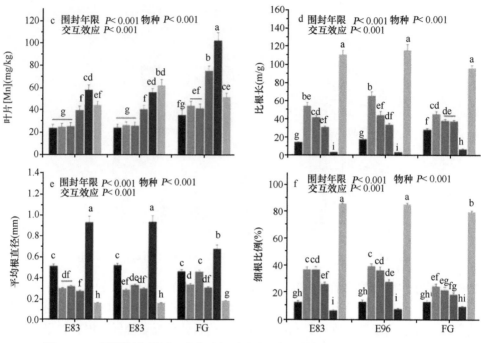

图 3-49 不同围封年限对 6 个物种根系磷获取性状的影响（Yu et al.，2020b）

的作用。结果还表明放牧通过提高相对叶片[Mn]间接提高了糙隐子草的优势度，同时放牧也会通过其他途径直接提高糙隐子草的优势度。放牧通过提高苔草的细根比例间接提高了其在放牧处理下的优势度（图 3-50，图 3-51）。我们的另一项研究证明糙隐子草自身磷获取能力较弱，但其能通过更强的根系性状可塑性被磷活化能力强的邻居植物促进，进而提高其在低磷土壤上的生物量（Yu et al.，2020a）。

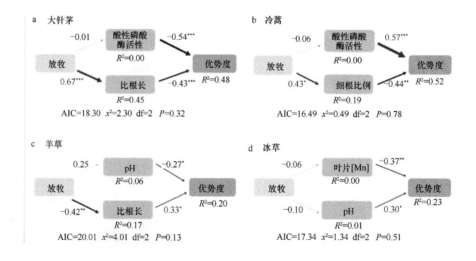

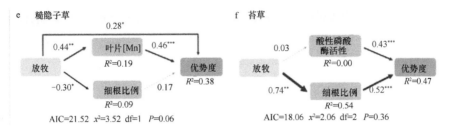

图 3-50　放牧利用下影响物种优势度的关键根系性状的结构方程模型（Yu et al.，2020b）

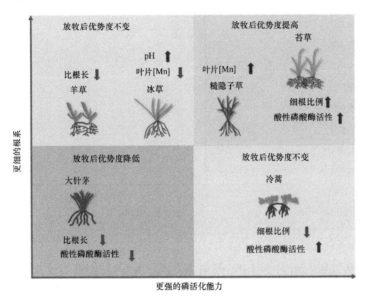

图 3-51　放牧影响物种优势度变化的关键根系性状示意图（Yu et al.，2020b）

本章的研究发现长期过度放牧显著降低土壤 Olsen P 含量，提高群落水平的叶片 N：P（放牧处理中为 16.2），可能加剧植物生长受到的磷限制。苔草通过更高的根际酸性磷酸酶活性和细根比例，糙隐子草通过更高的叶片[Mn]（较强的有机酸分泌能力）在放牧条件下更占优势，这种更强的磷获取能力可能是自身固有的，也可能是对放牧的可塑性反应。长期过度放牧降低了大针茅的优势度，可能与其磷低效的根系性状有关。本研究强调了根系磷获取性状在长期过度放牧引起的物种组成改变中的重要性，并且物种优势度的变化还需要整合多个性状的差异来解释（Yu et al.，2020b）。

三、放牧利用对土壤和植物 N：P 的影响：整合分析

本研究选取了来自 142 个试验点的 173 篇文献进行整合分析（Yu et al.，2021），结果显示除了土壤有效 N：P，放牧显著影响了 12 个响应变量。放牧提高了叶片

[N]、[P]和 N∶P，增幅分别为 16%、15%和 6%。放牧分别提高了 4%的根系[N]和[P]，但降低了 3%的根系 N∶P。放牧分别降低土壤全[N]、全[P]、全量 N∶P、有效[N]、有效[P]达 7%、5%、2%、2%和 5%（图 3-52）。

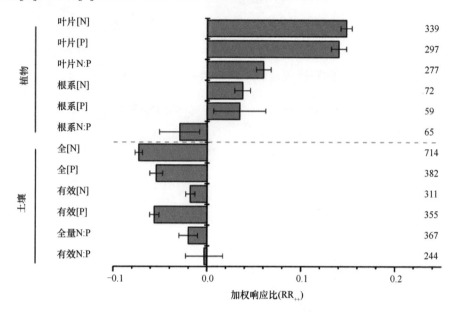

图 3-52 放牧对 12 个响应变量的加权响应比的影响（Yu et al.，2021）

海拔和年均温与叶片 N∶P、根系 N∶P 及土壤有效 N∶P 的响应比呈显著负相关。年均降水量和叶片 N∶P、根系 N∶P 的响应比呈正相关，和土壤有效 N∶P 的响应比呈负相关。随着土壤深度的增加，放牧对土壤有效[N]和有效 N∶P 的影响程度增加，但放牧对土壤有效[P]的影响程度降低。叶片 N∶P 及土壤全量 N∶P 和有效 N∶P 对放牧的响应比与[N]、[P]的变化幅度密切相关，但根系 N∶P 对放牧的响应比主要取决于根系[P]的变化。叶片[N]、[P]对放牧响应的程度与土壤有效[N]、有效[P]的变化幅度显著正相关，但和土壤全量养分的变化幅度不相关。此外叶片 N∶P 的响应比和根系 N∶P、有效 N∶P 的响应比呈正相关，和土壤有效[P]的响应比呈负相关，但和土壤全量养分的化学计量学特征的响应比不相关（图 3-53）。

放牧强度显著影响植物和土壤[N]、[P]及 N∶P。随着放牧强度的增加，叶片和根系[N]、叶片[P]、叶片 N∶P 的增加幅度更大，根系和土壤 N∶P 的降低幅度更大。同时，轻度放牧显著提高土壤全[N]、有效[P]和全量 N∶P，但这几个指标在其他放牧强度中显著降低，且降低幅度随放牧强度的增加而提高。过度放牧对土壤全[P]和有效 N∶P 的负效应较大。除了根系[P]、根系 N∶P 和土壤有效 N∶P，放牧周期对其他指标的影响均达到显著水平。相比单独放牧牛、羊和野生动物放牧，牛羊混合放牧对植物和土壤 N∶P 的影响更大，显著提高叶片 N∶P 和土壤有

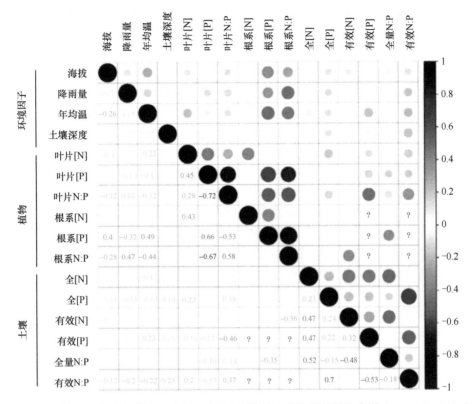

图 3-53　环境因子与响应变量的响应比及响应变量的响应比间的相关分析（Yu et al.，2021）

"？"表示没有足够的数据相关

效 N∶P，幅度分别为 15%和 10%。野生动物放牧能显著提高土壤有效氮磷浓度，但会降低土壤全量 N∶P，提高有效 N∶P。相比于连续放牧，轮牧对叶片[N]、根系[P]、叶片及根系 N∶P 的影响均不显著，两种放牧制度对土壤有效养分的影响也存在显著差异（图 3-54）。

除了一年生及两年生植物和多年生根茎禾草，放牧提高了其他功能群植物的叶片[N]、[P]和 N∶P。同时，放牧也提高了多年生根茎禾草和杂类草的根系养分浓度，但降低了多年生丛生禾草和根茎禾草的根系 N∶P。结果发现，物种和群落水平的叶片养分及 N∶P 存在显著差异。放牧提高了物种和群落水平的叶片[N]，但叶片[P]只在物种水平显著提高；群落水平的叶片[P]在放牧处理中反而降低，这导致群落水平的叶片 N∶P 在放牧条件下提高了 19%（图 3-55）。

本研究选取的 9 个响应变量对放牧的响应程度在不同草原类型中存在显著差异。结果显示，在温性草原和高寒草原中，放牧显著提高叶片 N∶P，降低土壤氮磷浓度，但在稀树草原中，土壤氮磷浓度在放牧条件下呈现出相反的趋势。放牧降低温性草原、典型草原和草甸草原中的土壤全量 N∶P，但提高了稀树草原和高

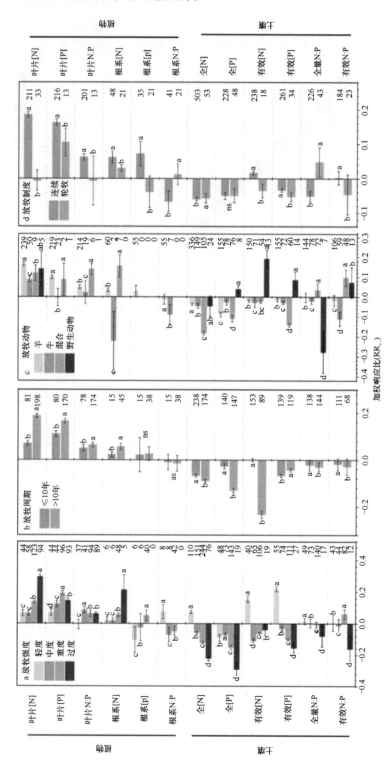

图 3-54　响应变量对放牧强度、放牧周期、放牧动物和放牧制度的响应（Yu et al.，2021）

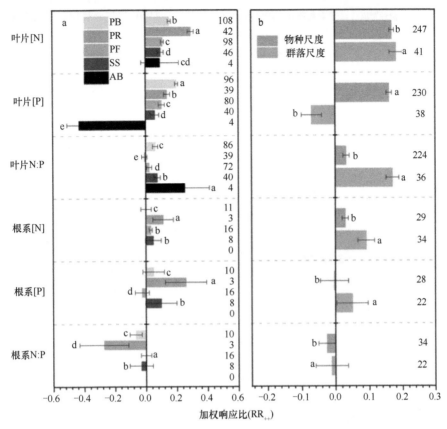

图 3-55　不同植物功能群和研究尺度的植物 N∶P 化学计量特征对放牧的响应（Yu et al.，2021）
PB，多年生丛生禾草；PR，多年生根茎禾草；PF，多年生杂类草；SS，灌木和半灌木；AB，一年生及两年生植物

寒草原的土壤全量 N∶P。放牧提高了稀树草原、高寒草原和草甸草原的土壤有效 N∶P，但降低了温性草原和典型草原的土壤有效 N∶P（图 3-56）。

　　本研究通过整合分析定量了全球尺度下，放牧强度、放牧周期、放牧制度、放牧动物、草原类型和关键环境因子对植物与土壤 N∶P 化学计量特征（包括[N]、[P]及 N∶P）的影响。该结果为放牧造成的植物和土壤氮磷养分失衡提供了直接的证据。放牧提高了叶片 N∶P，但降低了根系 N∶P 和土壤全量 N∶P。放牧利用下叶片 N∶P 的提高与土壤速效磷浓度的降低密切相关，证明土壤速效磷浓度在放牧条件下对植物的生长至关重要，将来的研究应更关注放牧对土壤有效养分的影响及其与植物养分限制因子转变的关系。理解植物 N∶P 和土壤有效 N∶P 在放牧利用下的变化能够对不同草原生态系统放牧管理措施的制定提供理论依据（Yu et al.，2021）。

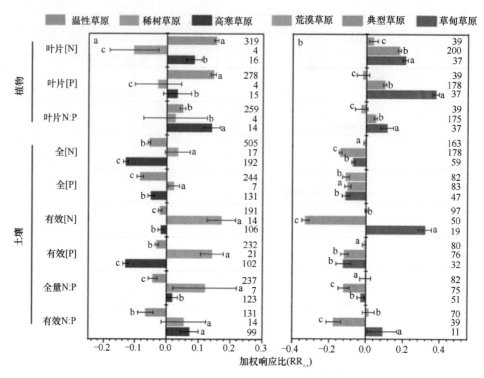

图 3-56　不同草原类型的植物和土壤 N：P 化学计量特征对放牧的响应（Yu et al.，2021）

四、不同草原类型区放牧-植物-土壤相互之间的变化过程与规律：整合分析

对当前各草原类型区域的研究成果进行梳理，整合分析草原类型区放牧-植物-土壤相互之间的变化过程与规律。

1. 放牧对植被及土壤主要指标的影响

放牧条件下地上净初级生产力（ANPP）、地下净初级生产力（BNPP）、盖度（coverage）、根/枝条（R/S）、茎叶与根系营养成分的值为平均值±95%的置信区间。

ANPP：统计了 81 篇文献；BNPP：统计了 52 篇文献；盖度：统计了 63 篇文献；R/S：统计了 46 篇文献；茎 C 浓度：27 篇；茎 NC 浓度：36 篇；根系 C 浓度：22 篇；根系 N 浓度：30 篇（图 3-57）。

研究结果显示如下。

1）重度放牧降低了 ANPP、BNPP 和盖度，其中 ANPP 降低最为明显，降低了 53.75%。

2）重度放牧增加了 R/S 值，增加了 18.93%。

3）重度放牧降低了茎和根系部分的 C 含量，降幅分别为 1.57%和 9.46%。

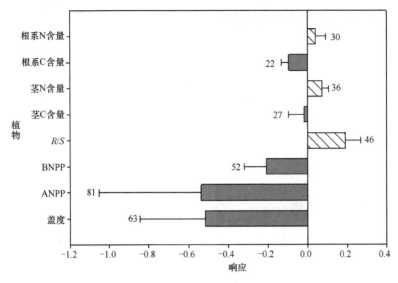

图 3-57 放牧对植物-土壤主要指标的影响

图中数值为平均值±95%的置信区间

4）重度放牧增加了植物和根系部分的 N 含量，增幅分别为 7.26% 和 3.96%。图 3-58 显示了放牧对土壤有机碳（OC）、土壤总氮（TN）及土壤总磷（TP）、土壤 C∶N 和土壤 N∶P 的影响。OC：统计了 115 篇文献；TN：统计了 110 篇文献；土壤 TP：统计了 45 篇文献；土壤 C∶N 和土壤 N∶P 分别为 48 篇和 42 篇。

重度放牧利用对土壤有机碳（OC）、土壤总氮（TN）、土壤总磷（TP）、土壤 C∶N 和土壤 N∶P 的影响一致，降幅分别为 10.80%，7.35%、27.33%、2.55% 及 4.39%。

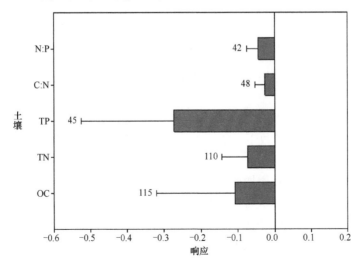

图 3-58 放牧对土壤养分的影响

图中数值为平均值±95%的置信区间

2. 放牧强度对植被生产力的影响

不同放牧强度对地上净初级生产力（ANPP）和地下净初级生产力（BNPP）的影响见图 3-59，图中数据为平均值±95%的置信区间。

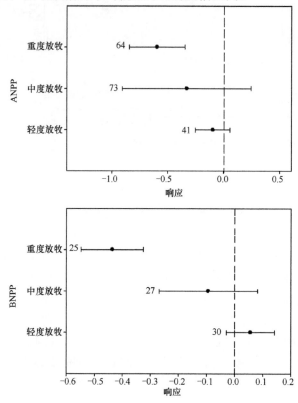

图 3-59　放牧强度对净初级生产力影响

对于 ANPP，重度放牧：统计了 64 篇文献；中度放牧：73 篇文献；轻度放牧：41 篇文献。

研究结果如下。

1）ANPP：在重度放牧下，草地生产力减少了 59.38%，而轻度放牧的减少值为 9.72%。

2）BNPP：轻度放牧增加地下生物量，增加量为 5.70%；而重度放牧降低了群落的地下生物量，降低量为 43.58%。

结果发现，在不同放牧强度下，地上净初级生产力与降雨量呈显著的正相关。而且，随放牧强度的增加，地上净初级生产力与降雨量的相关性呈逐渐增加的趋势（图 3-60）。

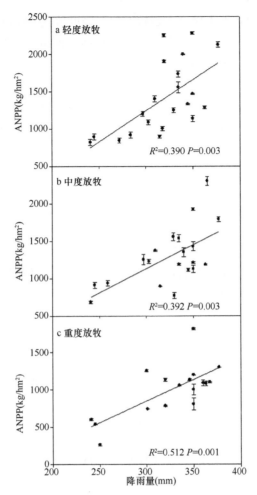

图 3-60 地上净初级生产力在不同放牧强度下与降雨量的关系

图中数据为平均值±95%的置信区间

　　整合分析表明，放牧对植物地上生物量与地下生物量均产生了负面影响；放牧对植物 C 含量产生了负面影响，但增加了植物 N 含量；重度放牧对植物群落生产力影响最大，而且随放牧强度的增加，地上净初级生产力与降雨量的相关性呈逐渐增加的趋势；放牧没有影响土壤全 P 的含量，但对其他土壤养分产生了不同程度的负面影响。

第七节 结论和展望

　　本章研究表明放牧季初期和放牧季末期不同放牧梯度间土壤含水量差异不显著，但在放牧季初期土壤含水量随着放牧压力增强呈现递减趋势，而在放牧季末期则反之，极重度放牧下土壤含水量较对照、轻度放牧、中度放牧高。

从微生物多样性分析，与短期相比，中长期放牧和围封主要体现出氮代谢差异；中期和长期放牧与围封体现出磷代谢差异；不同放牧和围封年限下，放牧对外部环境产生影响，进而影响到微生物的种类、数量以及生态功能；放牧改变了土壤微生物群落结构和功能，土壤 NO_3^- 在退化草原的恢复过程中起着关键作用。放牧显著降低了土壤含水量，从而导致细菌群落结构和物种多样性发生改变，进而影响到土壤速效氮和速效磷的含量。围封处理下，细菌的物种丰富度最高，细菌的数量最低；随着牧压的升高，细菌的数量逐渐增多，其物种丰富度降低；细菌的 Faith's PD 指数在围封时最小，在轻度（GI170）和重度（GI510）放牧条件下出现最大值，各组间不存在显著差异。随牧压增大，土壤真菌的物种数、数量和香农-维纳多样性指数呈现单峰趋势，在牧压为中度（GI340）时出现最大值，符合中度干扰理论现象，适度放牧有助于真菌的增殖。

在放牧对土壤矿化和氮素循环的影响方面，通过固体核磁共振技术对土壤有机质化学结构的分析发现，不同草原管理方式显著影响了土壤芳基碳和羧基碳的含量，真菌可能对有机氮矿化有更大的贡献；适度割草土壤中的 Ascomycota 含量相对较高，有利于牧草凋落物的降解，并且有机官能团的结构也表明割草土壤有机质的降解程度最高。牲畜同化吸收的 N 绝大部分以尿素的形式排出，直接参与土壤 N 循环，影响温室气体 N_2O 的释放，成为氮素循环的热点研究方向。通过野外大田原位实验，结合分子生物学技术和数学模型，设置不同水平的尿液和粪便斑块处理，同时设置不同相对含量的水分处理，以不添加为空白对照，研究三种不同 N_2O 生物产生途径（自养硝化作用、硝化细菌的反硝化作用和异养反硝化作用）对 N_2O 排放的贡献，揭示了羊排泄物对 N_2O 排放的贡献的微生物途径。对不同放牧梯度硝化微生物进行原位和室内培育实验，应用 DNA-SIP 技术发现，AOA主导低放牧梯度土壤中的硝化作用，而 AOB 主导高放牧梯度土壤中的硝化作用。基于野外原位气体检测和室内稳定性同位素核酸探针技术分析发现，低氮条件下，甲烷氧化增强而硝化作用被抑制；高氮水平下，硝化作用增强而甲烷氧化被抑制，草原放牧削弱了土壤甲烷氧化和氨氧化的竞争性交互作用，从而调控了温室气体甲烷和 N_2O 的排放。

在植物生长与磷生态过程方面，定量了不同放牧措施与环境因子对植物和土壤 N∶P 的影响，探究了放牧后群落演替与物种根系磷获取能力差异及土壤磷素变化间的关系。研究发现在半干旱草原生态系统中，土壤水分和 N 素的有效性是决定土壤微生物动力学特征的主要影响因子。同时，植物与微生物对 P 素的竞争关系的存在也应引起足够的重视。春季降水可以提高土壤 C、N 有效性与 MBC以及土壤总 PLFA 含量。同时，比较了放牧条件下典型草原优势物种根系磷获取能力的差异，进一步阐明低磷土壤环境下放牧造成群落演替的地下部机制。研究成果表明放牧强度和放牧周期交互影响土壤与植物氮磷养分，放牧会造成草原土壤缺氮，植物群落更缺磷。同时，研究发现根系磷获取能力高的苔草和糙隐子草通过更细的根与更强的生理过程适应放牧造成的低磷环境，从而在放牧后优势度显著提高，而围封处理的优势种大针茅的磷获取能力较弱，其优势度在过度放牧处理中降低。研究首次定量了放牧措施对不同草原类型植物和土壤 N∶P 的影响，为不同草原的放牧管理措施提供了重要依据。同时，首次从物种间养分获取能力的差异理解放牧造成的群落演替，研究成果为理解草原退化的机制及高产人工草地的物种搭配提供了重要支撑。研究结果为揭示过度放牧下草原生产力衰减机制，形成适度放牧、土壤保育和植物调节提高草原生产力的综合调控的理论与技术体系提供技术和理论支撑。

第四章 放牧对草原植物表型特征
及群落生产力的影响*

第一节 概　　述

一、放牧对草原植物表型特征研究的综述

自 20 世纪 80 年代以来，由于长期过度放牧利用，我国 90%以上的草原发生不同程度的退化，主要表现为植物矮小化（高度降低 50%～60%），引发草原生产力大幅降低和草原生态系统功能发生劣变，造成巨额的直接经济损失和间接生态价值损失（尹剑慧和卢欣石，2009a）。草原退化过程中的植物矮小化现象及其形成和维持的机制逐渐引起学术界的关注。

本课题研究组对草原植物矮小化的研究较早，研究总结认为，草原植物矮小化是长期过度放牧下植株变矮、叶片变短变窄、节间缩短、枝叶硬挺、植丛缩小、根系分布浅层化等性状的集合（王炜等，2000a，2000b），这一现象进一步导致群落生物量降低（Wesuls et al.，2011；Wesuls et al.，2013）。矮化是自然界植物适应逆境胁迫的一种普遍现象，在作物生产中常被筛选用于抗倒伏、籽实高产的品种培育，如水稻、小麦、玉米、棉花、苹果等，矮化株型是良种选育的目标之一（Saito et al.，2010；Gell et al.，2011；Peng et al.，2011；Yang et al.，2011；Leeds et al.，2012），然而，对于以收获植物营养体为目标的草原生产，植物矮小化则是生产力降低的关键过程。因此，系统研究草原植物矮小化的形成、维持与解除机制，是深刻认识草原生产力衰减与提高机制的重要科学路径。迄今，关于草原植物矮小化过程中个体主要性状的可塑性变化特征，矮小化与草原生产力之间的定量关系及模型表达研究，均尚未被充分开展，这是本研究深刻解析草原生产力衰减与提高机制的一个重要突破口。

草原优势植物对长期过度放牧的响应，在植物形态和生态上主要体现在个体形态可塑与种群格局变异，在植物生理上主要体现在植物对放牧的内源激素响应，可溶性糖和游离脯氨酸等关键生化物及抗氧化保护酶等的生理响应，在分子调控机制方面体现在基因或蛋白质差异表达、营养分子调控、表观遗传等方面。研究

* 本章作者：侯东杰、赵利清、吴新宏、姜超、张庆、王鑫厅、郭柯、平晓燕

揭示放牧对草原植物表型特征及草原生产力的影响是解析草原生产力衰减与提高机制的重要前提基础。

本课题采用生态学、植物学、植物生理学和遥感等理论与技术，采取在野外放牧控制实验平台、恢复平台的定位监测与典型草原区域路线或样带调查相结合的方法，开展主要研究内容的野外数据连续观测与采集，进行室内不同研究内容的放牧利用下个体、种群、群落和植被变化的数据分析与建模，重点围绕放牧对草原植物表型特征及草原生产力的影响，研究放牧利用下草原植物个体性状的变化规律，揭示过度放牧下草原植物矮小化的适应策略，研究放牧对种群消长与化感作用的影响，确立放牧利用-植物生长-草原生产力变化的定量关系，形成课题的草原植物矮小化和放牧胁迫适应策略等理论创新成果，并诠释过度放牧下草原生产力衰减机制的关键科学问题。主要研究内容包括以下几个方面。

1. 草原植物性状变化及其与放牧利用的关系

研究不同放牧梯度下植物根、茎、叶、果实等器官的生长方式、形状、重量等性状变化程度和生育繁殖方式变化，揭示主要草原植物对放牧胁迫的个体响应规律和适应策略，建立植物矮小化的表型标识与判别标准。

2. 植物性状变化对个体生物量的影响

研究性状变化对个体生物量的影响，探明敏感物种、惰性物种类群及其生物量变化的程度，揭示个体生物量变化与放牧利用的关系。

3. 放牧利用下植物的化感作用及生态效应

采用大气取样法和土壤、植物液体浸提法对退化群落优势种进行取样，分析其挥发性物质与浸提物的有效成分，测试这些成分对草原植物生长发育的效应，进而揭示这些化感作用对草原植物生长的影响。揭示放牧影响下不同演替阶段群落优势种的化感作用强度及作用机理，探索化感作用在群落放牧演替中的内在动力作用。

4. 植物种群变化及放牧对草原生产力的影响

研究放牧利用下草原主要植物种群生态位等变化及物种更替规律；建立基于个体生物量和种群消长的草原生产力评估模型；定量评估放牧利用对草原生产力的影响。

5. 植物生态化学计量变化与土壤生态化学的关系

监测植物体内 N、P、C 等元素与营养物质在不同器官的分布及土壤中相应物质的动态变化；揭示放牧作用下植物生态化学计量的变化规律；探明放牧对土壤-

植物间矿质养分关系的影响规律。

6. 草原生产力变化的时空格局及其与放牧利用的定量关系

研究北方典型草原 1981～2011 年生产力与家畜变化格局；建立放牧与生产力的时空格局（土-草-畜定量）关系模型；揭示草原生产力衰减与放牧利用的定量关系，预测草原生产力未来变化趋势。

二、研究平台概况及方法

本研究在典型草原、草甸草原、高寒草甸中建立短期放牧控制实验平台、长期放牧和围封试验平台、退化草地恢复试验平台，以及室内水培和土培试验平台。各试验平台具体情况如下。

（一）研究平台概况

1. 典型草原短期放牧控制实验平台

该平台位于内蒙古锡林郭勒盟锡林浩特市朝克乌拉苏木，地理位置为东经 116°32′08.16″～116°32′28.32″、北纬 44°15′24.43″～44°15′40.66″，平均海拔约 1110m。试验区属温带半干旱草原气候，年均温度 0.5～1.0℃，年均降水量 280.5mm（1967～2016 年降水量平均值），年均蒸发量 1600～1800mm。群落优势种为羊草（*Leymus chinensis*）、大针茅（*Stipa grandis*）和克氏针茅（*Stipa krylovii*）等，群落中常见物种有糙隐子草（*Cleistogenes squarrosa*）、寸草苔（*Carex duriuscula*）、黄囊苔草（*Carex korshinskyi*）等，属典型草原类型，土壤为栗钙土。

试验区于 2007～2013 年禁牧，经过 7 年修复后植被状况良好。2014 年建立放牧试验平台，在地势平坦、土壤状况基本一致的地段设计 5 个放牧强度、3 个空间重复，共计 15 个放牧试验小区，每小区面积 1.33hm²。放牧时间为每年的 6 月 10 日至 9 月 10 日，放牧家畜为 2 岁健康乌珠穆沁羯羊，初始平均体重为 31.73kg，参考农业部行业标准以 50kg 体重家畜为参照换算为标准羊单位（standard sheep unit，SSU）。本试验 5 个放牧强度等级为 0SSU·d/(hm²·a)、170SSU·d/(hm²·a)、340SSU·d/(hm²·a)、510SSU·d/(hm²·a)、680SSU·d/(hm²·a)，分别对应对照（CK）、轻牧（LG）、中牧（MG）、重牧（HG）、极重牧（EG）。

2. 典型草原长期围封和放牧试验平台

该平台位于距内蒙古锡林浩特市东南 80km 的中国科学院内蒙古草原生态系统定位研究站（现内蒙古锡林郭勒草原生态系统国家野外科学观测研究站）的退化恢复样地。地理位置为北纬 43°38′、东经 116°42′，海拔 1187m，年均温 0.2℃，年均降水量 350m。试验设置分别为从 1983 年开始围封（E83）和 1996 年开始围封（E96），同时保留围栏外自由放牧样地（FG）。

3. 典型草原退化草地恢复试验平台

该平台位于内蒙古锡林浩特锡林河水库东岸、阿日嘎郎图南坡，面积 680 亩。地理位置为东经 116°9′25.50″～116°10′18.64″，北纬 43°50′18.60″～43°50′44.33″。该平台始建于 2015 年，2016 年 6 月完成样地本底调查，7 月中旬完成试验布置。试验共设置了植物调节（A）、土壤保育（B）、补播（C）、综合调控（D）、样条（E）、围封监测（F）、示范验证（G）、磷添加（H）等 8 个试验平台（图 4-1）。

试验区规划布置图

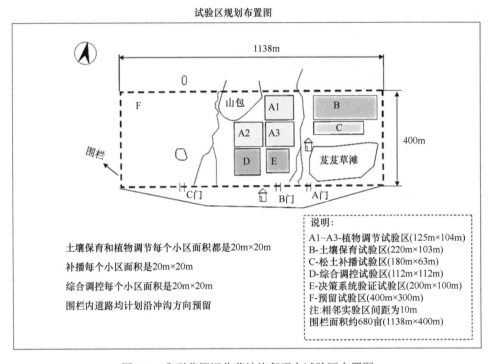

图 4-1　典型草原退化草地恢复平台试验区布置图

4. 室内水培和土培试验平台

为了更精细地开展过度放牧对草原优势植物矮小化影响的研究，在野外样地分别采集放牧区和对照区的植株，在室内建立水培和土培试验平台。

（二）研究方法

针对以上各项研究内容，在不同组织层次上设置以下具体研究内容，以揭示过度放牧影响下植物矮小化的内在机制。

1. 个体性状对放牧干扰响应的研究方法

分别在典型草原、草甸草原和高寒草甸的野外放牧试验平台的放牧区与对照区采集优势种中长势良好、发育健康的植株,齐地面采集、放入保温箱,带回实验室进行测量分析,测定叶宽、叶长、叶厚、叶面积、地上生物量等性状指标,计算放牧强度对不同性状的影响。

2. 羊草"矮化记忆"的研究方法

在野外放牧试验平台分别采集放牧区和对照区的优势种羊草全株,在室内进行芽培繁殖,并设置不同环境条件的芽培控制试验,测定不同处理羊草单株的叶宽、叶长、叶厚、叶面积、地上生物量等性状指标,分析一次或多次芽培试验后羊草对放牧干扰的矮化响应的跨世代传递。

3. 种群特征对放牧干扰响应的研究方法

该试验在内蒙古锡林郭勒盟典型草原地带中国科学院内蒙古草原生态系统定位研究站放牧和围封平台进行。分别选择三个样地:1983 年围封的退化群落恢复样地、1996 年围封的退化群落恢复样地和恢复样地围栏以外的退化生态系统。在选择的样地选择地表平坦、群落外貌均匀且具有代表性的 5m × 5m 的群落片段,用竹筷制成的竹签将其分割成 400 个 25cm × 25cm 的亚样方,采用摄影定位法测定不同样地中羊草、米氏冰草、大针茅、糙隐子草等优势种群的空间格局,采用 Ripley K 函数和成对相关函数(pair correlation function)进行点格局分析。

4. 优势植物矮小化判别标识的研究方法

放牧引起的植物矮小化现象是群落中多数植物的普遍行为。在个体水平上选择判别植物矮小化的特征时,可以通过寻找该群落中一种或几种植物的易于度量的性状和指标确定其矮小化阈值,作为群落中植物是否发生矮小化的判别标准。在中温型典型草原和草甸草原群落中,选择分布广泛且具有地下根茎、植株单一、茎秆发育、叶片相对宽大而整齐的羊草的性状指标变化作为甄别群落中植物矮小化的标准。

第二节 放牧干扰下草原植物个体性状的可塑性响应及其对个体生物量的调控

一、草原植物个体性状对放牧干扰的响应

(一)短期放牧对典型草原优势植物功能性状的影响

在位于内蒙古锡林郭勒盟锡林浩特市朝克乌拉苏木的典型草原短期放牧控制

实验平台开展研究。于 2017 年生长盛期 8 月中旬在每一放牧小区中选择群落优势种羊草、大针茅和糙隐子草为研究对象，分别选取长势良好、发育健康的羊草 30 株，大针茅和糙隐子草各 15 丛，测定自然高度（H）和丛幅，将其齐地面采集放入保温箱，带回实验室进行测量分析。在每丛大针茅和糙隐子草中随机选择 5 个分蘖小枝，对所选的大针茅和糙隐子草小枝以及羊草植株进行茎叶分离，测定叶宽（LW）、叶长（LL）、叶厚（LT）、叶面积（LA）、叶干重（LW）、茎节长（SL）、茎粗（SD）、茎干重（SW），计算比叶面积（SLA）、叶长/叶宽（LLW）、茎长/茎粗（SLD）、茎干重/叶干重（SLW）和地上生物量（AB），羊草地上生物量按株计算，大针茅和糙隐子草按枝计算。分析结果如下。

如图 4-2 可知，随着放牧强度的增加，羊草、大针茅、糙隐子草平均叶长、叶片生物量显著变小，但重度放牧和极重度放牧区差异不显著，说明放牧强度达到一定程度后，叶面积变化不明显。羊草、大针茅叶宽在对照、轻度放牧和其他处理间有明显的差异，牧压大于中度放牧后，差异不显著，糙隐子草叶宽在极重牧条件下与其他处理有明显差异；羊草和大针茅的叶宽在显著变窄，而糙隐子草在极重牧条件下的叶宽高于对照、中牧和重牧；糙隐子草的叶长/叶宽呈显著降低趋势，羊草和大针茅的叶长/叶宽在波动中逐渐减小。

随着放牧强度的增加，茎生物量均有明显减少趋势，羊草、糙隐子草茎长/茎粗、茎长明显减少，羊草茎粗与茎节数对放牧强度响应不明显，即对照区与放牧区差异显著，但放牧区之间差异不显著（图 4-3）。

如图 4-4 可知，三种植物的茎叶比和高度随着牧压的加强整体呈减小的趋势。

如图 4-5 可知，放牧明显降低叶片及个体生物量。在三种植物中羊草受到更严重的影响。

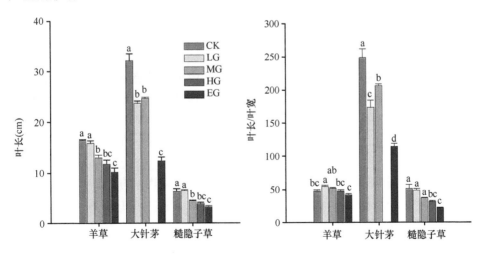

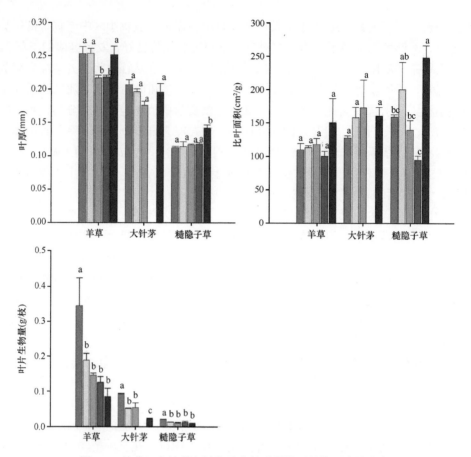

图 4-2　羊草、大针茅和糙隐子草的叶属性对放牧强度的响应

CK，对照；LG，轻度放牧；MG，中度放牧；HG，重度放牧；EG，极重度放牧。同一物种不同处理的不同字母表示差异显著（$P<0.05$），下同

（二）典型草原长期放牧与围封群落中植物茎、叶和高度性状的变化

该研究在距内蒙古锡林浩特市东南 80km 的中国科学院内蒙古草原生态系统定位研究站的退化恢复样地进行。长期围封是从 1983 年开始的，围栏外一直保持自由放牧，作为重牧样地。在生长季随机选择优势植物羊草、大针茅、冰草等单株进行茎、叶和高度性状测定，分析长期放牧与围封群落中植物茎、叶和高度性状的变化。

由表 4-1 可知，相较于围封，自由放牧下处于退化状态的群落中，羊草及米氏冰草茎节明显缩短、叶片变小，且均达到了显著水平，同时发现，放牧对植物个体节间长的影响更大。

由表 4-2 可知，过度放牧导致群落中多数物种变矮、茎短缩。但是对于植物群落中普遍存在的 5 种杂类草的高度影响相对较小。

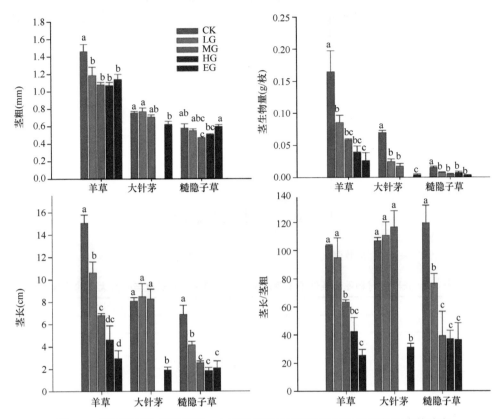

图 4-3　短期不同牧压下羊草、大针茅和糙隐子草的茎属性对放牧强度的响应

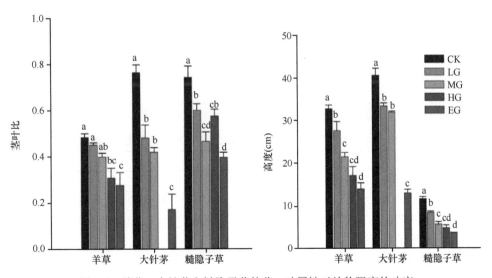

图 4-4　羊草、大针茅和糙隐子草的茎、叶属性对放牧强度的响应

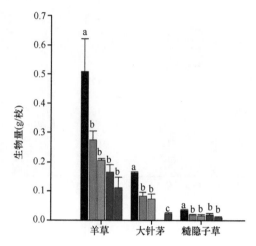

图 4-5　放牧强度对羊草、大针茅和糙隐子草的生物量的响应

表 4-1　长期围封和重牧条件下羊草及米氏冰草植物节间长度与叶片大小的差异

性状指标	羊草			米氏冰草		
	未退化	退化	比值	未退化	退化	比值
叶下枝	3.04	1.39	0.46*	2.92	0.87	0.30*
第一节间长	1.77	0.62	0.35*	3.77	0.45	0.12*
第二节间长	1.66	0.51	0.31*	3.43	0.62	0.18*
第三节间长	1.38	0.58	0.42*	2.29	0.4	0.17*
第四节间长	—	—	—	1.85	0.4	0.22*
株高	15.95	9.09	0.57*	18.17	5.35	0.29*
第一叶长	12.93	6.31	0.49*	8.73	5.6	0.64*
第二叶长	15.61	7.63	0.49*	9.02	7.21	0.78*
第三叶长	15.15	9.7	0.64*	9.43	6.4	0.68*
第四叶长	15.43	10.56	0.68*	9.97	6.72	0.67*
第五叶长	—	—	—	11.91	5.17	0.43*
叶宽	0.37	0.35	0.95**	0.27	0.25	0.93**

*表示在 0.01 水平上差异显著，**表示在 0.05 水平上差异显著，下同

表 4-2　放牧退化恢复过程中不同群落状态下草丛高度（茎长）的差异

植物种	未退化群落	退化群落	比值
大针茅	28.80	24.72	0.86*
双齿葱	18.17	7.78	0.43*
冷蒿	15.48	3.01	0.19*
扁蓿豆	17.18	5.28	0.31*
阿尔泰狗娃花	18.31	3.95	0.22*
菊叶委陵菜	10.72	3.82	0.36*

（三）草甸草原优势物种羊草个体性状对放牧干扰的响应

羊草是欧亚温带草原东缘草地植物群落中的主要优势植物，在典型草原、草甸草原中普遍存在，是我国东北西部的松嫩平原、西辽河平原，内蒙古呼伦贝尔、锡林郭勒等地广泛分布的物种（祝廷成，2004），研究羊草对放牧的表型反应对揭示草原生态系统的放牧响应机制具有很强的代表性。

为了进一步揭示羊草个体性状对放牧干扰的响应，在典型草原开展研究的基础上，同时在草甸草原也进行了长期围封与放牧试验的比较研究，试图揭示羊草茎叶性状对放牧与围封的差异化响应特征；不同性状在放牧下的可塑性响应的敏感性分异；放牧下羊草矮化型变过程中个体地上生物量变化的驱动机制。

研究取样在位于谢尔塔拉镇十一队的中国农业科学院呼伦贝尔草原生态系统国家野外科学观测研究站进行，草地畜牧业模式为家庭经营模式，以饲养牛为主，该地区植被组成主要有羊草（*Leymus chinensis*）、贝加尔针茅（*Stipa baicalensis*）、柄状薹草（*Carex pediformis*）、裂叶蒿（*Artemisia tanacetifolia*）、花苜蓿（*Medicago ruthenica*）、红柴胡（*Bupleurum scorzonerifolium*）、山野豌豆（*Vicia amoena*）等，其中羊草是主要优势种。在2013年8月草原生长高峰期羊草停止生物量积累时（祝廷成，2004）进行野外取样工作，在每个样地分别随机设置5个1m×1m的样方，计5个重复，在每个1m×1m样方中随机选取器官完好的羊草成年植株各3株，计3个重复，每个处理共计15个重复（图2-18），将植株个体用剪刀齐地剪起，立即带回室内阴凉处处理。叶片性状包括叶片数（LN）、平均叶长（LL）、平均叶宽（LW）、叶长/叶宽（LLW）、总叶面积（TLA）、单叶面积（LA）、总叶重（TLW）、单叶重（LWE）、比叶重（LMA）；茎秆性状包括茎长（SL）、茎粗（SD）、茎长/茎粗（SLD）、茎重（SW）；全株性状包括株高（PH）、地上总重（AB）、茎重/叶重（SLW），其中，SLW表示羊草地上物质分配关系，LLW、SLD表示叶片、茎秆的几何细度。参考 Valladares 等（2000）的方法计算茎叶性状对放牧的响应程度，用可塑性指数表示。

由图2-18可见，平均叶长、平均叶宽、叶长/叶宽、总叶面积、单叶面积、总叶重、单叶重、比叶重均为 LE>SE>MG>HG，随着放牧干扰强度和时间的增加，3种叶片表型性状呈现变小的趋势（$P<0.05$）。但叶片数与上述性状的响应规律不同，MG 较 2 种围封羊草的叶片数显著增多（$P<0.05$），但超出一定的范围后，HG 下叶片数显著减少（$P<0.05$）

茎性状、全株性状和叶性状的响应规律相似（图2-18，图2-16），与 LE 相比，MG、HG 下羊草茎性状茎长、茎粗、茎长/茎粗、茎重，以及全株功能性状株高、总重、茎重/叶重等均显著变小（$P<0.05$）。其中，茎长/茎粗呈现显著地变小（$P<0.05$），茎秆相对短粗化（图2-16）；光合产物的分配存在权衡关系，随牧压

增大，地上茎叶总物质朝着向叶片分配增加的方向发展。

对 SE、MG 样地植物性状进行比较（图 2-18，图 2-16），仅有叶性状中叶长、单叶面积、单叶重等受围封保护而显著增大（$P<0.05$），茎性状、全株性状和其余多数叶片性状在两样地间差异不显著（$P>0.05$），3 年短期围封未明显改变退化草地羊草性状的特征，可谓之羊草性状的保守性，比较而言，叶片性状比其他性状在恢复过程中具有更强的可塑性。

（四）高寒草甸优势物种高原早熟禾个体性状对放牧干扰的响应

高寒草甸是青藏高原的主体，对维持生态系统功能有重要的作用，但由于长期过度放牧，草地生态系统退化、生产力持续衰减，这些现象已成为近年来中国生态学研究中的热点问题。高原早熟禾（*Poa alpigena*）和矮嵩草（*Kobresia humilis*）是高寒草甸主要优势植物，研究其对放牧的表型反应对于揭示草原生态系统放牧响应机制也具有很强的代表性。为此，以青藏高原典型植物矮嵩草和高原早熟禾为例，探讨自由放牧和围栏封育对植物表型特征的影响，旨在揭示植物茎叶性状对放牧与围栏禁牧的差异化响应特征，为深入研究放牧对植株的作用机理提供科学依据。

试验设于农业部（现农业农村部）玉树高寒草原资源与生态环境重点野外科学观测试验站，地理位置 N33°24′30″、E97°18′00″，海拔 4250m，年均温度为–6.4～4.3℃，年均降水量为 374.2～721.2mm。

试验选取的草地类型为高山嵩草杂草类草甸，草地主要优势牧草是高山嵩草（*Kobresia pygmaea*），其次为矮嵩草、异针茅（*Stipa aliena*）、高原早熟禾、垂穗披碱草（*Elymus nutans*）、钉委陵菜（*Potentilla saundersiana*）、乳白香青（*Anaphalis lactea*）、高山唐松草（*Thalictrum alpinum*）等。于 2013 年 7 月中旬在围栏禁牧样地和自由放牧 6 个样地，均随机设置 3 个 1m×1m 的样方，每个样方随机选取 6 株高原早熟禾、矮嵩草，测定株高、叶片数、叶面积、茎粗、主根长和主根粗。分析结果如下。

如图 2-19 所示，不同利用方式下高原早熟禾叶片各性状存在显著性差异（$P<0.05$），放牧利用下叶长、叶宽、单叶面积、单叶重、总叶重均为 SG＞WG＞YG，随着放牧强度的增加而减小（$P<0.05$）；围栏禁牧下叶长为 UG3＞UG5＞UG12，叶长在围封 3 年和围封 5 年时出现峰值（$P<0.05$），叶宽、单叶面积、单叶重、总叶重均为 UG5＞UG3＞UG12，在围封 5 年时出现峰值（$P<0.05$）。但叶片数的变化规律与上述叶性状不同，随着放牧强度的减小而增加，在全年放牧时达到最大值（$P<0.05$）。

如图 2-22 所示，不同利用方式下高原早熟禾茎、穗、根等性状存在显著性差异（$P<0.05$）。放牧利用下茎粗、茎重、穗长、穗重、根长、根粗、根重均为 SG＞WG＞YG，随着放牧强度的增加而减小，其中茎粗、穗长、根粗差异显著（$P<0.05$）；

茎长为 WG＞SG＞YG，且差异显著（$P < 0.05$）。围栏禁牧下茎粗、茎重、穗重均为 UG5＞UG3＞UG12，围封 5 年时值最大（$P < 0.05$）；茎长、根粗为 UG3＞UG12＞UG5，根粗差异显著（$P < 0.05$）；穗长、根长为 UG3＞UG5＞UG12，随着围封年限的增加而减小，根长存在显著性差异；根重则为 UG12＞UG5＞UG3。

　　不同草原类型、不同植物在持续重牧下，构成群落的植物个体的不同性状总会变小，虽然植物个体性状变化受各自的生活型、生存策略、内在基因以及干扰程度的不同的影响，但是最终会在形态上趋于一致，即矮小化，这是植物对过牧干扰的趋同表现。

二、植物个体不同性状对放牧的差异化响应

　　为了研究长期过度放牧对羊草茎秆、叶片不同性状之间异速生长关系的影响，以及羊草叶性状的异速生长关系对自下而上次序等的响应，在锡林浩特典型草原长期过度放牧样地及其围封对照样地进行实验，样地围封始于 1983 年。我们采用配对取样的实验方法，沿着围栏分别于围栏内和围栏外设置样线，在样线上随机确定 15 个实验小区，在每个小区内确定 3 个实验样方，因此，长期过度放牧处理与围封处理均各有 45 个样方。于 2014 年 8 月中下旬在典型草原生长高峰期进行取样，在每个样方内随机选取器官完好的羊草成年植株各 3 株，将植株个体用剪刀齐地剪起，立即带回室内阴凉处测量和处理，主要测定叶片、茎秆相关的功能性状。

　　以对照处理为参照，图 4-6～图 4-8 分别显示了不同牧压短期处理条件下典型草原群落中羊草、大针茅和糙隐子草的 13 个茎叶功能性状的可塑性指数排序。总体上来讲，各指标可塑性指数基本上是 EG＞HG＞MG＞LG，说明茎叶功能性状的可塑性大小受放牧显著影响。羊草的茎长、叶干重、茎干重、单个枝条生物量为对放牧响应的敏感性状，叶长/叶宽、叶厚、比叶面积的可塑性变化对放牧不敏感，为对放牧响应的惰性性状。

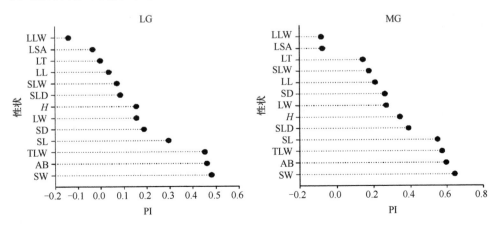

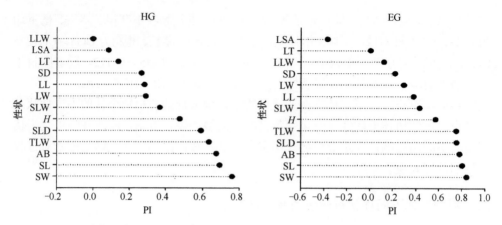

图 4-6　不同放牧强度下羊草茎叶性状可塑性指数（PI）的变化程度排序（李西良，2016）

LG，轻牧；MG，中牧；HG，重牧；EG，极重牧。*H*，高度；LL，平均叶长；LW，平均叶宽；LT，叶厚；LLW，叶长/叶宽；SLA，比叶面积；SD，茎粗；SL，茎长；SLD，茎长/茎粗；AB，单个枝条生物量；TLW，叶干重；SW，茎干重；SLW，茎干重/叶干重。下同

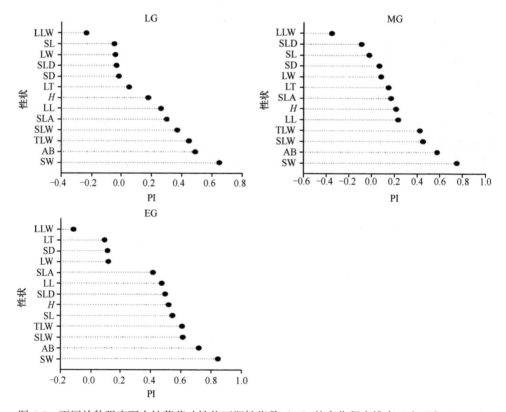

图 4-7　不同放牧强度下大针茅茎叶性状可塑性指数（PI）的变化程度排序（李西良，2016）

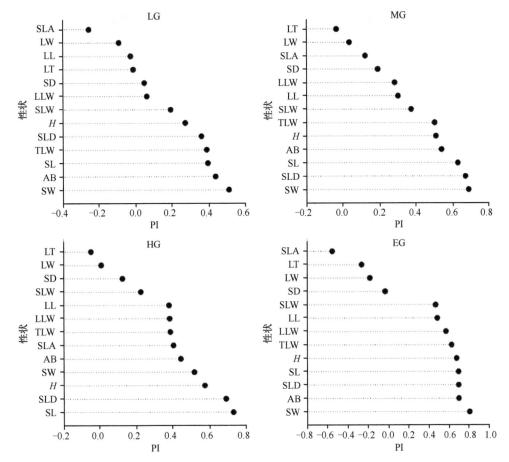

图 4-8　不同放牧强度下糙隐子草茎叶性状可塑性指数（PI）的变化程度排序（李西良，2016）

由图 4-9 可知，不同物种的功能性状对牧压影响的变异性的表现是相对一致的。茎干重（SW）、单个枝条生物量（AB）、叶干重（TLW）、茎长（SL）、叶长（LL）受牧压影响的变异较大，叶厚（LT）、茎粗、叶宽（LW）、叶长/叶宽（LLW）受牧压影响的变异相对较小。

总之，在牧压的影响下，植株个体功能性状中茎的变异较叶大，茎的相关功能性状中茎粗较茎长变异小，叶的相关功能性状中叶宽较叶长变异小。

如图 4-10 所示，以长期围封（LE）作为参照系，分析各性状的可塑性指数（PI），对短期围封（SE）、中度放牧（MG）、重度放牧（HG）样地羊草 16 个茎叶功能性状的可塑性指数大小进行排序。茎重、全株地上生物量、茎长、株高等的可塑性变化幅度较大，为对放牧响应的敏感性状；而叶片数、平均叶宽、茎粗的可塑性变化最不敏感，为对放牧响应的惰性性状。

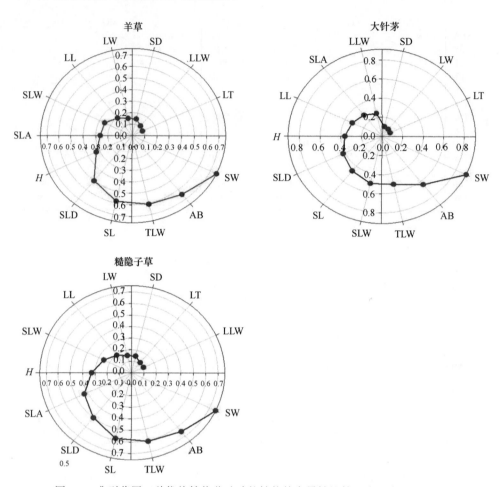

图 4-9 典型草原三种优势植物茎叶功能性状的变异性比较（李西良，2016）

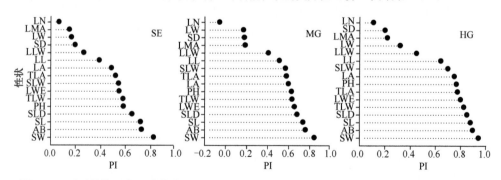

图 4-10 不同放牧强度下羊草茎叶性状可塑性指数（PI）的变化程度排序（李西良，2016）

SE，短期围封；MG，中度放牧；HG，重度放牧；LN，叶片数；LL，平均叶长；LW，平均叶宽；LLD，叶长/叶宽；TLA，总叶面积；LA，单叶面积；TLW，总叶重；LWE，单叶重；LMA，比叶重；SL，茎长；SD，茎粗；SLD，茎长/茎粗；SW，茎重；PH，株高；AB，地上总重；SLW，茎重/叶重

由图 4-11 可知，在放牧导致茎秆伸长受阻过程中，受到节间数减少和平均节间长降低的共同影响，但放牧强度对茎秆明显的禾草的节间长的影响要大于节间数，在短期放牧实验平台上羊草也表现出同样的规律（图 4-12）。不管在放牧生境还是在围封生境中，节间数、节间长与茎秆长度之间均具有显著的相关性。

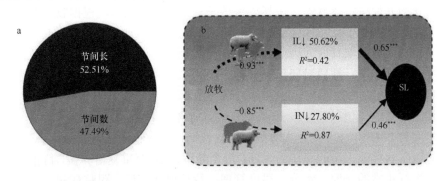

图 4-11　放牧导致羊草节间伸长受限的作用过程（李西良，2016）

a. 节间长与节间数对放牧导致羊草茎秆伸长受限的贡献率。b. 结构方程模型模拟放牧导致羊草节间伸长受限最终的结果。b 图中箭头上数据表示路径系数及其显著性检验结果。***，$P<0.001$。实线和虚线分别表示正效应和负效应，符号"↑"和"↓"分别表示放牧诱导增加与减少。R^2 表示解释率。IL，节间长；IN，节间数；SL，茎秆长度

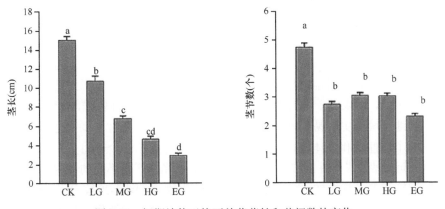

图 4-12　短期放牧干扰下羊草茎长和节间数的变化

三、过度放牧干扰下羊草"矮化记忆"研究

传统理论认为放牧导致草地退化无非因土壤等环境要素变化而引起（李西良等，2015；Orwin et al.，2010），而草原植物矮小化的保守性现象的发现，使人们认识到矮小化成因并非仅仅由即时性的土壤因素可以解释，其背后的机理更加扑朔迷离（Li et al.，2015b），亟须通过具体的实验从多方面验证长期过度放牧导致植物矮小化的形成原因。首先需要回答的问题是，在羊草主要依赖根茎芽无性繁

殖的背景下，长期过度放牧是否会造成矮化羊草的"胁迫记忆"？

本研究采用芽培养无性繁殖的方法，分别基于水培实验和土培实验，分析长期过度放牧下羊草植株基于无性繁殖的跨世代传递可塑性。实验材料来自中国科学院内蒙古锡林郭勒草原生态系统国家野外科学观测研究站，本研究样地围封于 1983 年，可认为是原生群落状态，围栏外保持长期过度放牧状态，根据牧户的常年养殖规模，载畜率约为 4.5 羊单位/hm^2，远超当地理论载畜率（约为 1.5 羊单位/hm^2）。水培实验芽培材料取样时间为 2013 年 10 月底，实验处理包含长期过度放牧样地来源的芽培养羊草、放牧对照围封样地来源的芽培养羊草、长期割草样地来源的芽培养羊草、割草对照围封样地来源的芽培养羊草，每个处理含 6 个重复培养瓶，本实验共计 24 个重复培养瓶，每个重复培养瓶含有 4 株重复植株。土培实验材料取样时间为 2015 年 4 月初，实验处理包含长期过度放牧样地来源的芽培养羊草、放牧对照围封样地来源的芽培养羊草，每个处理含 20 个重复培养盆，待根茎芽定植后，进行正常的光照、水分、温度管理，待长出幼苗后，跟踪观测羊草植株的生长状况。

室内芽培试验结果显示，源于过度放牧样地的芽培羊草相对于源于围封样地的芽培羊草，仍呈现出株高变矮、节间缩短、叶片变短变窄、个体生物量降低等矮小化特征，表现为"矮化记忆"（表 2-6），即羊草在经受放牧干扰后，表现出的矮小化现象可以跨世代传递。通过原位与室内芽培羊草的对比研究发现，尽管芽培羊草植株继续存在矮小化特征，但主要性状的可塑性显著降低（图 2-24），说明跨世代传递可塑性仅能部分地解释原位条件下的羊草矮小化特征。进一步开展来源于长期放牧地和围封地的根茎芽、土壤的双因素实验发现，围封地土壤更有利于羊草的生长，而来源于围封地的芽培羊草对土壤的敏感性更强，"矮化记忆"现象在围封地土壤中更容易呈现（图 2-25）。对比相同培养条件下围封地与放牧地芽培羊草的个体性状和群体性状，结果发现放牧地芽培羊草个体将更多的光合产物分配到"近地表面"（图 2-27），同时在群体地上光合产物不变的情况下，将光合产物分配给更多子株个体，减小了个体高度与生物量（图 2-29），进而增强了其避牧能力。以上研究结果表明，原位条件下过度放牧诱发的植物矮化现象受土壤微环境、羊草"矮化记忆"的共同影响，过度放牧干扰下的"矮化记忆"现象是羊草主动的避牧适应过程。

四、放牧干扰下草原植物个体表型性状对其生物量的调控作用

由图 4-13 可知，茎秆性状比叶片性状在导致个体生物量降低中所起到的作用更大。概言之，放牧通过表型性状之间的可塑性变化及其异速生长关系来调控的个体生物量变化，是一种"自下而上"的调控方式。

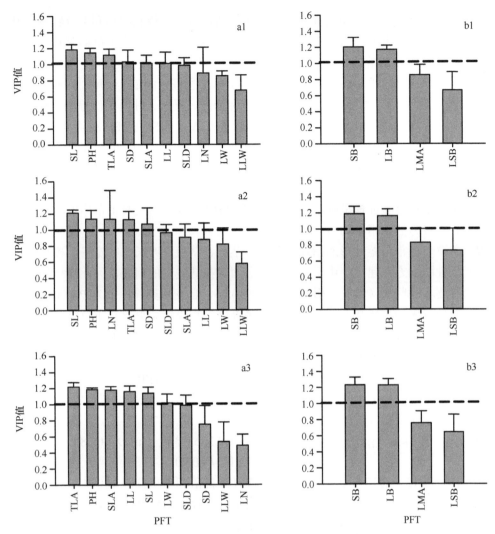

图 4-13　植物性状对个体生物量的调控作用（李西良，2016）

VIP，变量投影重要性指标

进一步构建了羊草个体地上生物量模型。

$$Y = \beta_0 + \beta_1 X_1 + \beta_2 X_2 + \beta_3 X_3 + \beta_4 X_4 + \beta_5 X_5 + \mu$$

式中，X_1 为叶片数，X_2 为叶长宽乘积，X_3 为茎粗，X_4 为茎高，X_5 为株高，μ 为随机变量，β 为变量系数。

羊草单株重模型建立的样地共计 25 个，从东部的吉林省松原市长岭县向西直到内蒙古自治区乌兰察布市集宁区二广公路旁，年均降水量由 478mm 降至 356mm，年均温度由 5.4℃降到 4.1℃，植被类型由羊草-拂子茅-木贼草甸到羊草-克氏针茅-冷蒿典型草原。

羊草单株重验证模型选择在内蒙古锡林浩特市白音锡勒牧场和毛登牧场，其中大针茅+羊草+糙隐子草群落位于白音锡勒牧场，羊草+糙隐子草群落和克氏针茅+羊草+糙隐子草群落位于毛登牧场。

2017年对羊草单株重模型建立区域的羊草形态进行测量，在每个样地中选择15株发育健康、叶片完整的羊草，使用游标卡尺、直尺、叶面积仪等对全株、茎和叶片指标测量，其中全株指标包括：单株重（TM）和株高（PH）；茎指标包括：茎长（SL）、茎粗（SD）、茎干重（SM）、茎长/茎粗（SLD）；叶片指标包括：叶片数量（LN）、叶长（LL）、叶宽（LW）、叶长/叶宽（LLW）、单叶重（LME）、叶面积（LA）等指标。

羊草单株重验证模型则是于2015年至2017年8月对三种群落中的羊草进行测量，测量方法和指标均与上述一致。

羊草单株重与茎叶形态指标（株高、茎长、茎粗、叶长、叶宽等）模型使用多元线性回归方程建立，由于各自变量之间存在共线性的问题，因此模型建立方法选择逐步回归法（自变量引入标准为$P<0.05$，自变量剔除标准为$P>0.10$）。

将白音锡勒牧场和毛登牧场的大针茅群落、克氏针茅群落与羊草群落中羊草的株高、茎粗带入上述建立的模型中，可得到羊草单株重的预测值。模型吻合度使用羊草单株重预测值与实测值的比值进行判定，即：

$$模型精度（MP）= 预测值/实测值$$

将模型精度与1进行比较，若模型 MP 越接近1，表明模型拟合效果越好。

多元线性回归方程结果表明：

$$单株重（g）=0.001×株高（mm）+0.336×茎粗（mm）-0.389$$
$$R^2=0.85, \quad F=69.81, \quad P<0.001$$

利用2015～2017年大针茅群落、克氏针茅群落和羊草群落180株羊草的茎叶形态数据对上述模型进行验证，发现该模型具有较高的精度，普遍适用于各种利用方式下的羊草。如图2-28a所示，大部分数据均处在1附近波动，只有少数比值偏离较大，达到1.94和3.10，这些点属于异常值，不符合该模型。

以实际测量值为 x 轴，模型预测值为 y 轴，使用 $y=x$ 对模型的精度进行验证，若散点落于 $y=x$ 上方，表示模型预测值高于实际测量值；若散点落于下方，表示模型预测值低于实际测量值。如图2-28b所示，大部分的数据落在 $y=x$ 的周围，表明该模型具有较高的精度。但当羊草单株重较大时，模型的精度开始下降。这部分单株重较大的羊草主要是受到大针茅群落、羊草群落和克氏针茅群落围封的影响。这表明长期围封后羊草的形态指标发生一定的变化，影响单株重的因素并非株高和茎粗这两个指标了，因此不太适合该模型。

在长期过度放牧的影响下，典型草原、草甸草原、高寒草甸的优势植物个体性状发生显著的矮小化，具体表现出株高变矮、节间短缩、节间数减少、叶片变短变窄、枝叶硬挺、根系分布浅层化；但不同的表型性状之间的可塑性指数有着极大的差异，茎秆性状具有较强的可塑性变化；在去除放牧干扰后的同质园试验中，羊草矮小化现象依然存在，表现为"矮化记忆"。

第三节　典型草原群落种群特征对放牧干扰的响应

植物种群空间分布格局是指植物种群个体在水平空间的分布状况，它是种群生物学特性、种内种间关系及其与外部环境相互作用的结果（王鑫厅等，2011）。在放牧干扰下典型草原退化的特征主要表现为群落生产力的大幅下降和植物个体的小型化（王炜等，1996a，2000b），同时，退化的草原生态系统与一定强度的放牧压力保持平衡而相对稳定（王炜等，1996b）。测定放牧干扰下草原退化群落中优势种群的空间分布格局和变化情况，从种群空间分布格局角度研究因过度放牧而导致的草原退化及揭示退化草原生态系统与一定强度的放牧压力保持平衡而相对稳定的机制，对于深入揭示过度放牧导致草原退化的机理具有十分重要的意义。

本研究依托中国农业科学院草原研究所在锡林浩特建立的短期放牧平台，以及距锡林浩特市东南 80km 的中国科学院内蒙古草原生态系统定位研究站的退化恢复样地，进行放牧干扰下草原植物种群格局和种群特征变化的研究。前者代表短期重牧干扰下的格局变化情况；后者代表重度退化群落在围封恢复过程中的格局变化情况。格局研究采用摄影定位法。在选择的研究样地，选择地表平坦、群落外貌均匀且具有代表性的 5m×5m 的群落片段，用竹筷制成的竹签将其分割成 400 个 25cm×25cm 的亚样方。用相机在距地面垂直高度 1.75m 处拍摄每个亚样方中的全部植物。将亚样方数字影像导入计算机，然后编号，并进行分析处理。研究结果如下。

一、重牧干扰和退化群落恢复过程中主要种群空间分布格局变化

由图 4-14 和图 4-15 可知，短期（3 年处理后）极重度放牧处理下，群落中优势种种群空间分布格局与对照相比没有发生明显变化。

由图 4-16 可知，在小尺度上，长期过度放牧群落中羊草种群密度明显高于 1983 年和 1996 年围封群落中的。

如图 4-16、图 4-17 以及图 2-7～图 2-11 所示，在 1983 年和 1996 年围封群落中，羊草、大针茅、糙隐子草种群空间分布格局均呈现出泊松聚块分布格局，而在长期过度放牧胁迫群落中，三者种群空间分布格局均表现为嵌套双聚块分布格局。

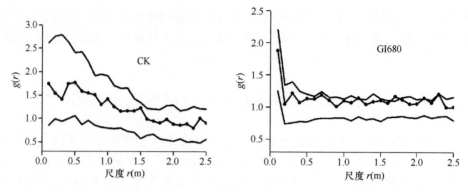

图 4-14　基于泊松聚块模型对短期极重牧（GI680）和对照（CK）群落中大针茅种群点格局的
分析（李源等，2021）

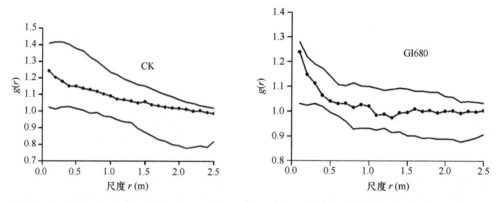

图 4-15　基于泊松聚块模型对短期极重牧（GI680）和对照（CK）群落中羊草种群点格局的分析
（李源等，2021）

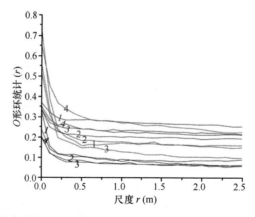

图 4-16　羊草种群在不同管理方式下的种群格局（Wang et al.，2014）

红线代表长期过度放牧群落，蓝线代表 1996 年围封群落，黑线代表 1983 年围封群落。每一群落由 4 个重复组成
（1、2、3 和 4 代表重复）（$t = -9.703$；$P = 0.000$；t 试验，$P < 0.05$）

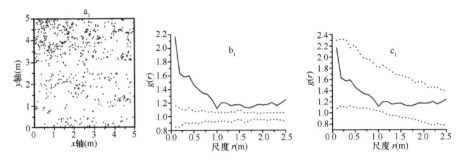

图 4-17　羊草+大针茅典型草原群落严重退化变体冷蒿草原群落围封恢复 21 年后群落中羊草种
群空间分布格局分析（Wang et al.，2014）

a. 羊草种群个体的位点；b. 基于完全空间随机模型；c. 基于泊松聚块模型。置信区间通过 999 次重复和使用最
高值与最低值获得。实测数据（—）；置信区间（┈）

在长期过度放牧干扰下，退化草原群落中优势种群的嵌套双聚块分布格局应该是一种集体行为，是草原植物种群适应过度牧压的一种表现形式，也是退化草原群落的主要特征之一。在植物种间关系中，除竞争以外（Gause and Witt，1935；Tilman，1982；Chase and Leibold，2003），还存在着一种与竞争相对的易化作用或正相互作用。在胁迫作用下，植物间的相互作用会不同程度地表现为易化（正相互作用）（Callaway et al.，2002），这种正相互作用可以通过不同的指标得以表征。其中，在胁迫作用下，植物通过改变分布状况、形态构成等实现相互帮助而抵御外界不利条件（Atsatt and O'Dowd，1976）。放牧干扰下退化草原群落中植物个体小型化及空间分布的嵌套双聚块结构即是植物种群间正相互作用的结果。短期重度放牧下种群格局没有明显变化，说明过度放牧的影响效应是经过累积后而发生质变的，连续过度放牧一定年限后草原群落中优势种群的分布格局呈现聚块化趋势是草原退化的一个重要标识。

二、不同种群对放牧干扰的差异性响应及其适应策略

1. 羊草

羊草是一种根茎型禾草。在过度放牧干扰下羊草高度、单株重和种群生物量均呈下降趋势，但密度降低过程呈波浪式下降，在轻度放牧条件下有增加的趋势。所以，羊草在牧压干扰下首先选择增加种群密度来对抗牧压。羊草在退化恢复过程中，单株生物量恢复存在 2 年为一周期的节奏性，表现为渐变方式完成正常化过程（图 4-18 和图 4-19）。

2. 大针茅

大针茅是高大的丛生禾草。在过度放牧干扰下高度、密度、生物量均呈下降

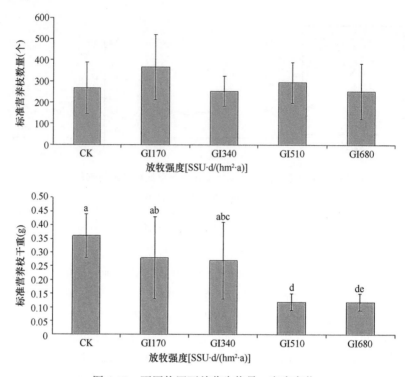

图 4-18　不同牧压下羊草生物量、密度变化

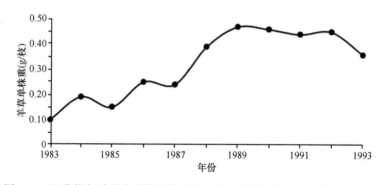

图 4-19　退化恢复过程中羊草单株重随时间的变化趋势（王炜等，2000b）

趋势，但在轻度放牧下单个枝条生物量有增加趋势，在重度放牧干扰下，大针茅是以降低种群密度，增加株丛芽（枝）数量来对抗牧压的。大针茅在退化恢复过程中，单株生物量变化不显著，只有在其重新成为群落中的优势种时，单株生物量才突然增加，所以其矮小化相对更保守（图 4-20 和图 4-21）。

3. 糙隐子草

糙隐子草是丛生小禾草，在叶鞘中隐藏有可结实的小穗，所以在不利的条件

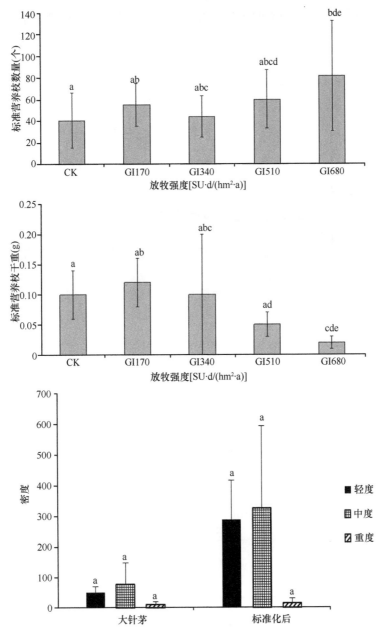

图 4-20　不同牧压下大针茅生物量、密度变化

下仍可以产生大量的种子进行有性繁殖，所以其繁殖力较强。随着群落退化加重，原来群落的优势植物进行有性生殖的机会越来越小，而糙隐子草由于这一特性，在群落中种群数量会明显增加。另外，糙隐子草是一种 C_4 植物，在过度放牧下，

群落变得低矮、稀疏，故光照条件相对较好，可能也有利于糙隐子草的生长，因此其在群落中种群数量会增加，而逐渐取代针茅和羊草成为群落的优势种。在退化恢复过程中，单株生物量恢复存在 2～3 年为一周期的节奏性，表现为渐变方式完成正常化过程（图 4-22 和图 4-23）。

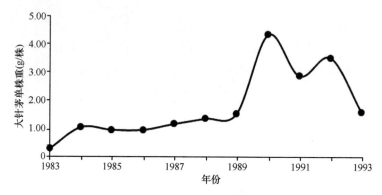

图 4-21　退化恢复过程中大针茅单株重随时间的变化趋势（王炜等，2000b）

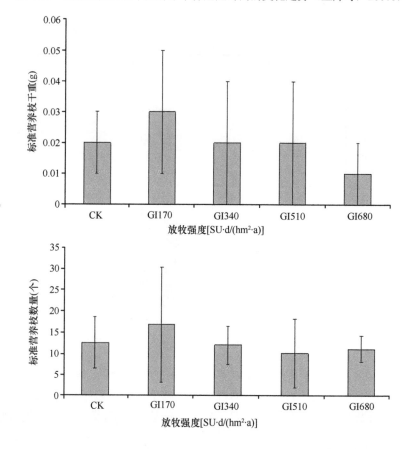

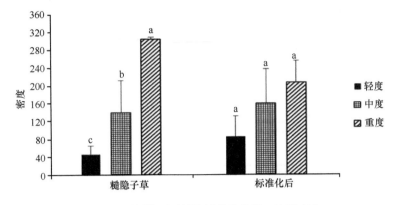

图 4-22　不同牧压下糙隐子草生物量、密度变化

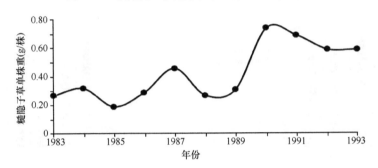

图 4-23　退化恢复过程中糙隐子草单株重随时间的变化趋势（王炜等，2000b）

4. 冷蒿

冷蒿是一种小半灌木，形态可塑性很强，在正常的群落中，密度相对较小，且为了得到充分的光照，总是直立向上生长，在牧压下，枝条会匍匐地面且节上生出不定根，贴附在地面上，相对耐践踏。其个体正常化过程与其他植物不同，主要表现为单株生物量先增大后减小，因为在其他植物的正常化过程尚未完成时，冷蒿多以匍匐枝生长进行营养繁殖，所以匍匐枝连接的个体较大较重。恢复 8 年后，冷蒿在群落演替过程中趋于衰退，许多植株因分割、死亡而使个体变小，因而单株生物量下降（图 4-24）。

三、种群特征对不同放牧强度的响应

1. 放牧对种群高度的影响

如图 4-25 所示，针对羊草、大针茅、糙隐子草和黄囊苔草而言，在植物返青期（5 月）不同放牧强度下种群高度差异不显著，而在其他时期，不同放牧强度下种群高度差异明显，且随着放牧强度的增加，种群高度逐渐降低。

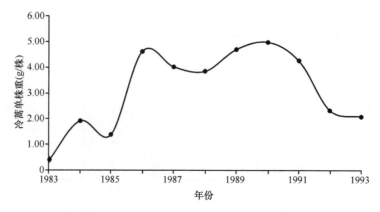

图 4-24 退化恢复过程中冷蒿单株重随时间的变化趋势（王炜等，2000b）

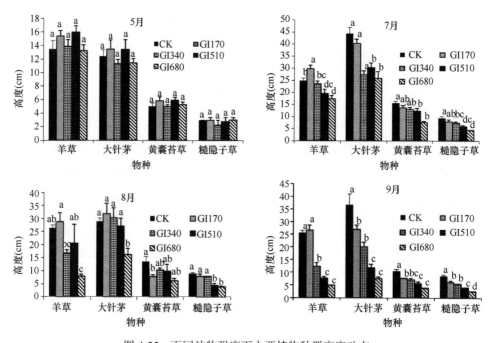

图 4-25 不同放牧强度下主要植物种群高度动态

2. 放牧对种群密度的影响

由图 4-26 可知，针对羊草、大针茅、糙隐子草和黄囊苔草而言，在植物返青期（5 月）不同放牧强度下种群密度差异不显著，而在其他时期，不同放牧强度下种群密度差异明显。其中，大针茅种群密度随放牧强度的增加而增加，羊草和糙隐子草种群密度随放牧强度增加而降低，黄囊苔草在中度放牧强度下拥有最高的种群密度。

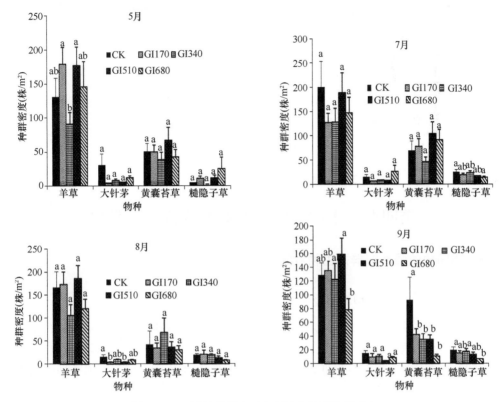

图 4-26 不同放牧强度下主要植物种群密度动态

3. 放牧对主要种群生物量的影响

由图 4-27 可知，针对羊草、大针茅、糙隐子草和黄囊苔草而言，在植物返青期（5月）不同放牧强度下种群生物量差异不显著，而在其他时期，不同放牧强度下种群生物量差异明显。且随着放牧强度的增加，种群生物量逐渐降低。

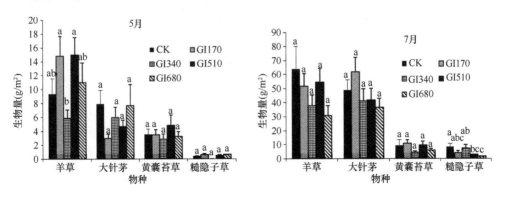

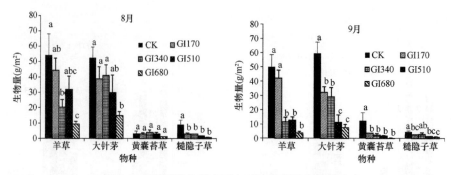

图 4-27 不同放牧强度下主要植物种群生物量动态

第四节 不同放牧强度对群落特征的影响

一、不同放牧强度对群落生物量的影响

1. 对地上当年生物量的影响

不同载畜率下群落地上现存量见图 4-28，从图 4-28 中可以看出随着载畜率的增大群落地上现存量显著降低。7 月，CK 和 GI170 处理显著地高于其他放牧处理，GI680 处理下地上现存量最低，为 $67.77g/m^2$；8 月，CK 地上现存量显著地高于其他放牧处理，为 $132.77g/m^2$，GI680 处理下最低，为 $23.39g/m^2$。9 月，CK 处理地上现存量显著地高于其他放牧处理，其值为 $120.88g/m^2$。

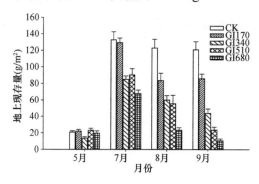

图 4-28 不同载畜率下群落地上现存量

2. 对草地凋落物的影响

不同载畜率下凋落物变化见图 4-29，从图 4-29 中可以看出 5 月各处理之间凋落物生物量无显著差异（$P>0.05$）。从图 4-29 中可以看出，随着放牧时间的持续，凋落物生物量逐渐降低，尤其在 GI680 处理下最为明显，9 月 GI680 处理下凋落物生物量显著低于其他放牧处理和 CK 处理（$P<0.05$），其值为 $10.74g/m^2$。

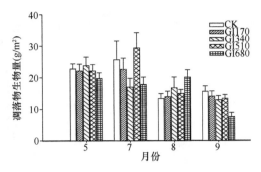

图 4-29 不同载畜率下凋落物变化

3. 不同载畜率下种群及群落现存量的变异系数（9 月）

不同载畜率下种群及群落现存量的变异系数如图 4-30 所示，从图 4-30 中可以看出羊草、糙隐子草、大针茅种群现存量及群落现存量的变异系数在放牧干扰下有增大的趋势，羊草的变异系数在 GI680 处理下最大，为 104.26%，在 GI170 下最小，为 51.94%；糙隐子草的变异系数在 GI340 处理下最大，为 106.75%；大针茅的变异系数在 GI510 处理下最大，为 140.08%；群落现存量变异系数在 GI680 处理下最大，为 72.53%。黄囊苔草的变异系数随着载畜率的增大有下降的趋势，变异系数在 CK 处理下最大，为 108.78%，在 GI680 处理下最小，为 56.25%。

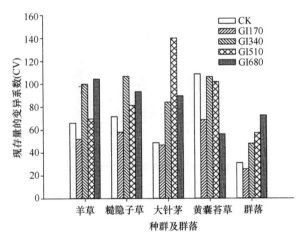

图 4-30 不同载畜率下主要植物种群及群落现存量的变异系数

4. 放牧利用-植物生长-草原生产力变化的关系

虽然草原植物群落生物量年际间的波动受气候影响较大，但随放牧强度的增加群落生物量整体上呈明显减少趋势。随牧压增加，群落地上净生产力短期变化除轻牧外也不明显（图 4-31）。

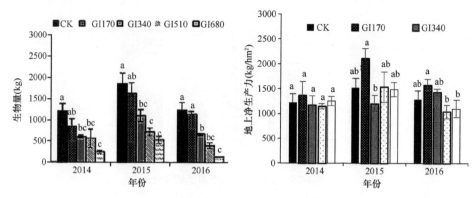

图 4-31　植物群落生物量和地上净生产力

同一年份不同处理的字母不同代表差异显著（$P<0.05$），下同

放牧利用后，牧草再生量总体与对照无显著差异（$P>0.05$），但从平均值来看大都高于 CK 生长量（图 4-32）。从短期来看，放牧利用能够维持和提高牧草再生量，对群落生物量的积累和生产力的维持与提高具有积极的作用，从长期处于重牧或极重牧的情况下看，牧草再生消耗过量物质是导致生态系统功能减弱的一个重要原因。

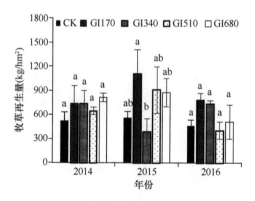

图 4-32　不同放牧强度下牧草再生量

在短期不同牧压放牧平台的研究发现，重牧导致可食牧草生物量显著降低，生物量的降低直接导致单位面积上放牧家畜采食量增加（图 4-33），单位家畜采食量降低（图 4-34），进而导致草地生产力和家畜产出进入恶性循环，过牧对草地生产力衰减的贡献越来越大。

二、不同放牧强度对群落物种生态位的影响

如图 4-35 所示，羊草、大针茅和糙隐子草的生态位宽度指数较高，并且随着载畜率的增大，羊草种群的 Levins 生态位宽度指数有增加的趋势。

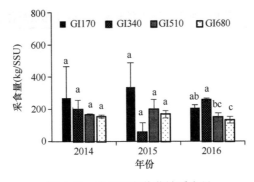

图 4-33　单位面积牧草被采食量

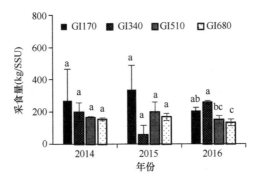

图 4-34　单位家畜牧草采食量

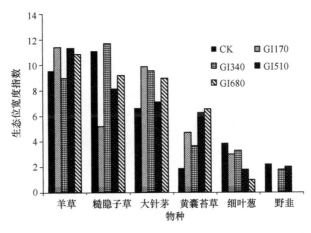

图 4-35　不同放牧强度下主要植物 Levins 生态位宽度指数

如表 4-3 所示，对照区（未放牧区）主要植物种间的生态位重叠指数较放牧区低，而随着放牧强度的增加，物种间的生态位重叠指数增加，加剧了物种间对资源的竞争。

表 4-3　不同放牧强度下主要植物 Levins 生态位重叠指数

放牧强度	物种	羊草	糙隐子草	大针茅	黄囊苔草	细叶葱	野韭
CK	羊草	—	0.45	0.26	0.91	0.47	0.65
	糙隐子草	0.53	—	0.84	0.34	1.10	1.04
	大针茅	0.18	0.50	—	0.22	0.46	0.31
	黄囊苔草	0.18	0.06	0.06	—	0.02	0.01
	细叶葱	0.19	0.38	0.27	0.04	—	0.15
	野韭	0.15	0.21	0.11	0.02	0.09	—
GI170	羊草	—	0.58	0.54	0.49	0.64	—
	糙隐子草	0.27	—	0.39	0.72	0.62	
	大针茅	0.47	0.75	—	0.83	0.61	
	黄囊苔草	0.20	0.65	0.39	—	0.42	
	细叶葱	0.17	0.36	0.18	0.27	—	—
	野韭	—	—	—	—	—	—
GI340	羊草	—	0.54	0.39	0.46	0.95	0.82
	糙隐子草	0.71	—	0.85	1.21	0.61	0.59
	大针茅	0.42	0.69	—	0.63	0.37	0.70
	黄囊苔草	0.19	0.38	0.24	—	0.20	0.21
	细叶葱	0.35	0.17	0.13	0.17	—	1.09
	野韭	0.17	0.09	0.13	0.10	0.60	—
GI510	羊草	—	0.60	0.40	0.58	0.51	0.95
	糙隐子草	0.43	—	0.81	0.47	1.55	0.14
	大针茅	0.25	0.70	—	0.70	1.21	0.15
	黄囊苔草	0.32	0.36	0.62	—	0.46	0.25
	细叶葱	0.08	0.34	0.31	0.13	—	—
	野韭	0.17	0.04	0.04	0.08	—	—
GI680	羊草	—	0.94	0.51	0.67	0.27	—
	糙隐子草	0.80	—	0.38	0.69	0.00	—
	大针茅	0.42	0.37	—	0.71	0.86	—
	黄囊苔草	0.41	0.49	0.52	—	0.51	—
	细叶葱	0.02	0.00	0.10	0.08	—	—
	野韭	—	—	—	—	—	—

三、不同放牧强度对群落物种多样性的影响

1. 对物种重要值的影响

不同载畜率下主要植物种群重要值见图 4-36，从图 4-36 中可以看出，在 5 月（小区均未放牧）羊草、糙隐子草、大针茅和黄囊苔草的重要值在不同载畜率下没有太大差异。从图 4-36 中可以看出，羊草的重要值随着载畜率的增加有增大的趋势，在重度放牧（GI510）处理下最高，在极重度放牧（GI680）羊草的重要值低于重度放牧。

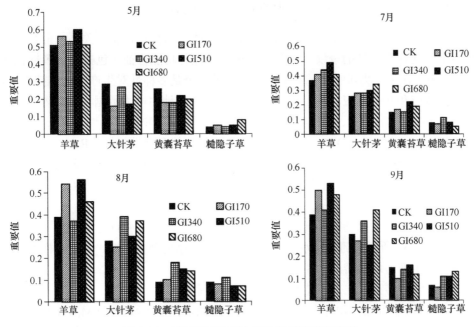

图 4-36　不同载畜率下主要物种重要值的变化

2. 对群落物种多样性的影响

不同载畜率下群落多样性见表 4-4，从表 4-4 中可以看出香农-维纳多样性指数随着载畜率的增大而降低，在 CK 处理下最大，为 0.89，GI680 最小，为 0.61。Pielou 指数在 CK 处理下最大，为 0.54，GI510 最小，为 0.43。Margalef 指数随着放牧强度的增大而逐渐降低，CK 处理下最大，为 0.94，GI680 处理下最小，为 0.77。

表 4-4　不同载畜率下群落多样性

处理	香农-维纳多样性指数	Pielou 指数	Margalef 指数
CK	0.89	0.54	0.94
GI170	0.74	0.48	0.87
GI340	0.67	0.47	0.83
GI510	0.57	0.43	0.78
GI680	0.61	0.49	0.77

四、草原植物功能属性对草原植物生产力的贡献

1. 环境、物种多样性、功能特征在生产力维持中的作用

尽管许多实验证明了多样性与生态系统功能之间存在正相关关系，但是依然有两个问题存在强烈的争议。一个是物种多样性与功能特征（包括功能多样性和功能属性）在生产力维持中的相对重要性，另一个是多样性对生产力的维持机制，如选择效应和互补效应。基于内蒙古草原 194 个样地生产力数据、2 个物种多样性指标（物种丰富度 S、香农-维纳多样性指数）、4 种植物性状属性（植株高度 H、叶面积 LA、叶干重 LDW、比叶面积 SLA）和功能多样性指标（Rao 二次熵），以及实地调查的基础之上，随着降水量减少，在 5 种草原类型下（贝加尔针茅草原、大针茅草原、克氏针茅草原、短花针茅草原、小针茅草原），分析了物种多样性和功能多样性与生产力的关系。研究结果如下。

（1）内蒙古草原物种多样性、功能特征及生产力随降水的变化特征

如图 4-37 所示，随着降水量增加，内蒙古草原物种多样性、功能多样性、功能属性、生产力均随着降水量增加而增加。

（2）物种多样性、功能特征与生产力的关系

由图 4-38 可知，物种丰富度 S、香农-维纳多样性指数、CWM_H、CWM_{LA}、CWM_{SLA}、FD_Q 均与生产力呈显著正线性关系。CWM_{LDW} 与生产力关系不显著。

（3）环境、物种多样性、功能特征对生产力维持的贡献

通过巢式多元回归分析，研究确定了环境、物种多样性、功能特征在生产力维持中的作用（表 2-3），由此可知无论是针对整个内蒙古草原还是单一的草原类型，功能特征对生产力的贡献均高于物种多样性。同时，研究还发现环境对生产力的贡献随着降水量的增加在逐渐降低。并且如图 2-6 所示，可以看到降水主要通过改变群落的功能特征，从而影响了群落的生产力。

2. 不同功能特征对生产力的解释能力

通过多元逐步回归分析，研究确定了内蒙古草原及不同草原类型、功能特征

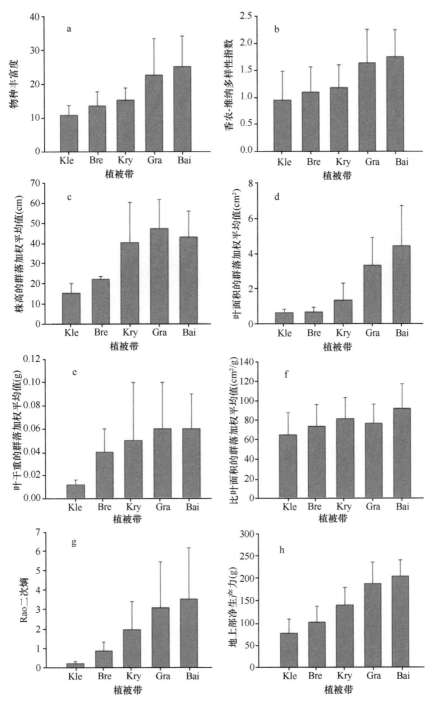

图 4-37　5 种草原类型下物种多样性、功能属性、功能多样性与生产力特征（Zhang et al.，2017）

Kle，小针茅草原；Bre，短花针茅草原；Kry，克氏针茅草原；Gra，大针茅草原；Bai，贝加尔针茅草原

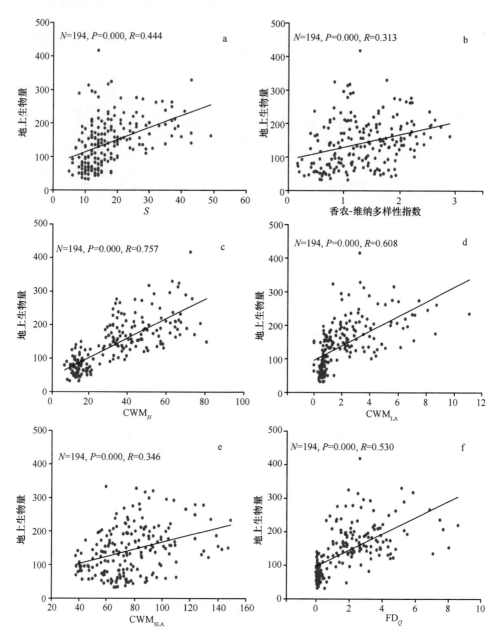

图 4-38 物种多样性、功能属性、功能多样性与生产力的关系（Zhang et al.，2017）

对生产力的影响，希望能够发现决定生产力的主导功能特征及维持机制。由表 2-4 可知，内蒙古草原生产力的主导功能性状是高度，其揭示了生产力 57.1%的变异；在极为干旱的小针茅草原，生产力主要受到叶面积和比叶面积的影响；同时，在小针茅草原回归分析中引入了 FD_Q 系数，说明了选择效应和互补效应功能决定多样性与生产力的关系；针对内蒙古草原，选择效应起主导作用。

五、重度放牧对典型草原群落动态的影响

重度放牧干扰不仅会使物种个体形态指标与单株重、种群数量指标及分布格局、群落生产力发生变化，同时也会引起群落中优势物种的更替。

典型草原的主要类型是大针茅草原、克氏针茅草原、羊草草原，放牧退化演替下最终趋同于冷蒿或糙隐子草占优势的草原变型。

1）大针茅草原→克氏针茅+大针茅+冷蒿+糙隐子草→冷蒿+糙隐子草变型或冷蒿+糙隐子草变型。

2）克氏针茅草原→克氏针茅+冷蒿+糙隐子草→冷蒿+糙隐子草变型或冷蒿+糙隐子草变型。

3）羊草草原→羊草+克氏针茅+冷蒿+糙隐子草→冷蒿+糙隐子草变型或冷蒿+糙隐子草变型。

长期高强度放牧则使冷蒿群落变型向更严重退化的星毛委陵菜或狼毒占优势的群落变型演变。

从冷蒿、糙隐子草退化群落生物量恢复到正常群落生物量水平需要 7～8年，这个时间节点也正是羊草、大针茅在群落中成为建群种和优势种需要恢复的时间。

第五节　放牧干扰下群落优势植物矮小化的 初步判别标识与标准

过度放牧下，群落中饲用植物矮小化是一个普遍现象。长期过度放牧的退化草原群落中，植物个体表现出植株变矮、节间缩短、叶片变小变窄、丛幅缩小、枝叶硬挺、根系分布浅层化等性状。伴随着植物矮小化，种群空间分布发生变化，群落生产力明显下降，直至群落建群种和优势种发生更替。所以，植物矮小化标识和标准的确立应从 3 方面考虑，即个体、种群、群落角度。

一、个体性状变化对干扰的指示

由上述研究结果可知，长期过度放牧的退化草原群落中可食性植物个体均表现出植株变矮、节间缩短、叶片变小变窄、植丛缩小、枝叶硬挺、根系分布浅层化等性状，所以放牧引起的植物矮小化现象是该群落中多数植物的一种普遍行为。故我们在个体水平上选择判别植物矮小化的特征时，只要寻找该群落中一种或几

种植物的易于度量的性状和指标以确定其矮小化阈值，即可判别群落中植物是否发生矮小化。

在中温型典型草原和草甸草原群落中，我们选择了分布广泛且具有地下根茎、植株单一、茎秆发育、叶片相对宽大而整齐的羊草的形状指标变化作为甄别群落中植物矮小化的标准。这里我们利用叶长/叶宽（LLD）值的变化来标识植物小型化。选取这个指标主要是考虑到茎、叶的变化是直接影响植株高度和单株生物量的直接因子，且叶长是对牧压敏感的指标（王炜，2000a；李西良，2014），而叶宽对牧压反应不太敏感（李西良，2014）。对于羊草来说，LLD 值在 30 以下，28 大约是其临界值。

二、羊草性状对割草干扰的指示

在羊草群落（LC）、大针茅群落（SG）、克氏针茅群落（SK）中，模拟啃食处理均使羊草叶片的长宽比有显著的降低。对照处理羊草叶片的长宽比（LL/LW）在 32~37 波动，而模拟啃食后羊草叶片的长宽比（LL/LW）在 22~28 波动（图 2-31）。

三、羊草性状对放牧干扰的指示

由图 2-32、图 4-39 可知，在干扰大的羊草群落中，叶长宽比值均小于 30。

在中温型典型草原和草甸草原，羊草叶长宽比值的变化随牧压的持续而在不断变小，在没有达到小型化的阈值时，随着牧压的消失比值会马上变大，如图 4-40 左图所示，极重牧（EG=G1680）干扰下，在停止干扰后在当年生长季旺期叶长宽比已大于仍有牧压干扰的中牧和重牧的叶长宽比，而接近了轻牧的叶长宽比。所以，依据野外实验结果综合得出，羊草叶长宽比小于 28 时，群落中物种才能称为小型化个体。

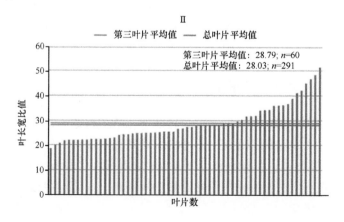

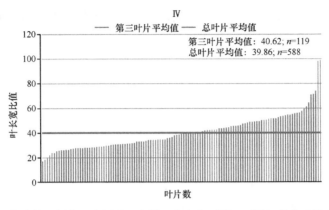

图 4-39　锡林郭勒放牧、割草混合用地（上图）和东北平原（下图）羊草叶长宽比对不同牧压
干扰的指示

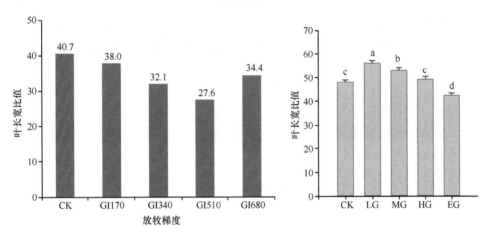

图 4-40　羊草叶长宽比对短期（处理第 4 年）不同牧压干扰的指示

左图. 典型草原；右图. 草甸草原

四、种群格局变化对群落物种小型化的指示

研究表明，种群格局的变化是植物对长期重牧干扰的响应，减除或形成某一格局均需要一定的时间，我们结合群落优势种的变化将种群格局形成双聚块格局的时间作为群落中物种小型化的时间。反之，种群格局由双嵌套格局转变为泊松聚块格局的时间作为小型化个体转变为正常个体的时间。故我们将种群格局由泊松聚块格局转变为双嵌套格局的时间作为群落中个体小型化的开始时间。

五、群落演替对群落物种小型化的指示

过度干扰下，群落平均高度、生物量等因子均发生了显著变化，但这些变化

受环境的影响也较大，且变化是渐变的，所以很难用某一指标的量来区分。但是群落在持续过牧下，群落的建群种和优势种会发生明显的更替，且这一更替现象在干扰不变的情况下会保持稳定不变，即使干扰去除后，需要经过一段时间才能恢复到退化前的水平。所以，我们可以用群落建群种的更替时间来判断群落水平上植物的小型化。

根据已有的研究表明，中温型典型草原在持续重牧干扰下，群落建群种变为冷蒿或糙隐子草或二者为共建种的时间应为群落中物种成为小型化个体的开始。

根据已有的研究实验，我们可以看出从物种的个体水平、种群水平或群落水平判别群落植物个体是否成为小型化个体，它们之间是有联系的，如从冷蒿、糙隐子草退化群落生物量恢复到正常群落生物量水平需要 7～8 年，这个时间节点也正是羊草、大针茅在群落中成为建群种和优势种需要恢复的时间，也是群落中主要植物种群格局由双嵌套格局转变为泊松聚块格局的时间；在羊草叶长宽比值变化中，短期 3 年的干扰没有达到这一阈值，所以在减除牧压后这一值当年就可以接近轻度牧压下的值，但在长期重度放牧样地上这一阈值在去除牧压后仍会保持一段时间。

综合以上试验结果得出植物小型化的概念是在牧压作用下，无论是植物个体性状特征、种群格局还是群落建群种发生变化后，在解除牧压的情况下这一变化形成的状态仍然能够维持相对固定的一段时间（在中温型典型草原为 7～8 年），这样的植物个体称为小型化个体。

第六节　不同放牧梯度冷蒿化感作用和放牧干扰化学计量学研究

本研究在内蒙古锡林郭勒典型草原的野外实验区，研究了不同放牧梯度冷蒿茎叶水浸提液对紫花苜蓿（*Medicago sativa*）、黄花草木樨（*Melilotus officinalis*）、芨芨草（*Achnatherum splendens*）和克氏针茅等 4 种牧草种子萌发与胚根生长的影响，并采用气相色谱与质谱（GC-MS）联用技术测定了不同放牧梯度冷蒿茎叶水浸提液的主要化学成分。

一、不同放牧梯度冷蒿茎叶水浸提液对牧草种子萌发的影响

不同放牧梯度冷蒿茎叶水浸提液对紫花苜蓿、黄花草木樨、芨芨草和克氏针茅种子萌发的影响存在一定的差异（图 4-41）。轻度放牧区冷蒿茎叶水浸提液对黄花草木樨的种子萌发存在一定的抑制作用；中度放牧区冷蒿茎叶水浸提液对紫花苜蓿和黄花草木樨、芨芨草的种子萌发存在促进作用，对芨芨草的种子萌发存

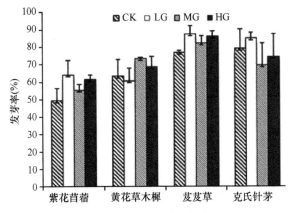

图 4-41　不同放牧梯度冷蒿茎叶水浸提液浓度对牧草种子萌发的影响

在抑制作用；重度放牧区冷蒿茎叶水浸提液对紫花苜蓿和芨芨草种子萌发存在抑制作用，对黄花草木樨的种子萌发存在促进作用；轻度、中度和重度放牧区冷蒿茎叶水浸提液对克氏针茅的种子萌发均存在显著的抑制作用。

　　不同放牧梯度冷蒿茎叶水浸提液的樟脑浓度对紫花苜蓿、黄花草木樨、芨芨草和克氏针茅种子胚根生长的影响也存在一定的差异（图 4-42），轻度放牧冷蒿茎叶水浸提液樟脑浓度对紫花苜蓿和克氏针茅种子胚根生长有促进的趋势，对黄花草木樨和芨芨草种子胚根生长有抑制的趋势；中度放牧冷蒿茎叶水浸提液樟脑浓度对紫花苜蓿种子胚根生长有抑制的趋势，对其他三种牧草的种子胚根生长有促进的趋势；重度放牧冷蒿茎叶水浸提液樟脑浓度对 4 种牧草的种子胚根生长均有促进的趋势。

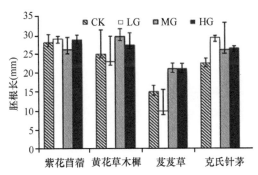

图 4-42　不同放牧梯度冷蒿茎叶水浸提液樟脑浓度（0.1g/ml）对牧草种子胚根生长的影响

二、不同放牧梯度对冷蒿茎叶水浸提液化感物质成分及樟脑含量的影响

　　轻度放牧区冷蒿茎叶水浸提液共鉴定出 34 种化合物（图 4-43），穿心莲内酯、6,6-二甲基二环[3.1.1]庚-2-烯-2-甲醇、萜烯醇、桉树脑、3,5,5-三甲基-3-羟基-1-丁

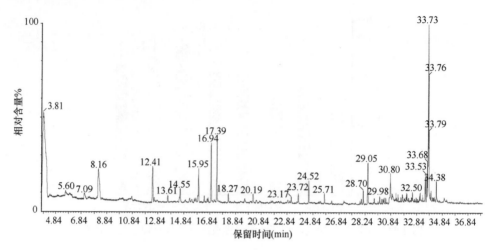

图 4-43　轻度放牧区冷蒿茎叶水浸提液化学成分 GC-MS 总离子流图

烯-2-环己烯-1-酮含量较高，相对含量分别为 22.25%、16.04%、13.25%、11.97%、8.77%，保留时间分别为 33.72min、17.44min、16.97min、12.45min、29.07min。中度放牧区冷蒿茎叶水浸提液共鉴定出 34 种化合物（图 4-44），其中 2,3-二甲基-3-乙基-3-吲哚、桉树脑、二氢月桂烯、顺-β-松油醇、4-异丙烯基-4,7-二甲基-1-氧杂螺-[2,5]辛烷含量较高，相对含量分别为 19.69%、9.57%、5.68%、5.68%、5.65%，保留时间分别为 33.7min、12.49min、19.60min、13.69min、33.53min。重度放牧区冷蒿茎叶水浸提液共鉴定出 34 种化合物（图 4-45），其中桉树脑、2,3-二甲基-3-乙基-3-吲哚、顺-β-松油醇、桉叶油、萜烯醇含量较高，相对含量分别为 13.76%、7.49%、7.26%、7.12%、6.07%，保留时间分别为 12.49min、33.78min、13.69min、18.34min、17.01min。

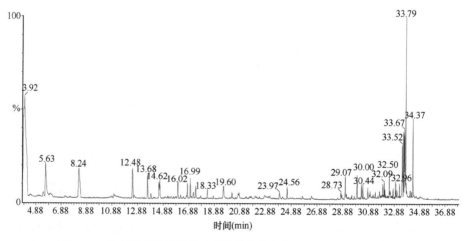

图 4-44　中度放牧区冷蒿茎叶水浸提液化学成分 GC-MS 总离子流图

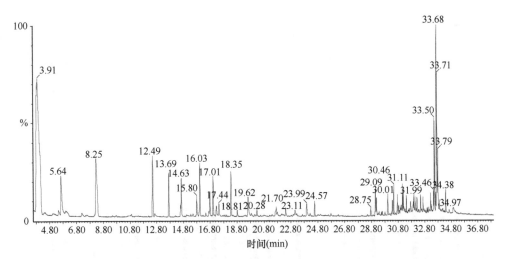

图 4-45　重度放牧区冷蒿茎叶水浸提液化学成分 GC-MS 总离子流图

三、放牧干扰对草原生态系统土壤、植物化学元素的影响

2015～2017 年分别在典型草原放牧平台进行植物和土壤样品采样。每期实验分为 5 个处理，即对照处理、170SSU·d/(hm²·a)、340SSU·d/(hm²·a)、510SSU·d/(hm²·a) 和 680SSU·d/(hm²·a)（以下简称 CK、170、340、510 和 680），每种处理 3 个重复。植物样品包括克氏针茅、羊草、糙隐子草，每种植物采集 20 株，每个处理 3 个重复，其中随机选择 10 株将其茎、叶分开，分别放入信封，每种植物 3 个重复。将采集的土壤样品和植物样品风干后，土壤样品过 2mm 和 0.15mm 的分样筛，分别测定土壤速效氮、速效磷和全 C、全 N、全 P 含量；植物样品使用混合球磨仪粉碎，其中土壤和植物体的全 C、全 N 使用元素分析仪测定；全 P 使用 HNO₃ 消解-ICP 法（电感耦合等离子体发射光谱仪）进行测定；速效氮使用碱解-扩散法测定；速效磷使用紫外分光光度计比色法测定。

1. 土壤 C、N、P 含量对短期放牧干扰的响应

2015～2017 年，表层土壤（0～10cm）碳含量随放牧强度的增加而增加，但深层土壤（10～20cm）碳含量虽有一定的增加，但不具明显的规律（图 4-46）。这表明放牧可以加快土壤表层碳循环，但对深层土壤的碳循环影响不显著。产生这种现象的原因，一方面可能是家畜的践踏作用加快植物地上部分的破碎，进而加快碳循环；另一方面，家畜的粪尿归还也有利于加快土壤碳循环。

2015～2017 年，表层土壤（0～10cm）的氮含量随放牧梯度的增加而略有升高，且 2016 年和 2017 年的稍高于 2015 年。深层土壤（10～20cm）的氮含量不具有明显的规律性（图 4-47）。这表明放牧同样可以加快土壤中氮循环。

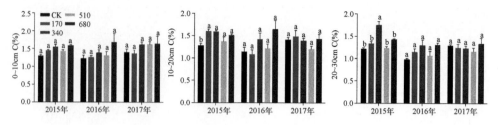

图 4-46   不同放牧梯度下土壤 C 含量的变化

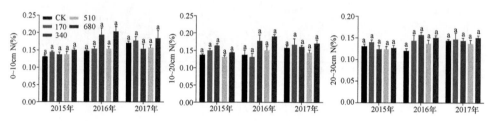

图 4-47   不同放牧梯度下土壤 N 含量的变化

2015～2017 年，各层土壤中磷含量随放牧强度的增加并没有明显的规律，而表层土壤（0～10cm）的磷含量在 2016 年和 2017 年略有下降（图 4-48）。土壤中的磷主要来自于矿石的分解，而放牧后植物的补偿作用会消耗部分的磷元素。

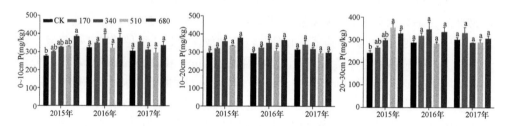

图 4-48   不同放牧梯度下土壤 P 含量的变化

2015 年和 2017 年，土壤有效氮的含量随放牧强度的增加而增加，但各处理不具有显著差异（$P>0.05$）（图 4-49）。

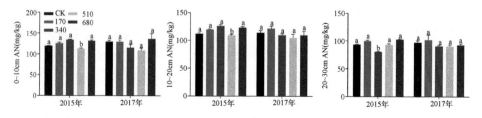

图 4-49   不同放牧梯度下土壤有效 N 含量的变化

2015 年和 2017 年，土壤中有效磷的含量随放牧强度的增加而增加，且 2015 年土壤中有效磷的含量高于 2017 年（图 4-50）。与土壤有效氮含量相比，土壤中有效磷的含量更低，植物的生长可能会受到磷的限制。

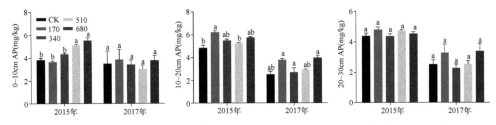

图 4-50　不同放牧梯度下土壤有效 P 含量的变化

2. 群落中主要物种 C、N、P 含量及化学计量对短期放牧的响应

2015～2017 年，随放牧梯度的增加，克氏针茅、羊草和糙隐子草体内的碳含量均有小幅的下降（$P>0.05$），但羊草的碳含量下降幅度高于克氏针茅和糙隐子草（图 4-51）。

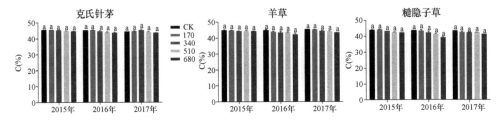

图 4-51　不同放牧梯度下植物 C 含量的变化

2015～2017 年，克氏针茅、羊草和糙隐子草体内 N 含量均随着放牧梯度的增加而增加，并在 510 和 680 处理下与对照有显著差异（$P<0.05$）（图 4-52）。家畜啃食后植物的补偿生长需要合成蛋白质等物质，因此导致植物体内 N 含量的增加。

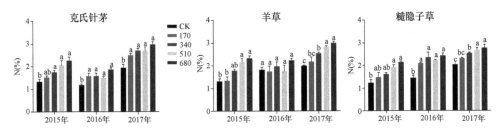

图 4-52　不同放牧梯度下植物 N 含量的变化

2015～2017 年，三种植物体内的 P 含量随放牧梯度的增加而增加，并在 510 和 680 处理下与对照有显著差异（$P<0.05$）（图 4-53）。

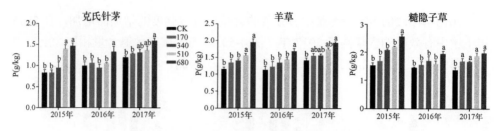

图 4-53　不同放牧梯度下植物 P 含量的变化

2015～2017 年，三种植物的 N/P 随牧压梯度的增加先升高后降低，并在 340 处理下达到最高（图 4-54）。这表明在轻牧和中牧时，三种植物的生长相对受到 P 元素的限制；在重牧和极重牧时，三种植物的生长相对受到 N 元素的限制。此外，随着放牧年限的增加，植物的 N/P 有逐渐上升的趋势，这表明 P 元素在长时间尺度的放牧后，逐渐成为限制植物生长与群落生产力的限制性元素，同时也从植物的角度佐证了长时间放牧后土壤有效 P 含量会下降的现象。

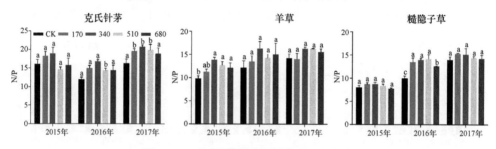

图 4-54　不同放牧梯度下植物 N/P 的变化

在放牧扰动下，群落的 N 和 P 具有明显的正相关关系（$R^2=0.34$，$P<0.001$）（图 4-55）。这表明随牧压梯度的增加，群落的 N 含量和 P 含量均有不同程度的升高，但相对 N 元素来说，P 元素的增长更慢，这说明群落中植物的生长受到 P 元素的限制。

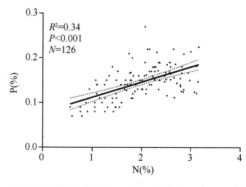

图 4-55　不同放牧梯度下群落 N 和 P 的关系（含 95%置信区间）

3. 群落中主要物种微量元素对短期放牧的响应

与 N、P 元素相比，不同物种间微量元素含量的差异是很大的，且随放牧压力的增加，植物体内微量元素基本均有增加，但不同元素的增加幅度不同（图 4-56）。糙隐子草体内微量元素对放牧的敏感性较高，即牧压越大，糙隐子草体内微量元素增加量高于克氏针茅和羊草。

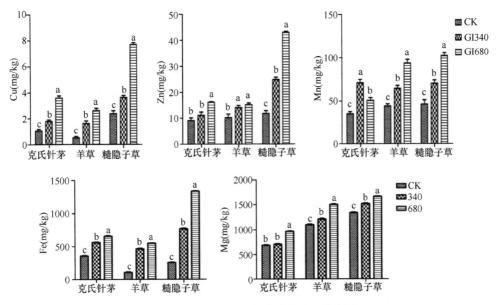

图 4-56 不同牧压下植物体微量元素含量

微量元素含量只有 CK、GI340 和 GI680 三个处理

植物叶片中不同营养元素之间具有一定的关系，其中铁与锰、氮与镁、氮与磷之间具有强相关性（$P<0.01$）；磷与镁、锌与锰、铜与锌以及氮与锌之间具有一定的相关性（$P<0.05$）（表 4-5）。

表 4-5 植物叶片不同营养元素的相关性

		铜	铁	镁	锰	磷	锌	氮
铜	Pearson 相关性	1						
铁	Pearson 相关性	0.54	1					
镁	Pearson 相关性	0.24	0.24	1				
锰	Pearson 相关性	0.48	0.84**	0.21	1			
磷	Pearson 相关性	0.47	0.12	0.65*	0.14	1		
锌	Pearson 相关性	0.62*	0.57	0.15	0.64*	0.42	1	
氮	Pearson 相关性	0.53	0.50	0.80**	0.48	0.74**	0.67*	1

* 在 0.05 水平（双侧）上显著相关

** 在 0.01 水平（双侧）上显著相关

4. 羊草茎叶重构建对放牧的响应

在不同的放牧梯度下，羊草茎和叶片中的 C/N 逐渐下降，但叶片中的 C/N 低于茎中，而茎中的 N/P 几乎维持不变，而叶片中的 N/P 却明显升高，可见在羊草进行重构建过程中，营养物质的分配是不对等的（图 4-57）。这可能是由于随着放牧梯度的增加，植物被啃食的部分变多，植物的光合作用受到一定的影响，进而影响到营养元素的吸收。植物茎具有支撑植株的作用，是运输水分、养分等物质的通道，而叶片则是进行光合作用的主要场所，在营养物质受到限制时，植物开始调整养分分配策略，将更多的营养物质投入到叶片的重构建过程中，用于保持正常的光合作用。受到营养元素缺乏的影响，茎重构建过程受到一定的影响，由于营养物质整体的缺乏，因此在放牧过程中，羊草表现出节间短缩、高度变矮、叶片长度变短等小型化特征。

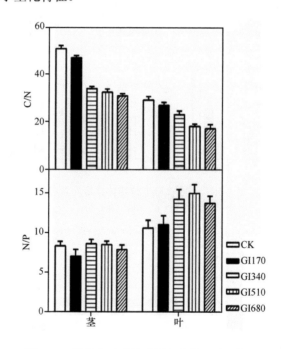

图 4-57　羊草茎叶重构建过程中化学计量特征

第七节　1981～2011 年典型草原区区域植被生产力变化及主要影响因素分析

对主要处于典型草原区的阿巴嘎旗、锡林浩特市、西乌珠穆沁旗县域尺度上的环境因子及区域植被生产力在 31 年（1981～2011 年）的变化进行分析，研究得出如下结果。

一、1981～2011 年研究区气候（气温、降水、干燥度）变化趋势

日均温（BT）逐年变化可用如下线性关系式表达：（a）BT = 0.034（年）+ 6.6，$R^2 = 0.59$，$P < 0.001$；（b）BT = 0.026（年）+ 6.9，$R^2 = 0.40$，$P < 0.01$；（c）BT = 0.026（年）+ 6.3，$R^2 = 0.46$，$P < 0.001$。

有效降水（P）逐年变化可用如下线性关系式表达：（a）P = –2.304（年）+ 240.4，$R^2 = 0.11$，$P = 0.07$；（b）P = –2.286（年）+ 263.5，$R^2 = 0.07$，$P = 0.14$；（c）P = –3.579（年）+ 338.3，$R^2 = 0.17$，$P = 0.022$。

干燥度（PER）逐年变化可用如下线性关系式表达：（a）PER = 0.044（年）+ 1.57，$R^2 = 0.27$，$P < 0.01$；（b）PER = 0.037（年）+ 1.54，$R^2 = 0.18$，$P < 0.05$；（c）PER = 0.030（年）+ 1.07，$R^2 = 0.20$，$P < 0.01$。

由图 4-58～图 4-60 分析可知，1981～2011 年研究区气温逐年升高、有效降水变化不明显或略有降低。

二、1981～2011 年典型草原生产力的变化趋势

如图 2-4、图 2-5 所示，1981～2011 年区域生产力总体降低。

三、1981～2011 年区域群落现存量、放牧采食量的变化趋势

地上现存量（YR）逐年变化可用如下线性关系式表达：（a）YR = –0.008（年）+ 1.508，$R^2 = 0.12$，$P < 0.05$；（b）YR = –0.013（年）+ 1.863，$R^2 = 0.17$，$P < 0.05$；（c）YR = –0.021（年）+ 2.375，$R^2 = 0.34$，$P < 0.001$。

放牧采食量（YG）逐年变化可用如下线性关系式表达：1981～1999 年，（a）YG = 0.007（年）+ 0.081，$R^2 = 0.90$，$P < 0.001$；（b）YG = 0.011（年）+ 0.093，

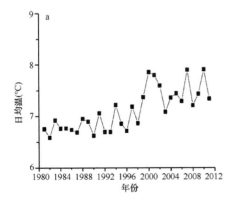
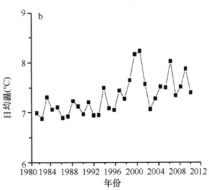

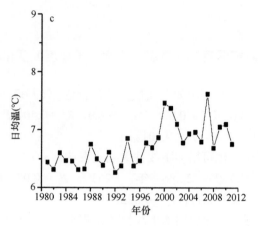

图 4-58 1981～2011 年日均温（BT）的变化趋势（Wu et al.，2014）

a. 阿巴嘎旗；b. 锡林浩特市；c. 西乌珠穆沁旗

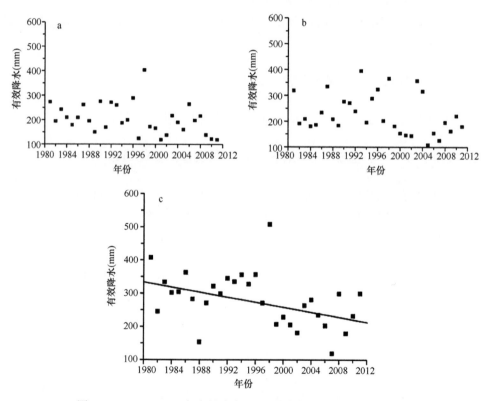

图 4-59 1981～2011 年有效降水（*P*）的变化（Wu et al.，2014）

a. 阿巴嘎旗；b. 锡林浩特市；c. 西乌珠穆沁旗

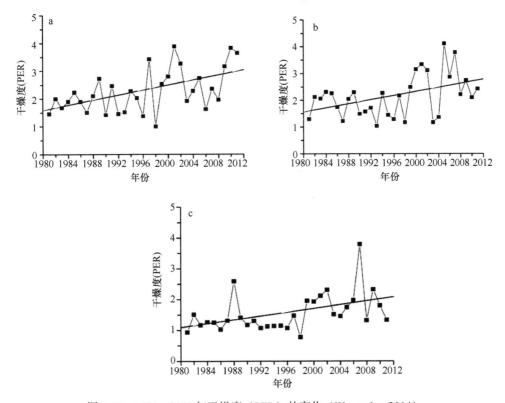

图 4-60　1981～2011 年干燥度（PER）的变化（Wu et al.，2014）
a. 阿巴嘎旗；b. 锡林浩特市；c. 西乌珠穆沁旗

$R^2 = 0.92$，$P < 0.001$；（c）YG = 0.011（年）+ 0.147，$R^2 = 0.95$，$P < 0.001$。2000～2011 年，（a）YG = −0.013（年）+ 0.444，$R^2 = 0.83$，$P < 0.001$；（b）YG = −0.013（年）+ 0.459，$R^2 = 0.75$，$P < 0.01$；（c）YG = −0.024（年）+ 0.788，$R^2 = 0.90$，$P < 0.001$。

　　由以上分析可知，1981～2011 年地上现存量（YR）总体在降低（图 4-61），放牧采食量（YG）的年际变化受管理方式的影响较大（图 4-62）。

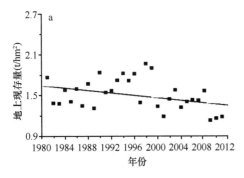
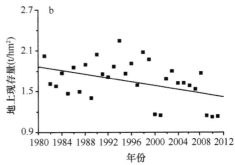

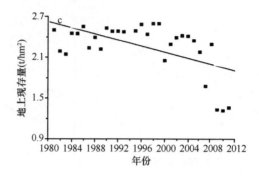

图 4-61 1981～2011 年草原群落地上现存量（YR）的年际变化（Wu et al.，2014）

a. 阿巴嘎旗；b. 锡林浩特市；c. 西乌珠穆沁旗

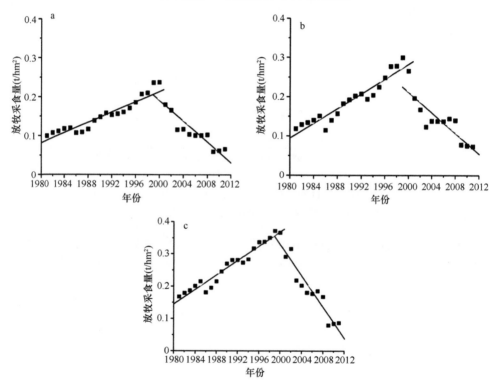

图 4-62 1981～2011 年放牧采食量（YG）的年际变化（Wu et al.，2014）

a. 阿巴嘎旗；b. 锡林浩特市；c. 西乌珠穆沁旗

总之，由表 4-6 可知，气候变化对区域植被生产力的影响显著大于人为干扰（放牧）影响。但人为干扰（如围封、推迟放牧、减少载畜量等）可以减缓区域植被生产力的降低，特别是在较干旱的典型草原区西部更明显。

表 4-6　1981～2011 年气候变化和人为干扰对阿巴嘎旗、锡林浩特市、西乌珠穆沁旗县域植被生产力（GP）年变化的相对贡献率（Wu et al., 2014）

旗县名称	对植被生产力（GP）年变化的相对贡献率（%）	
	气候变化	人为干扰
阿巴嘎旗	256	−156
锡林浩特市	164	−64
西乌珠穆沁旗	82	18
平均	167	−67

第八节　结论和展望

一、植物矮小化标识与标准的确立

过度放牧下，群落中饲用植物矮小化是一种普遍现象，伴随着植物矮小化，群落生产力明显下降，直至群落建群种和优势种发生更替。所以，植物矮小化标识和标准的确立应从 3 方面考虑，即个体、种群、群落角度。

1. 个体水平

鉴于重牧引起的植物矮小化现象是群落中多数植物的一种普遍行为，且具有同步进行的特点。故我们在个体水平上选择判别植物矮小化的特征时，只要寻找该群落中一种或几种植物的易于度量的性状和指标以确定其矮小化阈值，即可判别群落中植物是否发生矮小化。

在中温型典型草原和草甸草原群落中，我们选择了分布广泛且具有地下根茎、植株基本单一、茎秆发育、叶片相对宽大而整齐的羊草的形状指标变化作为甄别群落中植物矮小化的标准。这里我们利用叶长/叶宽（LLD）值的变化来标识植物小型化。选取这个指标主要是考虑到茎、叶的变化是直接影响植株高度和单株生物量的直接因子，且叶长是对牧压敏感的指标（王炜等，2000b；李西良等，2014），而叶宽对牧压反应不太敏感（李西良等，2014）。对于羊草，其 LLD 值在 30 以下，28 大约是其临界值。

2. 种群水平

过度放牧干扰下，群落中各种群高度、生物量均显著降低，且原来的建群种密度也显著降低，但是这些显现是渐变的，很难用某一点的量来区分，但是种群格局变化在牧压下是上述变化的综合反映，所以我们选取种群格局变化来阐述种群水平上的植物小型化。在过度放牧条件下，种群分布格局表现出为嵌套双聚块分布格局时是群落中植物变成为矮小化植株的开始，而轻牧条件下，种群分布格局表现为泊松聚块分布格局时是群落中植物由小型化个体转变为正常植株的开始。

3. 群落水平

过度干扰下，群落平均高度、生物量等因子均发生了显著变化，但这些变化受环境的影响也较大，且变化是渐变的，所以很难用某一点的量来区分。但是群落在持续过牧下，群落的建群种和优势种会发生明显的更替，且这一更替现象在干扰不变的情况下会保持稳定不变，即使去除干扰后仍需要一段时间才能恢复到接近原生群落的水平，所以，我们可以用群落建群种的更替时间来判断群落水平上植物的小型化。

在中温型典型草原，我们将原生群落建群种被亚优势层片的优势种替代的时间作为群落中植物成为小型化个体的开始，即大针茅、羊草、克氏针茅草原群落被糙隐子草、冷蒿草原群落替代的时间为群落中植物个体成为小型化植物的开始。

在实验中，我们发现从冷蒿、糙隐子草退化群落生物量水平恢复到正常群落生物量水平需要 7~8 年，这个时间节点也正是羊草、大针茅在群落中成为建群种和优势种需要恢复的时间，也是群落中主要物种种群分布格局由双嵌套分布格局转变为泊松聚块分布格局所需的时间，所以在种群和群落变化上是具有一致性的。

二、放牧利用下草原主要植物种群生态位、重要值的变化规律

在典型草原区，建群种和优势种羊草、大针茅、糙隐子草的生态位宽度指数均高于群落中的常见种，如寸草苔、细叶葱、野韭等。初期随着载畜率的增大，具根茎型羊草种群的 Levins 生态位宽度指数有增加的趋势。随着牧压的持续增加，群落中建群种和优势种羊草、大针茅与对照相比，种间的生态位重叠指数明显增加，加剧了物种间对资源的竞争。

持续重牧下，随群落中优势种发生改变，群落中原来的建群种重要值逐渐下降，变为退化群落中的亚优势种或常见种，甚至为偶见种。而原来群落中的部分常见种或亚优势种在退化群落中的重要值显著增加，如典型草原大针茅+羊草群落在持续牧压下，群落中原来的建群种大针茅、羊草重要值逐渐降低，而原来群落中为小禾草层片的优势种糙隐子草的重要值明显增加，进而替代了大针茅和羊草成为退化群落的建群种。

三、利用多元回归建立了羊草单株重模型

$$单株重（g）=0.001×株高（mm）+0.336×茎粗（mm）-0.389$$
$$R^2=0.85，F=69.81，P<0.001$$

四、对区域尺度上群落生产力的认识：功能属性主导了内蒙古草原生产力

基于对内蒙古草原 194 个样地实地调查，在 5 种降水梯度下，分析了物种多样性及功能特征（包括功能多样性和功能属性）与生产力的关系，并探讨了选择效应及互补效应对生产力维持的作用。主要结论如下。

1）物种多样性、功能多样性及功能属性（包括高度、叶面积、叶干重及比叶面积）均对生产力具有正效应，且功能特征对生产力的贡献强于物种多样性。

2）选择效应在物种多样性与生产力关系维持中起主导作用，且随降水梯度变化而产生差异：降水较少时，选择效应与互补效应共同维持；降水较多时，选择效应起主导作用。

3）高度是决定内蒙古草原生产力最关键的功能性状，解释了内蒙古草原生产力 57.1% 的变异。

4）不同降水梯度下，主导生产力的植物功能性状各异：降水较少时，叶面积、比叶面积是影响生产力的关键功能性状，降水较多时，高度是影响生产力的关键功能性状。

五、县域尺度上 1981～2011 年群落生产力的变化以及气候、放牧、管理对生产力的影响

对主要处于典型草原区的阿巴嘎旗、锡林浩特市、西乌珠穆沁旗县域群落生产力在 1981～2011 年的变化分析，得出随着气温的逐年增加，有效降水变化不明显或略有降低的情况下，区域生产力总体降低，其中气候变化对区域生产力的影响显著大于放牧影响。但人为干扰（如围封、推迟放牧、减少载畜量等）可以减缓区域生产力的降低，特别是在较干旱的典型草原区西部区域更明显。

第五章　草原植物对放牧的生理生化响应机制*

第一节　概　　述

草原是我国第一大陆地生态系统。放牧是草原主要的利用方式之一，动物的采食、排泄物等均会对草原群落和土壤环境造成影响，进而对草地群落的结构和功能产生作用。植物群落对放牧响应的研究较早，近年来在个体形态、光合生理、养分胁迫等方面的研究逐渐增多。以内蒙古典型草原区不同放牧梯度与围封条件下羊草和大针茅等草原主要优势植物为研究对象，开展在放牧利用下正常植株和矮小化植株之间光合生理、生化、激素调控以及水分、养分与放牧胁迫下的生理机制的对比研究，研究不同放牧梯度下与植被生长密切相关的生理生化响应，探明放牧对草原植物生长的生理作用机制和关键调控物质，对于揭示过度放牧下草原生产力退化机制和恢复提高途径具有重要意义。

针对目前内蒙古退化牧区草原植物矮小化现象严重的问题，以内蒙古典型草原区为研究区，依托项目建立的野外放牧试验公共平台和室内试验基地，在草原植物生长季的不同时期（初期、盛期和末期）分别采集矮小化植株与正常植株的不同器官带回实验室。然后对比分析不同植株不同器官有关激素含量的变化、关键生化物与抗氧化保护酶等的合成及活性变化，以及植物光合效能与同化物合成、转运及分配等的特点。建立草原植物响应过度放牧的关键生理生化标识，并阐明其对放牧响应的生理生化机制，为恢复和提高草原生产力机制与方法途径提供依据。

第二节　放牧对典型草原植物羊草与大针茅激素水平的影响

植物激素（plant hormone, phytohormone）是植物体内合成的一系列微量有机物质，它们自产生部位移动到作用部位，在极低浓度下即可引发明显的生理学效应，参与对植物的生长、发育、分化以及死亡的调节，同时它们还是植物感受外部环境条件变化、调节自身生长状态、抵御不良环境和维持生存等必不可少的信号分子（薛岚，2017）。植物激素主要包括生长素（auxin, IAA）类、细胞分裂素（cytokinin, CTK）类、赤霉素（gibberellin, GA）类、脱落酸（abscisic acid, ABA）、乙烯（ethylene, ETH）、油菜素内酯（brassinosteroid, BR）、水杨酸（salicylic

---

* 本章作者：李晓兵、龚吉蕊、黄芳、田玉强、张伟

acid，SA）类、茉莉酸（jasmonic acid，JA）等，虽然它们的化学结构比较简单，但产生的生理效应却复杂、多样，其功能涉及从细胞的分裂、伸长、分化到植物的发芽、生根、开花、结实、性别的决定、休眠和脱落等过程。日益增多的研究显示，植物激素作为植物体内响应外界刺激和信号传导的化学信号分子，在植物的生命过程中发挥着重要的调控作用。

　　放牧是人类利用草原的主要方式，合理的放牧可以避免草原植物的过度生长，有利于草地生态系统多样性的维持和恢复。但由于长期过度放牧，草地生态系统发生退化，生产力持续衰减，已经成为近年来我国生态系统研究的热点问题。我们到内蒙古草原进行野外调研发现，放牧导致羊草与针茅呈矮小化趋势，这种现象既表现了植物对逆境胁迫的生理响应，也是草原生产力衰减和恢复缓慢的重要原因。由于已有研究显示植物激素是植物体内响应外界刺激和信号传导的重要化学信号分子，因此我们针对放牧利用下植物的激素响应这一关键科学问题，以内蒙古锡林郭勒盟典型草原为研究对象，从功能性状、激素水平的变化、激素水平变化的分子机制入手，探讨了典型草原植物羊草与大针茅对放牧的激素响应，同时在实验室内利用刈割实验模拟羊草的创伤及其防御过程，对损伤引发的激素响应机制进行了分析。

一、极重度放牧对羊草植物激素水平的影响

　　首先我们以内蒙古锡林郭勒盟典型草原——内蒙古大学草地生态学研究基地为研究对象，选择了对照样地（CK，围封样地，常年不放牧，且无刈割干扰的样地）以及间歇性极重度放牧样地（EHG，从 2012 年开始进行放牧实验，在每年的生长季 5 月至 9 月下旬进行间歇放牧，在群落高度到达 6cm 时终止本次放牧）。根据其放牧强度，我们将此放牧样地确定为极重度放牧样地。我们对间歇放牧模式下的样地进行了连续两年的羊草功能性状的测量以及羊草样本的采集和羊草植株组织中激素水平的测定。功能性状测量分别在对照样地的 5 个取样点以及放牧样地围封（年度初次放牧前围封）的样方中进行，因此可以代表多年的间歇放牧累积对羊草性状的影响。激素测定则在放牧前及放牧后的对照样地植株和放牧样地植株组织中进行，因此可以代表长时间的放牧累积以及短时间的放牧对植株激素水平的影响。利用上述研究策略我们从功能性状、激素水平的变化入手，探讨植物对放牧的激素响应。

　　通过对植物表型形状的分析，我们发现极重度放牧会使羊草的株高、茎长、叶长、节间长、叶面积、节间数、叶片数及地上生物量这些功能性状均呈现下降趋势，放牧对针茅表型的影响与羊草相似，且这种影响呈现出表观遗传学的特征，可以传递至下一生长季，最终造成内蒙古草原草场的生产力退化。

植物激素在抵御逆境胁迫过程中具有十分重要的作用，植物激素没有明显的专一性，一种激素可以参与多种生理效应，而多种激素又具有调节同一生理过程的作用（Munns and Tester，2008），其中茉莉酸（JA）是 α-亚麻酸的衍生物，其代谢和信号转导与植物生长调节息息相关。迄今为止，人类已经发现了 30 余种茉莉酸类物质，茉莉酸及茉莉酸甲酯（MJ）是其中的重要代表。已有研究显示在植物遭到创伤或被食草动物啃食之后，茉莉酸被高度诱导产生，是响应食草动物和机械伤害的关键参与者，引导其对创伤和病虫害的抵抗作用，被称为创伤激素。Hause 等（2003）发现当番茄植株发生局部创伤之后，最终导致 JA 含量局部上升。而 JA 作为系统信号，通过促进蛋白酶抑制因子（PIN）的表达，进而抑制食草动物肠道中的蛋白质水解作用，对食草动物具有负面影响（Chen et al.，2005a）。此外有研究发现，JA 能够通过抑制 COI1/JAZ/MYC2 介导的有丝分裂来抑制植物生长（Pauwels et al.，2008）。因此，我们猜测在极重度放牧胁迫作用下，羊草与针茅植株中 JA 的水平可能发生了显著的变化。我们在 2015～2017 年分别于 5 月、6 月、7 月下旬采集样品，利用 HPLC-MS 液质分析的方法对不同样品中 JA 的含量进行了测定。研究结果表明，与对照组相比，极重度放牧样地中的羊草叶片和茎中茉莉酸（JA）含量呈现上升的趋势（图 2-63）。

脱落酸（abscisic acid，ABA）属于倍半萜类化合物，广泛存在于植物体内，因可以抑制植物生长，促进植物叶片脱落而得名。现今的研究显示，ABA 具有多种生物学功能，如抑制种子萌发、促进休眠、抑制幼苗生长、促进叶片衰老脱落、调节气孔的关闭以及对干旱、高盐、低温及病菌等胁迫产生应答等，是一种重要的植物"胁迫激素"（Dar et al.，2017）。大量的研究资料显示，在逆境胁迫条件下，植物体 ABA 水平升高。例如，有研究显示盐胁迫可引起 ABA 在植物根系的大量积累，这些 ABA 可被运输到植株的地上部分，叶片中 ABA 的累积可促进气孔关闭，降低植物蒸腾速率，从而缓解了盐胁迫对植物的伤害（Hartung et al.，2005）。另外 ABA 可通过渗透调节抵抗逆境胁迫，如增加植株体内可溶性糖的含量，维持胁迫条件下质膜的稳定性和完整性，避免细胞膜结构的破坏（Silva-Ortega et al.，2008）。除此之外，ABA 通过调节质膜 ATP 酶和液泡膜 ATP 酶，促进 Na^+ 的外排和离子区域化，从而缓解盐胁迫对植株的损伤。并且在盐碱胁迫情况下，ABA 可以增强光能捕获和转换率，增强光合效率，降低盐胁迫对植物的损伤（Saradhi et al.，2000）。一些研究显示，ABA 可通过促进抗氧化酶 SOD、CAT、APX 和 GR 的活性等途径增强抗氧化防御能力（Jiang and Zhang，2002；Lu et al.，2009）。另有一些研究表明，ABA 对植物抗虫性有重要的调节作用，ABA 缺乏会增加植物对植食性动物的易感性（Jennifer et al.，2004；Hubbard et al.，2010；Weiner et al.，2010；Raghavendra et al.，2010）。

生长素是植物生命周期中许多生长过程的关键调节剂，是第一个检测到的能够促进细胞分裂和伸长、细胞分化、向光与向重力、顶端优势、开花和衰老的生长促进类植物激素 (Teale et al., 2006; Korasick et al., 2013), 还可影响植物根系形态, 抑制根伸长, 增加侧根的形成, 并诱导不定根的产生 (Hobbie and Estelle, 1995)。生长素主要在芽分生组织和幼嫩组织中合成, 通过韧皮部向根尖方向运输, 并可通过梯度渗透压进行局部细胞间的运输 (Rosquete et al., 2012)。维持细胞内适宜的生长素水平对于调节植物生长和发育的各个方面都是非常重要的。在植物中, 许多发育过程都是通过植物生长素来调控的, 如维管组织形成与发育生长、不定根发生、光和重力的向性反应、地上部分与根的形态发生、顶端优势、器官模式发生变化、花和果实形成等。生长素还会影响细胞生命活动进程, 如调节细胞分裂、细胞伸长、细胞分化等 (Teale et al., 2006; Santner and Estelle, 2009)。目前, 关于生长素与生物胁迫相关的报道相对较少, 有部分研究探讨了生物胁迫下生长素和植物根系发育之间的关系。例如, 矮牵牛根在感染致病菌青枯雷尔氏菌 (*Ralstonia solanacearum*) 之后侧根形成减少, 一些土壤中的线虫可能通过生长素相关途径影响植物发育等 (Zolobowska and Van Gijsegem, 2006)。

　　基于脱落酸和生长素在植物生长发育及逆境胁迫中发挥重要的调节作用, 我们对 2015～2017 年采集的样品进行了 IAA/ABA 的分析, 研究结果表明, 在极重度间歇放牧胁迫作用下, 羊草叶片和茎中的生长素 (IAA)/脱落酸 (ABA) 相对于未放牧组呈现出下降的趋势 (图 2-64)。由此可知, 在极重度间歇放牧胁迫下, 羊草叶片和茎中的 IAA/ABA 相对于野生型样地均下调, 这可能是极重度间歇放牧胁迫导致羊草叶片与茎生长缓慢的原因。

　　赤霉素主要存在于植物生长旺盛的部位, 如茎尖、幼叶、根尖和种子中, 广泛参与植物种子萌发、茎的伸长及开花等生命活动, 通常认为赤霉素在植物体内的运输没有极性, 可以双向运输。根尖合成的赤霉素沿着导管向上运输, 而嫩叶产生的赤霉素则沿着筛管向下运输。植物体内活性赤霉素的含量同样受到赤霉素信号途径的负反馈调节: 赤霉素生物合成途径的改变或外源施加赤霉素生物合成抑制剂都会导致赤霉素水平的变化。赤霉素的效应部位主要位于植物的分生区及分生区与成熟区间的过渡区域, 赤霉素信号的感知起始于细胞核内的受体, 其结合赤霉素后通过信号转导途径, 从而激活下游基因的表达, 参与对多种生物学过程的调节, 促进发芽、生长和开花。赤霉素在植物抗逆反应中亦具有重要作用 (Schwechheimer and Willige, 2009)。为了探讨在极重度放牧胁迫作用下羊草植株中赤霉素的水平是否也发生了显著的变化, 我们对羊草叶片和茎中 GA_3 水平进行了分析, 发现在极重度放牧胁迫作用下羊草叶片和茎中 GA_3 水平呈现下降的趋势。

　　细胞分裂素是一种能够调节细胞分裂进程的激素, 在有丝分裂活性区如根和茎分生组织中细胞分裂素水平较高, 相反, 在细胞周期被阻滞的组织中细胞分裂素水平通常较低。常见的细胞分裂素主要有玉米素和激动素等。最初发现细胞分裂素可以调节植物愈伤组织的分化（Skoog et al.，1965）。随后人们发现其在植物器官与组织的发育、营养获取以及植物对生物和非生物胁迫的响应中都具有重要作用。由于植物体中的细胞分裂素主要在根尖和茎尖合成，因此其参与植物顶端优势的调节（Hwang et al.，2012）。迄今人们已经发现内源细胞分裂素的功能涉及植物生长发育的诸多方面，包括叶绿体分化、叶片衰老、养分运输、茎尖分生组织的形成与分化、顶端优势、芽休眠的解除以及提高氮素利用率等（Nawaz et al.，2017）。在作用机制上，人们发现外源性细胞分裂素能诱导缺乏该激素的器官发生细胞分裂，细胞分裂素能迅速上调细胞周期蛋白 CYCD3 的表达，参与细胞周期 G_1/S 期的转换。另有研究亦证实其在细胞周期 G_2/M 转换的进程中发挥重要的调节作用（Riou-Khamlichi et al.，1999；Francis，2011）。其作用机制包括调节 *cdc2* 基因的表达及 cdc2 样蛋白磷酸化的调节（Hemerly et al.，1993；Zhang et al.，1996）。细胞分裂素也参与调控植物对逆境胁迫的响应，有证据表明细胞分裂素和 ABA 信号在调控种子萌发与对逆境响应的过程中可能存在拮抗的关系，也有研究显示细胞分裂素信号通过抑制蛋白激酶 SnRK2s 的激酶活性拮抗 ABA 信号。同时，ABA 信号在转录和翻译后水平调控细胞分裂素信号 A 型 ARRs，从而负调控细胞分裂素信号以调节种子萌发和逆境响应（黄小珍，2017）。

　　为了揭示细胞分裂素在放牧胁迫响应中的作用，我们在 2017 年对放牧后的对照样地和放牧样地中的羊草植株进行 ZT 含量的检测，结果发现，在 5 月、6 月放牧后，放牧样地羊草叶片中 ZT 含量相比于 CK 样地均发生下调。

二、放牧胁迫及模拟放牧胁迫对羊草 JA 与 ABA 生物合成相关基因 mRNA 表达水平的影响

　　植物体对逆境胁迫的响应通常是通过细胞信号转导通路来实现的。许多逆境胁迫因子可作为配体与细胞表面的受体结合，通过多种胞内信号转导途径，调节下游转录调控因子的活性，从而影响应答基因的表达，进而影响植物的适应能力，对逆境胁迫产生响应，如帮助植物度过逆境并存活下来。逆境引起的基因表达水平的变化是其中一个关键性的调控环节，最终影响多种植物激素的合成与代谢，而这些植物激素水平的变化则可放大初始的逆境响应并帮助植物体开启第二轮的逆境响应。

　　通过分析放牧下植物激素含量的变化，我们发现，羊草中 JA 和 ABA 这两种激素对放牧胁迫的响应最为明确。为了探讨激素响应的内在分子机制，我们对 JA 与 ABA 生物合成过程中重要的酶进行基因克隆，以期找出放牧胁迫下促使 JA 与 ABA 激素水平上调的原因。

　　植物体内 JA 的生物合成受到严格的调控，JA 合成的第一步发生在叶绿体膜

上，在磷脂酶 D（*PLD*）的作用下，从植物细胞膜脂中释放 α-亚麻酸（十八碳三烯酸，C18:3）和一种十六碳三烯酸（C16:3）；一般在植物中，JA 的合成主要是以十八碳三烯酸为前体进行的硬脂酸代谢途径；在十八碳烯途径中丙二烯氧化合成酶（*AOS*）和丙二烯氧化物环化酶（*AOC*）在 JA 合成中发挥重要作用。为了进一步探讨放牧影响 JA 水平的分子机制，我们利用分子生物学的方法，通过同源比对、设计兼并引物、PCR 等方法克隆了羊草中的 *PLD*、*AOS* 和 *AOC* 基因片段。而 ABA 生物合成途径的第一步是将玉米黄素和花生黄素转化为全反式黄质，该转化反应在叶绿体中由玉米黄质环氧化酶（*ZEP*）催化发生。之后，全反式黄质转化为 9-顺式-黄质或 9'-顺式-黄质，但参与该反应的酶是未知的。然后，9-顺式-黄质和 9'-顺式-黄质通过 9-顺式-环氧类胡萝卜素双加氧酶（*NCED*）发生氧化裂解，产生 C15 中间产物黄氧素和 C25 代谢物。现已证明 ZEP 和 NCED 是 ABA 合成的关键酶。我们利用上述研究策略，克隆了羊草中 ZEP 和 *NCED* 基因片段，我们对上述基因进行了序列分析。并在此基础上设计了羊草 *PLD*、*AOS* 和 *AOC* 基因引物，我们以 2016 年采集的羊草叶片为实验材料，利用半定量 PCR 的方法继续探讨了极重度放牧对羊草叶片中 *PLD*、*AOS* 和 *AOC* mRNA 水平的影响。结果如图 5-1 所示，在极重度放牧组羊草叶片中 JA 合成酶 *PLD* 的 mRNA 水平与对照组相比没有明显的改变，但 *AOS* 和 *AOC* 的 mRNA 水平明显高于对照组，提示放牧刺激可能通过影响 *AOS* 和 *AOC* 的 mRNA 水平，进而促进 JA 的合成，这一结果与 2015 年的实验结果相吻合。此外，极重度放牧组羊草叶片中 ABA 合成酶 *ZEP* 和 *NCED* 的表达水平也明显高于对照组（图 5-2）。

　　植物对放牧的响应受到多种因素的影响，损伤胁迫在其中发挥重要的作用，为了探讨损伤胁迫对植物激素的影响，我们对羊草进行了种子的萌发及种苗的培养，并进行后续刈割实验。

　　我们选取生长状况一致的羊草幼苗，随机将植株分为对照组和实验组。将实验组植株每隔 2h 做一次刈割处理，共处理 6 次，进行后续激素分析。研究发现，

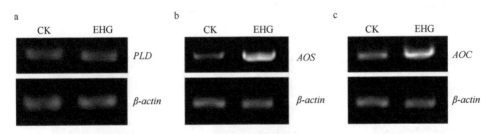

图 5-1　极重度间歇放牧对 JA 合成相关基因表达水平的影响

a. *PLD* 基因；b. *AOS* 基因；c. *AOC* 基因；CK，对照；EHG，极重度放牧。下同

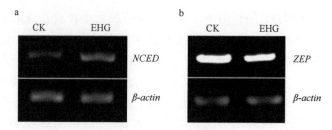

图 5-2　极重度间歇放牧对 ABA 合成相关基因表达水平的影响

a. *NCED* 基因；b. *ZEP* 基因

与对照组相比，刈割处理可以导致羊草叶片中 JA 的含量升高，IAA/ABA 值降低（图 5-3）。

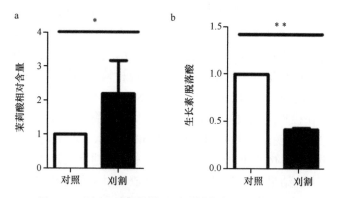

图 5-3　刈割处理对羊草叶片中植物激素水平的影响

a. 羊草叶片中茉莉酸相对含量；b. 羊草叶片中生长素/脱落酸。*为 $P < 0.05$，**为 $P < 0.01$，下同

为了进一步探讨胁迫对植物激素表达水平的影响及其分子机制，我们对刈割处理的羊草样品中 JA 合成酶 *PLD*、*AOS* 和 *AOC* mRNA 水平进行了测定，研究发现，刈割羊草叶片中 JA 合成酶 *PLD* 的 mRNA 水平与对照组相比没有明显的改变，但 *AOS* 和 *AOC* 的 mRNA 水平明显高于对照组，并且刈割处理组 ABA 合成酶 *ZEP* 和 *NCED* 的表达水平也略高于对照组（图 5-4，图 5-5）。

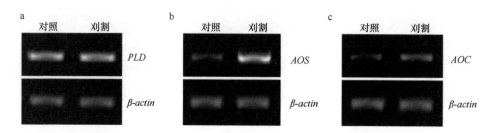

图 5-4　刈割对 JA 合成相关基因表达水平的影响

a. 刈割对 *PLD* mRNA 水平的影响；b. 刈割对 *AOS* mRNA 水平的影响；c. 刈割对 *AOC* mRNA 水平的影响

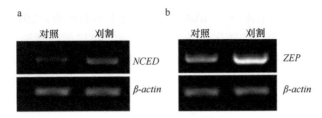

图 5-5 刈割对 ABA 合成相关基因表达水平的影响
a. 刈割对 *NCED* mRNA 水平的影响；b. 刈割对 *ZEP* mRNA 水平的影响

在此基础上，我们将羊草幼苗随机分为对照组和实验组，进行刈割处理，不同时间间隔后收集样品，进行激素分析，结果发现羊草 JA 水平在处理后 1h 有骤然升高趋势，随后激素水平回落，但在处理后 3h 的时候，JA 水平依然高于对照组。相应地，IAA/ABA 呈现下降的趋势，提示针对刈割刺激，细胞内激素的应答反应迅速。mRNA 水平的分析也显示，刈割处理后 2h *AOS* 和 *AOC* mRNA 水平明显升高。

此外，我们对羊草进行刈割处理后一段时间内其组织的 ZT 含量变化进行测定，以期分析创伤对羊草 ZT 含量的影响。结果发现刈割处理后，羊草叶片组织内的 ZT 含量在 1h 及 2h 时降低至对照组的 50%，3h 时，其叶片内 ZT 含量降低到对照组的 70%。

综上所述，我们认为刈割所模拟的放牧创伤会使羊草组织中的 JA、IAA/ABA 以及 ZT 等激素含量短时间内发生响应：JA 上调，IAA/ABA 及 ZT 下调。由于 JA 能够通过抑制 COI1/JAZ/MYC2 介导的有丝分裂来抑制植物生长，因此，植物生长过程中的生物和非生物胁迫都会诱导 JA 产生从而引起植株矮化。

三、不同放牧强度对羊草不同器官的植物激素水平的影响

由于在不同的放牧模式下羊草可能存在不同的放牧响应机制，我们选取了连续放牧模式样地——中国农业科学院草原研究所毛登牧场放牧样地，对羊草的放牧响应进行研究。间歇放牧样地研究中仅存在一个放牧梯度，连续放牧样地设置多个放牧梯度，很好地补充了羊草在不同梯度下的放牧响应。另外，连续放牧样地的实验结果既能避免间歇放牧样地带来的实验误差，也能对间歇放牧样地结果进行验证补充。

我们首先于 2015 年和 2016 年对中国科学院植物研究所轻度、中度、重度放牧样地及未放牧样地中牧草叶和茎中植物激素的相对含量进行了检测。结果显示与对照组相比，放牧样地中羊草叶片中 JA 的相对含量呈现上调的趋势，羊草茎中 JA 变化水平与叶片中结果不同，放牧组在生长季的早期 JA 的相对含量明显升高，在生长季的晚期 JA 的相对含量反而呈现下调的趋势。而对 IAA/ABA 的分析

显示，放牧样地羊草叶片和茎中 IAA/ABA 呈现下调的趋势。2015 年对针茅进行的研究显示，与对照组相比在生长季早期，中度、重度放牧样地中的针茅叶片和茎的 JA 相对含量显著降低（$P<0.01$），而轻度放牧样地中针茅叶片和茎的 JA 含量几乎没有变化。在生长季早中期，轻度、中度和重度放牧样地中放牧的针茅叶片和茎中 JA 含量略有上调，但并不显著，而在生长季中晚期不同放牧强度下叶片 JA 的变化呈现从下降到上升的趋势。茎中 JA 的变化是，中度放牧样地中 JA 的含量显著上升。对 IAA/ABA 进行的检测显示，与对照组相比，在生长季早期叶片和茎中 IAA/ABA 降低，在生长季早中期，除轻度放牧下针茅叶片以外，其他放牧梯度下针茅叶片与茎中 IAA/ABA 均下调，而到生长季的中期以后 IAA/ABA 的变化波动较大。

我们于 2016 年和 2017 年以中国农业科学院草原研究所放牧样地为研究平台，开展野外研究工作，该放牧样地建立于 2014 年。2015 年开始进行放牧，分为 5 个放牧梯度，分别用 CK、170、340、510[数值为放牧压，单位为：$SSU·d/(hm^2·a)$]表示。研究结果表明，放牧样地中羊草 JA 的相对含量呈现上调的趋势，而 IAA/ABA 呈现下调的趋势。

经过近 4 年的研究，我们发现在功能性状方面，放牧可以导致羊草及针茅呈矮小化趋势，并且放牧对羊草和针茅功能性状的影响具有累积效应。植物激素是植物应答外界胁迫的最初响应信号，为了找出放牧胁迫引起植株矮小化的原因，我们对与植物各个器官的生长发育及防御有关的激素如茉莉酸（JA）、脱落酸（ABA）、生长素（IAA）、赤霉素（GA）、玉米素（ZT）等进行了研究，通过对不同样地不同放牧模式下羊草和针茅中各种植物激素相对含量进行分析，我们发现与对照组样品相比，放牧胁迫下羊草与针茅叶片和茎中的生长素（IAA）/脱落酸（ABA）相对于未放牧组呈现出下降的趋势，而赤霉素（GA_3）的水平也呈现下降的趋势，羊草叶片和茎中 ZT 含量也略有下降。总体而言，在生长季的早期及中期上述激素对胁迫的应答更为显著，研究基本明确了茉莉酸（JA）、脱落酸（ABA）、生长素（IAA）、赤霉素（GA）、玉米素（ZT）是响应放牧胁迫的差异激素。这种差异在茎和叶中均存在，通常在生长季的早期和中期对放牧胁迫的应答尤为显著。这种响应变化可以在放牧后的短时间内发生，并具有累积的效应。在次年放牧前这种影响依然存在。这可能是放牧胁迫引起植株矮小化的激素应答机制，从总体上达到了揭示激素变化规律的目标。在此基础上为了进一步探究放牧胁迫引起草原植物激素水平变化的分子机制，我们根据与羊草亲缘关系较近的水稻和小麦基因组信息，克隆了参与 JA 和 ABA 合成的相关基因，并探讨了放牧对 JA 和 ABA 合成相关基因表达的影响，同时建立了羊草实验室培养体系，分析了不同刈割处理对羊草植物激素水平的影响，这些研究为以后进一步深入研究放牧对草原生产力的影响及激素响应机制提供了新的研究方向。

从生产实践的角度看，本研究对放牧具有一定的指导意义，本研究结果显示放牧对草原植物的功能性状及激素的影响均具有累积效应，即使是在轻度放牧的情况下多年持续的放牧对草原植物的影响也是显著的。轮回歇牧可能是解决这一问题的途径，需要我们对此进行后续的研究。

此外，本研究是以放牧刺激信号-细胞信号转导途径-基因表达水平的变化-功能性状的改变为研究路线，开展研究工作，我们探究了放牧刺激信号-基因表达水平的变化-功能性状的改变的过程，由于放牧刺激信号是如何通过信号转导途径导致基因表水平的变化这一环节并不在本研究的计划范围内，这部分的工作是阐明植物激素对放牧的响应机制的重要课题，值得以后深入研究。

第三节　不同放牧强度下植物的渗透调节机制和抗氧化酶调节机制

当受到放牧胁迫时，植物获取养分和水分的能力受限，同时也会产生大量活性自由基，引起脂质过氧化，产生大量丙二醛，从而损害光合器官，抑制植物生长发育。在一定范围内，植物可进行自身的调节和防御，产生一系列生理生化响应从而保证其存活。一方面，植物可以通过调节自身渗透势，从外界获得水分和养分，从而保持细胞各种生命过程的进行。脯氨酸、可溶性蛋白和可溶性糖等是重要的渗透调节物质与营养物质，植物通过改变渗透调节物质在各器官中的储存及再分配，增加细胞液浓度，对细胞起到保护作用，同时支持植物完成生长、发育和繁殖等过程。另一方面，植物会产生大量的抗氧化酶，其中超氧化物歧化酶、过氧化物酶、过氧化氢酶等是关键的抗氧化酶，通过提高酶活性降低活性氧的产生和增长，使植物体内活性氧的产生和消除处于动态平衡，维持植物生长与生存。在不同放牧强度或不同放牧利用方式下，由于受损程度及外界环境因素差异，植物各器官的渗透调节物质和抗氧化酶活性变化不同，响应敏感程度也不同，进而对植物的营养物质贮存、代谢水平及牧后再生恢复产生重要影响。因此，研究不同放牧强度及不同季节放牧下植物各器官中渗透调节物质含量及抗氧化酶活性，分析其季节变化规律，确定放牧胁迫下植物主要渗透调节物质及其累积的部位和发生时期，探讨放牧利用下植物的渗透调节机制和抗氧化酶调节机制，阐明植物对放牧胁迫的生化适应及调节能力。

一、不同放牧强度下植物渗透调节机制

本研究于 2015 年依托中国农业科学院草原研究所草原生态保护和可持续利用研究与示范基地，选择在不同的放牧压力（围封、中度放牧、轻度放牧与重度

放牧）下的优势种植物羊草和大针茅为研究对象，每年生长季采集不同放牧利用下两种植物的根、茎、叶等器官，带回实验室测定其渗透调节物质含量和抗氧化酶活性。对比分析不同生长时期羊草和大针茅形态性状与生理特征的变化，阐明优势种植物的形态和生理响应机制以及渗透调节物质、抗氧化系统主要储存与作用器官，确定有利于牧草再生和生物量累积的放牧季节，为草地再生和可持续利用提供理论依据。

1. 不同放牧强度对脯氨酸含量的影响

不同放牧强度显著影响了优势种植物在根、茎、叶不同部位的脯氨酸渗透累积。脯氨酸作为重要的渗透调节物质，大量累积于植物的茎部，而根部和叶部脯氨酸含量较低。这一结果表明脯氨酸渗透调节主要发生在茎部。茎部累积大量脯氨酸降低了植物直接被采食的影响，提高了植物整体的脯氨酸含量，尤其在水分限制下，茎部脯氨酸含量高使 Na^+ 和 Cl^- 累积在根部与茎部，减少其向叶片的运输，降低对叶片的损伤（颜志明等，2014）。两种优势种植物脯氨酸含量对不同强度的响应又有所不同。6 月生长初期，在轻度放牧胁迫下，大针茅积累大量脯氨酸在茎部。随着放牧强度的进一步增加，茎部累积的脯氨酸有显著下降的趋势（图 2-67）。8 月生长中期，羊草茎部依然累积大量的脯氨酸（图 2-67d）。脯氨酸的水溶性较大，其增加可以维持细胞的膨压保证正常功能，放牧胁迫下脯氨酸的增加有利于降低水分胁迫的影响，维持植物正常的生理功能（珊丹，2005）。放牧干扰下脯氨酸累积量均要高于对照样地（图 2-67b）。这表明脯氨酸对放牧的响应较为敏感，且在放牧初期其含量提高有助于植物抵抗放牧和干旱的胁迫，而随放牧时间延长，脯氨酸含量呈现显著的下降趋势，调节功能减弱。羊草的整体变化情况与之类似。

2. 优势种植物不同部位可溶性蛋白含量变化

可溶性蛋白含量的高低代表着植物的代谢能力，不同放牧强度下两种优势种植物可溶性蛋白的响应不同（图 5-6）。不同生长时期，大针茅叶部均累积大量可溶性蛋白，茎部和根部含量逐渐降低，表明可溶性蛋白的渗透调节作用主要发生在叶片中。不同放牧强度下除中度放牧变化明显，其他放牧样地其含量比较稳定，尤其是在重度放牧胁迫下仍维持一定含量，提高了叶片的抗性，有利于渗透调节。

与大针茅的变化情况不同，在生长初期羊草叶片可溶性蛋白含量随放牧强度的增加而呈现逐渐下降的趋势（图 5-6c），这表明羊草叶片可溶性蛋白对放牧的响应极为敏感。极重度放牧干扰下羊草茎部和根系中可溶性蛋白含量最低。随着放牧时间的延长，8 月羊草整体可溶性蛋白的含量呈现下降趋势（图 5-6d）。这一结果可能是极重度放牧导致叶片含水量降低，不利于可溶性蛋白的累积；另外，可

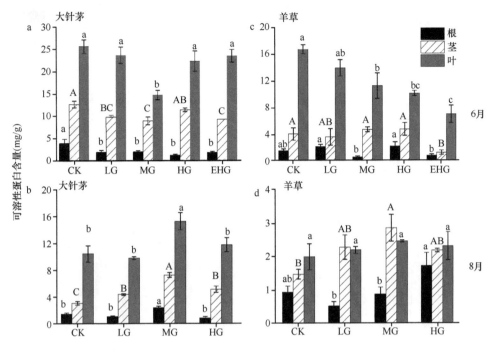

图 5-6　不同放牧强度下优势种植物可溶性蛋白含量

不同字母表示差异显著（*P*<0.05）。下同

溶性蛋白降解加快，有利于释放游离氨基酸，进一步进行渗透调节作用（Caldana et al.，2011；Zhou et al.，2015）。羊草不同部位间可溶性蛋白有转移的迹象，有助于保证植物的生存。

3. 可溶性糖含量对不同放牧强度的响应

可溶性糖与脯氨酸同样起到调节植物代谢和生长的作用，生长初期可溶性糖大量累积在植物的茎和叶片中（图 5-7a、c）。未放牧样地大针茅茎、叶中可溶性糖含量较高，放牧后 4 个样地茎、叶中的可溶性糖含量均有显著的下降趋势（图 5-7a）。在极重度放牧样地，可溶性糖的含量最低。随着放牧和生长时间的延长，8 月大针茅可溶性糖逐渐转移到茎部，茎部可溶性糖含量均高于叶片中的可溶性糖含量（图 5-7b）。在啃食胁迫下，茎部可溶性糖的大量累积可缓解水分胁迫，并且植物将能量存储于安全部位，还可以为植物在啃食过后的再生长提供能量支持（Schwachtje and Baldwin，2008；Millard and Grelet，2010）。

羊草可溶性糖含量在轻度放牧样地有轻微的下降。在生长初期，随着放牧强度的进一步增加，可溶性糖含量有显著的增高趋势，尤其是在重度和极重度放牧样地升高更为明显（图 5-7c）。羊草叶片和茎部的可溶性糖含量高于根部含量。随着放牧压力的进一步加大，可溶性糖开始从叶片往茎部和根部转移，这一现象在

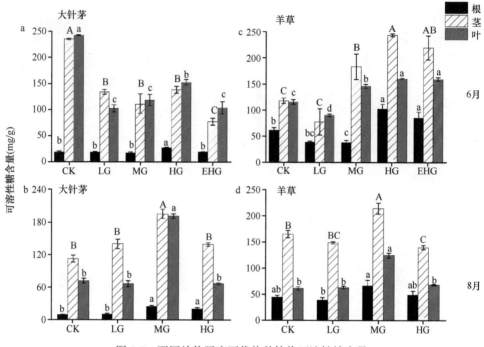

图 5-7　不同放牧强度下优势种植物可溶性糖含量

中度、重度和极重度放牧样地尤为明显（图 5-7c）。8 月生长中期，羊草茎部可溶性糖含量均高于叶片含量，在中度放牧样地茎、叶中糖含量最高（图 5-7d）。可溶性糖向茎部的转移，有利于植物的能量存储以方便牧后再生。

总体来看，随着放牧强度的增加，牲畜踩踏加重，土壤孔隙度变小，因此土壤含水量降低，植物体内渗透调节物质也随之发生变化。同时，植物不同器官渗透调节物质的累积程度也不相同。大针茅叶片可溶性蛋白含量较高，并且随着放牧强度的增加其含量也会增加，叶片的抗性提高，叶片对放牧的响应较为敏感。而脯氨酸和可溶性糖大量累积在茎部，对放牧的响应较为敏感，尤其是在放牧初期脯氨酸含量提高有助于植物抵抗放牧和干旱的胁迫，而随放牧压增大脯氨酸呈现显著的下降趋势，此时可溶性蛋白和可溶性糖起重要的调节作用。可溶性糖累积在茎部，一方面是渗透调节作用，另一方面可作为能量支撑牧后的再生长。羊草的可溶性糖和脯氨酸也大量累积在茎部。尤其在生长初期随着放牧胁迫的增加，叶片内的可溶性糖逐渐转移到受啃食影响小的茎部，有助于牧草的牧后再生。根系中的渗透调节物质在放牧强度增加时整体有升高趋势，此时植物面临啃食和干旱双重胁迫较为严重，更有限的资源分配到更安全的根系中以保证植物的吸水能力，以维持植物的生存。另外，随着放牧时间的延长，到了生长后期，植物整体的渗透调节能力都有下降的趋势。

二、不同放牧强度下植物抗氧化酶调节机制

1. 优势种植物膜脂过氧化程度

在放牧干扰下，牲畜的啃食和践踏，以及外界环境的改变如干旱和高温等，都会导致植物体内生物膜系统的紊乱，造成膜脂过氧化程度增加（孙德智等，2018）。丙二醛（MDA）是细胞膜脂过氧化的重要产物，它的不断累积会加剧膜系统的损伤，最终造成细胞膜结构和生理性能的破坏（Merchán and Merino，2014；Ma et al.，2016）。丙二醛含量在植物不同器官、生长季不同时期均有所差异（图 2-69）。两种优势种的丙二醛含量均表现为叶片较高，表明植物叶片受到的啃食胁迫最为严重，并随放牧时间的延长而加深。一方面是由于放牧干扰下植物叶片是受影响的重要部位，其受损程度要远高于茎和根，因此过氧化程度也最高；另一方面是植物体内活性氧主要在叶绿体和线粒体等可进行电子传递的部位产生，表明过剩光能对细胞膜和叶绿体的结构造成破坏，严重影响植物的光合作用（郭爱霞等，2019；Salam et al.，2019）。此外，叶片吸收的过多能量可能不能及时通过热耗散消耗掉或用于光化学反应，会导致大量活性氧的产生，引起 MDA积累（刘强等，2016）。茎部和根部丙二醛含量较低，尤其是根系受到的啃食胁迫最小，因此受损伤程度也最低。放牧初期，在极重度放牧样地，大针茅的根、茎、叶丙二醛含量比其他放牧样地较高，牲畜的啃食和践踏导致了植物的受损。而到8 月放牧中期，中度放牧样地大针茅丙二醛含量最高，受到氧化胁迫的危害最大。放牧样地羊草叶片丙二醛含量高于对照样地，而轻度放牧样地细胞膜受伤害程度始终最大。这一结果表明羊草叶片对啃食胁迫的反应较为敏感。

2. 不同放牧强度下抗氧化酶的响应

通常情况下，植物面对外界胁迫有着自身的防御机制。其中抗氧化酶系统的协同作用可用于清除胁迫过程中所产生的大量活性氧，使得植物体内活性氧的产生和消除处于动态平衡状态中（Kurepin et al.，2015；Jiang et al.，2018）。超氧化物歧化酶（superoxide dismutase，SOD）、过氧化物酶（peroxidase，POD）和过氧化氢酶（catalase，CAT）为主要的抗氧化酶，抗氧化酶活性降低，表明其对活性氧的清除能力变弱，因而 MDA 含量增加，三种酶具有协同作用，对活性氧的降低尤为重要（Apel and Hirt，2004；Chen et al.，2019）。两种优势种植物叶片中SOD 酶活性均高于茎部和根系，表明叶片中抗氧化酶活性最高，抗氧化能力较强（图 2-70）。放牧初期，大针茅叶片 SOD 酶活性随着放牧强度的增加而下降，而在极重度放牧样地酶活性有所升高。8 月中度放牧样地酶活性最高，其他样地差异不显著。大针茅 SOD 的变化趋势与 MDA 的变化趋势接近，这表明 SOD 并未完全清除细胞内的自由基，还需要其他酶来清除。在放牧初期羊草叶片内 SOD 酶活

性随放牧强度的增加而逐渐增高,此时丙二醛的含量也开始下降,SOD 起到了一定的清除作用。8 月样地内酶活性均较高,重度放牧样地酶活性有轻微下降趋势。

POD 在茎、叶中活性较高,在根系中活性较低(图 2-71)。放牧初期,大针茅在轻牧和中牧样地酶活性较高,随着放牧强度的增加叶片中的酶活性逐渐下降。而 8 月趋势相反,轻牧和中牧样地大针茅叶片 POD 酶活性下降,在重牧样地酶活性升高。放牧初期,羊草叶片 POD 酶活性随着放牧强度的增加而下降;放牧中期,中牧样地茎中酶活性较高,而轻牧和重牧样地酶活性显著下降。

CAT 同样在叶片中活性最高,茎部和根系中酶活性较低(图 2-72)。生长初期大针茅在对照样地 CAT 酶活性较高,而在放牧样地酶活性显著降低,且各放牧样地之间没有显著差异。8 月对照样地酶活性降低,而放牧样地随着放牧强度的增加,酶活性逐渐降低,大针茅抗氧化的能力也减弱。6 月生长初期,羊草 CAT 酶活性随放牧胁迫的增加而逐渐下降,清除自由基的能力减弱。而生长中期,随着放牧时间的延长,酶活性逐渐升高,尤其是在中度放牧样地最高。

总体来看,羊草和大针茅的抗氧化酶调节系统受放牧强度的影响较为明显。叶片受啃食程度最大,因此叶片 MDA 累积、膜脂过氧化程度最高。膜脂过氧化程度的增加激活了叶片中的抗氧化酶,抗氧化酶活性高于茎部和根部,因此植物的抗氧化酶调节主要发生在叶片中。SOD 在生长初期和末期都具有较高的活性,并且不同放牧强度之间差异不显著,这表明 SOD 受放牧强度的影响较小,尤其是放牧强度加重时可依赖 SOD 进行自由基清除。POD 与 CAT 都为清除过氧化氢的酶,在生长季的不同时期,其活性有所差异,受放牧的影响较大,随放牧强度增加酶活性有下降趋势,表明其清除自由基的能力较弱,导致膜脂过氧化严重,光合器官受损。通过不同放牧强度下植物渗透调节和抗氧化酶调节的研究发现,植物在放牧胁迫较轻时具有很好的调节机制,随着放牧胁迫的加剧,尤其是在极重度放牧样地,其渗透调节和抗氧化酶调节能力整体呈现下降趋势。抗氧化酶的调节作用是有一定限制的,若活性氧产生太多超过了植物可自行消除的范围,就会导致细胞的死亡。

三、不同季节放牧利用下植物渗透调节机制和抗氧化酶调节机制

该研究以我国内蒙古锡林浩特温带典型草原为试验点,试验样地根据放牧季节不同设置不同处理。分别设置 T0(围封)、T1(5~9 月持续放牧)、T2(5 月、7 月放牧)、T3(6 月、8 月放牧)、T4(7 月、9 月放牧)5 种处理作为季节放牧处理,通过对比分析不同生长时期羊草和大针茅形态性状与生理特征的变化,阐明优势种植物的形态和生理响应机制、渗透调节物质、抗氧化系统主要储存与作用器官,确定有利于牧草再生和生物量累积的放牧季节,为草地再生和可持续利用提供理论依据。

1. 季节放牧利用下生物量累积

生物量累积反映了草地生态系统的状况和生产潜力，也决定了土壤有机质的输入，影响全球碳循环（Bai et al.，2008）。采用样方法测定群落生物量、立枯、凋落物等，不同季节放牧利用方式对生物量的影响有所不同。结果表明，放牧显著影响了样地植物群落特性（表5-1）（$P<0.05$），T0样地地上生物量为135.83g/m^2，显著高于T1和T2样地，而T2样地地上生物量显著高于T1样地。立枯和凋落物均表现为T0样地显著高于T1和T2样地，而T1和T2样地之间没有显著差异。T1样地和T2样地物种丰富度均高于T0样地，其中T1样地物种丰富度最高，为9，即放牧增加了物种丰富度（潘琰等，2017）。放牧干扰降低了群落的地上生物量，但也增加了生物多样性，其原因为羊草草质好、适口性强，更易于被啃食（Chen et al.，2005b），因此，放牧干扰下优势种羊草生物量明显降低，其相对地上生物量所占比例也明显降低。

表 5-1　三种样地群落特性（潘琰等，2017）

群落特征	T0	T1	T2
地上生物量（g/m^2）	135.83±6.79a	31.56±2.47b	55.62±5.20c
立枯（g/m^2）	63.89±10.27a	3.78±1.60b	1.23±0.32b
凋落物（g/m^2）	61.96±4.09a	12.44±1.60b	10.10±2.41b
物种丰富度	5.89±0.72a	9.00±0.75b	7.78±0.43b

注：表中数据为平均值±标准误，$n=9$；同一指标不同小写字母表示差异显著（$P<0.05$）。下同

2. 季节放牧对优势种植物形态特性的影响

通过测定不同放牧处理下随机选取的羊草株高、节间距、分蘖数及比叶面积等，结果表明，与围封（T0）相比，类连续放牧（T1）和春季放牧（T2）显著地降低了植物的株高与节间距（图5-8）（$P<0.05$）。说明放牧处理下，羊草表现出了矮小化特征，这是一种避牧性策略，而羊草的矮小化可能是导致地上生物量和草原生产力降低的直接因素（潘琰等，2017）。同时，T1处理降低了优势种植物的株高，改善了其他物种的光资源条件，增加了光竞争能力，有利于其他物种的生长，从而提高了物种丰富度（Zheng et al.，2011）。在6月，T2样地羊草的株高和节间距明显高于T1样地羊草，这可能是由于羊草改变了地上、地下资源分配比率。但羊草的分蘖数在不同样地之间没有显著差异，即放牧对羊草的分蘖数没有显著影响。羊草通常通过根茎和分蘖进行营养繁殖，在8月，T1和T2样地羊草的株高显著低于T0样地，但两者间差异不显著，并且T2样地羊草分蘖数显著低于T0与T1样地。比叶面积是表征植物功能性状的重要指标，代表植物个体获取和利用资源的能力，比叶面积高的植物通常在资源丰富的环境下具有适应优势，

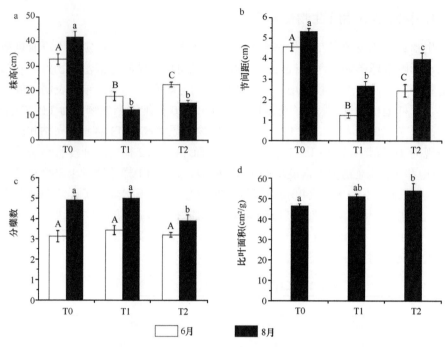

图 5-8　不同季节放牧下羊草性状（平均值±标准误）（潘琰等，2017）
6 月植物性状的差异显著性用大写字母表示，8 月用小写字母表示

而在资源有限的条件下，低比叶面积的植物更易于生存（道日娜等，2016）。放牧导致羊草比叶面积增大，尽管 T1 样地羊草比叶面积与 T0 样地差异不显著，但 T2 样地羊草比叶面积显著增加（$P<0.05$），春季放牧样地羊草比类连续放牧样地羊草有较高的株高和较大的比叶面积。这一结果表明，春季放牧处理刺激羊草叶片再生速度加快，叶片变薄，较薄的叶片需要较少的光合组织就能增强光合能力，也能接受更多光能（潘琰等，2017）。

3. 季节放牧下优势种植物抗氧化特征

在胁迫环境中，植物叶片光合过程受阻，为了稳定叶绿体结构和功能，叶绿素吸收过多的光能，可以通过 PSII 光能转化和自由基代谢协同发挥作用以耗散过多的激发能（王强等，2003）。植物吸收的过多光能不能通过热耗散散失，会引起植物自由基积累，造成膜脂过氧化反应，但活性氧也会激活抗氧化酶活性。通过测定不同季节放牧下，羊草不同器官、不同时期抗氧化酶活性及 MDA 含量积累，结果表明，不同季节放牧处理影响了羊草不同部位的抗氧化酶系统，叶片的 MDA 含量及抗氧化酶活性最高，表明抗氧化酶的主要作用部位是叶片（图 5-9）（潘琰等，2017）。在 6 月，T0 样地和 T1 样地羊草 MDA 含量没有显著差异，T2 样地羊草 MDA 含量显著增加。这说明 T2 样地羊草叶片自由基累积，但 SOD 活性较低，清除

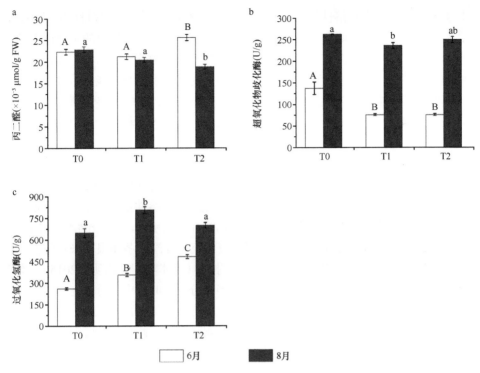

图 5-9　不同季节放牧下羊草叶片 MDA 含量及抗氧化酶活性（平均值±标准误）

（潘琰等，2017）

6 月羊草光合特性的差异用大写字母表示，8 月用小写字母表示

自由基的能力较弱，导致膜脂过氧化严重，光合器官受损，也导致了其较低的光合能力。但此时，与 T0 样地羊草对比，T1 和 T2 样地羊草 SOD 活性显著降低，CAT 含量出现上升的趋势。SOD 可以将自由基转化为 H_2O_2，而 CAT 可进一步将 H_2O_2 转化为 H_2O 和 O_2，CAT 活性上升有利于羊草清除部分 H_2O_2。在 8 月，T1 和 T2 样地羊草 MDA 含量低于 T0 样地，即放牧干扰下，羊草 MDA 含量有降低的趋势，T2 最低，表明 T2 样地羊草膜脂过氧化程度较低，植物叶片吸收的光能多用于光化学猝灭，从而提高了其光合能力。而 T1 样地羊草 MDA 含量有所降低，但与 T0 相比没有显著差异，SOD 含量降低，但 CAT 含量显著增高，表明类连续放牧样地可能是依赖于谷胱甘肽、抗坏血酸等其他抗氧化剂清除自由基的（潘琰等，2017）。

4. 渗透调节物质对季节放牧的响应

脯氨酸、可溶性糖和可溶性蛋白是植物体重要的渗透调节物质，在胁迫环境中会在植物体内进行累积，也是植物体主要的能源物质（潘琰等，2017）。通过测定不同季节放牧下羊草不同器官、不同时期可溶性糖、可溶性蛋白及脯氨酸含量积累，结果表明，羊草茎中可溶性糖的含量最高，根、茎中可溶性蛋白含量比叶片中低，生长初期根、茎中脯氨酸含量比叶片中低（表5-2），表明可溶性糖的主要储存部位是茎部，而可溶性蛋白在根中储存。在牧后恢复期，植物首先会利用距离较近的残茬中的可溶性糖，支持植物叶片快速再生恢复，提高植物的光合能力。6月，T0样地羊草叶、茎、根中可溶性糖的含量最高，T1样地叶、茎中可溶性糖含量均高于T2样地，即T2样地羊草净光合速率降低导致其可溶性糖累积较少，T1较多。而8月，T2样地羊草将较多的光合产物用于植物的生长与叶片的增大，导致其株高较高但可溶性糖积累较少。6月和8月植物叶片水势较低，因此，羊草处于干旱和放牧双重胁迫条件。8月，T1样地羊草根、茎中可溶性蛋白和脯氨酸含量显著高于T0与T2样地。在类连续放牧样地羊草叶片脯氨酸和可溶性蛋白含量较低，根、茎中含量较高。这是由于渗透胁迫发生时，根比叶片反应快速，并且植物更倾向于降低生命代谢器官的资源分配比率，将有限的资源充分分配到茎和根部来实现更大程度地保水、吸水，抵御干旱逆境，从而维持生存（尹本丰和张元明，2015）。本研究中，春季放牧样地可溶性蛋白和脯氨酸较多地分配于叶片中，而类连续放牧样地则根、茎中分配得较多（潘琰等，2017）。并且相对于春季放牧样地，类连续放牧样地羊草渗透调节物质（主要是可溶性糖）积累较高，因此，在牧后恢复期或降水量较多时，类连续放牧样地羊草更能快速地恢复生长。

表5-2 不同季节放牧下羊草根、茎、叶渗透调节物质含量（平均值±标准误）（潘琰等，2017）

指标	部位	6月			8月		
		T0	T1	T2	T0	T1	T2
可溶性糖（mg/g）	叶	25.60±1.19Aa	6.61±0.05Ba	20.24±2.29Ca	25.87±0.55Aa	21.38±2.11ABa	19.22±3.41Ba
	茎	18.72±4.52Ab	23.56±0.60Bb	17.75±0.96Aa	49.27±0.76Ab	30.82±0.69Bb	26.93±2.04Bb
	根	11.42±0.68Ac	7.37±0.64Aa	6.87±0.87Ab	23.45±0.55Aa	11.12±0.33Bc	5.86±0.33Cc
可溶性蛋白（mg/g）	叶	0.97±0.07Aa	1.44±0.12Bb	2.25±0.11Ca	1.37±0.06Aa	0.34±0.06Ba	0.49±0.01Ba
	茎	0.64±0.01Aa	1.09±0.08Bb	0.78±0.01Ab	0.67±0.00ABb	0.89±0.09Ab	0.35±0.08Ba
	根	1.17±0.18Aa	1.96±0.05Bb	0.59±0.02Cb	7.11±0.12Ac	6.53±0.12Bc	6.20±0.41Bb
脯氨酸（μg/g）	叶	18.64±0.54Aa	16.71±0.48Aa	24.18±0.70Ba	26.73±0.77Aa	7.30±0.21Ba	15.73±0.89Ca
	茎	9.79±0.28Ab	13.55±0.39Bb	8.44±0.24Cb	24.72±1.84Aa	55.38±1.60Bb	35.91±1.43Cb
	根	5.91±0.17Ac	11.33±0.33Bc	3.79±0.11Cc	72.38±2.09Ab	24.27±0.70Bc	16.69±0.48Ca

注：大写字母表示相同月份内不同样地间差异显著，小写字母表示同一样地根、茎、叶间差异显著，$P<0.05$

第四节 不同放牧强度对典型草原优势种光合生理的影响

放牧是草地利用的基本形式，是影响草地生态系统的最重要的干扰方式（侯向阳和徐海红，2011）。动物的采食、排泄等会对草地植物正常的生理生态特性造成明显的干扰。光合作用是植物生长发育的基础，同时也是草地生产力高低的决定性因素之一（王平平等，2014），其生理过程对外界环境变化敏感（黄振英等，2002）。羊草和大针茅是内蒙古典型草原的主要优势种，研究其在不同放牧强度条件下的光合特性，有助于实现对典型草原的科学、可持续利用（安渊等，2000）。

国内外对放牧胁迫下牧草光合特性的研究主要有三种观点：①通过引起环境变化（Shen et al.，2013）、植物自身变化（Harris et al.，2007；Zheng et al.，2012）等导致牧草光合能力下降；②植物的光合速率随放牧强度增大表现出非线性关系，适度放牧有助于提高植物的光合能力（Han et al.，2014）；③放牧对草原植物光合能力无显著影响（闫瑞瑞等，2009）。

研究内蒙古典型草原优势种在不同放牧处理下的生物量变化特征、叶片光合特性、叶绿素荧光参数变化规律等，可以为典型草原优势种在放牧胁迫下的光合生理变化及其他生理生态因子的解析提供理论依据。实验结果表明，放牧过程在一定程度上能够提高羊草和大针茅的净光合速率；羊草对强光的适应性更强，大针茅的光合作用变化对放牧的响应更迅速；两种植物对叶绿素荧光参数的影响呈现多种多样的变化模式；放牧对羊草的气体交换过程未表现明显响应，而大针茅受到放牧的抑制作用较为明显；羊草的形态特性与生理特性间的相互关系随放牧强度增大而显著减弱，大针茅则不甚明显。实验结论为制定合理的放牧管理方式，进一步提高植物的光合生产力以及草地生态系统植被的保护、恢复和重建提供理论参考。

一、季节放牧样地优势种植物光合生理响应机理（毛登牧场）

研究在内蒙古锡林郭勒盟的内蒙古大学草地生态学研究基地（毛登牧场留茬放牧试验样地）开展，针对 2015 年生长季的不同季节放牧条件（不放牧、春夏放牧和全季节放牧），采集优势种植物羊草和大针茅不同时期（5 月、6 月、7 月、8 月）叶片样品并采用 Li-光合测定仪对两种植物的光合生理指标进行测定，包括光合日动态及叶片光合特征参数的季节变化。研究不同季节放牧条件下，两种植物在光合效能方面的差异。

1. 净光合速率日动态及季节规律

放牧是一种较长时期积累的效应，在放牧胁迫下植物表现出不规律的光合日变化特征；同一种植物由于生长阶段的不同或生长环境的差异，可能具有不同的光合日变化曲线（李玉霖等，2005；李林芝等，2009）。通过测定发现，放牧明显地影响了羊草和大针茅的净光合速率（Pn）；大针茅在生长季不同月份均出现光合"午休"现象，羊草较大针茅对强光的适应性更强；大针茅的光合作用变化对放牧的响应更迅速，放牧处理有助于提高羊草和大针茅的净光合速率。具体分析如下。

5月和7月为T1与T2均放牧，T0为对照。放牧初期的5月三种不同处理下羊草和大针茅的Pn值有显著差异，羊草日动态呈"单峰曲线"，在18点时刻Pn值有较大回升，大针茅则呈现明显的"双峰曲线"。6~7月羊草Pn值日动态除了7月份T0，大致均为"单峰曲线"；8月除了T0均呈"双峰曲线"。而大针茅6~8月均呈"双峰曲线"，在12点或14点时刻出现明显的"光午休"现象（图2-57，图5-10）。

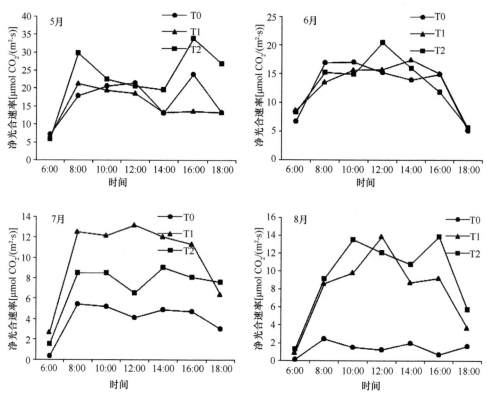

图5-10　5~8月不同放牧处理下大针茅的净光合速率

T0，对照；T1，5~9日放牧；T2，5月、7月放牧。下同

在2015年生长季不同月份均测定了优势种羊草和大针茅的净光合速率（Pn）的日动态，由此得到了其各自对应的净光合速率（Pn）的日均值（图5-11、图5-12），2015年5月和7月T1与T2均放牧，T0为对照。由此可以看出放牧过程能够较明显地提升羊草和大针茅的Pn日均值。

T2处理（全季节放牧）的羊草在每月牧后，净光合速率值均能维持在较高水平，受季节变化的影响较小，大体高于同时期的T0和T1处理，后两者的净光合

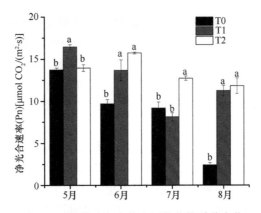

图 5-11　羊草净光合速率日均值的季节变化

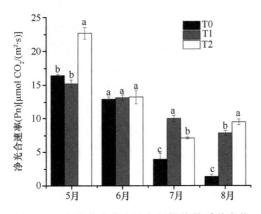

图 5-12　大针茅净光合速率日均值的季节变化

速率值随季节变化呈下降趋势，且 T0 处理在 7 月牧后显著下降。大针茅除 6 月外的不同月份 Pn 日均值也表现为放牧处理的 T1 和 T2 大于 T0（对照）。7 月放牧后 T1 处理大针茅 Pn 日均值未明显降低，说明放牧处理有助于提高大针茅的净光合速率值且大针茅对放牧的响应更迅速。

2. 叶绿素荧光参数季节动态

植物体内发出的叶绿素荧光信号包含了丰富的光合信息（关义新等，2000），任何逆境对光合作用各过程产生的影响都可通过体内叶绿素荧光诱导动力学变化反映出来，其可以快速、灵敏和非破坏性地分析叶片光能的分配方向（Sayed，2003）。

不同放牧处理明显影响了羊草和大针茅的叶绿素荧光参数（图 2-58）。PSII 最大量子产量（Fv/Fm）反映植物的潜在最大光合能力，表示反应中心处于完全开放状态时的量子产量。一般该参数是比较恒定的，但在胁迫条件下该参数会明显下降。生长季初期的 5 月和末期的、8 月，羊草和大针茅的 Fv/Fm 值在不同处理下均没有显著差异，说明该时期植物主要受气候因素限制，而使得放牧处理对 Fv/Fm 值的影响效果不明显。6 月，T2 处理下羊草 Fv/Fm 值小于 T0 和 T1。7 月，牧后羊草 T1 处理下的 Fv/Fm 值出现显著降低，同净光合速率值变化相同。6 月、7 月大针茅 Fv/Fm 值为 T0 显著大于 T1，而 T2 处理针茅的 Fv/Fm 值同 T0 差异不显著。

光化学猝灭系数（qP）是指由光化学过程引起的荧光产额的下降，为分析光系统内部能量转换效率提供信息，反映其开放的比例。7 月，T1 处理羊草在放牧后 qP 较其他处理呈明显下降，并出现极小值，也为生长季内最小值（图 2-59）。这表明放牧后羊草 T1 处理叶片光系统 II 开放比例降低，光能转化为化学能的效率降低，更多的光能以其他形式耗散掉，是对放牧的一种负反馈机制。8 月，T1 的 qP 值回升幅度最大，并为 8 月最大值，表明不放牧后 T1 处理羊草叶片电子传递活性迅速回升，T1 处理的短期放牧对羊草是一种可恢复损伤。大针茅 8 月 qP 值为 T1>T2>T0，其值较 7 月显著上升，代表叶片电子传递活性随季节变化也逐渐变高，叶片吸收的光能分配给电子传递的比例变大。

非光化学猝灭系数（NPQ）是指非光化学过程引起的荧光产额的降低，用来衡量植物叶片以热耗散形式消耗掉的光能占光合系统吸收光能的比例。5～7 月羊草不同处理下 NPQ 值差异不显著，8 月为 T0 和 T2 显著大于 T1（图 5-13），表示 T1 处理羊草叶片内部反应中心激发能捕获效率较高，热耗散较弱，更多的光能被分配于光化学反应。8 月 T0 和 T2 处理下羊草 NPQ 值均增大，说明其光合系统对强光的利用能力降低，为了避免损失，通过自我调节降低光能捕获效率、增加热耗散来进行自我保护。而 5～8 月大针茅 NPQ 值不同处理间差异均不显著，放牧未显著激发大针茅光能捕获效率，热耗散比例也未出现差异。

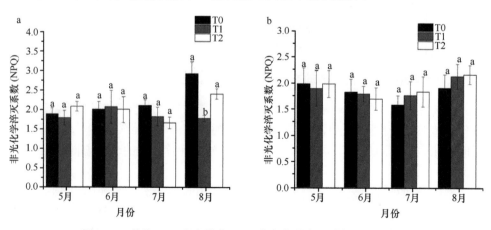

图 5-13　羊草（a）和大针茅（b）非光化学猝灭系数的季节变化

二、中期放牧样地不同放牧强度下优势种植物光合响应机理（中德样地）

本研究于 2015 年和 2016 年依托中国科学院内蒙古草原生态系统定位研究站中德放牧样地（43°38′N，116°42E），选择在不同的放牧压力（围封、中度放牧、轻度放牧和重度放牧）下的优势种植物羊草与大针茅为研究对象。在生长季 6～9 月，每月设置调查样方进行植被调查，并采集不同放牧强度下的两种植物以测定地上生物量。并选用 Li-6400 便携光合仪（Li-6400，Li-Cor，Lincoln，NE，USA）在生长季每月初进行优势种叶片尺度上的光合生理参数测定，主要包括优势种叶片的光合日动态、光响应曲线、荧光参数和相对叶绿素含量。

通过对比分析不同生长时期羊草和大针茅形态性状与光合生理特征的变化，阐明优势种植物的形态和光合生理响应机制。

1. 不同放牧强度下气体交换特性的响应

光合作用是植物赖以生存的生理基础，也是植物生产力高低的决定性因素。综合两年生长季的研究，不同放牧强度对优势种植物的光合作用有着显著的影响。

放牧对羊草净光合速率（Pn）产生的胁迫在不同放牧强度下不一样，SR3 处理（载畜率为 3 只羊/hm²，一只羊为一个羊单位）下 Pn 显著下降 27%，SR6 和 SR9 处理下降 20%。放牧并未显著影响羊草的蒸腾速率（Tr）、水分利用效率（WUE）、气孔导度（Gs）和胞间 CO_2 浓度（Ci）（$P>0.05$）（图 5-14）。

放牧处理显著降低了羊草的 Pn，2015 年中各放牧处理均显著下降，而 2016 年仅 SR3 显著下降。放牧处理并未显著影响 Gs 和 Tr（$P>0.05$）。2015 年放牧后 Ci 逐渐增加（$P<0.05$），而 2016 年放牧后除了 SR9 显著下降，其他处理没有显著变化（图 5-15）。放牧后，WUE 基本呈下降趋势，且下降趋势为 19%～31%。

放牧对大针茅气体交换特性的负面影响基本随放牧强度的增加而增加（图 5-16）。其中，随着放牧强度的增加，Pn、WUE 逐渐降低，而 Ci 逐渐增加。与 CK 处理

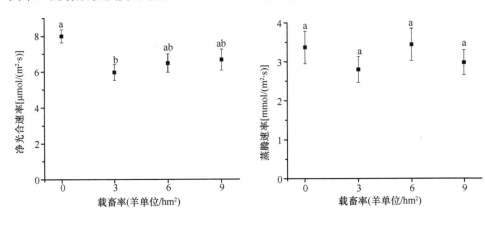

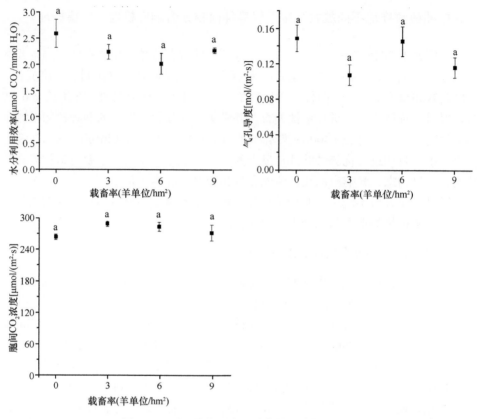

图 5-14 不同放牧强度下羊草的气体交换能力

相比，SR6 放牧下 Pn 显著下降 32%；SR9 放牧下，WUE 显著下降 13%；SR9 放牧下，Ci 增加了 4%。放牧强度的变化没有显著影响 Tr 和 Gs。

　　2015 年 SR3 和 SR6 处理下放牧提高了 Pn，但与 CK 相比无显著差异；2016 年 SR6 和 SR9 处理下放牧对 Pn 造成了显著的胁迫。2015 年各放牧处理均未对 Gs 造成显著影响，而 2016 年 SR3 和 SR6 处理下的 Gs 显著下降。Ci 在两年中均

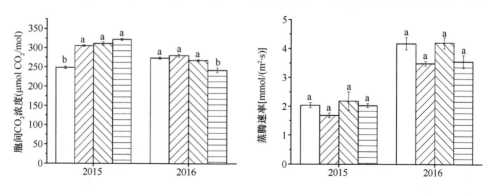

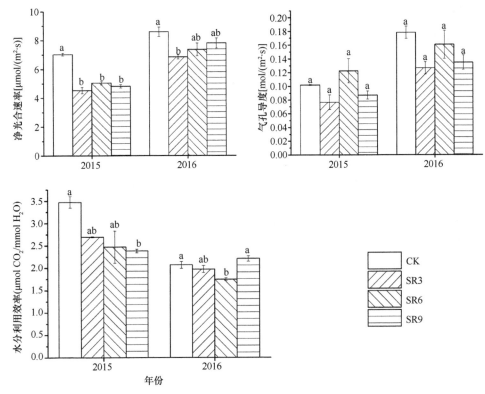

图 5-15　2015 年和 2016 年生长季时不同放牧处理下羊草的气体交换参数

未受放牧影响。Tr 在 2015 年放牧后呈增加趋势，而在 2016 年呈显著下降趋势（$P<0.05$）。WUE 在 2015 年随放牧强度增加而逐渐下降，SR9 处理下则较 CK 显著下降 39%；2016 年随放牧强度增加而上下波动，SR3 处理下 WUE 显著增加，SR6 处理下显著下降，波动幅度为 20%~15%（$P<0.05$）（图 5-17）。

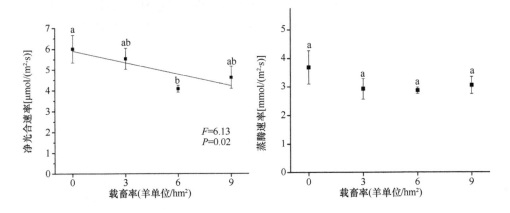

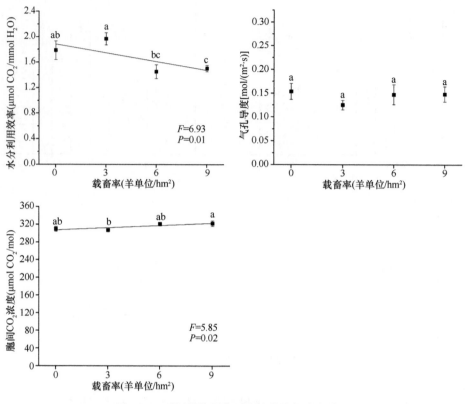

图 5-16　不同放牧强度下大针茅的气体交换能力

2. 不同放牧强度下相对叶绿素含量的响应

叶绿素是植物进行光合作用的主要色素，植物通过叶绿素吸收光能进行光合作用。不同放牧强度显著影响草原优势种植物的相对叶绿素含量。

对于羊草而言，综合 2015 年和 2016 年的分析结果，SR9 处理下相对叶绿素含量较 CK 显著下降 4.3%，SR3 和 SR6 处理下没有显著变化。湿润年份 2015 年

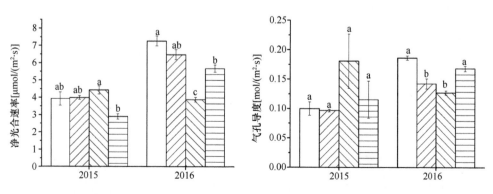

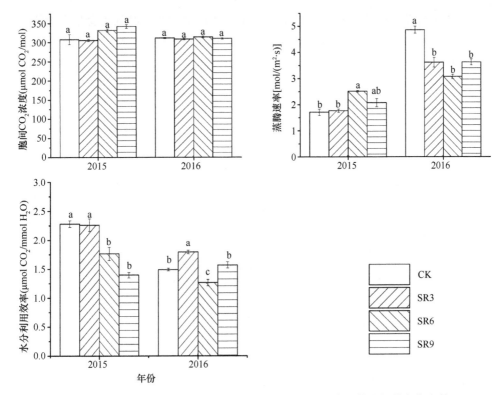

图 5-17　2015 年和 2016 年生长季时不同放牧处理下大针茅的气体交换参数

放牧未对羊草的相对叶绿素含量造成显著影响，除 SR6 处理下显著增加了 10%。干旱年份 2016 年则随放牧强度增加，相对叶绿素含量逐渐下降，且 SR9 处理下显著下降 6%。与 CK 相比，SR3 处理下相对叶绿素含量在两年中均无显著差异（$P>0.05$）（图 5-18）。

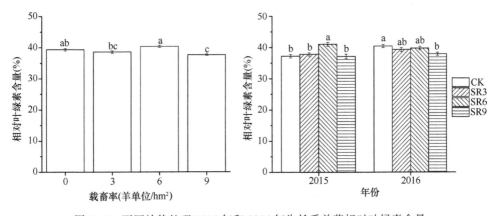

图 5-18　不同放牧处理 2015 年和 2016 年生长季羊草相对叶绿素含量

对于大针茅，综合 2015 年和 2016 年的分析结果，相对叶绿素含量在放牧后呈现先降低后增加的趋势，各放牧处理与 CK 相比均无显著差异。不同放牧强度仅在 2016 年对大针茅叶片的相对叶绿素含量有显著影响（$P<0.05$）（图 5-19）。放牧处理与 CK 间的叶绿素含量没有显著差异，但是随放牧强度增加，叶片的相对叶绿素含量呈先降低再增加的趋势。相较对照处理，2016 年放牧后叶绿素含量的波动范围为 –9%～12%。

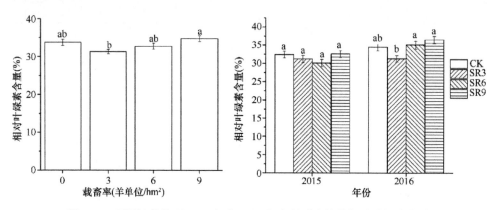

图 5-19　不同放牧处理 2015 年和 2016 年生长季大针茅相对叶绿素含量

3. 不同放牧强度下叶绿素荧光参数的响应

对于羊草，放牧处理对 Fv/Fm 和 ΦPSII 的影响在两年中有所区别。2015 年，相较 CK 处理，SR9 处理下羊草的 Fv/Fm 显著增加，ΦPSII 显著下降（$P<0.05$）；2016 年，ΦPSII 随放牧强度先降低后增加。放牧处理并未显著影响羊草的 qP 和 NPQ（表 5-3）。

表 5-3　不同放牧强度下羊草叶绿素荧光参数（平均值±标准误，$n=5$）

年份	放牧处理	PSII 最大光量子产量 （Fv/Fm）	实际光量子产量 （ΦPSII）	光化学猝灭系数 （qP）	非光化学猝灭系数 （NPQ）
2015	CK	0.795±0.002b	0.26±0.008a	0.48±0.01a	2.07±0.2a
	SR3	0.789±0.001b	0.22±0.004ab	0.48±0.02a	3.28±0.55a
	SR6	0.793±0.003b	0.23±0.009ab	0.46±0.01a	1.89±0.23a
	SR9	0.807±0.002a	0.22±0.008b	0.44±0.02a	2.33±0.21a
2016	CK	0.784±0.002a	0.21±0.0012ab	0.49±0.02a	3.06±0.36a
	SR3	0.771±0.002a	0.18±0.007b	0.41±0.01a	2.44±0.24a
	SR6	0.783±0.003a	0.22±0.005a	0.47±0.02a	2.51±0.18a
	SR9	0.779±0.005a	0.22±0.0011ab	0.46±0.02a	2.19±0.08a

注：同一年份同一指标不同小写字母表示差异显著，$P<0.05$。下同

对于大针茅，2015 年放牧显著影响了 Fv/Fm 和 qP。Fv/Fm 随放牧强度增加表现出先降低再增加的趋势，SR6 处理相较 CK 显著下降（$P<0.05$）。放牧增加了大针茅的 qP，且 SR6 处理较 CK 显著增加（$P<0.05$）。2016 年不同放牧处理显著降低了大针茅的 ΦPSII（$P<0.05$）（表 5-4）。

表 5-4　不同放牧强度下大针茅叶绿素荧光参数（平均值±标准误，$n=5$）

年份	放牧处理	PSII 最大光量子产量（Fv/Fm）	实际光量子产量（ΦPSII）	光化学猝灭系数（qP）	非光化学猝灭系数（NPQ）
2015	CK	0.779±0.002a	0.21±0.003a	0.43±0.01b	1.93±0.15a
	SR3	0.771±0.002ab	0.22±0.008a	0.48±0.01ab	1.96±0.21a
	SR6	0.765±0.002b	0.23±0.008a	0.51±0.01a	1.85±0.13a
	SR9	0.781±0.003a	0.22±0.007a	0.48±0.02ab	2.14±0.20a
2016	CK	0.77±0.003a	0.22±0.005a	0.51±0.01a	2.96±0.21a
	SR3	0.76±0.003a	0.18±0.007b	0.50±0.01a	2.78±0.14a
	SR6	0.76±0.005a	0.19±0.005b	0.48±0.01a	2.88±0.20a
	SR9	0.76±0.006a	0.18±0.004b	0.47±0.01a	3.01±0.06a

4. 不同放牧强度下光响应曲线参数的响应

对于羊草，2015 年、2016 年中随放牧强度的增加，LSP 呈现出逐渐降低的趋势，并且在 2015 年 SR9 处理下呈现显著下降（$P<0.05$）。2015 年、2016 年 AQE 和 A_{max} 均呈先增加再降低的趋势，不同的是在 SR3 和 SR6 处理下都增加了 AQE，而仅 SR3 处理增加了 A_{max}。SR9 处理下，A_{max} 均显著下降，降幅达 50%左右（表 5-5）。

表 5-5　不同放牧强度羊草光响应曲线参数（平均值±标准误，$n=5$）

年份	放牧处理	光补偿点（LCP）[μmol/(m²·s)]	光饱和点（LSP）[μmol/(m²·s)]	表观量子效率（AQE）	暗呼吸速率（Rd）[μmol/(m²·s)]	最大光合速率（A_{max}）[μmol/(m²·s)]
2015	CK	42.8±1a	787.4±13a	0.044b	−2.3±0.2a	14.3±0.8ab
	SR3	39.1±5a	636.2±81ab	0.065a	−2.3±0.3a	17.0±0.9a
	SR6	34.0±4a	685.5±49ab	0.048b	−1.5±0.1a	11.4±1.0b
	SR9	39.7±4a	451.0±7b	0.036b	−1.6±0.2a	6.3±0.4c
2016	CK	41.3±2b	915.1±29a	0.049ab	−1.7±0.2a	15.0±1.0a
	SR3	28.0±4b	866.7±48a	0.055a	−1.5±0.2a	16.0±1.0a
	SR6	28.5±5b	772.0±7a	0.050ab	−1.3±0.1a	12.6±1.0ab
	SR9	68.7±5a	638.0±86a	0.034b	−2.2±0.3a	7.7±0.6b

对于大针茅，2015 年放牧后 LCP 基本呈增加趋势，2016 年 SR3 和 SR6 处理下放牧显著降低了 LCP。两年中，SR3 放牧强度下大针茅的 LSP 呈最高值；

AQE 基本未受到不同放牧强度的显著影响；Rd 也基本未受到不同放牧强度的显著影响（$P>0.05$）；SR3 处理下 A_{max} 呈增加趋势，而 SR6 和 SR9 基本呈下降趋势（表 5-6）。

表 5-6   不同放牧强度大针茅光响应曲线参数（平均值±标准误，$n=5$）

年份	放牧处理	光补偿点 （LCP） [μmol/(m²·s)]	光饱和点 （LSP） [μmol/(m²·s)]	表观量子效率 （AQE）	暗呼吸速率 （Rd） [μmol/(m²·s)]	最大光合速率 （A_{max}） [μmol/(m²·s)]
2015	CK	76.7±2a	733.8±37ab	0.044a	−4.0±0.4a	12.3±1.3a
	SR3	73.5±2a	1156.8±95a	0.046a	−3.4±0.4a	17.4±2.0a
	SR6	104.2±6a	632.5±76b	0.039a	−3.8±0.1a	10.0±1.4a
	SR9	83.3±9a	934.4±106ab	0.034b	−3.2±0.1a	12.2±0.1a
2016	CK	61.2±4b	1058.7±67ab	0.041a	−3.0±0.2a	15.4±0.9a
	SR3	33.6±3b	1359.1±51a	0.039a	−1.6±0.4a	18.1±1.0a
	SR6	40.9±4b	1061.8±55ab	0.038a	−2.7±0.1a	13.3±0.4a
	SR9	69.3±2a	1009.3±46b	0.045a	−2.9±0.1a	15.6±1.2a

5. 优势种功能特性间的关系

典型相关分析（canonical correlation analysis）表明优势种草原植物的形态特性（株高、节间宽度、叶片长度、叶片数量）与生理特性（相对叶绿素含量、Pn、Gs、Ci、Tr、WUE、Fv/Fm、qP、NPQ、ΦPSII）显著相关。

典型相关分析的结果说明围封和三种放牧强度下羊草的生理特性与形态特性显著相关（$P<0.05$）。CK 处理下形态特性反应的主要变量为节间宽度和株高，SR3 处理下为叶片数，SR6 处理下为株高，SR9 处理下为叶片数，放牧后羊草形态特性的主要反应为叶片数量和株高的变化。CK 处理下节间宽度和株高与生理特性反应的主要变量相对叶绿素含量和 Tr 负相关；SR3 处理下叶片数与生理特性反应的主要变量 Pn 和 Tr 负相关；SR6 处理下株高与生理特性反应的主要变量相对叶绿素含量负相关；SR9 处理叶片数与 ΦPSII 和 qP 负相关。随放牧强度的增加，生理特性对形态特性变化的解释率从 CK 的 73%逐渐降至 SR9 的 21%。

典型相关分析的结果说明，围封和三种放牧强度下大针茅的生理特性与形态特性显著相关（$P<0.05$）。4 种处理下形态特性反应的主要变量均为株高。围封处理株高与生理特性反应的主要变量 Gs、Pn 和 Tr 负相关；SR3 处理株高与生理特性反应的主要变量 Pn 和 Gs 负相关；SR6 处理株高与 Ci 正相关，与相对叶绿素含量负相关；SR9 处理株高与 Tr 和相对叶绿素含量负相关，与 Fv/Fm、ΦPSII 正相关。从 CK、SR3 到 SR6，生理特性对形态特性变化的解释均为 40%左右，SR3 稍微增加，SR6 略降低，但形态特性变化对生理特性的解释率逐渐

降低，从 CK 和 SR3 的 23%下降至 SR6 的 10%；SR9 处理生理特性对形态特性变化的解释率达到 52%，增加近 10%，但形态特性变化对生理特性的影响与 CK 差异不大。

三、短期放牧样地不同放牧强度下优势种植物光合响应机理（草原研究所放牧样地）

本研究在中国农业科学院草原研究所内蒙古锡林浩特实验基地放牧梯度实验平台进行。该实验样地在 2007～2013 年禁牧。放牧实验开始时，各样地的物种组成和土壤的理化性质相同。从 2014 年 6 月开始放牧，属于短期放牧样地。实验样地分为 5 个放牧强度，每个梯度各设 3 个空间重复，根据锡林浩特市典型草原普遍执行的放牧强度，选择其中的 CK（对照）、LG（轻度放牧）、MG（中度放牧）和 HG（重度放牧）共 4 个水平进行实验。

实验以优势种羊草为研究对象，通过测定不同放牧梯度下优势种植物的气体交换参数，探讨放牧强度对优势种植物光合固碳能力的影响；利用荧光技术研究不同放牧梯度下优势种植物对光能的吸收利用和分配机制，探讨放牧强度对能量分配的影响，以补充和完善在短期放牧样地中不同放牧梯度下光合生理过程的补偿信息，有助于寻求利于优势种植物进行光合补偿作用的适度放牧阈值。

1. 不同放牧强度下气体交换特性的响应

放牧直接改变了剩余植物（除羊草外的其他植物）的环境因子，进而影响了植物的光合生理特性。在食草动物啃食后，植物可以通过补偿机制缓解负面效应（Gold and Caldwell, 1990），在天然草原中这是一种选择优势（Stowe et al., 2000）。因而补偿生长的能力对于植物应对放牧具有重要的作用。不同放牧强度对羊草光合性能的影响不同，放牧对植物的光合特性有一定的抑制作用（图 5-20）。与对照样地相比，植物在牧后的净光合速率呈现显著下降的趋势，尤其是中度放牧样地

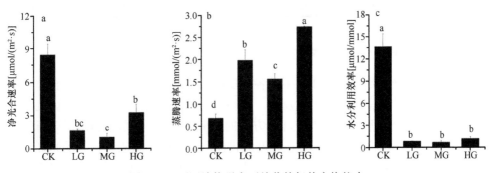

图 5-20　不同放牧强度下羊草的气体交换能力

最低。而到了重度放牧样地，净光合速率升高，植物出现补偿性光合作用。持续的放牧会引起生物量降低，地面裸露加剧，植物的蒸腾速率增加，尤其是重度放牧样地水分散失更快。牧后植物的水分利用效率显著降低，而重度放牧样地有轻微的升高趋势。水分利用效率的提高有利于植物的补偿生长。

2. 不同放牧强度下光合色素含量的响应

植物通过叶绿素吸收和转化光能，因此其含量对光合效率影响较大，而不同放牧胁迫下植物的光合色素变化情况不同（表 5-7）。在轻度放牧样地，羊草具有较高的光饱和点和较低的光补偿点，因此光能利用范围较大。但是植物光合色素含量降低，其吸收的大量光能不能有效地转移和传递。通过叶绿素循环，叶绿素 b 可以转化为叶绿素 a，叶绿素 b 只有吸收功能而不能转化光能，因此在轻度放牧样地较低的叶绿素 a/b 表示植物此时投资更多能量在光能吸收上。类胡萝卜素可以耗散多余光能，保护叶绿素不受多余光照的伤害。轻度放牧下类胡萝卜素含量较低，羊草吸收大量光能后不能及时有效耗散，因此会产生光抑制，降低光合酶的活性。而中度放牧样地类胡萝卜素含量最高，可以有效耗散多余光能，保护植物细胞。此外重度放牧下光合酶的活性提升，也有助于光合速率的增加。重度放牧下羊草叶片氮含量最高，并且最大电子传递速率和最大羧化速率的比值（J_{max}/V_{max}）较高，表明植物将光合系统中大量的氮素分配给用于羧化作用的 Rubisco 酶，因此其碳同化能力有所升高。

表 5-7   不同放牧强度下羊草光合色素含量（平均值±标准误）

	对照	轻度	中度	重度
叶绿素 a（mg/g）	0.825±0.009a	0.660±0.021b	0.812±0.007a	0.784±0.049a
叶绿素 b（mg/g）	0.314±0.003a	0.282±0.028a	0.308±0.001a	0.310±0.022a
类胡萝卜素（mg/g）	0.162±0.002b	0.127±0.002c	0.179±0.002a	0.164±0.008ab
叶绿素 a + b（mg/g）	1.139±0.013a	0.942±0.047b	1.120±0.008a	1.095±0.072a
叶绿素 a/b	2.629±0.001a	2.372±0.165a	2.636±0.014a	2.532±0.022a
Rubisco 酶活性[μmol CO₂/(g·min)]	0.283±0.001b	0.187±0.004c	0.317±0.002b	0.532±0.003a

注：同一指标不同小写字母表示差异显著，$P<0.05$。下同

3. 不同放牧强度下叶绿素荧光参数的响应

叶绿素荧光参数与光合作用中的各种反应关系密切，环境因子对光合作用的影响可以通过叶绿素荧光动力学反映。植物的光抑制取决于光合机构保护机制的运转以及光系统 II 反应中心的破坏两方面的平衡。因此不同放牧胁迫下羊草的荧光参数变化情况不同（表 5-8）。在轻度放牧样地，NPQ 较低表明植物的光耗散变少，初始荧光也明显上升，一般认为与叶绿体中 D1 蛋白的受损有关。一方面质

表 5-8　不同放牧强度下羊草荧光特性（平均值±标准误）

	对照	轻度	中度	重度
初始荧光（Fo）	133.9±6.53a	184.3±5.58a	123.8±6.70c	155.8±2.51b
PSII 最大量子产量（Fv/Fm）	0.79±0.005a	0.76±0.006a	0.78±0.001a	0.77±0.005a
PSII 实际量子产量（Fv'/Fm'）	0.501±0.021a	0.424±0.001b	0.377±0.005c	0.446±0.013b
非光化学猝灭系数（NPQ）	1.305±0.230a	1.328±0.557a	1.545±0.444a	1.289±0.252a
表观电子传递速率（ETR）	166.8±16.8ab	130.0±6.24b	150.0±13.0ab	174.4±6.77a
实际光化学效率（ΦPSII）	0.254±0.025a	0.247±0.012a	0.190±0.016b	0.266±0.010a

体醌不完全氧化导致电子传递链受阻，另一方面色素蛋白受到抑制，均引起初始荧光的降低。中度放牧样地重点在于光耗散的保护机制，NPQ 升高表明热耗散多，但实际光化学效率（实际光量子产量）比较低。重度放牧样地出现光合补偿的原因在于其实际光化学效率和表观电子传递速率都有所升高。

植物吸收的能量可用于光化学反应和热耗散。与前面荧光数据对比，中牧样地用于热耗散的能量为 62%，显著增高，而用于光化学反应的能量为 19%（图 5-21），因此其光合速率较低。但植物的热耗散有一定的保护机制。重度放牧样地的植物矮小化趋势最为严重，此时植物改变策略，提高光合作用进行补偿生长，以保证牧后的再生和存活，因此较多的能量用于光化学反应（图 5-21），光合速率也有所升高。

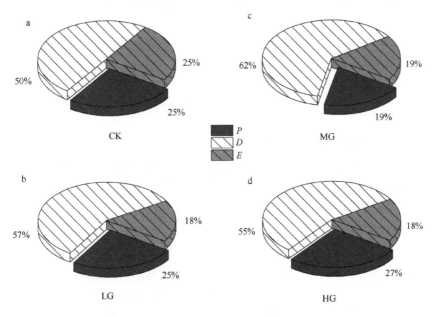

图 5-21　不同放牧强度下羊草的能量分配情况

a. 对照；b. 轻度放牧；c. 中度放牧；d. 重度放牧。P，光化学反应；D，热耗散；E，剩余能量

第五节　基于同位素技术的放牧对草原植物碳分配的影响

近年来研究表明，CO_2 排放增多是导致全球变暖、温室效应加剧的重要原因，进而引起广大生态学家及地学家对碳循环研究的兴趣，并开展了大量研究。草地是我国最大的陆地生态系统（齐玉春等，2003），它在调节气候变化以及为人类生存提供物质等方面具有重要意义。放牧是影响草原生态系统的重要人类活动，不同的放牧方式会对草原生态系统碳循环产生不同的影响。

本研究依托内蒙古大学生态学实习基地放牧平台，选择禁牧（UG）、轮牧（RG）和连续放牧（CG）三种放牧方式下大针茅（*Stipa grandis*）与羊草（*Leymus chinensis*）草地设置样地。轮牧：5 月和 7 月中旬放牧，留茬高度为 6～7cm 时为当季终牧时间；连续放牧：5～9 月每月中旬放牧，留茬高度为 6～7cm 时为当季终牧时间。利用 ^{13}C 标记示踪技术探究三种放牧方式下草地植物近期光合作用固定碳在草地生态系统不同库[植物地上茎叶部分、植物地上呼吸、根系、土壤有机质（SOM）、土壤微生物量碳（MBC）、可溶性有机碳（DOC）、土壤呼吸及其他库]中的分配。分析近期光合碳分配到不同库中的比例，定量化追踪光合碳在草原生态系统不同库中的分配，明晰它们对不同放牧方式的响应。

利用静态碱液吸收法结合根系生物量外推法推算根呼吸对总土壤呼吸的贡献，同时将根系生物量和土壤呼吸数据作相关分析，根系生物量为零时的土壤呼吸速率即为微生物呼吸，根呼吸即为土壤呼吸与微生物呼吸之差。进而量化光合碳对土壤呼吸的贡献，揭示放牧方式对温性典型草原生态系统碳分配的影响。

一、放牧方式对典型草原生态系统地上和地下碳储量的影响

1. 不同放牧方式下草原植物碳储量

放牧对草原生态系统的直接影响表现为对植物生产力（主要是生物量）的影响（李金花等，2002；陈佐忠等，2003）。草地地上生物量决定了地上碳储量，地下碳库主要由根系碳库与 SOM 碳库组成。土壤和植被是草原生态系统碳库的主要组分，土壤碳库约为植被碳库的 9 倍（萨茹拉等，2013），且极易受到人类活动的影响。放牧的人为干扰打破了草原生态系统的碳平衡过程，引起了不同碳库储量的变化。UG 草地地上碳库储量约为 CG 草地的 2 倍，为 RG 草地的 1.54 倍（表 5-9）。放牧降低了植物地上和根系碳储量。一方面放牧通过采食和践踏直接影响牧草生长，另一方面牧草根系生长和地上生长密切相关。牲畜采食植物地上部分，降低了植物叶面积指数而影响了光合作用，导致光合产物向地下运输减少，地下生物量降低（杨勇，2010）。放牧能影响物质与能量在牧草各组分中的分配（侯扶江

表 5-9 不同放牧方式下地上和地下碳储量（Mg C/hm^2）

碳库			深度	UG	RG	CG	P
地上植物				0.83±0.05	0.54±0.01	0.41±0.01	<0.05
地下	根系		0～5cm	2.23±0.34	1.53±0.34	1.71±0.21	>0.05
			5～15cm	1.68±0.21	1.24±0.34	1.43±0.22	>0.05
	SOM	MBC	0～5cm	0.10±0.01	0.12±0.01	0.08±0.01	>0.05
			5～15cm	0.11±0.02	0.16±0.01	0.10±0.01	<0.05
		DOC	0～5cm	0.11±0.01	0.10±0.00	0.10±0.01	>0.05
			5～15cm	0.24±0.01	0.21±0.01	0.24±0.02	>0.05
		其他碳	0～5cm	5.99±0.23	7.24±0.30	6.40±0.31	<0.05
			5～15cm	12.77±0.46	14.62±0.38	13.62±0.40	<0.05
SOM（MBC+DOC+其他碳）			0～15cm	19.38±0.35	22.45±0.34	20.54±0.35	>0.05
地下（根系+SOM）			0～15cm	23.29±0.34	25.22±0.34	23.41±0.28	>0.05

注：UG，禁牧；RG，轮牧；CG，连续放牧；SOM，土壤有机质；MBC，土壤微生物量碳；DOC，可溶性有机碳。下同

和杨中艺，2006；赵玉红等，2012），植物是一个统一的有机整体，地上部是地下部生长发育的物质和能量来源，地下部为地上部输送生长所需水分和养分（刘艾和刘德福，2005）。根系碳储量变化可以反映牧草地上和地下部物质与能量分配对放牧的响应。不同放牧方式下植物化学组分变化的长期效应，会引起各化学元素在土壤-植物系统中的变化，尤其是 C/N 和 C/P（李香真和陈佐忠，1998），进而引起植物-土壤碳库变化。

2. 不同放牧方式下草原土壤有机碳储量

土壤有机碳库是全球碳循环的重要流通途径，是地表最具活性的碳库（李学斌等，2014）。放牧方式对土壤有机碳储量有不同的影响。三种放牧方式下，RG草地 0～15cm 土层 SOC 储量（MBC+DOC+其他碳）最大（表 5-9）。这可能与动物的践踏使凋落物更易破碎并与土壤充分接触而加速凋落物分解有关；另外，也可能是食草动物排泄物的归还使土壤表层速效养分增加，土壤矿化加强（Wienhold et al.，2001；Reeder and Schuman，2002）。

放牧方式不仅改变草地 SOC 储量，也会影响 SOC 中的活性碳部分。MBC 库在所有土层中，RG 草地大于 UG 和 CG 草地。MBC 和 DOC 是土壤中的重要活性碳，在土壤中周转很快，也是植物短期固定光合碳在土壤碳库中的主要碳汇。土壤微生物分解 SOM 释放营养物质到土壤中，同时分泌土壤酶加速土壤养分循环。虽然 MBC 和 DOC 仅占土壤碳库的很小部分，但也是碳循环中不可替代的库。目前有关放牧对 DOC 库影响的研究较少，它在土壤中移动较快，受植物和微生物的影响强烈。

二、光合碳在草地系统中的分配

植物光合作用形成的光合碳，最初主要被截留在植物地上组织中，包括结构性碳和非结构性碳（王智平和陈全胜，2005）。结构性碳主要用于植物体的形态构建，非结构性碳主要参与植物生命过程的重要物质合成，包括果糖、蔗糖、果糖酐和淀粉等。非结构性碳不稳定，在植物需要时会很快被分解利用，很大部分会储存在根中（韩国栋等，1997）。非结构性碳在植物体内的代谢，会影响植株生长及其对环境的响应（Loewe et al.，2000；潘庆民等，2002）。刚进入植物体的近期光合碳主要通过韧皮部往地下运输，还有相当一部分通过植物地上呼吸消耗掉。

1. 光合碳在草原植物地上部分中的分配

在 ^{13}C 标记后的第 1 天，植物地上部分的光合碳分配比例最大（图 5-22）。这可能是由于草地植物首先通过光合作用将碳固定在植物体叶片内，然后才会在植物-土壤系统中进一步分配。在草原植物不同的生长阶段，近期光合碳达到稳定分配所需的时间不同，在植物生长旺季约需要 30d（Wu et al.，2010；Hafner et al.，2012）。光合碳在草地系统中分配达到平衡时，UG 草地植物地上部分光合碳比例大于 RG 和 CG，这可能是植物营养生长与生殖生长之间权衡的结果。放牧（RG和 CG）草地植物被采食后生殖生长受到干扰，植物长期处于营养生长阶段，为维持生长消耗了大部分光合碳。UG 草地植物 7 月处于生殖生长阶段，且未被牲畜啃食，所以会分配更多光合碳到花和果实中（Kuzyakov et al.，1999）。

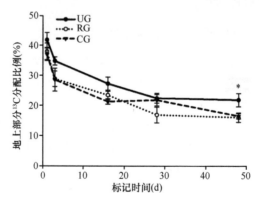

图 5-22　48d 内 ^{13}C 在植物地上部分中的分配比例（Liu et al.，2021）
*表示三种放牧方式之间有显著差异（$P<0.05$），下同

2. 光合碳在草原植物地上呼吸中的分配

植物光合作用固定的光合碳会通过韧皮部运往地下，还有很大一部分通过植物地上呼吸消耗掉。标记后的第 48 天，UG、RG 和 CG 草地中的植物地上部分呼

吸消耗的光合碳逐渐增加（图 5-23），这说明放牧促进了植物地上呼吸。植物地上呼吸是总初级生产力中相对恒定的部分，环境胁迫对维持地上呼吸的影响是改变植物生长和碳分配的主要因素。

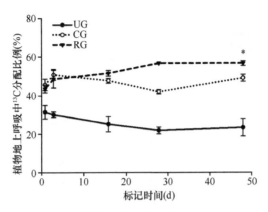

图 5-23　48d 内 ^{13}C 在植物地上呼吸中的分配（Liu et al.，2021）

3. 放牧方式对光合碳在草原地下碳库中分配的影响

植物叶片固定的光合碳会通过筛管向地下运输，一方面促进植物根系生长，一方面为土壤微生物的生长代谢提供物质和能量。地下碳库中的光合碳转移和分配是生态系统碳循环研究的关键。标记后的第 48 天，UG、CG 和 RG 地下碳库中的光合碳分配分别占标记当天光合作用固定进入植物体内碳的 54.6%、36.2%和28.9%（图 5-24）。这说明大部分光合碳由地上分配到地下，且主要用于维持植物自身生长。另外，光合碳往地下输送还与植物群落类型、放牧强度、放牧时间及植物生理条件等有关（李永宏，1998）。

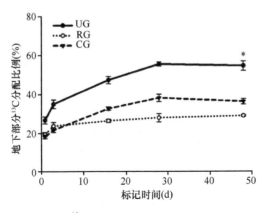

图 5-24　48 天内 ^{13}C 在地下碳库的分配（Liu et al.，2021）

4. 光合碳在草原根系碳库中的分配

放牧方式改变了光合碳在地下根系与 SOM 库（MBC+DOC+其他碳）及土壤呼吸中的转移和分配（表 5-10）。三种放牧方式下 ^{13}C 在根系中的分配具有显著差异，标记后第 48 天，UG、RG、CG 草地根系碳库中 ^{13}C 比例逐渐增加（图 5-25）。

表 5-10　土层深度、放牧方式和取样时间对根系碳库光合碳分配的影响

因子	df	F	P
深度	1	7.700	0.007
放牧方式	2	117.909	<0.001
时间	5	62.401	<0.001
深度×放牧方式	2	7.976	0.001
深度×时间	5	3.915	0.003
放牧方式×时间	10	12.516	<0.001
深度×放牧方式×时间	10	2.263	0.023

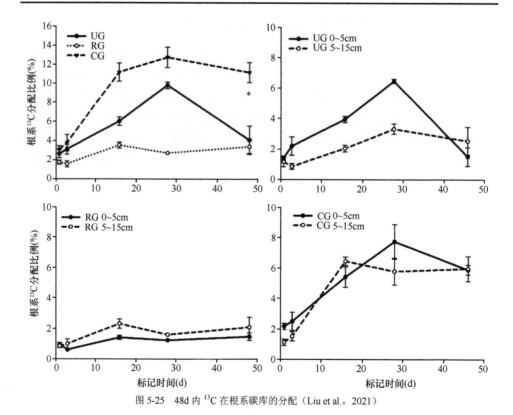

图 5-25　48d 内 ^{13}C 在根系碳库的分配（Liu et al., 2021）

CG 草地植物受到放牧干扰的影响，光合碳主要为植物再生长储备能量（Lieth，1978），所以更多光合碳会分配到根系。UG 草地根系生物量大，根系分泌物和根际沉淀较多，根际微生物活性增强，SOM 周转加快而加速了 SOM 分解（Blagodatskaya et al.，2007；Blagodatskaya and Kuzyakov，2008）。放牧草地植物为了避免被牲畜采食，同时为来年的自身生长提供物质，会把更多光合碳储存在根系中，这是植物避牧机制的一种体现。

5. 光合碳在草原土壤有机碳库中的分配

放牧方式对光合碳在 SOM 库中的分配也有显著影响。SOM 库是土壤中比较稳定的碳库，其活性碳库主要由土壤微生物及其代谢产物组成，总量相当于活的土壤微生物量的 2～3 倍，周转时间非常短。光合碳在不同土层 SOM 中的分配没有显著差异，但不同取样时间下光合碳在 SOM 中的分配具有显著差异；不同土层不同取样时间下光合碳在 SOM 中的分配具有显著差异（表 5-11）。三种放牧方式下，UG 草地中的分配比例大于放牧草地，这可能是因为 UG 草地地上植物未被牲畜采食，光合碳往地下碳库中分配的比例增加，而且 UG 草地根系生物量大于放牧，UG 草地植物光合碳通过根系分泌物形式输送到土壤中的比例大于放牧草地。在标记后的 1～3d，光合碳在 SOC 库中累积（图 5-26）。由于植物呼吸需要消耗一部分光合碳，因此 SOC 库中光合碳分配比例下降。对于光合碳的输入，其中一部分根际分泌物被植物根际吸收利用以维持根系生长，另一部分供根系和微生物呼吸（Kuzyakov，2006）。因此光合碳在 SOM 库中的分配呈动态变化（图 5-26）。

表 5-11　土层深度、放牧方式和取样时间对 SOM 库光合碳分配的影响

因子	df	F	P
深度	1	0.462	0.499
放牧方式	2	28.839	<0.001
时间	5	3.348	0.009
深度×放牧方式	2	0.520	0.597
深度×时间	5	3.883	0.004
放牧方式×时间	10	1.016	0.438
深度×放牧方式×时间	10	1.074	0.394

（1）光合碳在草原土壤微生物碳库中的分配

光合碳在植物根际周围被根际微生物利用而成为 MBC 的一部分，另一部分进入 SOM 中被微生物消耗并以 CO_2 的形式释放。随着地上光合碳往地下输入的减少，MBC 库中光合碳的来源减少，MBC 中光合碳分配比例呈下降趋势（表 5-12）。

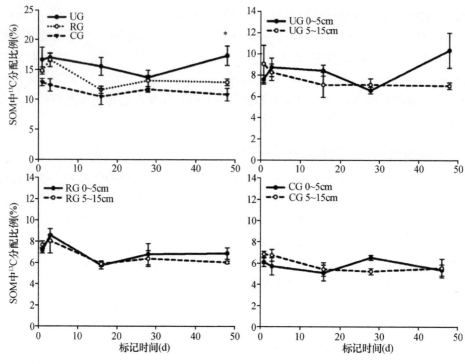

图 5-26   48d 内 ^{13}C 在 SOM 库中的分配（Liu et al.，2021）

本研究表明 UG 草地活性碳库中光合碳的分配比例大于放牧草地（图 5-27），这可能与 UG 草地中微生物活性大于放牧草地，且 UG 草地根系生物量大于放牧草地有关。光合碳主要以根系分泌物的形式进入 SOM 库，包括一些活性代谢产物，如有机酸、氨基酸及小分子糖类等含碳物质（孙悦等，2014）。根际微生物能有效利用根系分泌物促进自身生长和代谢，由于微生物代谢旺盛，吸收和释放光合碳的速度加快，使土壤碳循环过程变得更加复杂。

表 5-12   土层深度、放牧方式和取样时间对 MBC 库光合碳分配的影响

因子	df	F	P
深度	1	105.818	<0.001
放牧方式	2	36.022	<0.001
时间	5	107.611	<0.001
深度×放牧方式	2	6.130	<0.001
深度×时间	5	3.603	0.033
放牧方式×时间	10	0.356	0.839
深度×放牧方式×时间	10	2.965	0.007

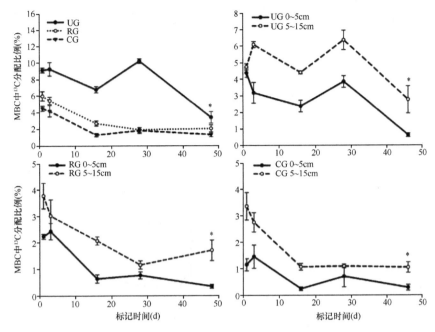

图 5-27　48d 内 ^{13}C 在 MBC 库中的分配

（2）光合碳在草原土壤可溶性有机碳库中的分配

放牧会影响光合碳在 DOC 库中的分配，这一过程在农业生态系统中研究较多，但是在草原生态系统中研究还很少。Lu 等（2002）研究表明种植水稻的土壤的 DOC 含量是未种植水稻的土壤的 DOC 的 3 倍，且根系生物量与 DOC 含量呈正相关（表 5-13）。本研究中 UG 草地 DOC 库中的光合碳显著大于 CG 和 RG（图 5-28），可能是因为 UG 草地植物根系生物量大于 CG 和 RG，所以根系分泌物输入给土壤更多易溶和有机小分子物质。在标记之后的 1～3d，根系分泌物在土壤中持续累积，DOC 中的光合碳呈上升趋势，之后随地上输入的减少以及 DOC 被微生物和植物吸收利用而呈下降趋势（图 5-28）。研究表明，DOC、MBC 和 SOC 呈显著正相关（韩琳等，2010）。

表 5-13　土层深度、放牧方式和取样时间对 DOC 库中光合碳分配的影响

因子	df	F	P
深度	1	15.236	<0.001
放牧方式	2	3.212	0.019
时间	5	85.048	<0.001
深度×放牧方式	2	0.731	0.664
深度×时间	5	2.916	0.062
放牧方式×时间	10	.410	0.801
深度×放牧方式×时间	10	0.319	0.956

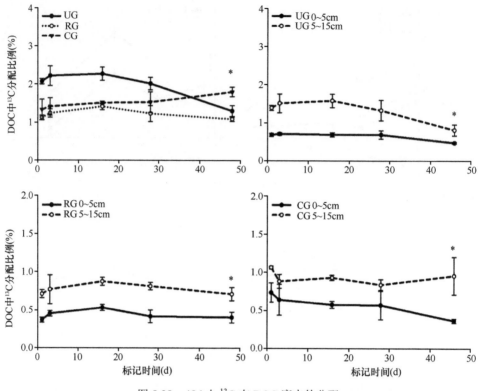

图 5-28 48d 内 ^{13}C 在 DOC 库中的分配

6. 光合碳在草原土壤呼吸中的分配

　　土壤呼吸是生态系统输出光合碳的主要形式。进入草原生态系统中的光合碳，被土壤和植物固持成为生态系统碳库的一部分，另一部分以 CO_2 的形式重新回到大气中。土壤呼吸是 SOM 矿化速率和异养代谢活性的指示（Ewel et al.，1987）。不同放牧方式下土壤呼吸消耗的光合碳差异显著，且不同取样时间的土壤呼吸消耗的光合碳也存在显著差异。UG 草地土壤呼吸消耗的光合碳显著大于放牧草地（图 5-29）。放牧会显著影响光合碳在土壤呼吸中的分配比例。

　　生态系统中光合碳一部分被固持在植物和土壤中，另一部分通过土壤呼吸被重新释放返回大气。光合碳在地下碳库中的周转可通过土壤呼吸释放光合碳的速率量化（Hafner et al.，2012）。由图 5-30 可以看出，UG 草地土壤呼吸释放光合碳的速率大于放牧草地，这说明光合碳在 CG 草地中的周转速率最快。地下碳库周转的快慢在一定程度上能够反映放牧对土壤呼吸消耗光合碳的影响。

　　土壤呼吸是光合碳离开生态系统的主要途径之一。土壤呼吸中的根呼吸对减缓全球 CO_2 浓度升高导致的温室效应没有任何意义（Werth and Kuzyakov，2008），

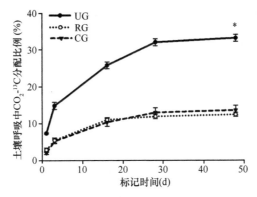

图 5-29　48d 内土壤呼吸中 $CO_2\text{-}{}^{13}C$ 的动态变化

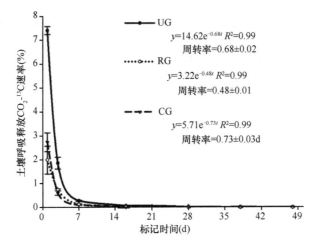

图 5-30　48d 内土壤呼吸释放 $CO_2\text{-}{}^{13}C$ 速率（Liu et al.，2021）

而土壤微生物呼吸对土壤中原有"老"SOM 分解及大气 CO_2 浓度升高具有实质贡献，因此定量微生物呼吸对土壤呼吸的贡献尤为必要。根系生物量外推法结合静态碱液吸收法可以定量化微生物呼吸对土壤呼吸的贡献（图 5-31）。

本研究表明，UG、RG 与 CG 草地中，土壤微生物呼吸分别约占土壤呼吸的79.4%、84.6%和 83.2%。进一步明晰了不同放牧方式下草地植物光合碳在土壤呼吸（根呼吸与微生物呼吸）中的分配。根系生物量和土壤呼吸速率间存在线性关系（图 5-31），当根系生物量为零时，回归直线与 y 轴的截距即为土壤微生物呼吸。本研究中 UG、RG 和 CG 草地根呼吸分别占土壤总呼吸的 20.63%、15.36%和16.84%。另外，本研究中微生物呼吸占土壤呼吸的 80%左右，这说明在温性典型草原中微生物呼吸是土壤碳排放的最主要部分，且放牧草地土壤微生物呼吸大于UG，说明放牧促进了土壤微生物呼吸。输入土壤的根际碳数量和地上凋落物质量

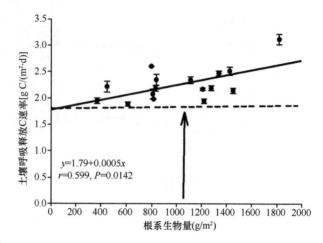

图 5-31　根呼吸和微生物呼吸对土壤呼吸的贡献（Liu et al.，2021）

都会影响微生物活性，进而影响土壤微生物呼吸（陈海军等，2008；周萍等，2009；鲍芳和周广胜，2010）。输入地下的光合碳通过土壤呼吸返回大气的时间能够反映地下碳循环过程中光合碳周转的快慢。

三、光合碳在草原生态系统中的稳定分配

放牧会通过影响光合碳在生态系统不同碳库中的分配，进而影响生态系统中不同碳库储量的变化。植物光合碳通过韧皮部筛管运往地下根系和土壤中，然后在土壤微生物作用下进一步发生转移和再分配。当光合碳在植物-土壤系统中的分配达到相对平衡时，讨论草地光合碳分配对放牧方式的响应才更具指示和代表意义。

1. 光合碳在禁牧草原生态系统中的稳定分配

UG 草地中光合碳分配达到稳定平衡态时（第 48 天），光合碳在植物地上部分中（植物地上茎叶+植物地上呼吸）的分配为 45.36%，小于输入地下碳库中的 54.64%，分配到地下碳库中的光合碳通过土壤呼吸重新回到大气，另外有 32%被截留在 SOM 库中和 7%被截留在根系中（图 2-61）。UG 促进了植物将更多光合碳截留在草地生态系统中，草地表现出碳汇功能。这在一定程度上体现了"退牧还草"政策对减缓温室效应的积极作用和意义。

2. 光合碳在轮牧草原生态系统中的稳定分配

在 RG 草地中光合碳分配达到平衡态时（第 48 天），光合碳在植物地上部分中(植物地上部+植物地上呼吸)的分配为 71.08%,远大于输入地下碳库的 28.92%,

分配到地下碳库的光合碳近 43%通过土壤呼吸重新回到大气，近 45%被 SOM 库截留，13%被根系截留（图 2-61）。MBC 库中分配的光合碳大于 DOC 库，说明土壤微生物主动利用土壤活性碳以维持自身生长。

3. 光合碳在连续放牧草原生态系统中的稳定分配

对于 CG 草地，当光合碳分配达到平衡态时（第 48 天），光合碳在植物地上部分中（植物地上部+植物地上呼吸）的分配为 63.71%，大于输入地下的光合碳（36.22%）。但是分配到地上部的光合碳有 72.7%被用来维持生长呼吸。分配到地下碳库的光合碳，近 37%通过土壤呼吸重回大气，近 30%被截留在 SOM 库中，32%截留在根系中（图 2-61）。但是在放牧条件下植物被采食后，植物地上部截留的光合碳会随牲畜带出系统。因此可能只有 22.65%~40.12%的光合碳被留在系统中。

4. 不同放牧方式下光合碳在草原生态系统中的稳定分配

光合碳在不同碳库中的分配受放牧方式的影响。UG 草地中光合碳往地下分配以及在 SOM 库中截留的比例要显著大于放牧草地（图 5-32），但是 UG 草地中地下碳库分配的光合碳，大部分通过土壤呼吸被消耗掉。MBC 和 DOC 库中分配的光合碳仅占 SOM 库的很小部分。在达到平衡态时，放牧草地植物地上部分维持呼吸消耗的光合碳占地上光合碳分配的 75%，这说明放牧方式改变了草地植物生长和呼吸间光合碳的分配，放牧导致植物维持呼吸所需光合碳增加。植物被采食后，需要合成更多的激素和有机物来愈合受伤的组织，并且合成更多的有机质来促进叶片的生长和抵御再次被动物采食（Frost and Hunter，2008）。在 UG 草地中土壤呼吸消耗的光合碳占地下碳库的分配比例大于放牧样地。这是因为 UG 草地中没有放牧干扰，植物凋落物留存在土壤上层，因此会改善土壤养分和水分条件。UG 草地养分含量越高则地下根系生长越好，地下生物量越高则根际分泌物越多，土壤微生物活性越强。同样 UG 草地根系和微生物呼吸消耗的光合碳大于放牧草地（Paterson and Sim，2000）。

RG 草地分配到地下的光合碳在 SOM 库中占比最大（图 5-32）。这说明 RG 促进更多的光合碳往 SOM 中积累。放牧草地根系光合碳占地下总光合碳分配的比例大于 UG 草地，且 CG 大于 RG，这说明放牧强度越大会导致更多光合碳往地下根系分配。根系分配越多则越有利于来年植物的营养生长。进入系统的光合碳通过生态系统呼吸（植物呼吸+土壤呼吸）离开草地生态系统，在 UG 草地中更多光合碳截留在系统中，说明 UG 草地生态系统固碳能力更大。这从侧面反映了"退牧还草"政策的积极作用和意义。同时 UG 草地中，微生物呼吸分解土壤中原有"老"SOM 的速率最小，也再次说明 UG 草地的固碳能力大于放牧草地。

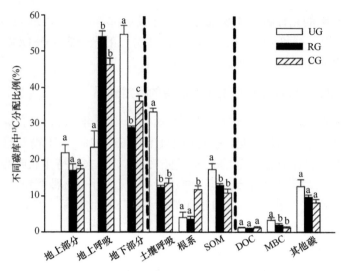

图 5-32 标记后第 48 天不同碳库中达到稳定状态的光合碳分配（Liu et al., 2021）

第六节 羊草对逆境胁迫的生理响应

一、低磷胁迫对羊草光合生理生化特性的影响

磷是植物生长必需的大量营养元素之一。我国陆地植物的叶片总磷含量相比世界其他区域的平均水平较低，有可能普遍遭遇低磷胁迫。羊草是欧亚草原典型的优势草种，其地上部分的生长直接决定草原生产力。为了深入理解该牧草对低磷胁迫的耐受程度，获取低磷胁迫处理下植物光合器结构和功能改变的详细信息，我们以羊草种苗为材料，采用供给不同 Pi 浓度的溶液培养方法诱导磷饥饿胁迫，并对光合器结构和功能进行研究。

1. 羊草在低磷胁迫下的生长状况

磷添加是维持植物生产力的重要手段之一（Cordell et al., 2009；MacDonald et al., 2011），为了减少土壤中额外磷添加造成的不良影响，了解重要植物对磷缺乏的耐受性及其生理基础则显得至关重要。

图 5-33a 展示了 250μmol/L（Control）、25μmol/L 和 2.5μmol/L 不同磷浓度处理 25d 后羊草的生长状况。可以看出在低磷胁迫下，羊草幼苗地上部分的生长明显减少。为检测羊草叶片是否受到低磷胁迫，我们对第三片新叶的叶绿素和花青素含量进行了测定（图 5-33b）。结果发现，25μmol/L 和 2.5μmol/L 磷浓度处理下的羊草叶片花青素含量分别高出对照 2.2 倍和 4.7 倍（Li et al., 2016），表明胁迫处理有效（Hernández and Munné-Bosch, 2015）。

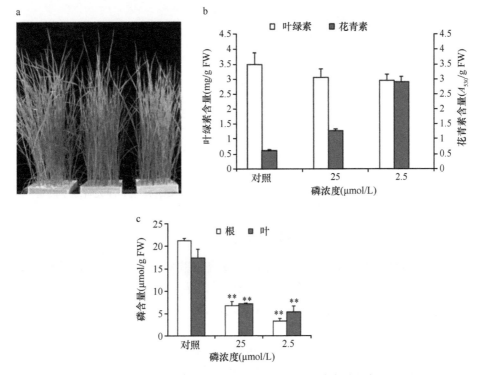

图 5-33 羊草幼苗在对照及低磷胁迫下的花青素、叶绿素和磷含量测定（Li et al.，2016）

为了进一步了解叶片受到磷限制的程度，我们对根及第三片新叶的磷含量（Pi）进行了测定。图 5-33c 结果显示，25μmol/L 和 2.5μmol/L 处理下，无论是在羊草根还是叶中，其磷含量都极显著降低。叶片中磷含量分别比对照降低60.2%和70.5%。此外，不同磷浓度处理在根、叶中的磷含量比值随着磷浓度的降低而减少。在对照 250μmol/L 磷浓度处理下的羊草根中的磷含量相比叶要高17.3%（$R/L>1$），在 25μmol/L 磷浓度处理下的羊草根与叶中的磷含量很接近（$R/L≈1$），而在 2.5μmol/L 磷浓度处理下的羊草根中的磷含量要明显低于叶中的磷含量（$R/L<1$）。该比值的变化不仅确认了低磷处理的有效性，而且表明激发了羊草幼苗对该胁迫的响应。

2. 低磷处理对气体交换参数的影响

为了了解低磷胁迫对光合作用的影响程度，首先检测了叶片光合相关的气体交换参数。从图 5-34 可以看出，25μmol/L 和 2.5μmol/L 处理下 Pn 分别比对照降低 23.7%和43.7%，但胞间 CO_2 浓度（Ci）无显著差异。暗示非气孔因素可能是引起其光合效率降低的主要原因（Li et al.，2016）。

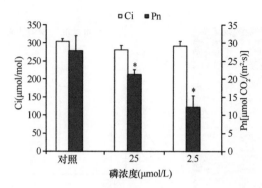

图 5-34 幼苗第三片新叶在对照及低磷胁迫下的胞间 CO_2 浓度和净光合速率测定

（Li et al.，2016）

3. 低磷处理下叶绿素荧光参数的变化

为了探究低磷胁迫对羊草光合作用光反应的影响，我们对叶片的叶绿素荧光参数进行了测定。φ（II）是植物在暗适应以后，所有的反应中心都处于开放状态，PSII 的最大光量子产量，可以表示 PSII 的功能，在一定程度上反映了 PSII 的活性。rETR 表示通过 PSII 的电子传递速率。非光化学猝灭系数（NPQ）反映了过多光能耗散为热能的能力。P700 的上升值可以反映 PSI 活性的大小。

图 5-35a、b、c 所示的是不同磷浓度处理下羊草叶片光系统 II 的最大光量子产量[φ（II）]、通过光系统 II 的相对电子传递速率（rETR）和非光化学猝灭系数（NPQ）的光响应曲线。可以看出，随着磷浓度的降低，光系统 II 的最大光量子产量[φ（II）]和通过光系统 II 的相对电子传递速率（rETR）都逐渐降低；而非光化学猝灭系数（NPQ）则逐渐升高。低磷（2.5μmol/L）处理下的羊草叶片光系统 II 的最大光量子产量[φ（II）]降低最显著，表明光系统 II 吸收的光能用于光化学反应的能力与磷浓度水平密切相关（图 5-35a）。

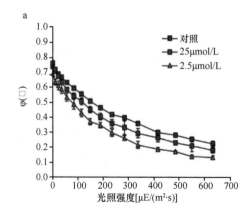

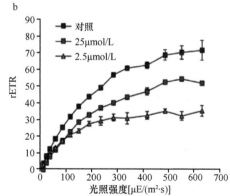

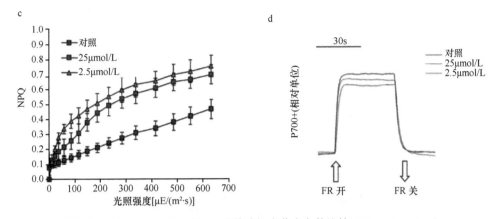

图 5-35　幼苗在对照及低磷胁迫下的叶绿素荧光参数比较（Li et al.，2016）

从图 5-35b 中可以看出，通过 PSII 的相对电子传递速率（rETR）在低磷处理下始终低于对照，表明低磷胁迫下 PSII 功能受到损伤。此外，随着磷浓度的降低非光化学猝灭系数（NPQ）增加（图 5-35c），表明植物吸收的光能更多地以热的形式耗散掉了。从图 5-35d 中可以看出，在不同磷浓度处理下，P700 的上升值的差异较小，表明在低磷胁迫下，PSI 相对于 PSII 受到的影响不大（Li et al.，2016）。

4. 低磷处理对光合膜蛋白及复合体的影响

为了搞清楚 PSII 活性的降低是否由光合膜蛋白含量的减少引起，我们通过免疫印迹法检测了羊草主要的光合膜蛋白的含量变化。

从图 5-36a 中可以看出，与对照相比，PSII 的核心亚基 D1、D2 及 CP43 在 25μmol/L 磷浓度处理下明显减少，在 2.5μmol/L 磷浓度处理下降低更为显著，表明 PSII 的量子产量明显减少。结果也显示 PSI 的核心蛋白 PsaA 和 PsaB，细胞色素 b6f 复合体亚基以及 ATP 合酶的 β 亚基都没有明显变化。

为了检测光合膜蛋白复合体的结构受低磷胁迫处理的影响，进一步采用蓝绿温和凝胶电泳（BN-PAGE）分析不同磷浓度处理下的光合膜蛋白复合体的变化。从图 5-36b 中可以看出，对照和磷胁迫处理样品的条带有显著的不同，25μmol/L 磷浓度处理下，我们可以清楚地看到包含 PSII 和 PSI 的超级复合体、二聚体以及单体的条带明显减弱，这种减弱在 2.5μmol/L 磷浓度处理下加剧，这些结果首次证实了低磷胁迫处理下，PSII 复合体含量减少（Li et al.，2016）。

为了更深入地认识 PSII 受到的影响，进一步将蓝绿温和凝胶电泳（BN-PAGE）分离的蛋白复合体进行 SDS-PAGE 凝胶第二向分离，并通过蛋白质免疫印迹分析。如图 5-37 所示，PSII 的核心亚基 CP47、CP43、D1 和 D2 的含量明显减少，而 PSI 的核心亚基 PsaA/B 无明显变化（Li et al.，2016）。

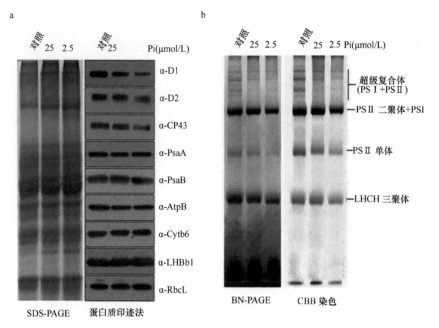

图 5-36　幼苗在对照及低磷胁迫下的类囊体膜光合蛋白及其复合体的分析（Li et al.，2016）

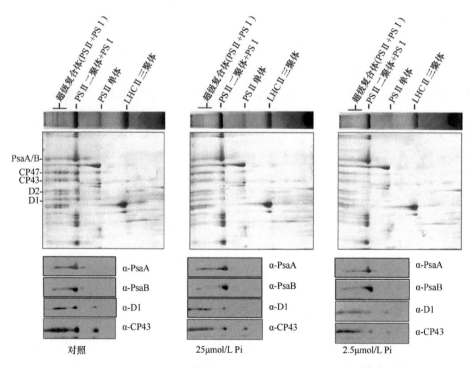

图 5-37　幼苗在对照及低磷胁迫下的类囊体膜 2D-BN/SDS-PAGE 分析（Li et al.，2016）

5. 低磷处理对叶绿体超微结构的影响

众多的研究表明，在正常环境条件下，陆地植物的类囊体主要由基质类囊体和基粒类囊体组成，其中垛叠的基粒类囊体大约占总类囊体的 80%，而没有发生垛叠的贯穿在两个或两个以上基粒之间的类囊体则为基质类囊体。PSII 则主要分布在基粒类囊体上，光系统 I 和 ATP 合酶分布在基质类囊体中（Rochaix，2011）。为了了解低磷胁迫对叶绿体超微结构的影响，我们对不同磷浓度处理下的羊草叶片进行了超微结构观察。如图 5-38 所示，正常条件下羊草类囊体膜发育良好，而在低磷胁迫处理下则发生了一定程度的扭曲。25μmol/L 磷浓度处理下（图 5-38b），

羊草叶片的叶绿体基粒类囊体的数量以及基粒类囊体的垛叠层数大约分别减少了 30%和 47%。而在 2.5μmol/L 磷浓度处理下（图 5-38c），基粒类囊体和基质类囊体已经很难分辨，导致基粒类囊体的数量和基粒类囊体上垛叠的层数也很难统计。此外，我们还可以观察到大颗粒淀粉的累积（Li et al.，2016）。

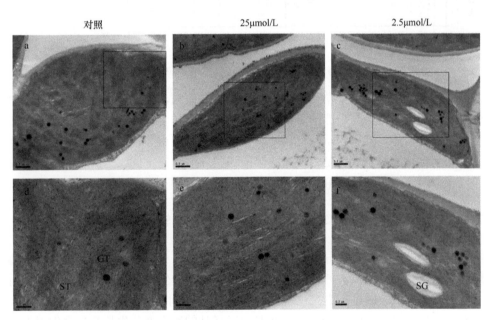

图 5-38 幼苗在对照及低磷胁迫下的叶绿体的超微结构分析

第二排图分别为第一排图中的黑框放大图。ST，基质类囊体；GT，基粒类囊体；SG，淀粉粒

6. 低磷处理下活性氧清除酶活性的测定

不只光系统 II 会受到光氧化损伤，类囊体膜脂同样也可能会受到活性氧的危害（Møller et al.，2007）。丙二醛（MDA）作为细胞膜脂过氧化的产物之一，其含量高低可以反映膜脂过氧化的程度。

为此，我们检测不同磷浓度处理下叶片的丙二醛含量，以了解低磷胁迫下的

膜脂过氧化程度。如图 5-39a 所示，在 25μmol/L 和 2.5μmol/L 磷浓度处理下，MDA分别是对照的 1.13 倍和 1.25 倍。

为了进一步了解羊草在低磷胁迫下的光保护机制，我们测定了活性氧清除酶超氧化物歧化酶（SOD）和过氧化物酶（POD）的含量。从图 5-39b、c 可以看出，随着磷浓度的降低，SOD 和 POD 的活性逐渐增强，均高于对照。这表明在低磷处理下羊草可能通过增强活性氧清除酶的活性来保护包括 PSII 在内的光合器系统（Li et al.，2016）。

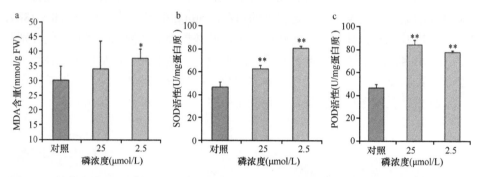

图 5-39　幼苗在对照及低磷胁迫下 MDA 含量及活性氧清除酶活性的测定（Li et al.，2016）

上述对低磷胁迫下羊草光合生理生化特性的研究，在很大程度上揭示了该胁迫对羊草光合器结构与功能的影响，确定了光系统 II 是对低磷胁迫最为敏感的光合膜蛋白复合体，其累积量与低磷胁迫程度呈明显的相关关系。进一步研究复合体及亚基含量的减少究竟是合成速率降低还是降解加速，抑或是两者的总和造成的，将有助于阐明磷素对 PSII 功能调控的分子机理。

二、缺磷与低磷胁迫下羊草光合生理生化特性的比较分析

低磷和缺磷处理是诱导植物磷饥饿的两种方式，为了理解羊草植物对缺磷胁迫的响应，我们对缺磷和低磷胁迫处理的羊草幼苗的生长进行了比较研究。采用液体培养的方法，通过收集三种磷素供给条件下[分别为对照（250μmol/L）、低磷（2.5μmol/L）和缺磷（0μmol/L）]的植株，对样品的地上部分生长及光合生理生化特性进行了比较分析。

1. 不同磷饥饿胁迫对羊草生长的影响

将生长一个月的羊草幼苗置于三种不同磷浓度的营养液中培养，比较处理 4周后地上部分的生长状况。从图 5-40a 可以看出，与对照及低磷胁迫处理的材料相比，缺磷胁迫处理下的幼苗生长受到的抑制程度最大。从图 5-40b 的数据看，4周缺磷胁迫处理后的植物地上部分生物量比对照和低磷胁迫处理分别降低了

图 5-40　羊草在不同磷浓度下的生长以及干重（Li et al.，2019）

55.3%和 15.8%（Li et al.，2019）。这一结果与前人在不同物种中的发现一致（Veneklaas et al.，2012；Rouached et al.，2011；Mimura et al.，1996）。

2. 不同磷饥饿胁迫下羊草植株 Pi 含量

为了确定羊草幼苗在两种胁迫处理下磷缺乏的程度，首先对叶片花青素和磷含量进行了测定。从图 5-41a 可以看出，处理 4 周后幼苗的花青素含量明显高于对照，根系和叶片中的磷含量则显著降低（图 5-41b），分别为对照的 10%和 15%。此外还发现，胁迫处理改变了磷素在幼苗中根冠的分配模式。低磷处理下，磷素在地上部分中的比重较大，而缺磷处理下，磷素在根系中的比重较大，表明缺磷胁迫下的羊草幼苗对缺磷的响应机制与低磷的不完全相同（Li et al.，2019）。

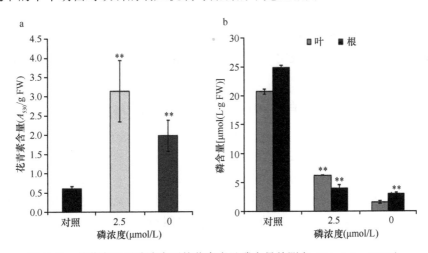

图 5-41　羊草在不同磷浓度下的花青素及磷含量的测定（Li et al.，2019）

3. 不同磷饥饿胁迫下 PSII 活性的变化

为了揭示植物对缺磷胁迫的响应机制，我们对低磷（2.5μmol/L）和缺磷（0μmol/L）两种磷饥饿胁迫处理下的幼苗光化学活性进行了比较。利用双通道脉冲振幅调制叶绿素荧光仪 Dual PAM-100 对羊草幼苗叶片进行原位光化学活性检测（表 5-14），结果发现，缺磷胁迫下，P700 的最大光氧化值没有显著差异，而 PSII 最大光量子产量（Fv/Fm）和 PSII 实际光量子产量[φ（II）]明显降低，相比对照分别降低了 15.1%和 29.3%。表明缺磷胁迫下 PSI 受到的影响不大，而 PSII 活性明显降低。此外，非光化学猝灭系数（NPQ）在缺磷胁迫下明显提高，是对照的 2.7 倍（Li et al.，2019），表明缺磷胁迫下通过能量耗散进行光保护的机制显著增强。

表 5-14　羊草幼苗在不同磷浓度下叶绿素荧光参数的比较

处理	Chl 浓度 （mg/g Fw）	Fv/Fm	Φ（II）	NPQ	P700
对照	3.30 ± 0.20	0.73 ± 0.02	0.58 ± 0.06	0.35 ± 0.11	1.10 ± 0.00
2.5μmol/L	3.08 ± 0.08	0.62 ± 0.02[**]	0.40 ± 0.05[**]	0.99 ± 0.17[**]	1.08 ± 0.00
0μmol/L	3.06 ± 0.27	0.62 ± 0.02[**]	0.41 ± 0.06[**]	0.93 ± 0.19[**]	1.09 ± 0.00

注：F_v/F_m 和 Φ（II）分别代表 PSII 理论上和实际上的最大光量子产量；NPQ 代表非光化学猝灭系数；P700 可以评估 PSI 的光化学活性。数据以平均值±标准误的形式展示

为了进一步理解不同磷饥饿胁迫对羊草幼苗光合器影响的不同，我们又对叶片光合膜复合体进行了第二向凝胶电泳（2D-BN/SDS-PAGE）和蛋白质免疫印迹（Zhao et al.，2017；Yang et al.，2014；Peng et al.，2008）分析，结果如图 5-42 所示。缺磷胁迫下 BN-PAGE 电泳模式与之前低磷处理的实验结果（Li et al.，2016）高度一致，而缺磷胁迫下的凝胶电泳图谱上显示的条带强度多介于对照和低磷样品之间。进一步对 PSII 核心亚基（D1、CP43）进行免疫印迹检测的结果也是如此（Li et al.，2019）。由此表明缺磷胁迫处理下的光合膜复合体的结构，比低磷胁迫处理的略为稳定。

4. 不同磷饥饿胁迫下羊草 MDA 含量及活性氧清除酶活性的变化

为了确定不同磷饥饿胁迫对光合膜脂的影响程度，我们对丙二醛（MDA）的含量进行了比较分析（图 5-43a）。缺磷胁迫下 MDA 水平显著上升，比对照增加了 29.3%，但比低磷胁迫的略有下调（图 5-43a）。由此表明，在缺磷胁迫下膜脂过氧化程度没有低磷胁迫下的严重。进一步对不同活性氧清除酶（SOD、POD）活性进行检测，结果发现缺磷胁迫下酶活性比对照和低磷都高（图 5-43b）（Li et al.，2019）。

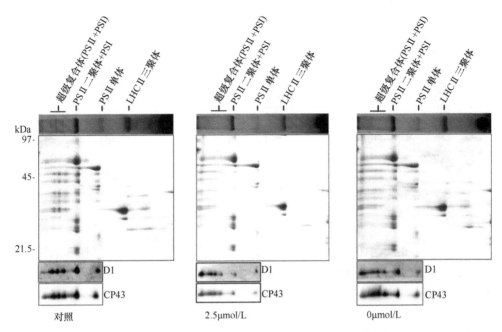

图 5-42　羊草在不同磷浓度下光合膜复合体的 2D-BN/SDS-PAGE 分析（Li et al., 2019）

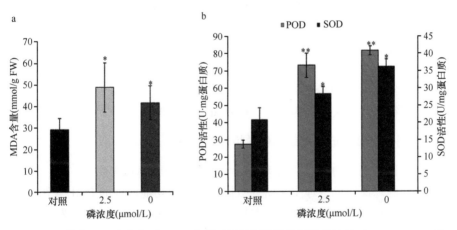

图 5-43　羊草在不同磷浓度下 MDA 含量及活性氧清除酶活性的比较（Li et al., 2019）

5. 不同磷饥饿胁迫下 ATP 合酶活性的变化

为了进一步探究缺磷胁迫下光合膜受损更小，而幼苗地上组织的生长以及生物量明显低于低磷胁迫处理（图 5-44）的原因，我们对不同磷浓度处理下的羊草叶片 ATP 合酶的活性进行了测定（图 5-44a）。ATP 合酶活性（gH^+）可以通过 ECS 衰变动力学曲线斜率进行估算（Duan et al., 2016；Cruz et al., 2001）。结果显示，ATP 合酶活性在缺磷胁迫下显著降低，比对照和低磷处理分别降低了 71.4% 和

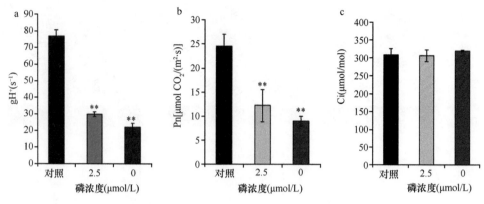

图 5-44　羊草在不同磷浓度下 ATP 合酶活性及净光合速率和 Ci 的测定（Li et al.，2019）

10.4%（Li et al.，2019）。缺磷处理叶片磷含量比低磷处理的要低（图 5-41），这可能是造成 ATP 合酶活性降低更多的原因之一。之前有研究者推测，叶绿体中 ATP 合酶的活性可能会受无机磷浓度的微调（Takizawa et al.，2007；Avenson et al.，2005）。

　　缺磷胁迫下 ATP 合酶活性的降低，有可能是导致光合作用效率降低的主要原因。为了验证这个猜想，我们利用气体交换系统（Li-6400；Li-COR，USA）对不同磷浓度处理下的羊草叶片相关参数进行了测定分析。结果发现（图 5-44b），缺磷胁迫下的净光合速率（Pn）明显降低，是对照的 36.7%，也比低磷胁迫处理低 12.3%；而胞间 CO_2 浓度（图 5-44c）在不同磷浓度处理之间没有明显差异。因此，我们认为叶绿体内 ATP 合酶活性的降低，可能是缺磷胁迫下光合效率降低更多、植物长势变得更弱的关键原因之一（Li et al.，2019）。

6. 不同磷饥饿胁迫对羊草光化学特性的影响

（1）不同磷饥饿胁迫对 PSII 和 PSI 实际光量子效率的影响

　　由单细胞绿藻中的生理生化研究数据表明，有功能活性的 PSII 组分的减少，可能是缺磷导致光合作用下调的主要原因（Wykoff et al.，1998）。为了了解不同磷饥饿胁迫处理下羊草叶片实际光化学活性的变化规律，我们利用 Dual-PAM 100 叶绿素荧光测定系统（Walz，Germany）测定了对照及两种磷饥饿胁迫处理 4 周的材料的光响应曲线。图 5-45 为三组材料 PSII 和 PSI 实际光量子产量 φ（II）和 φ(I)随光强变化的情况。可以看出，缺磷胁迫对 φ(II)影响最大，在 326μmol/(m²·s) 光强处仅为对照（250μmol/L）的 54.9%，而低磷胁迫（2.5μmol/L）下的 φ（II）为对照的 80.4%，其降低幅度约为缺磷降低幅度的 1/3（图 5-45a）。由图 5-45b 可以看出，两种磷饥饿胁迫引起的 φ（I）变化趋势及大小一致，在 326μmol/(m²·s) 光强处约为对照的 73.4%。因此，同期缺磷比低磷导致的 PSII 功能受损更严重

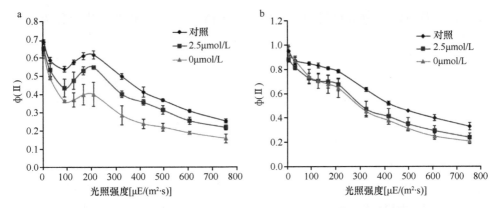

图 5-45　羊草在不同磷浓度下叶片 φ（II）和 φ（I）的比较（李玲玉等，2019）

（图 5-45）。据此，我们认为在贫瘠/退化草原或人工草地培育系统中适时适量添加磷素，可能对减轻 PSII 损伤、维持羊草植物光合生产力并增加草业产量十分有效（李玲玉等，2019）。

（2）不同磷饥饿胁迫对光合电子传递速率的影响

图 5-46 为对照及不同磷饥饿胁迫处理下光合电子传递速率 ETR（II）和 ETR（I）光响应曲线的比较。从图 5-46a 看，光强超过 200μmol/（m²·s）后三种处理之间的差异明显增加，与对照相比，低磷（2.5μmol/L）和缺磷（0μmol/L）胁迫下的 ETR（II）分别降低的最大值为 20%和 45.7%[607μmol/（m²·s）]。图 5-46b 的数据显示，两种磷饥饿胁迫对 ETR（I）的影响也很大，与对照相比，低磷和缺磷胁迫下的 ETR（I）最大降低 20.4%和 38.1%[607μmol/（m²·s）]。这些结果表明，缺磷导致 PSII 电子传递受阻比低磷严重得多（李玲玉等，2019）。

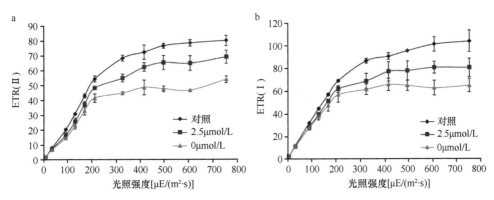

图 5-46　羊草在不同磷浓度下叶片 ETR（II）和 ETR（I）的比较（李玲玉等，2019）

（3）不同磷饥饿胁迫处理对环式电子传递及非光化学猝灭特性的影响

为了进一步探究不同磷饥饿胁迫处理下羊草光合作用的光保护机制，我们比较了正常及磷饥饿胁迫材料的环式电子传递[Y（CEF）]和非光化学猝灭系数（NPQ）的光响应曲线（图 5-47）。从图 5-47a 可以看出，两种磷饥饿处理均刺激 Y（CEF）增强，且缺磷胁迫下的 Y（CEF）最大。此外还发现，Y（CEF）在低于 90μmol/(m²·s)光强范围内随光照强度增加急剧上升到最大，缺磷（0μmol/L）和低磷（2.5μmol/L）处理的 Y（CEF）分别是对照（250μmol/L）的 1.77 倍和 1.46 倍，表明羊草植物的这一光保护机制 Y（CEF）在很弱的光强下就已启动发挥作用。图 5-47b 比较了三组样品非光化学猝灭系数（NPQ）的光响应曲线。可以看出，缺磷胁迫植株的 NPQ 远高于同期的低磷胁迫处理，在光强 497μmol/(m²·s)处与对照的差异最大，分别是对照的 3.48 倍和 2.42 倍（李玲玉等，2019）。这些结果表明，加强 NPQ 机制是羊草植物应对磷饥饿胁迫重要的光保护策略之一。

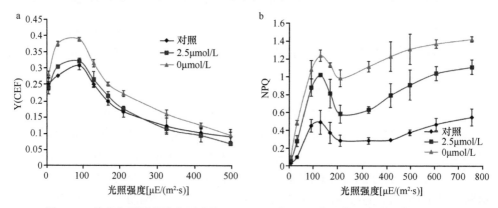

图 5-47　羊草在不同磷浓度下叶片 Y（CEF）和 NPQ 的比较（李玲玉等，2019）

　　有观点认为围绕 PSI 的环式电子传递具有根据不同的生理需要或环境胁迫信号提高叶绿体中 ATP/NADPH 值的功能，还可以在叶绿体过度还原的情况下保护两个光系统（PSI 和 PSII）免受伤害（Yamori and Shikanai，2016；Takahashi and Badger，2011；Miyake，2010；Shikanai，2007），我们的研究结果也可能暗示增强围绕 PSI 的环式电子传递（CEF-PSI）是羊草植物应对缺磷胁迫的有效功能模块之一。由于 NPQ 的诱导需要 CEF-PSI 产生的跨类囊体膜的 pH 梯度，我们的结果显示缺磷胁迫下 NPQ 更高（图 5-47），这与前人实验发现 CEF-PSI 与 NPQ 呈正相关的结果类似（Huang et al.，2011；Miyake et al.，2005；Heber and Walker，1992）。因此，我们认为强化围绕 PSI 的环式电子传递、提高 NPQ，可能是羊草植物有效应对缺磷胁迫，通过热耗散减轻对光合器的损伤并维持其光合功能的重要生理基础。

三、缺磷加高温复合胁迫对羊草光化学活性的影响

　　全球气候变暖问题日益严重，全球多数土壤也面临磷素缺乏的问题（Raghothama

and Karthikeyan，2005；Han et al.，2005；Schachtman et al.，1998)，所以未来陆地植物很可能将同时遭受 Pi 缺乏和高温胁迫，因此了解复合胁迫对经济、生态植物的影响则显得十分必要。尽管人们认为全球变暖对陆地生态系统的结构和功能有影响（Bai et al.，2010；Piao et al.，2008；Ciais et al.，2005)，但是关于磷缺乏和高温复合胁迫对饲草作物的影响的报道很有限。因此，我们以羊草幼苗为材料，开展了缺磷加高温的复合胁迫实验，并对地上部分的表型和光合作用的光化学活性进行了分析研究。

1. 缺磷加高温复合胁迫下羊草幼苗的表型变化

为研究羊草对单一缺磷、单一高温及缺磷加高温复合胁迫的响应状况，本实验将培养于完全营养液 4 周的幼苗分成 4 组，第一组为对照；第二组进行 48h 的高温胁迫（HS)；第三组进行 20d 的缺磷胁迫（–Pi)；第四组先缺磷胁迫处理 20d，随后进行 48h 的高温胁迫（–Pi+HS)。在 22d 后同时观察羊草 4 组幼苗的生长状况。

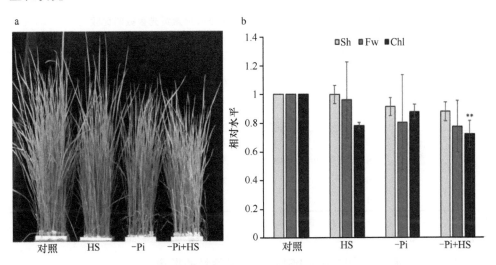

图 5-48　羊草幼苗在单一及复合胁迫下的表型比较（Li et al.，2018)
Sh 表示株高，Fw 表示鲜重，Chl 表示叶绿素含量

图 5-48 比较了羊草幼苗在不同胁迫下的生长表型。可以看出与对照相比，复合胁迫处理下的幼苗有着很明显的差异，不仅地上部分明显减少，叶色也明显发黄（图 5-48a)。从统计数据来看，复合胁迫下幼苗的株高和鲜重分别比对照低 12.3%和 21.4%；叶绿素含量比对照降低了 27.9%（图 5-48b)。而在单一胁迫缺磷和高温胁迫下（图 5-48a)，没有发现明显的黄化，叶绿素含量只在复合胁迫中显著降低，表明复合胁迫下羊草幼苗的响应不同于单一的缺磷或高温胁迫下的响应（Li et al.，2018)。复合胁迫加速羊草叶片黄化的结果与低磷胁迫下大麦的表型类

似（Pacak et al.，2016），推测是由叶片衰老引起的。由于叶片衰老是一个非常复杂的过程，涉及多水平及多种相关基因的调控（Lim et al.，2007；Guo and Gan，2006），我们观察到的复合胁迫处理下羊草叶绿素含量的降低，是否属于叶片早衰有待更多的分子水平实验去证实。

2. 缺磷加高温复合胁迫对羊草光合活性的影响

利用双通道叶绿素荧光仪 Dual-PAM-100 检测复合胁迫对羊草幼苗稳态光化学活性的影响，发现缺磷及高温复合胁迫 24h 后，PSI 和 PSII 的实际光量子产量 Y（I）和 Y（II）均显著降低，相比对照分别降低了 20.9%和 17%；复合胁迫时间增至 48h 后降低更为明显，Y（I）和 Y（II）分别降低 34.9%和 28.1%，表明这种影响并不是单一胁迫的简单叠加（Li et al.，2018），而是通过尚不清楚的磷胁迫与高温胁迫在植物体内交叉的信号通路实现的（Baek et al.，2017）。此外也发现，复合胁迫下幼苗非光化学猝灭系数（NPQ）增至对照的 1.67 倍，表明 PSII 的能量耗散在复合胁迫下被激发（表 5-15）。

表 5-15 羊草幼苗在单一和复合胁迫下叶绿素荧光参数的比较

高温胁迫（h）	处理	Fv/Fm	Y（I）	Y（II）	NPQ
24	对照	0.76±0.01a	0.75±0.00a	0.57±0.02a	0.35±0.08c
	HS	0.76±0.01ab	0.68±0.02c	0.55±0.03a	0.27±0.04d
	–Pi	0.77±0.01a	0.72±0.01b	0.51±0.00b	0.77±0.01a
	–Pi+HS	0.76±0.01b	0.59±0.01d	0.47±0.01c	0.48±0.01b
48	对照	0.78±0.01a	0.75±0.05a	0.54±0.02a	0.51±0.05b
	HS	0.74±0.01b	0.59±0.06c	0.49±0.05b	0.36±0.09c
	–Pi	0.77±0.01a	0.70±0.02b	0.49±0.02b	0.79±0.01a
	–Pi+HS	0.71±0.01c	0.49±0.04d	0.39±0.02c	0.85±0.02a

注：Fv/Fm 和 Y（II）分别代表 PSII 理论上和实际上的最大光量子产量；Y（I）和 NPQ 分别代表 PSI 实际光量子产量和非光化学猝灭系数。试验重复 3 次，获得重复性结果。数据用平均值±标准误（*n*=9）表示

3. 缺磷加高温复合胁迫对 PSI 的光化学活性的影响

为了进一步探究复合胁迫处理下光反应状态的变化，我们比较了羊草幼苗在对照及不同胁迫下光化学参数的光响应曲线。图 5-49 所示为对照、高温 48h（HS）、缺磷（–Pi）和缺磷加高温复合胁迫（–Pi+HS）下的光系统 I 的实际光量子产量[Y（I）]及围绕光系统 I 的相对电子传递速率[ETR（I）]的光响应曲线。从图 5-49a 可以看出，随着光强的增加，不同处理下的 Y（I）都呈现下降的趋势；相反，从图 5-49b 可以看出 ETR（I）随着光强增加而增加。而不同处理之间的差异随着光强的增加也在不断变化，对照在光强 326μmol/(m²·s)处的 Y（I）约为复合胁迫的 1.6 倍（图 5-49a），之后随着光强的增加，差异逐渐减少。ETR（I）的响应与 Y

（I）类似，在光强为 326μmol/(m²·s)时，相比对照，复合胁迫下的 ETR（I）降低了 35.3%（图 5-49b）。

为了进一步了解复合胁迫对 PSI 的抑制作用，我们对不同胁迫处理下 P700 中氧化态的比例[Y（ND）]以及 P700 中不能被氧化的比例[Y（NA）]的光响应曲线（图 5-49c、d）进行了比较。Y（ND）可以表示因供体侧限制而引起 PSI 处非光化学能量耗散的量子产量，可作为光保护的指标；Y（NA）可表示因受体侧限制而引起的 PSI 处非光化学能量耗散的量子产量，是 PSI 处受损风险的指标。图 5-49c 数据显示，不论是在单一胁迫下还是在复合胁迫处理下，Y（ND）始终高于对照下的值，表明在胁迫处理下供体侧限制引起的能量耗散增加。而相比在整个光强范围都基本稳定的对照 Y（NA），在差异最显著的光强 755μmol/(m²·s)处，单一缺磷胁迫下降低了 40%，单一高温胁迫下增加了 35%，而缺磷加高温的复合胁迫随光强增加而增加（图 5-49d），表明复合胁迫下 PSI 受体侧的限制也加大了（Li et al.，2018）。

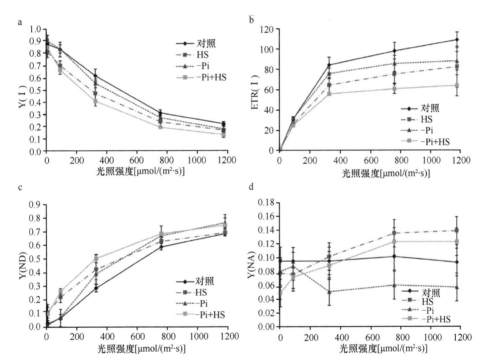

图 5-49　羊草幼苗在对照、高温（HS）、缺磷（–Pi）和缺磷加高温复合胁迫（–Pi+HS）下的
PSI 光化学活性比较（Li et al.，2018）

4. 缺磷加高温复合胁迫对 PSII 的光化学活性的影响

图 5-50 比较了羊草幼苗在单一或复合胁迫处理下 PSII 的实际量子效率[Y（II）]

和围绕 PSII 的相对电子传递速率[ETR（II）]的光响应曲线。

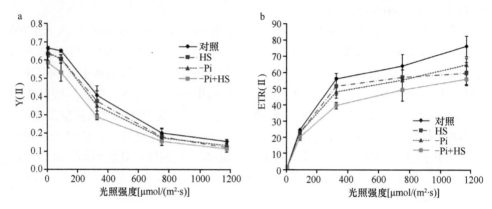

图 5-50　羊草幼苗在对照、高温（HS）、缺磷（–Pi）和缺磷加高温复合胁迫（–Pi+HS）下的
PSII 光化学活性比较（Li et al.，2018）

　　在不同胁迫处理下，Y（II）都随着光强的增加而减弱，而 ETR（II）则随着光强的增加而增强（图 5-50a、b）。在差异最大的光强 326μmol/(m²·s)处，缺磷加高温复合胁迫下，Y（II）和 ETR（II）分别比对照降低了 30%和 30.9%（Li et al.，2018）。这些结果与稳态下的叶绿素荧光数据（表 5-15）一致，表明复合胁迫下 PSI 功能的受损程度比 PSII 大（图 5-49，图 5-50）。

5. 缺磷加高温复合胁迫对羊草热耗散参数的影响

　　为了理解复合胁迫下 PSII 的保护机制,本研究比较了不同胁迫处理下羊草幼苗非调节性能量耗散[Y（NO）]和调节性能量耗散[Y（NPQ）]的光响应曲线（图 5-51）。Y（NO）是指 PSII 处于非调节性能量耗散的量子产量，如果 Y（NO）

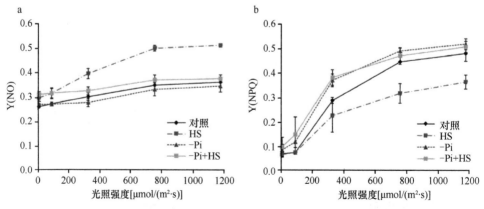

图 5-51　羊草幼苗在对照、高温（HS）、缺磷（–Pi）和缺磷加高温复合胁迫（–Pi+HS）下的 Y
（NO）和 Y（NPQ）的比较（Li et al.，2018）

值比较高，则表明光化学能量转换及保护性的调节机制（如热耗散）不能将植物所吸收的光能完全消耗掉，那么此时植物可能已经受到损伤或将要受到损伤。Y（NPQ）可表示 PSII 处于调节性能量耗散的量子产量，是光保护的重要指标，如果 Y（NPQ）值比较高，表明植物此时接收的光能过剩，同时植物可以通过调节（将过剩的光能耗散为热能）起到保护的作用。

从图 5-51a、b 中可以看出，复合胁迫下 Y（NO）和 Y（NPQ）值均比对照高，说明羊草幼苗在缺磷加高温复合胁迫下光损伤增加，通过热耗散形式的光保护能力也增强（Li et al.，2018）。

综合以上稳态叶绿素荧光和光响应曲线数据，我们发现在缺磷加高温复合胁迫下幼苗叶片 PSI 的受损程度都大于 PSII。与对照相比，复合胁迫下的 Y（I）和 Y（II）分别下降了 35.3% 和 30.9%（图 5-50，图 5-51）；PSI 不论是供体侧的 Y（ND）还是受体侧的 Y（NA），在复合胁迫下都显著增加。尽管有观点认为 PSII 在胁迫环境下最先被破坏（Ivanov et al.，2017；Alperovitch-Lavy et al.，2011；Mazor，2013；Wykoff et al.，1998），但我们的结果表明缺磷加高温的复合胁迫对 PSI 的影响也很大。这些新的发现，对进一步揭示植物体内磷饥饿和高温胁迫下的信号传导途径之间的联系有重要意义。

四、刈割胁迫对羊草生理活性的影响

过度放牧可能是草原植物矮小化的原因之一。为了探讨这种影响的可能性，我们通过尝试不同苗龄及不同留茬高度等，完成了一系列的刈割处理试验，确定了对 20d 苗龄的羊草幼苗进行留茬 2cm 间隔 7d 的刈割处理条件。进一步采用 Imaging-PAM 叶绿素荧光检测方法表征了羊草对刈割处理的响应，发现刈割（CK-yg）处理引起叶片 PSII 实际光量子产量[Y（II）]及相对电子传递速率（ETR）显著升高、调节性能量耗散[Y（NPQ）]增加，而对非调节性能量耗散[Y（NO）]没有显著影响（图 5-52）。

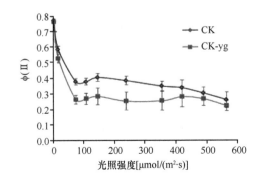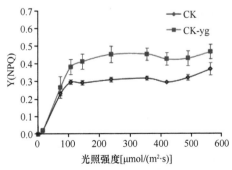

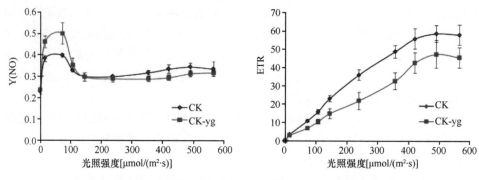

图 5-52　刈割处理（三次）对羊草光化学活性的影响

另外，利用上述方法我们还比较分析了该植物对缺磷加刈割复合胁迫的响应，发现在该复合胁迫下 PSII 实际光量子产量[Y（II）]比单一刈割处理下降更多（图 5-53），植株矮小化可能更加明显。

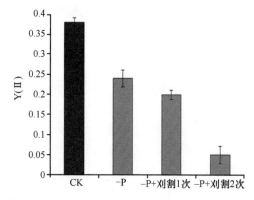

图 5-53　缺磷加刈割复合胁迫对羊草植物 PSII 实际量子产率的影响

第七节　放牧胁迫下植物在生长和防御中的权衡机制

植物在遇到逆境胁迫时，一方面可以通过提高抗氧化酶活性和渗透调节物质含量来提高抗逆性，另一方面也会通过调节一些化学物质作为化学防御。植物的次生代谢产物被认为在化学防御中起主导作用。当面对牲畜的啃食和践踏，植物会在体内产生大量的萜类、酚类、含氮化合物等次生代谢产物，对牲畜啃食起到明显的抵抗作用（刘盟盟等，2015）。不同放牧强度下牲畜啃食作用导致资源可利用性差异，植物的次生代谢防御也随之改变。当牲畜的啃食强度要大于植物本身的生长竞争强度时，植物所吸收的资源更多地分配给以次生代谢为主的防御机制，因此，在初生代谢的生长发育及次生代谢的防御之间，植物根据自身需求会将有限的资源进行调整和再分配，从而形成权衡或协同关系（Herms and Mattson，1992）。植物激素是植物体内合成的对其生长发育等过程产生显著作用的微量有机物，可通过调控植物的初生代谢产物（如可溶性蛋白、可溶性糖）和次生代谢产物（如单宁、黄酮、生物碱）的合成从而影响植物生长发育来适应特定的环境。在放牧处理下，植物受到啃食后资源可利用性改变，且随着放牧强度增加逐渐受限，植物如何进行资源的重新调配，并且在生长和防御之间保持一定的平衡仍未可知。因此，通过探究不同放牧强度下优势种植物不同部位的初生代谢产物和次生代谢产物的含量及植物激素含量，分析初生代谢产物与次生代谢产物的主要贮存和作用部位，并探明次生代谢产物累积对不同放牧强度的响应，同时探讨植物激素对初生代谢和次生代谢权衡关系的综合调控作用。

一、不同放牧强度对优势种植物生长的影响

1. 优势种植物气体交换特征

在本研究中，我们测定不同放牧强度下（对照不放牧、轻度放牧、中度放牧、重度放牧和极重度放牧），优势种植物羊草初生代谢产物和次生代谢产物与激素信号传导及其对植物生长防御的影响。不同放牧强度下羊草的光合特性有显著的差异（表 2-11，图 2-60）。在对照和轻度放牧样地，羊草具有较高的净光合速率和水分利用效率。适当的啃食也增加了净光合速率，主要是由于光补偿点增高，叶面积指数增大，有利于捕获更多的光能。在中度放牧样地，羊草具有较低的蒸腾速率，而其他样地之间没有显著的差异。与瞬时气体交换的变化情况一致，在对照样地和轻度放牧样地，羊草具有较高的最大净光合速率、光饱和点和表观量子效率。相反，在中度放牧样地，羊草的最大净光合速率和光饱和点显著下降，而光补偿点和呼吸速率比较高。在极重度放牧样地，羊草的最大净光合速率、表观量子效率（AQE）和光饱和点（LSP）都较高，而光补偿点较低，且具有较低的暗呼吸速率（Rd），导致羊草在极重牧样地出现了光合补偿，尽管极重牧样地生物量显著减少，但光合补偿能够在一定程度上维持羊草的生存（Liu et al.，2019）。

2. 能量贮存物质变化

可溶性糖含量在轻度放牧样地有轻微的下降。随着放牧强度的进一步增加，可溶性糖含量有显著的增高趋势，尤其是在重度和极重度放牧样地升高更为明显（图 2-68a）。羊草叶片和茎部可溶性糖的含量高于根部含量。随着放牧压力的进一步加强，可溶性糖含量开始从叶片往茎部和根部转移，这一现象在中度、重度和极重度放牧样地尤为明显（Liu et al.，2019）。羊草把能量主要储存在根部，当放牧强度减轻的时候有利于保护植物再生。此外根系可溶性糖含量的增

加也促进根系吸水,保证植物的生长(Tian et al.,2008)。与可溶性糖的变化情况不同,叶片中可溶性蛋白的含量呈现显著下降的趋势(图 2-68b)。在轻度放牧样地,茎部和根系中的可溶性蛋白含量有轻微的上升趋势,但是在极重度放牧样地又显著下降(Liu et al.,2019)。

二、不同放牧强度对优势种植物防御的影响

1. 优势种植物营养元素含量

生态系统内部 C、N 循环是在植物、土壤间相互运转的,C、N 含量的变化也反映植物对环境变化的适应能力。放牧对草地生态系统中化学元素组成的影响是由于草食动物将化学元素固持、转移和空间上的再分配,以及化学元素的循环过程,从而影响植被的生长(高英志等,2004)。羊草叶片 C 含量在不同放牧梯度下没有显著的变化,而根系中的 C 含量在对照样地较低,开始放牧后明显升高(图 2-62a)。这是由于 C 元素作为结构性物质,支持着植物根系吸水,这也与根系可溶性碳的累积结果相一致。植物根系中氮含量的变化趋势与碳类似,都是在放牧后有所升高(图 2-62b)。与其他放牧样地相比,在中度放牧样地叶片中氮含量显著降低,N 元素主要用于光合机构的构建,较低的 N 含量也限制了光合能力(翟占伟等,2017)(图 2-62b)。放牧使得碳从叶部转移到茎部和根部,增加根系生长。因此放牧改变了碳氮平衡机制,影响了初生和次生代谢产物的平衡(Liu et al.,2019)。

2. 次生代谢产物的含量变化与产生部位

羊草次生代谢产物包括单宁、总类黄酮和总酚,在叶片中的含量显著高于其在根、茎中的含量(图 2-73)。三种次生代谢产物在不同放牧强度下的变化趋势基本一致,随着放牧强度的增加,呈现出一种先上升后下降的趋势。尤其是在中度放牧样地,叶片和茎部中的单宁、总类黄酮和总酚的含量最高(Liu et al.,2019)。在重度放牧样地,羊草较低的光合能力,高含量的次生代谢产物,同时具有高碳和低氮,根据营养平衡假说,植物投资更多以碳为基础的次生代谢产物,以增加对放牧的抗性。

三、不同放牧强度下植物激素对生长-防御的调控

当植物受到啃食胁迫后,植物会采取一定的防御策略以保证生存。但植物产生单宁、总黄酮和总酚时通常会消耗大量能量,导致生长所需能量减少而抑制其生长(Liu et al.,2019)。随着放牧强度增加,植物资源逐渐受限,生存压力增大,

植物需要权衡生长和防御的能量分配，从而保证其生存和繁殖（Huot et al., 2014）。从对照到重度放牧，羊草叶片中的脱落酸（abscisic acid，ABA）含量呈现较为明显的升高趋势，但是在极重度放牧样地，羊草叶片中的脱落酸含量开始降低（图 2-66a）。叶片中的脱落酸含量比根系中的含量明显要高。这是由于 ABA 是在细胞质的基质中合成的，且大量累积在植物叶绿体中，尤其是遇到水分胁迫时，根系中产生的 ABA 也会被转运到叶片中进行调节（潘瑞炽，2012）。叶片中累积的 ABA 也有利于羊草调节气孔的开放程度，减少水分散失，一方面可促进细胞内钾离子和氯离子外流及气孔关闭，另一方面会阻断钾离子内流以抑制质子泵作用，限制气孔张开（Shao et al., 2019）。除调控气孔外，ABA 还可以调控植物在逆境胁迫下的基因表达，可诱导植物的渗透调节物质的合成酶、抗氧化酶等合成与基因表达，从而直接参与植物的胁迫反应，保护细胞免受胁迫伤害。同时 ABA 也可以刺激调节类蛋白的表达与合成，进一步利用信号传导调节其他分子的活性（吴耀荣和谢旗，2006）。水杨酸（salicylic acid，SA）与 ABA 的变化趋势类似，但其最高值出现在中度放牧样地（图 2-66c）。SA 在植物的抗胁迫反应中起到重要作用，尤其是针对病原体入侵可提高植物抗性（Ali et al., 2017）。而茉莉酸和生长素在根系和叶片中的差异性不明显。在轻度和极重度放牧样地，叶片中茉莉酸的含量较高，而轻度放牧样地根系中的茉莉酸含量最低（图 2-66b）。叶片生长素含量随着放牧强度的增加呈现缓慢下降趋势，但是根系中生长素含量在重度放牧样地最高（图 2-66d），这表明羊草将更多资源转移到地下促进生长，是植物的避牧性策略。因此植物的激素调节部位主要在叶部。同时 IAA 增加调节了植物的矮小化（Liu et al., 2019）。

　　在 5 个放牧梯度中，叶片可溶性糖含量和脱落酸含量之间的关系变化不明显（图 5-54a，$r^2=0.32$）。但去除极重度放牧样地的羊草之后，从对照处理到重度放牧样地，二者之间的相关性比较明显，茉莉酸含量与叶片可溶性糖含量有显著的负相关作用（图 5-54b，$r^2=0.96$）。

　　对各指标之间的相关性研究，可以看出脱落酸对植物高度、生物量、净光合速率和可溶性蛋白有负相关作用，对可溶性糖有积极的调控作用（表 5-16）。生长素的调控作用与脱落酸刚好相反。茉莉酸对可溶性糖有负反馈调节，而促进了比叶面积、净光合速率和水分利用效率的增加。次生代谢产物和激素之间的关系并不明显。茉莉酸与单宁之间有负相关关系，而水杨酸对总类黄酮含量有正反馈调节（Liu et al., 2019）。

　　通过对各指标进行主成分分析发现，第一主成分与水分利用效率、茉莉酸、生长素、可溶性蛋白和净光合速率呈正相关，而脱落酸和可溶性糖与第一主成分呈负相关关系（图 2-75）。第二主成分与水杨酸、类黄酮、总酚、单宁呈正相关，而与氮含量、蒸腾速率呈负相关。第一主成分解释了 58% 的变化率，而第二主

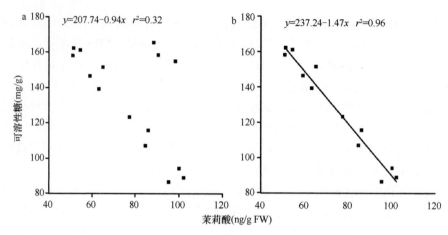

图 5-54   不同放牧样地下叶片可溶性糖含量与茉莉酸含量之间的相关性（Liu et al.，2019）

表 5-16   植物激素对初生代谢产物和次生代谢产物的调控作用（Liu et al.，2019）

	脱落酸 ABA	茉莉酸 JA	生长素 IAA	水杨酸 SA
植物高度	−0.652**	0.287	0.887**	0.476
生物量	−0.583*	0.301	0.702**	0.181
净光合速率	−0.672**	0.533*	0.546*	−0.311
水分利用效率	−0.819**	0.694**	0.881**	−0.035
可溶性糖	0.718**	−0.613*	−0.823**	−0.199
可溶性蛋白	−0.530*	0.191	0.752**	0.228
单宁	0.300	−0.530*	−0.060	0.447
总类黄酮	0.005	−0.416	0.219	0.749**
总酚	0.069	−0.406	0.023	0.471
脱落酸	1	−0.806**	−0.756**	−0.028
茉莉酸	−0.806**	1	0.455	−0.124
生长素	−0.756**	0.455	1	0.211
水杨酸	−0.028	−0.124	0.211	1

成分解释了 21%的变化率。第一主成分表明对照和轻度放牧样地羊草具有较高的可溶性蛋白、茉莉酸、生长素含量与光合能力，第二主成分表明中度放牧条件下羊草具有更多的次生代谢产物。而在重度和极重度放牧样地，羊草具有更高的蒸腾速率（Liu et al.，2019）。

当遇到啃食攻击的时候，植物会采取多种策略来进行防御。然而，抵御特性通常是比较昂贵并且限制植物生长的。在本研究中，随着放牧强度的增加，资源会变得越来越有限，并且生存压力也会更大。因此，植物需要在生长和防御之间进行权衡以保证植物能在有限的资源情况下进行存活与再生长（Machado et al.，

2017)。植物激素是调控植物生长和防御的关键因子。本研究的主成分分析表明，在轻度放牧条件下叶片中含量较高的 IAA 和 JA 促使植物将更多资源用于生长，因此具有较高的光合能力、水分利用效率和可溶性蛋白含量，这表明羊草采取高生长速率的策略来弥补放牧干扰引起的生物量损失（Machado et al.，2016）。这可能是由于 IAA 和 JA 对 Rubisco 酶基因表达的调控作用，从而导致较高的光合能力和光合产物累积（Babu et al.，2017）。而在中度放牧条件下，羊草生长速率降低，更多资源用于防御以保证植物的存活。放牧引发的 SA 促进更多次生代谢物质的产生以便于防御，推测可能是因为 SA 的增加为生物碱的合成提供更多的前体物质和能量，从而提高了次生代谢途径相关合成酶活性（扈雪欢等，2017）。随着放牧强度的进一步增加，羊草存储更多能量于根系以便于存活。总之，放牧啃食限制了植物的再生长，引发了植物的防御措施。植物激素在生长和防御之间的权衡起到了调控作用，为植物在不利的环境中提供了不同的策略以便于存活。

总体来说，整个研究在思路设计上将宏观与微观研究思路相结合，将分子生物学的研究思路运用到宏观问题的研究中。另外，在研究策略中将野外研究和实验室模拟研究相结合，在野外研究平台和实验室研究平台同时开展研究，不但减少了样地自然条件差异对研究的影响，同时也解决了多种研究变量对实验结果的影响难以分析的难题，为后续开展相关研究提供了参考与借鉴。采用了较为先进的激素测定方法和基因表达水平分析策略，研究成果具有一定的新意。放牧引起的植物啃食会导致植物在生长和防御之间的资源冲突。

第八节　结论及展望

本章以内蒙古典型草原区不同放牧梯度与围封条件下羊草和大针茅等草原主要优势植物为研究对象，研究放牧利用下正常植株和矮小化植株之间的光合生理、生化、激素调控及水分、养分的生理生化响应机制，并探明放牧下植物在生长与防御之间的权衡关系。植物激素作为植物体内响应外界刺激和信号传导的化学信号分子，在植物的生命过程中发挥着重要的调控作用，其功能涉及从细胞的分裂、伸长、分化到植物的发芽、生根、开花、结实、性别的决定、休眠和脱落等过程。放牧条件下，生长素、赤霉素、细胞分裂素等植物激素的含量显著下调，导致羊草叶片和茎部生长缓慢；茉莉酸、脱落酸等植物激素的含量则上调，提高了植物抵御放牧胁迫的能力。植物可通过改变渗透调节物质在各器官中的储存、分配及抗氧化酶的活性，支持植物吸收与利用水分，抑制放牧导致的氧化胁迫损伤，进而对植物的营养物质贮存、代谢水平及牧后再生恢复产生重要影响。放牧刺激植物在叶片积累脯氨酸和可溶性蛋白以及在茎部积累可溶性糖，提高其渗透调节能力，支撑牧草牧后再生恢复。植物调节不同抗氧化酶活性，在放牧胁迫较轻时能够清除植物体内的自由基和活性氧,而放牧胁迫严重时抗氧化酶调节能力则受限。放牧改变植物光合生理特征,影响植物光合碳同化能力、生长及生物量累积。羊草和大针茅的光合特性对放牧响应敏感,其叶绿素荧光参数呈现多种多样的变化模式,增强了二者净光合速率及对强光的适应性,提高了光合能力。植物光合能力的改变进一步影响植物光合碳的分配模式,进而改变草地碳循环及碳储存。基于 ^{13}C 标记示踪技术定量化研究,放牧下草地植物采取避牧策略,将更多光合碳分配到地下根系,以利于来年植物营养生长。围封下草地固碳能力更大,植物呼吸和土壤呼吸途径的光合碳释放降低,利于生态系统中更多光合碳的截留。在放牧导致的低磷营养胁迫下,植物通过调节光合器官的功能与结构,激活抗氧化系统,提高植物对低磷胁迫的适应能力。缺磷胁迫导致羊草光系统受损,减弱能量分配调节能力,降低膜蛋白复合体含量及 ATP 合酶活性,改变类囊体结构和数量,进而限制了叶片的光合能力和生长。此外,放牧下植物可根据自身需求将有限的资源进行调整和再分配,植物激素在生长和防御之间的权衡中起到了调控作用。轻度放牧提高羊草生长素调节能力,提高光合能力,采取高生长速率的策略来弥补放牧干扰引起的生物量损失。中度放牧下,羊草生长速率降低,水杨酸激素调控更多资源用于防御以保证植物的存活。放牧胁迫更加严重时,羊草存储更多能量于根系中以便于存活,植物激素调节能力较弱。因此,本章内容阐明了不同放牧梯度下与植被生长密切相关的生理生化响应,探明了放牧对草原植物生长的生理作用机制和关键调控物质,对于揭示过度放牧下草原生产力退化机制和恢复提高途径具有重要意义。

第六章 草原植物矮小化的分子调控与表观遗传基础[*]

第一节 概 述

一、研究背景和思路

我国是一个草原大国，天然草原面积 3.928 亿 hm^2，占国土面积的 41.7%。自 20 世纪 80 年代以来，由于长期过度放牧利用，全国 90%以上的草原发生不同程度的退化，主要表现为植物矮小化（高度降低 50%～60%），并引发草原生产力大幅降低和草原生态系统功能劣变（尹剑慧和卢欣石，2009b）。破解草原植物矮小化形成和维持的分子机制，对恢复和提高草原生产力具有重要意义。

草原植物矮小化的定义是在长期过度放牧条件下，草原植物植株变矮、叶片变短变窄、节间缩短、枝叶硬挺、丛幅变小等性状的集合（王炜等，2000b）。目前，有关草原植物矮小化调控机制的研究相对较少。但以拟南芥、水稻等模式植物为材料，植物株高矮化发育过程及其分子调控机制研究一直是国际分子生物学的研究热点。

植株矮化是决定植物株型的重要性状，是孟德尔建立遗传规律时所用的性状之一。矮秆突变体是改善作物株型和培育抗倒、高产新品种的物质基础，也是研究植物矮化基因及其调控机制的重要材料。许多矮秆、半矮秆基因（如水稻的 *SD1*、小麦的 *Rht* 以及大麦的 *D8* 等）在农业生产中的有效利用，极大地提高了粮食产量，从而引发了农作物生产上的第一次绿色革命（Wang and Li，2008）。这些矮化突变体的获得为分子生物学及其相关学科的研究提供了良好的遗传材料，在植物生长发育、基因功能鉴定和生理生化分析以及遗传育种等研究中起着越来越重要的作用。

近年来，分子生物学家以拟南芥、水稻等为研究材料，通过 QTL 定位、图位克隆等方法，先后克隆了 *SD1*、*Rht*、*BRI1* 等重要基因，经过相应基因功能分析，证明了植株高度的变化主要受植物激素，如赤霉素（gibberellin，GA）、油菜素内酯（brassinosteroid，BR）和独脚金内酯（strigolactone，SL）的调控（陈晓亚和薛红卫，2012）。这些激素的合成或信号转导缺陷使突变体中植株的高度均受到显著影响。

---

* 本章作者：陈凡、任卫波、张芳、万东莉、胡宁宁

其中，赤霉素是一类广泛存在于植物中的二萜类化合物，在植物的整个生长发育过程中，如种子的萌发、茎的伸长、叶片的生长及花和种子的发育等方面，均发挥十分重要的作用。随着遗传学和分子生物学的发展，GA 信号通路中的关键元件相继得到克隆，目前对 GA 信号转导途径已有了较为深入的认识。大量研究表明，赤霉素的合成、代谢与信号途径的缺陷均可导致植物矮化发生（Zhu et al.，2006）。在赤霉素信号途径中，DELLA 蛋白作为关键负调控因子，抑制赤霉素下游诱导基因表达，并且可能通过与其他蛋白结合而抑制植物的生长（Achard and Genschik，2009）。

油菜素内酯是植物体内广泛存在的甾醇类激素，它主要在植物的根茎伸长、维管束分化、光形态建成、种子发芽、生殖发育和向性反应等生长发育过程中发挥重要作用，同时还能提高植物的抗逆反应。最初对 BR 的研究主要集中在拟南芥中，近十几年来随着功能基因组学的迅速发展，参与 BR 合成途径与信号转导的关键基因 DET2、DWF4、CPD、DX、BRI1、BIN2、BAK1 等相继被克隆出来，这些基因突变均可导致植株矮化（Kim and Wang，2010；Nakamura et al.，2006）。

近些年来，表观遗传学的发展为揭示植物矮化的分子调控机制提供了新方法和思路。对水稻矮化突变体 Epi-d1 研究，结果发现启动子区域的 DNA 甲基化引起 DWARF1 基因沉默，可导致水稻植株出现可遗传的矮化突变（Miura et al.，2009）。这表明，基于 DNA 甲基化、组蛋白修饰的表观遗传机制也是植物株高发育调控的重要分子调控机制。尽管植物矮化形成的分子调控机制已初步构建，但多数研究只是集中在拟南芥、水稻等少数模式植物上，有关草原植物矮化形成的分子调控机制的研究少见报道。

前期研究发现，与正常植株相比，大针茅矮小化植株中编码油菜素内酯合成的关键酶基因 DET2 和 BR 受体激酶 BRI1 基因表达下调。这些基因表达下降，可能会导致细胞变小、植物矮小化。已有研究证实了这一推测。矮小化植株表现出细胞伸长受阻、细胞变小。因此，油菜素内酯合成、代谢与信号途径可能是草原植物矮小化形成的分子调控途径之一。草原植物矮小化可能与赤霉素信号转导途径缺陷有关。研究发现，大针茅矮小化植株中赤霉素信号途径负调控因子 DELLA 蛋白基因表达上调。该基因过量表达，可能会导致 DELLA 过量累积，抑制或关闭 GA 信号转导，导致严重的植株矮小化，这一推论尚需要基因表达和蛋白质方面的进一步证据支持。与此同时，草原植物的矮小化也可能与植物营养供给有关，矮小化植物中磷含量显著降低，而磷素供应不足会降低 GA 的活性，从而导致 DELLA 蛋白的累积。

上述研究为揭示草原植物矮小化形成的分子调控机制提供了基础，但草原植物表观遗传与分子机制的研究尚显粗浅、零散，尤其是在草原植物矮小化形成与维持的表观遗传基础、信号调控途径等方面尚不清晰，有待进一步深入系统地开展全面探索与研究。

在众多的草原植被中，羊草（*Leymus chinensis*）是内蒙古典型草原主要优势种之一，是根茎型禾本科牧草，分布范围广泛（祝廷成，2004）。研究羊草关键性状对长期过度放牧胁迫的响应及其分子调控机制，对于阐明草原植物对长期过度放牧的响应机制具有很强的代表性和典型性（李西良等，2014）。近年来，人们更倾向于利用羊草作为放牧对草原植物影响机制研究的关键模式物种。主要是因为它的以下几个特征：①极强的生态适应能力，在多种草地生态系统中分布广泛（刘公社和李晓峰，2011）；②对放牧反应敏感，表型可塑性强（Wang et al.，2004）；③遗传物质的稳定性强，主要通过地下根茎进行无性繁殖（Li et al.，2015a）；④易于室内培养，为同质园试验提供了重要基础（Li et al.，2015b）；⑤与水稻等禾本科模式物种亲缘关系较近，便于开展分子水平的研究（Peng et al.，2007）。

因此，本章的总任务是将羊草等草原主要优势植物作为研究对象，开展过度放牧下草原植物矮小化的分子机制，识别参与植物矮小化的关键基因与调控节点，揭示基因间互作关系，建立植物矮小化的分子调控途径与机制研究；通过开展过度放牧下草原植物矮小化的 DNA 甲基化变化及其遗传特性研究，研究揭示 DNA 甲基化对基因表达及植物生长发育的影响，探寻与矮小化相关的 DNA 甲基化位点的遗传特性，揭示植物矮小化形成的表观遗传基础。

通过完成以上科学任务，研究揭示过度放牧下草原植物矮小化的关键调控基因与节点，分离获得 1～2 个与植物矮小化有关的分子标识，建立 1～2 种鉴定草原植物矮小化的方式；研究解除植物矮小化的方式及其相应的植物生长调节剂，提出解除植物矮小化的可行方案。

总之，本章将为揭示过度放牧下植物矮小化形成的表观遗传和分子调控机制，解除草原植物矮小化提供科学基础。

二、研究内容和方法

基于上述研究背景和思路，本章将以欧亚温带草原东缘优势植物羊草为主要研究对象，围绕草原矮小化植物表型可塑性研究、草原矮小化植物组学研究、植物矮小化形成和维持的激素与营养分子调控机制、植物矮小化的表观遗传基础和解除草原植物矮小化的分子调控机制与改良等五大研究内容展开相应工作。通过详细研究，结果揭示过度放牧下植物矮小化形成的表观遗传和分子调控机制，为解除草原植物矮小化提供科学基础，拓展我们对放牧系统中草原植物微进化与适应的认识。具体研究内容详述如下。

（一）草原矮小化植物表型可塑性研究

基于原位观测、室内及同质园条件培养相结合的方法，探究羊草矮小化植株和正常植株个体及功能性状水平的差异，分析植物个体矮化型变的关键影响因素，初步回答长期过度放牧下草原植物的矮化型变机制。

1. 研究目标

探究羊草矮小化植株和正常植株个体及功能性状水平的差异，分析植物个体矮化型变的关键影响因素。

2. 研究方法

在过度放牧样地、围封恢复样地、多年连续割草样地、无割草样地等 4 个实验样地分别挖取羊草根茎，带回室内在人工气候箱内进行营养液培养。探究矮小化羊草植株和正常羊草植株的个体差异，包括株高、茎长、叶长、叶宽、生物量等功能性状水平的差异，分析植物个体矮化型变的关键影响因素。

3. 研究成果

在长期过度放牧的影响下，羊草个体发生显著的矮小化现象，不同的表型性状之间可塑性指数有着极大的差异，叶性状相对较为稳定，而茎秆性状具有更强的可塑性变化。通过室内根茎芽和室外同质园培养，结果发现长期过度放牧导致羊草个体矮小化表现为胁迫记忆，即在水分、养分条件充足的环境下，长期过度放牧羊草仍维持一定程度的矮小化特征，主要体现在株高、茎长、叶长以及穗长等表型性状上。矮小化表型最终体现在生物量上，即与正常羊草相比，矮小化羊草地上生物量降低了 31%。

（二）草原矮小化植物组学研究

综合应用基因组、转录组、蛋白质组等组学研究方法，对比羊草和大针茅矮小化植株与正常植株在蛋白质组及基因组表达方面的差异，鉴别矮小化植物关键分子标识（差异表达基因或蛋白），揭示其与放牧利用强度的关系，阐明植物矮小化维持的分子调控机制。

1. 研究目标

分离获得 1～2 个与植物矮小化有关的分子标识，建立 1～2 种鉴定草原植物矮小化的方式。

2. 研究方法

依托野外放牧试验平台，选择正常植株和矮小化植株，长期刈割和围封植株，唾液处理和无处理植株开展基于高通量（Illumina Hiseq，2000 平台）测序的转录组学研究，筛选差异表达基因；解析矮小化和正常植物参与激素调控、氮磷代谢、干旱与放牧胁迫响应等过程的差异表达基因；并对多个转录组进行关联分析，解析羊啃食羊草与长期放牧导致羊草矮小化之间的关系。

3. 研究成果

开展了过度放牧和围封大针茅的转录组分析工作，共获得 16.8G 数据，筛选获得 49 495 个差异表达基因，并进行了功能注释；开展了过度放牧和围封羊草的转录组分析工作，共获得 60G 的序列数据，筛选出 3341 个差异表达基因。对所有差异表达基因进行了功能注释；对羊草和大针茅不同物种间的转录组联合分析，共发现 16 条与矮小化相关的代谢和信号转导途径以及转录组的 35 个差异表达基因。对差异表达基因进行功能分析，发现差异表达基因参与 16 条最主要的代谢和信号途径。结果表明长期过度放牧可对草原植物产生持续的胁迫效应，并激活了草原植物逆境胁迫响应的代谢途径，并且可能增强了植物对逆境胁迫的抵抗能力。草原植物对过度放牧导致的逆境胁迫的分子响应可能是矮小化形成与维持的重要分子调控机制之一。

（三）植物矮小化形成和维持的激素与营养分子调控机制

在组学研究的基础上，对比矮小化与正常植株的赤霉素、油菜素内酯等关键激素分子合成及调控途径的变化，鉴别关键调控节点和标识，揭示其与放牧强度的关系，解析放牧利用下草原植物矮小化形成与维持的信号分子调控机制。比较模式植物氮、磷等营养代谢分子调控途径，对比矮化植物和正常植株在氮、磷吸收、转运与利用等途径中的基因表达差异，鉴别关键调控节点和标识，揭示其与放牧强度的关系，解析草原主要植物矮小化形成和维持的营养分子调控机制。

1. 研究目标

揭示矮小化关键基因的互作关系，建立过度放牧下植物矮小化的调控途径。

2. 研究方法

在转录组数据的基础上，利用实时荧光定量 PCR 等方法开展相关基因差异表达对激素合成及信号转导上下游基因表达的影响，揭示激素分子调控途径；开展相关基因差异表达对氮、磷等营养吸收与利用等相关代谢途径基因表达的影响，揭示营养分子调控途径。

3. 研究成果

对羊草 *GID*、*rht-D1b*、*G20-Oxidase*、*det*、*BRI1* 等 5 个与 GA、BR 合成与信号转导相关的基因表达进行了分析，结果发现，矮化植株赤霉素合成和受体基因表达量与对照相比显著降低；对羊草赤霉素和油菜素内酯水平进行了分析，结果表明，矮小化植株中赤霉素含量比正常植株低40%；基于转录组数据，分别对7个大针茅磷代谢相关的基因、6个羊草磷代谢相关的基因在不同放牧利用条件下的差异表达情况进行了分析研究，初步筛选出 $pht43$ 基因，该基因在矮小化植株中的表达得到显著抑制。对氮代谢途径进行分析，结果发现矮小化羊草的氮素吸收能力降低，主要体现在对硝态氮（NO_3^-）吸收的降低和对铵态氮（NH_4^+）吸收的增强。矮小化羊草植株氮素吸收能力降低导致根系向地上的氮供给不足，为维持其正常生长，植株自身开启了两条关键调控途径：①由亚硝酸还原酶（NR）和谷氨酰胺合成酶/谷氨酸合成酶（GS/GOGAT）调控的氮素同化利用途径，矮小化羊草的氮素同化途径发生了改变，由硝态氮途径转变为铵态氮途径；②由 NRT1.7 调节的氮素分配再利用途径，矮小化羊草的氮素再分配利用途径被激活，即将老叶中的氮素向新叶中转运。

（四）植物矮小化的表观遗传基础

在前3个研究的基础上，针对长期放牧的"胁迫记忆"，继续开展羊草矮小化相关甲基化分析，通过羊草基因组分析以及羊草甲基化位点的鉴定，分析长期放牧与表观修饰的关系，鉴别关键调控节点和标识，揭示草原植物矮小化形成的表观遗传基础。

1. 研究目标

研究关键基因 DNA 甲基化、组蛋白修饰等变化对基因表达的影响，揭示草原植物矮小化形成的表观遗传基础。

2. 研究方法

在组学研究的基础上，结合表观分析手段，利用全基因组甲基化测序（WGBS）分析研究关键基因 DNA 甲基化对基因表达的影响，鉴定关键调控节点和标识，揭示草原植物矮小化的表观遗传基础。

3. 研究成果

研究获得了全基因组平均甲基化水平图谱的总体特征；并对差异甲基化区域（DMR）进行检测，通过多重检验校正，进而得到差异甲基化区域；最终注释到的相关基因有 13 个，发现部分基因参与植物逆境胁迫响应。其中过度放牧矮小化羊草中 $ILL2$ 基因的启动子区域甲基化水平增加56%以上。启动子区域甲基化水平上调会导致该基因表达量降低，从而导致矮小化羊草体内活性生长素降低，可能是羊草矮小化形成和维持的表观调控机制之一。

（五）解除草原植物矮小化的分子调控机制与改良

在解析过度放牧导致草原植物矮小化形成的分子机制的基础上，利用基因工程、调控物质等手段开展解除草原植物矮小化的调控与改良研究。褪黑素在植物中常作为植物生长调节剂，具有促进营养生长的功能。因此，其可能是解除植物矮小化的相应的调节剂。

1. 研究目标

研究解除植物矮小化的方式以及相应的植物生长调节剂，揭示其作用机理，提出解除植物矮小化的可行性方案。

2. 研究方法

采用褪黑素野外喷施，研究其对长期放牧羊草矮小化生长的影响和促恢复作用。

3. 研究成果

对矮小化羊草采用褪黑素处理，可以促进植株的生长，可增加羊草的单株生物量，且最佳处理时期是其营养生长的 20d 左右。此外，也分析了抽穗后再对羊草进行褪黑素处理的表型数据，结果发现对进入生殖生长时期的羊草给予褪黑素处理，并不能促进其生长，进一步说明褪黑素促进羊草生长是在营养生长期发挥作用。

第二节　过度放牧下羊草矮小化表型可塑性分析

一、水培条件下过度放牧羊草和不放牧羊草关键性状差异分析

在羊草种质资源圃进行同质园培养，我们发现，在室外自然的光照、水分及营养条件下，解除放牧胁迫后，长期过度放牧（HG）羊草植株从返青到生长后期，其形态上仍然呈现出矮小化特征，尤其表现在株高性状上。此外，与长期围封（E83）羊草相比，长期过度放牧羊草在抽穗初期的穗长并没有显著差异，但到抽穗后期即进入开花期时，长期过度放牧羊草穗长明显变小（图 6-1）。

通过 Holland's 营养液培养，我们发现，在室内适宜的光照、水分及营养条件下，HG 羊草植株在形态上仍然呈现出矮小化特征，且随着培养时间的增加，与 E83 羊草相比，HG 羊草矮小化表型性状如株高、茎长、叶长等差异越来越大（图 6-2）。

株高作为直观的表型性状，在水培过程中被定期测定。通过分析发现，水培羊草植株生长到第 10 天，与 E83 相比，HG 羊草株高显著降低了 13%；到第 65 天，株高显著降低了 28%（表 6-1 和图 6-3a）。基于可塑性指数的分析发现，随着培养天数的增加，"矮小化"羊草株高的可塑性指数也在提高，即随着培养时间的增长，HG 与 E83 羊草株高之间的差异越来越大（图 6-3b）。

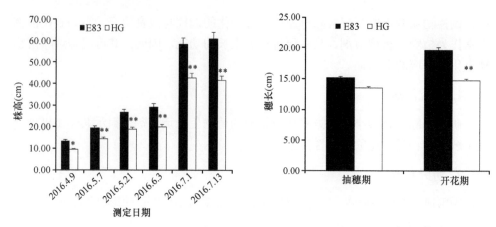

图 6-1　长期过度放牧（HG）与长期围封（E83）羊草植株株高和穗长的差异（胡宁宁，2017）

*和**分别表示 0.05 和 0.01 显著水平。下同

| | 10d | 20d | 30d | 40d |

图 6-2　HG 与 E83 羊草植株随着培养天数增加的株型差异（胡宁宁，2017）

表 6-1　HG 与 E83 羊草株高随着培养时间的变化规律（胡宁宁，2017）

指标	处理	培养时间（d）								
		5	10	15	22	29	36	40	53	65
株高 （cm）	E83	10.83±0.14	13.50±0.31	17.92±0.59	23.95±1.03	34.30±1.13	44.84±1.22	45.78±1.70	59.89±2.72	64.17±3.07
	HG	10.44±0.21	11.72±0.30	15.30±0.46	21.52±0.60	28.81±0.85	35.45±1.09	38.51±1.24	42.26±2.49	45.97±2.44
均方			*	**	**	**	**	**	**	**

　　通过分析羊草茎叶性状，我们发现，HG 羊草茎长显著降低（$P<0.01$），且随着培养时间的增长，HG 与 E83 羊草茎长差异越来越大（表 6-2 和图 6-4）。随着羊草水培时间的增加，HG 羊草的茎粗在不同时期出现显著降低趋势。从整体来看，HG 羊草茎秆性状表现出了矮小化特征（图 6-4）。

　　我们对羊草叶片性状进行了分析，发现在培养到第 29 天的时候，HG 羊草叶长显著降低（$P<0.01$），且随着培养时间的增长，HG 与 E83 羊草叶长之间的差异

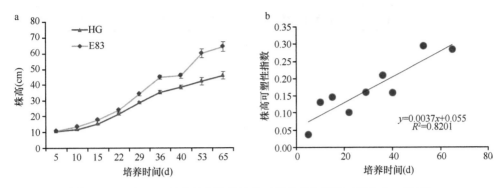

图 6-3 HG 与 E83 羊草株高随着培养时间的变化规律（胡宁宁，2017）

表 6-2 HG 与 E83 羊草茎长随着培养时间的变化规律（胡宁宁，2017）

指标	处理	培养时间（d）								
		5	10	15	22	29	36	40	53	65
茎长 （cm）	E83	5.06±0.29	4.92±0.31	6.26±0.30	9.09±0.45	13.63±0.67	22.88±0.77	25.41±1.19	35.30±1.77	42.01±2.29
	HG	2.68±0.17	2.41±0.17	4.21±0.21	6.61±0.30	9.89±0.47	17.39±0.87	20.25±1.00	21.58±1.70	26.25±2.01
均方		**	**	**	**	**	**	**	**	**

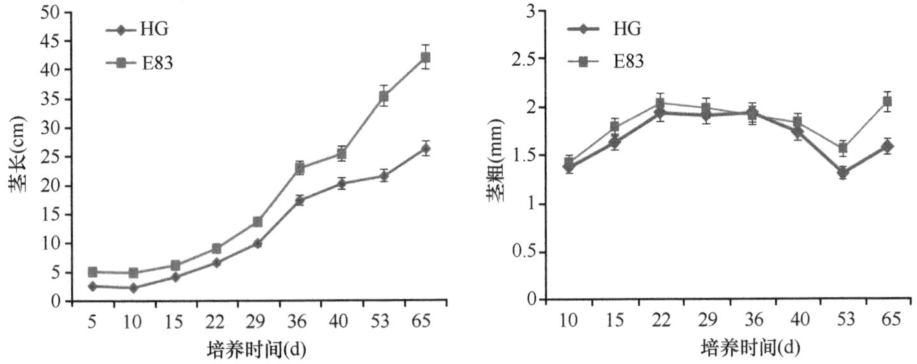

图 6-4 HG 与 E83 羊草茎长、茎粗随着培养时间的变化规律（胡宁宁，2017）

保持恒定（表 6-3 和图 6-5）。不过，HG 羊草的叶宽却表现出不同程度的差异，并在培养第 29～53 天的时候，比 E83 羊草叶片要宽（图 6-5）。此外，HG 羊草叶片数在培养前 36d 与 E83 羊草的叶片数几乎保持一致，但在培养后期，HG 羊草叶片数出现显著降低（$P<0.01$）。总之，随着培养时间的增加，HG 羊草叶片性状也表现出了矮小化特性（图 6-5）。

通过对羊草根系性状进行分析，我们发现当培养到第 15 天时，HG 羊草的根系长势出现逆转，且与 E83 羊草的根系存在一定差异，但没有达到显著水平（$P>0.05$）（图 6-6）。不过，我们又对羊草的生物量进行了测定，结果发现，与 E83

表 6-3 HG 与 E83 羊草叶长随着培养时间的变化规律（胡宁宁，2017）

指标	处理	培养时间（d）								
		5	10	15	22	29	36	40	53	65
叶长 (cm)	E83	1.96±0.08	7.27±0.30	9.16±0.48	12.59±0.61	18.69±0.58	22.27±0.56	20.22±0.68	24.01±1.03	22.99±1.03
	HG	2.31±0.10	7.64±0.25	7.81±0.37	13.00±0.54	16.30±0.46	18.16±0.47	17.44±0.43	20.85±0.86	20.34±0.69
均方						**	**	**	**	**

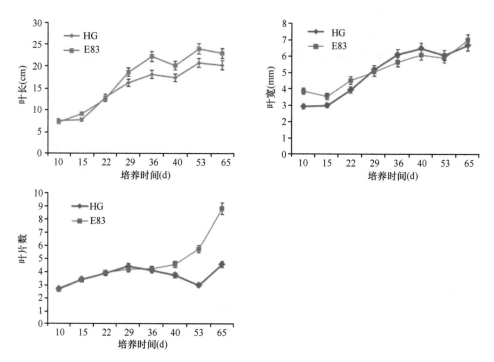

图 6-5 HG 与 E83 羊草叶长、叶宽、叶片数随培养时间的变化规律（胡宁宁，2017）

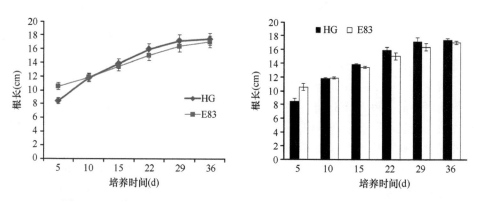

图 6-6 HG 与 E83 羊草根长随培养时间的变化规律（胡宁宁，2017）

相比，HG 羊草的地上生物量显著降低了 31%；相反，地下生物量却显著增多了32%，但总生物量仍显著降低（$P<0.01$）（图 6-7）。

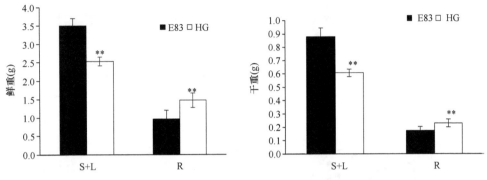

图 6-7　HG 与 E83 羊草鲜重与干重的差异（胡宁宁，2017）

S+L 表示茎叶；R 表示根系

二、放牧与模拟采食对羊草表型可塑性的差异化影响

在原位条件下，长期过度放牧和通过刈割的模拟采食都显著导致羊草植株的矮小化（$P<0.05$），引发植物叶片、茎秆相关的表型性状发生显著的变化（表 6-4）。对所有表型性状进行主成分分析，从图 6-8 可以清楚地看到，不管是放牧与对照，还是刈割与对照，都清晰地分为两类，进一步对第一、第二、第三主成分进行分析，在放牧或者刈割的干扰下，第一、第二主成分都显著降低（$P<0.05$）。

表 6-4　室内水培条件下长期过度放牧和刈割对羊草植株表型性状的影响（李西良，2016）

植物性状	放牧处理（室内芽培）			刈割处理（室内芽培）		
	F 值	影响	P 值	F 值	影响	P 值
LN	8.59	（−）	0.01	1.58	（0）	0.22
LL	10.01	（−）	<0.01	1.00	（0）	0.33
LW	80.45	（−）	<0.01	43.38	（−）	<0.01
LLW	36.25	（+）	<0.01	6.72	（+）	0.02
TLA	46.85	（−）	<0.01	6.10	（−）	0.02
LA	43.11	（−）	<0.01	13.32	（−）	<0.01
SL	50.05	（−）	<0.01	0.32	（0）	0.58
SD	58.56	（−）	<0.01	11.65	（−）	<0.01
SLD	2.56	（0）	0.12	8.43	（+）	0.01
PH	58.62	（−）	<0.01	0.42	（0）	0.52

注：LN，叶片数；LL，叶长；LW，叶宽；LLW，叶长/叶宽；TLA，总叶面积；LA，单叶面积；SL，茎长；SD，茎粗；SLD，茎长/茎粗；PH，高度。下同

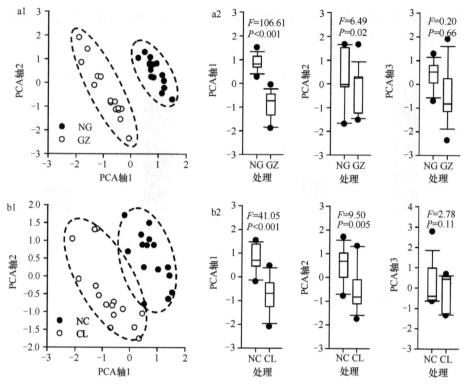

图 6-8　原位条件下长期过度放牧和刈割对羊草不同功能性状影响的主成分分析（李西良，2016）

a1 和 b1 分别表示长期过度放牧和刈割下功能性状变化的 PCA 排序图；a2 和 b2 分别表示不同处理下主成分得分盒形图。NG，不放牧；GZ，放牧；NC，不刈割；CL，刈割。下同

　　由于本研究的天然草原羊草主要依靠无性繁殖来保持世代的更新，为了研究长期过度放牧与模拟采食对羊草"胁迫记忆"的影响，我们通过根茎芽培养的方法进行室内二代繁殖，结果发现放牧与刈割模拟采食对羊草的"胁迫记忆"有着显著的区别，由表 6-4 可以看出，放牧及其对照地来源的芽培植株之间仍然保持显著的差异，呈现出一定的矮小化特征（P<0.05），植株株高、叶片大小、茎秆伸长等仍然受到限制。然而，在刈割模拟采食及其对照地的芽培羊草植株之间，这种差异已经消失，植株大小、叶片、茎秆等趋于同质化（P<0.05），显然，草原植物矮小化的跨世代传递可塑性特征依赖于草食动物放牧的影响，而非单一的物理刈割。

　　我们进一步对羊草植株所有表型性状进行了主成分分析，从图 6-9 中可以清楚地看到，放牧下样本被清晰分为不同的两类，而且提取的第一、第二主成分有着显著的差异（P<0.01），但在刈割模拟采食下，其差异性不显著，对第一、第二、第三主成分分别分析可使结果更加明确。

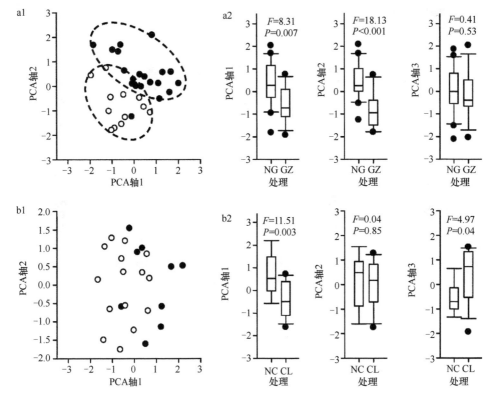

图 6-9　室内水培条件下长期过度放牧和刈割对羊草不同功能性状影响的主成分分析（李西良，2016）

进一步通过原位与室内芽培的对比研究发现，尽管根茎芽培养植株继续存在矮小化特征，但主要性状的可塑性大小显著降低（$P<0.05$，图 2-24），割草条件下也有类似的差异（$P<0.05$，图 6-10），说明跨世代传递可塑性仅能部分地解释原位条件下的植物矮小化特征。

有趣的是，与原位条件下发现的现象类似，不同表型性状对放牧响应的敏感性表现不尽一致，株高等变化较为敏感，而叶片数等变化较为稳定，总体上，羊草茎叶不同表型性状对放牧等干扰响应的敏感性分化在不同的处理下都得到了验证（图 6-11）。

三、芽培下羊草矮化对其茎叶异速生长模式的影响

在室内培养条件下，在植株个体仍然保持矮小化的过程中，不同性状仍然存在很大的差异，为进一步研究叶片与茎秆之间的异速生长模式受胁迫记忆的影响，

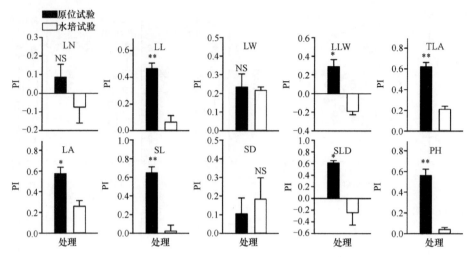

图 6-10　原位与水培条件下羊草植株不同表型性状对刈割的可塑性响应的差异分析
（李西良，2016）

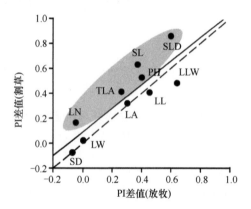

图 6-11　长期过度放牧与割草导致的表型可塑性指数（PI）差值的相关分析（李西良，2016）
PI 差值计算为 PI（原位）−PI（室内），相关性通过 Pearson 方法分析（$r=0.87$，$P<0.01$），灰色区域表示刈割处理
比放牧处理的可塑性指数差值更大，实线表示拟合直线，虚线表示 1∶1 线

通过标准主轴法，我们对室内芽培数据进行了异速生长的分析，发现株高与叶长表现出显著的异速生长关系，在芽培条件下，放牧与围封之间具有共同斜率（$P<0.05$），而在刈割及其对照组之间，叶长与株高之间存在共同斜率（$P>0.05$），且不存在沿着共同斜率的偏移（$P>0.05$），斜率与 1 之间无显著差异，整体上表现为等速增长（表 6-5）。

由表 6-6 可见，在羊草株高与茎长之间，与原位条件（即野外实验）下的结果相似，室内芽培试验中，在放牧与围封组之间存在着共同斜率，斜率为 0.68，但与1.00 不具有显著差异（$P>0.05$），然而，却存在着沿着共同斜率的偏移（$P<0.05$），表明胁迫记忆在一定程度上影响了茎秆与植株大小之间的异速生长关系。

表 6-5　长期过度放牧与刈割处理的芽培羊草植株的株高、叶长之间的异速生长关系

（李西良，2016）

处理	组别	R^2	斜率	截距	共同斜率	是否偏移
野外实验	NG	0.00^{ns}	$1.19\,(0.67,\,2.10)^{ns}$	$0.13\,(-0.95,\,1.20)^{ns}$	$1.47\,(1.04,\,2.05)^{ns}$	是
	GZ	0.48^{**}	$1.64\,(1.08,\,2.49)^{*}$	$-0.47\,(-1.27,\,0.33)^{ns}$		
	NC	0.36^{*}	$0.97\,(0.61,\,1.55)^{ns}$	$0.42\,(-0.25,\,1.08)^{ns}$	$1.04\,(0.77,\,1.39)^{ns}$	是
	CL	0.53^{**}	$1.09\,(0.73,\,1.62)^{ns}$	$0.23\,(-0.29,\,0.75)^{ns}$		
室内芽培	NG	0.22^{*}	$0.86\,(0.57,\,1.29)^{ns}$	$0.66\,(0.10,\,1.22)^{*}$	1.19^{*}	
	GZ	0.72^{**}	$1.49\,(1.04,\,2.15)^{*}$	$-0.40\,(-1.23,\,0.43)^{ns}$		
	NC	0.28^{ns}	$0.89\,(0.44,\,1.79)^{ns}$	$0.58\,(-0.47,\,1.64)^{ns}$	$0.85\,(0.67,\,1.09)^{ns}$	否
	CL	0.80^{**}	$0.84\,(0.65,\,1.10)^{ns}$	$0.66\,(0.31,\,1.01)^{**}$		

注：表中呈现了异速生长斜率、截距的 95% 置信区间，对于两组间存在共同斜率的节间，呈现了共同斜率的置信区间，并进一步分析了是否沿着共同斜率存在偏移。**，$P<0.01$；*，$P<0.05$；ns，$P>0.05$。下同

表 6-6　长期过度放牧与刈割处理的芽培羊草植株的株高、茎长之间的异速生长关系

（李西良，2016）

处理	组	R^2	斜率	截距	共同斜率	是否偏移
野外实验	NG	0.47^{*}	$0.74\,(0.48,\,1.13)^{*}$	$0.67\,(0.12,\,1.22)^{*}$	$0.70\,(0.60,\,0.83)^{ns}$	是
	GZ	0.91^{**}	$0.70\,(0.58,\,0.84)^{**}$	$0.65\,(0.52,\,0.79)^{**}$		是
	NC	0.75^{**}	$0.60\,(0.80)^{**}$	$0.86\,(0.58,\,1.14)^{**}$	$0.64\,(0.52,\,0.79)^{ns}$	是
	CL	0.72^{**}	$0.68\,(0.50,\,0.93)^{*}$	$0.69\,(0.44,\,0.95)^{**}$		
室内芽培	NG	0.59^{**}	$0.56\,(0.41,\,0.75)^{**}$	$0.97\,(0.66,\,1.28)^{**}$	$0.68\,(0.52,\,0.84)^{ns}$	是
	GZ	0.79^{**}	$0.81\,(0.59,\,1.11)^{ns}$	$0.53\,(0.12,\,0.94)^{*}$		
	NC	0.78^{**}	$0.52\,(0.35,\,0.79)^{*}$	$1.04\,(0.65,\,1.44)^{*}$	0.95^{*}	
	CL	0.87^{**}	$1.06\,(0.85,\,1.32)^{ns}$	$0.08\,(-0.34,\,0.49)^{ns}$		

在此基础上，进一步研究了叶长与茎长之间的异速生长关系受放牧"胁迫记忆"的影响，从表 6-7 可以看出，与在原位条件下的分析结果相似，室内芽培植

表 6-7　长期过度放牧与刈割处理的芽培羊草植株的茎长、叶长之间的异速生长关系

（李西良，2016）

处理	组别	R^2	斜率	截距	共同斜率	是否偏移
野外实验	NG	0.04^{ns}	$1.61\,(0.92,\,2.81)^{**}$	$-0.73\,(-2.16,\,0.69)^{ns}$	$1.99\,(1.36,\,2.88)^{ns}$	是
	GZ	0.25^{ns}	$2.34\,(1.42,\,3.86)^{**}$	$-1.60\,(-2.97,\,-0.23)^{*}$		是
	NC	0.07^{ns}	$1.63\,(0.94,\,2.82)^{**}$	$-0.73\,(-2.07,\,0.60)^{ns}$	$1.61\,(1.11,\,2.33)^{ns}$	是
	CL	0.20^{ns}	$1.60\,(0.95,\,2.67)^{**}$	$-0.68\,(-1.69,\,0.32)^{ns}$		
室内芽培	NG	0.25^{*}	$1.54\,(1.03,\,2.30)^{**}$	$-0.56\,(-1.54,\,0.43)^{ns}$	$1.72\,(1.31,\,2.21)^{ns}$	是
	GZ	0.75^{**}	$1.84\,(1.30,\,2.60)^{**}$	$-1.14\,(-2.10,\,-0.19)^{*}$		
	NC	0.08^{ns}	$1.70\,(0.78,\,3.70)^{**}$	$-0.88\,(-3.18,\,1.42)^{ns}$	$0.91\,(0.65,\,1.30)^{ns}$	否
	CL	0.62^{**}	$0.80\,(0.55,\,1.14)^{**}$	$0.55\,(0.10,\,1.01)^{*}$		

株在放牧与围封两组之间均具有显著的异速生长关系（$P<0.05$），尽管两组之间存在着共同斜率（$P>0.05$），但它们沿着共同斜率存在显著的偏移（$P<0.05$），这表明放牧"胁迫记忆"在一定程度上影响了叶长与茎长之间的异速生长关系。比较而言，尽管在原位条件下，割草也会显著影响叶长、茎长之间的异速生长关系，但在室内芽培下的羊草植株中并未得到保持（$P>0.05$），这再次为放牧与割草对羊草植株的差异化影响提供了证据。

第三节 过度放牧下矮小化羊草转录组分析

一、野外放牧羊草和围封羊草转录组

以围封自然恢复和过度放牧原生境生长条件下的羊草样品为材料进行转录组分析，通过 Illumina Hiseq 2000 平台测序，总计产出 16.8GB 数据。通过组装共获得到了 129 087 个基因。通过 NR、NT、Swiss-Prot 和 GO 等数据库对基因进行功能注释（图 2-77），共有 89 260 个基因得到注释。通过对差异表达基因分析发现，共有 49 495 个基因表达差异显著（FDR≤0.001，|log₂Ratio|≥1），其中 22 953 个基因的表达下调，26 542 个基因的表达上调。

对差异表达基因进行 GO 功能集分析显示，共有 69 个 GO 功能集显著性富集（$P≤0.05$），其中细胞组分、分子功能和生物学进程中分别有 32 个、16 个和 21 个 GO 功能集（图 2-78）。生物学进程中包括"RNA 甲基化"（GO：0001510）、"翻译"（GO：0006412）、"代谢进程"（GO：0008152）、"DNA 复制"（GO：0006260）、"苯丙烷生物合成进程"（GO：0009699）、"防御响应"（GO：0006952）、"苯丙烷代谢进程"（GO：0009698）、"细胞壁修饰"（GO：0042545）、"黄酮合成进程"（GO：0009813）、"核苷磷酸生物合成过程"（GO：1901293）等。这表明差异表达基因富集的 GO 功能集，尤其是显著性富集的 GO 相关的生物学进程参与羊草对长期过度放牧的响应，并且可能与羊草的矮小化有关。

通过 KEGG 通路显著性富集分析发现（$Q≤0.05$），羊草的差异表达基因参与 16 个最主要的代谢和信号途径，如代谢途径（metabolic pathways）、次级代谢合成（biosynthesis of secondary metabolites）、植物和病原菌互作途径（plant-pathogen interaction）、双萜类生物合成（diterpenoid biosynthesis）、类单萜生物合成（monoterpenoid biosynthesis）、类黄酮化合物生物合成（flavonoid biosynthesis）、苯丙氨酸代谢（phenylalanine metabolism）、苯丙烷生物合成（phenylpropanoid biosynthesis）、光合作用-天线蛋白（photosynthesis-antenna proteins）和蜡质生物合成（cutin，suberine and wax biosynthesis）（图 2-79）。

进一步对苯丙烷生物合成、类黄酮生物合成、苯并噁嗪类生物合成、双萜类生物合成等 KEGG 代谢途径中的差异表达基因进行了比较分析，其中苯丙烷生物合成途径中相关基因 *PAL* 和 *PTAL* 在羊草中被过度放牧上调表达。苯丙烷类化合物是植物对生物和非生物刺激反应的指示剂与介质，PAL 是其生物合成途径中的关键酶，在受到环境刺激时 PAL 酶活性增强，*PAL* 基因的表达上调，同时对环境刺激的抗性增强。过度放牧后大多数的 *PAL* 基因的表达在羊草中上调，表明过度放牧触发了羊草的逆境胁迫响应信号途径，并且 *PAL* 参与了这一响应调控进程，并推测过度放牧后羊草增强了对环境胁迫的抗性（需要对酶活性等进行检测以验证这一推测）。

　　长期过度放牧可对草原植物产生持续的胁迫效应，并激活了草原植物逆境胁迫响应的代谢途径，且可能增强了对逆境胁迫的抵抗能力（需要进一步验证）。草原植物对过度放牧导致的逆境胁迫的分子响应可能是矮小化形成与维持的重要分子调控机制之一。

二、室内培养矮小化羊草和野生型羊草转录组

　　以室内培养的羊草材料为基础，通过将新生的无性繁殖苗单独移栽培养，获得了在同一培养条件下的矮小化羊草和野生型羊草。将矮小化和野生型分为两组，每组包括 3 个植株作为生物学重复，进行转录组分析。结果表明，测试的 6 个样品共产生 59.97Gb 的干净数据，Q30 碱基百分比在 88.38% 以上。*De novo* 组装后共获得 116 356 条 Unigene，其中长度在 1kb 以上的 Unigene 有 21 305 条。经过功能注释，共获得 55 541 条注释结果。将对照组（T1、T2、T3）和矮小化组（T4、T5、T6）注释结果进行对比分析，共获得差异表达基因 3341 条，其中上调基因 2024 条，下调基因 1317 条。其中得到功能注释的基因 2399 个（图 2-80）。

　　差异表达基因的功能主要涉及防御、免疫应答、疾病拮抗和细胞发育，这表明以上过度放牧导致的草原植物矮小化可能由以上原因引起（图 2-81～图 2-83）。

　　在我们的研究中，使用 Illumina RNA-Seq 技术从 GR 和 NG 组样品中筛选出6 个文库，获得高质量的从头组装的数据。进一步综合其他分析结果，为过度放牧条件下羊草可以在克隆后代中引发跨代效应提供了明确的证据；这些分析包括羊草的基因注释和从 NG、GR 区域收集的羊草克隆后代的基因表达模式评估。

　　在本研究中，与 NG 组相比，GR 组羊草的克隆后代群体表现出明显的矮化形态特征，特别是在植株发育及生长方面。这种现象与其他无性系后代植株受环境胁迫引起的跨代效应相一致，均表现为生长受到抑制。本研究中 GO 条目富集分析结果显示，GR 组中"过氧化氢响应"和"细胞壁胼胝质沉积诱导防御反应"显著富集。

之前的研究表明，在植物跨代繁殖中，生物性病原体防御和抗性有关基因表达的增强非常明显。长期放牧过程更类似于由动物唾液、粪便和尿液中的各种微生物引起的生物胁迫，这种胁迫会增加由病原体入侵导致的潜在感染风险，特别是出现在由机械损伤引发的草原植物叶片开放性创口上。另外本研究发现，与 GO 条目"胼胝质沉积在细胞壁上的防御反应"相关的差异表达基因（DEG）显示富集。在这些基因中，GDP-L-半乳糖磷酸化酶（GGP）编码一种酶，该酶可催化 L-抗坏血酸及其辅助因子合成的第一个关键步骤。而 GGP 在葡萄藤抗真菌侵染中的作用已得到证实，在抗性基因型葡萄品种中编码 GGP 的基因表达水平高于易感基因型葡萄品种。乙烯受体 1（ETR1）在其 C 端有一个受体结构域，乙烯与该受体结合能诱导 ETR1 失活。试验证明，在植物发育过程中乙烯的产生受到稳定的调控，并对由生物性（病原体感染）及非生物性刺激引发的环境应激作出反应，如缺氧、冷冻和损伤。本研究结果显示，除此以外在 DEG 中还存在其他与防御有关的基因。半胱氨酸蛋白酶在植物免疫应答中起重要作用，有研究显示，该蛋白存在于被真菌侵染的番茄和抗病原菌的拟南芥植株中，具有免疫应答作用。抗病蛋白 RPM1 可识别病原体编码的效应蛋白，在抗病反应过程中 RPM1 被转化为活化的状态。在非生物应激状态下（如冷应激）的植物中，RPM1 表达量出现上调。这些基因的差异表达表明，在长期过度放牧下，羊草的应激记忆或跨代效应可能会诱导其克隆后代中防御相关基因的表达。这一结果与过度放牧下大针茅转录组学的变化响应相一致；其中防御反应、免疫应答和抗菌、抗微生物相关基因存在显著的差异表达。

过度放牧条件下生长的植物更可能表现出矮小化的形态特征。富集的 GO 条目中"过氧化氢响应"可能参与调控有关植物的生长与发育。作为信号分子，过氧化氢（H_2O_2）被看作是一把双刃剑，因为它在植物生理学中扮演着两个完全不同的角色：对有氧代谢和正常生长发育均发挥关键作用，但同时 H_2O_2 的积累经常与所处的环境应激有关，它可能会对正常的细胞过程造成潜在的破坏扰乱，甚至可能导致细胞死亡。之前的研究已经证明，H_2O_2 在叶片生长和细胞壁扩张过程中表达量上升。在本研究中，其特别之处在于，GR 组克隆后代的 H_2O_2 浓度较 NG 组克隆后代明显降低。此外，两组间丙二醛（MDA）和超氧化物歧化酶（SOD）水平相似。以上结果表明，在本研究中，H_2O_2 可能影响细胞的生长发育，而不是引发氧化应激。此外，在上述富集 GO 条目中所有 DEG 均表现出下调。热休克蛋白是重要的分子伴侣，其在压力条件下稳定蛋白质和帮助蛋白质复性过程中发挥重要作用。同时热休克蛋白也是促进细胞内稳态和参与蛋白质折叠的重要成分，特别是在适宜条件下负责正常细胞生长发育过程中的翻译、组装和降解。丝裂原活化蛋白激酶激酶（MEK）1 蛋白和 2 蛋白是丝裂原活化蛋白激酶（MAPK）级联的重要组成部分，在细胞增殖和细胞分化这两个植物生长发育的关键过程中起着重要作用。多蛋白桥接因子 1（MBF1）是一种转录因子辅助激活物，它可增强相关目标基因的转录。与野生型拟南芥相比，转基因拟南芥中 MBF1 表达被抑制，导致出现极小叶片形态，其叶片与正常叶片相比大幅减小。植物细胞肌动蛋白骨架需要成蛋白（AtFH8）参与，其在细胞发育中起主要作用。本研究的转录组结果显示，在 DEG 中还有许多基因也与植物生长或发育有关。细胞壁糖蛋白作为一大类蛋白质，其中富含羟脯氨酸的糖蛋白（HRGP）是细胞壁重要的多糖组分，参与植物的生长和发育。类木瓜蛋白酶半胱氨酸蛋白酶（PLCP）是一类重要的蛋白水解酶，与植物的发育、免疫反应和老化有关。某些 PLCP 在 C 端携带与颗粒蛋白类似的结构域，其可作为植物生长激素发挥相应功能。在本研究中，这些 DEG 出现下调，再结合 H_2O_2 水平的变化特征，表明矮小化表型羊草无性系后代的生长发育功能受损与此密切相关。需要特别注意的是，在羊草无性系后代中，DEG 的上调与氧化应激无关。之前的研究报道，在直接放牧胁迫下，羊草表现出细胞氧化特征。这说明，过度放牧的胁迫记忆或跨代效应的机制可能与其他胁迫有所不同，因此，需要进一步的研究来阐明这些机制。

目前本研究的转录组测序结果，有助于在分子水平阐明羊草克隆后代对长期过度放牧诱导的胁迫记忆或跨代效应的响应。即使羊草克隆后代在生长过程中不存在过度放牧的胁迫，但其仍然出现矮小化的形态特征，这可能是与生长发育有关的基因表达受抑制的结果。此外，过度放牧引起的胁迫记忆增强了羊草克隆后代中防御相关基因的表达，提高了其对胁迫的耐受性。总的来说，我们的研究结果提供了有关长期过度放牧如何影响草原植物的重要信息。

三、长期刈割羊草和围封羊草转录组

以室内培养羊草材料为基础，通过将新生的无性繁殖苗单独移栽培养，获得了在相同培养条件下的长期刈割和正常背景的羊草植株。以长期刈割材料为实验组，正常羊草材料为对照组。每组包括 3 个植株作为生物学重复，进行转录组分析。通过 HiSeq 2500 高通量测序，共获得 51.54Gb 干净数据，各样品干净数据均达到 8.03Gb，Q30 碱基百分比在 89.02% 及以上。De novo 组装后共获得 108 215 条 Unigene。其中长度在 1kb 以上的 Unigene 有 22 725 条。对 Unigene 进行功能注释，包括与 NR、Swiss-Prot、KEGG、COG、KOG、GO 和 Pfam 数据库的比对，共获得 52 821 条 Unigene 的注释结果。将对照组（T7、T8、T9）和长期刈割组（T10、T11、T12）注释结果进行对比分析，共获得差异表达基因 2748 条，其中上调基因 1328 条，下调基因 1420 条（图 6-12～图 6-16）。

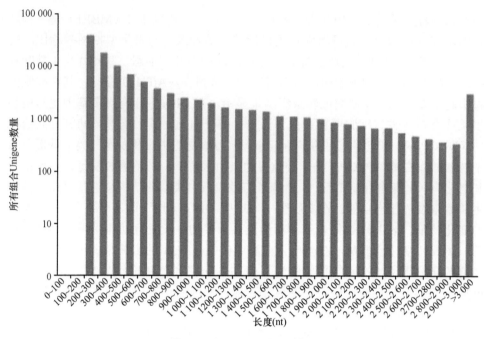

图 6-12　Unigene 长度分布图

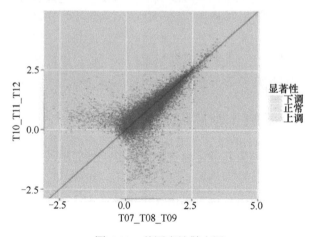

图 6-13　基因表达散点图

　　这些差异表达基因主要关联到氨基酸代谢、脂肪酸代谢、糖异生、蛋白质加工、碱基错配修复、类固醇生物合成、光合作用、植物激素信号转导、抗坏血酸合成、RNA 降解、RNA 转运、植物-病原体互作等多条代谢通路上。此外，基于 Unigene 库的基因结构分析，简单重复序列（SSR）分析共获得 5619 个 SSR 标记。同时还进行了编码区（CDS）预测和单核苷酸多态性（SNP）分析（图 6-12～图 6-16）。

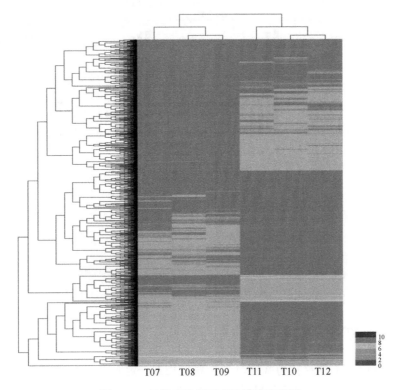

图 6-14　差异表达基因表达模式聚类图

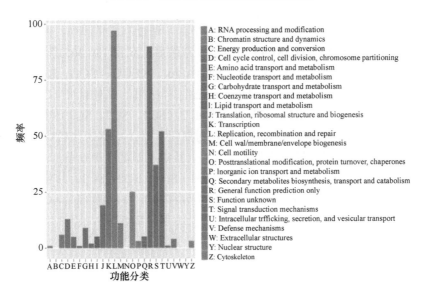

图 6-15　差异表达基因 COG 注释分类统计图

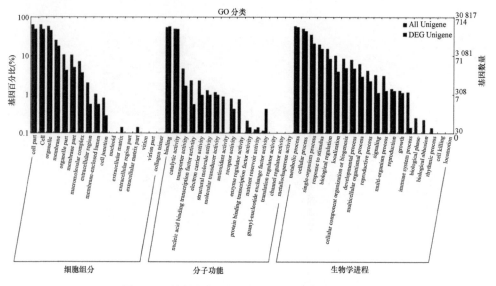

图 6-16　差异表达基因 GO 二级节点注释统计图

四、唾液处理的羊草转录组

以室内培养羊草材料为基础，当培养生长到一定时期，做刈割及羊唾液涂抹处理，以未做任何处理的羊草材料为对照（CK），以刈割处理材料为实验组 1（C），以刈割后涂抹羊唾液的材料为实验组 2（SC）。每组包括 3 个植株作为生物学重复，进行无参转录组分析。基于 Illumina 测序平台，通过高通量测序，9 个样品中共过滤产生 Clean Reads 总数 381 457 574 条，组装后共获得 130 265 条 Unigene。对 Unigene 进行功能注释，包括与 NR、Swiss-Prot、KEGG、COG、KOG、GO 和 Pfam 数据库的比对，共获得多条 Unigene 的注释结果。以对照组（CK1、CK2、CK3）和实验组 1（C1、C2、C3）及实验组 2（SC1、SC2、SC3）注释结果进行两两对比分析，分别获得差异表达基因，对照组（CK1、CK2、CK3）和实验组 1（C1、C2、C3）共获得差异表达基因 413 条，其中上调基因 196 条，下调基因 217 条；对照组（CK1、CK2、CK3）和实验组 2（SC1、SC2、SC3）共获得差异表达基因 2333 条，其中上调基因 1514 条，下调基因 819 条；实验组 1（C1、C2、C3）和实验组 2（SC1、SC2、SC3）共获得差异表达基因 2452 条，其中上调基因 1425 条，下调基因 1027 条（图 6-17～图 6-23）。

五、羊草转录组关联分析

试验前期，我们开展了 4 组羊草的 RNA-seq 分析，分别是长期放牧-长期围

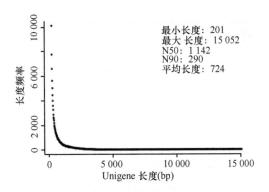

图 6-17　Unigene 长度分布图

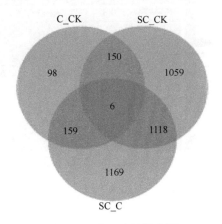

图 6-18　基因表达散点图

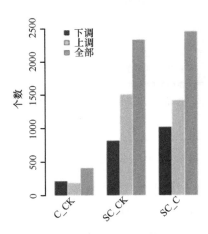

图 6-19　差异表达基因个数统计图

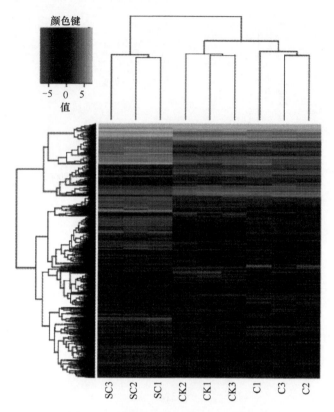

图 6-20　差异表达基因表达模式聚类图

图 6-21　KEGG 富集通路 q 值分布图

封（HG-E83）、长期刈割-长期未割（YG-WG）、模拟/短期刈割-对照（C-CK）、模拟/短期放牧-对照（SC-CK）。为探讨长期过度放牧与短期放牧对羊草的影响以及羊唾液在长期放牧过程中的作用，我们利用各样本原始测序数据，重新统一组装，得到所有样本共同的 Unigene，对 4 组组学数据进行了关联分析，以期能够

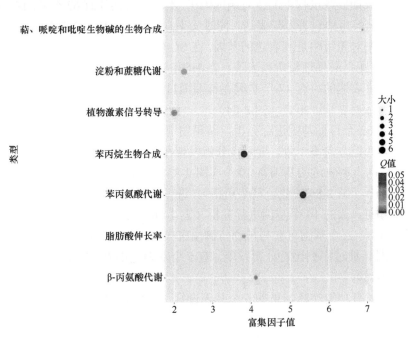

图 6-22　SC_CK_KEGG 富集通路 Q 值散点图

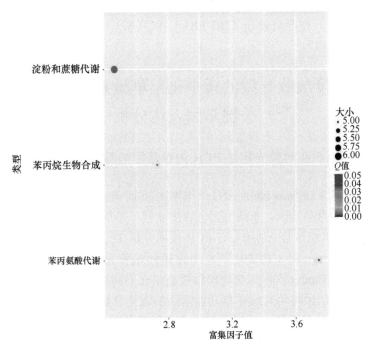

图 6-23　SC_C_KEGG 富集通路 Q 值散点图

获得羊草在长期放牧过程中的特有响应因子。本次分析共计有 62 个基因在 SC-CK 及 HG-E83 比较组中显著差异表达，同时又不存在于 C-CK 及 YG-WG 比较组中，有 7 个基因在对照组中是高表达的基因，在 SC-CK 比较组中进行富集分析后发现有 55 个基因在唾液处理组中高表达。在 HG-E83 比较组中，有 15 个基因在长期放牧组中是高表达的，有 47 个基因在长期围封组是高表达的（表 2-14）。集合即为最后的目标差显基因集合（图 2-84）。

通过对 62 个目标基因进行分析，结果发现在 HG-E83 与 SC-CK 两组中，差异基因表达调控方向不一致，进一步分析发现在 HG-E83 与 SC-CK 两组中，与对照相比，共同上调表达的基因有 10 个（图 2-85 中红色箭头所指），共同下调表达的基因有 4 个（图 2-86 中蓝色箭头所指）。进一步对在 HG-E83 与 SC-CK 两组中表达调控方向一致的 14 个基因进行分析（表 2-16），结果发现有注释结果的基因共 6 个，其中 2 个基因可参与植物防御反应（病程相关蛋白 1 和热激转录因子 A-2c）。此外，通过序列比对分析发现，有 5 个基因是小麦族特有的，但功能并不明确（表 2-15）。

进一步对有功能注释结果的 6 个基因进行了 qRT-PCR 验证，只有 1 个基因表达与转录组测序结果不一致（表 6-9），可能原因是定量样品与测序样品不是同一批材料。此外，我们对 62 个目标基因进行全部功能注释分析，发现了 13 个可直接或间接参与植物生物/非生物胁迫的防御基因，其中两个（病程相关蛋白 1 和热激转录因子 A-2c）在两组处理（HG-E83 与 SC-CK）中表达调控方向一致，其他的均相反（表 2-17）。

第四节　过度放牧导致的矮小化羊草激素信号及其代谢途径关键基因表达分析

一、羊草不同组织实时荧光定量 PCR 内参基因的筛选

为筛选羊草（*Leymus chinensis*）不同组织实时荧光定量 PCR（qRT-PCR）试验体系中的最佳内参基因，本研究以'吉生 4 号'羊草为试验材料，针对叶、茎、根、穗 4 个不同组织器官，利用 qRT-PCR 技术分析 *TUA*、*TUB*、*18S rRNA*、*EF-1α*、*APRT*、*CYP*、*Actin* 和 *CBP20* 等 8 个常用候选管家基因的表达情况，并利用 geNorm 和 Norm Finder 软件综合评价以筛选出在不同组织器官中表达最稳当的内参基因。本研究结果将为开展羊草功能基因的表达分析提供重要参考。

经 geNorm 软件分析，比较各基因在不同样品中所得的表达稳定（*M*）值，结果发现以羊草各组织为试验材料，其内参基因表达稳定性存在明显差异。其中，8 个内参基因在羊草叶、茎、根和穗中的表达稳定性由高到低排序分别为（图 6-24）

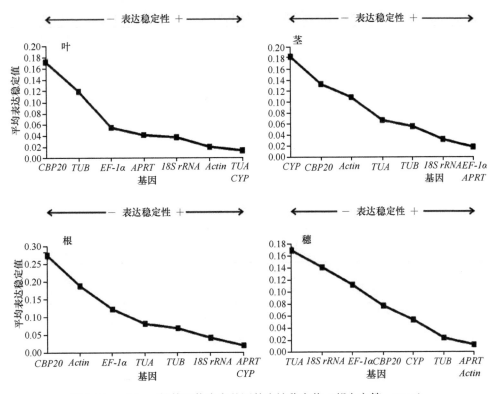

图 6-24　geNorm 软件评价内参基因的表达稳定值（胡宁宁等，2017）

$CYP = TUA > Actin > 18S\ rRNA > APRT > EF-1\alpha > TUB > CBP20$，$EF-1\alpha = APRT > 18S\ rRNA > TUB > TUA > Actin > CBP20 > CYP$，$CYP = APRT > 18S\ rRNA > TUB > TUA > EF-1\alpha > Actin > CBP20$，$APRT = Actin > TUB > CYP > CBP20 > EF-1\alpha > 18S\ rRNA > TUA$。即在羊草叶片中表达最稳定的内参基因是 CYP 和 TUA、最不稳定的内参基因是 $CBP20$；在茎中表达最稳定的内参基因是 $EF-1a$ 和 $APRT$，最不稳定的内参基因是 CYP；在根中表达最稳定的内参基因是 CYP 和 $APRT$，最不稳定的内参基因是 $CBP20$；在穗中表达最稳定的内参基因是 $APRT$ 和 $Actin$，最不稳定的内参基因是 TUA。

　　综合比较 geNorm 和 Norm Finder 两种软件对羊草叶片、茎、根和穗中 8 个候选内参基因表达稳定性的评估结果（表 6-8，表 6-9），发现 geNorm 和 Norm Finder 的评价结果存在差异，导致内参基因的表达稳定性排序不一致。但表达稳定性排名前三的基因存在部分重叠，故选择重叠基因作为每个组织的最佳管家基因。在叶片中选择 $Actin$ 作为内参基因，在茎中选择 $EF-1\alpha$ 作为内参基因，在根中选择 $APRT$ 和 $18S\ rRNA$ 作为内参基因，在穗中选择 TUB 作为内参基因。

表 6-8　8 个内参基因的定量 PCR 引物（胡宁宁等，2017）

基因名称	引物序列	产物大小（bp）
TUA	f- GACATCAACATTCAGAGCACCA r-GCCCAAACATACACCAACCT	95
TUB	f-CGTGCTGTTCTTATGGACCT r-CCCTCAGTGTAATGGCCCT	142
18S rRNA	f-GTGCCCTTCCGTCAATTOC r-AGTCTCAACCATAAACGATGCC	145
EF-1α	f-TCCAACTCCAAGATGACCCTG r-CTCAGCAAACTTGACAGCCA	139
APRT	f-AATCCTCTGGCTTCAACACC r-GGACATCACAACCTTGCTTCTC	116
CYP	f-TGTAGACCACGTCCATTCCA r-GCTGGGAAAGATACAAACGGA	114
Actin	f-ATTGTGCTCAGTGGTGGGTCA r-CCAATCCAAACACTGTACTTCCTC	136
CBP20	f-CGGCTTCTGCTTCGTACTG r-CCTGCCTTCTTCAAAGCCC	126

表 6-9　8 个内参基因表达稳定性的 geNorm 和 NormFinder 比较（胡宁宁等，2017）

组织	分析软件	各内参基因的表达稳定性排序（高→低）							
叶	geNorm	*CYP*	*TUA*	*Actin*	*18S rRNA*	*APRT*	*EF-1a*	*TUB*	*CBP20*
	NormFinder	*APRT*	*18S rRNA*	*Actin*	*EF-1a*	*CYP*	*TUA*	*TUB*	*CBP20*
茎	geNorm	*EF-1a*	*APRT*	*18S rRNA*	*TUB*	*TUA*	*Actin*	*CBP20*	*CYP*
	NormFinder	*EF-1a*	*APRT*	*18S rRNA*	*TUB*	*TUA*	*CBP20*	*Actin*	*CYP*
根	geNorm	*CYP*	*APRT*	*18S rRNA*	*TUB*	*TUA*	*EF-1a*	*Actin*	*CBP20*
	NormFinder	*TUB*	*18S rRNA*	*APRT*	*CYP*	*EF-1a*	*TUA*	*Actin*	*CBP20*
穗	geNorm	*APRT*	*Actin*	*TUB*	*CYP*	*CBP20*	*EF-1a*	*18S rRNA*	*TUA*
	NormFinder	*CYP*	*TUB*	*CBP20*	*Actin*	*APRT*	*EF-1a*	*18S rRNA*	*TUA*

二、与赤霉素和油菜素内酯相关的基因表达分析

（一）赤霉素

赤霉素（GA）是调节植物生长发育不可缺少的植物激素之一，可调节种子萌发（Gabriele，2010）、叶的伸展（Ikezaki，2010）、茎的伸长（Stavang et al.，2005）以及花的诱导与发育（Gallego-Giraldo，2007）等生长过程，至今已鉴定出 136 种赤霉素（Reinecke，2013）。赤霉素的生物合成是多种酶促反应的复杂过程，这些酶促反应在时间和空间上都受到严格而精密的调控。并且赤霉素与脱落酸、生长素、细胞分裂素、乙烯及油菜素内酯等激素都存在交互作用，共同调控植物的生长发育。

（二）油菜素内酯

油菜素内酯（BR）是一种重要的甾醇类激素，也参与调控植物生长发育的过程。研究表明，BR 缺陷及不敏感突变体中的细胞伸长受到严重的影响，会导致植株的矮小化（Salchert，1998）。对于叶性状而言，BR 可能通过调控细胞壁合成与代谢相关基因表达，从而影响叶片的发育（Schr，2009）。在水稻研究中，BR 可调节叶夹角的大小，外施油菜素内酯可以增加叶夹角的弯曲程度（Yamamuro et al.，2000）。油菜素内酯也能增强植物的抗逆性，在抵抗各种外界压力（包括异常的温度、干旱、高渗透压及病原菌侵袭）的过程中发挥了十分重要的作用（Krishna，2009），并且可以与其他几种激素相互作用共同调节植物的抗逆性。

（三）赤霉素和油菜素内酯相关基因表达的结果分析

在对过度放牧与围封羊草的转录组数据进行 KEGG 代谢途径分析的基础上，选择激素信号转导、氨基酸降解及糖蛋白代谢等途径上的相关基因，利用 qPCR 进行了基因表达差异验证（图 2-87）。结果表明，大部分检测基因的表达趋势与转录组数据相符合，初步表明转录组数据是有效的，也证明放牧羊草矮小化与这些途径的基因表达差异密切相关。

放牧植物矮小化与激素中的赤霉素和油菜素内酯密切相关，因此进一步根据已验证的转录组数据，筛选出羊草中的 *GID*、*rht-D1b*、*G20-Oxidase*、*det* 和 *bri1* 这 5 个基因，进行了基因差异表达分析（图 2-88）。其中 *GID* 是赤霉素受体合成关键基因，*rht-D1b*、*G20-Oxidase* 是参与赤霉素合成的关键基因；*det* 是参与油菜素内酯合成的关键基因，*Bri1* 是油菜素内酯的受体合成关键基因。结果表明，在 5 个检测的差异表达基因中，*GID*、*G20-Oxidase* 等 2 个基因出现了差异表达，其中 *GID* 基因在矮小化植株中的表达量仅为野生型植株的 1.7%，*G20* 基因在矮小化植株中的表达量也仅为 50%（图 2-88）。这表明赤霉素合成量降低及受体缺乏导致的赤霉素调控效率降低，可能是过度放牧导致的羊草矮小化形成的分子调控途径之一。

以矮小化和野生型植株为供试材料，采用 ELISA 方法对其赤霉素和油菜素内酯水平进行了分析，结果表明，与野生型对照相比，矮小化植株中赤霉素含量降低 40%，差异极显著；两者间油菜素内酯水平无显著差异（图 2-88）。

赤霉素和油菜素内酯是调控植物生长发育过程的重要激素，与正常羊草植株的油菜素内酯含量相比，放牧矮小化羊草的油菜素内酯含量并没有显著性的差异；而对于赤霉素，矮小化植株的含量却显著降低了 40%。根据过度放牧与围封羊草的转录组数据，筛选出 5 个参与赤霉素和油菜素内酯的合成或其受体合成的关键基因，其相对表达量的分析表明，矮小化植株油菜素内酯的相关基因表达量与对照相比并没有显著性差异，而赤霉素的相关基因表达量显著降低，进一步表明了放牧导致的矮小化现象可能受到赤霉素的调控。

三、羊草光合相关基因的定量分析和酶活性测定

基于前期转录组测序结果，对羊草光合相关基因进行定量分析，并在羊草快速生长期对光合酶（分光光度法）及相关分子特性进行测定。评价放牧组和未放牧组在植物二磷酸核酮糖羧化酶/加氧酶（Rubisco）的活性和基因表达量等各指标上的显著差异。

以长期过度放牧及不放牧羊草植株为研究材料，测定 Rubisco 的活性，以及对 13 个光合相关基因进行 qPCR 定量检测。结果显示，与不放牧（E83）相比，放牧（HG）羊草叶片 Rubisco 活性显著降低（$P<0.01$）（图 6-25）。12 个基因在长期过度放牧羊草中下调表达，1 个基因（*fdx3*）下调表达（$P<0.01$）（图 6-26）。

根据以上研究结果，我们给出了长期过度放牧引起的羊草叶形态可塑性和叶片光合作用可塑性之间的联系示意图（图 6-27）。

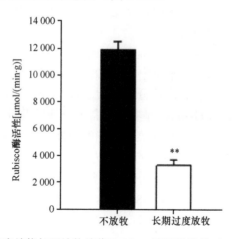

图 6-25　长期过度放牧与不放牧羊草 Rubisco 酶活性差异（Ren et al.，2017）

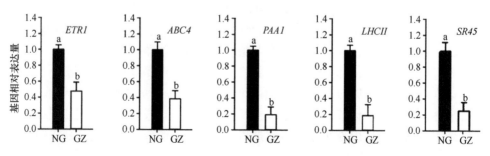

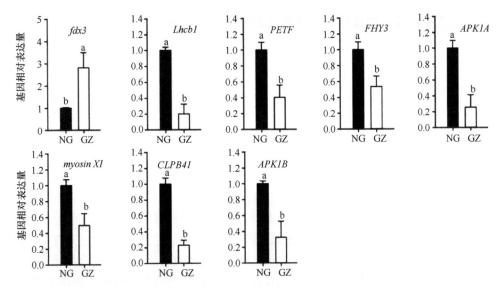

图 6-26 长期过度放牧（GZ）与不放牧（NG）羊草在基因表达水平上的差异（Ren et al.，2017）

不同字母表示差异显著（$P<0.05$，t 检验），下同

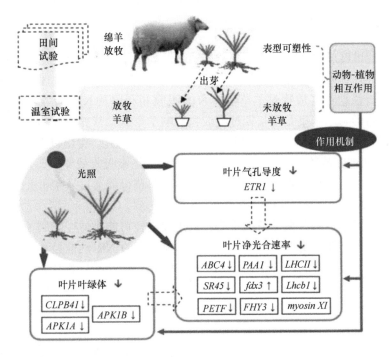

图 6-27 长期过度放牧引起的羊草叶形态可塑性和叶片光合作用可塑性之间的联系示意图

（Ren et al.，2017）

符号"↓"表示光合作用相关过程显著减少；符号"↓"表示基因表达显著下调；符号"↑"表示基因表达显著

上调

四、过度放牧导致的矮小化羊草氮代谢相关基因分析

(一)植物氮代谢

氮元素是蛋白质与核酸的主要成分,是生命活动的物质基础,被称为"生命元素"。同时其也是植物激素、维生素、生物碱等的重要组成部分,参与植物体内许多物质的代谢过程,影响着植物的生长发育。氮素营养不足会致使植物生长缓慢、植株矮小、分枝少、产量明显下降。植物体内的氮素主要来源于土壤,硝态氮和铵态氮是土壤中氮素营养的有效形态,且能被根系直接吸收利用,是植物氮素营养的最主要来源,又被称为速效态氮。二者对高等植物虽有相似的营养效应,但在吸收和利用上存在一定的差异,差异程度随植物种类和环境条件而变化(邢瑶和马兴华,2009)。植物吸收硝态氮后,其首先被还原为铵,铵同化为谷氨酸,进一步转化为各种氨基酸,最后合成蛋白质。植物体内的氨基酸除了合成蛋白质,还有一部分以游离或结合状态的形式存在。在植物体内铵供给过剩、而碳水化合物又缺乏的情况下累积的氨,可与氨基酸结合形成酰胺。酰胺可作为氮素暂时的贮存状态,在植物氮代谢过程中起到非常重要的作用(徐晓鹏等,2016)。

(二)过度放牧下羊草氮代谢相关基因调控

以长期过度放牧样地和长期围封样地来源的羊草为研究材料,通过 Holland's 营养液培养,比较矮小化(HG)与正常(E83)羊草在 N 素生理代谢方面的差异,以解析长期过度放牧对羊草植株 N 素吸收和利用及 N 素吸收同化过程中关键限速酶的影响,结果发现长期过度放牧影响羊草氮素营养特性和氮素同化过程(表 2-18)。通过对羊草氮素营养和生理生化特性的研究,得出以下结论。

1)长期过度放牧可降低羊草的氮素累积量、氮素吸收效率、氮素利用效率等氮素营养特性。虽然氮素吸收降低,但矮小化羊草可能通过氮素再分配利用来补偿其氮素的缺乏。

2)长期过度放牧降低羊草氮素吸收的主要途径可能是通过降低羊草氮素同化吸收关键酶的活性来实现的,即矮小化羊草根系中的 NR 活性显著降低可致其硝酸盐(NO_3^-)还原能力的降低;而 GS 和 GOGAT 活性的显著升高可增强根系铵态氮(NH_4^+)的同化能力。然而,矮小化羊草叶片中谷氨酸脱氢酶(GDH)和天冬酰胺合成酶(AS)活性的降低是矮小化羊草叶片氮素同化能力与氮贮存物水平降低的重要因素。

通过矮小化和正常植株的转录组测序分析,结果发现大量氮代谢相关基因出现了差异表达。在此基础上,结合氮素生理生化的研究结果,筛选出 6 个与氮吸收、转运和同化密切相关的基因,采用实时荧光定量 PCR 技术,对其进行了分析,

以解析羊草对长期过度放牧胁迫的氮代谢关键响应基因的差异表达的调控机制。由表 2-19 可知，长期过度放牧胁迫对羊草氮代谢关键基因有显著影响，主要体现在：矮小化羊草中参与根系氮素吸收的 NO_3^- 转运载体基因 *NRT1.1* 和 *NRT1.2* 下调表达，是导致其氮素吸收能力下降的重要因素；而参与叶片氮素再分配的 NO_3^- 转运载体基因 *NRT1.7* 上调表达，可激活羊草叶片氮素再分配利用途径。故 NO_3^- 转运载体基因是矮小化羊草调控氮代谢的关键节点，氮素转运能力的下降和体内氮素再分配的激活可能是矮小化羊草调控氮代谢的关键途径。

综上所述，我们对长期过度放牧胁迫导致羊草矮小化的氮代谢调控机制进行了归纳总结，得出以下主要调控网络：即长期过度放牧可以导致羊草植株出现矮小化胁迫记忆，而矮小化羊草的氮素吸收能力降低，主要体现在对硝态氮（NO_3^-）吸收的降低和对铵态氮（NH_4^+）吸收的增强。矮小化羊草植株氮素吸收能力降低导致根系向地上的氮供给不足，为维持其正常生长，植株自身开启了两条关键调控途径（图 2-89）：①由 NR 和 GS/GOGAT 调控的氮素同化利用途径，矮小化羊草的氮素同化途径发生了改变，由硝态氮途径转变为铵态氮途径；②由 *NRT1.7* 调节的氮素分配再利用途径，矮小化羊草的氮素再分配利用途径被激活，即将老叶中的氮素向新叶中转运。

（三）羊草硝酸盐转运载体基因的克隆与表达

前期研究结果表明，羊草硝酸盐转运载体基因 *NRT1.1*、*NRT1.2* 和 *NRT1.7* 参与调控长期过度放牧导致的矮小化过程。本研究对羊草 *NRT1.1*、*NRT1.2* 和 *NRT1.7* 进行基因克隆与序列分析，以探索其基因功能和调控机制。

以提取的羊草根系 cDNA 为模板，设计引物扩增羊草 *NRT* 基因 cDNA 全长，得到 3 条明显的 PCR 产物条带。LcNRT1.1、LcNRT1.2 和 LcNRT1.7 反应产物经琼脂糖凝胶回收后，将目的 DNA 片段连接到 pEASY®-Blunt Simple Cloning Vector 载体上转化菌株并涂板，于 37℃恒温培养箱中培养过夜，通过蓝白斑筛选阳性克隆后送生工公司测序。测序结果显示，所得 3 条片段的长度分别为 1812bp、1803bp 和 1824bp（图 6-28）。

测序结果中 LcNRT1.1、LcNRT1.2 和 LcNRT1.7 基因开放阅读框（ORF）全长分别为 1812bp、1803bp 和 1824bp。对 LcNRT1.1、LcNRT1.2 和 LcNRT1.7 编码的蛋白质分析表明，LcNRT1.1 编码的氨基酸残基数为 597 个，相对分子质量为 65.81kD，理论等电点为 9.64，蛋白质平均疏水性 9.69；而 LcNRT1.2 编码的氨基酸残基数为 545 个，相对分子质量为 61.55kD，理论等电点为 8.80，蛋白质平均疏水性 0.321；LcNRT1.7 编码的氨基酸残基数为 625 个，相对分子质量为 68.59kD，理论等电点为 8.92，蛋白质平均疏水性 0.373（图 6-29～图 6-31）。

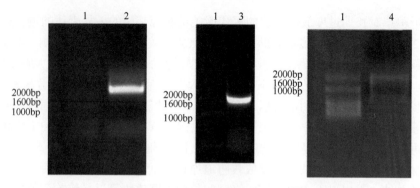

图 6-28　羊草 NRT 片段扩增产物凝胶电泳（赵浩波，2019）

1. Marker；2. LcNRT1.1；3. LcNRT1.2；4. LcNRT1.7

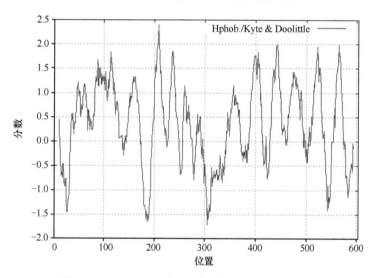

图 6-29　LcNRT1.1 疏水性分析（赵浩波，2019）

　　参数设置 Amino acid scale 选择默认的 Hphob./Kyte & Doolittle，滑窗大小为 9，线性加权模型，ProtScale 可计算和展示所选蛋白质的 50 多种氨基酸标度（Amino acid scale）的图谱。最常用的标度是疏水性，主要来源于多肽在非极性和极性溶剂中的分配实验数据。查看具体的氨基酸的标度数值，正值的氨基酸具有更大的疏水性，负值越小的氨基酸则更加亲水。LcNRT1.1 和 LcNRT1.7 是疏水蛋白，LcNRT1.2 是亲水蛋白（图 6-32）。

　　利用 GOR4 在线软件预测对 LcNRT1.1、LcNRT1.2 和 LcNRT1.7 蛋白进行二级结构和信号肽分析。图 6-33 的结果表明：LcNRT1.1 蛋白中 α 螺旋有 197 处，占二级结构的 32.67%，延伸链有 111 处，占二级结构的 18.41%，没有转角，无规则卷曲有 295 处，占二级结构的 48.92%；LcNRT1.2 蛋白二级结构中，有 197 处 α

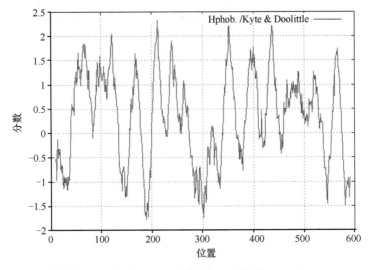

图 6-30　LcNRT1.2 疏水性分析（赵浩波，2019）

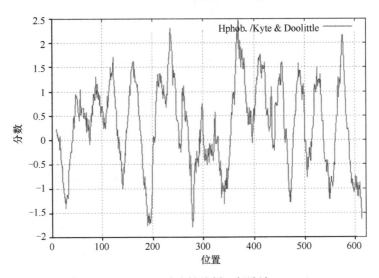

图 6-31　LcNRT1.7 疏水性分析（赵浩波，2019）

螺旋，占 32.83%，有 129 处延伸链，占 21.50%，有 274 处无规则卷曲，占 45.67%，没有转角；LcNRT1.7 蛋白二级结构中包含 167 处 α 螺旋，占 26.85%，有 136 处延伸链，占 21.86%，有 319 处无规则卷曲，占 51.29%，没有转角。从上述结果可以看出，羊草三个 NRT 蛋白的二级结构都由 α 螺旋、无规则卷曲和延伸链构成。利用软件 Signa IP 预测的结果表明，LcNRT1.1、LcNRT1.2 和 LcNRT1.7 蛋白都没有信号肽。

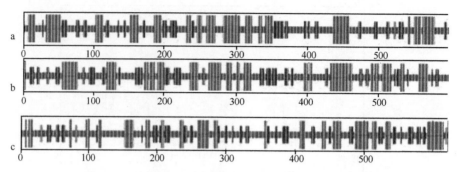

图 6-32　羊草 NRT 蛋白二级结构预测（赵浩波，2019）

a. LcNRT1.1；b. LcNRT1.2；c. LcNRT1.7

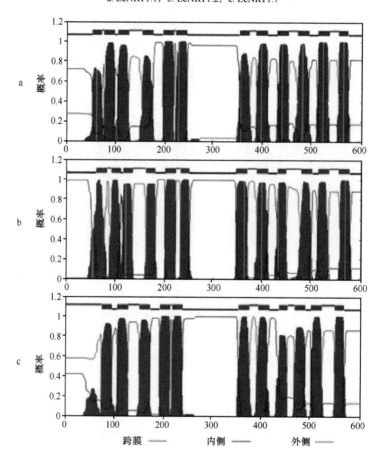

图 6-33　羊草 NRT 蛋白跨膜区预测（赵浩波，2019）

a. LcNRT1.1；b. LcNRT1.2；c. LcNRT1.7

跨膜区即蛋白质序列中跨越细胞膜的区域，通常为 α 螺旋结构，为 20～25 个氨基酸残基，构成跨膜区蛋白质的氨基酸大部分是疏水性氨基酸。对序列进行跨膜区预测是十分必要的。通常，膜蛋白不能在原核表达系统中表达，如果对序列进行跨膜区预测时发现序列中存在跨膜区，则在后续需要选择真核表达系统进行表达；如果想利用原核表达系统进行表达，需要对跨膜区序列进行敲除。图 6-34 中所示为跨膜区预测结果中有三个值：Inside、Outside、Transmembrane。Inside 表示胞内区，Inside 数值越大，表示该氨基酸位于胞内区的可能性越大；Outside 表示胞外区，Outside 数值越大，表示该氨基酸位于胞外区的可能性越大；Transmembrane 表示跨膜区，Transmembrane 数值越大，表示该氨基酸在跨膜区的可能性越大。LcNRT1.1 跨膜结构域的位置：54~73、78~100、107~129、156~178、199~221、225~247、355~374、389~411、432~454、474~496、516~538、558~577，经过跨膜 12 个跨膜螺旋区。LcNRT1.2 跨膜结构域的位置：60~82、92~111、116~135、162~181、202~224、234~251、347~369、389~411、431~448、480~502、515~537、557~579，经过 12 个跨膜螺旋区。LcNRT1.7 跨膜结构域的位置：77~99、111~133、157~179、200~222、226~248、365~387、407~429、450~468、483~505、518~540、568~587，经过跨膜 11 个跨膜螺旋区。

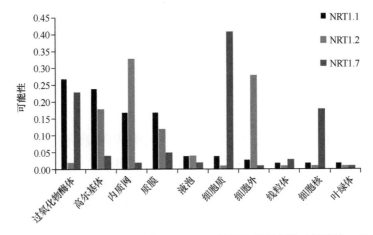

图 6-34　LcNRT1.1、LcNRT1.2 和 LcNRT1.7 亚细胞定位预测（赵浩波，2019）

硝态氮转运蛋白的功能与其亚细胞定位之间有着一定联系，为了进一步研究羊草硝态氮转运蛋白的功能，对三个 NRT 蛋白亚细胞定位进行了预测。利用 MultiLoc 和 SubLocv1.0 在线软件进行预测分析，不同的软件对蛋白质进行亚细胞定位预测，以获得硝态氮转运蛋白定位于不同细胞器中的可能性分值。大致的结果如图 6-35 所示，LcNRT1.1 和 LcNRT1.7 定位在细胞膜上，LCNRT1.2 定位在细胞膜和内质网上。

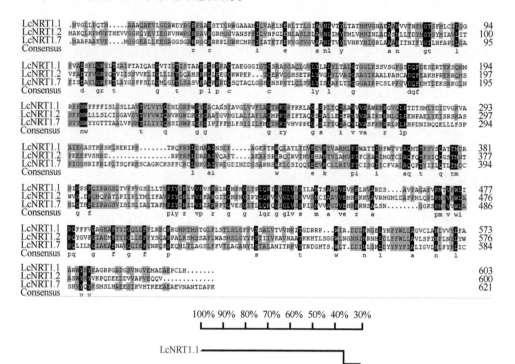

图 6-35 LcNRT1.1、LcNRT1.2 和 LcNRT1.7 编码蛋白质氨基酸序列的同源性分析
（赵浩波，2019）

对 LcNRT1.1、LcNRT1.2 和 LcNRT1.7 三个基因所编码蛋白质的氨基酸序列进行同源性分析，由 LcNRT1.1、LcNRT1.2 和 LcNRT1.7 氨基酸序列多重比对分析发现，LcNRT1.1、LcNRT1.2 和 LcNRT1.7 编码的氨基酸序列的相似性大于 30%，且 LcNRT1.1 和 LcNRT1.2 编码的氨基酸序列相似性高于 LcNRT1.7 编码的氨基酸序列的相似性，为 43.52%。

五、不同利用方式下羊草磷转运相关基因的差异表达分析

（一）天然草地磷素营养问题

磷是植物生长发育所必需的营养元素，是构成生物体的重要组成部分，参与许多重要的代谢过程。在天然草地上，土壤的速效磷含量一般都比较低，如内蒙古草地以石灰性土壤为主，一般呈弱碱性至碱性，对磷有固定作用，大大降低了牧草对磷的吸收利用（乌恩等，2009）。由于在草地上，放牧家畜的营养直接来源

于饲用植物，因此土壤营养的丰缺不仅影响到牧草的生长发育，也间接影响到家畜的健康状况与生产水平。

（二）磷转运基因对放牧的响应

磷素是植物所必需的大量无机营养元素，是植物生长发育的主要限制因素之一。磷素的吸收和在植物体内的转运利用都需要磷酸盐转运蛋白介导。

在羊草过度放牧后的转录组学研究的基础上，筛选获得了 6 个磷转运有关基因序列。依托锡林郭勒典型草原过度放牧样地和围封恢复样地、多年连续割草样地和无割草样地等研究平台，对不同利用条件下羊草中磷素有关基因的表达水平进行分析检测。结果表明，在不同的条件下，磷转运基因都有不同程度的响应。

通过对羊草的 6 个磷转运基因序列在不同放牧利用条件下的表达检测，结果发现，有 3 个基因 *PHT43*、*PT4* 和 *PT6* 的表达受不同放牧利用条件的影响，其中 *PHT43* 基因无论是在野外放牧胁迫下还是室内解除放牧胁迫后，其表达均表现出下调的趋势，表明磷转运基因参与了羊草对过度放牧的响应（图 2-90）。但是过度放牧通过何种调控方式影响磷转运基因表达进而影响磷代谢进程，最终参与植物矮小化的调控过程，需要更多的实验数据支持。

将筛选获得的羊草 *PHT43* 基因用于进一步的功能研究。通过构建重组表达载体和植物遗传转化，将磷转运基因在拟南芥中进行表达。通过转基因植物筛选（图 2-90），获得了拟南芥转基因纯合体植物。以转基因植物为材料对磷转运基因的功能进行了检测分析。

第五节　过度放牧导致的矮小化羊草蛋白质组学分析

羊草是欧亚草原主要的 C_3 多年生根状茎植物。它能很好地适应各种环境条件，如高碱度、高盐度、低温、干旱与各种大气氮沉降级别。放牧是草原最重要的经济活动，同样也是一个复杂的过程，包括接触、落叶、植物损伤与牛血清白蛋白（BSA）沉积。食草动物适度的采食或刈割刺激羊草快速生长，而长期过度放牧通常会导致羊草嫩枝及分蘖的密度、茎长、株高和叶长严重减小，这反过来又减少了地上部分的生物量和诱导植物矮小化。我们最近的研究发现，由于放牧影响，叶片光合作用显著降低，与放牧干扰导致的田间母株和温室克隆后代的羊草矮化表型相对应。草原生产力对于生态系统的正常功能维持和放牧动物的牧草供应极为重要。植物矮化可导致草原地上生物量和生产力下降，通过一系列从个体、物种、种群到生态系统的级联反应，引起生态系统结构和功能的变化。因此，揭示放牧引起羊草矮小化的潜在作用机制十分有必要。

关于羊草对放牧反应的分子机制的研究已经取得了重大进展。草食动物采食羊草之后，动物唾液可显著增加羊草的分蘖数、芽数及生物量，这些过程与碳水化合物的代谢密切相关。基于 RNA 测序技术，羊草对放牧期间唾液 BSA 沉积的应答过程中共检测到 2002 个差异基因，表明放牧可能通过唾液中 BSA 影响草原植物恢复。羊草叶片损失和落叶过程中也鉴定出几千个差异表达的基因。然而，以前的研究主要集中在基因组水平上探讨短期或瞬时放牧压力对羊草生长的影响，但长期放牧胁迫效应，尤其是在蛋白质水平上还没有开展广泛的研究。

基因表达与蛋白质表达都是研究植物生理变化的重要手段，基因表达目前的主要手段包括 PCR 及 RT-PCR，近几年来随着基因组学技术的发展，微阵列（microarray）技术可以同时测定 10 000~40 000 个不同基因表达，具有高效性，但是同时基因表达也具有很大的局限性。基因首先转录为 mRNA，mRNA 再经过密码子翻译为蛋白质，这过程中可能存在转录后再修饰等作用。大量研究表明，mRNA 表达和蛋白质表达间并没有一致性，有些基因在 mRNA 水平表达量无显著差异，而在蛋白质水平表达量却差异显著。因此，基因表达层面的研究不能说明全部问题，最终还要通过蛋白质表达得到确认。

蛋白质组学技术是一种研究蛋白质表达、蛋白质互作及转录后修饰的高通量方法。与传统方法每次只针对某几种蛋白质功能开展研究不同，蛋白质组学技术可在单次试验中同时分析上千种蛋白质的表达情况。因此，采用蛋白质组学技术的研究目的在于发现某些新的具有潜在功能的蛋白质。差异蛋白质组学主要通过比较分析不同状态或近似物种间蛋白质的表达图谱，实现对体系内代谢调控的动态监测，从而揭示机体对内外界环境变化产生反应的本质规律，能够反映蛋白质的动态本质。

蛋白质组学不仅是一种高通量鉴定蛋白质种类的技术，同时还可以对蛋白质表达情况进行分析，这就是定量蛋白质组学。蛋白质组学研究的基本步骤包括：蛋白质样品的制备、蛋白质浓度测定、蛋白质分离、质谱分析、肽质量指纹图谱的检索和蛋白质鉴定及生物信息学分析，其关键技术主要包括高通量的蛋白质分离技术、大规模的蛋白质鉴定技术和生物信息学。目前最常用的蛋白质分离技术是双向凝胶电泳（2D-PAGE）和液相分离技术。液相分离技术主要有两种，反相色谱法（RT-HPLC）可根据不同的亲疏水性将肽段分为不同组分，而强阳离子交换色谱法可依据肽段带不同电荷将肽段区分。液相分离技术包括质谱（MS）技术，是蛋白质鉴定分析的主要支撑技术。生物信息学是基因组和蛋白质组研究中必不可少的工具，根据质谱信息可获得不同肽段的信息，通过数据库查询能够鉴定差异蛋白的种类，目前科学研究中主要涉及的数据库有 SwissPort、Uniport（www.uniprot.org）、NCBI（http://www.ncbi.nlm.nih.gov）和 Gene Index（http://compbio.dfci.harvard.edu/tgi/）等。

随着蛋白质组学的不断发展，大量灵敏度高的研究方法如双向荧光差异凝胶电泳（2D-DIGE）、多维液相色谱、相对和绝对定量同位素标记（iTRAQ）、无标签标记（label-free）的定量蛋白质组、应用多反应检测（MRM）的目标蛋白质组学（targeted proteomics）、磷酸化蛋白质鉴定、蛋白质芯片（PC）及串联亲和纯化（TAP）等技术得到了普遍应用，促进了蛋白质组学的成熟与完善。基因组学、转录组学、代谢组学和生物信息学等领域与蛋白质组学相互结合进行的系统研究也逐渐增多，促进了蛋白质组学的迅速发展。

因此，我们通过蛋白质组学研究，比较长期过度放牧样地矮小化羊草与相邻长期围封样地正常羊草的蛋白质表达差异，鉴定矮小化羊草和正常羊草的差异表达蛋白，对其生物学功能及相互作用进行分析，以期初步探索羊草对长期过度放牧响应的蛋白质组学变化和植物矮化的分子机制。

将 MS/MS 数据与蛋白质数据库匹配后，共鉴定出 23 387 个肽段，其中 80% 含有 13～27 种氨基酸。从两组 6 个生物学重复中共发现 6555 个蛋白质，其中 1022 个具有高可信度（FDR<0.01）。这 1022 个蛋白质的功能注释结果表明，大部分是细胞质蛋白及与碳水化合物代谢有关的核蛋白。根据亚细胞定位分析（图 6-36，图 6-37），147 个蛋白质位于质体，76 个在细胞核，48 个在细胞质中。在 GZ 和 NG 组间总共有 104 个差异表达蛋白（DEP），其中 GZ 组有 51 个蛋白质上调，而 53 个蛋白质下调。GO 富集和 KEGG 代谢通路分析显示，上调 DEP 的 GO 条目与代谢途径有关，如假尿苷合成、多胺分解代谢和血红素生物合成。而下调的 DEP 主要与还原性戊糖磷酸循环，细胞质翻译与 DNA 复制相关的 DNA 解螺旋等功能有关。代谢路径定位分析结果表明，DEP 主要存在于代谢途径中，如次级代谢产物生物合成、不同环境下微生物代谢及氨基酸的生物合成。蛋白互作（PPI）网络作用结果表明，共有 89 种 DEP 具有拟南芥同源性，其中的 30 个 DEP 显示可能与 A0A023H9M8_9STRA、RPOB2_LEPTE、ATPB_DIOEL、DNAK_GRATL 和 RBL_AMOTI 相互作用（图 6-38）。最后采用 HPLC-MS 系统的 MRM 模式在蛋白质水平用于验证蛋白质组数据。结果表明，ATPB_DIOEL 上调表达，而 DNAK_GRATL 下调表达，这与蛋白质组学数据的研究结果相一致。

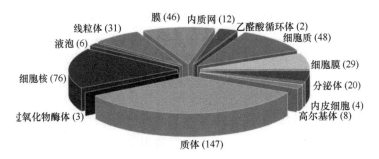

图 6-36　所有鉴定到的蛋白质的亚细胞定位统计（Ren et al., 2018b）

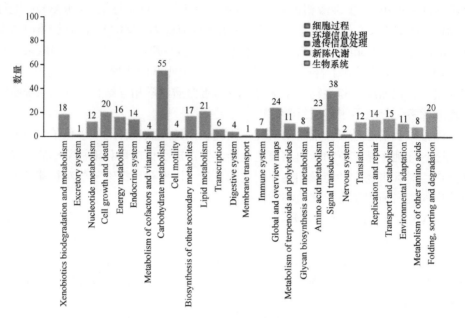

图 6-37　所有鉴定到的蛋白质的 KEGG 通路统计（Ren et al.，2018b）

将过度放牧样地矮小化羊草和长期围封样地正常羊草的蛋白质组学相比较，共获得 1022 个具有较高可信度的 DEP。其中在矮小化羊草样本中，共有 51 上调 DEP 和 53 个下调 DEP。PPI 网络显示，A0A023H9M8_9STRA、RPOB2_LEPTE、ATPB_DIOEL、DNAK_GRATL 和 RBL_AMOTI 蛋白质之间具有相互作用。而 HPLC-MS 分析证实，ATPB_DIOEL 在矮小化样本中表达上调，DNAK_GRATL 则出现表达下调。

ATPB_DIOEL 是叶绿体中一种 ATP 合成酶的 β 亚基。ATP 合成酶复合物在光合作用中催化 ATP 的合成，该作用称为光合磷酸化作用。以前的一项研究表明，激活状态的 ATP 合成酶可以限制叶片水平的光合作用。我们的研究结果显示，长期过度放牧样地中矮小化羊草 ATPB_DIOEL 表达水平出现上调。这表明长期过度放牧可能通过上调 ATPB_DIOEL 的表达，促进 ATP 合成酶的形成，从而限制羊草的光合作用以达到抑制羊草生长的效果。

从表达水平来看，DNAK_GRATL 是一种可能与 ATPB_DIOEL 相互作用的蛋白质，其表达量在矮小化羊草中被证实出现下调，也被称为热休克蛋白 70（HSP70）。HSP70 可以在几乎所有细胞区间内广泛协助蛋白质折叠。同时在正常或应激条件下，HSP70 可防止蛋白质聚集并协助蛋白质复性。HSP70 是植物发育过程中必不可少的，而 HSP70 突变体植物会出现生长迟缓的现象。因此，DNAK_GRATL 表达降低可能与长期过度放牧导致的羊草矮小化有关。

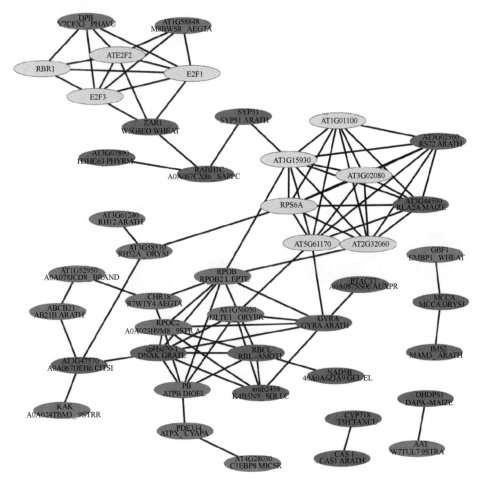

图 6-38　PPI 蛋白网络互作（Ren et al.，2018b）

另一个与 ATPB_DIOEL 相互作用的蛋白质 RBL_AMOTI 的表达出现下调，该蛋白质与还原型磷酸戊糖循环有关。RBL_AMOTI 是二磷酸核酮糖羧化酶/加氧酶（Rubisco）的一条主链，也是参与还原型磷酸戊糖循环的一种叶绿体酶。Rubisco 催化 D-核酮糖-1,5-二磷酸的羧化反应，该反应是二氧化碳固定和光呼吸过程中戊糖底物氧化裂解的主要过程。因此，Rubisco 可以促进光合作用及植物生长。我们的研究结果表明，在长期过度放牧草地的矮小化羊草中 RBL_AMOTI 表达水平降低。尽管目前没有其他证据证明 Rubisco 与过度放牧或植物矮化相关联，但我们推测 RBL_AMOTI 的表达水平因长期过度放牧而降低，从而导致 Rubisco 合成减少，限制了光合作用，造成羊草生长缓慢。

此外，如 PPI 网络所示（图 6-38，图 6-39），RPOB2_LEPTE、A0A023H9M8_9STRA 与 ATPB_DIOEL 及 DNAK_GRATL 相互作用。RPOB2_LEPTE 是依赖于

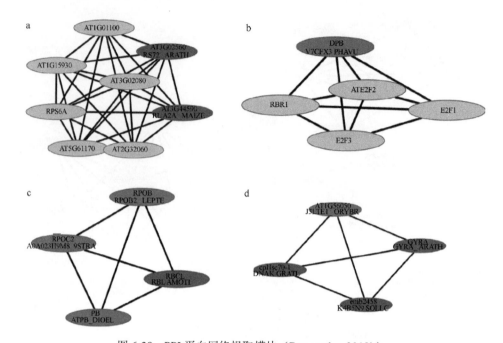

图 6-39　PPI 蛋白网络提取模块（Ren et al.，2018b）

a 为模块 1，b 为模块 2，c 为模块 3，d 为模块 4。橙色节点代表矮小化羊草中上调的蛋白质，绿色节点代表下调的蛋白质，灰色节点代表预测与差异表达蛋白相互作用的蛋白质

DNA 的 RNA 聚合酶 β 亚基的 C 端部分，可以催化 DNA 转录为 RNA。A0A023H9M8_9STRA 蛋白由叶绿体基因 *rpoC2* 编码，该基因同时也编码 RNA 聚合酶的 β 亚基。目前，还没有证据表明这两种蛋白质与植物生长或过度放牧相关。我们推测 RPOB2_LEPTE 和 A0A023H9M8_9STRA 参与了长期过度放牧诱导的羊草矮小化，这可能是它们通过与其他蛋白质的相互作用造成的，如 ATPB_DIOEL、DNAK_GRATL 和 RBL_AMOTI。

此外，我们的研究还表明，代谢通路（如次生代谢物生物合成及氨基酸的生物合成等途径）与有一系列 DEP 相关，如 SAT5_ARATH 和 DAPA_MAIZE。SAT5_ARATH（丝氨酸乙酰转移酶 5）是高等植物硫化过程中半胱氨酸生物合成的关键酶。硫是所有生物体生长所必需的，土壤中的无机硫酸盐可被植物吸收合成含硫氨基酸，如半胱氨酸和蛋氨酸（甲硫氨酸），供给植物生长。但是，我们发现 SAT5_ARATH 蛋白在矮小化羊草中表达下调。我们推测，长期过度放牧导致 SAT5_ARATH 蛋白表达降低，从而抑制羊草的生长。DAPA_MAIZE[4-羟基-四氢吡啶二羧酶（HTPA）合成酶]是一种催化赖氨酸（Lys）生物合成的同源四聚体酶，其可催化 (*S*)-天门冬氨酸 β-半醛[(*S*)-ASA]和丙酮酸的缩合反应，生成 HTPA。富含 Lys 的阿拉伯半乳聚糖蛋白 ATAG19 在植物生长发育的多个过程中发挥作用，包括细胞分裂与扩张、叶片发育与增殖。蛋白质的赖氨酸乙酰化在植物光合作用和卡尔文循环过程中起调控作用。以上结果表明，Lys 在植物生长过程中起关键作用。在我们的研究中，矮小化羊草 DAPA_MAIZE 表达水平降低。因此，长期过度放牧降低了羊草中 DAPA_MAIZE 的表达水平，进而可能抑制光合作用，导致羊草出现矮小化。

之前有研究人员利用第二代测序技术检测羊草剪掉叶片及放牧处理后的转录组，寻找放牧组和 BSA 涂抹组的差异基因。对 2002 个差异表达基因的富集分析显示，放牧和 BSA 涂抹的影响主要涉及细胞氧化状态变化和细胞凋亡。然而，我们目前的研究中筛选出的某些蛋白质可能与光合作用有关，这与之前放牧矮小化羊草光合作用相关酶的变化情况相一致。

尽管获取了以上结果，但目前主要的局限性在于一些重要蛋白质的相互作用及其生物学功能还未经相关试验证实。因此，在今后的研究中，我们将通过相关试验证实这些蛋白质（如 RPOB2_LEPTE、A0A023H9M8_9STRA、ATPB_DIOEL、RBL_AMOTI、SAT5_ARATH 与 DAPA_MAIZE）在矮小羊草中的表达及其相互作用。

综上所述，基于质谱技术，长期过度放牧草地的矮小化羊草与长期围封样地的正常羊草相比，共获得 104 个差异表达蛋白。HPLC-MS 分析证实，在矮小化羊草中 ATPB_DIOEL 表达上调，而 DNAK_GRATL 却表达下调。如 PPI 网络作用图所显示，这两个蛋白质及其相互作用的蛋白质，如 RPOB2_LEPTE、A0A023H9M8_9STRA 和 RBL_AMOTI，可能与长期过度放牧导致的羊草矮小化关联。SAT5_ARATH 和 DAPA_MAIZE 蛋白表达下调，可能是通过氨基酸合成作用在矮小化过程中发挥关键作用。这些结果为进一步的试验研究提供了新的信息，有助于更好地理解羊草矮小化的分子机制。

第六节　羊草全基因组甲基化测序（WGBS）分析

一、DNA 甲基化的作用及调控机制

表观遗传学是指在不改变基因组序列的前提下，基因功能发生的可逆的可遗传的改变，主要包括 DNA 甲基化、组蛋白修饰、染色质重塑、非编码 RNA 介导的基因沉默等。其中 DNA 甲基化是最为常见的，也是目前研究最多的一种表观遗传修饰方式。DNA 甲基化的主要过程是指在 DNA 甲基化转移酶和甲基化 CpG 结合蛋白的作用下，使 CpG 二核苷酸 5′端的胞嘧啶转变为 5′甲基胞嘧啶。

二、全基因组甲基化测序分析

全基因组甲基化测序（whole genome bisulfite sequencing，WGBS）是将重亚

硫酸盐处理方法和 Illumina 高通量测序平台相结合，对有参考基因组的物种在全基因组水平进行高精准甲基化研究。WGBS 可以达到单碱基分辨率，精确分析每一个胞嘧啶的甲基化状态，首先通过重亚硫酸盐对样本 DNA 进行处理，将未甲基化的 C 碱基转化为 U 碱基，而甲基化的 C 碱基则不会改变，进行 PCR 扩增后 U 碱基会变成 T 碱基，与原本甲基化 C 碱基区分开，再结合高通量测序技术，从而构建精细的全基因组 DNA 甲基化图谱。如今，全基因组 DNA 甲基化测序已广泛应用于基因表达调控、发育表观组学、细胞分化及组织发育等领域。

三、羊草全基因组甲基化测序结果分析

羊草是异源四倍体植物，遗传背景较为复杂，并且其全基因组测序结果分析目前尚未全部完成。因而在无参的背景下，对其表观遗传特性的研究本身存在一定的难度。为进一步从表观遗传修饰的角度揭示长期过度放牧导致的植物矮小化现象的机理，将分别对来源于长期围封样地与过度放牧样地的羊草样品，开展矮小化羊草全基因组甲基化测序（WGBS），筛选差异的甲基化位点，结合羊草全基因组测序结果，着重对关键基因启动子区域的差异甲基化进行分析，筛选关键的 DNA 甲基化位点，探寻与矮小化相关的 DNA 甲基化位点的遗传特性，从而揭示植物矮小化形成的表观遗传基础。测序完成后，对数据进行去除接头序列和低质量过滤，随后将过滤后的数据与参考基因组比对，获得了全基因组平均甲基化水平图谱的总体特征（表 2-20）。并对差异甲基化区域（DMR）进行检测，通过多重检验校正，进而得到差异甲基化区域。可以分别使用 CG、CHG 和 CHH 位点来寻找差异甲基化区域，DMR 检测结果如表 6-10 所示。

表 6-10   DMR 的数目

种类	DMR 数量
CG	236
CHG	252
CHH	120

注：CG、CHG 和 CHH 为不同的 DMR 类型。下同

将 DMR 分别注释到启动子（promoter）区和基因体（gene body）区（表 6-11，表 6-12），进而可以分析差异甲基化基因潜在的功能。其中分布于启动子区和基因体区的 DNA 甲基化修饰仅占 8%，92% 的 DNA 甲基化修饰均发生于其他区域（图 6-40）。而最终在启动子区和基因体区注释到的相关基因有 13 个（表 2-21），对这 13 个基因进行进一步分析，发现部分基因参与植物逆境胁迫响应。例如，*HSP70* 参与胁迫应答过程，*RPP13L4* 参与防御应答和信号转导等过程（表 2-21）。

表 6-11　DMR 在基因组上的分布

位置	CG 数量	CHG 数量	CHH 数量
启动子区	2	4	2
基因体区	3	9	5
启动子区+基因体区	5	13	7
其他区域	231	239	113
总数	236	252	120

表 6-12　DMR 注释结果（部分）

种类	染色体 ID	DMR 起始位点	DMR 终止位点	DMR 长度	甲基化水平差值	DMR 区域位点数目	DMR 甲基化水平 E6 组	DMR 甲基化水平 G5 组	P 值	基因 ID	元件
CG	scaffold10101	156 028	156 071	44	−0.220 2	5	0.705 6	0.925 8	0.016 0	evm.TU.scaffold10101.14	启动子
CG	scaffold3282	90 326	90 367	42	−0.327 0	5	0.524 8	0.851 8	0.032 0	evm.TU.scaffold3282.7	启动子
CG	scaffold10101	149 405	149 620	216	0.221 6	5	0.432 6	0.211 0	0.007 9	evm.TU.scaffold10101.14	基因体
CG	scaffold22963	88 993	89 063	71	−0.205 0	5	0.519 6	0.724 6	0.007 9	evm.TU.scaffold22963.8	基因体
CG	scaffold3282	60 751	61 113	363	0.242 6	5	0.986 6	0.744 0	0.007 9	evm.TU.scaffold3282.6	基因体

注：种类，不同的 DMR 类型

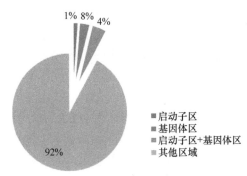

图 6-40　在基因组区域 DNA 甲基化的分布

在过度放牧胁迫下，植物体内 *ILL2*、*HSP70*、*Pm3*、*RPP13L4* 及 *VRN-A1* 基因的甲基化修饰水平也均上调了（图 6-41）。其中 *ILL2* 基因编码生长素（IAA）酰胺水解酶，该酶能使生长素结合态氨基酸释放出游离态氨基酸，是植物体内生长素从储存态向活化态转换的关键基因。结果发现，与围封正常羊草相比，过度放牧矮小化羊草中该基因的启动子区域甲基化水平增加 56% 以上。启动子区域甲基化水平上调会导致该基因表达量降低，从而导致矮小化羊草体内活化生长素含量降低，可能是羊草矮小化形成和维持的表观调控机制之一。而在之前的研究中也发现，过度放牧羊草叶片中 IAA/ABA 显著降低，并推测 IAA 是调控草原植物矮小化的关键激素之一。

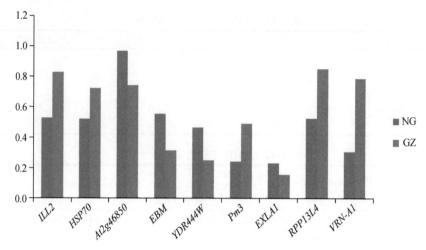

图 6-41　DMR 注释到的 9 个基因甲基化信息

尽管已经获得了以上羊草全基因组甲基化测序结果，但是由于羊草遗传背景的复杂程度，以及全基因组测序尚未全部完成，目前所能注释到的甲基化基因并不全面，相关基因甲基化调控网络也并不清晰，其相应的调控功能也尚待验证。因此，这些局限性今后还需进一步的探究，尤其是羊草全基因组测序完成后，将有助于更好地分析甲基化修饰结果，进一步解析放牧羊草矮小化的机理。

综上所述，基于羊草全基因组甲基化测序（WGBS）分析，在启动子区和基因体区注释到的相关基因有 13 个，其中部分基因参与植物逆境胁迫响应。与长期围封羊草相比，在过度放牧胁迫下，植物体内 *ILL2*、*HSP70*、*Pm3*、*RPP13L4* 及 *VRN-A1* 基因的甲基化修饰水平均上调。其中 *ILL2* 基因的甲基化水平上调，致使基因的表达下调，抑制了生长素从储存态向活化态的转换，最终影响了植株的正常发育，可能是放牧羊草出现矮小化现象的原因之一。而其他相关的调控基因的具体功能还需进一步的分析与验证。

第七节　外源喷施褪黑素对羊草生长的影响

一、研究背景

（一）褪黑素的发现

N-乙酰-5-甲氧色胺（melatonin，MT）是一种从牛松果腺中分离出的活性分子，因其能使青蛙的表皮褪色而被命名为褪黑素（Lerner et al.，1958）。其分子结构与生长素（吲哚乙酸，IAA）十分相似，且同属于吲哚类化合物。起初，褪黑素作为一种动物激素被研究，结果发现其具有多个重要的生物学功能：影响昼夜

节律（Hardeland，2016）、增强免疫（Carillo-Vico et al.，2013）以及减少氧化应激等（Galano et al.，2013；Reiter et al.，2010）。尽管褪黑素在动物中的研究有很多，但是在植物中的研究直到 20 世纪 90 年代才陆续开始。研究发现许多高等植物中均有褪黑素的存在，然而在大多数植物体内褪黑素的含量都非常低，只有在药用植物中含量相对较高（Pape and Lüning，2006；Tan et al.，2003）。已有研究证实，褪黑素能在植物体中合成（Wang et al.，2018；Murch et al.，2001），并参与多种生物学功能（Kolar and Machackova，2005）。

（二）褪黑素调节植物生长发育

褪黑素的分子结构与 IAA 相似，同属于吲哚类化合物，并且二者的生物合成途径相同。因此，这两个吲哚分子可能具有类似的生物功能（Murch and Saxena，2002）。所以，褪黑素在植物中常作为植物生长调节剂，具有促进营养生长、抑制生殖生长的功能。研究证实，褪黑素在黄化白羽扇豆中起到生长促进剂的作用（Hernández-Ruiz et al.，2004）。与 IAA 类似，外源褪黑素在低浓度下可以诱导下胚轴的生长，而高浓度则对其生长具有抑制作用。另外，褪黑素可以促进小麦、大麦和燕麦等单子叶植物的胚芽鞘生长（Hernandez-Ruiz et al.，2004）。褪黑素还能促进芥菜根的生长（Chen et al.，2009）以及甜樱桃茎尖外植体的不定根的再生（Sarropoulou et al.，2012）。此外，褪黑素处理可以提高玉米产量（Tan et al.，2012）。外施褪黑素可显著促进大豆植株生长，增加大豆植株的生物量、单株的产量，田间试验结果显示，外施褪黑素确实可以增产（Wei et al.，2015）。向葡萄幼果喷施褪黑素溶液，可引起葡萄果实内源褪黑素积累，促进果实膨大（Meng et al.，2015）。褪黑素还可以调节种子发芽、开花、叶片衰老、果实成熟等生育过程（Park and Back，2012）。由此可见，褪黑素对植物的生长有促进作用。

（三）褪黑素调节植物抗逆性

生物/非生物胁迫严重影响和限制植物的生长与发育。研究表明，褪黑素很可能是植物抵御氧化胁迫的第一道防线（Tan et al.，2012）。据报道，褪黑素能够有效缓解干旱、盐碱、低温和重金属等胁迫对植物造成的伤害（Zhou et al.，2019；Ma et al.，2018；Wei et al.，2015；Bajwa et al.，2014；Zhang et al.，2013）。褪黑素通过提高植物的抗氧化能力，清除体内过量累积的活性氧，以缓解干旱胁迫对植株造成的氧化损伤，从而达到增强植物抗旱性的目的（Zhang et al.，2013；Tan et al.，2012）。褪黑素可以提高大豆植株的耐盐性和耐旱性（Wei et al.，2015）。有研究表明，褪黑素可以通过增加植物体内多胺的合成来缓解盐碱胁迫对小麦幼苗生长的影响（Ke et al.，2018）。据报道，外源喷施褪黑素可以提高植物体内抗氧化代谢能力、渗透物质的含量，减轻活性氧（ROS）对细胞膜造成的伤害，维持细胞膜稳定性以提高植物对低温胁迫的抵抗能力（Fei et al.，2017）。此外，褪黑素缓解或消除金属离子对细胞和生物大分子的伤害，是通过其或其前体物质与铝、铜和镉等多种重金属离子产生螯合反应实现的（Ma et al.，2018）。综上所述，褪黑素作为一种有效的内源植物抗氧化剂，可以通过提高植物的抗氧化能力来缓解植物因各种胁迫而诱发的氧化胁迫损伤。

基于项目前期的大量研究，我们知道经过长期过度放牧后羊草植株出现矮小化表型，且这种表型可稳定维持多年。褪黑素是一种重要的生长调节物质，可以促进植物的生长，增强植物的抗逆性。本节研究中，我们以羊草为材料，进行外源喷施褪黑素试验，筛选适合的处理浓度，探讨褪黑素是否可以促进矮小化羊草的生长，希望通过对矮小化羊草进行褪黑素喷施，恢复其矮化表型，从而达到退化草地恢复的目标。

二、材料与方法

（一）试验设计与处理

本节试验材料为羊草，材料来源于内蒙古自治区锡林浩特市长期过度放牧（1983 年以来持续放牧，HG）样地和长期围封（1983 年围封至今，E83）样地，分别挖取以上两个样地的羊草根茎数株，移栽在内蒙古自治区呼和浩特市农业部（现农业农村部）沙尔沁牧草资源重点野外科学观测试验站羊草种质资源圃各试验小区，每个小区面积为 3m×3m，一年之后，整个 9m² 小区长满羊草。我们把生长有长期围封（E83）和长期过度放牧（HG）羊草的不同小区（共 10 个小区，每个小区面积 9m²）分别分成 9 个小型"区块"，每个"区块"面积为 1m²，E83 和 HG 羊草分别设对照组和实验组（图 6-42，图 6-43）。实验组每平方米喷施 1L 20μmol/L 的褪黑素溶液，每 5d 喷施一次，共喷施 5 次，对照组喷施对应体积的水。

由于资源圃羊草植株均已抽穗，过了最佳喷施时期，因此对部分小区羊草进行了统一刈割处理，在刈割后的第三天进行褪黑素溶液喷施处理。此外，保留部分小区的抽穗羊草植株，测量相关表型数据后，进行褪黑素喷施处理。所有处理小区每 5d 喷施一次，共喷施了 5 次。每平方米喷施 1L 20μmol/L 的褪黑素溶液。对照处理喷施相应体积的水。

（二）测定方法与统计

在褪黑素喷施前测量羊草的表型性状：随机测量区块内的 12 棵羊草的株高、叶长等指标数据，作比较统计；喷施试验结束后测量地上部的鲜重和干重。按照不同的区块收割羊草的地上部，测量鲜重。于 65℃烘干 72h 后测量干重。多区块数据可作为生物学重复，计算方差及是否具有显著差异。鲜重和干重都可作

T15 (E83)			T16 (E83)			T19 (HG)			T20 (E83)			T21 (HG)		
a	b	c	a	b	c	1	A	2	1	A	2	1	A	2
d	e	f	d	e	f	D	5	B	D	5	B	D	5	B
g	h	i	g	h	i	4	C	3	4	C	3	4	C	3
a	b	c	a	b	c	1	A	2	1	A	2	1	A	2
d	e	f	d	e	f	D	5	B	D	5	B	D	5	B
g	h	i	g	h	i	4	C	3	4	C	3	4	C	3
S15 (HG)			S16 (HG)			S19 (E83)			S20 (HG)			S21 (E83)		

图 6-42　褪黑素野外喷施试验设计及样地信息

HG，长期过度放牧；E83，长期围封；纯绿色背景区域没有刈割但进行了褪黑素喷施，其他区域是刈割后再进行
褪黑素喷施的小区；T16、S16、T20、S20 为对照组（无褪黑素处理）；其他区域为实验组（褪黑素处理）

为评估草块生长状态的指标。羊草植株各表型性状分析中，为确保试验结果的客观性，各处理羊草表型性状的差异显著性研究利用方差分析法，所有数据用平均值±标准误（Mean±SE）表示。所有数据分析在统计分析软件 Excel 2007 和 SPSS19.0 中进行。

三、结果与分析

褪黑素处理对羊草生长的影响如下。

通过对"矮小化"羊草进行褪黑素喷施，希望可以拯救其矮化表型，从而达到退化草地恢复的目标。基于前期在室内用褪黑素喷施羊草叶表面的试验结果，设计褪黑素室外喷施试验。在褪黑素喷施前，我们测定了各小区羊草的株高、叶长等指标，统计分析发现，与长期围封（E83）羊草相比，长期过度放牧（HG）羊草的株高、茎长、叶长、茎粗及叶宽显著降低（图 6-44）。

图 6-43　褪黑素喷施羊草处理过程图

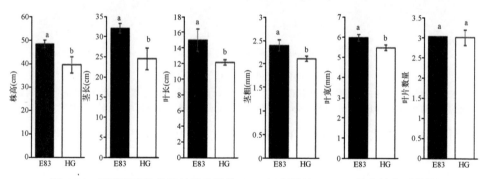

图 6-44　褪黑素喷施前已抽穗的放牧（HG）和围封（E83）羊草的表型差异

在褪黑素喷施处理过程中，通过对喷施后羊草的表型数据统计，结果发现在营养生长时期，褪黑素处理对羊草株高、茎长、茎粗及叶片生长均有促进作用，但主要发生在第 4 次喷施后，也就是营养生长 20d（图 6-45～图 6-47）。

在处理结束后，取样并测量地上部样品的鲜重。分别测定了相同株数的鲜重和单位面积生物量。之后，将样品置于 108℃下杀青 30min，然后在 65℃下烘干 72h 测量干重。通过分析发现，褪黑素处理可增加羊草的单株生物量（图 6-48）。

我们发现褪黑素处理可以促进羊草植株的生长，且最佳处理时期是其营养生长的 20d 左右。此外，我们还分析了抽穗后再对其进行褪黑素处理的羊草表型数

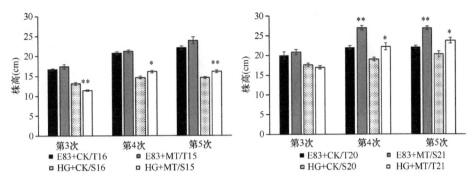

图 6-45　褪黑素处理对羊草株高的影响

图中横坐标表示喷施次数，MT 表示褪黑素处理

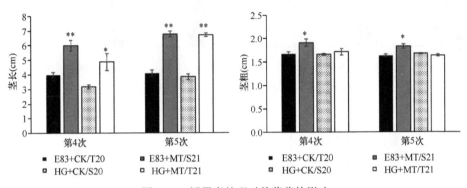

图 6-46　褪黑素处理对羊草茎的影响

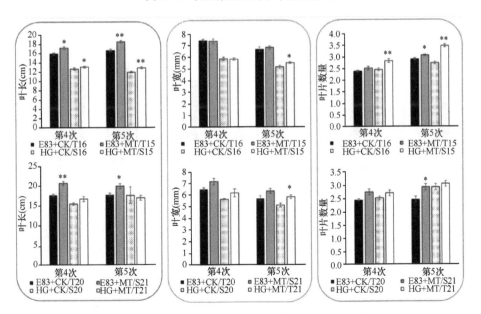

图 6-47　褪黑素处理对羊草叶片的影响

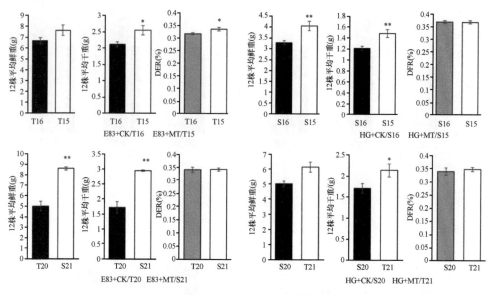

图 6-48　褪黑素处理对羊草单株生物量的影响

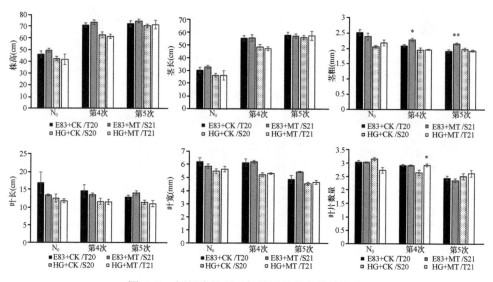

图 6-49　褪黑素处理对抽穗后羊草表型的影响

图中 N_0 表示对照

据，结果发现开花后的羊草，即进入生殖生长时期的羊草，给予褪黑素处理并不能促进其生长（图 6-49）。这也进一步说明褪黑素促进羊草生长是在其营养生长期发挥作用。

综上所述，我们的研究结果证实，褪黑素处理可以促进营养生长时期的羊草植株生长，褪黑素处理可增加羊草的单株生物量。然而，我们发现抽穗后再对其进行褪黑素处理即对进入生殖生长时期的羊草给予褪黑素处理，并不能促进其生长。进一步说明褪黑素促进羊草生长是在其营养生长期发挥作用。

第八节　结　　论

本研究主要结合了过度放牧下羊草矮小化表型可塑性分析、转录组分析、蛋白质组分析、激素信号及其代谢途径关键基因表达分析、全基因组甲基化测序分析及褪黑素对生长的影响分析，全面地阐述了草原植物矮小化的分子调控与表观遗传机制，主要结论如下。

一、过度放牧下羊草矮小化表型可塑性分析

1）解除放牧胁迫后，在同质园条件培养下，羊草的矮小化现象依然存在，地上生物量显著减少。并且在一定的培养时间内，随着培养时间的增长，放牧与围封羊草株高、茎长、叶长性状的差异越来越显著。

2）通过刈割处理模拟采食也会导致羊草植株的矮小化，但模拟采食导致的矮小化现象在其无性繁殖后代中就消失了，故草原植物矮小化的跨世代传递可塑性特征依赖于草食动物放牧的影响，而非单一的物理刈割。

3）室内控制试验表明，放牧胁迫记忆在一定程度上影响了茎秆与叶片及植株大小之间的异速生长关系，并且放牧与割草对羊草植株的影响具有差异化。

二、过度放牧下矮小化羊草转录组分析

1）对围封自然恢复和过度放牧条件下的羊草样品进行转录组分析，结果共发现显著差异基因 49 495 个，其中 22 953 个基因表达下调，26 542 个基因表达上调。进一步对差异表达基因进行 GO 功能集分析显示，显著性富集的 GO 相关的生物学进程参与羊草对长期过度放牧的响应，可能与羊草的矮小化有关。通过 KEGG 通路（pathway）显著性富集分析发现，羊草的差异表达基因参与代谢途径、次级代谢合成等 16 个最主要的代谢和信号途径。在长期过度放牧胁迫下，草原植物可能激活了响应逆境胁迫的代谢途径，从而提高了对逆境胁迫的抵抗能力。

2）对室内控制培养的矮小化与野生型羊草的转录组分析，共获得差异表达基因 3341 条，其中上调基因 2024 条，下调基因 1317 条，主要涉及防御、免疫应答、疾病拮抗和细胞发育等过程。富集的 GO 条目中"过氧化氢响应"可能参与调控有关植物的生长与发育，结合 DEG 中相关防御基因的下调，表明矮小化表型羊草无性系后代的生长发育功能受损与此密切相关。本研究的转录组测序结果，有助于在分子变化水平阐明羊草克隆后代对长期过度放牧诱导的胁迫记忆或跨代效应

的响应。

3）将长期刈割处理羊草与正常羊草植株进行转录组测序及分析，共获得差异表达基因 2748 条，其中上调基因 1328 条，下调基因 1420 条。这些差异基因主要关联到氨基酸代谢、脂肪酸代谢、光合作用、植物激素信号转导、抗坏血酸合成、RNA 转运与降解、植物-病原体互作等多条代谢通路上。

4）将室内培养羊草材料进行刈割及羊唾液涂抹处理，然后进行转录组测序分析。与对照组相比，刈割处理共获得差异表达基因 413 条，其中上调基因 196 条，下调基因 217 条；刈割后羊唾液涂抹处理共获得差异表达基因 2333 条，其中上调基因 1514 条，下调基因 819 条。而与仅刈割处理相比，唾液涂抹处理共获得差异表达基因 2452 条，其中上调基因 1425 条，下调基因 1027 条。

5）对长期放牧-长期围封（HG-E83）、长期刈割-长期未割（YG-WG）、模拟/短期刈割-对照（C-CK）、模拟/短期放牧-对照（SC-CK）这 4 组羊草的转录组测序关联分析，共筛选出 62 个基因在 SC-CK 及 HG-E83 比较组中显著差异表达且表达调控方向并不完全一致，同时又不存在于 C-CK 及 YG-WG 比较组中。在 HG-E83 与 SC-CK 两组中表达调控方向一致的有 14 个基因，其中 2 个基因可参与植物防御反应（病程相关蛋白 1 和热激转录因子 A-2c），其他基因功能尚未明确。

三、过度放牧导致的矮小化羊草激素信号及其代谢途径关键基因表达分析

1）以羊草不同组织为研究材料，利用 qRT-PCR 技术筛选出了在各组织中的最佳内参基因。其中，叶片中稳定性较高的内参基因是 *Actin*，茎中的是 *EF-1a*，根中的是 *APRT* 和 *18S rRNA*，穗中的是 *TUB*。此结果为开展羊草的功能基因的表达分析提供了重要参考。

2）赤霉素和油菜素内酯均是调控植物生长发育及抗逆的重要激素，但在本研究中油菜素内酯含量及其受体合成相关基因并没有显著性差异，因而油菜素内酯可能并不是放牧导致的矮化的调控途径之一；而赤霉素含量在放牧羊草植株中显著降低，并且赤霉素合成的关键基因 *G20-Oxidase* 及赤霉素受体合成关键基因 *GID* 均显著下调，表明赤霉素在放牧导致的植株矮小化激素调控途径中具有重要的作用。

3）在光合调控途径中，光合过程关键酶——二磷酸核酮糖羧化酶/加氧酶（Rubisco）的活性显著降低，光合速率相关基因 *ABC4*、*PAA1*、*LHCII*、*SR45* 等显著下调；叶绿素合成相关基因 *CLPB41*、*APKIA*、*APKIB* 也显著下调。这表明放牧胁迫抑制了光合相关基因的表达，导致了一些关键酶活性的降低，从而降低了光合能力，影响了植株的正常生长发育过程，致使植株产生矮小化现象。

4）氮代谢是植物生长发育的重要过程，但长期过度放牧胁迫会导致羊草叶片

中 GDH 和 AS 活性降低,从而降低氮的同化能力。根据矮化羊草与正常羊草的转录组测序结果,筛选出了 6 个与氮吸收、转运和同化密切相关的基因。其中,参与根系氮素吸收的 NO_3^- 转运载体基因 *NRT1.1* 和 *NRT1.2* 下调表达,减少了对氮素的吸收;而参与叶片氮素再分配的 NO_3^- 转运载体基因 *NRT1.7* 上调表达,促使氮素从老叶向新叶运输。故长期过度放牧降低了氮素的吸收,同时也开启了由 *NRT1.7* 调节的氮素分配再利用途径。

5)通过进一步对磷素有关基因表达分析检测,结果发现有 3 个磷转运基因 *PHT43*、*PT4* 和 *PT6* 的表达受不同放牧利用条件的影响,其中 *PHT43* 基因无论是在野外放牧胁迫下还是室内解除放牧胁迫后,其表达均表现出下调的趋势,表明其参与了羊草对过度放牧的响应,但具体的调控途径还需进一步的数据支持。

四、过度放牧导致的矮小化羊草蛋白质组学分析研究

1)将长期过度放牧与正常羊草进行蛋白质组学分析,共发现 6555 个蛋白质,其中 1022 个具有高可信度。组间共有 104 个差异表达蛋白(DEP),其中有 51 个蛋白质上调,53 个蛋白质下调。其中 ATPB_DIOEL 在矮小化样本中上调,表明长期过度放牧可能会促进 ATP 合成酶的形成,从而以限制羊草的光合作用的方式达到抑制羊草生长的效果。而 DNAK_GRATL 则出现表达下调,DNAK_GRATL 是一种可能与 ATPB_DIOEL 相互作用的蛋白质,也被称为热休克蛋白 70(HSP70),是植物发育过程中必不可少的,因此,DNAK_GRATL 表达降低也可能与长期过度放牧导致的植株矮小化有关。

2)另一个与 ATPB_DIOEL 相互作用的蛋白质 RBL_AMOTI 的表达下调,该蛋白质与还原性戊糖磷酸循环有关。推测 RBL_AMOTI 的表达水平因长期过度放牧而降低,致使 Rubisco 合成减少,从而限制了光合作用,造成羊草生长缓慢。另外,还发现与硫的吸收和转化相关的蛋白 SAT5_ARATH 也表达下调,其可能通过氨基酸合成作用,在矮小化过程中发挥关键作用。这些结果为进一步的试验研究提供了新的信息,有助于更好地理解羊草矮小化的分子机理。

五、羊草全基因组甲基化测序分析研究

针对正常羊草与矮小化羊草进行羊草全基因组甲基化测序(WGBS)分析,在启动子区和基因体区注释到的相关基因有 13 个,其中部分基因参与植物逆境胁迫响应。过度放牧羊草体内 *ILL2*、*HSP70*、*Pm3*、*RPP13L4* 及 *VRN-A1* 基因的甲基化修饰水平均上调。其中 *ILL2* 基因的甲基化水平上调,致使基因的表达下调,抑制了生长素从储存态向活化态的转换,最终影响了植株的正常发育,可能是放

牧胁迫导致羊草植株矮小化的原因之一。而其他相关的调控基因的具体功能还需进一步的分析与验证。

六、野外喷施褪黑素对羊草生长的影响

褪黑素作为植物抵御氧化胁迫的重要防线，能够有效缓解干旱、低温、盐碱等胁迫对植物的伤害。对控制试验中的正常羊草与矮化羊草进行褪黑素处理，经过多次喷施后，在营养生长期其对羊草株高、茎长、茎粗及叶片生长均有促进作用，并且增加了羊草单株的生物量；但在生殖生长期，褪黑素并不能促进羊草生长。

第七章 放牧优化对提高草原生产力的作用机理与途径*

第一节 概　述

基于土-草-畜系统适度放牧优化理论与技术，重点研究放牧过程中放牧强度、放牧时间和放牧方式等因子对草原土壤、植被、家畜生产性能与环境的作用，从土壤、植被、家畜和环境等不同层面多维度量化草原适度放牧的指标与阈值，确定草原放牧优化调控技术，并面向不同区域建立适用于不同区域的放牧利用技术。

以草原生态系统的土壤、植被、家畜等不同成分为重点，将放牧利用作为手段，研究生态系统主要营养元素的状态及动态变化，全方位揭示放牧对草原生态系统状态和过程的作用及对生态系统的响应调控，阐明草原生产力变化与生态系统营养元素周转的关系及放牧和环境因子的作用。建立适度放牧利用的阈值和监测、评价体系，丰富草原管理的理论与实践。

一、优化放牧调控草原生产力的研究背景和思路

以确定中国北方典型草原的优化放牧调控方法为目标，以草原生态系统中的基本要素土壤、草原、家畜结合气候等环境因子为核心，从各生态因子对放牧响应的状态入手，阐明放牧优化对主要营养元素状态和生态系统过程的作用机制，正确解析放牧与生态系统过程和状态的关系，明确适度放牧下草原土壤、植被和家畜生产性能的表现，以及其与气候等环境因子的相互作用，揭示放牧对调控草原生态系统土-草-畜关系的作用机制，阐明放牧相关要素和气候等环境要素对草原生产力与生态系统服务功能维持的作用，筛选出草原适度放牧利用的土壤、植被、家畜和环境指标及阈值范围，并明确其与气候要素的相互作用方式，提出草原放牧优化调控措施，为中国北方草原生产力和生态系统服务功能的健康发展提供理论基础与技术支撑。

---

* 本章作者：张英俊、丁勇、戎郁萍、刘楠、卫智军、宝音陶格涛

二、优化放牧调控草原生产力的研究方法与技术路线

（一）主要研究方法

1）以中国典型草原生态系统定位站为研究平台，布置有关放牧强度、放牧时间和放牧方式的一系列放牧试验，采用动态取样和原位观测的方法，通过测定土壤理化性状、土壤生物种类和数量、植物功能群组与主要元素、家畜生产性能等指标，研究放牧各要素对草原生态系统土-草-畜各因子及主要营养元素的生态系统过程的影响机制，探明放牧对土-草-畜系统的调控特点及气候等环境因子对放牧系统的综合调控。

2）根据不同类型草原区放牧试验的研究结果，确定放牧优化调控技术与土壤、植被、家畜等在适度放牧下的指标体系和阈值范围，并通过比较研究，确定放牧强度、放牧时间和放牧方式等多因子相互作用下生态系统状态与过程的变异规律，探明放牧对生态系统服务功能的调控机理和作用途径。

3）根据前期工作结果，选择合适的放牧优化调控技术在相应区域应用，研究适度放牧指标和阈值范围的实用性以及其与气候等要素相互作用的过程。

4）综合上述研究，提出基于草原生产力和生态系统服务功能的草原放牧优化利用方法及调控技术措施。

（二）技术路线

以中国北方干旱、半干旱区的典型草原为研究对象，选择与放牧利用相关的家畜放牧强度、放牧时间和放牧方式等要素，通过生理学和生态学方法研究这些

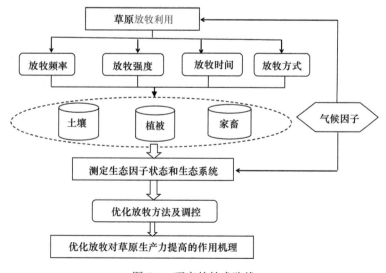

图 7-1　研究的技术路线

放牧要素对草原土壤、植被、家畜等因子的影响，采用动态定位观测法定量研究碳、氮、磷等主要营养元素在不同生态系统组分中的转化过程和关系，利用数学方法优化确定草原生产力与生态系统服务功能的气候、土壤、植被和家畜指标及评价体系，提出不同草原类型适度放牧利用的指标及阈值范围和放牧利用的调控措施，技术路线见图 7-1。

第二节　优化放牧提高草地土壤碳固持的途径及机理

草地的碳主要储存在土壤中，是植被层的 13.5 倍，这里也是草地生态系统碳循环完成的主要场所（Ni，2001）。土壤在碳的贮存与释放的平衡过程中发生的微小变化，都会对温室气体产生巨大的影响。放牧管理是草原管理的重要措施，但放牧管理影响下草原碳循环和分布的生态过程并没有完全被认识。许多研究表明，优化放牧可以减少草原生态系统的净碳释放，并促进土壤碳固存，从而增加土壤碳储量（Bagchi and Ritchie，2010）。在我国北方草原地区，传统的放牧利用方式往往侧重牲畜的饲养和生产性能，很少考虑草原植物的生长发育周期，这被广泛认为是我国北方草原退化和土壤碳库损失的主要原因。因此，制定有利于促进草原土壤碳固存的合理放牧制度，可以在很大程度上减少温室气体的排放，并缓解目前的全球气候变化趋势。放牧对土壤有机碳的影响是一个非常复杂的过程，受到多种因素的共同作用。本项目通过调控放牧压、季节性休牧技术实施、对放牧行为各因子的解析等途径，研究放牧影响土壤碳固持的作用途径及机制，将有助于我们深入了解放牧对草原植被和固碳的影响。采用科学合理的放牧方式，对保持草地的可持续开发利用具有重要意义。

一、放牧行为各因子对草地土壤碳固持的影响机制

本研究在内蒙古自治区锡林郭勒盟多伦县境内（115°50′~116°55′E，41°46′~42°39′N）进行，实验区草地类型为典型草原，主要的优势植物是 C_3 植物，也有极少量的 C_4 植物。主要优势植物为克氏针茅（*Stipa kryroii*）、冷蒿（*Artemisia frigida*）、羊草（*Leymus chinensis*）、冰草（*Agropyron cristatum*）、糙隐子草（*Cleistogenes squarrosa*）、菊叶委陵菜（*Potentilla tanacetifolia*）、砂韭（*Allium bidentatum*）、阿尔泰狗娃花（*Heteropappus altaicus*）、苔草（*Carex korshinskyi*）等。通过分解放牧牛作用于草地的三种方式（采食、排泄物归还和践踏）来模拟放牧，三个因素分别为刈割（模拟采食）、粪尿混合物施入（模拟排泄物归还）、人为踩踏（模拟牛蹄的践踏），共设置 8 个处理，分别为对照（control，C）、刈割（mowing，M）、粪尿施入（dung and urine addition，DU）、践踏（trampling，T）、

粪尿施入+刈割（DU+M）、粪尿施入+践踏（DU+T）、刈割+践踏（M+T）、粪尿施入+刈割+践踏（DU+M+T）。实验中刈割处理为 5 月 31 日、6 月 30 日、7 月 31 日分别刈割一次，每次刈割留茬高度为 5cm，收集刈割下的植物生物量，60℃烘干 48h 称重。粪尿的施入时间分别为前两次刈割之后。粪尿混合均匀后施入。粪尿混合物中养分含量为 70g C/(小区·a)、51g N/(小区·a)和 0.7g P/(小区·a)。践踏处理每月进行一次，前两次处理是在粪尿施入之后，第三次处理是在刈割之后，体重 75kg 的人背上 25kg 的重物，穿上牛蹄鞋人工模拟践踏。测的指标有地上地下生物量和生产力、凋落物生物量、凋落物质量、土壤理化指标及微生物群落结构等。

在放牧作用于草地的三种方式——采食、排泄物归还和践踏中，不同处理及其组合的效应均有差异：①草地发生变化的主要原因是采食（刈割），它通过直接作用于植被，间接影响土壤 C 循环过程的其他指标；②排泄物归还和刈割同时存在对草地原有状态的改变最大；③只有践踏单独存在的情况下能够使草地维持原有的状况，甚至更佳；④而践踏与刈割组合后的效应却加重了刈割对草地固碳的负面影响。

具体来说，放牧作用对草地土壤固 C 生物过程各个环节的影响的表现为：采食作用降低地上植被、地下根系及凋落物的生物量，减少 C 向土壤的输送；增加了根和凋落物的 N 含量，降低 C/N，促进其分解释放，但同时又降低了土壤呼吸，降低了 C 周转速率；改变植物群落结构，增加植物多样性，潜在影响土壤 C 固持。排泄物归还提高地上植被、地下根系及凋落物生物量，增加 C 向土壤的潜在输送量，提高土壤可利用 N 含量的同时，也提高了根和凋落物的含 N 量，降低了 C/N，促进其分解；地上植被的快速生长竞争了更多的养分，而降低了真菌和丛枝菌根真菌（AMF）的数量，同时养分添加（粪尿施入）又增加了土壤中细菌的数量，不利于土壤 C 固持。践踏作用抑制地上植被生长的同时促进了地下根系的生长，使得更多的 C 和生物量分配到地下，促进凋落物进入土壤，潜在地增加了土壤 C 固持。三种作用机制单独作用与其组合的效应是不同的。家畜的采食与践踏的组合效应表现为：单独的践踏能够增加地表凋落物量和微生物量，而被采食之后的草地因地表覆盖的减少，反而导致凋落物量及微生物量比单独刈割的草地还低。家畜的采食与粪尿施入的组合效应表现为：显著降低土壤中真菌和 AMF 的数量，而增加细菌的数量，与单独作用结果不同（图 7-2）。

二、适度放牧有利于植被-土壤系统碳蓄积和草地生产力综合提高

实验区位于中国河北省沽源县（41°44′N，115°40′E），海拔 1475m。该地区属于温带半干旱的内陆季风气候，年平均降水量（1982～2009 年）为 430mm，年平

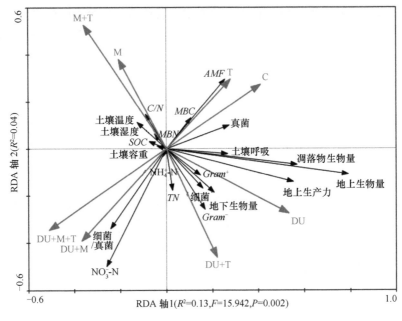

图 7-2　冗余分析 RDA 的排序结果图（Liu et al.，2015）

均气温为 1.4℃。降雨多集中于该地区生长季（6～9 月），与该地区最高温度同期。该地区年最低气温发生于 1 月，为–18.6℃，最高气温发生在 7 月，为 21.1℃，无霜期大约为 100d。日照较为丰富，年平均日照时数为 3400h，多风，年平均风速为 3.7m/s。该地区土壤类型为 calcic-orthic aridisol（根据 ISSS Working Group RB，1998），为壤质砂土。该地区优势植物为羊草（*Leymus chinensis*），为多年生地下根茎植物，5 月初开始萌发，维持常绿至 8 月底。猪毛蒿（*Artemisia scoparia*）、芦苇（*Phragmites australis*）及糙隐子草（*Cleistogenes squarrosa*）在实验区占有较大比例；针茅（*Stipa krylovii*）呈现分散分布；其他草种如小黄芪（*Astragalus zacharensis*）、风毛菊（*Saussurea japonica*）、委陵菜（*Potentilla chinensis*）、蒲公英（*Taraxacum mongolicum*）及伏毛山莓草（*Sibbaldia adpressa*）在草地中所占比例较小。

　　根据当地植物优势种和常见种物候期及当地长期的温度、降雨模式，将该区域放牧季（6 月至 9 月末）分为三个不同阶段，分别为阶段一（S1）：该阶段气温逐渐升高，降雨量逐渐增加，为植被初始生长阶段（6 月中旬至 7 月中旬）；阶段二（S2）：该阶段降雨量和气温达到年际最大，为植被生长最旺季（7 月中旬至 8 月中旬）；阶段三（S3）：该阶段气温开始骤降，降雨量减少，植被停止生长并进入枯黄季（8 月中旬至 9 月中旬）。2009 年选定该试验地点（该试验区自 2004 年之后由于草地退化开始围封以避免家畜采食）用于研究不同放牧管理方式对放牧家畜产量及草地状况的影响。在本项研究中，我们着重探究不同放牧方式对草地土壤碳固持的影响。将休牧、适牧和重牧三种放牧利用强度在这三个放牧季进行组合，鉴于试验规模等限制因素，仅设置 5 个具有代表性的季节放牧利用方式，分别为休牧-重牧-适牧（阶段一至阶段三，RHM）、休牧-适牧-重牧（RMH）、重牧-重牧-重牧（HHH）、重牧-重牧-适牧（HHM）、适牧-适牧-适牧（MMM），试验设计共包括 15 个小区，每个放牧处理 3 个重复区，为完全随机设计，每个小区面积 1.5hm^2，小区与小区之间用铁丝网围封。

每个放牧处理及其各个阶段的均植被利用率和平均放牧率如图 7-3 所示。本研究中适牧与重牧的全年平均放牧率分别为 5.2SSU·d/hm^2 及 7.3SSU·d/hm^2。对每个放牧制度而言，全年平均放牧率分别为 7.52SSU·d/hm^2（HHH）、6.51SSU·d/hm^2（HHM）、5.59SSU·d/hm^2（MMM）、3.45SSU·d/hm^2（RMH）、3.41SSU·d/hm^2（RHM）。每个放牧阶段平均植被利用率为 0～0.7，每个放牧处理整个放牧季平均植被利用率为 0.3～0.64（图 7-3）。

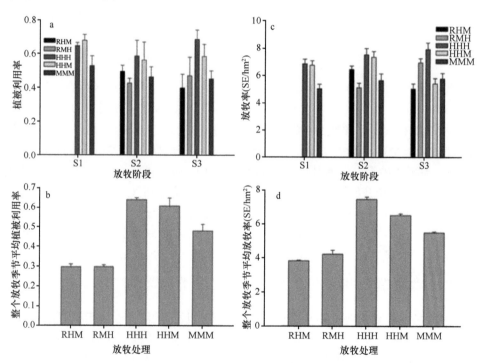

图 7-3 放牧处理及其各个阶段平均植被利用率、整个放牧季平均植被利用率（a、b）与平均放牧率、整个放牧季平均放牧率（c、d）

SE，标准羊单位·天（SSU·d）

土壤有机碳含量受放牧方式的影响，并且随着土层深度增加而逐渐降低（图 7-4a；$P<0.05$），并且放牧方式与土壤深度具有显著的交互作用（$P<0.05$）。土

壤有机碳的变化仅出现在 0～10cm 表层土壤。在 0～10cm 土壤层，MMM 中土壤有机碳含量显著高于其他放牧处理（$P<0.05$）；RHM 和 RMH 之间无显著差异（$P>0.05$），但显著高于 HHH 和 HHM 处理（$P<0.05$）。与此类似，放牧和土壤深度均对土壤全氮含量有显著影响（$P<0.05$），且两者交互作用显著（$P<0.05$；图 7-4b）。

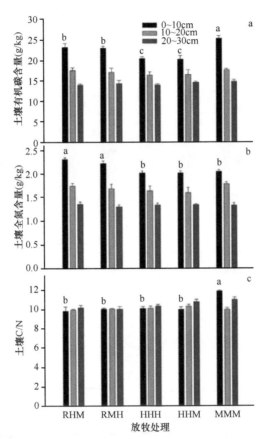

图 7-4　不同放牧利用方式对 0～30 cm 土层土壤有机碳（a）、全氮（b）及 C/N（c）的影响（Chen et al.，2015）

不同小写字母表示放牧方式间具有显著差异（$P<0.05$）。数值用平均值±标准误表示。下同

　　表层土壤有机碳含量的变化与植被地下根系生物量、地下根系产量及根系周转速率呈线性正相关（图 7-5）。放牧对土壤全氮的影响也仅局限于表层土壤，但其变化模式与土壤有机碳不同。放牧方式显著影响土壤总无机氮含量及净氮矿化速率（$F_{4,10}=9.21$，$P<0.05$；$F_{4,10}=5.42$，$P<0.05$）。HHH、HHM 和 MMM 的土壤总无机氮含量无显著差异（邓肯多重范围检测，$P>0.05$），但显著高于 RHM 和 RMH 的总无机氮含量（$P<0.05$）。休牧处理中土壤无机氮的净氮矿化速率很低甚至出现

无机氮的固持，与此相反，HHH、HHM 和 MMM 无机氮的净氮矿化速率显著高于休牧处理（$P<0.05$）。土壤无机氮的净氮矿化速率随着放牧率的增加呈现线性增加趋势（图 7-5）。

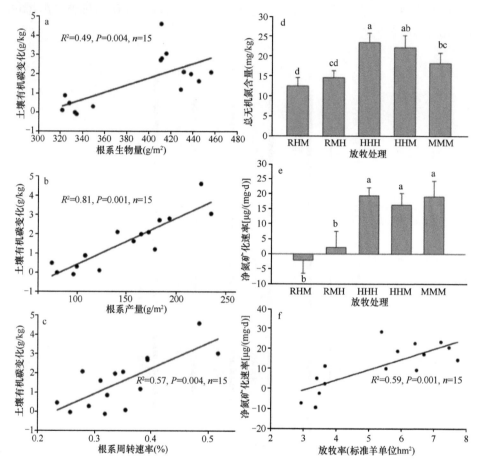

图 7-5　表层 0～10cm 土壤有机碳的变化与地下根系生物量（a）、产量（b）和周转速率（c）的关系及不同放牧利用方式对土壤总无机氮含量（d）、净氮矿化速率（e）的影响以及放牧率与净氮矿化速率的关系（f）（Chen et al.，2015）

三、优化放牧影响植被地上部分组成及地上和地下生物量分配

基于以上实验，研究发现放牧方式显著影响地上净初级生产力（ANPP）（$F_{4,10}=46.8$，$P<0.05$），两个春季休牧处理（RHM 和 RMH）与持续适牧处理（MMM）无显著差异（邓肯多重范围检测，$P>0.05$），但是显著高于 HHH 和 HHM 两个处理（图 7-6a；$P<0.05$）。放牧方式同时导致植被（2013 年 8 月中旬）生物量组成

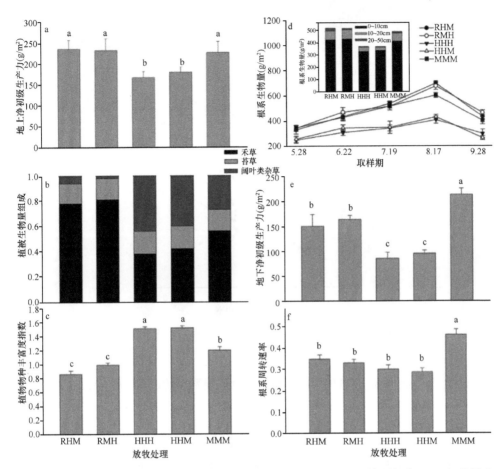

图 7-6　2013 年 8 月测得的不同放牧利用方式对植被地上（a～c）及地下部分（d～f）的影响
（Chen et al.，2015）

和丰富度指数发生很大改变（图 7-6b、c）。RHM 和 RMH 中 C_3 禾草生物量占到
整个地上植被生物量的 78%～81%，在 MMM 中大约占到 58%。然而，在 HHH
和 HHM 处理中，C_3 禾草仅占草地植被的 38%～42%。C_3 禾草的比例随着放牧压
的增加不断降低，而阔叶类草随着放牧压的增加不断增加（图 7-7a 和 b）。

　　放牧方式显著影响植被地下根系生物量且具有明显的季节性差异（$P<0.05$）。
就整个放牧季的平均地下根系生物量而言，RHM 和 RMH 之间无显著差异（邓
肯多重范围检测，$P>0.05$），但显著地高于 MMM 地下平均根系生物量（$P<0.05$；
图 7-6d）。HHH 和 HHM 处理的地下平均根系生物量最低，且两者之间无显著差
异（$P>0.05$）。植被地下根系生物量在很大程度上分布于表层土壤，每个放牧处理
中大约 85% 以上的根系分布于 0～10cm 土壤层。放牧方式显著影响植被地下净初

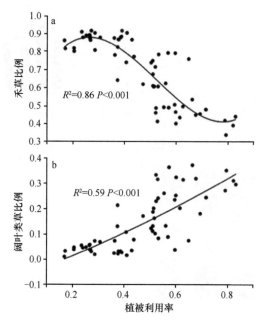

图 7-7　羊草草原植被利用率（UR）与禾草（a）及阔叶类草（b）比例之间的关系（Chen et al.，2015）

级生产力（$F_{4,10}=16.8$，$P<0.05$；图 7-6e）和地下根系周转速率（$F_{4,10}=5.5$，$P<0.05$；图 7-6f）。MMM 处理中地下净初级生产力及根系周转速率均显著高于其他放牧处理（邓肯多重范围检测，$P<0.05$）。HHH 和 HHM 地下净初级生产力之间并无显著差异（$P>0.05$），但是显著低于两个休牧处理 RHM 和 RMH（$P<0.05$；图 7-6e、f）。

　　草地植被利用率随着放牧率的增加而逐渐增加，然而植被地上净初级生产力在平均放牧率低于 5.4SE/hm² 的范围内相对稳定，高于该值出现急剧下降（图 7-8a）。与地上净初级生产力相比，植被地下净初级生产力对放牧强度的响应不同，地下净初级生产力随着放牧强度增加而增加，在放牧率为 4.5SE/hm² 时达到最大值，随后出现下降趋势（图 7-8b）。

四、优化放牧技术提高土壤养分及其周转速率

　　对优势种凋落物的降解进行分析，通过凋落物养分状态的变化，研究优化放牧对草地系统养分周转的影响。利用凋落物袋的方法估测该地区植物优势种羊草的地上和地下凋落物的降解。分别于 2012 年生长季末和 2013 年生长季初，仅在轻度放牧区（紧邻放牧实验区）收集羊草的地上立枯物和地下根系（0～10cm 土层鲜根，直径均小于 2mm），从而避免了因放牧强度差异导致的植被凋落物品质差异（Shariff et al.，1994）。首先在实验室中将根系在蒸馏水中进行冲洗，用

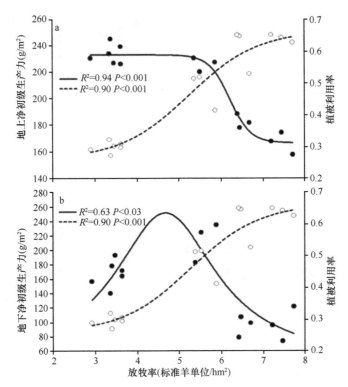

图 7-8 放牧率与植被地上净初级生产力（a，实心圆）、地下净初级生产力（b，实心圆）及植被利用率（UR）（a 和 b，空心圆）的关系（Chen et al.，2015）

每个空心圆代表所有放牧年植被利用率的平均值。非线性回归：放牧率与植被地上净初级生产力的关系，a 中实线，$y=168.56+67.3/(1+e^{-(x-6.27)/(-0.15)})$；放牧率与植被地下净初级生产力的关系，b 中实线，$y=45.92+205.53/(1+((x-4.68)/1.47)^2)$；放牧率与植被利用率的关系，a 和 b 中虚线，$y=0.26+0.41/(1+e^{-(x-5.3)/0.82})$

小刷子移除附着在根系的土颗粒及死亡的根系碎屑。然后将收集的羊草地上立枯物及地下根系在 45℃烘箱烘干 5d 以达到恒重。接下来，准确称取 6g 地上烘干立枯物和地下烘干根系，装入长宽为 15cm×15cm 的尼龙网带（网袋孔隙直径为 1mm×1mm），随后用金属夹将网袋封禁。于 5 月 28～30 日，将地上凋落物的网袋随机放置到 15 个放牧小区，并将凋落物四周用大头钉牢牢固定，从而避免家畜啃食。将装有根系的网袋则随机埋入 15 个放牧小区的地下 10cm 土壤处（利用铁锹楔入尽量避免土壤的扰动）。每个放牧小区分别放置 25 个地上立枯物网袋和地下根系网袋，因此立枯物网袋和根系网袋总数均为 375 个。

放牧处理和取样时间（降解时间）对植被地上凋落物剩余量、氮含量、氮剩余量及 C∶N 具有显著影响，而两者交互作用并不显著（图 7-9），然而对于根系凋落物（地下凋落物）而言只有取样时间显著影响以上指标（图 7-10）。地上凋落物 C∶N 值在 0～10 个月逐渐降低随后升高，HHH 和 HHM 中凋落物 C∶N 值较大，而休牧处理 RHM 和 RMH 的 C∶N 值较小（图 7-9）；与地上凋落物不同，根

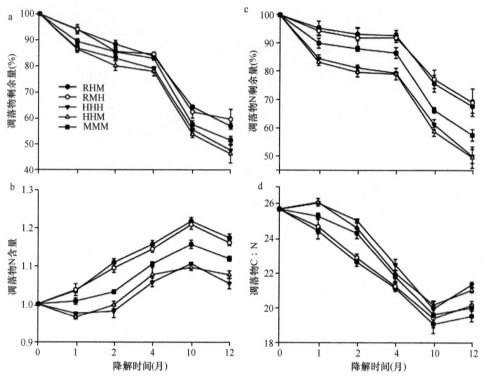

图 7-9　不同放牧方式下地上凋落物的剩余量（a）、N 含量（b）、N 剩余量（c）及 C∶N 值（d）随取样时间的变化

系凋落物中 C∶N 值随着降解时间的延长逐渐降低（图 7-10）。所有放牧处理中，地上凋落物氮含量在第 10 个月取样期达到最大值，然后下降。然而，在 N 含量达到最大值之前，地上凋落物中氮的变化模式存在处理间差异（图 7-9）；根系凋落物中氮含量随着降解时间的延长不断升高（图 7-10）。在地上凋落物降解的前 4 个月，RHM 和 RMH 中凋落物氮损失量仅在 10% 左右，直到凋落物损失量在 15% 以上时才出现明显的 N 的释放。12 个月时，HHH、HHM 中地上凋落物释放了最较多的 N，其次为 MMM，RHM 和 RMH 释放的 N 较少（图 7-9）。根系凋落物中的氮损失量随着取样时间延长逐渐降低，但其损失量相对地上凋落物而言要更加缓慢（图 7-10）。

休牧处理 RHM 和 RMH 地上凋落物降解速率较慢，最终的剩余量较大。在凋落物降解末期，放牧方式显著影响地上凋落物的降解速率（k），HHH 和 HHM 降解速率较大，其次是 MMM，最后是 RHM 和 RMH，而放牧方式对于根系凋落物的降解速率（k）并无显著影响（图 7-11）。

对所有处理而言，无论是地上凋落物还是根系凋落物，碳的损失与凋落物量的损失较为一致，凋落物的剩余量与碳的剩余量具有较好的线性关系（图 7-12）。

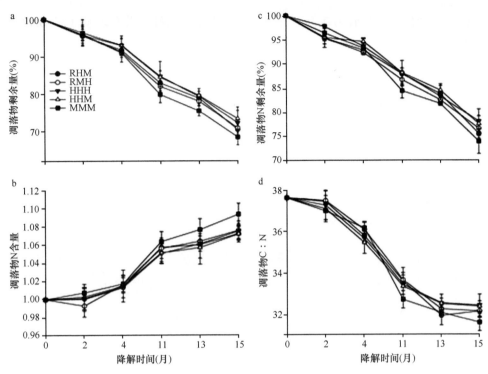

图 7-10　不同放牧方式下地下凋落物的剩余量（a）、N 含量（b）、N 剩余量（c）
及 C∶N 值（d）随取样时间的变化

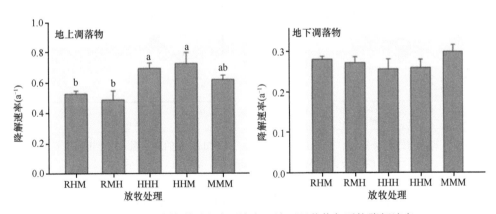

图 7-11　不同放牧利用方式下地上、地下凋落物年平均降解速率

相对于地上凋落物量的损失，N 的释放相对较少，N 剩余量与凋落物的剩余量是
二次线性关系（R^2=0.89）。在凋落物的 C 和 N 同步释放的情况下，两者应为 1∶1
的线性关系，结果显示休牧处理下 C 与 N 释放的回归曲线与该 1∶1 曲线偏离最大，
而 HHH 和 HHM 与该曲线最为接近；与之相似，根系凋落物中氮的损失相对于

凋落物量及碳的损失较为缓慢，其关系也可以用二次线性关系表示（R^2=0.978）（图7-12）。

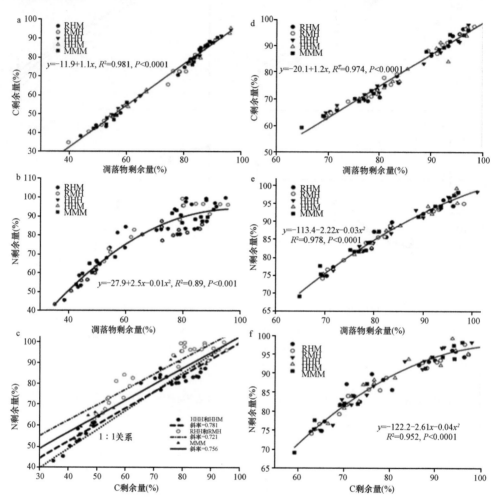

图7-12　凋落物的剩余量与C的剩余量（地上a，地下d）、N的剩余量（地上b，地下e）及C的剩余量与N的剩余量（地上c，地上f）的关系

第三节　优化放牧技术有利于维持与提高草地
生产力和周转速率

典型草原放牧生态系统的运行过程中，不同植物对放牧利用及放牧强度的响应不同，家畜的偏食及其驱动的环境资源重新分配对物种竞争与种间生物量格局变化起到明显的影响作用；大针茅（*Stipa grandis*）作为典型草原植物群落建群种，

具有较好的耐牧性，在轻度和中度放牧干扰下，是资源重配的获益者，其地上生物量表现出超补偿生长现象，从而缓冲了放牧干扰对群落的影响，对维持群落生产力与功能稳定性起到重要的调控作用。

一、典型草原优化放牧技术研究

试验样地位于内蒙古自治区锡林郭勒盟白音锡勒牧场（43°26′～44°08′N，116°04′～117°05′E），平均海拔 1100m，属温带半干旱草原气候。年平均温度 0.5～1℃，年平均降水量 350mm 左右，其中 60%～80%的降水量集中在 5～8 月，年蒸发量 1600～1800mm，为降水量的 4～5 倍。样地设于地带性典型草原，以大针茅、羊草为建群种，土壤为钙栗土。

试验选取 5 个放牧梯度样地（2005 年开始放牧），放牧梯度分别为 CK[0SSU·d/(hm²·a)]、GI170[170SSU·d/(hm²·a)]、GI255[255SSU·d/(hm²·a)]、GI340[340SSU·d/(hm²·a)]和 GI425[425SSU·d/(hm²·a)]，每个放牧小区面积为 2hm²。放牧时间为每年的 6～9 月。2012 年 8 月在样地进行随机取样，每个样地分别设置 5 个 1m×1m 的样方，分种测定植物高度、多度、盖度、频度，并齐地刈割，带回试验室于 65℃烘干至恒重，获取物种生物量数据。根据放牧梯度的设置，CK 为对照处理，GI170 和 GI255 为轻度放牧处理，GI340 为中度放牧处理，GI425 为重度放牧处理。

所有数据采用统计软件 SPSS 16.0 进行分析。对获取的数据进行 Kolmogorov-Smirnov 正态性检验和方差齐性检验，对不符合正态分布或方差不齐的数据进行对数转换。将放牧梯度和植物物种作为影响因素，对植物个体生物量、株高、种群生物量、多度及群落生物量进行了二因素方差分析，并使用多重比较中的 Tukey HSD method 比较各处理间的差异。

牧草采食量（BH）与植物群落地上现存生物量（BS）的关系为：BH=He×BS/(1−He)。
式中，He 为牧草采食率。

牧草采食率（He）与放牧率（G）的回归方程为：He=8.51+10.3G（R^2=0.98）。

采用 Levins 生态位宽度公式计算种群生态位宽度：BL=1/$r\Sigma(P_{ij})^2$。
式中，BL 为种群生态位宽度；P_{ij} 为种群 i 在第 j 资源上的优势度占全部资源优势度的比例；r 为放牧强度等级。

生态位计算中优势度的计算方法为：优势度=(相对生物量+相对高度+相对多度)/3×100。

放牧利用下草原优势植物调控群落地上生物量的机理

1. 植物个体对放牧的响应

典型草原植物个体株高和生物量对放牧的响应特征不同，由图 7-13 可知，群落主要物种平均株高随着放牧强度的增加呈现出递减的趋势。大针茅和糙隐子草（*Cleistogenes squarrosa*）株高在 CK、GI170 和 GI255 处理下没有表现出显著差异；在 GI340 处理下显著低于对照处理，但与 GI170 和 GI255 处理下的株高无显著差异。说明轻度和中度的放牧利用对上述 2 种植物株高的影响不明显。而羊草、黄囊苔草（*Carex korshinskyi*）和米氏冰草（*Agropyron michnoi*）植物株高在放牧处理中均显著低于对照，且过重的放牧压（GI425）会使羊草和米氏冰草变得更低矮（图 7-13）。

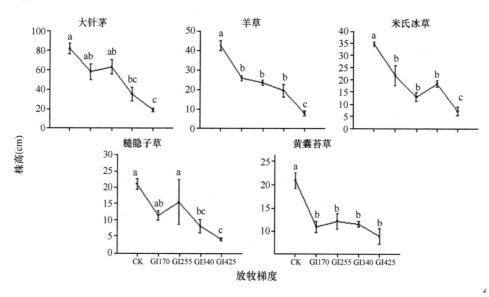

图 7-13　放牧对不同植物株高的影响

植物平均个体生物量表明（图 7-14），大针茅个体生物量对放牧强度的响应不明显，除重度放牧处理外（GI425），在其他放牧处理中均未表现出显著差异。而羊草对放牧干扰响应敏感，但在不同强度之间却表现得相对迟钝。冰草（*Agropyron cristatum*）、糙隐子草和黄囊苔草由于植物个体生物量在不同的样方中的变异程度较大，虽然平均值差距较大，但其差异并没有体现出来。

所有植物的个体生物量与株高具有极显著的相关关系，表明植物个体生物量的减少在很大程度上与株高的降低有关（图 7-15）。

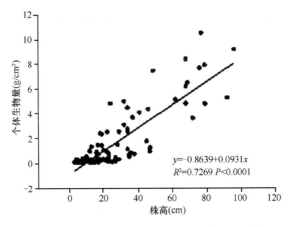

图 7-14　植物个体生物量与株高的相关关系

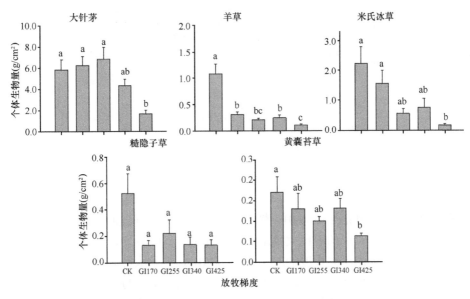

图 7-15　放牧对不同个体生物量的影响

2. 植物种群对放牧强度的响应

　　大针茅、羊草多度对放牧强度的响应无显著差异。重度放牧显著降低大针茅的种群生物量，但在轻中度放牧处理下（GI170 和 GI255），种群生物量有增多的趋势，其均值较对照分别增加 78.62%和 50.94%；羊草、米氏冰草和糙隐子草种群生物量在 GI170、GI255、GI340 和 SR425 处理下均低于对照处理，其中羊草种群生物量均值较对照分别减少 69.7%、85.35%、49.20%和 83.97%。除大针茅外，其他 4 种优势植物的种群生物量与多度具有显著的正相关关系，结合放牧对种群生物量的影响结果可知，大针茅对放牧的响应较为迟钝，羊草、米氏冰草、糙隐子草和黄囊苔草的种群生物量的减少与多度关系密切（图 7-16）。

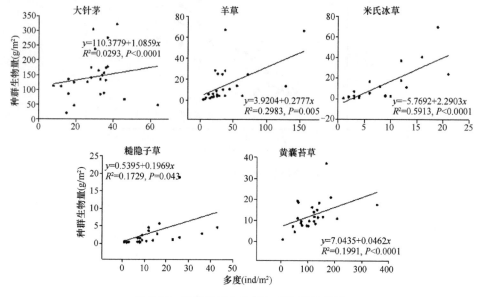

图 7-16　植物种群生物量与多度相关关系

3. 植物群落生物量对放牧的响应

在群落水平，地上现存生物量均值大小的排序为 GI170>CK>GI255>GI340>GI425，其中群落生物量在 GI170、CK 处理下显著高于 GI425（CK vs GI425：$P=0.01$；GI170 vs GI425：$P<0.01$；图 7-17a）。随着放牧强度的增加，大针茅种群生物量在群落生物量中的占比大幅增加，尤其是在 GI170 下，虽然群落中主要物种的生物量均表现出不同程度的减少（图 7-17b），但是大针茅种群生物量占比大幅增加，导致群落生物量增加，出现超补偿增长的迹象。与对照相比，放牧利用下大针茅种群在群落中的生物量及占比的增加表明其在维持放牧生态系统生产力和群落稳定性方面起着重要的作用。

植物群落净生长量为家畜采食量与植物群落地上现存生物量之和，通过公式拟算出的不同放牧梯度下的植物群落净生长量与地上现存生物量的变化趋势相同，进一步说明轻中度放牧可能会有利于植物群落的恢复，重度放牧则会抑制植物群落的生长（图 7-18）。

4. 讨论与结论

（1）放牧对典型草原优势植物的影响

在不同的草地利用方式中，放牧是影响草地生产力变化的重要利用方式之一。

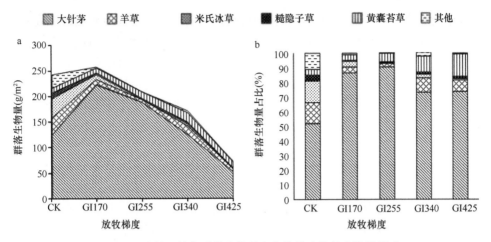

图 7-17　放牧对植物群落生物量和各物种生物量占比的影响

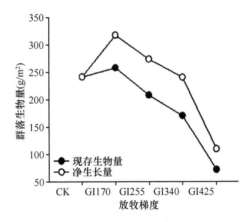

图 7-18　放牧对植物群落现存生物量和净生长量的影响

本研究结果表明，内蒙古典型草原的 5 种优势植物对放牧干扰的响应不尽相同，轻中度放牧干扰对以大针茅和糙隐子草为代表的丛生禾草的影响较小，而对以羊草、黄囊苔草和米氏冰草为代表的根茎型禾草的影响较大，重度放牧则会明显减少 5 种优势植物的地上生物量。放牧造成草地优势植物地上生物量不同程度减少的原因主要体现在两个方面：一方面是因家畜的选择性采食导致当年生植物的株高和生物量降低。家畜在取食过程中会优先选择适口性较好的植物，Liu 等（2007）对典型草原食草动物食性选择的试验结果表明，绵羊在放牧过程中会优先取食羊草、黄囊苔草和米氏冰草，因此这 3 种植物对放牧的响应十分敏感，地上生物量显著减少。但当放牧压力增大时，适口性植物满足不了家畜的需求，家畜被迫采食不十分适口的植物，因此大针茅和糙隐子草在重度放牧压力下的地上生物量逐渐降低。另一方面是因长期的过度放牧导致植物矮小化而造成地上生物量的降低。

在多年的放牧过程中，植物与家畜协同进化，植物为了适应环境变化，形成避牧机制，植物个体小型化被认为是一种有效的避牧策略，具体表现为植物形态发生可塑性变化，个体变小，单株的生物量降低，从而导致植物群落生产力的衰退。造成植物矮小化的原因可能是放牧改变了土壤微环境，使得植物在生长过程中受到了某种营养元素的限制；也可能是植物自身在生理或分子水平对放牧的适应调控作用，使某种诱导植物矮化的内源激素或影响植物表观表达的基因发生了变化，发生这种变化的具体机理仍需进一步的研究。

此外，放牧驱动生态系统资源重新分配也会造成植物种群特征指标的变化，这种变化主要是因为植物物种间对水分和养分利用效率的不同，以试验样地中大针茅和羊草的变化为例，大针茅作为根系较深的丛生型禾草，具有较高的养分和水分利用效率；而羊草作为根系较浅的根茎型禾草，主要靠无性繁殖进行繁育，这一过程不仅需要消耗大量的环境资源，且羊草的水分利用效率的提高要以降低养分利用效率为代价。在放牧过程中，随着羊草等根茎型禾草被家畜优先取食，它们的生长受到抑制，这就为大针茅等丛生型禾草的生长提供了机遇，因此在轻中度放牧压力下，大针茅等丛生型禾草可以获得充足的水分和养分来维持其生产力，缓冲放牧对植物造成的干扰。

（2）大针茅在典型草原放牧系统中的调控作用

大针茅作为试验样地中的建群种，表现出了较好的耐牧性。本研究认为轻度放牧可以促进大针茅种群地上生物量的增长和恢复，中度放牧可以维持其群落生物量的正常生长，而重度放牧则不利于其群落生物量的恢复，说明适度放牧可以提高植物的耐牧性，刺激成年和老龄株丛进行再分蘖，由此提高植物生产力。大针茅种群生物量约占整个群落生物量的70%，因此其生物量的变化不仅在调控群落生物量变化时起主要作用，同时也会影响其他物种种群的生长和繁育。这一点可以从植物生态位宽度的变化结果中得到证实，虽然受到不同程度放牧干扰的影响，但是大针茅由于植株较高大、耐旱、耐牧性较强，具有最大的生态位宽度。生态位宽度越大则表明该物种对环境的适应性及资源利用能力越强，同时生态位宽度较大的物种也容易与其他物种的生态位发生重叠（表7-1）。生态位重叠的植

表 7-1　放牧对主要植物种群生态位宽度的影响

放牧梯度	大针茅	羊草	米氏冰草	糙隐子草	黄囊苔草
CK	0.972	0.976	0.970	0.929	0.946
GI170	0.963	0.909	0.872	0.928	0.953
GI255	0.973	0.897	0.904	0.888	0.981
GI340	0.906	0.689	0.885	0.877	0.956
GI425	0.926	0.801	0.726	0.648	0.649

物物种间对环境资源的竞争十分激烈，因此当主要优势植物生长受到抑制时，其他植物物种则会充分利用重新分配的资源进行生长，从而使得整个植物群落发生改变，这种变化被称为物种间的补偿生长。有研究认为植物间的补偿生长作用在植物种类、功能群和群落等不同结构中所表现出的生长趋势是不同的，物种间的补偿生长可以缓冲外界的干扰，有助于生态系统稳定性的维持（Bai et al.，2004）。但在放牧生态系统中，物种间的补偿生长会受到植物自身和放牧强度的影响。在个体水平，中度和重度放牧干扰下的大针茅个体生物量减少明显，但其所驱动的物种间补偿生长并不明显。而在群落水平，特别是在中度放牧强度下，随着大针茅地上生物量的减少，其他优势种的生产力均有增加，物种间补偿生长明显。由此说明，物种间补偿生长最好以种群为单位进行考量，且可能会出现在中等程度的放牧干扰下。

（3）主要结论

内蒙古典型草原 5 种主要植物对放牧的响应各不相同。

1）在个体水平，轻中度放牧对大针茅和糙隐子草为代表的丛生型禾草的株高影响较小，对以羊草、黄囊苔草和米氏冰草为代表的根茎型禾草的株高影响较大，植物株高的降低与个体地上生物量减少呈显著正相关（R^2=0.7269，$P<0.01$）。

2）在种群水平，大针茅对放牧的响应迟缓，羊草、米氏冰草、糙隐子草和黄囊苔草种群生物量的减少均与多度呈显著正相关（$P<0.01$）。

3）在群落水平，大针茅的耐牧性使其成为资源重配的获益者，轻中度放牧干扰下，其地上生物量的补偿生长缓冲了放牧干扰对群落的影响，对维持群落生产力与功能稳定性起重要的调控作用。

二、短花针茅荒漠草原适度放牧技术研究

研究平台位于内蒙古高原荒漠草原亚带南侧呈条状分布的短花针茅草原的东南部，锡林郭勒盟苏尼特右旗赛汉塔拉镇（42°16′26.2″N、112°47′16.9″E，海拔1100～1150m）。平均气温为 4.3℃，最高 38.7℃，最低−38.8℃。无霜期 130d 左右，年平均降水量 170～190mm，年蒸发量 2700mm，雨热同期。土壤为淡栗钙土，地表沙化，腐殖质含量为 1.0%～1.8%。植被以亚洲中部荒漠草原种占主导地位，短花针茅（Stipa breviflora）为建群种，无芒隐子草（Cleistogenes songorica）和碱韭（Allium polyrhizum）为优势种，构成了短花针茅+无芒隐子草+碱韭的荒漠草原群落类型。主要伴生种有银灰旋花（Convolvulus ammannii）、木地肤（Kochia prostrata）、阿尔泰狗娃花（Heteropappus altaicus）、栉叶蒿（Neopallasia pectinata）和猪毛菜（Salsola collina）等。草地草层低矮，高度一般为 10～35cm，盖度为10%～50%。

试验设 3 个放牧处理，依次为适度放牧、重度放牧和不放牧处理，每个处理均设有 3 次重复，每个试验小区面积约为 2.60hm²。适度放牧处理和重度放牧处理的载畜率分别为 0.96 只羊/(hm²·a)和 1.54 只羊/(hm²·a)。放牧的草食动物为'苏尼特羊'，绵羊的健康状况、个体大小、体重、性别基本一致。

根据短花针茅株丛实际基径（basal diameter，Bd）大小，将短花针茅划分为 11 个年龄阶段（A1，Bd≤4mm；A2，4mm<Bd≤11mm；A3，11mm<Bd≤21mm；A4，21mm<Bd≤31mm；A5，31 mm<Bd≤41mm；A6，41mm<Bd≤51mm；A7，51mm<Bd≤71mm；A8，71mm<Bd≤91mm；A9，91mm<Bd≤111mm；A10，111mm<Bd≤131mm；A11，Bd>131mm）。

短花针茅稳定性采用时间稳定性指数来计算（Tilman，1999）。公式如下。

$$ICV = \frac{\mu}{\sigma}$$

式中，μ 为平均密度，σ 为密度的标准差（Sasaki and Lauenroth，2011；Tilman，1999；Lehman and Tilman，2000）。ICV 数值越大，表示稳定性越高。

（一）适度放牧对短花针茅基本特征的影响

短花针茅种群特征的分析结果显示（表 7-2），重度放牧处理密度与生物量显著低于不放牧处理和适度放牧处理（$P<0.05$），且随放牧压增大呈递减趋势。从年龄角度分析，放牧对 A4 至 A9 阶段短花针茅的影响较明显，基本为不放牧处理最高、适度放牧处理次之、重度放牧最低的规律；而现存草地中最年幼 A1 阶段与最年老 A11 阶段的短花针茅密度受放牧的影响不显著。

在各处理中（表 7-2），A1、A11 阶段数值较低，A3、A4、A5 阶段数值较高，短花针茅密度与生物量基本是先增大后减小的趋势。这一趋势在频度分析中被进一步证实，图 7-19 表明随着年龄逐步增大，短花针茅频度呈一元二次方程曲线，于 A5 阶段处获得最高值。

（二）适度放牧下短花针茅种群密度与生物量的关系

短花针茅种群密度与生物量之间的关系因放牧方式的不同表现出不同模式。重度放牧处理短花针茅种群密度与生物量表现正相关关系，回归方程为 $y=-0.0053x^2+0.2515x-0.2306$（$R^2=0.76$，$P<0.001$）；不放牧处理为线性关系（$y=21.8107x+1.0647$；$R^2=0.58$，$P=0.001$）；适度放牧表现为单峰曲线（$y=-0.1139x^2+3.365x-5.048$；$R^2=0.62$，$P=0.007$）（图 7-20）。将短花针茅按年龄分为 11 个阶段，拟合种群密度与生物量的关系发现，仅重度放牧处理达到显著相关性（$P=0.005$）（图 7-21）。

表 7-2　短花针茅种群放牧处理和各年龄的密度及生物量的方差分析结果（平均值±标准误）
（卫智军等，2016）

项目	密度（丛/m²）			生物量（g/m²）		
	重度放牧	适度放牧	不放牧	重度放牧	适度放牧	不放牧
TP	8.57±1.39b	14.90±1.60ab	19.53±2.78a	1.44±0.31c	16.73±1.57b	42.61±3.90a
A1	0.11±0.11NS	0.80±0.39NS	0.40±0.21NS	0.01±0.01NS	0.09±0.05NS	0.10±0.07NS
A2	0.78±0.36NS	1.70±0.54NS	2.47±0.70NS	0.06±0.04b	0.28±0.11ab	0.65±0.17a
A3	2.00±0.53c	3.20±1.07b	4.53±0.96a	0.15±0.07NS	0.86±0.29NS	2.77±1.14NS
A4	1.67±0.37c	2.20±0.44b	3.87±1.03a	0.12±0.04b	0.96±0.21b	2.62±0.65a
A5	1.33±0.41c	2.10±0.48b	2.67±0.54a	0.25±0.11b	1.62±0.45ab	3.28±0.80a
A6	0.44±0.24b	0.90±0.31ab	1.20±0.31a	0.04±0.04b	0.81±0.27ab	1.98±0.63a
A7	0.67±0.29b	1.40±0.22a	1.40±0.32a	0.10±0.06b	1.89±0.41ab	3.87±0.93a
A8	0.67±0.24b	1.30±0.30a	1.07±0.23a	0.19±0.07b	5.28±2.72ab	7.45±2.15a
A9	0.44±0.18b	0.80±0.25ab	1.20±0.17a	0.11±0.06b	2.41±0.76b	15.44±3.21a
A10	—	0.40±0.22	0.40±0.19	—	2.04±1.58	5.77±2.66
A11	0.22±0.22NS	0.10±0.10NS	0.33±0.16NS	0.09±0.09NS	0.42±0.42NS	4.22±1.91NS

注：不同字母表示处理间存在显著性差异（P<0.05）；NS 表示处理间无显著差异

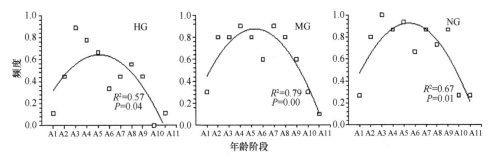

图 7-19　重度放牧（HG）、适度放牧（MG）与不放牧（NG）条件下各年龄短花针茅的频度（卫智军等，2016）

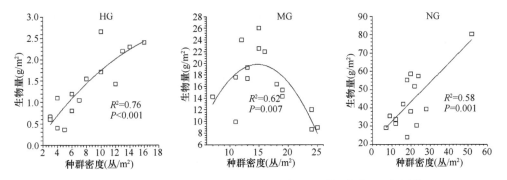

图 7-20　不同放牧强度下短花针茅种群密度与生物量的回归关系（卫智军等，2016）

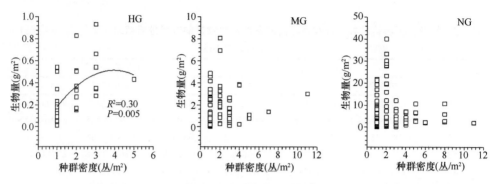

图 7-21　不同放牧强度下各年龄短花针茅种群密度与生物量的回归关系（卫智军等，2016）

同一处理下达到显著相关者给出拟合曲线

（三）适度放牧对短花针茅种子萌发特性的影响

种子萌发是植物个体发育的初始阶段，是植物能够进行生长的基本保证。短花针茅种子于 3～6d 出现第 1 次发芽高峰（图 7-22），当天发芽数与累计发芽率分别为 3.01～6.57、32.54%～36.96%；于 9～11d 出现第 2 次发芽高峰，之后发芽趋于平缓。其中短花针茅种子第 3 天开始发芽，第 10 天各处理种子发芽率达到 50%以上。重度放牧处理短花针茅种子累计发芽率显著低于适度放牧处理和不放牧处理（$P<0.05$）。

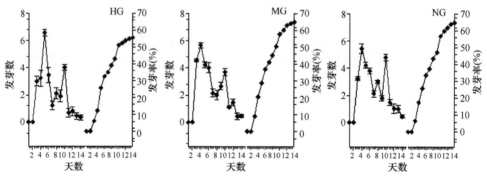

图 7-22　重度放牧（HG）、适度放牧（MG）与不放牧（NG）条件下短花针茅种子当天发芽数

及累计发芽率（卫智军等，2016）

（四）适度放牧下短花针茅种群的稳定性变化

采用时间稳定性指数来评价短花针茅种群的稳定性，结果显示，重度放牧处理下短花针茅稳定性最高，适度放牧处理次之，不放牧处理最低。随短花针茅年龄的增加，时间稳定性指数呈小幅波动上升趋势。其中重度放牧处理时间稳定性指数上升幅度最大，适度放牧处理次之，不放牧处理最小（图 7-23）。

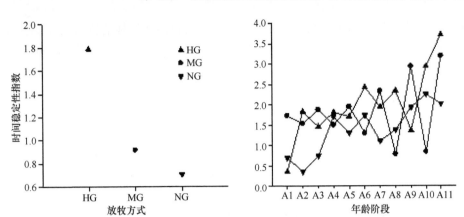

图 7-23　重度放牧（HG）、适度放牧（MG）与不放牧（NG）条件下短花针茅种群的稳定性（卫智军等，2016）

综上所述，短花针茅年龄整体趋势如图 7-24 所示，种子数量、全年潜在出苗数与累计出苗数均较高，幼苗损失程度高；现存草地中，A3～A5 阶段短花针茅数量出现峰值，A1、A11 阶段数量最少，放牧会加剧各年龄短花针茅数量的损失；短花针茅采用缓慢的萌发方式来维持种群数量。

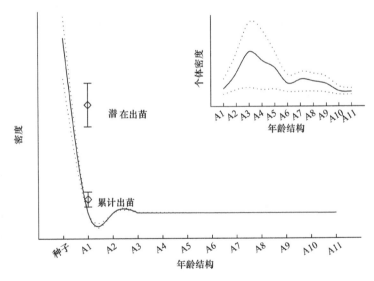

图 7-24　短花针茅种群年龄结构模式图（卫智军等，2016）

图中虚线表示标准误差。右上小图表示单位面积内不同年龄短花针茅的个体密度

三、不同放牧方式对羊草功能性状的影响

本研究基于典型草原生长季节不同放牧时间对草地生产力及环境特性的影

响，优化草地放牧利用时间。研究区位于内蒙古自治区锡林浩特市毛登牧场内蒙古大学草地生态学研究基地，地理位置为 44°10′N、116°28′E，海拔 1160m。该地属于温带半干旱大陆性气候，夏季炎热多雨，冬季寒冷干燥。降雨多发生在温度较高、植物生长较快的 5～9 月，占全年降雨量的 87%。据 40 年的气象观测数据（1971～2010 年），样地所在地区年均温 2.8℃，年均降水量 272mm，降水的季节性波动较大。土壤为栗钙土，植物群落为轻度退化的羊草群落，以克氏针茅（*Stipa krylovii*）、羊草、糙隐子草为优势种。

2012 年开始进行放牧试验，T0 处理：对照，不放牧；T1 处理：全季放牧（5～9 月，每月 20 日开始放牧，每次放牧以羊草留茬高度 6cm 为终牧时间）。每个处理 3 个重复，每个小区面积为 33.3m×33.3m。放牧家畜为绵羊，放牧率为 6 只羊/小区。研究 2013～2017 年共 5 年放牧对羊草功能性状的影响。

（一）生长季节不同放牧方式对生产力的影响

如图 7-25 所示，羊群采食量为 T1（5～9 月放牧）处理最高，T6（7 月、8 月放牧）处理次之，T5（6 月、7 月放牧）处理最低，T1 处理采食量显著高于 T2、T4、T5；T3（6 月、8 月放牧）和 T6（7 月、8 月放牧）处理显著高于 T2、T5（$P<0.05$）。各个处理的季末残留量 T0（对照）处理与其他处理间差异显著，T2（5 月、7 月放牧）和 T5（6 月、7 月放牧）高于 T1、T3、T4；其中 T1 的季末残留量最低，为 20.3g/m²。群落净初级生产力 T6（7 月、8 月放牧）处理高于其他处理，显著高于 T2、T4、T5 处理（$P<0.05$），所有处理的净初级生产力显著高于 T0（对照）。

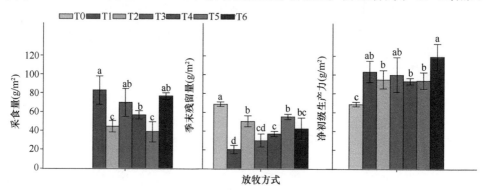

图 7-25　不同放牧方式对生产力构成的影响

（二）不同放牧方式对羊草各种功能性状的影响

如表 7-3 所示，放牧显著降低了植株高度、叶下茎高和叶层分布高度（$P<0.05$），说明由放牧引起的植株矮小化现象是由叶下茎高变短和叶层分布高度变小共同引起的。放牧引起的叶下茎高的变化较叶层分布高度的变化更显著，放牧条件下植

表 7-3　放牧对羊草植株高度、叶下茎高和叶层分布高度的影响

处理	植株高度（cm）	叶下茎高（cm）	叶层分布高度（cm）
T0（对照）	29.95±0.6a	7.74±0.8a	22.21±1.1a
T1（连续放牧）	21.22±0.1b	2.87±0.2b	18.36±0.1b
均值	25.587	5.303	20.285
标准差	4.822	2.840	2.414
变异系数	0.188	0.535	0.119
变异率	0.29	0.63	0.17

注：不同字母表示处理间差异显著（$P<0.05$），下同

株总高度下降了 8.73cm，叶下茎高下降的高度占植株下降高度的 56%，叶层分布高度下降的高度占植株总高度的 44%。综合分析二者表明植株高度矮小中叶下茎高变短的贡献率更大。同时上述结果表明，植物会采取尽量多的措施保证光合器官的高度，以适应植株矮小化的影响。放牧条件下植株的矮小化现象与大多数研究相吻合。作为资源竞争力指标的植株高度、叶下茎高、叶层分布高度有显著变化。

如表 7-4 所示，放牧使影响植物生产力性状的茎质量、整株质量显著变小（$P<0.05$），但是总叶质量并没有显著变小。在放牧条件下，茎质量下降的程度占羊草整株质量下降的程度的 55%，总叶质量下降的程度则为 45%，说明整株质量的变少主要是由茎质量变少引起的。作为影响植物光合作用的性状，茎叶比变小的程度不明显，说明放牧使叶所占的比重变大的趋势不明显。

表 7-4　放牧对羊草茎质量、总叶质量整株质量及茎叶比的影响

处理	茎质量（g）	总叶质量（g）	整株质量（g）	茎叶比
T0（对照）	0.11±0.01a	0.21±0.03a	0.32±0.04a	0.56±0.03a
T1（连续放牧）	0.05±0.007b	0.16±0.006a	0.21±0.07b	0.4±0.09a
均值	0.085	0.185	0.268	0.480
标准差	0.035	0.04	0.074	0.131
变异系数	0.412	0.216	0.276	0.273
变异率	0.55	0.24	0.34	0.29

从表 7-5 可以看出，放牧条件下影响植物光合作用的性状叶总长没有发生明显变化。选取每株羊草的前 4 片叶，比较前 4 片叶间的差异。羊草的第 1 片叶（距离地面最近的叶）长度在放牧条件下较对照显著变短（$P<0.05$），第 2 片叶、第 3 片叶和第 4 片叶的长度变化不明显。

经过 4 年放牧，影响植物光合作用的叶性状中第 1 片叶角度显著增大，第 1 片叶长度显著减小，其余变化不明显；影响植物生产力的性状中茎质量、整株质量显著减小，其余性状没有明显变化；资源竞争力性状中植株高度、叶下茎高、

表 7-5 放牧对羊草叶总长、单叶长度的影响

处理	叶总长（cm）	第 1 片叶长度(cm)	第 2 片叶长度（cm）	第 3 片叶长度(cm)	第 4 片叶长度(cm)
T0（对照）	68.36±4.3a	16.46±0.5a	16.47±0.9a	15.45±1.3a	12.58±2.1a
T1（连续放牧）	57.03±1.6a	13.37±0.5b	14.17±0.5a	13.62±0.6a	11.32±0.3a
均值	62.695	14.914	15.318	14.534	11.951
标准差	7.956	1.883	1.730	1.870	2.46
变异系数	0.127	0.126	0.113	0.129	0.206
变异率	0.17	0.19	0.14	0.12	0.1

叶层分布高度显著降低，叶展显著增大，其余性状没有显著的变化，表明性状对放牧呈非均等响应。植株高度、叶下茎高、茎质量、植株地上生物量、叶展、叶层分布高度、第 1 片叶长度和第 1 片叶角度这 8 个指标为敏感性指标，其余 9 个为惰性指标。

第四节 优化放牧提高家畜生产力及饲草转化率

体重是放牧羊生产能力的主要外在表现形式，但草地的牧草供给受气温、降水等环境因子的影响而变化，造成放牧羊生产性能的波动。北方地区草地牧草的生长受季节的限制，放牧羊在一年中只有 5 个月的时间可采食到青绿牧草，长达 7 个月的时间只能以低质枯草为食。大部分牧场虽然在冬春季节进行补饲，但补饲量往往不够放牧羊的营养需要，限制了其生产性能的正常发挥。研究家畜体重与牧草产量及营养之间的动态变化规律，对提高草地利用率，以及对改善和调控放牧家畜营养状况有重要意义。

一、优化放牧对单位家畜增重的影响

单位家畜增重随放牧强度的增加呈现下降趋势。除轻度放牧外，单位家畜增重均值呈现 2015 年>2014 年>2016 年（图 2-95）。与轻度相比，2014 年单位家畜增重中度、重度和极重度分别下降 11.26%、29.49%、47.17%，但由于 2015 年降水量充沛，不同放牧梯度上草地第一性生产力较 2014 年普遍增加了 27.61%~125.77%，导致第二性生产力有不同程度的提高，重度和极重度放牧下单位家畜增重较 2014 年相同放牧强度分别增加 31.80% 和 52.84%。与 2014 年相比，2016 年单位家畜增重轻度、中度、重度和极重度分别下降 28.99%、23.05%、18.24%、12.58%。由此表明，轻度放牧能够维持较高的单位家畜生产性能，放牧年限的延长会造成第二性生产力不同程度的降低，降水量大幅增加通过草畜互作可以大幅提高单位家畜生产效率，且放牧强度越大增幅越大。

二、优化放牧与单位面积草地家畜载畜力

单位面积草地上家畜增重随放牧强度的增加总体呈现增加趋势。降水量增加有效提高重度和极重度单位面积草地承载家畜生产力，且极重度放牧显著高于重度及其他放牧强度下的家畜增重，而降水量一般年份，重度和极重度放牧无显著差异（$P>0.05$）。随着放牧年限的延长，各个放牧梯度上单位面积草地承载家畜生产力均有不同程度的减少。2016 年与 2014 年相比，轻度、中度、重度和极重度放牧单位面积草地承载家畜生产力分别减少了 28.99%、23.05%、18.24% 和 12.58%（图 2-96）。由此，极重度放牧与重度相比并不会获得更多的单位面积草地承载家畜生产力，中度放牧既可以获得较高的单位家畜生产力水平（2014 年中度与极重度相比单位家畜生产力水平为 1.68 倍，2016 年为 1.48 倍），同时也可以获得较为理想的单位面积草地承载家畜生产力（2014 年中度与极重度相比单位面积草地承载家畜生产力可达到 83.99%，2016 年为 73.93%）。

（一）草畜转化效率

采食量分为单位面积牧草被采食量和单位家畜牧草采食量。在不同降水年份，放牧草地在不同放牧强度下的采食量见图 2-97 和图 2-98。

随着放牧强度的增加，单位面积牧草被采食量不断增加，单位家畜牧草采食量不断减少。随放牧年限延长，植被净生产力降低，重度和极重度放牧下单位家畜牧草采食量下降。降水量大幅增加，植被净生产力提高，单位家畜牧草采食量增多。单位面积牧草被采食量随放牧强度的增加总体呈现增加趋势，除中度放牧外，2014 年中度、重度和极重度放牧较轻度放牧分别增加 47.75%、81.19% 和 127.98%，随着放牧年限的延长和降水量的波动，单位面积牧草被采食量或单位家畜牧草采食量在 2015 年重度和极重度放牧下与 2014 年相比分别增加 20.57% 和 8.47%，2016 年与 2014 年相比分别下降 8.60% 和 14.10%。

牧草采食率随放牧强度的增加大都呈现增加趋势（表 2-22），轻度放牧下为 20%～40%，中度放牧下为 60%～70%，重度放牧下为 70%～80%，极重度放牧下为 80% 以上，甚至牧草被采食后剩余量不足净生产力的 9%。降水量大幅增加会在某种程度上减少草地植被采食率。因此，放牧强度增加使牧草采食率增加且呈现出对数函数变化。2015 年降水量较地区年均值增加 46.98%，牧草被采食率在不同放牧强度下大都可以减少 8% 左右。

中度和重度放牧下可获得较大的草畜转化率，降水量大幅增加有助于提高重度和极重度放牧下的草畜转化率，放牧年限的延长会降低草畜转化率（表 2-23）。随着放牧强度的增加，牧草采食率在 60%～80% 时可获得较高的草畜转化率，随着放牧年限的延长，植被净生产力降低，重度和极重度放牧下草畜转化效率下降，

降水量大幅增多则植被净生产力提高，家畜可采食量增多。

（二）适度放牧利用标识与阈值

适度放牧旨在通过合理、适当的放牧利用，最终有利于草地生态系统活力的保持和功能的维持。研究通过植物（针茅植株高度、糙隐子草种群密度）、主要种群生物量、群落地上和地下生产力、家畜与草畜互作等相关指标的综合分析（表 2-34），认为研究区草原适度放牧阈值为 170~340SSU·d/(hm²·a)。另外，载畜率还要随着降水量等外界环境的变化适度调整，并且要重视生产力状况及其退化程度等草地本底资料在核算适度放牧阈值时的作用。

（三）基于植被和家畜生产力的放牧系统生态-经济效益分析与适度放牧强度

基于实验植被监测数据和已有研究文献资料，建立放牧生态系统生态-经济效益关系模型，分析系统"条件-边界-阈值"关系。

放牧率与地上现存生物量的关系分析见图 7-26。结果显示，随着放牧率的增加，地上现存生物量呈现出下降趋势，其中 170SSU 时（即每公顷放养 3 只家畜，连续放牧 3 个月），地上现存生物量较对照高。放牧率与地上现存生物量呈一元三次方程（$P<0.01$）。

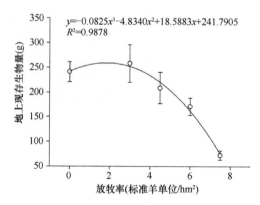

$$y=-0.0825x^3-4.8340x^2+18.5883x+241.7905$$
$$R^2=0.9878$$

图 7-26　放牧率与地上现存生物量的关系

放牧率与家畜增重的关系分析见图 7-27。结果显示，随着放牧率的增加，单位面积（hm²）家畜增重也呈现出一元三次方程关系（$P<0.01$）。

根据上述结果，建立草原放牧生态系统生态效益与生产效益的综合评估模型。

根据上述模型，建立生态-经济效益关系模型（图 7-28）。

根据对 α、β 进行权重赋值，可获得如下关系模式（图 7-29）。

根据上述权重赋值和综合效益评估模型，建立综合效益模式系列（图 7-30）。

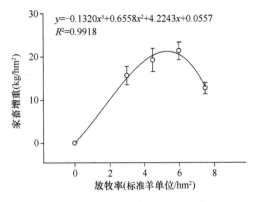

图 7-27　放牧率与家畜增重的关系

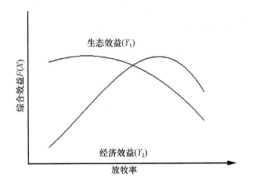

图 7-28　放牧生态系统生态-经济效益关系模型

加权系数 $\alpha+\beta=1$		$F(X)=\alpha Y_1+\beta Y_2$
α	β	
0.0	1.0	$F(X)_{\alpha0\beta1}=Y_2$
0.2	0.8	$F(X)_{\alpha0.2\beta0.8}=0.2Y_1+0.8Y_2$
0.4	0.6	$F(X)_{\alpha0.4\beta0.6}=0.4Y_1+0.6Y_2$
0.5	0.5	$F(X)_{\alpha0.5\beta0.5}=0.5Y_1+0.5Y_2$
0.6	0.4	$F(X)_{\alpha0.6\beta0.4}=0.6Y_1+0.4Y_2$
0.8	0.2	$F(X)_{\alpha0.8\beta0.2}=0.8Y_1+0.2Y_2$
1.0	0.0	$F(X)_{\alpha1\beta0}=Y_1$

图 7-29　对模型中的 α、β 进行权重赋值后的关系模式

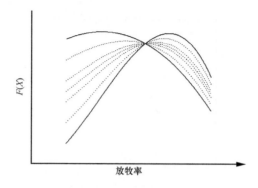

图 7-30 放牧生态系统综合效益模式

本数据分析表明，产生最大生态效益的放牧压为 110SSU·d/(hm²·a)，产生最大生产效益的放牧压为 310SSU·d/(hm²·a)，此为边界值。根据生态、生产效益权重不同，其综合评价最大值呈现出曲线分布（图 7-31）。

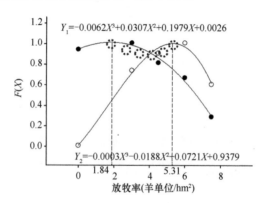

$Y_1 = -0.0062X^3 + 0.0307X^2 + 0.1979X + 0.0026$

$Y_2 = -0.0003X^3 - 0.0188X^2 + 0.0721X + 0.9379$

图 7-31 放牧生态系统生态-经济效益条件-边界-阈值分析

但是，本研究目前仍然具有一定的局限性，需要补充更多的实验数据和长期监测数据，这也是本研究下一步的重要工作任务之一。

第五节　生长季节休牧提高草地利用率和家畜生产性能

植被的繁殖、更新及再生是放牧时间调控的理论基础。放牧时间的调控为草地生态系统提供了不同的放牧时间和休牧时间，休牧可以保护植物的重要生长节律，对不同植物的生长和繁殖起到保护作用，从而使以管理关键种为目的草地管理得以实现；同时，在休牧过程中，牧草的现存量增加，有利于提高家畜采食量、家畜选择性采食能力和营养摄入量；但如果休牧时间过长，牧草的营养品质下降，导致家畜消化率下降，降低生产性能。春季牧草萌发，完全依靠种子或贮藏器官

（如根茎和根颈）内的营养物质；随着幼苗的生长，当牧草叶片处于 4 叶期时，植物根和根茎（颈）中贮藏碳水化合物含量最低，此为牧草发育的临界期，放牧上称为"忌牧期"；基于该规律，此时期休牧（返青期休牧）可以促进牧草快速、充分生长，改善草地植被的群落结构并提高生物量，这一措施在内蒙古自治区的广大牧区已开始推广应用。在牧草发育临界期后，多年生牧草通过地上部分获取碳水化合物，根茎（颈）中的营养物质贮藏量持续增加；当禾本科牧草叶鞘膨大、开始拔节或豆科牧草及阔叶类杂草腋芽出现时，为开始放牧的最佳时期，有利于牧草再生、提高草地产量。一年生植物在早春进行种子繁殖，如果在此时期进行休牧，可提高一年生植物密度；但是，如果牧草已经达到抽穗期或者更迟，则营养品质下降、再生能力减弱，不利于草地和家畜生产。在生长旺盛期（中国北方草地 7～8 月）休牧，则牧草叶面积指数增加，叶片合成的碳水化合物会运送至根部贮藏，提高多年生根茎型禾草的密度和活力。当牧草进入枯黄期，此时牧草生长缓慢，停止刈牧活动（枯黄期前 20d 或生长结束前 30d），有利于地下部的碳水化合物贮藏，提高草地的越冬率和第二年返青期牧草的生长。

　　放牧家畜的生产在很大程度上依赖于家畜能否采食到足够的营养以供其生长和繁殖；准确获取自由放牧家畜的采食量数据，才能预测家畜的生产性能，并进行实际评价草地及科学有效地管理草地；但绵羊的采食有很强的选择性，草地可提供牧草的营养品质与其实际摄入的营养品质有很大区别，通过可提供牧草的营养品质来预测绵羊的营养摄入不够准确。选择性采食行为直接决定着绵羊的食性或日粮组成，从而影响家畜能够从环境中获取的营养物质的状况；在国际上，植物蜡层指示剂法被认为是目前较准确和客观地分析绵羊食性的手段。利用植物蜡层指示剂法，可以从绵羊选择性采食的角度直接地、准确地测定放牧绵羊的营养摄入，了解放牧绵羊营养摄入的盈余与亏缺状况，从根本上揭示不同放牧利用方式对绵羊生产性能的影响，为放牧绵羊的营养调控提供依据。

　　试验平台位于内蒙古自治区呼伦贝尔市特尼河九队牧场（53°26′N，120°9′E），平均海拔 1100m，属温带大陆性季风气候。全年平均气温–2.0～1.0℃，10℃的积温 1800～2200℃，年降水量 400～450 mm，季节分布极不平衡，主要集中在 6～9 月。该区域草原土壤类型为黑钙土或暗栗钙土，土层厚 30～40cm，0～10cm 土层的 pH 为 6.68，总有机碳含量为 3.03%左右，全氮含量为 0.32%。本研究涉及的草地为改良草甸草原，在改良前为重度退化草地。该草地在 1997 年补播了无芒雀麦（*Bromus inermis*），之后一直进行刈割利用。目前，该草地以羊草、无芒雀麦为优势种，主要伴生植物有二裂委陵菜（*Potentilla bifurca*）、柄状薹草（*Carex pediformis*）和寸草苔（*Carex duriuscula*）。每个小区的优势种都为无芒雀麦和羊草，草地的异质性较小，放牧前（6 月 15 日）2015～2017 年牧草的平均现存量为 1099kg/hm²。

一、草地利用方式影响草地初级生产力及植物群落种类组成

采用模拟放牧试验研究，设计单因素拉丁方试验，设置 6 个处理，分别为：G1，生长早期延迟放牧（7 月 15 日和 8 月 15 日刈割模拟采食）；G2，生长中期延迟放牧（6 月 15 日和 8 月 15 日刈割模拟采食）；G3，生长晚期延迟放牧（6 月 15 日和 7 月 15 日刈割模拟采食）；CK1，持续放牧（6 月 15 日、7 月 15 日和 8 月 15 日刈割模拟采食）；CK2，围封；M，刈割（每年 8 月初割草，留茬高度 7～9cm）。每个处理重复 6 次，小区面积 4m×5m，小区之间间隔 1m。每个模拟放牧处理的放牧强度一致，均设置为中度放牧，采用模拟采食方法，刈割高度为 5～7cm，依据刈割收集的生物量占总生物量的 40%～60%，根据延迟放牧时间，依次进行刈割处理，并做刈割高度维护处理。收集某牧户羊圈中冬季舍饲时的羊粪，运至实验室，用铁片捣碎，然后再用铁锹来回翻动 3 次以上，使粪样混搅均匀，最后根据 2015 年的采食量与排泄量计算添加量，每年大约需要 100kg。延迟放牧（60d）与连续放牧（90d）排泄物年总添加量为 2036g（干重）。模拟践踏时间同刈割处理时间，对小区的践踏尽量保持木屐的全覆盖，横向践踏与纵向践踏为一次处理。模拟践踏次数为每月 30d 相应处理的单蹄践踏次数为 4267 次。

通过对生物量、物种数进行方差分析（图 7-32）可以看出，不同草地利用方式对草地生物量与物种数的影响显著，不同处理间生物量差异极显著（$P<0.001$），物种数差异显著（$P<0.05$）；多重比较分析发现，G2 生物量显著大于 CK2、M（$P<0.05$），而 CK1、G1、G3 显著大于 M（$P<0.05$），但 CK1、CK2、G1、G3 间

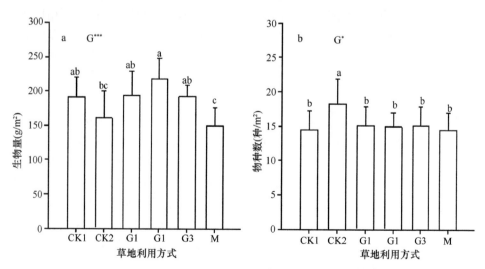

图 7-32　不同草地利用方式处理的草地生物量与物种数

*表示 $P<0.05$，***表示 $P<0.001$；小写字母不同表示在 0.05 水平上两者差异显著。下同

差异不显著（$P>0.05$）；CK2 物种数显著高于其他处理（$P<0.05$），且其他处理间差异不显著（$P>0.05$）；从以上分析可以看出，G2 由于在牧草重要生长期（7 月 15 日至 8 月 15 日）的休牧，可能是因为牧草前期受到采食性刺激所得到的负反馈作用，即使在降水限制（图 7-32）的情况下，相对较耐旱植物也得到了补偿性生长，使其生物量显著高于其他处理；CK2 可能通过未被采食较高植物，相对减少水分蒸散与增加水分截留，使得物种在干旱情况下得到生长与保留，而放牧+干旱相对减少了物种数。

二、生长季节休牧影响绵羊采食量和采食组分

在生长季节休牧实验平台采用单因素随机区组试验设计。该试验设 3 个水平，分别为：R1，生长早期休牧（6 月 15 日至 7 月 15 日休牧）；R2 生长中期休牧（7 月 15 日至 8 月 15 日休牧）；R3 生长晚期休牧（8 月 15 日至 9 月 15 日休牧）。并设两个对照，分别为：CG，6 月 15 日到 9 月 15 日持续放牧；CK，围封处理。各处理重复三次。

实际草地放牧利用延迟放牧试验为单因素随机区组试验设计。选用 300 只 2～3 岁，初始体重为 29.6kg±0.20kg，品种为'蒙古羊'的空怀母羊进行放牧试验。在整个放牧试验中，羊自由饮水，自由舔食盐砖。测定家畜的活体重、采食量、采食组分。利用牧后剩余量法来确定放牧强度。每个小区放牧羊数量等于放牧前的牧草现存量减去放牧后的牧草剩余量，再加上这一放牧阶段牧草的生长量，然后除以每只羊每天的采食量，再除以 30d，如以下公式所示。

$$放牧绵羊数量 = \frac{S - R + G \times 30}{DMI \times 30}$$

式中，S 为放牧前平均绿色植物现存量（kg DM/hm²）；R 为牧后剩余量（kg DM/hm²）；G 为生长速率[kg DM/(hm²·d)]；DMI 为干物质采食量[kg DM/(只羊·d)]。DM 表示干物质。

由于草地的异质性，相同处理不同重复间放牧前的牧草现存量有一定差异，故将相同处理的现存量取平均值带入公式进行计算，这样保证了相同处理的不同小区放牧的羊只数是相同的。人为设定牧后剩余量的数值，第一个生长季牧后剩余量为 1000kg/hm²；第二个生长季牧后剩余量 800kg/hm²；第三个生长季牧后剩余量 600kg/hm²；对于 R3 处理来说，有些特殊，第二放牧阶段牧后剩余量是 300kg/hm²，认为通过第三放牧阶段的休牧，牧草还能再长 300kg，到 9 月 15 日牧后剩余量也可以达到 600kg/hm²。生长速率是根据 2015 年的数据设定的，三个放牧阶段分别为 30kg/(hm²·d)、10kg/(hm²·d)、10kg/(hm²·d)。干物质采食量设定为每只羊每天 1.5kg。

数据采集: 8 月中旬模拟放牧试验中采用收获法测定草地生物量和物种数。放牧家畜测定活体重、有机质采食量和消化率（体外指示剂 TiO_2），采用植物蜡层指示剂法测定采食组分。

采用牧后剩余量的方法控制放牧率,各处理干物质采食量都大于体重的3.5%。在早期,处理间干物质采食量差异不显著;在中期,R1 处理的干物质采食量显著高于其他处理;在晚期,R2 处理的干物质采食量显著高于其他处理。总体上,不同休牧处理对干物质采食量影响显著,R1 和 R2 处理显著高于其他处理。早期休牧和中期休牧可以使牧草现存量积累,从而提高了绵羊的干物质采食量（图 7-33a）。

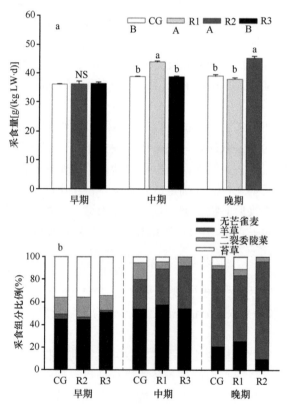

图 7-33　生长季节休牧对绵羊采食量（a）和采食组分（b）的影响

在整个放牧季,无芒雀麦和羊草的采食组分（分别为 40.4% 和 35.1%）明显大于二裂委陵菜与和苔草（分别为 9.5% 和 15.1%）;在早期,无芒雀麦和苔草是绵羊的主要采食组分,两者之和占到采食组分的 80% 以上;在中期,无芒雀麦和羊草是绵羊的主要采食组分,两者之和占到采食组分的 80% 以上;在晚期,仅羊草是绵羊的主要采食组分,占采食组分的 55% 以上。无芒雀麦在早期和中期的采食组分比例显著高于晚期；从早期到晚期，羊草的采食组分比例显著增加；二裂委陵菜在早期的采食组分比例显著高于晚期，但与中期没有显著差异；苔草在早期的采食组分比例显著高于中期和晚期（图 7-33b）。

三、生长季节休牧改变绵羊的营养摄入量

在早期和中期，粗蛋白摄入量在处理间差异不显著；在晚期，R2 处理粗蛋白摄入量显著高于 R1 和 CG 处理。总体上，不同休牧处理对绵羊粗蛋白摄入量影响显著，R3 和 R2 处理显著高于 CG 和 R1 处理。晚期休牧和中期休牧可以提高绵羊粗蛋白摄入量（图 7-34a）。

在早期，消化能摄入量在处理间差异不显著；在中期，R1 处理显著高于其他处理；在晚期，R2 处理显著高于 CG 和 R1 处理。总体上，不同休牧处理对绵羊消化能摄入量影响显著，R2 处理显著高于 R1 和 CG 处理（图 7-34b）。

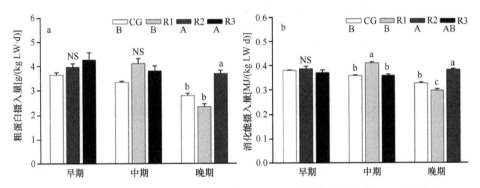

图 7-34 生长季节休牧对绵羊粗蛋白摄入量（a）和消化能摄入量（b）的影响

四、生长季节休牧对绵羊增重和能氮平衡的影响

在早期和中期，各处理间绵羊单位个体增重差异不显著；在晚期，R2 处理绵羊单位个体增重显著高于 CG 处理，且两者显著高于 R1 处理。总体上，不同休牧处理对绵羊单位个体增重影响显著，R2 和 R3 处理显著高于 CG 处理，且三者显著高于 R1 处理（图 7-35a）。

在早期，R3 处理日粮中能氮平衡显著低于 R2 和 CG 处理；在中期，各处理间日粮中能氮平衡差异不显著；在晚期，R2 处理日粮中能氮平衡显著低于 R1 处理。总体上，不同休牧处理对绵羊日粮中能氮平衡的影响显著，R3 处理日粮中能氮平衡显著低于 CG 和 R1 处理；R2 处理日粮中能氮平衡显著低于 R1 处理。根据中国肉羊饲养标准，体重 35kg、体增重 90g/d 的育成母羊，所推荐的日粮消化能（DE）与蛋白质（CP）的比为 0.088MJ/g（DE：10.88MJ/d；CP：123g/d），

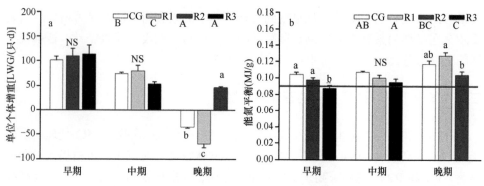

图 7-35　生长季节休牧对绵羊活体增重（a）和能氮平衡（b）的影响

LWG 表示活体增重

如图中红线所示（图 7-35b）。结果发现 R2 和 R3 处理绵羊日粮中能氮平衡接近饲养标准所推荐的数值，而 CG 和 R1 要高于饲养标准的推荐值。因此，R2 和 R3 处理的绵羊所获得的营养较平衡。

与持续放牧相比，早期休牧和中期休牧可以显著提高绵羊干物质采食量。但对营养物质摄入量而言，中期休牧和晚期休牧处理粗蛋白摄入量和消化能摄入量则高于持续放牧与早期休牧，这说明早期休牧处理绵羊日粮中的营养含量低于晚期休牧处理。此外，中期休牧和晚期休牧处理绵羊日粮中能氮平衡更接近饲养标准所推荐的能氮平衡，而早期休牧和持续放牧处理日粮中能氮平衡高于饲养标准所推荐的能氮平衡。中期休牧和晚期休牧处理绵羊营养摄入量高，且日粮中能氮平衡适宜，因此，中期休牧和晚期休牧处理绵羊单位个体增重显著高于持续放牧与和早期休牧处理。

第六节　放牧生态系统枯落物特性及其与适度放牧的关联研究

植物通过光合作用固定的碳，一方面通过根系以根系分泌物的形式向土壤输入有机物；另一方面地上、地下枯死的植物残体在微生物的作用下不同程度地分解，分解产生的代谢产物及难分解化合物均进入土壤，成为土壤碳的组成部分，这是植被向土壤输入碳的重要方面。草地凋落物是植物体完成其生命过程后枯萎、死亡的组织产物，是植被第一性生产力的重要组成部分。草地植被以多年生植物为主，植株残体不断积累进而在地表形成一定厚度的地被覆盖。一方面，凋落物层能够屏蔽部分阳光辐射，降低地表的温度；另一方面，凋落物层能够吸收地面辐射、土壤蒸发，起到保温、保水的作用。这种屏蔽作用进一步影响和限制种子萌发。叶凋落物是土壤微生物在分解过程中养分和能量的主要来源。而参与枯落物分解的微生物生长遵循较为严格的养分（主要是碳、氮、磷）化学计量比需求。由于土壤中真菌菌丝体能够快速增生，而细菌世代间隔较为短暂，其组成的土壤微生物群落能够根据不同的分解环境快速调整以适应新的环境，表现为土壤微生物群落对枯落物的质量（养分比例）有一定的适应性。这种调整将导致凋落物分解过程中微生物群落能量（碳）消耗变化。最终，土壤碳固持水平也因此而改变。

　　本研究基于荒漠草原放牧梯度试验和典型草原放牧梯度试验来解析不同放牧强度下枯落物的分解特性。在典型草原选取不同退化程度的植被群落：羊草群落、针茅群落及冷蒿群落。将群落中的优势植物羊草、针茅和冷蒿（*Artemisia frigida*）用同位素 ^{13}C 标记、收获后，交互移置于三种群落中分解。分析凋落物与植被群落互作下，凋落物的质量损失率、纤维素与木质素的降解率以及同位素碳在不同功能群微生物中的整合、土壤有机质和凋落物对微生物碳的相对贡献程度。最后，综合所有指标计算主场效应指数，以揭示草原植被群落与凋落物质量互作影响凋落物分解、碳周转的本质规律。野外模拟试验与室内氮磷添加试验相结合，从养分的角度探讨放牧对碳转化的影响机制。模拟放牧试验模拟践踏和粪尿返还两因子对凋落物分解模式及养分和碳释放的影响。采用凋落物的室内分解方法，人为控制其分解环境中的速效氮磷，在其他外部因素（水分、光照、温度）均一致的前提下，观测凋落物的质量变化动态，以及此过程中微生物组成、微生物量碳（MBC）的变化

一、不同放牧强度下枯落物分解残留率

　　试验平台一：2014 年在中国农业科学院草原研究所温带荒漠草原试验基地的放牧试验平台开展了枯落物分解试验，试验地位于内蒙古自治区锡林郭勒盟的苏尼特右旗（41°55′～43°39′N、111°8′～114°16′E），气候属于中温带半干旱大陆性气候，该区降水量少且非常不稳定，年际变化大，地表水缺乏。放牧试验区位于苏尼特右旗中西部的荒漠草原，草地类型为小针茅+无芒隐子草草地，植被盖度 20%～40%，植物种类贫乏。放牧试验从 2008 年开始，每年 5 月开始放牧，10 月底终止放牧。试验设 5 个处理，分别为轻度放牧（LG）、中度放牧（MG）、重度放牧（HG）、极重度放牧（EG）和围封对照区（CK）。每个处理 3 次重复，共有 15 个试验小区，每个放牧试验小区面积 240 亩，放牧梯度设置见表 7-6。

　　试验平台二：2015～2016 年，在中国农业科学院草原研究所锡林郭勒典型草原试验示范基地，开展了枯落物分解试验。草地类型为羊草+大针茅/克氏针茅典型草原。放牧试验于 2014 年开始，试验设计 15 个放牧小区，每年 6 月 10 日至 9月 10 日进行连续放牧试验，试验小区 1.33hm²，设定 5 个放牧利用强度梯度，3个空间试验重复，放牧率设计见表 7-7。

表 7-6 平台一试验小区放牧强度设置

放牧小区设计	放牧率（羊/hm²）	放牧强度
围栏封育	0	对照区 CK
6 只羊	0.3750	轻度放牧 LG
8 只羊	0.5000	中度放牧 MG
10 只羊	0.6250	重度放牧 HG
15 只羊	0.9375	极重度放牧 EG

表 7-7 平台二试验小区放牧强度设置

放牧小区设计	放牧率[标准羊单位·d/(hm²·a)]	放牧强度
围栏封育	0	对照区 CK
4 只羊	170	轻度放牧 LG
8 只羊	340	中度放牧 MG
12 只羊	510	重度放牧 HG
16 只羊	680	极重度放牧 EG

10 月待植物彻底枯黄后，齐地面收集当年新生成的立枯体，于室内用清水洗净，65℃烘箱中烘干至恒重，混合均匀。将枯落物剪成 5cm 左右，称取 20g，装入大小为 25cm×30cm、网眼为 60 目的尼龙网袋内。于次年 4 月中旬将分解袋放置于各小区内，将地表枯落物清除干净后，把分解袋平铺于地表，与土壤直接接触并用铁钩固定，让其在自然状态下分解。

从 2 个放牧平台试验中均可以看出，不同放牧强度下枯落物的残留率均小于围封对照区，且随着放牧强度的增加枯落物残留率减少，说明放牧有助于枯落物的分解。分解 90d 之后，除轻度放牧小区外，其他放牧强度下枯落物残留率与对照区均有显著差异（$P<0.05$），但中度、重度和极重度放牧强度之间差异不明显（图 7-36）。

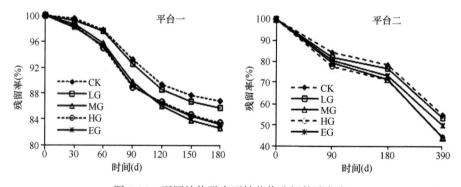

图 7-36 不同放牧强度下枯落物分解的残留率

二、不同放牧强度下枯落物分解速率模型

采用 Olson 的单指数衰减模型（$Y_t=Y_0 e^{-kt}$）来拟合枯落物分解速率，式中 Y_0 为分解开始时的枯落物量，Y_t 为在时间 t 时的剩余量，k 为分解速率常数。按照这一模型，可得到各枯落物分解残留率随时间的指数回归方程，再进一步估算各枯落物分解的半衰期（枯落物分解一半所需要的时间）（$t_{0.5}$）和分解 95% 所需要的时间（$t_{0.95}$）。

不同放牧强度下枯落物的分解速率与对照区存在差异（表 7-8），小针茅草原分解系数（K）为 0.030~0.0378，羊草+大针茅草原分解系数为 0.044~0.060。放牧加快了枯落物的分解，这可由不同放牧强度下枯落物的分解系数和分解一半所需要的时间反映出来。围栏对照区枯落物的分解系数低于各放牧强度小区（$P<0.05$），小针茅草原中，中度放牧条件下（MG）分解系数最高，枯落物分解最快，其分解一半所需要的时间是 1.53a，分解 95% 所需要的时间是 6.61a；其次是重度和极重度放牧强度的小区，分解一半需要 1.66~1.69a，分解 95% 需要 7.21~7.31a；分解速度最慢的是围封对照区，其分解一半需要 1.92a，分解 95% 需要 8.33a。羊草+大针茅典型草原，重度放牧条件下（HG）分解系数最高，枯落物分解最快，其次为中度放牧小区，分解一半需要大约 1 年时间，分解 95% 所需要的时间是 4.31a。

表 7-8 不同放牧强度下枯落物分解模型

放牧强度		回归方程	判定系数（R^2）	分解系数（K）	$t_{0.5}$（月）	$t_{0.95}$（月）
试验平台一	CK	$y=102.55e^{-0.03x}$	0.957	0.0300	23.10	100.00
	LG	$y=102.57e^{-0.0322x}$	0.957	0.0322	21.52	93.17
	MG	$y=101.95e^{-0.0378x}$	0.960	0.0378	18.33	79.37
	HG	$y=100.8e^{-0.0342x}$	0.945	0.0342	20.26	87.72
	EG	$y=100.9e^{-0.0347x}$	0.950	0.0347	19.97	86.46
试验平台二	CK	$y=101.6e^{-0.044x}$	0.985	0.044	15.75	68.18
	LG	$y=100.8e^{-0.054x}$	0.983	0.054	12.83	55.56
	MG	$y=98.44e^{-0.058x}$	0.989	0.058	11.95	51.72
	HG	$y=97.27e^{-0.06x}$	0.988	0.060	11.55	50.00
	EG	$y=99.67e^{-0.057x}$	0.986	0.057	12.16	52.63

三、枯落物各养分元素的释放速率

针茅群落枯落物 C 的释放率呈不断增加的趋势，C 释放是枯落物养分释放的主体。针茅群落枯落物 N 含量表现为释放—累积的过程，但不同放牧强度下其累

积和释放的时间段存在差异。在 CK、LG 和 MG 中，枯落物 N 含量在分解的前 3 个月表现为释放，N 含量分别减少了 17.99%、15.67%和 25.06%，在后 2 个月表现为累积。在 HG 和 EG 中，枯落物 N 含量在分解的前 2 个月表现为释放，N 含量分别减少了 28.76%和 17.40%，在后 3 个月 N 含量表现为累积（图 7-37）。

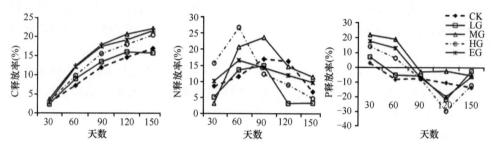

图 7-37　不同放牧强度下针茅群落枯落物养分（C、N、P）释放率随时间的变化

不同放牧强度下针茅枯落物 P 含量的动态变化主要表现为释放—累积的过程，在其他 3 个处理（LG、MG、CK）中，P 含量表现为释放—累积—释放的过程。放牧条件下枯落物 P 的释放率高于 CK。经过 5 个月的分解后，枯落物 P 含量比初始量增加了 2.22%~13.33%，总体来看枯落物 P 含量表现为累积状态。

四、草地植物凋落物分解率与草地植物种类组成相关

前期在典型草原区我们开展了不同草地管理方式对土壤有机质积累及其化学计量关系的研究，季节性放牧制度对土壤碳固持的影响研究，以及放牧的三种作用机制（采食、粪尿归还和践踏）对土壤碳库积累过程与生物过程的影响研究，初步得到放牧对土壤碳库影响的作用机制以及不同放牧制度对土壤碳库影响的作用途径。在此基础上进一步开展氮磷养分有效性对凋落物分解动态的影响研究，在 2014 年开展了利用碳同位素标记的方法定量研究天然草地凋落物分解对土壤碳库的贡献。

本试验将典型草原 3 种不同群落类型的草地——羊草草地（LC）、针茅草地（SK）、冷蒿草地（AR）作为凋落物的不同分解环境。在这三种生境之间，将带有同位素标记的凋落物交互移置，并测算其分解率、土壤碳输入，利用公式计算凋落物碳的转移对植被变化的响应。试验地位于内蒙古锡林郭勒盟多伦县中国科学院植物研究所恢复生态研究站，研究区域概况见本章第二节。

（一）凋落物类型和植被群落对凋落物质量损失率的影响

凋落物类型和植被群落对凋落物质量损失率有显著影响（$F_{2,44}=6640.69$，$P<0.001$；$F_{2,44}=10.71$，$P<0.001$），凋落物类型和分解群落之间存在显著的交互作

用（$F_{2,44}=71.53$，$P<0.001$）。如图 7-38 所示，冷蒿的质量损失率最高，然后是羊草，最低是针茅。冷蒿凋落物在冷蒿群落（"本地"）分解时，质量损失率最大（72%），而针茅凋落物在羊草群落的质量损失率最小（39.33%）。

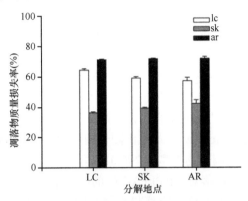

图 7-38　凋落物的质量损失（Lu et al.，2017）

LC 表示羊草草地，lc 代表羊草凋落物；SK 表示针茅草地，sk 代表针茅凋落物；AR 表示冷蒿草地，ar 代表冷蒿凋落物

纤维素的分解速度较慢，最终分解率均在 50%以下。此外，凋落物类型影响纤维素的分解率（图 2-103 a；$F_{2,44}=94.33$，$P<0.05$），但是群落间没有显著差异。分解群落与凋落物类型有显著的交互作用（$F_{4,44}=14.25$，$P<0.001$）。纤维素的分解率的变化范围在 12.78%（针茅）到 46.8%（冷蒿）之间。整体而言，针茅的分解率要低于冷蒿和羊草。在三种分解群落，冷蒿凋落物在冷蒿群落中纤维素分解最多，而针茅凋落物在冷蒿群落表现出最少的纤维素分解。比较而言，针茅和冷蒿两种植物的凋落物在其原始产生群落"本地"的纤维素分解最多，且纤维素的分解率与总质量损失率显著相关（$R^2=0.7538$，$P<0.01$）。

木质素的分解率在 3.71%～8.14%。木质素的分解率与总质量损失率没有显著相关关系，但是凋落物类型与分解群落都显著影响木质素的分解率（图 2-103 b；$F_{2,44}=307.6$，$P<0.001$；$F_{2,44}=18.4$，$P<0.001$），同时二者的交互作用也影响木质素分解率（$F_{4,44}=51.97$，$P<0.001$）。在羊草群落，羊草凋落物表现出较高的木质素分解率。木质素含量较高的针茅凋落物在针茅群落和冷蒿群落的木质素分解率均高于羊草和冷蒿凋落物。对于冷蒿凋落物，木质素最高分解率出现在"本地"冷蒿群落，最低在针茅群落，仅为 3.71%。

（二）^{13}C 在各功能群微生物中的整合

基于 PLFA 分析方法及 C 同位素质谱，我们分析了 C 在各功能微生物中的整合情况。就 PLFA 单体而言，$16:1\omega7c$、$16:1\omega5c$、$16:0$ 及 $18:1\omega7c$ 对 ^{13}C 的整合较大。总体来看，三种 ^{13}C 标记的凋落物在不同的分解群落中的 C 分配量有显著的差异。如图 2-104 所示，代表不同功能微生物的 PLFA 中 ^{13}C 的变化是显著受凋落物类型和分解群落的影响的。除此之外，代表微生物总体的 PLFA-^{13}C 同样也检测到了微小的变化。

结合图 2-104 中所示的结果，真菌整合了相对较多的 ^{13}C，为 1.57~4.74ng PLFA-^{13}C/g 土壤。图 2-104a 显示了凋落物类型与分解群落对真菌 ^{13}C 变化的显著影响（$P<0.01$）：在羊草群落添加被标记的羊草凋落物之后，即"本地分解"，真菌 PLFA-^{13}C 变化达 4.28ng/g 土壤。当羊草凋落物在"异地分解"时，PLFA-^{13}C 的变化幅度降低，为 3.58~3.70ng ^{13}C/g 土壤。同样地，当针茅和羊草凋落物在"本地分解"时，真菌 PLFA-^{13}C 的整合变化要高于"异地"13.5%~110.3%。

图 2-104b 与图 2-104c 展示了革兰氏阳性菌（GP）与放线菌 PLFA-^{13}C 的响应：GP PLFA-^{13}C 的变化受凋落物类型（$P<0.01$）及其与分解群落的交互作用的影响显著（$P<0.05$），但分解群落对 GP PLFA-^{13}C 的影响不显著。例如，在羊草群落中，GP 较多地固定了来自于羊草和冷蒿凋落物的同位素 ^{13}C，而针茅凋落物对 GP PLFA-^{13}C 的贡献相对较小。不仅如此，针茅凋落物在三种分解群落中对 GP PLFA-^{13}C 的贡献没有显著性差异。

相比于上述真菌和 GP，放线菌中检测到的 PLFA-^{13}C 较少，但其 PLFA-^{13}C 的变化受凋落物类型和分解群落的显著影响（$P<0.01$），变化趋势与 GP 相类似（图 2-104c）。对于其他微生物群落，丛枝菌根真菌（AMF）和革兰氏阴性菌（GN）PLFA-^{13}C 丰度与被标记凋落物分解前相比，没有显著变化。此外，表征总体微生物量的 PLFA-^{13}C 在微生物"本地分解"之后出现显著的增加（图 2-104d）。

最后，基于植物、土壤、PLFA 的 ^{13}C 数据，进一步比较分析了土壤微生物 PLFA-^{13}C 的两大来源（包括植物凋落物与土壤有机质）对微生物碳的贡献（图 7-39）。如图 7-40a 所示，植物凋落物在本地分解时向微生物提供了相对较多的碳。而图 7-40b 则表明，针茅标记凋落物的添加促进了土壤中原本的有机质（native SOM）中的碳元素向微生物 PLFA-^{13}C 的转移。

（三）主场效应估算

本研究估算三种凋落物分解过程中的主场效应（home field advantage，HFA），用主场效应指数量化凋落物的群落的作用。

$$HDD_i = (D_{il} - D_{jl}) + (D_{il} - D_{kl})$$
$$ADD_i = (D_{iJ} - D_{jJ}) + (D_{iK} - D_{kK})$$
$$H = (HDD_i + HDD_j + HDD_k)/(N-1)$$
$$ADH_i = HDD_i - ADD_i - H/(N-2)$$

式中，i、j 和 k 分别表示 i、j 和 k 三种凋落物；I、J 和 K 代表以物种 i、j 和 k 为优势种的群落；D 表示分解差异；HDD 和 ADD 分别表示凋落物在"本地"和"异

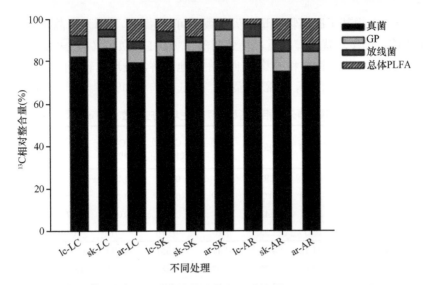

图 7-39　^{13}C 在各功能群微生物中的相对整合量（Lu et al.，2017）

LC 表示羊草草地，lc 代表羊草凋落物；SK 表示针茅草地，sk 代表针茅凋落物；AR 表示冷蒿草地，ar 代表冷蒿凋落物。下同

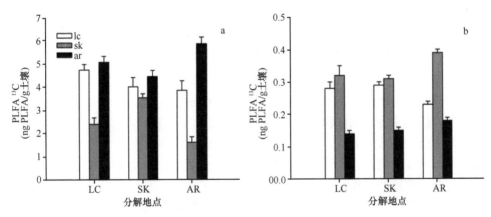

图 7-40　^{13}C 的两种来源：凋落物（a）和土壤有机质（b）（Lu et al.，2017）

地"的分解差异；H 表示三种物种估测的主场效应的平均水平；N 表示物种数；ADH 是凋落物在主场分解的优势。

若 ADH>0，凋落物在本地分解有优势（表示具主场效应，HFA）；若 ADH$_i=0$，凋落物在"本地"与"异地"分解无差异；若 ADH<0，凋落物在"本地"分解无优势（表示无主场效应，home field disadvantage）。

这种算法对凋落物分解中的其他指标优势、劣势的评判同样适用。

从表 7-9 中基于凋落物质量损失的数据可以看出，羊草及冷蒿凋落物表现为 ADH 正值，即主场优势；相反，针茅凋落物 ADH 为负值（–1.1478），则表明其主场分解的非优势。针茅和冷蒿纤维素在本地分解，表现出较高的 ADH 值，木质素的评估值则完全相反，冷蒿为负值，远低于羊草和针茅。

表 7-9 基于凋落物分解相关指标估测的主场效应指数（Lu et al.，2017）

		质量损失	纤维素	木质素	^{13}C-真菌	^{13}C-革兰氏阳性菌	^{13}C-放线菌	^{13}C-其他	^{13}C-凋落物	^{13}C-有机质
羊草	HDD	21.46	15.95	3.93	1.96	0.098	0.153	0.129	1.99	0.10
	ADD	5.05	−12.20	−0.09	−0.79	0.101	0.149	−0.695	−1.53	0.03
	H	6.81	27.42	2.47	2.34	0.013	0.013	0.817	3.43	0.01
	ADH	9.60	0.73	1.55	0.41	−0.016	−0.010	0.007	0.09	0.06
针茅	HDD	−52.18	−11.12	4.52	−1.11	−0.351	−0.211	0.356	−1.39	0.18
	ADD	−57.85	−52.62	1.25	−4.53	−0.383	−0.233	−0.802	−6.58	0.25
	H	6.81	27.42	2.47	2.34	0.013	0.013	0.817	3.43	0.01
	ADH	−1.15	14.08	0.81	1.08	0.019	0.010	0.341	1.76	−0.08
冷蒿	HDD	44.35	50.01	−3.52	3.83	0.279	0.084	1.149	6.25	−0.26
	ADD	31.72	0.98	−4.47	0.17	0.139	0.047	−0.465	0.12	−0.20
	H	6.81	27.42	2.47	2.34	0.013	0.013	0.817	3.43	0.01
	ADH	5.81	21.61	−1.52	1.33	0.128	0.024	0.796	2.70	−0.07

基于 ^{13}C-PLFA 分析，数据显示 ^{13}C 在微生物群落中的整合同样具有主场效应，从羊草到针茅再到冷蒿，主场分解的微生物 ^{13}C 整合优势增加。与此同时，对于微生物 ^{13}C 的来源，凋落物源 ^{13}C 的主场效应增加，且均为正效应。而土壤本底提供的碳的主场效应减弱，针茅和冷蒿的主场效应均为负值。

本研究基于同位素探针技术及凋落物交互移置分解的设计，使人们对凋落物类型与分解环境的互作、凋落物碳的周转都有了新的认识。

本研究对 ^{13}C 标记的凋落物进行交互移置分解，表明微生物的同化作用是除凋落物质量之外，影响 C 转移转化的重要因子。部分 ^{13}C 被微生物代谢整合到不同的功能群落中。生物量占优势的真菌固定了相对较高的 ^{13}C，表明真菌是调控凋落物分解的主要力量，真菌固定与凋落物的 ^{13}C 损失及纤维素的分解率变化规律相一致。微生物 ^{13}C 的整合模式可以用来表征微生物活动利用凋落物碳的差异。^{13}C 在凋落物、土壤有机质及微生物之间的流动对不同凋落物、分解群落有不同的响应。然而，综合本研究所测凋落物分解的质量损失、纤维素分解、真菌 ^{13}C-PLFA 等关键指标，不难发现其变化的相对一致性。

凋落物在本地分解时，纤维素呈最高的分解率，凋落物向微生物贡献最多的 ^{13}C。此外，真菌作为分解的主力，在"主场效应"下整合最多的 ^{13}C 到自身的生物量。可见，植被变化影响凋落物的分解及碳的输入。此外，研究结果阐明草地退化带来的群落多样性的降低不利于群落内凋落物分解及相关物质的周转，能够为合理配置植物进行生态修复提供理论依据。

第七节　优化放牧技术降低典型草原区 CH_4 排放量

陆地生态系统是大气温室气体的重要吸收汇或者排放源，对平衡大气中温室气体浓度具有非常重要的作用。就温室气体 CH_4 而言，土壤有机碳和一部分被植物通过光合作用固定的碳在厌氧条件下会向大气中排放大量 CH_4，然而透气性好的土壤可以将大气中的 CH_4 氧化而进行消耗，表现为大气 CH_4 的土壤汇。目前，大气中 80% 的 CH_4 来自地表生物源，其中水稻种植面积、天然沼泽和反刍牲畜的胃、动物粪便及人为活动如化肥的大量使用与土壤的耕作均造成土壤 CH_4 汇的减少。草原生态系统的温室气体交换与草原类型、气候变化及其干扰的频率和强度密切相关。全球草原的生态服务功能由于不合理的过度放牧、开垦和采矿等活动大幅度衰减。草地不同利用方式下土壤固碳潜力已成为不同领域科学家关注的焦点。

放牧是草原最普遍的利用方式，研究表明重度放牧会显著抑制草原生态系统对大气 CH_4 吸收的能力。重度放牧对半干旱草地吸收大气 CH_4 的抑制作用，是 4 种机制单独或共同作用的结果：①放牧增强了土壤蒸发，降低了土壤湿度，从而增加了半干旱草地在干旱期 CH_4 氧化菌发生低水分胁迫的概率；②放牧家畜的踩踏作用改变了土壤的透气性能，从而降低了大气 CH_4 和 O_2 向土壤中扩散的速率；③放牧对植物碳素和氮素的移除，减少了土壤中微生物赖以生存的有效碳、氮含量，从而可能降低了 CH_4 氧化菌的种群数量；④放牧影响与土壤 CH_4 氧化有关的细菌群落的组成，研究发现禁牧地和重度放牧地土壤表层 $0\sim5cm$ 中与 CH_4 氧化有关的两类菌群落数量远低于轻度和适度放牧。

通过对中国北方农牧交错带不同放牧强度下的土壤 CH_4 通量的研究，结果发现草地放牧系统均是大气 CH_4 净排放源，放牧强度调控 CH_4 源的大小，不同放牧强度下，系统 CH_4 收支分别为：(-1.2 ± 0.1) kg CH_4-C/(hm²·a)（UG：不放牧），(5.7 ± 0.6) kg CH_4-C/(hm²·a)（DG：延迟放牧），(12.2 ± 2.3) kg CH_4-C/(hm²·a)（MG：中牧），(16.5 ± 2.0) kg CH_4-C/(hm²·a)（HG：重牧）。非生长季节草原土壤的 CH_4 吸收量占全年土壤总吸收量的 37.7%~50.0%，在草地 CH_4 收支平衡估算中不能忽略。不同放牧率下，绵羊日增重（单位：g/d）的 CH_4 排放量分别是 0.21g CH_4-C（DG）、0.32g CH_4-C（MG）和 0.37g CH_4-C（HG）。延迟放牧既能增加草地牧草供应量，提高家畜生产性能，也能降低系统 CH_4 排放。

研究区位于河北沽源草地生态系统国家野外科学观测研究站（41°45′~

41°57′N，115°39′~115°51′E，海拔 1380~1400m）。温带干草原植被中羊草（*Leymus chinensis*）和大针茅（*Stipa capillata*）建群，伴生有芦苇（*Phragmites communis*）、糙隐子草（*Cleistogenes squarrosa*）、苔草（*Carex duriuscula*）、蒲公英（*Taraxacum mongolicum*）、马蔺（*Iris lactea*）等。草地植被盖度 50%~70%，高度 20~30cm。试验研究设不放牧（UG）、延迟放牧（DG）、中度放牧（MG）和重度放牧（HG）处理。试验草地在 2009 年围封一年，2010 年开始放牧处理，生长季节 6~9 月放牧。UG 处理为不放牧，DG 处理的放牧率是 5.3 羊单位/hm²（折合年放牧率 1.0 羊单位/hm²），相当于地上生物量的 30%~40%被家畜采食；MG 处理生长季节的放牧率是 6.7 羊单位/hm²（折合年放牧率 1.43 羊单位/hm²），相当于地上生物量的 50%~55%被采食；HG 处理生长季节的放牧率是 9.3 羊单位/hm²（折合年放牧率 2.33 羊单位/hm²），相当于地上生物量的 75%~85%被采食。

DG、MG 和 HG 等不同放牧强度下，绵羊年累积 CH_4 排放量在 2013 年和 2014 年分别为（6.4±0.4）kg CH_4-C/(hm²·a)、（12.6±2.0）kg CH_4-C/(hm²·a)、（15.4±1.7）kg CH_4-C/(hm²·a)和（8.1±0.5）kg CH_4-C/(hm²·a)、（14.8±2.4）kg CH_4-C/(hm²·a)、（18.0±2.0）kg CH_4-C/(hm²·a)（表 7-10）。随放牧强度增加，草地放牧绵羊年累积 CH_4 排放量显著增加（图 2-111 和表 7-10），并与草地地下生物量显著相关

表 7-10　UG、DG、MG 和 HG 等不同放牧强度下中国北方农牧交错带草原区草地年 CH_4 预算平衡[kg CH_4-C/(hm²·a)]

	2012.10 至 2013.9				2013.10 至 2014.9			
	UG	DG	MG	HG	UG	DG	MG	HG
土壤吸收	−1.0±0.1		−1.8±0.2	−0.8±0.0	−1.2±0.1	−2.4±0.2	−2.6±0.2	−1.5±0.0
绵羊 [a]		6.4±0.4	12.6±2.0	15.4±1.7		8.1±0.5	14.8±2.4	18.0±2.0
绵羊 [b]		3.6±0.3	6.0±0.6	8.8±0.8		4.5±0.4	7.0±0.7	10.3±1.0
夏季放牧		0.014±0.002	0.013±0.003	0.021±0.005		0.016±0.003	0.015±0.004	0.024±0.006
冬季舍饲		0.002±0.002	0.001±0.002	0.002±0.002		0.002±0.002	0.001±0.001	0.002±0.002
粪尿		0.002±0.0006	0.004±0.001	0.005±0.002		0.003±0.0008	0.004±0.001	0.006±0.002
收支平衡 [c]	−1.0±0.1	10.9±2.0	14.6±1.7	−1.2±0.1	5.7±0.6	12.2±2.3	16.5±2.0
收支平衡 [d]	−1.0±0.1	4.2±0.6	8.0±0.8	−1.2±0.1	2.1±0.5	4.4±0.7	8.8±1.0
补偿率 [e](%)		14.2±4.5	5.2±1.0		29.7±5.6	17.6±7.3	8.3±1.6
补偿率 [f](%)		29.8±6.3	9.1±1.6		52.9±13.2	36.9±9.2	14.5±2.4

注：a. 按照本试验区 Wang 等（2015）研究结果估算的 DG、MG 和 HG 各放牧强度的绵羊排放因子分别为 11.9±0.8kg CH_4-C/(hm²·a)、13.9±2.2kg CH_4-C/(hm²·a)、11.6±1.3kg CH_4-C/(hm²·a)（平均值±SE）；b. 按照其他文献综合研究结果估算的各放牧强度绵羊的平均排放因子为 6.7±0.6kg CH_4-C/(hm²·a)（supplementary data Table S1）；c 和 d 是分别根据 Wang 等（2015）和平均排放因子（EF）估算的放牧系统年 CH_4 平衡；e 和 f 表示土壤甲烷吸收与绵羊、棚圈和粪便甲烷排放的比率，分别利用 Wang 等（2015）和 mean EF 估算

（图 2-111b）。夏季放牧期间，DG、MG 和 HG 等不同放牧处理下，草地上绵羊宿营地的 CH_4 排放量在 2012～2013 年为（0.014±0.002）kg CH_4-C、（0.013±0.003）kg CH_4-C、（0.021±0.005）kg CH_4-C，2013～2014 年分别是（0.016±0.003）kg CH_4-C、（0.015±0.004）kg CH_4-C、（0.024±0.006）kg CH_4-C。冬季舍饲期间，不同放牧处理绵羊棚圈年累积 CH_4 排放量，在 2012～2013 年分别为（0.002±0.002）kg CH_4-C（DG）、（0.001±0.002）kg CH_4-C（MG）、（0.002±0.002）kg CH_4-C（HG），2013～2014 年分别为（0.002±0.002）kg CH_4-C、（0.001±0.001）kg CH_4-C，（0.002±0.002）kg CH_4-C。放牧期间，不同放牧处理绵羊粪尿 CH_4 排放量在 2012～2013 年和 2013～2014 年分别为（0.002±0.0006）kg CH_4-C、（0.004±0.001）kg CH_4-C、（0.005±0.002）kg CH_4-C 和（0.003±0.0008）kg CH_4-C、（0.004±0.001）kg CH_4-C、（0.006±0.002）kg CH_4-C（表 7-10）。

2012～2013 年，UG、MG 和 HG（DG 本年度未测定年甲烷的土壤吸收）等不同放牧处理下，每年 CH_4 预算平衡分别是（-1.0±0.1）kg CH_4-C/(hm²·a)、（10.9±2.0）kg CH_4-C/(hm²·a)、（14.6±1.7）kg CH_4-C/(hm²·a)，2013～2014 年分别为（-1.2±0.1）kg CH_4-C/(hm²·a)（UG）、（5.7±0.6）kg CH_4-C/(hm²·a)（DG）、（12.2±2.3）kg CH_4-C/(hm²·a)（MG）、（16.5±2.0）kg CH_4-C/(hm²·a)（HG）（图 2-110a、b，表 7-10）。

第八节　结论和展望

本课题是项目中草原生产力综合调控的主要组成部分，研究放牧优化机制，发挥适度放牧对植物超补偿生长提升家畜生产性能的作用，阐明适度放牧对维持草原生态系统服务功能多样性和高效性的作用机制。根据草原适度放牧确定土壤、植被、家畜和环境指标的阈值范围与主要标识，建立提高草原生产力的放牧优化综合调控技术，揭示草原生产力与家畜放牧强度、放牧时间和放牧方式的关系，明确家畜放牧、环境要素对草原生产力和生态系统服务功能的影响过程与调控机制，确定草原适宜放牧的阈值、标识和综合评价技术体系。

在中国北方草原区深入研究了放牧干扰对草地生态系统植物个体、种群和群落等不同水平的影响，定量确定放牧干扰水平对家畜采食组分、采食量及生产性能的影响，并对放牧干扰下草原生态系统凋落物分解过程与生态系统碳固持能力的变化进行了深入分析，利用原位控制试验开展了放牧干扰下草地植物多样性和生产力的关系研究，深入探讨了放牧干扰中采食、践踏和粪尿归还等分别对草地生态系统造成的影响。

1）自由放牧家畜在天然羊草草原的采食呈现明显的季节性动态，而且采食的季节性变化受放牧率的影响。植被的水平分布相对于垂直分布在影响家畜采食中起到更重要的作用，家畜选择性采食的季节变化与植被分布密切相关。家畜采食指数的季节变化，反映了植被分布不同会影响家畜的选择性采食。

2）通过控制试验研究采食、粪尿归还和践踏等家畜放牧的三个方面对土壤碳库积累过程及生物过程的影响，深入解析放牧对土壤碳库影响的作用机制。放牧的三种作用机制中采食是草地发生改变的主要原因，也是影响土壤固碳过程的主控因素。粪尿归还和采食作用同时存在对草地影响最大。践踏是土壤物理结构发生改变的主要原因，导致土壤碳固持方式的转变。综合来看，践踏能够帮助草地维持原有状态，甚至可以通过影响地下过程而增加土壤碳固持。但是践踏与其他方式组合之后的效应就会随着其他方式的变化而变化，甚至更强烈。

3）植物碳含量在不同放牧利用方式和强度下的变化较小，针茅、羊草、杂类草、枯落物和根系的平均植物碳转换率分别为 0.43、0.43、0.42、0.37 和 0.41，接近国际通用转换率 0.45。不同利用方式和放牧强度影响到地上与地下生物量，从而使不同处理下的碳密度发生变化。刈割有利于地上植物碳密度增长，显著高于围封和放牧样地；地上植物碳密度在围封样地普遍高于放牧样地；而不同围封年限和不同放牧强度对地上植物碳密度的影响不显著。可见，刈割和围封有益于根系碳密度的增加，而放牧利用会减小根系碳密度。放牧利用可使土壤容重降低，而适度放牧有利于土壤有机碳含量的增加，二者均随着土壤深度的增加而减少；植被 CO_2 交换研究也表明，适度放牧增加植被的 CO_2 净交换量，并且有益于土壤有机碳密度蓄积。对不同利用强度下土壤温室气体排放的研究表明，随放牧强度增加土壤 CH_4 吸收能力减弱。

4）利用 C 同位素探针技术结合草原植物凋落物交互移置分解设计，精准确定凋落物类型与分解环境的互作、凋落物碳的周转过程，发现植被变化影响凋落物分解及碳输入。植物凋落物在草地原生境分解时，纤维素分解率最高，微生物生物量中的碳来源于凋落物的量最大。真菌是草原凋落物分解的主要微生物功能群，在"主场效应"的草原原生境中真菌生物量中整合的凋落物 C 量最大。研究还发现草地退化带来的群落多样性的降低不利于群落内凋落物的分解及相关物质的周转，能够为合理配置植物进行生态修复提供理论依据。

第八章 土壤保育与植物调节综合调控提高草原生产力*

第一节 概 述

一、天然草原生产力调控的研究背景和思路

针对北方草原区长期过度放牧通过家畜啃食、践踏等途径直接影响植物生长发育，以及通过改变土壤水分、养分等植物生长环境要素，间接影响植物生长发育，并形成植物以矮小化为主的生产力衰减的关键问题，在前述课题研究的基础上，系统研究植物调节和土壤保育提高土壤有效水分和养分含量、解除植物矮小化、提高草原生产力的调控机理，同时结合第五课题的研究成果，综合集成基于放牧优化、土壤保育和植物调节的天然草原生产力调控原理与技术模式，并选择代表性草原类型进行试验验证。

具体研究内容包括以下几个方面。

（1）植物调节解除植物矮小化提高草原生产力的调控机理

在植物个体和种群水平上，根据草原植物矮小化发生过程中主要植物生理生化指标的变化特征，结合有关研究成果，有针对性地选择赤霉素、油菜素内酯等植物生长调节剂，开展室内和野外控制试验研究，揭示其解除植物矮小化与提高生产力的调控作用机理，优选调节剂种类、组合模式；研究补播快速改变群落结构提高草原生产力的作用，筛选补播品种与技术。

（2）土壤保育提高草原生产力的调控机理

开展松土、施加无机肥（氮肥、磷肥等）、施加生物肥（有机肥等）等的土壤保育控制试验，研究不同保育方案对改善草原土壤环境和提高草原生产力的作用，筛选保育措施、组合及技术，揭示其高效调控机制。

（3）不同调控技术措施组合对提高草原生产力的耦合效应

结合放牧优化、土壤保育和植物调节等调控技术，开展综合调控试验研究，优选提高草原生产力的组合调控模式，揭示其耦合效应及作用机理，建立基于草原退化程度和调控恢复效果的均衡调控方法与途径。

＊本章作者：侯向阳、郭彦军、张勇、王三根、李西良、王冬青、王宁

（4）提高草原生产力的均衡调控技术验证

在草甸草原、典型草原、荒漠草原等代表性草原类型区域，开展提高退化草原生产力的均衡调控技术的应用试验，对项目研究的相关理论与技术进行验证和完善。

（5）提高草原生产力的均衡调控理论优化集成

系统总结、优化集成一套科学适用的草原生产力提高的基础理论。建立草原管理优化信息系统，与现行的自由放牧、草畜平衡、季节禁牧和常年禁牧等草原利用方式与政策的效应对比分析，提出天然草原保护建设和草原畜牧业发展的重大决策建议。

本课题研究的特色是注重几个结合。一是，注重机理研究与技术研究紧密结合。课题研究从基础理论入手，研究单一因素调控的机理和多因素综合调控的耦合效应，同时，基于理论研究成果，研发有效的技术手段，实现理论与技术的紧密结合。二是，既注重研究单一因素调节，又重视多因素的综合调控。从单一因素调控入手，优选出不同的调控技术，同时利用耦合效应，形成基于放牧优化、植物调节和土壤保育的多维度的综合调控技术与方法。三是，注重技术研发与多类型生态区域的示范验证相结合。课题以典型草原为核心研究对象开展基础理论与技术的研究和研发，并针对北方草原退化、生产力衰减的普遍性，课题研究的基础理论与技术将被应用于其他代表性草原类型区开展验证，使研究成果的普适性增强。四是，既强调理论与技术研究，也重视重大政策建议的预研。不仅强调相关理论的基础研究和快速恢复与提高生产力的应用基础研究，还竭力从国家和地方层面为草原生态保护建设与草原畜牧业可持续发展提出重大决策建议。

课题研究的目标任务是阐明退化草原土壤保育及植物调节等人工辅助措施恢复草原土壤和植被的过程与机理；研发一系列草原生产力快速恢复和提高的技术，优选有效调节剂及多种调节剂组合 3～5 种，形成牧草补播恢复的技术方案 3～5 种，筛选出土壤恢复与保育措施及技术组合 3～5 项，建立基于放牧优化、植物调节和土壤保育的退化草原恢复的适应性管理模式 1～2 种，形成草原生产力调控的理论与技术体系，建立天然草原生产力调控技术示范区 1～2 个；提出 1～2 份草原生态保护和可持续利用的重大决策建议。

课题研究的技术路线：利用完全随机区组设计，开展无机肥、有机肥、松土等土壤保育，补播和植物生长调节剂的植物调节等调控试验，选用土壤、植被和微生物等关键性状标识，筛选出各种调控的高效技术与方法措施。将上述优选出来的调控措施与优化放牧调控相结合，开展组合调控试验研究，并对综合调控措施进行多标识评价，优选基于放牧优化、土壤保育、植物调节的综合高效调控方案，揭示其调控机理与技术。并在典型草原、草甸草原、荒漠草原等区域进行全面试验验证，进一步完善调控方案，形成一套较为完备的草原生产力提高的模式途径，提出草原保护建设和畜牧业发展的重大决策建议（图 8-1）。

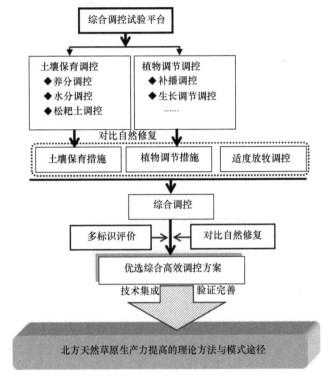

图 8-1　土壤保育与植物调节提高草原生产力的研究技术路线

二、研究平台概况

本课题研究主要依托在内蒙古锡林浩特新建的退化恢复试验平台，在草甸草原、荒漠草原及青藏高原高寒草甸示范平台，以及室内实验平台开展试验、示范和验证工作。

1. 退化恢复试验平台

退化恢复试验平台建于 2014 年，位于锡林浩特市阿日嘎郎图南坡，锡林河水库东岸。恢复平台建设围栏面积 680 亩，经纬度为：$43°50'26.40''N$，$116°10'18.64''E$；$43°50'44.33''N$，$116°10'7.88''E$；$43°50'32.25''N$，$116°9'25.50''E$；$43°50'18.60''N$，$116°9'28.84''E$。

退化恢复试验平台属中度退化的典型草原。样地内共有植物 42 种，主要以克氏针茅为主，其所占干重比例较高，羊草比例较低，对 144 个样方调查只在 22 个样方内出现羊草。

根据课题研究任务，在试验平台设置了植物调节（A）、土壤保育（B）、补播（C）、综合调控（D）、样条（E）、示范验证（F）等6个试验（图8-2）。

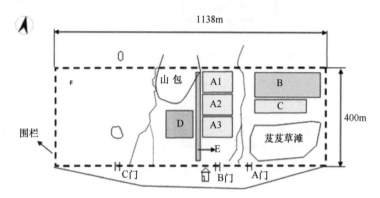

图 8-2　退化恢复试验平台试验设置

A1～A3. 植物调节试验区（125m×104m）；B. 土壤保育试验区（220m×103m）；C. 补播试验区（180m×63m）；D. 综合调控试验区（112m×112m）；E. 样条试验区（400m×20m）；F. 示范验证区（400m×300m）。围栏面积约680亩（1138m×400m）

2. 土壤保育试验方案和测定方法

土壤保育试验设置无机肥和有机肥2个施肥处理，其中无机肥处理为2因素（氮、磷）4水平3重复设计，有机肥为羊粪处理（2水平3重复）。

在施肥小区首先进行土壤背景值采样分析。按 0～10cm、10～20cm 采集土样，分析土壤中的速效及全量养分、有机质、电导率、pH 等理化指标。试验区样地土壤呈碱性反应，但盐渍化程度不高。土壤速效磷含量偏低，平均值低于 4mg/kg，而碱解氮及速效钾含量达到较高水平，表现出土壤养分供应的不平衡性。表层 0～10cm 土壤养分含量整体高于 10～20cm。在每年的 7 月和 8 月两个生长月采集试验小区土样，分 0～10cm 和 10～20cm 采集土壤样品，并带回实验室备测。于每年施肥后 1 个月，测定各小区草地植被组成、地上生物量、地下生物量。

3. 植物生长调节试验和室内试验

1）在室内实验室进行羊草、针茅的种子发芽试验，通过采用多种处理方法，筛选可提高种子发芽率、增强种子活力、促进幼苗生长的适宜的理化措施，为后续的盆栽试验和生理生化机理研究创造条件。

2）用植物生长调节剂在退化恢复试验平台的植物调节试验区进行调控植物生长的试验。试验分 3 个试验区共 90 个小区。将室内筛选的 6 种植物生长调节剂配成 5 种处理（含一个组合）和一个对照，包括萘乙酸、赤霉素、6-苄基腺嘌呤、油菜素内酯、复硝酚钠+氯吡脲，5 个重复，每一试验区设 30 个小区。于每年生长旺盛期进行植物组成、高度、盖度、生物量等的测定。

4. 综合调控试验布置

围绕课题任务书内容，自 2015 年开始在退化恢复试验平台的试验区开展放牧优化、土壤保育和植物调节等调控技术优化组合的综合调控试验研究。根据植物调节、土壤保育和放牧优化试验结论，每种措施优选最优及次优 2 种调控措施，开展综合调控试验。试验采用三因素组合正交试验设计，即由植物调节（A）、土壤保育（B）、放牧优化（C）三个因素和最优（1）、次优（2）两个水平构成。其中，土壤保育最优和次优方案为 100kg N/hm^2+60kg P$_2$O$_5$/hm^2、150kg N/hm^2+90kg P$_2$O$_5$/hm^2；植物调节最优和次优方案为油菜素内酯（BR）0.2mg/L 和复硝酚钠 50mg/L+氯吡脲 2.5mg/L；放牧优化最优及次优方案为 4 羊单位/小区和 8 羊单位/小区（本试验区采用割草模拟放牧的方法，留茬高度分别控制在 8cm 和 10cm）。综合调控试验共设计 5 个处理水平（4 个优化组合和 1 个对照），每个处理 5 个重复，试验采用拉丁方设置，如图 8-3 所示。试验小区面积 20m×20m=400m^2，小区之间预留 3m 宽的通道，试验区总面积共约 2.9hm^2。

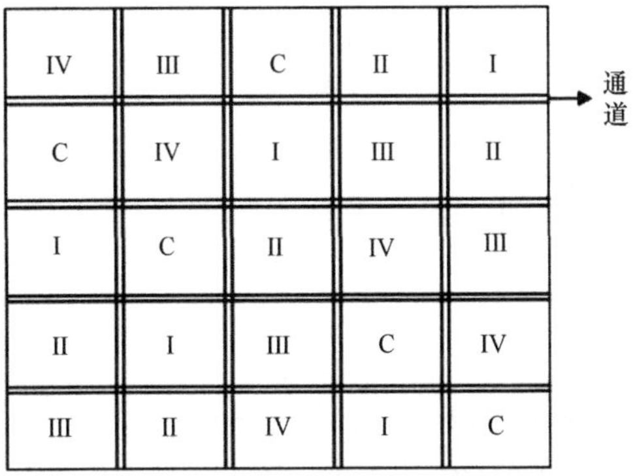

IV	III	C	II	I
C	IV	I	III	II
I	C	II	IV	III
II	I	III	C	IV
III	II	IV	I	C

→ 通道

图 8-3 综合调控试验布置

植被群落调查是在每个小区内做 3 个样方，测定群落高度、密度、盖度及地上生物量指标。于对应样方位置用土钻三钻混一钻方式分 0～10cm、10～20cm、20～30cm 三层深度取土。植物烘干并粉碎后测定 N、P、K 指标，土壤风干后测定 N、P、K 指标。对植被（群落盖度、物种组成、物种高度、物种密度、物种生物量、生产力及枯落物等系列指标）与土壤理化性质的调查，揭示不同调控措施在植被恢复中发挥的作用效果及耦合机制，优选出试验区有效综合调控措施，形成退化草原快速恢复技术方案。

5. 示范样地概况及示范方案

选取典型草原（锡林浩特 200 亩）、草甸草原（海拉尔 333 亩）、荒漠草原（苏尼特右旗 1000 亩）和高寒草原（玉树 100 亩）开展恢复示范相关试验。

（1）荒漠草原区

荒漠草原示范试验区位于苏尼特右旗赛汉塔拉镇东南 8km 处，样地面积 1000 亩，分为南北两个示范区，南区开展土壤保育+植物调节+放牧优化综合调控试验，北区开展施肥+激素、施肥+喷水、喷水、施肥、对照等试验（图 8-4）。

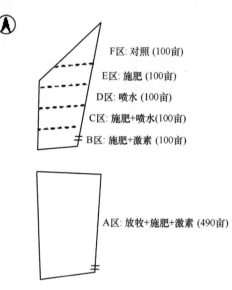

图 8-4　荒漠草原示范试验区布置

土壤保育方案：有机磷酸二铵 125kg/hm^2。

植物调节方案：0.2mg/L BR（油菜素内酯）。

放牧优化方案：1 羊单位/30 亩（试验区 490 亩，放 16 只羊）。

（2）典型草原区

典型草原示范试验区位于锡林浩特市阿日嘎郎图南坡，锡林河水库东岸。样地面积 200 亩，开展土壤保育+植物调节+放牧优化综合调控试验（图 8-2）。

土壤施肥方案（N$_3$P$_3$）：150kg N/hm^2+90kg P$_2$O$_5$/hm^2。

植物调节方案：0.2mg/L BR（油菜素内酯）。

放牧优化方案：1 羊单位/2.5 亩（刈割 8cm 模拟放牧，根据降雨情况，每年 6 月底或 7 月初、7 月底或 8 月初各刈割一次）。

（3）草甸草原区

草甸草原示范试验区位于呼伦贝尔镇第六生产队队部西南 1km 处，样地面积 333 亩，分为东西两个试验区，西区开展土壤保育+植物调节+放牧优化综合调控试验，东区开展施肥+激素、施肥+喷水、喷水、施肥、对照等试验（图 8-5）。

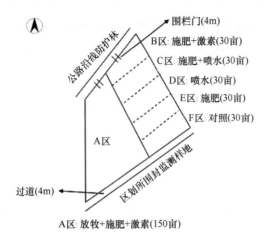

图 8-5　草甸草原示范试验区布置

土壤施肥方案：105kg N/hm^2。

植物调节方案：0.2mg/L BR（油菜素内酯）。

放牧优化方案：4 牛单位/5hm^2（试验区 10hm^2，放 8 头牛）。

（4）高寒草甸区

高寒草甸示范试验区位于青海玉树站东 1.5km 处，样地面积 100 亩，依托放牧试验平台主要设置土壤保育+植物调节+放牧优化、对照 2 个试验区。

土壤施肥方案：尿素 450kg/hm^2+过磷酸钙 225kg/hm^2（三生项目玉树试验方案）。

植物调节方案：0.2mg/L BR（油菜素内酯）。

放牧优化方案：1 牦牛单位/100 亩（选择其中的 200 亩放牧小区开展试验）。

三、研究成果及意义

本课题的目标是围绕揭示恢复草原土壤和植被的过程与机理，研发草原生产力快速恢复和提高的技术。课题组在锡林浩特典型草原退化恢复试验平台及室内实验室实施和开展了植物调节、补播、土壤保育、综合调控等系列退化草原恢复试验研究工作，阐明了植物调节剂在提高草原植物抗胁迫等方面的作用机制，揭示了土壤施肥过程中土壤养分变化特征与草原生产力及土壤微生物之间的互作关系，探讨了补播治理退化草原的效果，研究了植物调节、土壤保育及放牧优化对退化草原恢复的影响作用，形成了一系列草原恢复调控措施。

在优化集成综合调控技术方法上，课题组总结了本项目研究成果及其他相关研究成果，研发了典型草原、荒漠草原、草甸草原等类型草原生产力快速恢复提高的相关技术，并在典型区域同期开展了示范试验研究，在退化草原恢复示范研究方面取得明显进展。课题组通过凝练项目研究成果，形成了草原生产力调控的理论与技术体系，并为国家草原保护建设和畜牧业可持续发展提出了系列政策建议。

第二节　植物调节提高草原生产力的调控机理

利用室内盆栽试验筛选适宜浓度的植物生长调节剂及其处理方式，基于室内试验结果，在退化草原喷施优选植物调节剂，测量相关指标，研究外源生长调节剂对草原生产力的影响，提出通过植物生长调控提高草原生产力的主要技术方案。同时研究补播快速改变群落结构提高草原生产力的作用，筛选补播品种与技术。

一、植物调节剂提高羊草、针茅种子萌发率与幼苗活力的研究

自然状况下羊草、针茅种子萌发率低，提高羊草、针茅种子萌发率与幼苗活力是为植物调节剂筛选提供试验材料的重要前提，同时可为野外大规模处理提供重要参考。

1. 羊草种子萌发与活力试验

课题组在室内实验室分别开展了赤霉素处理和化学试剂处理提高羊草种子萌发率的研究工作。通过对比种子逐日萌发数和累积萌发率，赤霉素的最佳处理为300mg/L 赤霉素浸种 24h（图 2-115a），化学试剂的最佳处理为 2% KNO_3 浸种 48h（图 2-115b）。

通过对羊草种子萌发与活力数据对比分析（表 2-36），在化学试剂处理中，以2% KNO_3 浸泡处理 48h，羊草种子的发芽率为 54.43%，并且该处理发芽指数、发芽势、活力指数分别比对照增加 80%、93%和104%。300mg/L GA_3 处理 24h 组的发芽率、发芽指数、发芽势、活力指数均达到最大值，与对照相比，分别提高 58%、117%、122%、134%。羊草种子发芽率低可能是抑制剂与种皮限制双重作用的结果。

2. 针茅种子萌发与活力试验

各浓度赤霉素均可提高种子的发芽率（表 2-37）。对比数据分析，最优处理组为 300mg/L GA_3 浸种 48h，发芽率达 45.70%，发芽势为 28.33%，发芽指数与 CK相比差异显著（$P < 0.05$），活力指数达 6.30，而其他浓度赤霉素处理组活力指数均在 2.0 左右。

对比不同处理下针茅种子萌发率（表 2-38），30% H_2O_2 浸种可显著提高种子的发芽率和发芽势（$P < 0.05$），发芽率达 50.00%，发芽势达 25.00%，活力指数为 7.38，较赤霉素处理效果更好。其发芽指数（0.83）为同期试验组中最大，但与 300mg/L 处理 48h 组相比，减少了 13.3%。综合上述，无机化合物处理克氏针茅种子的最佳方法为：30%过氧化氢浸种 20min。

本研究表明，克氏针茅种子发芽率低很大程度是因为种皮的限制，但针茅种子为细长型，剥除种皮耗时费力，所以最佳处理为用 30%过氧化氢（H_2O_2）浸种 20min，10% NaClO 消毒 20min，蒸馏水冲洗 3～4 遍，洗去残留的 NaClO，然后将种子放入铺有 3 层滤纸且用蒸馏水浸湿的发芽床中进行萌发，发芽率可达 50.00%，发芽势可达 25.00%，而发芽指数可达 0.83，活力指数可达 7.38。

二、植物生长调节剂促进羊草生长和抗逆性提高的作用

课题组通过对 10 多种植物生长调节剂的研究，优选植物调节剂配比及组合，同时开展了植物生长调节剂（油菜素内酯 BR、氨基乙酰丙酸 ALA）对羊草在多种逆境下响应的作用机理研究，为植物生长调节剂对草原生产力影响的综合效应提供理论基础。

1. 油菜素内酯促进刈割后羊草生长

刈割是一种常见的草地利用和管理方式，牧草被刈割后的再生过程是植物动用其营养源以补偿生长所需的营养亏缺和调整生理反应以维持持续生长的过程。本研究拟探讨外施油菜素内酯（BR）对刈割胁迫下羊草形态及生理代谢的影响，为实际生产中植物生长调节剂的应用提供依据。

种子萌发后在培养箱中育苗，然后将长势一致的幼苗移至盆钵中，每个盆钵中 40 株，待植株长至 18～21cm 时，对幼苗进行刈割处理，刈割后留茬高度 1～2cm，刈割一天后对植株分别喷施浓度为 0.01mg/L、0.1mg/L、1.0mg/L 的 BR，对照用清水代替。以后每 5d 喷施一次，每个处理 3 次重复，15d 后测定其各项指标。

（1）不同浓度的 BR 对羊草刈割后株高和叶片的影响

针对三种不同浓度的 BR 处理（表 8-1），其指标之间相比有显著差异，浓度为 0.01mg/L 的 BR 处理株高、叶面积、叶长和叶宽均达到最大值。三种不同浓度的 BR 处理间相比较，0.1mg/L 和 1.0mg/L 的 BR 处理相比较有显著差异，与 0.01mg/L 的 BR 处理相比较差异达到显著水平，3 种不同浓度的 BR 处理与对照相比有显著差异。

表 8-1　不同浓度的 BR 对羊草刈割后株高、叶面积、叶长和叶宽的影响

浓度 (mg/L)	株高 (cm)	叶面积 (cm²)	叶长 (cm)	叶宽 (cm)
0	18.4±0.003d	2.434±0.013c	8.87±0.013c	0.163±0.004c
0.01	30.6±0.036a	5.451±0.011a	13.6±0.022a	0.380±0.003a
0.1	26.9±0.033b	4.315±0.008b	11.3±0.006b	0.310±0.008b
1.0	23.2±0.030c	3.114±0.002c	10.3±0.022c	0.253±0.004b

注：同列不同字母表示不同处理间差异显著（$P<0.05$），下同

（2）不同浓度的 BR 对羊草刈割后鲜重、干重和根冠比的调控

三种不同浓度的 BR 处理的调控作用明显，且处理间相比较有显著差异（表 8-2），其中 0.01mg/L 的 BR 处理鲜重、干重、根冠比达到最大值。

（3）不同浓度的 BR 对羊草刈割后生理指标的影响

BR 处理在叶片光合作用方面的调控作用明显（表 8-3），三种不同浓度之间相比较差异显著，其中 0.01mg/L 处理叶绿素 a、叶绿素 b、类胡萝卜素含量最高。

表 8-2　不同浓度的 BR 对羊草刈割后鲜重、干重和根冠比的调控

浓度（mg/L）	鲜重（g/株）	干重（g/株）	根冠比
0	0.182±0.001c	0.0587±0.0006d	1.501±0.007d
0.01	0.435±0.004a	0.0940±0.0008a	4.888±0.012a
0.1	0.347±0.007b	0.0780±0.0005b	3.670±0.014b
1.0	0.254±0.009c	0.0623±0.0009c	2.501±0.007c

表 8-3　不同浓度的 BR 对羊草刈割后叶片光合色素的影响

浓度 (mg/L)	叶绿素 a (mg/L)	叶绿素 b (mg/L)	类胡萝卜素 (mg/L)
0	1.08±0.002d	0.583±0.0007c	0.097±0.0006c
0.01	1.98±0.002a	0.910±0.0012a	0.443±0.0016a
0.1	1.60±0.003b	0.743±0.0011b	0.326±0.0007b
1.0	1.31±0.002c	0.623±0.0007c	0.236±0.0005b

与对照相比，BR 处理具有降低丙二醛含量，增加脯氨酸含量与根系活力的作用（表 8-4）。其中，0.01mg/L 的 BR 处理效果最佳，且与对照差异显著。

表 8-4　不同浓度的 BR 对羊草刈割后叶片丙二醛、脯氨酸和根系活力的影响

浓度（mg/L）	丙二醛（μmol/L）	脯氨酸（μg/g）	根系活力（mg/L）
0	0.0272±0.0024a	44.73±0.661b	86.20±4.715b
0.01	0.0101±0.0032c	69.84±0.548a	137.4±1.974a
0.1	0.0189±0.0009b	51.07±0.390b	106.1±2.996ab
1.0	0.0191±0.0007b	48.60±0.566b	87.52±3.990b

　　BR 处理可有效调控叶片电导率、可溶性糖含量和可溶性蛋白含量（表 8-5），其中，0.01mg/L 处理最为有效。

表 8-5　不同浓度的 **BR** 对羊草刈割后叶片电导率、可溶性糖和可溶性蛋白含量的影响

浓度（mg/L）	叶片电导率（%）	可溶性糖（mg/g）	可溶性蛋白（mg/g）
0	13.18±0.05a	8.777±0.106c	16.56±0.021a
0.01	7.05±0.02c	14.54±0.079a	17.01±0.013a
0.1	8.98±0.02bc	12.88±0.171b	13.78±0.011b
1.0	10.95±0.02ab	9.883±0.083c	10.07±0.016c

　　三种不同浓度的 BR 处理的调控作用明显，且处理间相比较有显著差异（表 8-6），其中 0.01mg/L 的 BR 处理 SOD、POD、CAT、APX、GR 活性达到最大值。

表 8-6　不同浓度的 **BR** 对羊草刈割后叶片抗氧化酶活性的影响

浓度（mg/L）	SOD 活性（U/g FW）	POD 活性[U/(g·min)]	CAT 活性[U/(g·min)]	APX 活性[U/(g·min)]	GR 活性[U/(g·min)]
0	330.00±0.50b	296.3±1.88b	36.8±2.1c	3.88±0.14d	0.199±0.015c
0.01	755.95±7.41a	386.9±0.65a	121.8±2.5a	18.5±0.14a	0.348±0.41a
0.1	470.05±5.70ab	323.2±0.18ab	82.3±2.8b	13.6±0.08b	0.285±0.17b
1.0	385.90±3.95ab	320.6±0.46ab	49.7±1.1c	9.38±0.02c	0.229±0.044c

2. 油菜素内酯缓解羊草受干旱胁迫的影响，配合叶面营养对调控有增效作用

　　当羊草株高为 18~21cm 时，采用 BR 的浓度分别为 0.01mg/L（T1）、0.10mg/L（T2）和 1.0mg/L（T3），以土壤相对含水量 80% 时的处理为对照 1（CK1），以土壤相对含水量 50% 的干旱胁迫处理为对照 2（CK2），每天傍晚喷施，连续 3d。处理 15d 后取样测定各指标。每个处理 3 次重复（3 盆）。

　　（1）干旱胁迫下 BR 对羊草生长的促进作用

　　经 CK2 干旱处理后，羊草的株高、鲜重、干重及根系活力均降低，与 CK1 相比差异显著（表 8-7）。经喷施 BR 后，株高、鲜重、干重及根系活力与 CK2 相比均差异显著，说明 BR 对干旱胁迫羊草有很好的缓解作用。其中，效果最佳的

表 8-7　**BR** 对干旱胁迫下羊草生长的促进作用

处理	株高（cm）	鲜重（mg）	干重（mg）	根系活力[μg/(g·h)]
CK1（正常）	26.51±0.29b	297.71±2.89a	62.28±3.21a	98.25±2.82b
CK2（干旱）	19.50±0.64c	231.72±1.42c	49.37±2.34c	54.60±0.19c
T1	24.77±0.49b	269.13±1.58b	58.86±1.56b	97.07±1.78b
T2	29.93±0.58a	316.63±2.20a	62.18±3.05a	104.61±1.70a
T3	25.20±0.65b	288.78±1.82ab	57.50±4.10b	97.73±1.97b

为 T2 处理（0.10mg/L），与 CK2 相比，其相应指标分别增加了 53.49%、36.64%、25.95% 和 91.59%。

（2）干旱胁迫下 BR 对羊草光合色素的影响

由表 8-8 可知，经 CK2 处理后羊草的叶绿素 a 含量、叶绿素 b 含量、叶绿素 a/b 和类胡萝卜素含量都显著下降。BR 效果最佳的为 T2 处理（0.10mg/L），与 CK2 相比，各项指标分别增加了 21.97%、63.16%、64.0% 和 81.25%。

表 8-8　干旱胁迫下 BR 对羊草植株光合色素的影响

处理	叶绿素 a（mg/g）	叶绿素 b（mg/g）	叶绿素 a/b	类胡萝卜素（mg/g）
CK1	1.68±0.04a	0.71±0.04a	1.75±0.01a	0.34±0.02a
CK2	1.32±0.11c	0.38±0.03e	1.00±0.12c	0.16±0.01c
T1	1.54±0.05bc	0.46±0.02d	1.01±0.38c	0.18±0.02c
T2	1.61±0.02a	0.62±0.05b	1.64±0.47a	0.29±0.03b
T3	1.55±0.02ab	0.52±0.03c	1.27±0.18b	0.29±0.04b

（3）干旱胁迫下 BR 对羊草渗透调节物质的影响

CK2 干旱处理后，羊草丙二醛、脯氨酸、可溶性蛋白、可溶性糖含量和叶片电导率均显著增加，且与 CK1 相比差异显著（表 8-9）。T2 处理（0.10mg/L）效果相对更好，与 CK2 相比，丙二醛和叶片电导率下降比例分别为 41.39% 和 38.33%，两项指标下降到最低，差异均达显著水平，脯氨酸、可溶性蛋白和可溶性糖的增加比例分别为 138.84%、16.65% 和 38.84%，3 项指标达到最大值，脯氨酸和可溶性糖差异显著。

表 8-9　干旱胁迫下 BR 对羊草渗透调节物质的影响

处理	丙二醛（nmol/g）	脯氨酸（μg/g）	可溶性蛋白（mg/g）	可溶性糖（mg/g）	叶片电导率（%）
CK1	14.09±1.32c	205.14±1.01d	10.17±1.82c	15.41±0.48d	10.09±0.37d
CK2	28.15±0.97a	434.85±1.62c	22.70±2.43ab	22.68±1.15bc	18.13±0.85a
T1	20.08±0.89b	850.38±1.23b	22.57±3.32ab	23.60±1.52b	16.32±0.71b
T2	16.50±1.40c	1038.61±0.09a	26.48±0.56a	31.49±1.87a	11.18±0.29c
T3	19.09±1.27b	861.20±0.54b	20.83±0.11b	21.77±0.33c	12.88±0.46b

（4）干旱胁迫下 BR 对羊草植株抗氧化酶活性的影响

干旱胁迫（CK2）下羊草抗氧化酶活性都有所增加。经 BR 处理后（表 8-10），对 POD、SOD、CAT、GR 和 APX 活性均产生影响，其中喷施 BR（0.10mg/L）后与 CK2 相比，POD、SOD、CAT、GR 和 APX 活性分别增加 9.28%、20.09%、58.43%、71.19% 和 116.47%，5 个酶活性都增加到最大值，且差异均显著。

表 8-10 干旱胁迫下 BR 对羊草植株抗氧化酶活性的影响

处理	POD [U/(g·min)]	SOD [U/(g·min)]	CAT [U/(g·min)]	GR [U/(g·min)]	APX [U/(g·min)]
CK1	2210.59±2.69e	1056.35±2.79e	18.79±0.63d	0.48±0.13c	4.04±0.12d
CK2	2348.71±3.86d	1077.70±2.32d	27.93±0.59c	0.59±0.29bc	5.10±0.96cd
T1	2353.02±1.76c	1097.75±1.24c	32.76±0.87b	0.78±0.16abc	5.72±0.42c
T2	2566.75±1.52a	1294.24±0.72a	44.25±1.06a	1.01±0.71a	11.04±0.73a
T3	2439.10±1.32b	1131.76±1.22b	33.67±0.84b	0.84±0.83ab	7.53±0.45b

（5）干旱胁迫下 BR 对羊草光合作用的影响

为直接验证干旱胁迫下 BR 处理促进羊草生长与其光合特性及荧光参数的关系，开展如下试验：以 0.10mg/L BR 的前期处理效果最佳为依据，设置 6 个处理，每个处理 5 次重复（表 8-11）。为避免阳光、温度等对 BR 的效果造成影响，喷施的时间为傍晚，每 5d 喷施一次，连续喷施 3 次。喷施之后一周开始取样。

表 8-11 不同的试验处理

处理	土壤含水量		
	正常（土壤含水量为 80%～85%）	中度干旱（土壤含水量为 50%～55%）	重度干旱（土壤含水量为 30%～35%）
喷施清水	CK1	CK2	CK3
喷施 BR（0.10mg/L）	T1	T2	T3

干旱胁迫对羊草光合特性的影响明显（表 8-12），净光合速率（Pn）、气孔导度（Gs）、蒸腾速率（Tr）、瞬时羧化效率（CUE）和光能利用率（SUE）随干旱胁迫的加重而下降。喷施 BR 后，在不同干旱条件下的 Pn、Gs、Tr、WUE、CUE、Ls 和 SUE 都得到一定程度的提高，T1 与 CK1 相比分别增加 68.56%、43.75%、11.97%、45.28%、86.96%、14.57%和 68.24%，其中 Pn、Gs、CUE 和 SUE 差异

表 8-12 BR 对干旱胁迫下羊草光合参数的影响

处理	Pn [μmol/(m²·s)]	Gs [mmol/(m²·s)]	Ci （μmol/mol）	Tr [mmol/(m²·s)]	WUE （mmol/mol）	CUE [mmol/(m²·s)]	Ls （%）	SUE （%）
CK1	1.476± 0.105b	0.048± 0.006b	322.306± 8.029bc	1.637± 0.211a	1.071± 0.190b	0.0046± 0.0004b	0.151± 0.004b	0.148± 0.010b
T1	2.488± 0.086a	0.069± 0.010a	294.717± 12.806c	1.833± 0.217a	1.556± 0.233ab	0.0086± 0.0006a	0.173± 0.023b	0.249± 0.009a
CK2	0.854± 0.0328c	0.021± 0.003c	346.572± 7.356b	0.645± 0.056bc	1.459± 0.203ab	0.0025± 0.0001c	0.302± 0.025a	0.085± 0.003c
T2	1.450± 0.068b	0.030± 0.004c	316.678± 8.729bc	0.935± 0.112b	1.692± 0.204a	0.0045± 0.0002b	0.334± 0.005a	0.1416± 0.007b
CK3	0.166± 0.019e	0.011± 0.001d	410.814± 30.154a	0.147± 0.007d	1.139± 0.135ab	0.0004± 0.0001e	0.188± 0.006b	0.017± 0.002e
T3	0.440± 0.0241d	0.014± 0.003cd	324.282± 14.094bc	0.363± 0.024cd	1.245± 0.082ab	0.0014± 0.0001d	0.212± 0.014b	0.044± 0.002d

均显著；T2 与 CK2 相比分别增加 69.79%、42.86%、44.96%、15.97%、80.0%、10.60% 和 66.59%，其中 Pn、CUE 和 SUE 差异显著；T3 与 CK3 相比分别增加 165.06%、27.27%、146.94%、9.31%、250.0%、12.77% 和 158.82%，其中 Pn、CUE 和 SUE 差异显著。而 Ci 在喷施 BR 后都有所减少，T1 与 CK1 相比减少 8.56%，T2 与 CK2 相比减少 8.63%，T3 与 CK3 相比减少 21.06%，只有 T3 与 CK3 差异显著。

干旱胁迫导致羊草荧光参数显著下降（表 8-13）。在不同的干旱情况下分别喷施 0.10mg/L 的 BR 后，大部分指标均有提高，得到一定程度的恢复，T1 与 CK1 相比 Fm、Fv/Fm、Fv/Fo 和 ϕPSⅡ 分别增加 4.44%、3.07%、6.03% 和 4.22%，而 Fo 减少 0.32%，只有 Fv/Fm 差异显著；T2 与 CK2 相比 Fo、Fm、Fv/Fm 和 ϕPSⅡ 分别增加 3.68%、9.32%、2.66% 和 4.77%，而 Fv/Fo 值未变化，只有 Fv/Fm 差异显著；T3 与 CK3 相比 Fo、Fm、Fv/Fm、Fv/Fo 和 ϕPSⅡ 分别增加 6.68%、11.72%、2.55%、13.70% 和 1.83%，其中 Fv/Fm 差异显著。

表 8-13　干旱胁迫下 BR 对羊草荧光参数的影响

处理	Fo	Fm	Fv/Fm	Fv/Fo	ϕPSⅡ
CK1	32.665±1.142a	155.552±5.960ab	0.782±0.003b	3.762±0.252a	0.427±0.023a
T1	32.561±1.653a	162.461±8.568a	0.806±0.005a	3.989±0.055a	0.445±0.016a
CK2	31.708±1.371a	135.793±6.010cd	0.753±0.001e	3.283±0.025a	0.419±0.021a
T2	32.876±1.128a	148.445±4.701abc	0.773±0.002c	3.283±0.09a	0.439±0.0152a
CK3	30.411±0.484a	126.042±1.957d	0.744±0.001f	3.145±0.139a	0.383±0.027a
T3	32.441±0.630a	140.820±1.127bcd	0.763±0.002d	3.576±0.054a	0.390±0.036a

（6）BR 配合叶面营养可增强干旱胁迫下调控羊草生长的效果

喷施 BR 处理可明显促进羊草株高、干重、鲜重和叶面积等性状指标，但在促进生长后，植株营养供应不足，叶片出现倒伏和黄化等现象。为此，开展了羊草上配合喷施氮磷钾与 BR 的综合试验研究。

通过预试验筛选获得 BR 与叶面营养的适宜配方，然后选取最佳处理浓度的 BR，设置 BR 单施及叶面营养单施、BR 和叶面营养混施处理，研究其处理效应与作用机理。当羊草株高为 18～21cm 时，进行各种处理，一共喷施 3 次，每次间隔 3d，喷完后 3d 开始测定并连续定期测定相关指标，共 8 个处理，具体处理见表 8-14。每个处理 40 株，3 次重复，一共 24 盆。为避免光照对其造成影响，处理时间均为傍晚。

表 8-14　BR 与叶面营养及其配合试验处理

处理	清水	尿素（1%）+ 磷酸二氢钾（1%）	BR （0.10mg/L）	尿素（1%）+磷酸二氢钾（1%）+ BR（0.10mg/L）
正常（80%）	CK1	T1	T2	T3
干旱（50%）	CK2	T4	T5	T6

注：80% 表示土壤相对含水量 80%；50% 表示土壤相对含水量 50%

研究表明,干旱胁迫下 BR 与叶面营养配合对羊草生长的调控有增效作用。由表 8-15 可知,在正常环境下采用单施叶面肥或 BR,与 CK1 相比,株高、鲜重、干重和根系活力均有增加;但叶面肥与 BR 混施,与 CK1 相比,株高、鲜重、干重和根系活力均有进一步增加,且各个指标均达到最大值,分别增加 39.26%、114.71%、54.55%和 95.99%,差异均达到显著水平。

表 8-15　干旱胁迫下 BR 与叶面营养配合对羊草生长的调控效应

处理	株高(cm)	鲜重(mg)	干重(mg)	根系活力[μg/(g·h)]
CK1	19.87±1.01cde	0.306±0.02cd	0.077±0.003b	117.72±10.43cd
T1	25.90±2.31ab	0.529±0.03abc	0.107±0.009ab	129.54±9.03cd
T2	24.57±1.94abc	0.538±0.04ab	0.107±0.008ab	197.34±12.43bc
T3	27.67±0.98a	0.657±0.05a	0.119±0.009a	230.72±21.11ab
CK2	19.13±1.09cd	0.293±0.01cd	0.073±0.002ab	96.22±6:98d
T4	22.23±2.03bcd	0.296±0.01bcd	0.100±0.002ab	101.96±9.12d
T5	20.00±1.54cde	0.356±0.02bc	0.105±0.003ab	103.88±3.99d
T6	24.67±1.96abc	0.476±0.03bc	0.106±0.012ab	114.58±9.22d

在干旱胁迫(CK2)下羊草的生长受到抑制,其株高、鲜重、干重和根系活力均明显降低。此时单施叶面肥或 BR,与 CK2 相比,抑制生长的状况得到缓解;但叶面肥与 BR 混施的调控效应更好,与 CK2 相比,株高、鲜重、干重和根系活力均有显著增加,且各个指标均达到最大值,分别增加 28.96%、62.46%、45.21%和 19.08%。

因此,在正常土壤水分条件下,适当浓度的 BR 与叶面营养可以促进羊草生长,如果 BR 配合叶面营养则效果更好;单施 BR 或叶面营养对干旱下羊草的胁迫有缓解效果,如果叶面肥与 BR 配合处理的效果比单独处理效果更佳。

研究表明,BR 与叶面营养配合施用的增效作用与其对羊草 N、P、K 含量的提高及营养代谢相关酶活性的变化有关。表 8-16 中,在正常环境下单施叶面肥或 BR,与 CK1 相比,硝酸还原酶和酸性磷酸酶活性有所增加,苹果酸脱氢酶活性

表 8-16　干旱胁迫下 BR 与叶面营养对羊草营养代谢相关酶活性的影响

处理	硝酸还原酶(NR)[μg/(g·h)]	苹果酸脱氢酶(MD)(U/g)	酸性磷酸酶(ACP)(U/g)
CK1	2.90±0.11c	6.81±0.53a	9.85±0.64b
T1	3.27±0.15b	5.19±0.11bc	13.1±0.77a
T2	2.95±0.13c	5.48±0.45b	10.25±0.21b
T3	4.19±0.16a	4.89±0.22bc	12.51±0.53a
CK2	1.57±0.08e	7.51±0.42a	5.91±0.12d
T4	1.93±0.009d	4.18±0.36c	8.85±0.29bc
T5	1.86±0.13d	4.62±0.11bc	6.10±0.32d
T6	2.06±0.10d	4.16±0.15c	8.30±0.12c

有所降低；此时配合喷施叶面肥和 BR，与 CK1 相比，硝酸还原酶和酸性磷酸酶进一步增加，苹果酸脱氢酶进一步降低，3 种酶活性的差异均达显著水平。

干旱胁迫（CK2）下羊草的硝酸还原酶和酸性磷酸酶活性降低到全部处理的最低值，苹果酸脱氢酶活性增加到全部处理的最高值。此时单施叶面肥或 BR，或配合喷施叶面肥与 BR，都可以使这种趋势得以逆转。

在正常环境下单施叶面肥或 BR，植株的 N、P 和 K 含量均有增加；若配合喷施叶面肥和 BR，与 CK1 相比，其 N、P 和 K 含量分别增加 18.70%、228.36% 和 26.97%，且差异均达显著水平，其中 N、P 处于全部处理的最高水平（表 8-17）。

表 8-17 干旱胁迫下 BR 与叶面营养对羊草植株 N、P、K 含量的影响

处理	N（%）	P（%）	K（%）
CK1	4.92+0.08e	0.67+0.02d	0.089+0.0032d
T1	5.59+0.14b	1.89+0.15b	0.121+0.0037a
T2	5.27+0.09c	0.80+0.01d	0.108+0.0085bc
T3	5.84+0.12a	2.20+0.11a	0.113+0.0036abc
CK2	4.58+0.16f	0.57+0.08e	0.078+0.0021d
T4	5.22+0.06cd	1.80+0.09b	0.115+0.0064ab
T5	5.07+0.15de	1.10+0.09c	0.102+0.0015c
T6	5.53+0.12ab	1.92+0.04b	0.111+0.0082ab

在干旱胁迫（CK2）下羊草的 N、P 和 K 含量分别降低到全部处理的最低值。此时若单施叶面肥或 BR，与 CK2 相比，其 N、P 和 K 含量有所回升；如若配合喷施叶面肥和 BR，其 N、P 含量进一步增加，K 含量也处于较高水平，与 CK2 相比，差异均达显著水平。

3. 氨基乙酰丙酸可缓解干旱对羊草的胁迫效应促进其生长，配合叶面营养对调控有增效作用

氨基乙酰丙酸（5-aminolevulinic acid，ALA）属于一种广泛存在于细菌、真菌、动物及植物等生物机体活细胞中的非蛋白质氨基酸，不仅是一种植物体中间代谢产物，而且参与植物生长发育的调节，增强植物的抗逆性，提高产量并改善品质。

当羊草株高为 18～21cm 时，采用浓度分别为 10.0mg/L（T1）、50.0mg/L（T2）和 100.0mg/L（T3）的 ALA 进行叶面喷施；土壤相对含水量 80% 时为对照 1（CK1），土壤相对含水量 50% 时作干旱胁迫处理为对照 2（CK2），每天傍晚喷施，连续 3d。处理 15d 后取样测定各指标。每个处理 3 次重复（3 盆）。

（1）干旱胁迫下 ALA 对羊草植株生长的调控效果

数据显示（表 8-18），在干旱胁迫（CK2）下羊草的生长受到显著抑制。ALA 处理后，羊草的株高、鲜重、干重和根系活力均得到提高，说明 ALA 处理在一定

程度上可减轻干旱胁迫对羊草生长的伤害。当采用 50.0mg/L ALA 处理时，株高、鲜重和干重达到最大值，这些指标甚至超过或与 CK1 接近。

表 8-18　ALA 对干旱胁迫下羊草生长的调控效果

处理	株高（cm）	鲜重（mg）	干重（mg）	根系活力[μg/(g·h)]
CK1	34.40±0.49ab	374.67±2.73a	77.33±2.33a	137.69±2.37a
CK2	25.70±0.74d	214.33±8.88c	52.13±2.60c	83.30±0.20b
T1	29.00±0.29c	310.00±6.43b	61.73±0.67b	132.47±1.64ab
T2	36.17±0.33a	375.67±1.45a	79.23±0.62a	137.64±1.46a
T3	32.27±0.64b	358.67±5.36a	66.47±0.62b	133.31±1.31ab

（2）干旱胁迫下 ALA 对羊草光合色素的影响

由表 8-19 可知，在干旱胁迫（CK2）下羊草的叶绿素 a 含量、叶绿素 b 含量、叶绿素 a/b 和类胡萝卜素含量都显著减少。经 ALA 处理后，各指标与 CK2 相比都有一定程度的增加。当 ALA 为 50.0mg/L 时，各个指标分别增加 18.37%、60.38%、19.27% 和 29.17%，并且在三种 ALA 处理中其各个指标均达到最大值。

表 8-19　干旱胁迫下 ALA 对羊草植株光合色素的影响

处理	叶绿素 a（mg/g）	叶绿素 b（mg/g）	叶绿素 a/b	类胡萝卜素（mg/g）
CK1	1.78±0.01a	0.92±0.03a	3.08±0.25a	0.30±0.02ab
CK2	1.47±0.01d	0.53±0.04d	1.92±0.05b	0.24±0.01d
T1	1.61±0.01c	0.64±0.04c	2.05±0.03b	0.27±0.03c
T2	1.74±0.03b	0.85±0.01a	2.29±0.14b	0.31±0.03a
T3	1.63±0.02c	0.74±0.02b	2.20±0.06b	0.29±0.01b

（3）干旱胁迫下 ALA 对羊草渗透调节物质的影响

在干旱胁迫（CK2）下羊草的丙二醛、脯氨酸、可溶性蛋白、可溶性糖含量和叶片电导率均显著增加（表 8-20），经 ALA 处理后，各项指标均发生相应变化，其中 ALA 为 50.0mg/L 的处理的效果相对最佳。

表 8-20　干旱胁迫下 ALA 对羊草渗透调节物质的影响

处理	丙二醛（nmol/g）	脯氨酸（μg/g）	可溶性蛋白（mg/g）	可溶性糖（mg/g）	叶片电导率（%）
CK1	12.14±0.50d	346.57±2.16c	11.36±0.27d	13.06±1.55c	11.06±0.71d
CK2	22.90±1.42a	545.62±2.41bc	20.28±2.28c	17.24±1.59bc	18.83±0.64a
T1	19.01±0.15b	864.50±3.04ab	26.61±0.55bc	21.54±1.58ab	17.35±0.28ab
T2	14.82±0.11c	1129.44±2.19a	35.03±2.53a	25.52±0.56a	13.14±0.94c
T3	15.89±0.79c	878.38±3.09ab	31.78±2.96ab	21.89±1.40ab	15.68±0.36b

（4）干旱胁迫下 ALA 对羊草植株抗氧化酶活性的影响

干旱胁迫（CK2）下羊草的 POD、SOD、CAT、GR 和 APX 活性都有所增加，其中 SOD 和 CAT 活性与正常水分条件的 CK1 处理相比差异显著（表 8-21）。喷施 50.0mg/L ALA 后，与 CK2 相比，POD、SOD、CAT、GR 和 APX 活性分别增加 8.58%、9.48%、50.41%、138.30% 和 133.06%，5 个酶的酶活性都增加到最大值，其中除了 POD，其他 4 个酶差异均显著；喷施 100.0mg/L ALA 的效果其次。

表 8-21　干旱胁迫下 ALA 对羊草植株抗氧化酶活性的影响

处理	POD[U/(g·min)]	SOD[U/(g·min)]	CAT[U/(g·min)]	GR[U/(g·min)]	APX[U/(g·min)]
CK1	2633.53±24.23b	994.55±3.72d	26.09±0.69c	0.40±0.03c	4.41±0.08c
CK2	2700.86±5.83ab	1016.16±1.14c	30.79±0.68b	0.47±0.04c	4.90±0.29c
T1	2704.02±12.14ab	1020.03±2.15c	31.37±0.73b	0.73±0.05b	5.45±0.36c
T2	2932.71±5.75a	1112.53±2.16a	46.31±1.49a	1.12±0.10a	11.42±0.51a
T3	2875.36±21.51ab	1059.60±4.11b	33.82±0.80b	0.90±0.03b	6.71±0.07b

（5）干旱胁迫下 ALA 对羊草光合作用的影响

为了探讨 ALA 对羊草光合作用的直接影响，以上述 ALA 处理的最佳浓度 50.0mg/L 为依据，开展羊草光合特性及荧光参数试验：设置 6 个处理（表 8-22），每个处理 5 次重复。为了避免阳光、温度等对 ALA 的效果造成影响，喷施的时间为傍晚，每 5d 喷施一次，连续喷施 3 次。喷施之后一周开始取样。

表 8-22　不同的试验处理

处理	土壤含水量		
	正常（土壤含水量为80%～85%）	中度干旱（土壤含水量为50%～55%）	重度干旱（土壤含水量为30%～35%）
喷施清水	CK1	CK2	CK3
喷施 ALA（50.0mg/L）	T1	T2	T3

试验结果表明（表 8-23），Pn、Gs、Ls、CUE 和 SUE 随干旱胁迫的加重而下降，且 CK1 各个指标与 CK2 和 CK3 间差异均显著，其中 Ci 随干旱胁迫的加重而持续增加，分别增加 13.27% 和 8.75%，且 CK1、CK2 和 CK3 间差异均达显著水平。

在喷施 50.0mg/L 的 ALA 后，Pn、Gs、Ls、CUE、SUE 和 WUE 都得到一定程度的提高，T1 与 CK1 相比分别增加 5.60%、11.32%、39.48%、10.99%、8.0% 和 14.80%，只有 CUE 和 Ls 差异达显著水平；T2 与 CK2 相比，Pn、Ls 和 Tr 分别增加 1.03%、7.57% 和 15.74%；T3 与 CK3 相比，Pn、Gs、Ls、CUE、SUE 和 WUE 分别增加 6.49%、13.16%、12.26%、9.80%、11.76% 和 11.47%。而 Ci 喷施

表 8-23　干旱胁迫下 ALA 对羊草光合参数的影响

处理	Pn [μmol/ (m²·s)]	Gs [mmol/ (m²·s)]	Ci (μmol/ mol)	Tr [mmol/ (m²·s)]	WUE (mmol/ mol)	CUE [mmol/ (m²·s)]	Ls (%)	SUE (%)
CK1	2.516± 0.138a	0.053± 0.001ab	277.1± 9.69c	1.242± 0.072ab	2.040± 0.173a	0.0091± 0.0002b	0.309± 0.003b	0.0025± 0.0001a
T1	2.657± 0.092a	0.059± 0.001a	264.26± 1.93c	1.145± 0.097ab	2.342± 0.139a	0.0101± 0.0004a	0.431± 0.024a	0.0027± 0.0001a
CK2	2.417± 0.107a	0.051± 0.001b	313.88± 5.40b	0.915± 0.094c	2.708± 0.340a	0.0077± 0.0004c	0.251± 0.015cd	0.0024± 0.0001a
T2	2.442± 0.011a	0.042± 0.001c	323.95± 2.15ab	1.059± 0.010bc	2.306± 0.033a	0.0075± 0.0000c	0.270± 0.001c	0.0024± 0.0000a
CK3	1.741± 0.047b	0.038± 0.001c	341.35± 1.12a	1.338± 0.063a	1.308± 0.085b	0.0051± 0.0001d	0.212± 0.008d	0.0017± 0.0000b
T3	1.854± 0.069b	0.043± 0.003c	330.37± 9.23ab	1.273± 0.015ab	1.458± 0.059b	0.0056± 0.0001d	0.238± 0.005cd	0.0019± 0.0001b

BR 后有所减少，T1 与 CK1 相比减少 4.63%，T2 与 CK2 相比增加 3.21%，T3 与 CK3 相比减少 3.22%。

在 CK1、CK2 和 CK3 时，随着干旱胁迫的加重，Fo、Fm、Fv/Fm、Fv/Fo 和 φPSⅡ 都降低（表 8-24），说明干旱对羊草的影响作用仍在持续。

表 8-24　干旱胁迫下 ALA 对羊草荧光参数的影响

处理	Fo	Fm	Fv/Fm	Fv/Fo	φPSⅡ
CK1	32.11±1.428ab	180.93±19.806ab	0.820±0.013a	4.604±0.377a	0.385±0.003a
T1	34.417±0.746a	195.563±5.047a	0.824±0.003a	4.683±0.103a	0.399±0.064a
CK2	28.412±1.424b	156.993±8.565b	0.819±0.006a	4.529±0.19a	0.337±0.027ab
T2	29.402±0.622b	163.044±8.508ab	0.819±0.007a	4.541±0.212a	0.341±0.062ab
CK3	27.603±0.629b	149.594±1.437b	0.815±0.006a	4.427±0.166a	0.239±0.03b
T3	27.855±1.39b	151.794±8.102b	0.816±0.001a	4.448±0.037a	0.320±0.042ab

在不同的干旱情况下分别喷施 50.0mg/L 的 ALA 后，大部分指标有所提高，得到一定程度的恢复，T1 与 CK1 相比，Fo、Fm、Fv/Fm、Fv/Fo 和 φPSⅡ 分别增加为 7.18%、8.09%、0.49%、1.72%和 3.64%；T2 与 CK2 相比分别增加 3.48%、3.85%、0.26%和 6.56%；T3 与 CK3 相比分别增加 0.91%、1.47%、0.12%、0.47%和 41.0%。

（6）ALA 配合叶面营养可增强干旱胁迫下调控羊草生长的效果

试验显示，利用氮磷钾与 ALA 配合处理，可增强干旱胁迫下调控羊草生长的效果。首先筛选获得 ALA 与叶面营养的适宜配方，然后选取最佳处理浓度的 ALA，设置 BR 单施及叶面营养单施、ALA 和叶面营养混施处理，研究其处理效应与作用机理。当羊草株高为 18～21cm 时，进行各种处理，一共喷施 3 次，每次间隔

3d，喷完后 3d 开始测定并连续定期测定相关指标，共 8 个处理（表 8-25）。每个处理 40 株，3 次重复，一共 24 盆。为避免光照对其造成影响，处理时间均为傍晚。

表 8-25   ALA 及叶面营养及其配合试验处理

处理	清水	尿素（1%）+ 磷酸二氢钾（1%）	ALA（50.0mg/L）	尿素（1%）+磷酸二氢钾（1%）+ ALA（50.0mg/L）
正常（80%）	CK1	T1	T2	T3
干旱（50%）	CK2	T4	T5	T6

注：80%表示土壤相对含水量 80%；50%表示土壤相对含水量 50%

研究表明，干旱胁迫下 ALA 与叶面营养配合施用对羊草生长的调控有增效作用。由表 8-26 可知，在正常条件（CK1）下单施叶面肥或 ALA，其株高、鲜重、干重和根系活力均有所增加；此时配合喷施叶面肥和 ALA，与 CK1 相比，株高、鲜重、干重和根系活力均显著增加，且各个指标均达到最大值，分别增加 40.14%、153.72%、68.32%和 35.64%。

表 8-26   干旱胁迫下 ALA 与叶面营养对羊草生长的调控效应

处理	株高（cm）	鲜重（mg）	干重（mg）	根系活力[μg/(g·h)]
CK1	23.67±2.16bcd	0.363±0.03e	0.101±0.009de	359.67±23.22bc
T1	27.83±1.55ab	0.620±0.04e	0.149±0.005ab	399.64±12.30ab
T2	27.10±1.88ab	0.764±0.05b	0.163±0.011ab	400.91±21.31ab
T3	33.17±2.33a	0.921±0.06a	0.170±0.009a	487.85±33.09a
CK2	20.90±2.01bc	0.307±0.01e	0.078±0.004de	245.82±21.33c
T4	25.03±1.34b	0.371±0.02e	0.119±0.013cde	281.13±22.32bc
T5	21.27±1.13bc	0.467±0.03de	0.131±0.008cd	313.05±11.43bc
T6	26.03±2.56ab	0.512±0.03cd	0.161±0.015ab	341.65±21.54bc

经干旱胁迫（CK2）处理后，羊草的株高、鲜重、干重及根系活力与 CK1 相比均降低。当经 CK2 处理时单施叶面肥或 ALA，各个指标均有所提高；此时配合喷施叶面肥和 ALA，与 CK2 相比，株高、鲜重、干重和根系活力均有增加，且各个指标均达干旱胁迫下的最大值，分别增加 24.55%、66.78%、106.41%和 38.98%。

总之，在正常土壤水分条件下，适当浓度的 ALA 或叶面营养可以促进羊草生长，如果 ALA 配合叶面营养则效果更佳。

在表 8-27 中，与 CK1 相比，单施叶面肥或 ALA，其硝酸还原酶和酸性磷酸酶活性有所增加，苹果酸脱氢酶活性有所降低；配合喷施叶面肥和 ALA，与 CK1 相比，硝酸还原酶活性进一步增加，苹果酸脱氢酶活性进一步降低，且均达显著水平。

表 8-27　干旱胁迫下 ALA 与叶面营养对羊草营养代谢相关酶活性的影响

处理	硝酸还原酶 （NR）[μg/(g·h)]	苹果酸脱氢酶 （MD）（U/g）	酸性磷酸酶 （ACP）（U/g）
CK1	2.60±0.16c	6.44±0.16b	8.91±0.12b
T1	3.01±0.14b	5.09±0.32c	10.02±0.81a
T2	2.85±0.11bc	5.10±0.35c	9.37±0.30c
T3	3.83±0.12a	4.83±0.14c	9.71±0.23a
CK2	1.38±0.09e	7.17±0.49a	5.08±0.19e
T4	1.91±0.12d	4.06±0.18d	6.98±0.19c
T5	1.57±0.11e	4.13±0.15d	5.45±0.33e
T6	2.22±0.11d	3.97±0.14d	6.18±0.21d

　　干旱胁迫（CK2）处理后，羊草的硝酸还原酶和酸性磷酸酶活性降到最低值，苹果酸脱氢酶活性增加到最高值，3 种酶活性的差异均达显著水平。当经 CK2 处理时，单施叶面肥或 ALA 的硝酸还原酶和酸性磷酸酶活性增加，苹果酸脱氢酶活性降低。配合喷施叶面肥和 ALA，与 CK2 相比，硝酸还原酶与酸性磷酸酶活性进一步增加，苹果酸脱氢酶活性进一步降低。

　　在正常情况下单施叶面肥，与 CK1 相比，N、P 和 K 含量分别增加 23.64%、139.73%和 37.08%；单施 ALA，与 CK1 相比，N、P 和 K 含量分别增加 13.24%、116.44%和 11.24%；配合喷施叶面肥和 ALA，与 CK1 相比，N、P 和 K 含量分别增加 28.61%、147.95%和 22.47%；以上差异均达显著水平（表 8-28）。

表 8-28　干旱胁迫下 ALA 与叶面营养对羊草植株 N、P、K 含量的影响

处理	N（%）	P（%）	K（%）
CK1	4.23+0.11cd	0.73+0.01e	0.089+0.0021d
T1	5.23+0.09a	1.75+0.11a	0.122+0.0027a
T2	4.79+0.10b	1.58+0.09b	0.099+0.0023c
T3	5.44+0.08a	1.81+0.08a	0.109+0.0021b
CK2	4.01+0.13d	0.62+0.05e	0.084+0.0016d
T4	4.21+0.18cd	1.16+0.04c	0.119+0.0040a
T5	4.09+0.08cd	0.85+0.06d	0.102+0.0039bc
T6	4.32+0.09bc	1.64+0.10ab	0.113+0.0010a

　　经干旱胁迫（CK2）处理后，羊草的 N、P 和 K 含量比 CK1 分别降低 5.20%、15.07%和 5.62%。当经 CK2 处理时单施叶面肥，与 CK2 相比，N、P 和 K 含量均有增加，增加比例分别为 4.99%、87.10%和 41.67%；单施 ALA，与 CK2 相比，N、P 和 K 含量均有增加，增加比例分别为 2.0%、37.10%和 21.43%。配合喷施叶面肥和 ALA，与 CK2 相比，N、P 和 K 含量均有增加，增加比例分别为 7.73%、

164.52%和 34.52%，差异均达到显著水平，其中 N、P 含量为干旱胁迫处理的最高值。

在正常情况下单施叶面肥，与 CK1 相比，IAA、GA_3 和 ZR 含量均有增加，增加比例分别为 25.93%、15.90%和 12.49%，ABA 含量降低了 22.70%。单施 ALA，与 CK1 相比，IAA、GA_3 和 ZR 含量均有增加，增加比例分别为 79.11%、41.21%和 15.78%，ABA 含量降低了 10.26%。配合喷施叶面肥和 ALA，与 CK1 相比，IAA、GA_3 和 ZR 含量均有增加，增加比例分别为 173.34%、80.13%和 25.71%，ABA 含量降低了 22.67%，4 种内源激素差异均显著（表 8-29）。

表 8-29 干旱胁迫下 ALA 与叶面营养对羊草激素的影响

处理	ABA（ng/g）	IAA（ng/g）	GA_3（ng/g）	ZR（ng/g）
CK1	129.08±2.76c	68.11±1.07e	4.78±2.34c	46.51±1.75c
T1	99.78±4.04f	85.77±1.09d	5.54±0.18c	52.32±2.97b
T2	115.84±0.89d	121.99±1.11c	6.75±0.09b	53.85±0.08b
T3	99.82±1.36ef	186.17±6.44a	8.61±0.07a	58.47±0.94a
CK2	213.84±5.29a	87.93±0.94d	1.98±0.15e	24.64±0.73e
T4	123.74±2.39c	67.35±3.44e	2.86±0.56d	25.07±0.29e
T5	157.50±0.20b	176.09±8.07b	3.26±0.06b	30.96±0.31de
T6	110.28±5.74de	125.97±4.46c	3.63±0.13d	31.20±1.35d

干旱胁迫（CK2）处理后羊草的 ABA 和 IAA 含量增加，GA_3 和 ZR 含量降低。当经 CK2 处理时，单施叶面肥的 ABA 和 IAA 含量分别减少 42.13%和 23.40%，GA_3 和 ZR 含量分别增加 44.44%和 1.75%。单施 ALA 的 IAA、GA_3 和 ZR 含量均有增加，增加比例分别为 100.26%、64.65%和 25.65%，ABA 含量降低了 26.35%。配合喷施叶面肥和 ALA，与 CK2 相比，IAA、GA_3 和 ZR 含量均有增加，增加比例分别为 43.26%、83.33%和 26.62%，ABA 含量降低了 48.43%，4 种内源激素差异均达到显著水平。

在正常情况下除喷施尿素（1%）+磷酸二氢钾（1%）使 GA_3/ABA 值降低外，其余处理均使 IAA/ABA、ZR/ABA 和 GA_3/ABA 值升高（表 8-30）。

表 8-30 干旱胁迫下 ALA 与叶面营养对羊草内源激素比例的影响

	CK1	T1	T2	T3	CK2	T4	T5	T6
IAA/ABA	0.53	0.86	1.05	1.87	0.41	0.54	1.12	1.14
ZR/ABA	0.04	0.06	0.06	0.09	0.01	0.02	0.02	0.03
GA_3/ABA	0.36	0.31	0.46	0.59	0.12	0.20	0.33	0.28

经干旱胁迫（CK2）处理后，其 IAA/ABA、ZR/ABA 和 GA_3/ABA 值均比 CK1

降低；而配合喷施叶面肥和 ALA 则使其 IAA/ABA、ZR/ABA 和 GA$_3$/ABA 值均比 CK2 升高。在正常情况（CK1）或干旱胁迫（CK2）下，均以配合喷施叶面肥和 ALA 达到所有处理 IAA/ABA、ZR/ABA 和 GA$_3$/ABA 值的最大值。

4. ALA 对干旱胁迫下羊草生长影响的转录组测序分析

目前，关于羊草抗性的研究主要集中在生理生化方面，在转录组学方面的研究很少。本试验在干旱胁迫及植物生长调节剂对羊草形态和生理影响的基础上，利用转录组测序技术分别比较分析羊草在干旱胁迫与对照之间及 ALA 处理后的转录组水平的变化，试图解析羊草应答干旱胁迫及 ALA 提高羊草抗旱性的分子调控机制。

试验材料：选取正常（对照）（C1）、干旱胁迫（G1）和干旱胁迫+ALA（50.0mg/L）（G2）的羊草叶片，每个处理 3 次重复。

本研究转录组数据在七大数据库中的注释统计结果表明，111 859 个基因注释到 Nr 数据库中，占总基因数的 53.02%；114 021 个基因注释到 NT 数据库中，占总基因数的 54.05%；31 372 个基因注释到 KO 数据库中，占总基因数的 14.87%；66 059 个基因注释到 Swiss Prot 蛋白质数据库中，占总基因数的 31.31%；77 904 个基因注释到 Pfam 数据库中，占总基因数的 36.93%；79 021 个基因注释到 GO 数据库中，占总基因数的 37.45%；33 446 个基因注释到 KOG 数据库中，占总基因数的 15.85%。在 7 个数据库中至少 1 个数据库注释成功的有 149 513 个基因，占到总基因数的 70.87%。

为了解羊草对干旱胁迫响应的分子机制，研究比较分析了正常（C1）与干旱胁迫（G1）之间的差异表达基因[$Q<0.005$ 和|log$_2$(差异倍数)|>1]。结果显示，以正常样品为对照，在干旱胁迫下共检测到 1373 个基因发生了显著差异表达，其中 733 个基因为显著下调表达，640 个基因上调表达（图 2-116）。

为了解 ALA 提高羊草抗旱性的分子机制，本研究分析了干旱胁迫（G1）和干旱胁迫+ALA（50.0mg/L）之间的差异表达基因[$Q<0.005$ 和|log$_2$(差异倍数)|>1]。以干旱胁迫为对照，干旱胁迫+ALA（50.0mg/L）的样品中共检测到 1315 个基因发生了显著差异表达，其中 639 个基因表达下调，676 个基因表达上调（图 2-117）。

（1）干旱胁迫下 ALA 处理材料（G2）中表达上调的差异基因 GO 功能分析（以干旱胁迫 G1 为对照）

研究采用 Goseq 方法对干旱胁迫下 ALA 处理材料（G2）中上调表达的差异基因进行了 GO 富集分析。以相关 $P<0.05$ 为阈值进行显著性分析，结果发现有 18 条 GO 条目被显著富集（图 2-118），其中 4 条被注释到生物学进程中，13 条被注释到分子功能中，1 条被注释到细胞组分中。

对在干旱胁迫下与 ALA 处理密切相关的注释进行分析。其中注释在分子功能方面：75 个基因参与了氧化还原酶活性；9 个基因参与了单加氧氧化还原酶活性；13 个基因参与了抗氧化剂活性；3 个基因参与了 2,3 二磷酸变位酶活性；7 个基因参与了双加氧氧化还原酶活性；25 个基因参与了四吡咯结合；5 个基因参与了脂肪酸合成酶活性；22 个基因参与了血红素结合；7 个基因参与了丝氨酸类型的肽链内切酶抑制物质的活性。

注释在生物过程方面：82 个基因参与了氧化还原过程；151 个基因参与了单生物体代谢过程；19 个基因参与了电子传递；286 个基因参与了代谢过程。

注释在细胞组分方面：5 个基因参与了脂肪酸合成复合体。

综合以上的结果可以发现，干旱胁迫下 ALA 处理后与这些上调基因显著相关的 GO 富集条目可以大致分为几个方面。在干旱胁迫下显著下降的氧化还原活性、代谢过程等 GO 条目基因，在喷施 ALA 后显著上调。糖酵解中重要的 2,3 二磷酸变位酶基因也由于喷施了 ALA 而表达显著上调，与细胞中各种膜成分密切相关的脂肪酸合成途径基因也显著上调了，电子传递 GO 条目基因显著上调。抗氧化活性方面：对于抗氧化活性的 GO 条目，参与的 13 个基因包括谷胱甘肽过氧化物酶（GSH-Px）、CAT、APX、POD 和 SOD 的基因。

（2）干旱胁迫下 ALA 处理材料（G2）中上调表达的差异基因 KEGG 富集分析（以干旱胁迫 G1 为对照）

对干旱胁迫（G2）材料中上调表达的差异基因，选取时以相关 $P<0.05$ 为阈值进行 KEGG 富集分析，得到了这些基因的路径显著富集结果，如图 2-119 及表 2-40 所示。结果显示注释到的代谢通路：光合作用（photosynthesis）被显著富集，有 12 个差异表达基因发生显著富集；α-亚麻酸代谢（linoleic acid metabolism）被显著富集，有 17 个差异表达基因发生显著富集；亚麻酸代谢（linoleic acid metabolism）被显著富集，有 8 个差异表达基因发生显著富集；光合天线蛋白（photosynthesis - antenna protein）这条路径被显著富集，有 6 个差异表达基因发生显著富集；油菜素内酯生物合成（brassinosteroid biosynthesis），有 4 个差异表达基因发生显著富集；鞘糖脂生物合成（glycosphingolipid biosynthesis），有 3 个差异表达基因发生富集。

（3）ALA 提高羊草抗旱性的分子机制

外源 ALA 因可以缓解多种非生物胁迫对植物产生的不利作用，已经在较多植物中应用。但在各种逆境胁迫下，ALA 对植物调控的分子机理还没有研究清楚。从总体上看，羊草中在干旱条件下代谢过程、氧化还原反应这些在干旱胁迫下表达显著下调的代谢途径，在使用 ALA 处理以后较多基因表达显著上调，表明干旱胁迫影响这些基因的正常表达，进而引起生理和生长伤害，而外源 ALA 的处理可以大大缓解干旱胁迫对这些生理过程的伤害。

例如，与干旱胁迫下的对照样品相比，ALA 处理的样品中有氧呼吸代谢途径中的 2,3 二磷酸变位酶活性显著上调，同时电子传递链 GO 注释条目及与氧化磷酸化中重要成分 NADH-辅酶 Q 氧化还原酶（复合体 I）、F0F1-型 ATP 合成酶（复合体 V）、辅酶 Q-细胞色素 C 氧化还原酶（复合体 III）的基因表达也显著上调。这些基因表达的显著上调保证了羊草植株产生 ATP 和还原力，维持相对正常的呼吸作用，满足植物体内各个生理过程对能量的需求。

在干旱胁迫下亚麻酸代谢的基因表达显著下调，而施用了 ALA 的样品亚麻酸代谢基因表达显著上调，此外脂肪酸合成途径及鞘糖脂生物合成的基因表达也显著上调。这些基因表达的显著上调可以减少干旱对膜结构的伤害，从而提高羊草的抗旱性。

在干旱胁迫下，羊草光合相关的基因发生了显著的下调，而同时喷施 ALA 的样品中 KEGG 代谢途径中光合作用及光合天线蛋白代谢的基因表达显著上调，维护了干旱逆境条件下光合作用的正常进行。其中 PSII 是各种逆境伤害的关键部位，PSII 在光合作用的过程中是非常重要的。PSII 的反应中心蛋白 D1 和 D2 分别是由 *psbA* 和 *psbD* 编码的。尤其是由 *psbA* 基因编码的 D1 蛋白，更是胁迫作用的靶位点。在逆境胁迫下 D1 蛋白的周转过程中 *psbA* 基因的表达具有决定性的作用。干旱胁迫下喷施 ALA 提高了羊草叶绿体 *psbA* 基因的表达，可以加速 D1 蛋白的合成，这在羊草的干旱耐受性上可能起着重要作用，使得受损的 D1 蛋白能够及时被新合成的 D1 蛋白取代，而且有助于 PSII 功能的修复。

比较 G1 与 G2 处理，在干旱胁迫下羊草的抗氧化酶 POD、APX 的基因表达显著下调，因而破坏了植物体内的活性氧产生与清除的平衡，使超氧阴离子自由基、过氧化氢、羟自由基等活性氧（ROS）积累。而喷施 ALA 的样品在干旱条件下 GO 功能注释代谢通路中的抗氧化酶基因表达显著上升，其中 GSH-Px、CAT、APX、POD 和 SOD 等重要的抗氧化酶的基因表达显著上调，这样植物体在干旱胁迫下产生的过量 ROS 得以清除，保护了生物膜的完整性和稳定性，减少了细胞膜透性，增强了植株的抗旱能力。在生理研究中，经过不同浓度的 ALA 处理后，POD、SOD、CAT、GR 和 APX 活性相对于干旱胁迫下都增加，丙二醛含量和叶片电导率下降，这与转录组测序中 ALA 显著提高抗氧化酶基因表达的结果是相符合的。

尤其值得注意的是，在本研究中 ALA 处理上调基因的 KEGG 显著富集途径中包括了六大激素之一的油菜素内酯合成（brassinosteroid biosynthesis）途径。从这一结果表明 ALA 可能通过提高油菜素内酯（BR）合成途径的基因表达，增加羊草植株内的油菜素内酯含量，进而提高干旱胁迫下羊草的抗旱性。因为油菜素内酯作为植物重要的激素，可以增加植物对干旱等逆境的抵抗力，有人将其称为"逆境缓和激素"。在前述生理研究中，ALA 处理提高羊草抗旱性的作用与 BR 的效应非常相似，而 BR 在植物信号转导中起着重要作用，ALA 提高羊草抗旱性的效应是否可能通过对内源 BR 的作用来实现，值得深入研究。

三、野外喷施适宜的植物生长调节剂促进退化草原生产力提高的作用

基于室内试验筛选的植物生长调节剂适宜浓度及处理方式，在退化恢复样地开展野外控制试验，研究外源生长调节剂对草原生产力的影响。

1. 多种植物生长调节剂提高草原生产力的作用

研究团队通过对 10 多种植物生长调节剂的研究，初步筛选出 6 种有效的植物生长调节剂。2014 年与 2015 年连续两年在锡林浩特退化恢复试验平台进行控制试验。

试验地经纬度为 43°50′67″N、116°10′16″E。将样地分为三个实验区，每个实验区按 20m×20m 划分为 30 个实验小区，每小区之间设置 1m 的保护行。将筛选的 6 种植物生长调节剂分别按照 3 种不同浓度或其组合进行喷施：第一实验区[萘乙酸（NAA）20mg/L、苄基腺嘌呤（6-BA）5mg/L、油菜素内酯（BR）0.02mg/L、复硝酚钠 10mg/L+氯吡脲 0.5mg/L、赤霉素（GA₃）10mg/L]；第二实验区（NAA 100mg/L、6-BA 25mg/L、BR 0.2mg/L、复硝酚钠 50mg/L+氯吡脲 2.5mg/L、赤霉素 50mg/L）；第三实验区（NAA 200mg/L、6-BA 50mg/L、BR 2mg/L、复硝酚钠 100mg/L+氯吡脲 5mg/L、赤霉素 100mg/L）。

连续两年的研究结果表明，适宜的植物生长调节剂处理可促进羊草、针茅等植物的生长，提高草地植物生物量，趋势相似。

（1）植物生长调节剂对针茅生长的影响

用不同浓度 NAA 对针茅进行处理后，分别对其营养苗、生殖苗进行高度、干鲜重测定（图 8-6）。针茅营养苗高度在 NAA 100mg/L 处理作用下呈现最高，

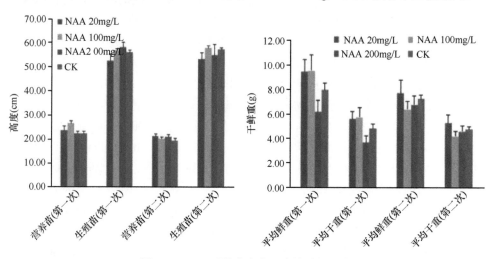

图 8-6　NAA 对针茅高度及生物量的影响

NAA 200mg/L 处理下的生殖苗呈现最高值。其干重在 NAA 20mg/L 处理下达到最大值。第二次测量时，NAA 20mg/L 处理下的营养苗高度为最大值；NAA 100mg/L 处理下的生殖苗最高，干鲜重在 NAA 20mg/L 处理下均呈现最大值。由此可见，适当浓度的 NAA 可促进针茅的生长，但尚未达到显著差异水平。

6-BA 5mg/L 处理下针茅营养苗高度为最大值，6-BA 50mg/L 处理下生殖苗的高度为最大值；平均干鲜重最大值均出现在 6-BA 5mg/L 处理下。第二次测量表明 6-BA 25 mg/L 处理下的营养苗、生殖苗高度均为最大值，6-BA 5mg/L 与 6-BA 25mg/L 处理下的平均鲜重相同，且后者干重稍高于前者。由此可见较低浓度的 6-BA 处理效果较好（图 8-7a）。

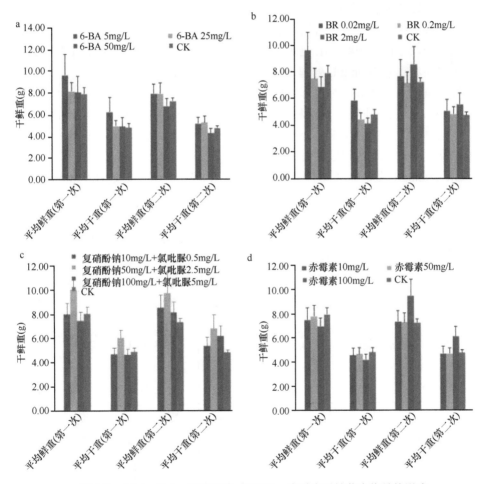

图 8-7 6-BA、BR、复硝酚钠+氯吡脲、赤霉素对针茅生物量的影响

BR 0.2mg/L 处理下营养苗高度为最大值，BR 2mg/L 处理下的生殖苗高度为

最大值；而干鲜重最大值均出现在 BR 0.02mg/L 处理下的针茅中（图 8-7b）。生殖苗高度的两次测量结果之间呈现显著性差异。

复硝酚钠与氯吡脲两种调节剂混合处理对针茅生长的第一次调查结果表明（图 8-7c），复硝酚钠 100mg/L+氯吡脲 5mg/L 处理下营养苗、生殖苗高度均为最大值；干鲜重最大值均出现在复硝酚钠 50mg/L+氯吡脲 2.5mg/L 处理下的针茅中。第二次调查结果表明，复硝酚钠 50mg/L+氯吡脲 2.5mg/L 处理下营养苗高度为最大值，但复硝酚钠 100mg/L+氯吡脲 5mg/L 处理下的生殖苗高度仍为最大值；干鲜重最大值均出现在复硝酚钠 50mg/L+氯吡脲 2.5mg/L 处理下的针茅。两种调节剂混合处理的配方需进一步细化。

赤霉素以 50mg/L 处理下营养苗高度为最大值，以 100mg/L 处理下的生殖苗高度为最大值；干鲜重最大值均出现在赤霉素 50mg/L 处理下的针茅中。第二次调查结果则以赤霉素 100mg/L 处理下营养苗、生殖苗的高度最大；且干鲜重最大值均出现在赤霉素 100mg/L 处理下的针茅中（图 8-7d）。

（2）植物生长调节剂对羊草生长的影响

6-BA 25mg/L 处理下羊草株高为最大值，但干鲜重最大值均出现在 6-BA 5mg/L 处理下的羊草中（图 8-8a）。羊草第二次调查结果显示，6-BA 5mg/L 处理下的株高、干鲜重均达到最大值。

BR 0.02mg/L 处理下羊草株高为最大值（图 8-8b）；鲜重则是 BR 0.02mg/L 到 BR 0.2mg/L 范围内结果相似；以 BR 0.02mg/L 处理下的羊草干重最高。由此可见低浓度 BR 处理调节效果更明显。第二次调查结果与第一次有同样趋势。复硝酚钠与氯吡脲混合处理的结果表明（图 8-8c），复硝酚钠 100mg/L+氯吡脲 5mg/L 处理下株高为最大值。但第二次调查结果显示，复硝酚钠+氯吡脲三种不同浓度处理下的株高低于对照。以赤霉素 50mg/L 处理下羊草株高为最大值（图 8-8d），干鲜重亦是如此。第二次调查结果与第一次有同样趋势，但差异在缩小。

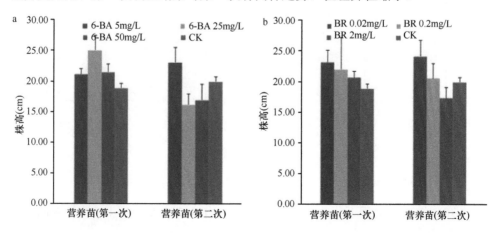

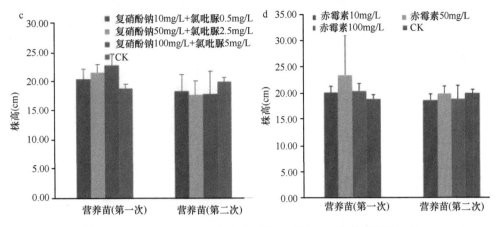

图 8-8　6-BA、BR、复硝酚钠+氯吡脲、赤霉素对羊草株高的影响

羊草株高用 NAA 处理后以 100mg/L 下呈现最高值;其生物量在 NAA 20mg/L 到 NAA 100mg/L 处理下相当,均达到最大(图 8-9a)。第二次采样调查结果表明, 羊草干重以 NAA 100mg/L 处理下达到最大值(图 8-9b)。

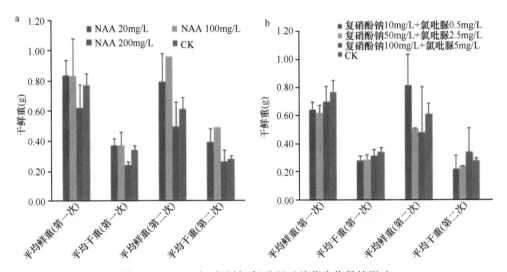

图 8-9　NAA、复硝酚钠+氯吡脲对羊草生物量的影响

(3)不同植物生长调节剂处理对草地总生物量的影响

NAA 喷施后,对群落生物量进行两次测量,结果表明:两次测量结果均以 NAA 20mg/L 处理下生物量最高(图 8-10a)。BR 对草地总生物量影响的试验结果 如下:第一次调查以 BR 2mg/L 处理生物量为最大值;第二次调查则以 BR 0.02mg/L 处理生物量为最高(图 8-10b)。不同浓度 BR 处理对草地总生物量的时 间效应有别。复硝酚钠+氯吡脲处理的结果如下:两次测量均以复硝酚钠 10mg/L+

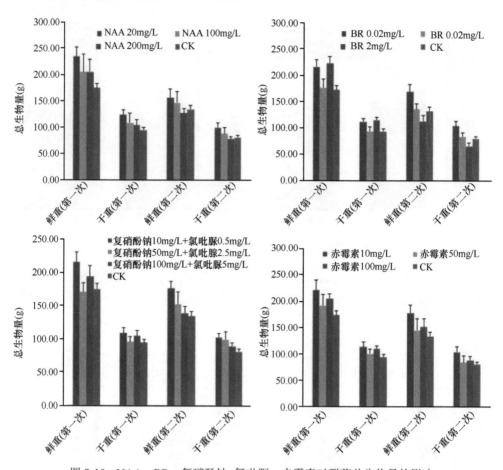

图 8-10　NAA、BR、复硝酚钠+氯吡脲、赤霉素对群落总生物量的影响

氯吡脲 0.5mg/L 处理下生物量为最大值（图 8-10c）。赤霉素处理的结果表明：两次调查均以赤霉素 10mg/L 处理下生物量为最大值（图 8-10d）。

连续两年的研究结果表明，适宜的植物生长调节剂处理可促进野外羊草、针茅等植物的生长，提高草地植物生物量。经过研究与分析，筛选出了表现较好的几个植物生长调节剂适宜浓度及处理方式的配方，为综合调控试验提供了其中两个：油菜素内酯（BR）0.2mg/L 和复硝酚钠 50mg/L+氯吡脲 2.5mg/L。

2. 植物生长调节剂与叶面营养配合对提高草原生产力的增效作用

团队于 2016～2017 年连续两年用植物生长调节剂结合叶面营养（NPK）处理，在锡林浩特退化恢复试验平台进行调控植物生长试验。采用 6 因素 4 水平正交试验设计（表 2-41、表 8-31），25 个（处理）小区×3 重复=75 小区，每小区面积 20m × 20m =400m²，保护行（隔离带）3m。试验从 6 月下旬开始，对自然条件下生长的样地植物进行不同种类和浓度的叶面营养及植物生长调节剂处理。一共处理 3 次，每次喷施后 7～10d 取样，然后进行下一次处理。同时采集样品，测定系列相关指标。

表 8-31　正交试验设计表

序号	尿素（%）	磷酸二氢钾（%）	BR（mg/L）	6-BA（mg/L）	ALA（mg/L）	复硝酚钠（mg/L）+氯吡脲（mg/L）
1	4	4	2	1	3	4
2	3	3	1	1	4	3
3	1	3	3	4	3	1
4	3	1	4	4	1	4
5	1	1	1	1	1	1
6	1	3	2	3	1	1
7	1	1	4	1	2	1
8	2	3	1	2	2	4
9	4	2	1	4	4	1
10	2	1	1	1	3	1
11	3	4	3	2	1	1
12	4	1	1	2	1	1
13	1	2	1	3	1	4
14	1	4	1	4	2	2
15	3	2	2	1	2	1
16	2	1	2	4	1	3
17	2	4	4	3	4	1
18	3	1	1	3	3	2
19	1	1	2	2	4	2
20	4	3	4	1	1	2
21	1	1	3	1	4	4
22	1	4	1	1	1	3
23	1	2	4	2	3	3
24	4	1	3	3	2	3
25	2	2	3	1	1	2

研究结果表明，叶面营养和植物生长调节剂配合处理，极大地促进了植株的生长，株高和生物量均显著增加，多项生理指标也得到改善。各农艺和生理指标呈类似趋势。

从表 2-42 中可以看出，对羊草混合喷施 3% 尿素、1% KH_2PO_4、0.2mg/L BR、5mg/L 6-BA、50mg/L ALA 及 10mg/L 复硝酚钠+0.5mg/L 氯吡脲（处理 15）促进

生长效果最佳,其株高排名第二,干鲜重均达到最大值;而对羊草混合喷施 2% 尿素、2% KH$_2$PO$_4$、0.02mg/L BR、25mg/L 6-BA 及 50mg/L ALA(处理 8)也有很好的效果,其株高排名第一,干鲜重仅次于处理 15。

从表 2-43 中可以看出,对针茅混合喷施 2%尿素、2% KH$_2$PO$_4$、0.02mg/L BR、25mg/L 6-BA 及 50mg/L ALA(处理 8)促进生长效果最佳,其干鲜重均达到最大值,株高排名第二;而对针茅混合喷施 3%尿素、1% KH$_2$PO$_4$、0.2mg/L BR、5mg/L 6-BA、50mg/L ALA 及 10mg/L 复硝酚钠+0.5mg/L 氯吡脲(处理 15),也有很好的效果,其株高排名第一,干鲜重仅次于处理 8。

退化恢复样地连续两年的试验表明,适当浓度的叶面营养和植物生长调节剂配合处理后,可显著促进植株的生长,株高和生物量均显著增加,多项生理指标也得到改善。综合分析后,提出如下配方可供进一步试验及综合试验参考:3%尿素、1% KH$_2$PO$_4$、0.2mg/L BR、5mg/L 6-BA、50mg/L ALA 及 10mg/L 复硝酚钠+0.5mg/L 氯吡脲(处理 15);2%尿素、2% KH$_2$PO$_4$、0.02mg/L BR、25mg/L 6-BA 及 50mg/L ALA(处理 8)。

第三节　土壤保育提高草原生产力的调控机理

选择退化典型草原和草甸草原,采取施用无机肥(氮肥、磷肥等)和有机肥(腐熟羊粪)及围栏封育等土壤保育措施,通过分析土壤理化及生物学性质变化情况、地上部种群变化、地上/地下生物量变化及主要植物营养品质等指标,揭示了高效调控草地生产力的机理,并筛选出适宜的土壤保育措施,形成退化草原土壤保育技术方案。

一、围栏封育对草原地上生物量、植物群落组成及土壤微生物的影响

在锡林浩特选择典型草原和草甸草原,比较了围栏封育(20 年,作为打草场)与自由放牧样地草地植物组成、土壤基础理化性质、磷素形态及丛枝菌根真菌多样性。主要结果如下。

1)在草甸草原和典型草原,围栏封育样地 7 月的地上部现存量分别达到 278g/m^2 和 185g/m^2,显著高于自由放牧样地的 45g/m^2 和 60g/m^2(表 8-32)。围栏封育使植被盖度增加,草地退化得到一定修复。但是不同草地类型的物种组成对围栏封育的响应有所不同。在草甸草原,围栏封育后物种数量达到 16 种,显著高于自由放牧样地的 10 种,而在典型草原,围栏封育样地物种数只有 5 种,低于自由放牧样地的 8 种。整体上,羊草比例在围栏封育样地显著高于自由放牧样地,而黄囊薹草在自由放牧样地显著高于围栏封育样地。

表 8-32 围栏封育对草甸草原和典型草原草地植物组成的影响

植物种类	草甸草原		典型草原	
	围栏封育比例（%）	自由放牧比例（%）	围栏封育比例（%）	自由放牧比例（%）
Cleistogenes squarrosa	46.0b	58.8a	43.6a	25.3b
Leymus chinensis	29.6a	16.8b	11.6a	7.3b
Stipa krylovii	0.4a	0.4a	36.8a	33.0a
Thalictrum aquilegifolium	12.8a	2.5b	—	—
Carex korshinskyi	1.6b	21.6a	6.4b	20.7a
Allium chrysanthum	0.4	—	0.7a	1.3a
Agropyron michnoi	12.0a	5.2b	—	2.3
Artemisia frigida	14.0a	16.4a	—	—
Achnatherum sibiricum	0.8	—	—	—
Allium ramosum	2.8	—	—	—
Melissitus ruthenica	0.4	—	—	—
Convolvulus ammannii	0.8	—	—	6.3
Potentilla tanacetifolia	3.2	—	—	—
Potentilla bifurca	1.6	—	—	—
Potentilla acaulis	2.0a	4.8 a	—	—
Salsola collina	0.4	—	—	0.7
Chenopodium glaucum	—	0.4	—	—
Taraxacum officnala	—	1.6	—	—
Plantago asiatica	—	0.4	—	—
地上部现存量（g/m²）	278a	45b	185a	60b

2）与自由放牧样地比较，围栏封育样地土壤有机质、全氮、碱解氮含量整体得到提高，速效钾含量下降，速效磷、全钾含量和 pH 水平无显著变化（表 2-44）。草甸草原土壤养分含量整体高于典型草原。说明围栏封育对土壤恢复有显著效果，特别是对有机质和氮素水平，但对磷素无大的作用。因速效磷含量普遍低于 8mg/kg，进一步对其进行了无机磷及有机磷组分的分析（图 2-126）。结果发现，羊草、克氏针茅、隐子草根际土壤水溶性磷含量和 Al-P 含量，自由放牧地高于围栏封育地；Ca_2-P 和 Ca_8-P 含量，围栏封育后有部分下降或部分不变化；而其余组分整体无显著变化。围栏封育样地磷素水平较低，说明其较高的植物产量带走了更多的速效磷素。

3）对草地植物丛枝菌根真菌（共生真菌）侵染率及真菌多样性的分析发现，几种被测植物均有一定程度的菌根真菌侵染，但各植物根系侵染的菌根真菌种类有所不同（表 8-33）。围栏封育提高了草甸草原植物根系侵染率，但对典型草原植物没有影响。进一步对根系及根际土壤菌根真菌的多样性进行了分析。试验区主要丛枝菌根真菌包括 *Glomus* sp.、*Glomus intraradices*、*Paraglomus occultum* 和 *Septoglomus viscosum*，但以 *Glomus* 属菌根真菌为主要种（图 2-127）。围栏封育样地与自由放牧样地菌根真菌种类不同，可能与样地土壤理化性质不同有关，相关分析表明，丛枝菌根真菌多样性与土壤 pH 和全氮、有机碳、全磷、Ca_{10}-P 含量及碱性磷酸酶活性呈正相关关系（表 8-34），说明草地土壤质量的改善将提高丛枝菌根真菌的多样性，有利于提高草地生态系统的生产力。

表 8-33　草地类型、围栏封育对草地植物菌根真菌侵染率的影响

植物		侵染频度（%）		侵染率（%）	
		草甸草原	典型草原	草甸草原	典型草原
羊草	UG	72.6±4.96b	64.4±1.90c	16.1±4.64b	5.32±0.78a
	CG	60.9±0.55c	80.7±1.60a	4.0±0.40c	11.0±2.81a
克氏针茅	UG	89.3±1.06a	71.4±2.09abc	26.6±1.90a	4.9±1.13a
	CG	67.5±5.01bc	76.3±1.04ab	5.9±0.39c	6.4±0.75a
糙隐子草	UG	57.4±3.01c	68.4±7.60bc	5.1±2.15c	5.2±2.17a
	CG	59.6±0.98c	79.2±0.21ab	2.3±0.68c	9.8±0.32a
	df		方差分析（F）		
草原类型（T）	1	8.77**		1.83*	
放牧管理（M）	1	0.02ns		6.73**	
植物（P）	2	8.98***		6.95**	
T×M	1	27.85***		41.54***	
T×P	2	8.21**		11.04***	
M×P	2	4.93*		4.15***	
T×P×M	2	2.44ns		1.28*	

注：*，$P<0.05$；**，$P<0.01$；***，$P<0.001$；ns，无显著性。下同

表 8-34　丛枝菌根真菌多样性与土壤理化性质的相关性分析

	多样性（H'）	GlGr	Sep
pH	0.606*	0.227	0.157
水溶性磷	0.103	0.477	−0.117
Ca_2-P	−0.207	0.016	−0.212
Ca_8-P	−0.245	0.162	−0.268
Al-P	0.025	0.368	−0.190
Fe-P	0.264	0.555	−0.717**
O-P	0.224	−0.242	0.506
Ca_{10}-P	0.642*	0.667*	−0.458
活性有机磷	0.004	0.123	−0.577*
中等活性有机磷	0.718**	0.502	−0.455
中稳性有机磷	0.571	0.697*	−0.429
高稳性有机磷	−0.248	0.173	−0.158
全氮	0.755**	0.545	−0.393
全磷	0.78**	0.604*	−0.354
总有机碳	0.731**	0.670*	−0.752**
碱性磷酸酶	0.66*	0.682*	−0.451
酸性磷酸酶	0.36	0.503	−0.535

注：丛枝菌根真菌菌群来源于图 2-127。GlGr 和 Sep 都是一种真菌属，属于丛枝菌目

二、施肥提高草地生产力的调控机理

在锡林浩特退化恢复试验平台，经过连续 5 年的施肥试验，分析了土壤基础理化性质、草地生物量及物种组成、肥料利用效率、水分利用效率及丛枝菌根真菌多样性。主要结果如下。

1. 试验区土壤存在养分供应不平衡的现状

按 0～10cm、10～20cm 采集土样，分析了土壤中的速效及全量养分、有机质、电导率、pH 等理化指标。试验区样地土壤呈碱性反应，但盐渍化程度不高。土壤速效磷含量偏低，平均值低于 4mg/kg，而碱解氮及速效钾含量达到较高水平，表现出土壤养分供应的不平衡性。表层 0～10cm 土壤养分含量整体高于 10～20cm（表 8-35）。

表 8-35　试验地施肥前土壤基础理化性质（2014 年 7 月）

	0～10cm			10～20cm		
	平均值	最小值	最大值	平均值	最小值	最大值
速效磷（mg/kg）	3.69	0.98	6.78	2.84	0.81	6.79
全磷（g/kg）	0.35	0.23	0.44	0.33	0.27	0.43
全钾（g/kg）	16.36	14.22	18.56	16.06	14.55	17.17
速效钾（mg/kg）	175.12	55.75	391.61	91.01	52.13	271.76
碱解氮（mg/kg）	78.29	61.67	96.59	61.30	42.46	75.67
全氮（g/kg）	1.25	1.07	1.55	1.08	0.91	1.23
pH	7.66	7.40	8.00	7.85	7.60	8.40
电导率（dS/m）	0.06	0.03	0.13	0.06	0.03	0.18
有机质（g/kg）	18.93	15.18	23.59	16.59	13.18	20.71

试验地土壤全钙含量为 4.17～4.24g/kg，是土壤全镁含量的 2 倍左右。有效铁、锰含量相对较高，0～10cm 土层分别达到 6.40mg/kg 和 11.95mg/kg，而有效铜、锌、硼含量分别为 1.25mg/kg、0.81mg/kg 和 0.17mg/kg（表 8-36）。

表 8-36　试验地土壤微量元素分析（2014 年 7 月）

	0～10cm	10～20cm		0～10cm	10～20cm
全钙（g/kg）	4.17	4.24	全锰（g/kg）	0.39	0.39
全镁（g/kg）	2.03	1.84	有效锰（mg/kg）	11.95	13.90
全铅（mg/kg）	12.45	16.50	有效硼（mg/kg）	0.17	0.19
全铜（mg/kg）	27.80	29.75	有效铜（mg/kg）	1.25	1.29
全锌（mg/kg）	32.40	34.30	有效锌（mg/kg）	0.81	0.68
全铁（g/kg）	18.20	19.65	有效铁（mg/kg）	6.40	4.66

2. 地上部产量的限制因子由干旱年份的水分转变为湿润年份的氮肥

对各施肥小区不同生长季的植物总产量、针茅产量、羊草产量进行了动态分析。二因素方差分析结果表明，氮肥对草地产量的显著促进作用仅表现在 2015 年 7 月和 8 月，其余测定月份施肥组与对照组无显著差异（图 8-11）。2015 年 7 月和 8 月，草地产量随施肥量的增加而增加，且 2015 年的 7 月和 8 月草地产量显著高于其他月份。这与降雨的年际差异有关。2015 年雨水充足，而 2014 年、2016 年和 2017 年干旱，限制了植物生长，从而影响了肥效的发挥。

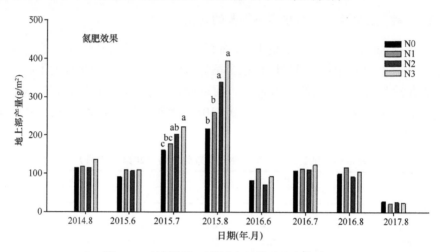

图 8-11　施用氮肥后草地产量的季节变化动态

N0 为不施肥；N1、N2、N3 分别为施肥 50kg N/hm²、100kg N/hm² 和 150kg N/hm²；不同小写字母表示同一日期不同处理间差异显著（$P<0.05$）。下同

就磷肥肥效而言，除 2016 年 8 月施肥小区草地产量高于对照之外，其余测定时间与对照均无显著差异（图 8-12）。草地产量也表现出 2015 年 7 月和 8 月高于

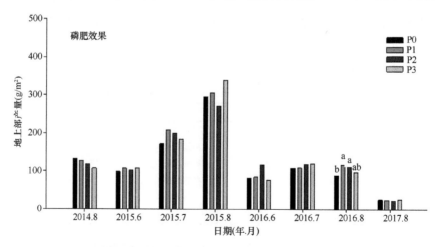

图 8-12　施用磷肥后草地产量的季节变化动态

P0，未施肥；P1，30kg P₂O₅/hm²；P2，60kg P₂O₅/hm²；P3，90kg P₂O₅/hm²。下同

其他月份。对地上部产量而言，试验区草地的限制因子，在干旱年份为水分，对增施肥料没有响应；在湿润年份，草地产量对增施氮肥有响应，对磷肥没响应。说明地上部产量的限制因子由干旱年份的水分转变为湿润年份的氮肥。

为了便于指导草地施肥，我们进一步对降雨量分布进行了分析，发现 1~6 月的降雨量可以作为评判是否干旱的依据。干旱年份：1~6 月降雨量≤150mm；湿润年份：1~6 月降雨量≥200mm。在干旱年份施肥对促进草地产量无显著作用，不建议对草地施肥。在湿润年份，100kg N/hm^2 水平下草地产量显著提高，且具有较高的植物含氮量和氮肥利用率。

3. 克氏针茅在种群中的产量比例相对稳定且对施肥没有明显响应

克氏针茅为试验区草地的优势种，其产量占总产量的 70%以上（图 8-12）。施用氮肥后针茅产量比例整体呈增加趋势，但数据变异较大，整体无显著差异。施用磷肥对针茅产量比例无显著影响（图 8-13）。

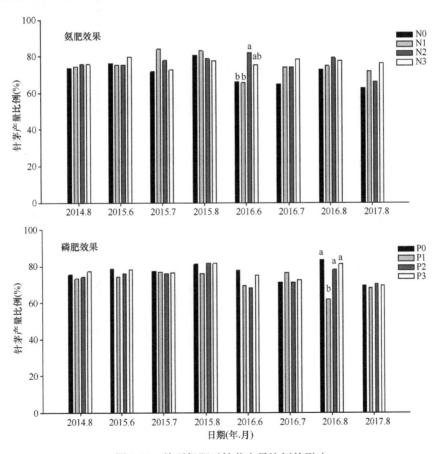

图 8-13　施无机肥对针茅产量比例的影响

4. 羊草产量比例对围封的响应大于施肥处理

在前期植物种群背景分析时，羊草产量比例较低，只有 1%左右。而经过 4 年的围栏和施肥后，羊草产量比例随着时间的推移逐渐增加，2017 年 8 月时，部分小区羊草产量比例已经超过 8%（图 8-14）。随氮肥水平的增加，整体上羊草产量比例呈下降趋势。施用磷肥对羊草产量比例的影响与氮肥不同，2017 年 8 月时，施肥处理均显著高于对照。综合分析说明，针茅对氮肥敏感，而羊草对磷肥敏感。

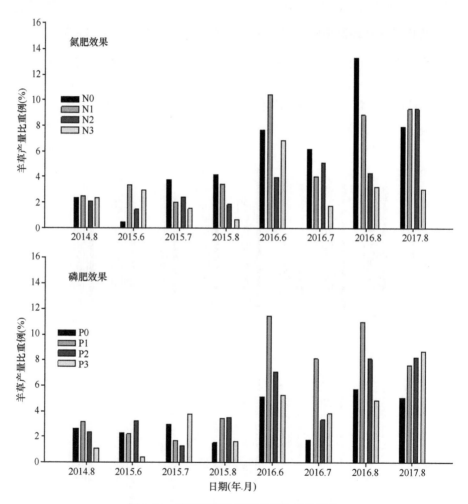

图 8-14　施无机肥对羊草产量比例的影响

5. 单施有机肥对草地产量没有促进作用

连续 4 年的施用有机肥对草地产量没有产生显著影响。有机肥小区草地产量也表现出 2015 年 7 月和 8 月高于其他年份的现象，且 2017 年产量最低（图 8-15）。这与降雨量分布有关，2015 年为湿润年份，2014 年、2016 年和 2017 年均为干旱年份，限制了植物的生长。

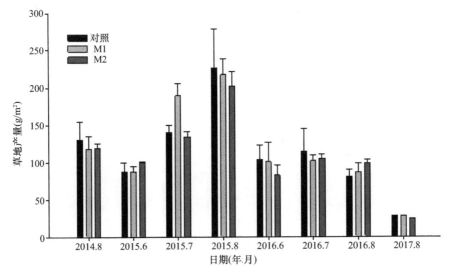

图 8-15　施有机肥对草地产量的影响

M1 和 M2 分别为 2000kg 腐熟羊粪/hm^2 和 4000kg 腐熟羊粪/hm^2。下同

6. 随施肥水平增加氮肥利用率呈下降趋势

由表 8-37 可见，在干旱年份，施用氮肥对水分利用效率没有显著影响，而在湿润年份，水分利用效率随施肥水平的增加显著提高。在 2014 年，较低氮肥施用水平就能获得较高的氮肥利用率，2015 年和 2016 年，高氮肥水平下的氮肥利用率显著低于其他两个水平。

表 8-37　施肥对氮肥利用率（NUE）和水分利用效率（WUE）的影响

磷水平	氮水平	2014 年		2015 年		2016 年	
		WUE	NUE	WUE	NUE	WUE	NUE
P0	N0	0.37±0.04a	—	0.93±0.04b	—	0.27±0.03a	—
	N1	0.41±0.02a	3.67±1.02a	0.98±0.01b	3.35±0.70a	0.27±0.00a	3.47±0.13a
	N2	0.43±0.00a	0.98±0.29b	1.19±0.10a	4.72±1.47a	0.32±0.00a	3.36±0.63a
	N3	0.44±0.00a	0.71±0.25b	1.36±0.07a	3.49±0.76a	0.32±0.02a	1.90±0.41b
P1	N0	0.37±0.04c	—	0.62±0.06b	—	0.37±0.00a	—
	N1	0.39±0.02bc	2.75±0.17a	0.83±0.06b	7.82±2.26ab	0.41±0.00a	4.84±1.86a
	N2	0.45±0.03ab	0.94±0.08b	1.28±0.07a	9.08±0.50a	0.41±0.02a	4.49±1.03a
	N3	0.48±0.01a	0.97±0.17b	1.18±0.13a	2.61±1.56b	0.38±0.04a	0.85±0.37b

注：P0、N0 为对照，不施肥；P1 为 60kg P_2O_5/hm^2；N1、N2、N3 分别为 50kg N/hm^2、100kg N/hm^2 和 150kg N/hm^2

7. 施用氮肥可提高克氏针茅植株氮含量

尽管草地产量对施用氮肥的响应依赖于年降雨量，施用氮肥后，优势植物（克氏针茅）植株氮含量整体有增加趋势（图 8-16）。例如，2014 年和 2016 年，在两个磷肥水平下，100kg N/hm² 水平显著提高了植物氮含量。2015 年，因存在产量增加引起的稀释效应，P0 水平下只有 100kg N/hm² 可显著提高克氏针茅氮含量，P1 水平下 50kg N/hm² 可显著提高克氏针茅氮含量。

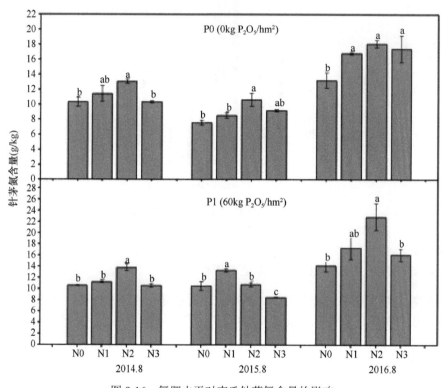

图 8-16　氮肥水平对克氏针茅氮含量的影响

8. 退化草地施肥对改善土壤肥力有一定作用

施肥试验结果表明，施用无机磷肥可提高土壤速效磷含量，施用氮肥可提高土壤碱解氮含量，特别是表层 0～10cm 变化比 10～20cm 变化较为显著。而有机肥在提高土壤速效养分方面无显著效果。短期内，施肥无法提高土壤有机质含量及全氮、全磷含量。

（1）磷素有效性分析

土壤速效磷含量变化存在施肥后快速提高、之后迅速下降的趋势，7 月（施肥后 1 个月）含量高于 6 月和 8 月（图 8-17）。年际间，速效磷含量整体表现出增加趋势。为了分析土壤磷素的供应能力及其在土壤中的转化，深入分析了施用磷肥后土壤中无机磷与有机磷组分的年度及季节变化规律。

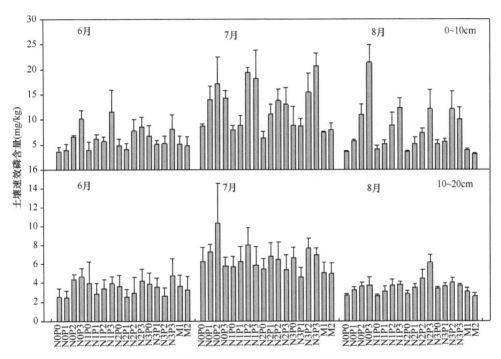

图 8-17　施肥后土壤速效磷含量的季节性变化

对无机磷组分的分析发现，施肥后无机磷各组分变化明显，如施肥后的 7 月各组分显著增加，但 8 月时有效性较高组分如 Ca_2-P、Ca_8-P、Al-P 和 Fe-P 含量下降，至第二年 6 月时，基本接近至施肥前水平（图 8-18）。而有效性较低的组分 Ca_{10}-P 和 O-P 含量在施肥后逐月增加，表现出累积趋势。随着施肥量的增加，各组分含量也在增加。由此说明，施入土壤的磷素很快被转化，有效性高的组分减少，有效性低的组分持续增加。表层 0~10cm 各组分含量显著高于 10~20cm 的含量。

施肥后，有机磷组分变化较无机磷组分小（图 8-19）。其中活性有机磷（LOP）含量在施肥后显著增加，之后显著下降；而高稳性有机磷（hROP）含量在施肥后持续增加，呈累积趋势。高稳性有机磷含量随着施肥量的增加而增加。由此说明活性有机磷很快被转化为高稳性有机磷，降低其利用率。

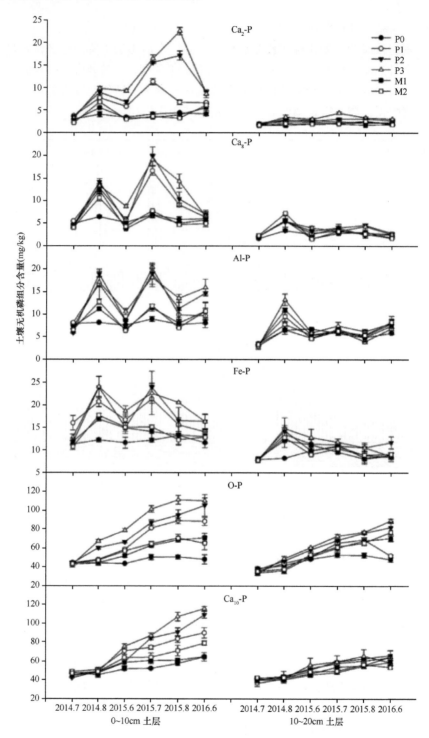

图 8-18 施肥后土壤无机磷组分的变化趋势

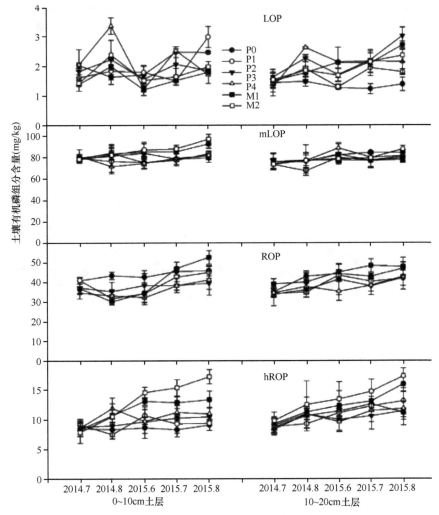

图 8-19　施肥后土壤有机磷组分的变化趋势

LOP，活性有机磷；mLOP，中等活性有机磷；mROP，中稳性有机磷；hROP，高稳性有机磷

对 2014 年 8 月磷肥及羊粪处理小区的土壤进行了磷素吸附与解析分析。结果表明，P2 施肥水平下的土壤吸磷能力最强，其次是 P0 水平，羊粪处理小区土壤吸磷能力最弱（图 8-20）。这与土壤本身的理化性质及土壤颗粒磷素的饱和度有关。因为 P0 水平下土壤颗粒磷素饱和度较低，所以吸磷量会变大。羊粪作为有机肥，其肥效具有滞后性，野外试验效果不易凸显。

对土壤磷解析量进行研究，结果发现除 P0 处理之外，其余处理磷解析量差距不明显。这是因为磷素的释放更多与土壤性质有关，该定位试验区内土壤性质基本一致，所以除 P0 之外其余处理表现基本一致。P0 处理下土壤不饱和度比较大，

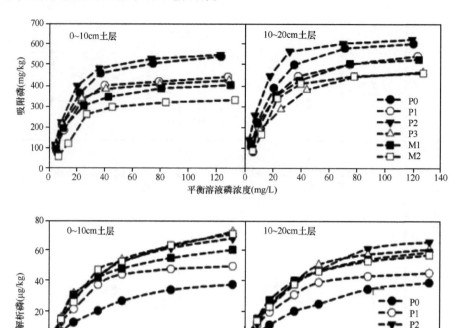

图 8-20　施肥对土壤磷素吸附与解析能力的影响

对磷元素的吸收能力较强，在外部施加磷素时更不易释放。整体上，试验区土壤磷素吸附能力极显著高于解析能力，在某种程度上解释了该土壤类型速效磷含量低的现象。

（2）施肥后土壤碱解氮含量的变化

施肥对 0～10cm 土层土壤碱解氮含量有较大影响，对 10～20cm 土层影响较小（图 8-21）。相同施肥处理下，0～10cm 土层土壤碱解氮含量明显高于 10～20cm 土层。0～10cm 土层，随氮肥施用量的增加，土壤碱解氮含量整体呈增加趋势。不同羊粪水平下，土壤碱解氮含量无显著变化。6 月和 7 月土壤碱解氮含量整体高于 8 月。

（3）施肥后土壤有机质含量整体无显著变化

尽管土壤有机质在样地间有变动，但是无规律性变化，施肥未能在短期内影响土壤有机质水平（图 8-22）。不同季节间，有机质含量也无大的变化。0～10cm 和 10～20cm 土层，有机质含量差异也不大。

（4）施肥后土壤电导率和 pH 变化

施肥后土壤电导率有较大变化（图 8-23）。7 月随氮肥施用量的增加而整体增

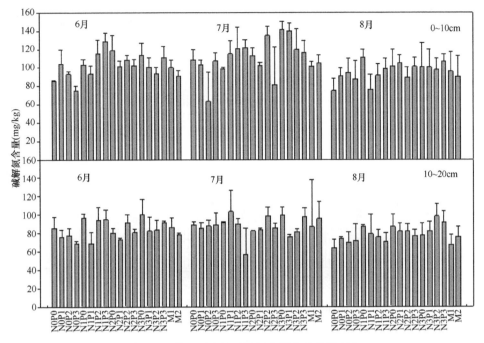

图 8-21　施肥后土壤碱解氮含量的季节性变化

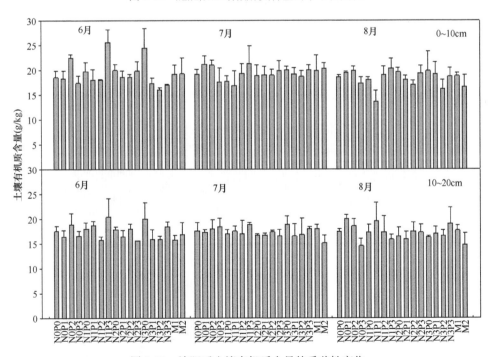

图 8-22　施肥后土壤有机质含量的季节性变化

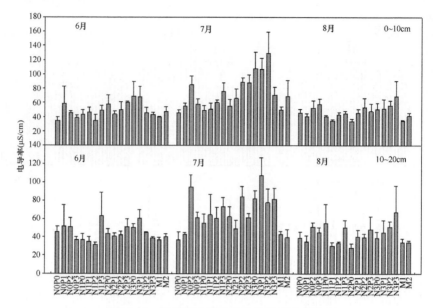

图 8-23　施肥后土壤电导率的季节性变化

加，且在同一氮肥用量下，随磷肥施用量的增加呈增加趋势。0～10cm 土壤电导率高于 10～20cm，且 7 月电导率整体高于 6 月和 8 月。由此说明随着时间的推移，通过施肥增加的部分离子被固定。

土壤 pH 水平整体无大的变化，对施肥无明显响应（图 8-24）。0～10cm 和 10～20cm 土层，土壤 pH 基本为 7.5～8.0。

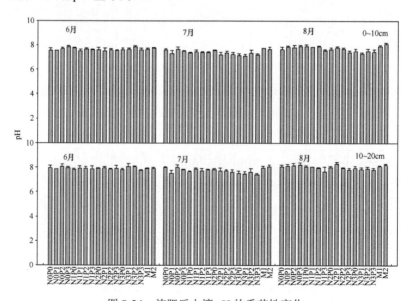

图 8-24　施肥后土壤 pH 的季节性变化

（5）施肥后土壤酶活性变化

对施肥小区 2014～2016 年的 8 月土壤酶活性进行了分析，结果表明，氮肥和磷肥对土壤脲酶活性存在显著作用（图 8-25），如在 N0 水平下，三个年份脲酶活性均表现出随施磷量的增加而提高，而在 N1 和 N2 水平下，施磷后反而抑制了酶活性，脲酶活性显著降低。不同氮肥水平下，脲酶活性无显著差异。整体上 0～10cm 土壤脲酶活性高于 10～20cm 土壤。

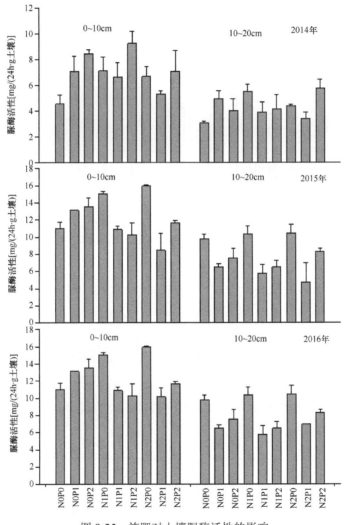

图 8-25　施肥对土壤脲酶活性的影响

土壤磷酸酶活性在不同年份及不同施肥水平下无规律性变化（图 8-26～图 8-28）。其中酸性磷酸酶活性整体高于中性磷酸酶和碱性磷酸酶活性，0～10cm 土壤磷酸酶活性高于 10～20cm 土壤。

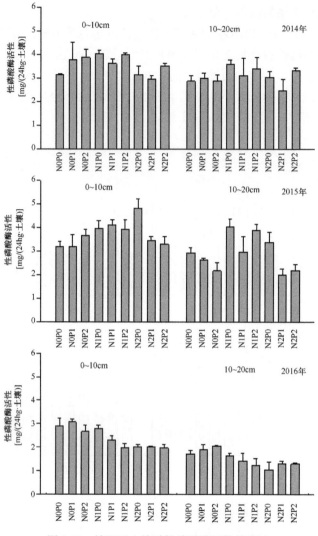

图 8-26　施肥对土壤酸性磷酸酶活性的影响

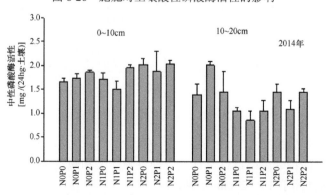

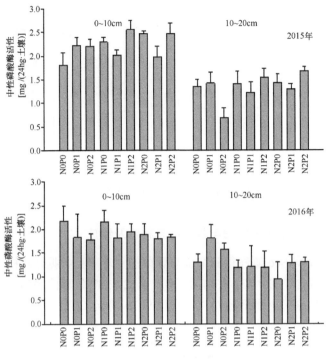

图 8-27　施肥对土壤中性磷酸酶活性的影响

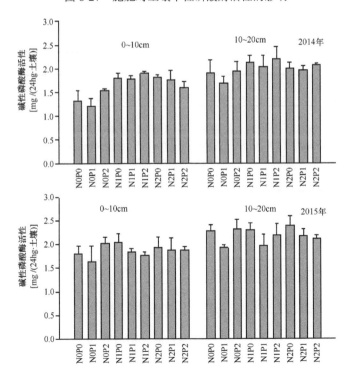

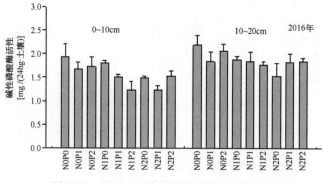

图 8-28　施肥对土壤碱性磷酸酶活性的影响

9. 施肥影响草地土壤细菌与真菌的多样性及组成

通过高通量 MiSeq 测序得到细菌与真菌的双端序列数据，对样本优化信息统计得到，土壤包含 1 120 431 条细菌序列、1 129 387 条真菌序列。对序列抽平后按 97% 的相似性聚类得到细菌 OTU 数为 3907，真菌 OTU 数为 453。细菌与真菌序列经 Beta 多样性比较得到样本距离矩阵，再进行聚类分析（图 8-29，图 8-30）。

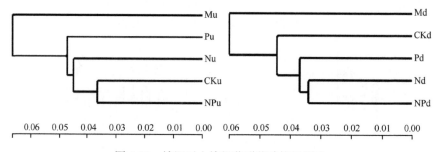

图 8-29　施肥对土壤细菌群落结构的影响

CK：空白；P：60kg P/hm²；N：100kg N/hm²；NP：60kg P/hm² 与 100kg N/hm² 混施；M，4000kg 羊粪/hm²。基于 Unifrac 加权距离进行聚类。"u" 代表 0～10cm 土壤；"d" 代表 10～20cm 土壤。下同

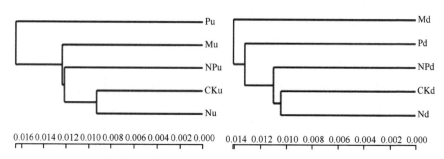

图 8-30　施肥对土壤真菌群落结构的影响

结果显示，0～10cm 和 10～20cm 有机肥处理的细菌群落与其他处理明显分为两组；0～10cm 磷肥处理的真菌群落聚为一组，其他处理聚为一组，而 10～20cm 有机肥处理的真菌群落结构聚为一组，其他处理聚为一组。另外，不同处理间细菌群落差异大于真菌群落。整体上，施磷肥、有机肥使细菌与真菌的群落结构发生显著变化。

在门水平上，施肥对部分土壤细菌与真菌的组成及丰度产生了显著影响，尤其是施用有机肥（图 8-31、图 8-32）。所有处理的细菌门水平的优势组成是

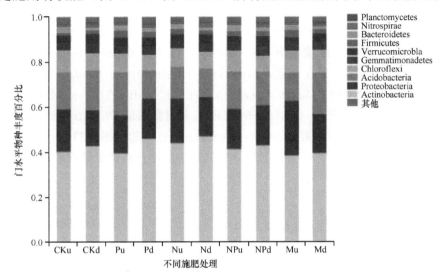

图 8-31　细菌丰度大于 1%的门水平物种组成

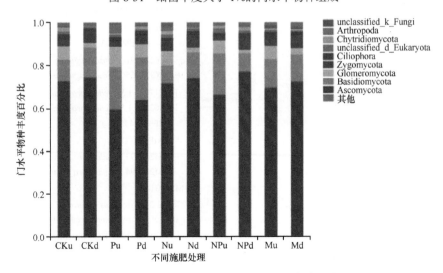

图 8-32　真菌丰度大于 1%的门水平物种组成

unclaassified 表示未分类的

Actinobacteria、Proteobacteria、Acidobacteria 和 Chloroflexi，占细菌总量的 84.63%；真菌优势组成是 Ascomycota（71.26%）和 Basidiomycota（13.50%），占真菌总量的 84.76%。0～10cm，施用有机肥减少了土壤中细菌 Nitrospirae（1.11%）的丰度，显著增加了细菌 Proteobacteria（19.54%）及真菌 Ciliophora（1.83%）的丰度。

10. 丛枝菌根真菌对磷肥的响应存在明显种间差异

采用 RDP Classifier 贝叶斯算法对 97%相似水平的 OTU 代表序列进行分类学分析，通过与真菌数据库 UNITE（置信度阈值 0.7）比对得到每个 OTU 对应的物种分类信息，获得 7 个丛枝菌根真菌（AMF）序列。之后利用 GenBank 数据库得到各自登录号进行亲缘聚类分析。其中，序列 MF 693140 与隐形球囊霉属 *Paraglomus occultum* 聚在一起，MF693141 与 *Ambispora fennica* 聚在一起，MF693144 与盾巨孢囊霉 *Scutellospora* sp.聚在一起，MF693143 和 MF693138 与 *Rhizophagus* species 聚在一起，MF693139 与多孢囊霉菌 *Diversispora* sp.聚在一起，而 MF693142 与球囊霉 *Claroideoglomus* sp.聚在一起（图 8-33）。对 7 条序列在不同样本的丰度进行方差分析发现，MF693138 序列在磷肥处理中丰度最高，且显著高于其他处理，而其他序列丰度在不同施肥处理间均无显著差异（图 8-34）。

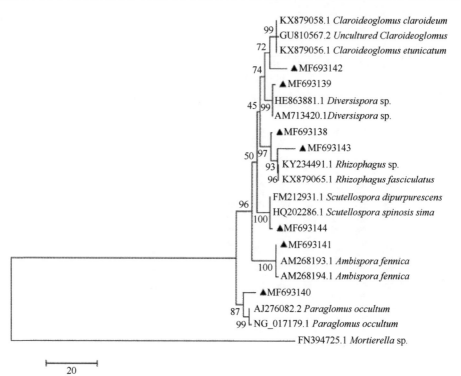

图 8-33　试验区土壤获得的 AMF 序列的亲缘关系分析

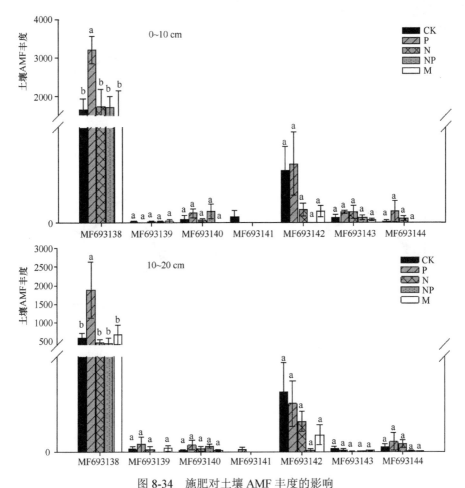

图 8-34　施肥对土壤 AMF 丰度的影响

CK，对照；P，60kg P/hm²；N，100kg N/hm²；NP，60kg P/hm² + 100kg N/hm²；M，4000kg 腐熟羊粪/hm²

11. 草地植物喷施微肥可以促进地上部生长

采集锡林浩特退化典型草原土壤，在盆栽条件下，通过设置不同硼、铜和锌水平，分析了克氏针茅生长发育状况。结果表明，硼元素在典型草原中对克氏针茅的生长具有显著的影响作用（图 8-35）。随着硼浓度的增加，地上生物量表现出先增后减的趋势。株高和根冠比也表现出先增后减再增的趋势。与对照相比，B1、B2 和 B3 处理地上生物量分别增加 50%、52% 和 48%。

铜元素对克氏针茅的生物量也有显著的作用（图 8-36）。随着铜浓度的增加，克氏针茅地上/地下生物量、株高和根冠比整体呈现出先增后减的变化趋势。低浓度 Cu 水平时，各指标均达到最大值。与对照相比，Cu1、Cu2 和 Cu3 处理地上生物量分别增加 65%、58% 和 62%。

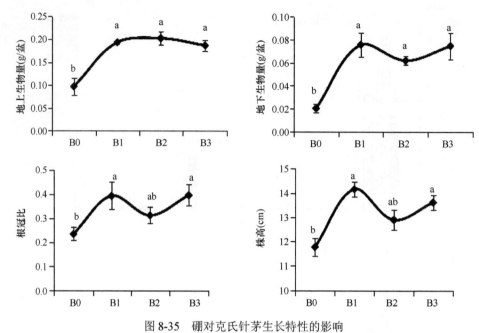

图 8-35　硼对克氏针茅生长特性的影响

B0、B1、B2、B3 分别为 0kg 硼砂/hm²、8kg 硼砂/hm²、1kg 硼砂/hm² 和 24kg 硼砂/hm²

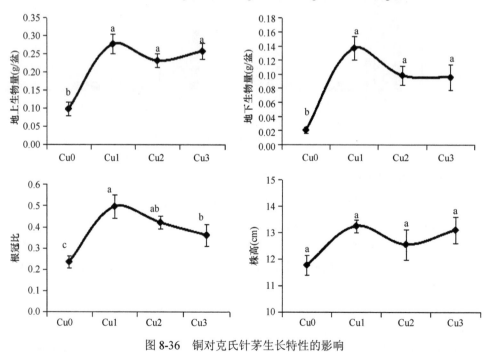

图 8-36　铜对克氏针茅生长特性的影响

Cu0、Cu1、Cu2 和 Cu3 分别为 0kg CuSO₄/hm²、6kg CuSO₄/hm²、12kg CuSO₄/hm² 和 18kg CuSO₄/hm²

随着锌浓度的增加，克氏针茅的地上/地下生物量、株高和根冠比整体呈现出先增后减的变化趋势（图 8-37）。在 Zn2 浓度条件下，地上生物量、地下生物量和根冠比均达到最高值。与对照相比，Zn1、Zn2 和 Zn3 处理地上生物量分别增加54%、56%和 46%。

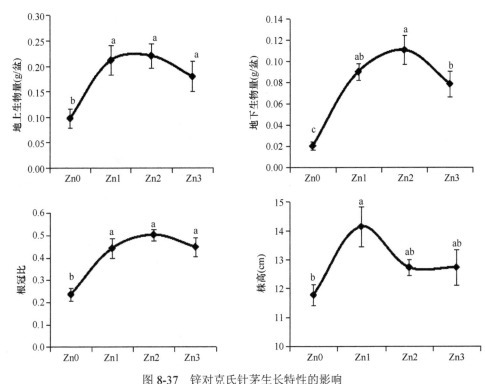

图 8-37　锌对克氏针茅生长特性的影响

Zn0、Zn1、Zn2、Zn3 分别为 0kg ZnSO$_4$/hm^2、8kg ZnSO$_4$/hm^2、16kg ZnSO$_4$/hm^2 和 24kg ZnSO$_4$/hm^2

第四节　调控技术组合对提高草原生产力的组合效应

围绕课题研究任务，团队于 2015～2017 年在锡林浩特典型草原，开展了放牧优化、土壤保育和植物调节等调控技术优化组合的综合调控试验研究，通过对植被（群落盖度、物种组成、物种高度、物种密度、物种生物量、生产力与枯落物等系列指标）及土壤理化性质的调查，揭示不同调控措施在植被恢复中发挥的作用效果及耦合机制，优选出试验区有效的综合调控措施，形成退化草原快速恢复技术方案。

综合调控试验处理分两个阶段完成，第一个阶段在生长季初期（6 月）完成植物调节和土壤保育两种措施组合试验的布置，在没有刈割干扰下快速恢复草原生产力；第二阶段在布置完试验的 30d 后实施刈割，留茬高度参照适度放牧群落的调查高度，此后在生长季旺期的 8 月完成试验的调查取样工作。

一、综合调控措施对植被群落的影响

通过对三年的植被调查数据分析（图 8-38），结果发现在 2015 年表现出各项调控措施的植被群落盖度均高于对照，超出对照 11.8%～14.7%，在 2016 年各项处理措施下的群落盖度与对照几乎持平，在 2017 年调控恢复措施的植被群落盖度低于对照。

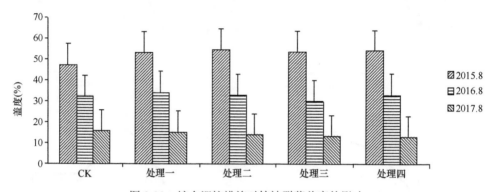

图 8-38　综合调控措施对植被群落盖度的影响

CK，对照；处理一，100kg N/hm²+60kg P₂O₅/hm²+0.2mg/L BR+留茬 8cm；处理二，100kg N/hm²+60kg P₂O₅/hm²+50mg/L 复硝酚钠+2.5mg/L 氯吡脲+留茬 10cm；处理三，150kg N/hm²+90kg P₂O₅/hm²+0.2mg/L BR+留茬 10cm；处理四，150kg N/hm²+90kg P₂O₅/hm²+50mg/L 复硝酚钠+2.5mg/L 氯吡脲+留茬 8cm。同年间不同字母表示处理间差异显著（$P<0.05$）。下同

在群落高度方面（图 8-39），在 2015 年和 2017 年各项调控措施的群落高度均低于对照，而在 2016 年各项处理措施下的群落高度高于对照，但差异不显著。

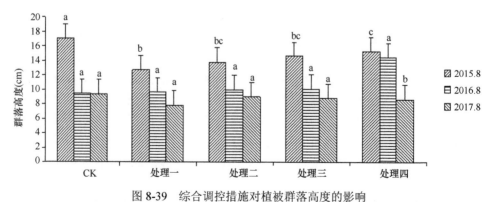

图 8-39　综合调控措施对植被群落高度的影响

在群落密度方面（图 8-40），在 2015 年表现出各项调控措施的群落密度均高

于对照,而在 2016 年和 2017 年各项处理措施下只有处理一的群落密度高于对照,其余处理水平均低于对照。

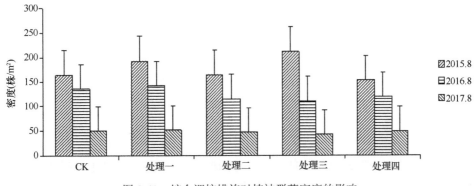

图 8-40　综合调控措施对植被群落密度的影响

在 2015 年,各项综合调控措施提高了植被群落的盖度和密度,但是在高度上低于对照,主要原因在于割草模拟放牧。在 2016 年,植被群落的盖度和高度大于对照。在 2017 年,各项调控措施仅有处理一产生积极效果,在盖度和密度方面与对照相比有改善,其他处理及指标均未达到理想效果。

对比群落鲜重数据（图 8-41）,2015 年与 2017 年各处理水平的群落鲜重均低于对照,但在 2016 年,处理一、二和四高于对照,各处理水平的群落鲜重平均高出对照 16%。

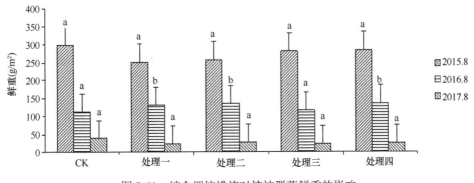

图 8-41　综合调控措施对植被群落鲜重的影响

对于植被群落的枯落物（图 8-42）,在 2015 年,只有处理一和处理二的枯落物量高于对照,在 2016 年各项处理措施全部高于对照,2017 年对照的枯落物量为最大。

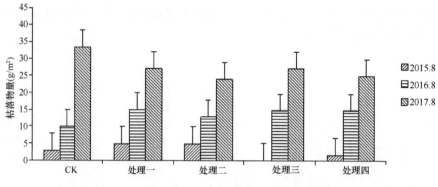

图 8-42　综合调控措施对植被群落枯落物的影响

在采用割草模拟放牧后，2015～2017 年的群落地上现存量均低于对照（图 8-43），处理一在 2015 年和 2017 年与对照差异显著。

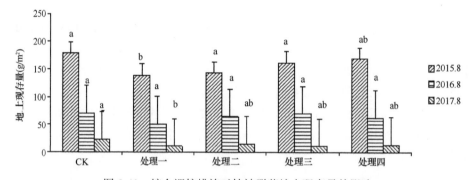

图 8-43　综合调控措施对植被群落地上现存量的影响

在对植被群落鲜重和干重数据对比中发现，各项综合调控措施的群落鲜重和干重均小于对照，原因在于割草模拟放牧大量移走了地上植物体。因此，为真实反映调控效果，将移走的地上现存量加入到植被调查数据中的地上现存量，得到总地上现存量，通过对总地上现存量分析（图 8-44），2015 年，各项调控措施的

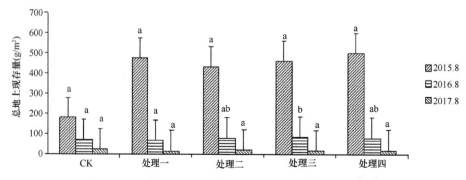

图 8-44　综合调控措施对植被群落总地上现存量的影响

总地上现存量均大于对照，平均超出对照 161%。在 2016 年，处理三和处理四的总地上现存量大于对照，处理一和处理二的总地上现存量出现分化并小于对照。2017 年，各处理措施下的总地上现存量全部小于对照。

在 2015 年，各项综合调控措施下物种数高于对照，在 2016 年和 2017 年物种数又变为低于对照（图 8-45）。

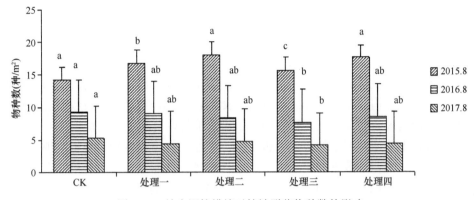

图 8-45　综合调控措施对植被群落物种数的影响

综上所述，在 2015 年，由于降水充沛，各项综合调控措施提高了植被群落的盖度、密度、物种数及总地上现存量，调控措施不仅可以提高草原生产力，而且可以增加物种多样性。在 2016 年，气候相对干旱，各项调控措施下的植被群落的盖度、高度、鲜重、枯落物量大于对照。2017 年，气候非常干旱，仅有处理一在盖度和密度方面与对照相比有改善，可产生积极效果，其他处理及指标均未达到预期效果。

二、综合调控措施对草原优势种、建群种的影响

对群落优势植物羊草和克氏针茅的分析发现（表 2-45 和表 2-46），各处理之间调控效果差异不显著。从对羊草的作用效果来看，处理三对其高度、株数及地上现存量的作用效果最佳；对于克氏针茅而言，处理三对其高度恢复效果最好，而处理四对克氏针茅的株丛数及地上现存量有影响效果。

在对羊草及克氏针茅的正交试验分析中发现，植物调节的作用效果最明显，排序为第一，而土壤保育和放牧优化措施对克氏针茅与羊草的影响作用不尽相同，土壤保育对羊草各项指标的作用效果大于放牧优化，而放牧优化在对克氏针茅的影响方面优于土壤保育。综合比较起来，N3P3+0.2mg/L BR+次优放牧的综合调控组合对羊草的作用效果最优；N2P2（100kg N/hm^2+60kg P$_2$O$_5$/hm^2）+50mg/L 复硝酚钠+2.5mg/L 氯吡脲+次优放牧的综合调控组合对克氏针茅的作用效果最优。

三、调控措施优选组合研究

通过对试验调查数据的正交试验结果分析，根据各因素不同水平所对应指标结果的平均值（k）的大小可以确定各因素的最佳配比。植被调查指标包含群落盖度、物种组成、物种高度、物种密度、物种生物量、生产力及枯落物等系列指标（表 2-47）。分析结果如下。

数据的极差分析结果显示，群落的盖度和高度受植物调节影响明显，同时两者分别受植物最优和次优调控方案的影响，放牧优化是影响群落密度、鲜重、生物量的主要因素，土壤保育对枯落物量的影响效果最显著。

考虑到割草模拟放牧转移了部分群落生物量，因此将转移走的鲜重与干重加入到调查数据中构成总鲜重和总干重。由表 2-48 看出，割草模拟放牧对总干重和总鲜重的影响最为明显，次要影响因子依次为植物调节和土壤保育。

综合以上各调查要素的极差分析结果，进行汇总（表 2-49）分析发现，割草模拟放牧是影响调查数据的第一因素，其中 $k2$ 水平为最优，其次是植物调节作用效果明显，其中 $k2$ 水平最明显，土壤保育对调查数据的影响作用位于第三，相对有效的调控措施是 $k2$。通过综合调控各项措施对植被群落的影响调查，结果显示，群落的盖度和高度受植物调节的影响明显，同时两者分别受植物最优和次优调控方案的影响，放牧优化是影响群落密度、鲜重、生物量的主要因素，土壤保育对枯落物量的影响效果最显著。综上所述，目前数据结果显示，综合调控最佳调控措施为（N3P3）150kg N/hm^2+90kg P_2O_5/hm^2+0.2mg/L BR+刈割 8cm。

四、综合调控措施对土壤养分的影响

综合调控措施促进了草原土壤碳的积累（图 8-46），与对照相比，土壤全碳含量增加 5%，仅有处理一和处理二表层的土壤全碳含量小于对照，其他层土壤全碳含量均高于对照。

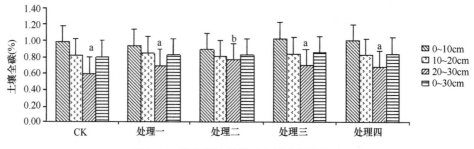

图 8-46　综合调控措施对土壤全碳的影响

相同土壤深度间不同字母表示处理间差异显著（$P<0.05$），下同

综合调控措施下土壤全氮含量的变化特征与全碳含量相似（图 8-47），除处理一和处理二表层的土壤外，其他层土壤全氮含量均高于对照，特别是处理三的 0～10cm 和 20～30cm 两层显著高于对照。

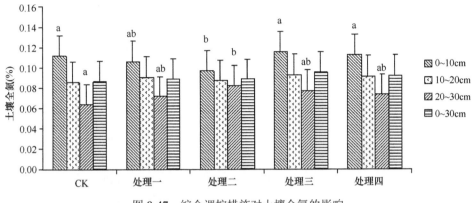

图 8-47　综合调控措施对土壤全氮的影响

在土壤全磷含量变化方面（图 8-48），各项处理均有效提高了土壤的全磷含量 15%，特别是处理三和处理四，土壤全磷含量与对照相比显著提升近 20%，有效地增加了土壤的磷素积累。

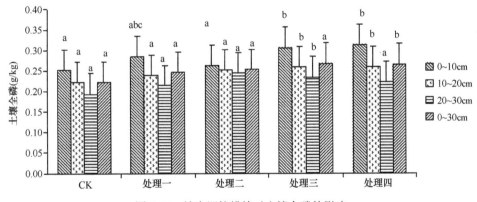

图 8-48　综合调控措施对土壤全磷的影响

调控措施不同程度地降低了土壤的 pH（图 8-49），尤其是处理三与对照差别最显著，通过综合调控措施的实施，土壤 pH 趋于中性，利于土壤肥力的积累和土壤结构的改善。

综合调控措施有效增加了土壤的速效磷含量（图 8-50），与对照相比，平均增加 101%。特别是土壤 0～10cm 增加最显著。土壤速效磷含量增加，提高了土壤的供磷水平。

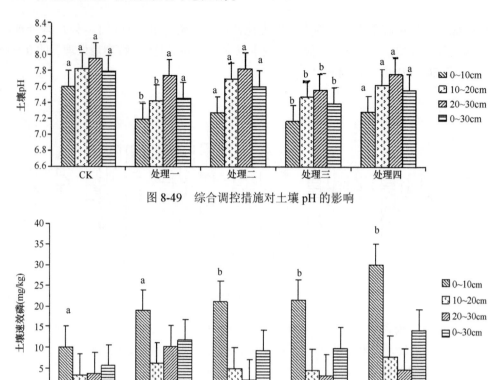

图 8-49　综合调控措施对土壤 pH 的影响

图 8-50　综合调控措施对土壤速效磷的影响

在土壤氨态氮方面（图 8-51），综合调控措施显著提升了土壤的铵态氮水平，尤其是 0~10cm 的土壤铵态氮含量增加最明显，与对照相比，平均增加了 3 倍之多。随着土壤深度的增加，与对照相比土壤铵态氮含量增加相对变缓。

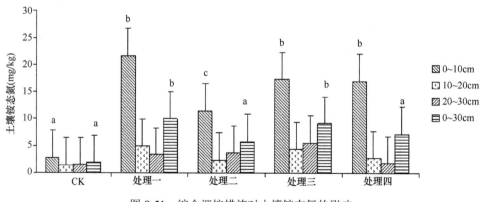

图 8-51　综合调控措施对土壤铵态氮的影响

土壤硝态氮的变化相对复杂（图 8-52），土壤 0~10cm 的硝态氮含量显著增加，随着土壤深度的逐渐增加，处理三与对照相比达到显著增加。

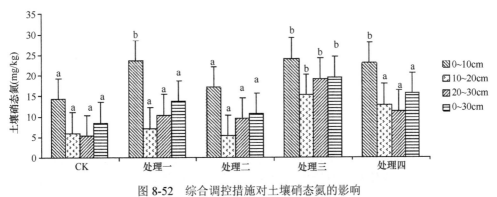

图 8-52　综合调控措施对土壤硝态氮的影响

第五节　提高草原生产力的均衡调控技术验证

在荒漠草原（苏尼特右旗）、典型草原（锡林浩特）、草甸草原（海拉尔）的代表性草原类型区域，开展了提高退化草原生产力的综合调控应用试验，重点在中度退化草原实施了放牧优化+植物调节+土壤保育的均衡调控技术的集成示范试验研究工作，对项目研究的草原恢复理论与综合调控技术进行验证和完善。

荒漠草原区的示范试验调查结果如表 2-50 所示，在示范区由于牲畜持续采食（放牧时间 5～10 月），植被群落盖度、高度、密度、地上生物量都呈现减少趋势，特别是后三项呈显著性减少，在围封对照区，植被群落盖度、高度、地上生物量在 9 月最大、10 月最小。同期比较，在 7 月时，示范区与围封区在群落盖度、高度、密度及地上生物量等指标上相差不多，但是在进入到 9 月后，示范区植被群落的各项指标开始逐渐小于围封对照区，到 10 月时，两个试验区指标的差值达到最大，示范区植被群落盖度、高度、密度、地上生物量与其 7 月的调查数据相比减少了 3～6 倍之多。10 月示范试验区在群落高度及盖度上显著小于围封对照区，数据表明虽然采取了恢复措施，但是放牧区还是无法达到围封对照区的效果，因此，如果要兼顾放牧经济效益与草场生态效益，在进入 10 月期间就应该尽早地将牲畜从草场移出。实施综合调控措施所产生的效果与围封对照区相比并没有显现出来，主要是因为放牧作用掩盖了调控的作用。

示范区采用的优化放牧梯度为 30 亩草场放 1 只标准羊，示范区面积 480 亩，放 16 只标准羊。如图 2-128 所示，自 5 月放牧开始至 10 月结束，平均每只羊增重 7.24kg，增重了 17%，日增重 40.22g/只，增重最大值是在 9 月，增重 7.68kg/只，此时适宜牲畜出栏，因为进入到 10 月时，牲畜体重开始下降。

在荒漠草原区不仅开展了示范区和围封对照区的研究工作，同时进行了施肥+

激素、施肥+喷水、喷水、施肥等调控试验研究。如图 2-129 所示，群落盖度在 8 月及 9 月出现分异，施肥+喷水及喷水处理下其植被盖度明显大于对照，施肥和喷水效果明显，表明水分添加可以增加植被群落盖度。在群落高度方面，施肥具有长期效应，在前一年处理后，第二年群落高度一直高于其他处理及对照；放牧+施肥+激素处理中，群落高度明显低于其他处理及对照，说明放牧采食作用要大于施肥+激素处理的调节效果；各项处理实施后的短期效应明显，均可提高群落的高度。在株丛数方面，综合措施特别是放牧作用使得群落株丛数下降明显；施肥+激素处理株丛数在 7 月达到最大，之后减少明显；9 月时，各处理均高于对照。在地上生物量方面，生长季初期对照均高于其他处理，从 7 月开始，大部分处理逐渐高于对照；在实施恢复措施后的 8 月，综合调控处理的地上生物量出现最大值，到 9 月，综合调控数值剧减，原因可能是干旱导致处理措施没有持续发挥效果，再叠加上放牧采食行为导致生物量下降；8 月亦是多项处理效果的拐点，处理间的效果出现分化，施肥处理的地上生物量开始下降并低于对照，而施肥+激素、施肥+喷水均高于对照。通过以上数据分析可以发现，恢复措施的短期效应明显，其长期效应的发挥取决于当年的降水盈亏情况（表 2-51）。

在典型草原，示范区与围封对照区差异不明显。植被调查数据显示，在实施处理前（7 月）示范区的群落盖度、密度略高于围封对照区，但是群落高度及地上生物量显著低于围封对照区。在实施综合调控处理后的 8 月，示范区植被群落的各项指标均低于围封对照区，但是差异不显著。在围封对照区，8 月植被调查多项数据反而低于 7 月，特别是在群落盖度、高度及地上生物量方面，分别减少了 2%、31%和 55%，说明 2017 年异常干旱不仅对示范区植被产生负面影响，同时对围封对照区植被群落也产生了消极作用。

植物群落鲜重方面的数据结果显示，示范区 7 月植物鲜重为 47.2g/m²，8 月鲜重增加到 51.43g/m²，围封对照区 7 月植物鲜重为 82.26g/m²，8 月鲜重减少到 32.07g/m²。对于群落鲜重而言，围封对照区鲜重出现显著性减少，但是在示范区 8 月群落鲜重略有所增加，同期横向比较，7 月时围封对照区与示范区植物鲜重差异显著，但是在 8 月的时候两者之间的差异变成不显著，说明恢复措施在干旱年份对提高鲜草产量能发挥积极效果。

草甸草原示范试验的植被调查结果显示（表 2-52），示范区从 6 月到 9 月期间，植被群落高度呈现增加趋势，而枯落物量逐渐减少，地上生物量只有在 7 月时有所下降，9 月与 6 月相差不多，而在围封对照区，群落高度、密度、枯落物量及地上生物量从 6 月开始到 9 月结束，基本呈现增加的趋势，反映出当年围封的效果比较明显。

示范区采用的优化放牧梯度为 150 亩草场放 8 头育成牛。如图 2-130 所示，自 6 月放牧开始至 9 月底结束，平均每只牛增重 189.13kg，增重了 63%，日增重

1.58kg/头。实施调控措施后，与围封对照相比，退化草场得到一定恢复，牲畜（牛）增重明显，接下来将围绕调控措施的投入/产出情况进一步开展分析研究。

第六节　结论和展望

通过联合攻关研究，本课题取得了如下重要研究进展。

1）提出了多种可有效提高羊草和针茅发芽率、增强种子活力、促进幼苗生长的技术方案，揭示了羊草、针茅种子发芽率低的原因。羊草种子用 300mg/L 赤霉素处理 24h 与 2% KNO_3 处理 48h，发芽率达到 54%，发芽指数、发芽势、活力指数比对照分别增加 80%、93% 和 104%。克氏针茅种子用 30% 过氧化氢处理 20min 与 300mg/L 赤霉素处理 48h 效果较好，与对照相比，发芽率分别增加 8 倍和 9 倍，发芽指数分别增加 15 倍和 13 倍，活力指数分别增加 21 倍和 25 倍。研究表明，羊草种子发芽率低可能是抑制剂与种皮限制双重作用的结果，克氏针茅种子发芽率低的原因可能是种皮的限制。

2）提出了植物生长调节剂促进羊草、克氏针茅等植物的生长、提高草地植物生物量的调控方案。油菜素内酯（BR）处理能缓解羊草因机械损伤（刈割）带来的伤害，0.01mg/L 的油菜素内酯处理效果最好。油菜素内酯（BR）可不同程度地减轻干旱对羊草的胁迫伤害。其提高羊草产量和抗旱性的效应与其减少膜脂过氧化产物丙二醛含量，增加脯氨酸、可溶性蛋白、可溶性糖等渗透调节物质含量，提高光合效率，调节叶绿素荧光参数，促进抗氧化酶活性密切相关。在本试验条件下 0.10mg/L 的 BR 处理对羊草幼苗的效应最好。氨基乙酰丙酸（ALA）可有效提高羊草产量和增强抗旱性的效应与其减少膜脂过氧化产物丙二醛含量，增加脯氨酸、可溶性蛋白、可溶性糖等渗透调节物质含量，提高光合效率，调节叶绿素荧光参数，促进抗氧化酶活性密切相关。50.0mg/L 的 ALA 处理对羊草的效应最好。ALA 与氮磷钾营养配合施用，对干旱胁迫下促进羊草生长有增效作用。转录组分析显示，羊草在干旱胁迫下所发生的众多生理指标的变化以及植物生长调节剂 ALA 提高羊草抗旱性的效应与其转录组水平的基因表达改变有极大的关联。采取植物生长调节剂（BR 或 ALA）与氮磷钾营养液进行组合处理，可进一步增强干旱胁迫下调控羊草生长的效果。

3）提出采用施肥加围栏的保育措施，在湿润年份，施用 100kg N/hm^2 即可取得良好的增产效果，增产幅度达到 56%。土壤保育措施可有效提高土壤质量，改善土壤微生物种群结构，降低银灰旋花的比例，但以克氏针茅为优势种的典型草原植被种群结构在短期内无法改变。

研究表明，长期围栏封育可通过提高土壤有机质、全氮、全磷和碱解氮含量，增加共生真菌——丛枝菌根真菌的多样性，提高植物地上部生物量，改变植物物种组成。但是围栏封育不能提高土壤速效磷含量，使得土壤速效磷含量偏低（不足 8mg/kg）的退化草原处于低磷胁迫环境，阻碍了草地生产力的进一步提升。因此，单纯进行围栏封育不能从根本上改善退化草地的修复。

连续 4 年施肥后，土壤速效养分含量如碱解氮和速效磷含量等有增加趋势，但土壤总有机碳、全氮、全磷含量尚无显著变化。试验区土壤磷素吸附能力极显著高于解析能力，使得土壤速效磷素组分含量在施肥 2 个月后快速下降，至第二年 6 月时基本降至施肥前水平，而缓效磷组分含量整体增加。对天然草原添加无机肥或有机肥，土壤微生物种群发生改变，但短期内无法改变草地植物种群组成。施用氮肥在不同年份均有增加植物含氮量的趋势，说明施肥可以提高草地植物饲用价值。退化典型草原区水分为限制植物生产力的主要因素，干旱年份施肥对草地产量没有效果，不建议施肥；而湿润年份 100kg N/hm^2 即可取得良好的增产效果。基于对年度降雨量分布及草地产量变化的分析，将 1~6 月降雨量≤150mm 的年份认定为干旱年份，1~6 月降雨量≥200mm 的年份认定为湿润年份。

4）开展了对放牧优化、土壤保育和植物调节 3 个单因素调控措施进行优化组合的研究，这三个因素与围封和放牧区相比效果明显，可以达到兼顾放牧的经济效益和草场的生态效益的效果，为我国退化草原恢复研究与实践提供借鉴。

通过在锡林浩特典型草原开展综合调控研究，结果表明，草原恢复受到多方面因素的影响，不仅包括人工调控措施的影响，更受到自然环境因子的影响，其中水分因子是起到关键性作用的。在正常年份，综合调控措施可实现有效恢复草原的目的，各项综合调控措施与围封相比平均可以提高生产力 161%，植物群落盖度、密度方面平均增加 14% 和 10%，物种数增加 20%。但在干旱年份，综合调控措施受水分限制而发挥效果不明显。优选提高草原生产力的组合调控模式为 150kg N/hm^2+90kg P$_2$O$_5$/hm^2+0.2mg/L BR+1 羊单位/2.5 亩。在综合调控的作用下，土壤的碳、氮、磷素含量得到有效提升，特别是速效养分含量增加幅度明显，为植物群落快速恢复生长提供了充足的养分。

以干旱、半干旱区不同类型的退化草原为研究对象，将传统意义上的放牧优化、土壤保育和植物调节 3 个单因素调控措施进行优化组合，充分发挥家畜对草原生态系统的维持功能，结合草原保育措施快速稳定提高草原生产力，以期实现退化草原的快速恢复和可持续利用。试验研究中，水分是草原地区的第一限制因子，调控措施能否发挥作用和水分条件有很大关系。在正常年份，综合调控措施可实现有效恢复草原的目的，各项综合调控措施与围封相比平均可以提高生产力 161%，使植物群落盖度、密度、物种数方面均能有效改善。但在干旱年份，综合调控措施受水分限制而发挥效果不明显。不同草原研究区域实施综合调控技术方案后，在平水年调控措施可以发挥提高草原生产力的积极效果，可以达到兼顾放牧的经济效益和草场的生态效益的效果。

参 考 文 献

安渊, 李博, 杨持, 等. 2000. 内蒙古大针茅草原植物生产力及其可持续利用研究III-植物补偿性生长研究. 内蒙古大学学报(自然科学版), 31(6): 608-612.

白永飞, 赵玉金, 王扬, 等. 2020. 中国北方草地生态系统服务评估和功能区划助力生态安全屏障建设. 中国科学院院刊, 35(6): 675-689.

鲍芳, 周广胜. 2010. 中国草原土壤呼吸作用研究进展. 植物生态学报, 34(6): 713-726.

边多, 李春, 杨秀海, 等. 2008. 藏西北高寒牧区草地退化现状与机理分析. 自然资源学报, 23(2): 254-262.

陈海军, 王明玖, 韩国栋. 2008. 不同强度放牧对贝加尔针茅草原土壤微生物和土壤呼吸的影响. 干旱区资源与环境, 22(4): 165-169.

陈卫民, 罗有仓, 武芳梅, 等. 2007. 不同放牧季节与放牧方式对长芒草型干草原植被恢复的影响. 宁夏大学学报(自然科学版), 28(3): 260-263.

陈晓亚, 薛红卫. 2012. 植物生理与分子生物学. 北京: 高等教育出版社.

陈佐忠, 汪诗平, 王艳芬. 2003. 内蒙古典型草原生态系统定位研究最新进展. 植物学通报, 20(4): 423-429.

崔庆虎, 蒋志刚, 刘季科, 等. 2007. 青藏高原草地退化原因述评. 草业科学, 24(5): 20-26.

道日娜, 宋彦涛, 乌云娜, 等. 2016. 克氏针茅草原植物叶片性状对放牧强度的响应. 应用生态学报, 27(7): 2231-2238.

樊江文, 钟华平, 陈立波, 等. 2007. 我国北方干旱和半干旱区草地退化的若干科学问题. 中国草地学报, 29(5): 95-101.

高英志, 韩兴国, 汪诗平. 2004. 放牧对草原土壤的影响. 生态学报, 24(4): 790-797.

关义新, 林葆, 凌碧莹. 2000. 光氮互作对玉米叶片光合色素及其荧光特性与能量转换的影响. 植物营养与肥料学报, 6(2): 152-158.

郭爱霞, 石晓昀, 王延秀, 等. 2019. 干旱胁迫对3种苹果砧木叶片光合、叶绿体超微结构和抗氧化系统的影响. 干旱地区农业研究, 37(1): 178-186.

郭丰辉, 丁勇, 马文静, 等. 2021. 母体放牧经历对羊草克隆后代干旱敏感性的影响. 草业学报, 30(8): 119-126.

韩国栋, 白可喻, 赵萌莉, 等. 1997. 荒漠草原12种牧草贮藏碳水化合物含量变化规律的研究. 内蒙古草业, (1): 42-46.

韩建国. 2007. 草地学. 北京: 中国农业出版社.

韩建国, 李枫. 1995. 围封休闲对退化草地牧草影响的初探. 四川草原, (1): 17-18+34.

韩琳, 张玉龙, 金烁, 等. 2010. 灌溉模式对保护地土壤可溶性有机碳与微生物量碳的影响. 中国农业科学, 43(8): 1625-1633.

郝璐, 高景民, 杨春燕. 2006. 内蒙古天然草地退化成因的多因素灰色关联分析. 草业学报, 15(6): 26-31.

侯扶江, 杨中艺. 2006. 放牧对草地的作用. 生态学报, 26(1): 244-264.

侯向阳. 2010. 发展草原生态畜牧业是解决草原退化困境的有效途径. 中国草地学报, 32(4): 1-9.

侯向阳, 徐海红. 2011. 不同放牧制度下短花针茅荒漠草原碳平衡研究. 中国农业科学, 44(14): 3007-3015.

侯向阳, 尹燕亭, 丁勇. 2011. 中国草地适应性管理研究现状与展望. 草业学报, 20(2): 262-269.

胡静霞, 杨新兵. 2017. 我国土地荒漠化和沙化发展动态及其成因分析. 中国水土保持, (7): 55-59+69.

胡宁宁. 2017. 长期过度放牧致羊草个体"矮小化"的调控机制. 中国农业科学院硕士学位论文.

胡宁宁, 郭慧琴, 李西良, 等. 2017. 羊草不同组织实时定量 PCR 内参基因的筛选. 草业科学, 34(7): 1434-1441.

扈雪欢, 宁欢欢, 刘光照, 等. 2017. 外源 SA 对盐胁迫下颠茄生理生化、氮代谢及次生代谢的影响. 草业学报, 26(11): 147-156.

黄桃鹏, 李媚娟, 王睿, 等. 2015. 赤霉素生物合成及信号转导途径研究进展. 植物生理学报, 51(8): 1241-1247.

黄文秀. 1990. 我国草地资源开发与草食家畜的发展. 自然资源, (5): 59-63.

黄小珍. 2017. 细胞分裂素与脱落酸信号通路拮抗调控拟南芥逆境应答的分子机制. 中国农业大学博士学位论文.

黄振英, 董学军, 蒋高明, 等. 2002. 沙柳光合作用和蒸腾作用日动态变化的初步研究. 西北植物学报, 22(4): 93-99.

金健敏. 2008. 禁牧封育是恢复植被改善生态的根本措施. 内蒙古林业, (1): 17.

康博文, 刘建军, 侯琳, 等. 2006. 蒙古克氏针茅草原生物量围栏封育效应研究. 西北植物学报, 26(12): 2540-2546.

康乐. 1995. 放牧干扰下的蝗虫-植物相互作用关系. 生态学报, 15(1): 1-11.

李博. 1990. 中国的草原. 北京: 科学出版社.

李博. 1997. 中国北方草地退化及其防治对策. 中国农业科学, 30(6): 1-9.

李博, 桂荣, 王国贤. 1995. 鄂尔多斯高原沙质灌木草地绒山羊试验区研究成果汇编. 呼和浩特: 内蒙古教育出版社.

李博, 孙鸿良. 1983. 论草原生产潜力及其挖掘的途径. 中国农业科学, 16(3): 1-5.

李江叶. 2017. 内蒙古草原不同利用方式下土壤有机质矿化及其微生物学机理研究. 浙江大学博士学位论文.

李金花, 李镇清, 任继周. 2002. 放牧对草原植物的影响. 草业学报, 11(1): 4-11.

李林芝, 张德罡, 辛晓平, 等. 2009. 呼伦贝尔草甸草原不同土壤水分梯度下羊草的光合特性. 生态学报, 29(10): 5271-5279.

李玲玉, 杨浩萌, 任卫波, 等. 2019. 羊草对磷饥饿胁迫的光化学响应特性. 中国草地学报, 41(2): 111-115.

李青丰, 李福生, 乌兰. 2002. 气候变化与内蒙古草地退化初探. 干旱地区农业研究, 20(4): 98-102.

李绍良, 陈有君, 关世英, 等. 2002. 土壤退化与草地退化关系的研究. 干旱区资源与环境, (1): 92-95.

李绍良, 贾树海, 陈有君, 1997. 内蒙古草原土壤的退化过程及自然保护区在退化土壤的恢复与重建中的作用. 内蒙古环境保护, (1): 17-18+26.

李文华. 2013. 中国当代生态学研究. 北京: 科学出版社.

李西良. 2016. 羊草对长期过度放牧的矮小化响应与作用机理. 中国农业科学院博士学位论文.

李西良, 侯向阳, 吴新宏, 等. 2014. 草甸草原羊草茎叶功能性状对长期过度放牧的可塑性响应. 植物生态学报, 38(5): 440-451.

李西良, 刘志英, 侯向阳, 等. 2015. 放牧对草原植物功能性状及其权衡关系的调控. 植物学报, 50: 159-170.

李香真, 陈佐忠. 1998. 不同放牧率对草原植物与土壤 C、N、P 含量的影响. 草地学报, 6(2): 90-98.

李学斌, 樊瑞霞, 刘学东. 2014. 中国草地生态系统碳储量及碳过程研究进展. 生态环境学报. 23(11): 1845-1851.

李永宏, 汪诗平. 1998. 典型草原草地畜牧业优化生产模式研究. 北京: 气象出版社: 15-18.

李玉霖, 崔建垣, 苏永中. 2005. 不同沙丘生境主要植物比叶面积和叶干物质含量的比较. 生态学报, 25(2): 304-311.

李源, 李海兵, 姜超, 等. 2021. 典型草原不同放牧强度下羊草种群点格局分析. 内蒙古大学学报(自然科学版), 52(4): 417-424.

梁天刚, 冯琦胜, 夏文韬, 等. 2011. 甘南牧区草畜平衡优化方案与管理决策. 生态学报, 31(4): 1111-1123.

刘艾, 刘德福. 2005. 我国草地生物量研究概述. 内蒙古草业, 17(1): 7-11.

刘超, 刘凤伶. 2015. 全球荒漠化防治现状及发展趋势研究. 城市地理, (20): 58.

刘德梅, 马玉寿, 董全民, 等. 2008. 禁牧封育对黑土滩人工草地群落特征的影响. 青海畜牧兽医杂志, (4): 10-12.

刘公社, 李晓峰. 2011. 羊草种质资源研究. 北京: 科学出版社.

刘盟盟, 贾丽, 张洪芹, 等. 2015. 机械损伤对冷蒿叶片次生代谢产物的影响. 浙江农林大学学报, 32(6): 845-852.

刘强, 贺根和, 柳正葳, 等. 2016. 外源一氧化氮对铝胁迫下烟草叶片光能利用和光保护系统及活性氧代谢的影响. 湖南农业大学学报(自然科学版), 42(6): 615-621.

卢欣石. 2019. 草原知识读本. 北京: 中国林业出版社.

马志愤. 2008. 草畜平衡和家畜生产体系优化模型建立与实例分析. 甘肃农业大学硕士学位论文.

潘红, 孟春梅, 郑燕, 等. 2022. 氮素水平对土壤甲烷氧化和硝化微生物相互作用的影响. 土壤学报, 59(2): 557-567.

潘庆民, 韩兴国, 白永飞, 等. 2002. 植物非结构性贮藏碳水化合物的生理生态学研究进展. 植物学通报, 19(1): 30-38.

潘庆民, 薛建国, 陶金, 等. 2018. 中国北方草原退化现状与恢复技术. 科学通报, 63(17): 1642-1650.

潘瑞炽. 2012. 植物生理学. 北京: 高等教育出版社: 211-224.

潘琰, 龚吉蕊, 宝音陶格涛, 等. 2017. 季节放牧下内蒙古温带草原羊草根茎叶功能性状的权衡. 植物学报, 52(3): 307-321.

齐玉春, 董云社, 耿元波, 等. 2003. 我国草地生态系统碳循环研究进展. 地理科学进展, 22(4): 342-352.

任继周. 2004. 草地农业生态系统通论. 合肥: 安徽教育出版社.

任继周, 南志标, 郝敦元. 2000. 草业系统中的界面论. 草业学报, 9(1): 1-8.

萨茹拉, 侯向阳, 李金祥, 等. 2013. 不同放牧退化程度典型草原植被—土壤系统的有机碳储量.

草业学报, 22(5): 18-26.

桑永燕, 宁洪才, 屈海林. 2006. 禁牧封育 3 年后退化草地生物量测定. 青海草业, (3): 7-9.

珊丹. 2005. 放牧压力下大针茅种群的适应性研究. 内蒙古农业大学硕士学位论文.

尚占环, 徐鹏彬, 任国华, 等. 2009. 土壤种子库研究综述-植被系统中的作用及功能. 草业学报, (2): 175-183.

石红霄. 2016. 过度放牧下高原早熟禾矮小化及其形成机理. 甘肃农业大学博士学位论文.

苏德毕力格, 李永宏, 雍世鹏, 等. 2000. 冷蒿草原土壤可萌发种子库特征及其对放牧的响应(英文). 生态学报, (1): 43-48.

苏永中, 赵哈林, 张铜会, 等. 2002. 不同强度放牧后自然恢复的沙质草地土壤性状特征. 中国沙漠, (4): 26-31.

孙德智, 韩晓日, 彭靖, 等. 2018. 外源 NO 和 SA 对盐胁迫下番茄幼苗叶片膜脂过氧化及 AsA-GSH 循环的影响. 植物科学学报, 36(4): 1965-1974.

孙涛, 毕玉芬, 赵小社, 等. 2007. 围栏封育下山地灌草丛草地植被植物多样性与生物量的研究. 云南农业大学学报, (2): 246-250+279.

孙小平, 杨伟. 2005. 围栏休牧对放牧草地恢复效果研究初报. 新疆畜牧业, (6): 61-64.

孙悦, 徐兴良, Yakov Kuzyakov. 2014. 根际激发效应的发生机制及其生态重要性. 植物生态学报, 38(1): 62-75.

孙宗玖, 安沙舟, 段娇娇. 2009. 围栏封育对新疆蒿类荒漠草地植被及土壤养分的影响. 干旱区研究, 26(6): 877-882.

孙宗玖, 安沙舟, 李培英. 2008a. 封育方式下伊犁绢蒿可塑性贮藏营养物质的动态变化. 草业科学, (10): 70-74.

孙宗玖, 安沙舟, 许鹏. 2008b. 不同利用方式下伊犁绢蒿贮藏营养物质的比较. 中国草地学报, (5): 110-115.

汪诗平, 王艳芬, 陈佐忠. 2003. 放牧生态系统管理. 北京: 科学出版社.

王平平, 杨劼, 陈宇琪, 等. 2014. 刈割对驼绒藜光合及水分生理状况的影响. 中国草地学报, 36(4): 85-91.

王强, 温晓刚, 张其德. 2003. 光合作用光抑制的研究进展. 植物学报, 20(5): 539-548.

王瑞杰, 覃志豪. 2007. 基于 MODIS 数据的中国草地生态体系价值估算研究. 中国草地学报, 29(1): 50-54.

王炜, 梁存柱, 刘钟龄, 等. 2000a. 羊草+大针茅草原群落退化演替机理的研究. 植物生态学报, 24(4): 468-472.

王炜, 梁存柱, 刘钟龄, 等. 2000b. 草原群落退化与恢复演替中的植物个体行为分析. 植物生态学报, 24(3): 268-274.

王炜, 刘钟龄, 郝敦元, 等. 1996a. 内蒙古草原退化群落恢复演替的研究 I. 退化草原的基本特征与恢复演替动力. 植物生态学报, 20: 449-459.

王炜, 刘钟龄, 郝敦元, 等. 1996b. 内蒙古草原退化群落恢复演替的研究 II. 恢复演替时间进程的分析. 植物生态学报, (5): 460-471.

王鑫厅, 侯亚丽, 刘芳, 等. 2011. 羊草+大针茅草原退化群落优势种群空间点格局分析. 植物生态学报, 35(12): 1281-1289.

王鑫厅, 姜超. 2018. 典型草原放牧干扰下的点格局研究. 北京: 科学出版社.

王鑫厅, 王炜, 梁存柱. 2009. 典型草原退化群落不同恢复演替阶段羊草种群空间格局的比较.

植物生态学报, 33(1): 63-70.

王岩春. 2007. 阿坝县国家退牧还草工程项目区围栏草地恢复效果的研究. 四川农业大学硕士学位论文.

王莺, 夏文韬, 梁天刚, 等. 2010. 基于 MODIS 植被指数的甘南草地净初级生产力时空变化研究. 草业学报, 19(1): 201-210.

王云霞. 2010. 内蒙古草地资源退化及其影响因素的实证研究. 内蒙古农业大学博士学位论文.

王智平, 陈全胜. 2005. 植物近期光合碳分配及转化. 植物生态学报, 29(5): 845-850.

卫智军, 李霞, 刘红梅, 等. 2011. 呼伦贝尔草甸草原群落特征对不同放牧制度的响应. 中国草地学报, 33(1): 65-70.

卫智军, 刘文亭, 吕世杰, 等. 2016. 荒漠草地短花针茅种群年龄对放牧调控的响应机制. 生态环境学报, 25(12): 1922-1928.

卫智军, 邢旗, 双全, 等. 2004. 不同类型天然草地划区轮牧研究. 中国草业可持续发展战略论坛论文集, 548-554.

魏永胜, 梁宗锁, 山仑. 2004. 草地退化的水分因素. 草业科学, (10): 13-18.

文乐元. 2001. 云贵高原人工草地-绵羊放牧系统草畜动态平衡过程优化研究. 甘肃农业大学硕士学位论文.

乌恩, 夏庆梅, 高娃, 等. 2009. 内蒙古天然草地磷素营养问题及其解决途径. 内蒙古草业, 18(3): 4-7.

吴耀荣, 谢旗. 2006. ABA 与植物胁迫抗性. 植物学通报, 23(5): 511-518.

武维华. 2003. 植物生理学. 北京: 科学出版社.

邢旗, 双全, 那日苏, 等. 2003. 草原划区轮牧技术应用研究. 内蒙古草业, (1): 1-3.

邢瑶, 马兴华. 2009. 氮素形态对植物生长影响的研究进展. 中国农业科技导报, 17(2): 109-117.

徐晓鹏, 傅向东, 廖红. 2016. 植物铵态氮同化及其调控机制的研究进展. 植物学报, 51(2): 152-166.

薛岚. 2017. "植物激素作用的分子机理"重大研究计划结束. 中国科学基金, 31(1): 95.

闫瑞瑞, 卫智军, 运向军, 等. 2009. 放牧制度对短花针茅草原主要植物种光合特性日变化影响的研究. 草业学报, 18(5): 160-167.

颜志明, 魏跃, 胡德龙, 等. 2014. 盐胁迫下外源脯氨酸对甜瓜幼苗体内 K^+、Na^+、Ca^{2+}、Mg^{2+} 和 Cl^- 含量及分布的影响. 江苏农业学报, 30(3): 612-618.

杨理, 侯向阳. 2005. 对草畜平衡管理模式的反思. 中国农村经济, (9): 62-66.

杨勇. 2010. 放牧强度对内蒙古典型草原土壤净氮矿化的影响. 内蒙古农业大学硕士学位论文.

尹本丰, 张元明. 2015. 冻融过程对荒漠区不同微生境下齿肋赤藓渗透调节物含量和抗氧化酶活力的影响. 植物生态学报, 39(5): 517-529.

尹剑慧, 卢欣石. 2009a. 草原生态服务价值核算体系构建研究. 草地学报, 17(2): 174-180.

尹剑慧, 卢欣石. 2009b. 中国草原生态功能评价指标体系. 生态学报, 29(5): 2622-2630.

于瑞鹏. 2020. 放牧改变典型草原植物组成的根系性状及种间磷互惠机制. 中国农业大学博士学位论文.

翟占伟, 龚吉蕊, 罗亲普, 等. 2017. 氮添加对内蒙古温带草原羊草光合特性的影响. 植物生态学报, 41(2): 196-208.

张东杰. 2006. 青海省农牧业推广体系、服务效率及相关制约因素的研究. 甘肃农业大学硕士学位论文.

张佳宝, 林先贵, 李晖. 2011. 新一代中低产田治理技术及其在大面积均衡增产中的潜力. 中国科学院院刊, 26(4): 375-382.

张新时. 2005. 内蒙古草原陷入发展困境. 瞭望新闻周刊, (23): 58.

张新时, 唐海萍. 2008. 中国北方农牧交错带优化生态-生产范式集成. 北京: 科学出版社.

张永民, 赵士洞. 2008. 全球荒漠化的现状、未来情景及防治对策. 地球科学进展, 23(3): 306-311.

张蕴薇, 韩建国, 李志强. 2002. 放牧强度对土壤物理性质的影响. 草地学报, (1): 74-78.

章祖同, 1986. 草原管理学. 北京: 农业出版社.

赵浩波. 2019. 羊草硝酸盐转运蛋白 LcNRT1. 1、LcNRT1. 2 和 LcNRT1. 7 编码基因的克隆与表达特征. 中国农业科学院硕士学位论文.

赵凌平. 2008. 土壤种子库对黄土高原草地植被恢复的影响. 西北农林科技大学硕士学位论文.

赵新全, 张耀生, 周兴民. 2000. 高寒草甸畜牧业可持续发展: 理论与实践. 资源科学, 22(4): 50-61.

赵玉红, 魏学红, 苗彦军, 等. 2012. 藏北高寒草甸不同退化阶段植物群落特征及其繁殖分配研究. 草地学报, 20(2): 221-228.

中国环境监测. 2021. 我国荒漠化、沙化、石漠化面积持续缩减. 中国环境监察测, (6): 8.

中国气象网. 2013. 2013 年春季首次沙尘天气影响 8 省 126 个县. http://www.gov.cn/gzdt/2013-03/01/content_2342859.htm[2020-3-8].

周德成, 罗格平, 韩其飞, 等. 2012. 天山北坡不同海拔梯度山地草原生态系统地上净初级生产力对气候变化及放牧的响应. 生态学报, 32(1): 81-92.

周国英, 陈桂琛, 韩友吉, 等. 2007. 围栏封育对青海湖地区芨芨草草原群落特征的影响. 中国草地学报, (1): 19-23.

周萍, 刘国彬, 薛萐. 2009. 草地生态系统土壤呼吸及其影响因素研究进展. 草业学报, 18(2): 184-193.

周尧治, 郭玉海, 刘历程, 等. 2006. 围栏禁牧对退化草原土壤水分的影响研究. 水土保持研究, (3): 5-7.

祝廷成. 2004. 羊草生物生态学. 长春: 吉林科学技术出版社.

Abberton M, Conant R, Batello C. 2010. Grass-land carbon sequestration: management, policy and economics. Integrated Crop Management, 11: 1-33.

Achard P, Genschik P. 2009. Releasing the brakes of plant growth: how GAs shutdown DELLA proteins. Journal of Experimental Botany, 60: 1085-1092.

Akiyama T, Kawamura K. 2007. Grassland degradation in China: methods of monitoring, management and restoration. Grassland Science, 53(1): 1-17.

Ali S, Mir Z A, Tyagi A, et al. 2017. Overexpression of *NPR1* in *Brassica juncea* confers broad spectrum resistance to fungal pathogens. Frontiers in Plant Science, 8: 1693.

Alperovitch-Lavy A, Sharon I, Rohwer F, et al. 2011. Reconstructing a puzzle: existence of cyanophages containing both photosystem-I and photosystem-II gene suites inferred from oceanic metagenomic datasets. Environmental Microbiology, 13(1): 24-32.

Apel K, Hirt H. 2004. Reactive oxygen species: metabolism, oxidative stress, and signal transduction. Annual Review of Plant Biology, 55(1): 373-399.

Atsatt P R, O'Dowd D. 1976. Plant defense guilds: many plants are functionally interdependent with respect to their herbivores. Science, 193: 24-29.

Augustine D J, McNaughton S J. 1998. Ungulate effects on the functional species composition of plant communities: herbivore selectivity and plant tolerance. The Journal of Wildlife Management, 62: 1165-1183.

Avenson T J, Cruz J A, Kanazawa A, et al. 2005. Regulating the proton budget of higher plant photosynthesis. Proceedings of the National Academy of Sciences of the United States of America, 102(27): 9709-9713.

Babu A G, Wu X, Kabra A N, et al. 2017. Cultivation of an indigenous *Chlorella sorokiniana* with phytohormones for biomass and lipid production under N-limitation. Algal Research, 23: 178-185.

Baek D, Chun H J, Yun D J, et al. 2017. Cross-talk between phosphate starvation and other environmental stress signaling pathways in plants. Molecules and Cells, 40(10): 697-705.

Bagchi S, Ritchie M E. 2010. Introduced grazers can restrict potential soil carbon sequestration through impacts on plant community composition. Ecology Letters, 13: 959-968.

Bai W, Wan S, Niu S, et al. 2010. Increased temperature and precipitation interact to affect root production, mortality, and turnover in a temperate steppe: implications for ecosystem C cycling. Global Change Biology, 16(4): 1306-1316.

Bai Y, Wu J, Clark C M, et al. 2012. Grazing alters ecosystem functioning and C: N: P stoichiometry of grasslands along a regional precipitation gradient. Journal of Applied Ecology, 49: 1204-1215.

Bai Y, Wu J, Xing Q, et al. 2008. Primary production and rain use efficiency across a precipitation gradient on the Mongolia plateau. Ecology, 89(8): 2140-2153.

Bai Y F, Han X G, Wu J G, et al. 2004. Ecosystem stability and compensatory effects in the Inner Mongolia grassland. Nature, 431(9): 181-184.

Bajwa V S, Shukla M R, Sherif S M, et al. 2014. Role of melatonin in alleviating cold stress in *Arabidopsis thaliana*. J Pineal Res, 56(3): 238-245.

Bardgett R D, Wardle D A. 2003. Herbivore-mediated linkages between aboveground and belowground communities. Ecology, 84: 2258-2268.

Baumann M, Kamp J, Poetzschner F, et al. 2020. Declining human pressure and opportunities for rewilding in the steppes of Eurasia. Diversity and Distributions, 26(9): 1058-1070.

Benner J W, Vitousek P M. 2007. Development of a diverse epiphyte community in response to phosphorus fertilization. Ecology Letters, 10: 628-636.

Blagodatskaya E, Kuzyakov Y. 2008. Mechanisms of real and apparent priming effects and their dependence on soil microbial biomass and community structure: critical review. Biology and Fertility of Soils, 45(2): 115-131.

Blagodatskaya E V, Blagodatsky S A, Anderson T H, et al. 2007. Priming effects in chernozem induced by glucose and N in relation to microbial growth strategies. Applied Soil Ecology, 37(1-2): 95-105.

Blair J, Jesse N, John B, et al. 2014. Ecology and the Environment, Springer Science+Business Media New York. Grassland Ecology, (14): 389-423.

Bloom A J, Chapin F S, Mooney H A. 1985. Resource limitation in plants—an economic analogy. Annual Review of Ecology and Systematics, 16: 363-392.

Burrell A L, Evans J P, De Kauwe M J. 2020. Anthropogenic climate change has driven over 5 million km^2 of drylands towards desertification. Nature Communication, 11(1): 1-11.

Caldana C, Degenkolbe T, Cuadros-Inostroza A, et al. 2011. High-density kinetic analysis of the metabolomic and transcriptomic response of *Arabidopsis* to eight environmental conditions. Plant Journal for Cell and Molecular Biology, 67: 869-884.

Callaway R M, Brooker R W, Zaal K, et al. 2002. Positive interactions among alpine plants increase with stress. Nature, 417: 844-848.

Cardoso da Silva J M, Bates J M. 2002. Biogeographic Patterns and Conservation in the South American Cerrado: A Tropical Savanna Hotspot. BioScience, 52(3): 225-234.

Carillo-Vico A, Lardone P J, Álvarez-Sánchez N, et al. 2013. Melatonin: buffering the immune system. Int J Mol Sci, 14(4): 8638-8683.

Cease A J, Elser J J, Ford C F, et al. 2012. Harrison. Heavy livestock grazing promotes locust outbreaks by lowering plant nitrogen content. Science, 335: 467-469.

Chase J M, Leibold M A. 2003. Ecological niche: linking classical and contemporary approaches. Chicago, USA: University of Chicago Press.

Chen H, Jarosch K A, Mészáros É, et al. 2021. Repeated drying and rewetting differently affect abiotic and biotic soil phosphorus (P) dynamics in a sandy soil: a 33P soil incubation study. Soil Biology & Biochemistry, 153: 108079.

Chen H, Wilkerson C G, Kuchar J A, et al. 2005a. Jasmonate-inducible plant enzymes degrade essential amino acids in the herbivore midgut. Proceedings of the National Academy of Sciences of the United States of America, 102: 19237-19242.

Chen H, Zhao X R, Chen X J, et al. 2018b. Seasonal changes of soil microbial C, N, P and associated nutrient dynamics in a semiarid grassland of North China. Applied Soil Ecology, 128: 89-97.

Chen H, Zhao X R, Lin Q M, et al. 2019. Using a combination of PLFA and DNA-based sequencing analyses to detect shifts in the soil microbial community composition after a simulated spring precipitation in a semi-arid grassland in China. Science of the Total Environment, 657: 1237-1245.

Chen H, Zhao X R, Lin Q M, et al. 2020. Spring watering interactively improves aboveground net primary productivity and soil microbial biomass in a semi-arid grassland of China. Catena, 89: 104478.

Chen Q, Qi W, Reiter R J, et al. 2009. Exogenously applied melatonin stimulates root growth and raises endogenous indoleacetic acid in roots of etiolated seedlings of Brassica juncea. J Plant Physiol, 166: 324-328.

Chen S P, Bai Y F, Lin G H, et al. 2005b. Effects of grazing on photosynthetic characteristics of major steppe species in the Xilin River Basin, Inner Mongolia, China. Photosynthetica, 43: 559-565.

Chen W Q, Huang D, Liu N, et al. 2015. Improved grazing management may increase soil carbon sequestration in temperate steppe. Scientific Reports, 5: 10892.

Chen X, Hutley L B, Eamus D. 2003. Carbon balance of a tropical savanna of northern Australia. Oecologia, 137(3): 405-416.

Chen X J, Lin Q M, Zhao X R, et al. 2018a. Long-term grazing exclusion influences arbuscular mycorrhizal fungi and their association with vegetation in typical steppe of Inner Mongolia, China. Journal of Integrative Agriculture, 17(6): 1445-1453.

Chen Y H, Hung Y C, Chen M Y, et al. 2019. Enhanced storability of blueberries by acidic electrolyzed oxidizing water application may be mediated by regulating ROS metabolism. Food Chemistry, 270: 229-235.

Ciais P, Reichstein M, Viovy N, et al. 2005. Europe-wide reduction in primary productivity caused by the heat and drought in 2003. Nature, 437(7058): 529-533.

Clay D E, Clay S A, Reitsma K D. et al. 2014. Does the conversion of grasslands to row crop production in semi-arid areas threaten global food supplies? Global Food Security, 3: 22-30.

Cordell D, Drangert J O, White S. 2009. The story of phosphate: global food security and food for thought. Global Environmental Change, 19(2): 292-305.

Cowie B W, Venter N, Witkowski E T F, et al. 2020. Implications of elevated carbon dioxide on the susceptibility of the globally invasive weed, *Parthenium hysterophorus*, to glyphosate herbicide. Pest Management Science, 76(7): 2324-2332.

Cruz J A, Sacksteder C A, Kanazawa A, et al. 2001. Contribution of electric field ($\Delta\Psi$) to steady-state transthylakoid proton motive force (*pmf*) *in vitro* and *in vivo*. Control of pmf parsing into $\Delta\Psi$ and ΔpH by ionic strength. Biochemistry, 40: 1226-1237.

Da Silva J M C, Bates J M. 2002. Biogeographic patterns and conservation in the South American Cerrado: a tropical Savanna hotspot. Bioscience, 52(3): 225-233.

Dar NA, Amin I, Wani W, et al. 2017. Abscisic acid: a key regulator of abiotic stress tolerance in plants. Plant Gene, 11: 106-111.

Delaney K J, Klypina N, Maruthavanan J, et al. 2011. Locoweed dose responses to nitrogen: positive for biomass and primary physiology, but inconsistent for an alkaloid. American Journal of Botany, 98: 1956-1965.

Deng L, Zhang Z, Shangguan Z. 2014. Long-term fencing effects on plant diversity and soil properties in China. Soil and Tillage Research, 137: 7-15.

Diaz S, Lavorel S, McIntyre S, et al. 2007. Plant trait responses to grazing–a global synthesis. Global Change Biology, 13: 313-341.

Ding F, Liu B, Zhang S. 2017. Exogenous melatonin ameliorates cold-induced damage in tomato plants. Scientia Horticulturae, 219: 264-271.

Drenovsky R E, Richards J H. 2004. Critical N: P values: predicting nutrient deficiencies in desert shrublands. Plant and Soil, 259: 59-69.

Duan Z, Kong F, Zhang L, et al. 2016. A bestrophin-like protein modulates the proton motive force across the thylakoid membrane in *Arabidopsis*. Journal of Integrative Plant Biology, 58(10): 848-858.

Eriksen S, Kelly P M. 2007. Developing credible vulnerability indicators for climate adaptation policy assessment. Mitigation and Adaptation Strategies for Global Change, 12: 495-524.

Ewel K C, Cropper Jr. W P, Gholz H L. 1987. Soil CO_2 evolution in Florida slash pine plantations. II. Importance of root respiration. Canadian Journal of Forest Research, 17(4): 330-333.

Fahnestock J T, Detling J K. 2000. Morphological and physiological responses of perennial grasses to long-term grazing in the Pryor Mountains, Montana. The American Midland Naturalist, 143: 312-320.

Fang J Y, Piao S L, Tang Z Y, et al. 2001. Interannual variability in net primary production and precipitation. Science, 293: 1723-1724.

Francis D. 2011. A commentary on the G2/M transition of the plant cell cycle. Annals of Botany, 107: 1065-1070.

Frost C J, Hunter M D. 2008. Herbivore-induced shifts in carbon and nitrogen allocation in red oak seedlings. New Phytologist, 178(4): 835-845.

Gabriele S, Rizza A, Martone J, et al. 2010. The Dof protein DAG1 mediates PIL5 activity on seed germination by negatively regulating GA biosynthetic gene *AtGA3ox1*. Plant Journal, 61(2): 312-323.

Galano A, Tan D X, Reiter R J. 2013. On the free radical scavenging activities of melatonin's metabolites, AFMK and AMK. J Pineal Res, 54(3): 245-257.

Gallacher D J, Hill J P. 2006. Effects of camel grazing on the ecology of small perennial plants in the Dubai (UAE) inland desert. Journal of Arid Environments, 66(4): 738-750.

Gallego-Giraldo L, García-Martínez J L, Moritz T, et al. 2007. Flowering in tobacco needs gibberellins but is not promoted by the levels of active GA1 and GA4 in the apical shoot. Plant and Cell Physiology, 48(6): 615-625.

Gang C C, Zhou W, Chen Y Z, et al. 2014. Quantitative assessment of the contributions of climate change and human activities on global grassland degradation. Environmental Earth Science, 72: 4273-4282.

Garibaldi L A, Semmartin M, Chaneton E J. 2007. Grazing-induced changes in plant composition affect litter quality and nutrient cycling in flooding Pampa grasslands. Oecologia, 151: 650-662.

Gause G F, Witt A A. 1935. Behavior of mixed Populaitions and the Problem of natural selection. American Naturalist, 69: 596-609.

Gell G, Petrik K, Balázs E. 2011. A unique nucleotide sequence variant in the coat protein region of the genome of a Maize dwarf mosaic virus isolate. Acta Phytopathologica et Entomologica Hungarica, 46: 11-15.

Gibbs H K, Salmon J M. 2015. Mapping the world's degraded lands. Applied Geography, 57: 12-21.

Gold W G, Caldwell M M. 1990. The effects of the spatial pattern of defoliation on regrowth of a tussock grass. III. photosynthesis, canopy structure and light interception. Oecologia, 82(1): 12-17.

Guillermo P, Andrew M, Fernondo S, et al. 2011. Morphological and physiological characterization of two new pineapple somaclones derived from *in vitro* culture. In Vitro Cellular & Developmental Biology-Plant, 47: 428-433.

Guo Y, Gan S. 2006. AtNAP, a NAC family transcription factor, has an important role in leaf senescence. Plant Journal, 46: 601-612.

Güsewell S. 2004. N: P ratios in terrestrial plants: variation and functional significance. New Phytologist, 164: 243-266.

Hafner S, Unteregelsbacher S, Seeber E, et al. 2012. Effect of grazing on carbon stocks and assimilate partitioning in a Tibetan montane pasture revealed by $^{13}CO_2$ pulse labeling. Global Change Biology, 18(2): 528-538.

Hampe A, Petit R J. 2005. Conserving biodiversity under climate change: the rear edge matters. Ecology Letters, 8(5): 461-467.

Han J, Chen J, Han G, et al. 2014. Legacy effects from historical grazing enhanced carbon sequestration in a desert steppe. Journal of Arid Environments, 107(45): 1-9.

Han W X, Fang J Y, Guo D L, et al. 2005. Leaf nitrogen and phosphate stoichiometry across 753 terrestrial plant species in China. New Phytologist, 168: 377-385.

Hao Y, He Z. 2019. Effects of grazing patterns on grassland biomass and soil environments in China: a meta-analysis. PLoS One, 14: 0215223.

Hardeland R. 2016. Melatonin in plants-diversity of levels and multiplicity of functions. Frontiers Plant Sci, 7: 198.

Harris W N, Moretto A S, Distel R A, et al. 2007. Fire and grazing in grasslands of the Argentine Caldenal: effects on plant and soil carbon and nitrogen. Acta Oecologica-International Journal of Ecology, 32(2): 207-214.

Hartung W, Schraut D, Jiang F. 2005. Physiology of abscisic acid (ABA) in roots under stress—a review of the relationship between root ABA and radial water and ABA flows. Australian Journal of Agricultural Research, 56(11): 1253-1259.

Hause B, Hause G, Kutter C, et al. 2003. Enzymes of jasmonate biosynthesis occur in tomato sieve elements. Plant and Cell Physiology, 44: 643-648.

Hayashi M, Fujita N, Yamauchi A. 2007. Theory of grazing optimization in which herbivory improves photosynthetic ability. Journal of Theoretical Biology, 248(2): 367-376.

He J S, Wang L, Flynn D F B, et al. 2008. Leaf nitrogen: phosphorus stoichiometry across Chinese grassland biomes. Oecologia, 155(2): 301-310.

Heber U, Walker D. 1992. Concerning a dual function of coupled cyclic electron transport in leaves. Plant Physiology, 100(4): 1621-1626.

Hemerly AS, Ferreira P, de Almeida Engler J, et al. 1993. Cdc2a expression in *Arabidopsis* is linked with competence for cell division. Plant Cell, 5: 1711-1723.

Herms D A, Mattson W J. 1992. The dilemma of plants: to grow or defend? The Quarterly Review of Biology, 67: 283-335.

Hernández I, Munné-Bosch S. 2015. Linking phosphate availability with photo-oxidative stress in plants. Journal of Experimental Botany, 66: 2889-2900.

Hernández-Ruiz J, Arnao M B. 2008. Melatonin stimulates the expansion of etiolated lupin cotyledons. Plant Growth Regul, 55: 29-34.

Hernandez-Ruiz J, Cano A, Arnao M B. 2004. Melatonin: a growth-stimulating compound present in lupin tissues. Planta, 220: 140-144.

Hilker T, Natsagdorj E, Waring R H, et al. 2014. Satellite observed widespread decline in Mongolian grasslands largely due to overgrazing. Global Change Biology, 20: 418-428.

Hinsinger P. 2001. Bioavailability of soil inorganic P in the rhizosphere as affected by root-induced chemical changes: a review. Plant and Soil, 237: 173-195.

Hobbie L, Estelle M. 1995. The axr4 auxin-resistant mutants of *Arabidopsis thaliana* define a gene important for root gravitropism and lateral root initiation. Plant Journal, 7: 211-220.

Hou X, Lee L Y, Xia K. 2010. DELLAs modulate jasmonate signaling via competitive binding to JAZs. Dev Cell, 19: 884-894.

Huang W, Zhang S B, Cao K F. 2011. Cyclic electron flow plays an important role in photoprotection of tropical tress illuminated at temporal chilling temperature. Plant and Cell Physiology, 52: 297-305.

Hubbard K E, Nishimura N, Hitomi K, et al. 2010. Early abscisic acid signal transduction mechanisms: newly discovered components and newly emerging questions. Genes and Development, 24(16): 1695-1708.

Huot B, Yao J, Montgomery B L, et al. 2014. Growth-defense tradeoffs in plants: a balancing act to optimize fitness. Molecular Plant, 7: 1267-1287.

Hurka H, Friesen N, Bernhardt K G, et al. 2019. The Eurasian steppe belt: status quo, origin and evolutionary history. Turczaninowia, 22(3): 5-71.

Hwang I, Sheen J, Müller B. 2012. Cytokinin signaling networks. Annual Review of Plant Biology, 63(1): 353-380.

Ikezaki M, Kojima M, Sakakibara H, et al. 2010. Genetic networks regulated by ASYMMETRIC LEAVES1 (AS1) and AS2 in leaf development in *Arabidopsis thaliana*: *KNOX* genes control five morphological events. The Plant Journal, 61(1): 70-82.

IPBES. 2018. Summary for policymakers of the assessment report on land degradation and restoration of the Intergovernmental Science-Policy Platform on Biodiversity and Ecosystem Services.

IPCC. 2018. Global Warming of 1.5°C. United Nations Framework Convention on Climate Change.

ISSS Working Group RB. 1998. World Reference Base for Soil Resources. International Society of Soil Science (ISSS). International Soil Reference and Information Centre (ISRIC) and Food and Agriculture Organization of the United Nations (FAO). World Soil Resources Report 84. FAO. Rome: 91. http://www.fao.org/WHICENT/FAOINFO/AGRICULT/AGL/agll/wrb/wrbhome. htm[2022-1-8].

Ivanov A G, Velitchkova M Y, Allakhverdiev S I, et al. 2017. Heat stress-induced effects of photosystem I: an overview of structural and functional responses. Photosynthetic Research, 133(1-3): 17-30.

James F R. 2007. Global desertification: building a science for dryland development. Science, 316: 847.

Jennifer S, Thaler, Richard M. Bostock. 2004. Interactions between Abscisic acid-mediatedresponses and plant resistance to pathogens and insects. Ecology, 85(1): 48-58.

Jensen L S, Mueller T, Tate K, et al. 1996. Soil surface CO_2 flux as an index of soil respiration in situ: a comparison of two chamber methods. Soil Biology and Biochemistry, 28(10-11): 1297-1306.

Jiang M, Zhang J. 2002. Water stress-induced abscisic acid accumulation triggers the increased generation of reactive oxygen species and up-regulates the activities of antioxidant enzymes in maize leaves. Journal of Experimental Botany, 53(379): 2401-2410.

Jiang X J, Lin H T, Lin M S, et al. 2018. A novel chitosan formulation treatment induces disease resistance of harvested litchi fruit to *Peronophythora litchii* in association with ROS metabolism. Food Chemistry, 266: 299-308.

Jones H P, Jones P C, Barbier E B, et al. 2018. Restoration and repair of Earth's damaged ecosystems. Proceedings of the Royal Society B-Biological Sciences, 285(1873): 20172577.

Kamp J, Urazaliev R, Donald P F, et al. 2011. Post-Soviet agricultural change predicts future declines after recent recovery in Eurasian steppe bird populations. Biological Conservation, 144(11): 2607-2614.

Ke Q, Ye J, Wang B, et al. 2018. Melatonin mitigates salt stress in wheat seedlings by modulating polyamine metabolism. Front Plant Sci, 9: 914.

Kemp J E, Kutt A S. 2020. Vegetation change 10 years after cattle removal in a savanna landscape. Rangeland Journal, 42(2): 73-84.

Kim T W, Wang Z Y. 2010. Brassiosteroid singal transduction from receptor kinases to transcription factors. Annual Review of Plant Biology, 61: 681-704.

Klimkowska A, Bekker R M, Diggelen R V, et al. 2010. Species trait shifts in vegetation and soil seed bank during fen degradation. Plant Ecology, 206(1): 58-82.

Koerselman W, Meuleman A F M. 1996. The vegetation N: P ratio: a new tool to detect the nature of nutrient limitation. Journal of Applied Ecology, 33: 1441-1450.

Kolar J, Machackova I. 2005. Melatonin in higher plants: occurrence and possible functions. J Pineal Res, 39(4): 333-341.

Korasick D A, Enders T A, Strader L C. 2013. Auxin biosynthesis and storage forms. Journal of Experimental Botany, 64: 2541-2555.

Krishna P. 2009. Brassinosteroid-mediated stress responses. Journal of Plant Growth Regulation, 22(4): 289-297.

Kurepin L V, Ivanov A G, Zaman M, et al. 2015. Stress-related hormones and glycinebetaine interplay in protection of photosynthesis under abiotic stress conditions. Photosynthesis Research, 126(2-3): 221-235.

Kurganova I, De Gerenyu V L, Kuzyakov Y. 2015. Large-scale carbon sequestration in post-agrogenic ecosystems in Russia and Kazakhstan. Catena, 133: 461-466.

Kuzyakov Y. 2006. Sources of CO_2 efflux from soil and review of partitioning methods. Soil Biology and Biochemistry, 38(3): 425-448.

Kuzyakov Y, Kretzschmar A, Stahr K. 1999. Contribution of Lolium perenne rhizodeposition to carbon turnover of pasture soil. Plant and Soil, 213(1-2): 127-136.

Lambers H, Hayes P E, Laliberté E, et al. 2015. Leaf manganese accumulation and phosphorus-acquisition efficiency. Trends in Plant Science, 20: 83-90.

Lambers H, Shane M W, Cramer M D, et al. 2006. Root structure and functioning for efficient acquisition of phosphorus: matching morphological and physiological traits. Annals of Botany, 98: 693-713.

Leeds T, Notter D, Leymaster K, et al. 2012. Evaluation of Columbia, USMARC-Composite, Suffolk, and Texel rams as terminal sires in an extensive rangeland production system: I. Ewe productivity and crossbred lamb survival and preweaning growth. Journal of Animal Science, 90: 2931-2940.

Lehman C L, Tilman D, 2000. Biodiversity, stability, and productivity in competitive communities. The American Naturalist, 156(5): 534-552.

Lerner A B, Case J D, Takahashi Y, et al. 1958. Isolation of melatonin, the pineal gland factor that lightens melanocytes1. J Am Chem Soc, 80(10): 2587-2587.

Li C, Fu B, Wang S, et al. 2021. Drivers and impacts of changes in China's drylands. Nature Reviews Earth and Environment, 2(12): 858-873.

Li J, Zhang Q, Yong L, et al. 2017. Impact of mowing management on nitrogen mineralization rate and fungal and bacterial communities in a semiarid grassland ecosystem. Journal of Soils and Sediments, 17: 1715-1726.

Li L J, Zeng D H, Yu Z Y, et al. 2011. Foliar N/P ratio and nutrient limitation to vegetation growth on Keerqin sandy grassland of North-east China. Grass and Forage Science, 66(2): 237-242.

Li L Y, Yang H M, Liu P, et al. 2018. Combined impact of heat stress and phosphate deficiency on growth and photochemical activity of sheepgrass (*Leymus chinensis*). Journal of Plant Physiology, 231: 271-276.

Li L Y, Yang H M, Peng L W, et al. 2019. Comparative study reveals insights of sheepgrass (*Leymus chinensis*) coping with phosphate-deprived stress condition. Frontiers in Plant Science, 10: 170.

Li L Y, Yang H M, Ren W B, et al. 2016. Physiological and biochemical characterization of Sheepgrass (*Leymus chinensis*) reveals insights into photosynthetic apparatus coping with low-phosphate stress conditions. Journal of Plant Biology, 59: 336-346.

Li X, Liu Z, Wang Z, et al. 2015a. Pathways of *Leymus chinensis* individual aboveground biomass decline in natural semiarid grassland induced by overgrazing: a study at the plant functional trait scale. PLoS One, 10(5): e0124443.

Li X, Wu Z, Liu Z, et al. 2015b. Contrasting effects of long-term grazing and clipping on plant morphological plasticity: evidence from a rhizomatous grass. PLoS One, 10(10): e0141055.

Lieth H. 1978. Pattern of primary productivity in the biosphere. Dowden, Hutchinson & Ross, Stroudsberg: Benchmark Papers in Ecology: 8.

Lim P O, Kim H J, Nam H G. 2007. Leaf senescence. Annual Review of Plant Biology, 58: 115-136.

Liu C, Holst J, Brüggemann N, et al. 2007. Winter-grazing reduces methane uptake by soils of a typical semi-arid steppe in Inner Mongolia, China. Atmospheric Environment, 41(28): 5948-5958.

Liu C, Song X, Wang L, et al. 2016. Effects of grazing on soil nitrogen spatial heterogeneity depend on herbivore assemblage and pre-grazing plant diversity. Journal of Applied Ecology, 53: 242-250.

Liu J G, Li S X, Yang Z Y, et al. 2008. Ecological and socio-economic effects of China's policies for ecosystem services. PNAS, 105(28): 9477-9482.

Liu M, Gong J R, Li Y, et al. 2019. Growth-defense trade-off regulated by hormones in grass plants growing under different grazing intensities. Physiologia Plantarum, 166(2): 553-569.

Liu M, Ouyang S N, Tian Y Q, et al. 2021. Effects of rotational and continuous overgrazing on newly assimilated C allocation. Biology and Fertility of Soils, 57(2): 193-202.

Liu N, Kan H M, Yang G W, et al. 2015. Changes in plant, soil and microbes in typical steppe from simulated grazing: explaining potential change in soil carbon. Ecological Monographs, 85:

269-286.

Loewe A, Einig W, Shi L, et al. 2000. Mycorrhiza formation and elevated CO_2 both increase the capacity for sucrose synthesis in source leaves of spruce and aspen. New Phytologist, 145(3): 565-574.

López D R, Cavallero L, Brizuel M A, et al. 2011. Ecosystemic structural–functional approach of the state and transition model. Applied Vegetation Science, 14(1): 6-16.

Lu S, Su W, Li H, et al. 2009. Abscisic acid improves drought tolerance of triploid bermudagrass and involves H_2O_2- and NO-induced antioxidant enzyme activities. Plant Physiology and Biochemistry, 47(2): 132-138.

Lu W J, Liu N, Zhang Y J, et al. 2017. Impact of vegetation community on litter decomposition: Evidence from a reciprocal transplant study with 13C labeled plant litter. Soil Biology and Biochemistry, 112: 248-257.

Lu Y, Watanabe A, Kimura M. 2002. Contribution of plant-derived carbon to soil microbial biomass dynamics in a paddy rice microcosm. Biology and Fertility of Soils, 36(2): 136-142.

Ma J, Lv C F, Xu M L, et al. 2016. Photosynthesis performance, antioxidant enzymes, and ultrastructural analyses of rice seedlings under chromium stress. Environmental Science And Pollution Research International, 23(2): 1768-1778.

Ma W, Liu Z, Wang Z, et al. 2010. Climate change alters interannual variation of grassland aboveground productivity: evidence from a 22-year measurement series in the Inner Mongolian grassland. Journal of Plant Research, 123(4): 509-517.

Ma X, Zhang J, Burgess P, et al. 2018. Interactive effects of melatonin and cytokinin on alleviating drought-induced leaf senescence in creeping bentgrass (*Agrostis stolonifera*). Environ Exp Bot, 145: 1-11.

Macdonald G K, Bennett E M, Potter P A, et al. 2011. Agronomic phosphate imbalances across the world's croplands. Proceedings of the National Academy of Sciences of the United States of America, 108(7): 3086-3091.

Machado R A R, Baldwin I T, Matthias E. 2017. Herbivory-induced jasmonates constrain plant sugar accumulation and growth by antagonizing gibberellin signaling and not by promoting secondary metabolite production. New Phytologist, 215: 803-812.

Machado R A R, Robert C A, Arce C C, et al. 2016. Auxin is rapidly induced by herbivore attack and regulates a subset of systemic, jasmonate-dependent defenses. Plant Physiologist, 172: 521-532.

Marschner H. 2011. Marschner's Mineral Nutrition of Higher Plants. New York: Academic Press.

Mazor Y, Nataf D, Toporik H, et al. 2013. Crystal structures of virus-like photosystem I complexes from the mesophilic cyanobacterium Synechocystis PCC 6803. eLife, 3: e01496.

Mcculloch M, Fallon S, Wyndham T, et al. 2003. Coral record of increased sediment flux to the inner Great Barrier Reef since European settlement. Nature, 421(6924): 727-730.

McNaughton S J. 1983. Compensatory plant growth as a response to herbivory. Oikos, 40: 329-336.

MEA, 2005. Millennium Ecosystem Assessment-Ecosystems and Human Well-Being: Desertification Synthesis. Washington: World Resources Institute.

Meng J F, Xu T F, Song C Z, et al. 2015. Melatonin treatment of pre-veraison grape berries to increase size and synchronicity of berries and modify wine aroma components. Food Chemistry, 185: 127-134.

Merchán F L, Merino P. 2014. Effect of salt stress on antioxidant enzymes and lipid peroxidation in leaves in two contrasting corn, 'Lluteno' and 'Jubilee'. Chilean Journal of Agricultural Research, 74(1): 89-95.

Millard P, Grelet G A. 2010. Nitrogen storage and remobilization by trees: ecophysiological relevance in a changing world. Tree Physiology, 30: 1083-1095.

Mimura T, Sakano K, Shimmen T. 1996. Studies on the distribution, re-translocation and homeostasis of inorganic phosphate in barley leaves. Plant Cell and Environment, 19(3): 311-320.

Miura K, Agetsuma M, Kitano H, et al. 2009. A metastable DWARF1 epigenetic mutant affecting plant stature in rice. PNAS, 106(27): 11218-11223.

Miyake C. 2010. Alternative electron flows (water-water cycle and cyclic electron flow around PSI) in photosynthesis: molecular mechanisms and physiological functions. Plant Cell Physiology, 51: 1951-1963.

Miyake C, Horiguchi S, Makino A, et al. 2005. Effects of light intensity on cyclic electron flow around PSI and its relationship to non-photochemical quenching of chlorophyll fluorescence in tobacco leaves. Plant and Cell Physiology, 46(11): 1819-1830.

Møller I M, Jensen P E, Hansson A. 2007. Oxidative modifications to cellular components in plants. Annual Review of Plant Biology, 58: 459-481.

Munns R, Tester M. 2008. Mechanisms of salinity tolerance. Annual Review of Plant Biology, 59(1): 651-681.

Murch S J, Campbell S S, Saxena P K. 2001. The role of serotonin and melatonin in plant morphogenesis: regulation of auxin-induced root organogenesis in vitro-cultured explants of St. John's wort (Hypericum perforatum L.). In Vitro Cellular and Developmental Biology-Plant, 37(6): 786-793.

Murch S J, Saxena P K. 2002. Melatonin: a potential regulator of plant growth and development. In Vitro Cellular and Developmental Biology-Plant, 38: 531-536.

Nakamura A , Fujioka S, Sunohara H, et al. 2006. The role of OsBRI1 and its homologous genes, OsBRL1 and OsBRL3 in rice. Plant Physiology, 140: 580-590.

Nawaz M A, Wang L M, Jiao Y Y. 2017. Pumpkin rootstock improves nitrogen use efficiency of watermelon scion by enhancing nutrient uptake, cytokinin content, and expression of nitrate reductase genes. Plant Growth Regulation, 82(2): 233-246.

Neff J C, Reynolds R L, Belnap J, et al. 2005. Multi-decadal impacts of grazing on soil physical and biogeochemical properties in southeast Utah. Ecological Applications, 15: 87-95.

Ni J. 2001. Carbon storage in terrestrial ecosystems of China: Estimates at different spatial resolutions and their responses to climate change. Climatic Change, 49(3): 339-358.

NT Weed Management Branch. 2018. Weed Management Plan for Andropogon gayanus (Gamba Grass). Palmerston: Northern Territory Department of Environment and Natural Resources.

O'Connor T G. 2015. Long-term response of an herbaceous sward to reduced grazing pressure and rainfall variability in a semi-arid South African savanna. African Journal of Range & Forage Science, 32(4): 261-270.

O'Mara F P. 2012. The role of grasslands in food security and climate change. Annals of Botany, 110: 1263-1270.

Ordoñez J C, Van Bodegom P M, Jan-Philip M, et al. 2009. A global study of relationships between leaf traits, climate and soil measures of nutrient fertility. Global Ecology and Biogeography, 18(2): 137-149.

Orwin K H, Buckland S M, Johnson D, et al. 2010. Linkages of plant traits to soil properties and the functioning of temperate grassland. Journal of Ecology, 98: 1074-1083.

Pacak A, Barciszewska-Pacak M, Swida-Barteczka A, et al. 2016. Heat stress affects Pi-related genes expression and inorganic phosphate deposition/accumulation in Barley. Frontiers in Plant Science, 7: 926.

Pan H, Feng H, Liu Y, et al. 2021. Grazing weakens competitive interactions between active methanotrophs and nitrifiers modulating greenhouse-gas emissions in grassland soils. ISME Communications, 1(1): 74.

Pan H, Li Y, Guan X, et al. 2016. Management practices have a major impact on nitrifier and denitrifier communities in a semiarid grassland ecosystem. Journal of Soils and Sediments, 16(3): 896-908.

Pan H, Liu H, Liu Y, et al. 2018a. Understanding the relationships between grazing intensity and the distribution of nitrifying communities in grassland soils. Science of the Total Environment, 634: 1157-1164.

Pan H, Xie K, Zhang Q, et al. 2018b. Archaea and bacteria respectively dominate nitrification in lightly and heavily grazed soil in a grassland system. Biology and Fertility of Soils, 54(1): 41-54.

Pan H, Ying S, Liu H, et al. 2018c. Microbial pathways for nitrous oxide emissions from sheep urine and dung in a typical steppe grassland. Biology and Fertility of Soils, 54(6): 717-730.

Pape C, Lüning K. 2006. Quantification of melatonin in phototrophic organisms. J Pineal Res, 41(2): 157-165.

Park S, Back K. 2012. Melatonin promotes seminal root elongation and root growth in transgenic rice after germination. J Pineal Res, 53: 385-389.

Parks Canada Agency. 2018. Parks Canada's conservation and restoration program: recovering species at risk in Grasslands National Park 2018. https://www.pc.gc.ca/en/agence-agency/bib-lib/rapports-reports/core-2018/pra-terr/pra3[2018-6-7].

Paterson E, Sim A. 2000. Effect of nitrogen supply and defoliation on loss of organic compounds from roots of *Festuca rubra*. Journal of Experimental Botany, 51(349): 1449-1457.

Patton B D, Dong X J, Nyren P E, et al. 2009. Effects of grazing intensity, precipitation, and temperature on forage production. Rangeland Ecology & Management, 60(6): 656-665.

Pauwels L, Morreel K, De Witte E, et al. 2008. Mapping methyl jasmonate-mediated transcriptional reprogramming of metabolism and cell cycle progression in cultured *Arabidopsis* cells. Proceedings of the National Academy of Sciences of the United States of America, 105: 1380-1385.

Pazur R, Prishchepov A V, Myachina K, et al. 2021. Restoring steppe landscapes: patterns, drivers and implications in Russia's steppes. Landscape Ecology, 36(2): 407-425.

Peng L W, Shimizu H, Shikanai T. 2008. The chloroplast NAD(P)H dehydrogenase complex interacts with photosystem I in *Arabidopsis*. Journal of Biological Chemistry, 283(50): 34873-34879.

Peng Y, Jiang G M, Liu X H, et al. 2007. Photosynthesis transpiration and water use efficiency of four plant species with grazing intensities in Hunshandak Sandland, China. Journal of Arid Environments, 70: 304-315.

Peng Z, Li X, Yang Z J, et al. 2011. A new reduced height gene found in the tetraploid semi-dwarf wheat landrace Aiganfanmai. Genetics and Molecular Research, 10: 2349-2357.

Péter T, Lars A B, Johannes K, et al. 2021. The present and future of grassland restoration. Restoration Ecology, 29(S1): e13378. 1-e13378. 6.

Piao S, Ciais P, Friedlingstein P, et al. 2008. Net carbon dioxide losses of northern ecosystems in response to autumn warming. Nature, 451(7174): 49-52.

Raghavendra A S, Gonugunta V K, Christmann A, et al. 2010. ABA perception and signaling. Trends in Plant Science, 15: 395-401.

Raghothama K G, Karthikeyan A S. 2005. Phosphate acquisition. Plant Soil, 274: 37-49.

Ratter J A, Ribeiro J F, Bridgewater S. 1997. The Brazilian cerrado vegetation and threats to its biodiversity. Annals of Botany, 80(3): 223-230.

Raven J A, Lambers H, Smith S E, et al. 2018. Costs of acquiring phosphorus by vascular land plants:

patterns and implications for plant coexistence. New Phytologist, 217: 1420-1427.

Reeder J D, Schuman G E. 2002. Influence of livestock grazing on C sequestration in semi-arid mixed-grass and short-grass rangelands. Environmental Pollution, 116(3): 457-463.

Reinecke D M, Wickramarathna A D, Ozga J A, et al. 2013. Gibberellin 3-oxidase gene expression patterns influence gibberellin biosynthesis growth and development in pea. Plant Physiology, 163(2): 929-945.

Reiter R J, Tan D X, Fuentes-Broto L. 2010. Melatonin: a multitasking molecule. Prog Brain Res, 181: 127-151.

Ren W, Hou X, Wu Z, et al. 2018a. *De novo* transcriptomic profiling of the clonal *Leymus chinensis* response to long-term overgrazing-induced memory. Scientific Reports, 8(1): 1-11.

Ren W, Hu N, Hou X, et al. 2017. Long-term overgrazing-induced memory decreases photosynthesis of clonal offspring in a perennial grassland plant. Frontiers in Plant Science, 8: 419.

Ren W, Xie J, Hou X, et al. 2018b. Potential molecular mechanisms of overgrazing-induced dwarfism in sheepgrass (*Leymus chinensis*) analyzed using proteomic data. Bmc Plant Biology, 18(1): 81.

Reynolds C, Venter N, Cowie B W, et al. 2020. Mapping the socio-ecological impacts of invasive plants in South Africa: are poorer households with high ecosystem service use most at risk? Ecosystem Services, 42: 101075.

Riou-Khamlichi C, Huntley R, Jacqmard A, et al. 1999. Cytokinin activation of *Arabidopsis* cell division through a D-type cyclin. Science, 283: 1541-1544.

Roberts A, Hudson J, Roberts G. 1989. A comparison of nutrient losses following grassland improvement using two different techniques in an upland area of mid‐Wales. Soil Use and Management, 5: 174-179.

Rochaix J D. 2011. Reprint of: regulation of photosynthetic electron transport. BBA - Bioenergetics, 1807(8): 878-886.

Rosquete M R, Barbez E, Kleine V J. 2012. Cellular auxin homeostasis: gatekeeping is housekeeping. Molecular Plant, 5: 772-786.

Rouached H, Stefanovic A, Secco D, et al. 2011. Uncoupling phosphate deficiency from its major effects on growth and transcriptome via PHO1 expression in *Arabidopsis*. Plant Journal, 65(4): 557-570.

Roxburgh S H, Shea K, Wilson J B. 2004. The intermediate disturbance hypothesis: patch dynamics and mechanisms of species coexistence. Ecology, 85(2): 359-371.

Russell-Smith J, Cook G D, Cooke P M, et al. 2013. Managing fire regimes in north Australian savannas: applying Aboriginal approaches to contemporary global problems. Frontiers in Ecology and the Environment, 11: E55-E63.

Ryrie S C, Prentice I C. 2011. Herbivores enable plant survival under nutrient limited conditions in a model grazing system. Ecology Modeling, 222(3): 381-397.

Saito K, Azoma K, Sokei Y. 2010. Genotypic adaptation of rice to lowland hydrology in West Africa. Field Crops Research, 119: 290-298.

Salam M M A, Mohsin M, Pulkkinen P, et al. 2019. Effects of soil amendments on the growth response and phytoextraction capability of a willow variety (*S. viminalis* × *S. schwerinii* × *S. dasyclados*) grown in contaminated soils. Ecotoxicology and Environmental Safety, 171: 753-770.

Salchert K, Bhalerao R, Koncz-Kálmán Z, et al. 1998. Control of cell elongation and stress responses by steroid hormones and carbon catabolic repression in plants. Philosophical transactions of the Royal Society of London. Series B: Biological Ences, 353(1374): 1517-1520.

Santner A, Estelle M. 2009. Recent advances and emerging trends in plant hormone signalling. Nature, 459(7250): 1071-1078.

Saradhi P P, Suzuki I K A, Sakamoto A, et al. 2000. Protection against the photo-induced inactivation of the photosystem II complex by abscisic acid. Plant Cell and Environment, 23(7): 711-718.

Sarropoulou V, Dimassi-Theriou K, Therios I, et al. 2012. Melatonin enhances root regeneration, photosynthetic pigments, biomass, total carbohydrates and proline content in the cherry rootstock PHL-C (*Prunus avium × Prunus cerasus*). Plant Physiol Biochem, 61: 162-168.

Sasaki T, Lauenroth W K. 2011. Dominant species, rather than diversity, regulates temporal stability of plant communities. Oecologia, 166(3): 761-768.

Sasaki T, Okubo S, Okayasu T, et al. 2009. Management applicability of the intermediate disturbance hypothesis across Mongolian rangeland ecosystems. Ecological Applications, 19(2): 423-432.

Sayed O H. 2003. Chlorophyll fluorescence as a tool in cereal crop research. Photosynthetica, 41(3): 321-330.

Schachtman D P, Reid R J, Ayling S M. 1998. Phosphate uptake by plants: from soil to cell. Plant Physiology, 116(2): 447-453.

Scherr S J, Yadav S. 1996. Land degradation in the developing world: issues and policy options for 2020. The Unfinished Agenda-Perspectives on Overcoming Hunger, Poverty and Environmental Degradation, 314.

Schönbach P, Wan H W, Gierus M, et al. 2011. Grassland responses to grazing: effects of grazing intensity and management system in an Inner Mongolian steppe ecosystem. Plant and Soil, 340: 103-115.

Schr Der F. 2009. The extracellular EXO protein mediates cell expansion in *Arabidopsis* leaves. Bmc Plant Biology, 9(1): 20.

Schröder F, Lisso J, Lange P, et al. 2009. The extracellular EXO protein mediates cell expansion in Arabidopsis leaves. BMC Plant Biology, 9(1): 20.

Schwachtje J, Baldwin I T. 2008. Why does herbivore attack reconfigure primary metabolism. Plant Physiology, 146: 845-851.

Schwechheimer C, Willige B C. 2009. Shedding light on gibberellic acid signalling. Current Opinion in Plant Biology. 12: 57-62.

Schwenkert S, Legen J, Takami T, et al. 2007. Role of the low-molecular-weight subunits PetL, PetG, and PetN in assembly, stability, and dimerization of the cytochrome b6f complex in tobacco. Plant physiology, 144(4): 1924-1935.

Shao Y, Zhang XL, van Nocker S, et al. 2019. Overexpression of a protein kinase gene MpSnRK2. 10 from Malus prunifolia confers tolerance to drought stress in transgenic *Arabidopsis thaliana* and apple. Gene, 692(15): 26-34.

Shariff A R, Biondini M E, Grygiel C E. 1994. Grazing intensity effects on litter decomposition and soil-nitrogen mineralization. Journal of Range Management, 47(6): 444-449.

Shen H H, Wang S P, Tang Y H. 2013. Grazing alters warming effects on leaf photosynthesis and respiration in Gentiana straminea, an alpine forb specoes. Journal of Plant Ecology, 6(5): 418-427.

Silva-Ortega C O, Ochoaalfaro A E, Reyesagüero J A, et al. 2008. Salt stress increases the expression of *p5cs* gene and induces proline accumulation in cactus pear. Plant Physiology and Biochemistry, 46(1): 82-92.

Sinkhorn E R, Perakis S S, Compton J E, et al. 2007. Non-linear nitrogen cycling and ecosystem calcium depletion along a temperate forest soil nitrogen gradient. AGU Fall Meeting Abstracts, 2007: B31A-0061.

Skoog F, Strong F M, Miller C O. 1965. Cytokinins. Science, 148(3669): 532-533.

Smith R A H, Forrest G I. 1978. Field Estaimates of Primary Production. Productivity Ecology of British Moors and Montane Grassland. New York: Springer-Verlag Berlin Heidelberg.

Squires V, Dengler J, Feng H, et al. 2018. Grasslands of the World: Diversity, Management and Conservation. Boca Raton: CRC Press.

Stavang J A, Lindgård B, Erntsen A, et al. 2005. Thermoperiodic stem elongation involves transcriptional regulation of gibberellin deactivation in pea. Plant Physiology, 138(4): 2344-2353.

Stowe K A, Marquis R J, Hochwender C G, et al. 2000. The evolutionary ecology of tolerance to consumer damage. Annual Review of Ecology and Systematics, 31: 565-595.

Suttie J M, Reynolds S G, Batello C. 2005. Grasslands of the World. Food and Agriculture Organization of the United Nations, Plant Production and Protection Series No 34. Rome, Italy: Food and Agriculture Organization.

Suzuki R O, Suzuki S N. 2011. Facilitative and competitive effects of a large species with defensive traits on a grazing-adapted, small species in a long-term deer grazing habitat. Plant Ecology, 212: 343-351.

Takahashi S, Badger M R. 2011. Photoprotection in plants: a new light on photosystem II damage. Trends in Plant Science, 16: 53-60.

Takizawa K, Kanazawa A, Kramer D M. 2007. Depletion of stromal Pi induces high 'energy-dependent' antenna exciton quenching (q_E) by decreasing proton conductivity at CF0-CF1 ATP synthase. Plant Cell and Environment, 31(2): 235-243.

Tan D X, Hardeland R, Manchester L C, et al. 2012. Functional roles of melatonin in plants, and perspectives in nutritional and agricultural science. J Exp Bot, 63: 577-597.

Tan D X, Manchester L C, Hardeland R, et al. 2003. Melatonin: a hormone, a tissue factor, an autocoid, a paracoid, and an antioxidant vitamin. J Pineal Res, 34(1): 75-78.

Teale W D, Paponov I A, Palme K. 2006. Auxin in action: signalling, transport and the control of plant growth and development. Nature Reviews Molecular Cell Biology, 7(11): 847-859.

Thomas C D, Cameron A, Green R E, et al. 2004. Extinction risk from climate change. Nature, 427(6970): 145-148.

Tian Q Y, Chen F J, Liu J X, et al. 2008. Inhibition of maize root growth by high nitrate supply is correlated with reduced IAA levels in roots. Journal of Plant Physiology, 165(9): 942-951.

Tibcherani M, Aranda R, Mello R L. 2020, Time to go home: the temporal threshold in the regeneration of the ant community in the Brazilian savanna. Applied Soil Ecology, 150: 103451.

Tilman D. 1982. Resource Competition and Community Structure. Princeton: Princeton University Press.

Tilman D. 1999. Diversity and production in European grasslands. Science, 286(5): 1099-1100.

Tilman D. 2000. Causes, consequences and ethics of biodiversity. Nature, 405(6783): 208-211.

Torok P, Brudvig L A, Kollmann J, et al. 2021. The present and future of grassland restoration. Restoration Ecology, 29(S1): e13378.

Ueguchi-Tanaka M, Ashikari M, Nakajima M, et al. 2005. Gbberellin insensitive dwarf1 encodes a soluble receptor for gibberellin. Nature, 437: 693-698.

Valladares F, Wright S J, Lasso E, et al. 2000. Plastic phenotypic response to light of 16 congeneric shrubs from a Panamanian rainforest. Ecology, 81: 1925-1936.

Van Oudtshoorn F. 2015. Veld Management: Principles and Practices. Queenswood: Briza Publications.

Veneklaas E J, Lambers H, Bragg J, et al. 2012. Opportunities for improving phosphate-use efficiency in crop plants. New Phytologist, 195(2): 306-320.

Venterink H O, Güsewell S. 2010. Competitive interactions between two meadow grasses under nitrogen and phosphorus limitation. Functional Ecology, 24(4): 877-886.

Wan H, Bai Y, Hooper D U, et al. 2015. Selective grazing and seasonal precipitation play key roles in shaping plant community structure of semi-arid grasslands. Landscape Ecology, 30: 1767-1782.

Wang H, Li J, Zhang Q, et al. 2019. Grazing and enclosure alter the vertical distribution of organic nitrogen pools and bacterial communities in semiarid grassland soils. Plant and Soil, 439: 525-539.

Wang P, Lassoie J P, Stephen J. 2015. A critical review of socioeconomic and natural factors in ecological degradation on the Qinghai-Tibetan Plateau, China. The Rangeland Journal, 37: 1-9.

Wang X, Liang C, Wang W. 2014. Balance between facilitation and competition determines spatial patterns in a plant population. Chin Sci Bull, 59(13): 1405-1415.

Wang X X, Dong S K, Sherman R, et al. 2015. Comparison of biodiversity-ecosystem function relationships in alpine grasslands across a degradation gradient on the Qinghai-Tibetan Plateau. The Rangeland Journal, 37: 45-55.

Wang X X, Zhang Y J, Huang D, et al. 2015. Methane uptake and emissions in a typical steppe grazing system during the grazing season. Atmospheric Environment, 105: 14-21.

Wang Y, Li J. 2008. Molecular basis of plant architecture. Annu Rev Plant Biol, 59: 253-279.

Wang Y, Reiter R J, Chan Z. 2018. Phytomelatonin: a universal abiotic stress regulator. J Exp Bot, 69(5): 963-974.

Wang Z, Li L, Han X, et al. 2004. Do rhizome severing and shoot defoliation affect clonal growth of *Leymus chinensis* at ramet population level. Acta Oecologica, 26(3): 255-260.

Wedin W F, Fales S, Berry W. 2009. Grassland Quietness and Strength for A New American Agriculture. Madison: American Society of Agronomy.

Wei W, Li Q T, Chu Y N, et al. 2004. Do rhizome severing and shoot defoliation affect clonal growth of *Leymus chinensis* at ramet population level. Acta Oecologica, 26: 255-260.

Wei W, Li Y T, Chu Y N, et al. 2015. Melatonin enhances plant growth and abiotic stress tolerance in soybean plants. J Exp Bot, 66(3): 695-707.

Weiner J J, Peterson F C, Volkman B F, et al. 2010. Structural and functional insights into core ABA signaling. Current Opinion in Plant Biology, 13(5): 495-502.

Wen Z, Li H, Shen Q, et al. 2019. Tradeoffs among root morphology, exudation and mycorrhizal symbioses for phosphorus-acquisition strategies of 16 crop species. New Phytologist, 223: 882-895.

Werner P A. 1991. Savanna Ecology and Management: Australian Perspectives and Intercontinental Comparisons. Oxford: Blackwell Scientific Publications.

Werth M, Kuzyakov Y. 2008. Root-derived carbon in soil respiration and microbial biomass determined by ^{14}C and ^{13}C. Soil Biology and Biochemistry, 40(3): 625-637.

Wesuls D, Oldeland J, Dray S. 2011. Disentangling plant trait responses to livestock grazing from spatio-temporal variation: the partial RLQ approach. Journal of Vegetation Science, 23: 98-113.

Wesuls D, Pellowski M, Suchrow S, et al. 2013. The grazing fingerprint: modelling species responses and trait patterns along grazing gradients in semi-arid Namibian rangelands. Ecological Indicators, 27: 61-70.

White R P, Murray S, Rohweder M. 2000. Grassland Ecosystems. Washington: World Resources Institute.

Wienhold B J, Hendrickson J R, Karn J F. 2001. Pasture management influences on soil properties in the Northern Great Plains. Journal of Soil and Water Conservation, 56(1): 27-31.

Williams R J, Myers B A, Muller W J, et al. 1997, Leaf phenology of woody species in a North Australian tropical savanna. Ecology, 78(8): 2542-2558.

Wilsey B. 2020. Restoration in the face of changing climate: importance of persistence, priority effects and species diversity. Restoration Ecology, 29(S1): e13132.

Wilsey B J. 2018. The Biology of Grasslands. Oxford: Oxford University Press.

Wu X, Li P, Jiang C, et al. 2014. Climate changes during the past 31 years and their contribution to the changes in the productivity of rangeland vegetation in the Inner Mongolian typical steppe. The Rangeland Journal, 36: 519-526.

Wu Y, Tan H, Deng Y, et al. 2010. Partitioning pattern of carbon flux in a Kobresia grassland on the Qinghai-Tibetan Plateau revealed by field ^{13}C pulse-labeling. Global Change Biology, 16(8): 2322-2333.

Wu Z, Tian C, Jiang Q, et al. 2016. Selection of suitable reference genes for qRT-PCR normalization during leaf development and hormonal stimuli in tea plant (Camellia sinensis). Sci Rep-UK, 6(19748): 19748.

Wykoff D D, Davies J P, Melis A, et al. 1998. The regulation of photosynthetic electron transport during nutrient deprivation in Chlamydomonas reinhardtii. Plant Physiology, 117(1): 129-139.

Yamamuro C, Ihara Y, Xiong W, et al. 2000. Loss of Function of a Rice brassinosteroid insensitive1 homolog prevents internode elongation and bending of the lamina joint. Plant Cell, 12(9): 1591-1605.

Yamori W, Shikanai T. 2016. Physiological functions of cyclic electron transport around photosystem I in sustaining photosynthesis and plant growth. Annual Review of Plant Biology, 67: 81-106.

Yang H M, Liao LB, Bo T T, et al. 2014. Slr0151 in Synechocystis sp. PCC 6803 is required for efficient repair of photosystem II under high-light condition. Journal of Integrative Plant Biology, 56: 1136-1150.

Yang W, Liu X D, Chi X J, et al. 2011. Dwarf apple MbDREB1 enhances plant tolerance to low temperature, drought, and salt stress via both ABA-dependent and ABA-independent pathways. Planta, 233: 219-229.

Ye H, Beighley D H, Feng J, et al. 2013. Genetic and physiological characterization of two clusters of quantitative trait loci associated with seed dormancy and plant height in rice. G3: Genes Genomes Genetics, 3: 323-331.

Yu R, Li X, Xiao Z, et al. 2020a. Phosphorus facilitation and covariation of root traits in steppe species. New Phytologist, 226: 1285-1298.

Yu R, Zhang W, Fornara D A, et al. 2021. Contrasting responses of nitrogen: phosphorus stoichiometry in plants and soils under grazing: a global meta-analysis. Journal of Applied Ecology, 58: 964-975.

Yu R, Zhang W, Yu Y, et al. 2020b. Linking shifts in species composition induced by grazing with root traits for phosphorus acquisition in a typical steppe in Inner Mongolia. Science of the Total Environment, 712: 136495.

Zhang K, Letham D S, John P C. 1996. Cytokinin controls the cell cycle at mitosis by stimulating the tyrosine dephosphorylation and activation of p34cdc2-like H1 histone kinase. Planta, 200: 2-12.

Zhang N, Zhao B, Zhang H J, et al. 2013. Melatonin promotes water-stress tolerance, lateral root formation, and seed germination in cucumber (Cucumis sativus L.). J Pineal Res, 54(1): 15-23.

Zhang Q, Buyantuev A, Li F Y, et al. 2017. Functional dominance rather than taxonomic diversity and functional diversity mainly affects community aboveground biomass in the Inner Mongolia grassland. Ecology and Evolution, 7(5): 1605-1615.

Zhao L, Cheng D M, Huang X H, et al. 2017. A light harvesting complex-like protein in maintenance of photosynthetic components in Chlamydomonas. Plant Physiology, 174(4): 2419-2433.

Zheng S, Lan Z, Li W, et al. 2011. Differential responses of plant functional trait to grazing between two contrasting dominant C_3 and C_4 species in a typical steppe of Inner Mongolia, China. Plant and Soil, 340(1-2): 141-155.

Zheng S, Ren H, Li W, et al. 2012. Scale-dependent effects of grazing on plant C: N: P stoichiometry and linkages to ecosystem functioning in the Inner Mongolia grassland. PLoS One, 7(12): 225-230.

Zhou G, Zhou X, He Y, et al. 2017. Grazing intensity significantly affects belowground carbon and nitrogen cycling in grassland ecosystems: a meta-analysis. Global Change Biology, 23: 1167-1179.

Zhou R, Yu X, Zhao T, et al. 2019. Physiological analysis and transcriptome sequencing reveal the effects of combined cold and drought on tomato leaf. BMC Plant Biol, 19(1): 377.

Zhou S, Lou Y R, Tzin V. et al. 2015. Alteration of plant primary metabolism in response to insect herbivory. Plant Physiology, 169: 1488-1498.

Zhu Y, Nomura T, Xu Y, et al. 2006. Elongated uppermost internode encodes a cytochrome P450 monooxygenase that epoxidizes gibberllins in a novel deactivation reaction in rice. Plant Cell, 18: 442-456.

Zolobowska L, Van Gijsegem, F. 2006. Induction of lateral root structure formation on petunia roots: a novel effect of GMI1000 *Ralstonia solanacearum* infection impaired in Hrp mutants. Molecular Plant- Microbe Interactions, 19: 597-606.

Zuo X A, Zhao H L, Zhao X Y, et al. 2009. Vegetation pattern variation, soil degradation and their relationship along a grassland desertification gradient in Horqin Sandy Land, Northern China. Environmental Geology l, 58: 1227-1237.